I0874596

Leitfaden der Hygiene

für

Techniker, Verwaltungsbeamte
und Studierende dieser Fächer.

Von

Professor H. Chr. Nussbaum

in Hannover.

München und **Berlin.**
Druck und Verlag von R. Oldenbourg.
1902.

Vorwort.

Die vorliegende Schrift ist in erster Linie bestimmt, Technikern, Verwaltungsbeamten und Studierenden technischer Hoch- und Fachschulen zu dienen. Auch für manche Laienkreise dürfte sie Interesse bieten.

Die Darstellung unterscheidet sich daher ganz wesentlich von den für Mediziner bestimmten Werken ähnlicher Art. Einzelne für die Hygiene als Wissenschaft bedeutungsvolle Gebiete, z. B. die Bakteriologie und die Ernährung, sind nur sehr kurz und so weit es für den Zweck des Buches nötig erschien, behandelt. Dagegen haben die für Techniker und Verwaltungsbeamte wichtigen Abschnitte, namentlich der Städtebau, eine eingehende Bearbeitung erfahren. Es sind ferner solche Abbildungen fortgelassen, deren der Mediziner bedarf, um einen ersten Einblick in technische Anlagen und Einrichtungen zu gewinnen, während der Techniker die fraglichen Gebiete beherrscht und dem Studierenden in technischen Werken bessere Wiedergaben solcher Anlagen zur Verfügung stehen, als hier geboten werden konnten, da es galt, den Umfang und Preis der Schrift thunlichst niedrig zu halten.

Bemüht bin ich gewesen, auf allen Gebieten leitende Grundsätze zu gewinnen und in den Vordergrund zu rücken, nach denen technische Anlagen und Einrichtungen behandelt werden müssen, um gleichzeitig und gleichmäſsig den Ansprüchen der Hygiene, der Volkswirtschaft und der Ästhetik gerecht werden zu können. Irrigen und einseitigen Anschauungen, welche auf vielen technisch-hygienischen Gebieten, namentlich auf dem des Städtebaues, bislang geherrscht haben, bin ich — wo es nötig erschien, mit Schärfe — entgegengetreten, weil sie niemals wahren Nutzen schaffen, wohl aber schwere wirtschaftliche Schädigungen herbeiführen können.

Zu ganz besonderer Freude gereicht es mir, meinem hochverehrten, lieben Freunde, Professor Dr. K. B. Lehmann-Würzburg, an dieser Stelle den herzlichsten Dank zum Ausdruck bringen zu können für die treue Hilfe, die er mir bei diesem Werke geleistet hat, indem er dasselbe einer Durchsicht unterworfen hat, der es manche Klärung und eine Reihe willkommener Bereicherungen verdankt.

Hannover, im Mai 1902.

H. Chr. Nufsbaum.

Inhaltsverzeichnis.

EINLEITUNG.

Die Hygiene hat die Aufgabe, alle Gefahren zu erforschen, welche der Gesundheit des Menschen von seiner Umgebung drohen, und die Mittel ausfindig zu machen, um diese drohenden Gesundheitsstörungen zu verhüten. Sie erreicht dies einmal durch Bekämpfung der Schädlichkeiten, indem sie Gifte, nachteiligen Staub und Kleinwesen aus der Umgebung des Menschen fern hält, zweitens aber auch durch richtige Pflege und Schulung des Körpers, der Sinne und des Geistes von frühester Kindheit an. Sie will die Kraft und die Widerstandsfähigkeit des Körpers mehren, seine wie des Geistes und der Sinne Fähigkeiten zur denkbar höchsten Entwickelung führen und sie sucht unter den schwierigsten klimatischen Verhältnissen günstige Lebensbedingungen für den Menschen zu schaffen.

Diese hohe Aufgabe vermag die Hygiene nur dann zu erfüllen, wenn sie in engste Fühlung mit der Technik tritt, der Techniker ausführender Hygieniker wird. Da ferner die Entscheidung über die wichtigsten Mafsnahmen der Gesundheitspflege in den Händen der Verwaltungen ruht, so kann Gutes und Grofses nur erreicht werden, wenn der Verwaltungsbeamte die Hauptlehren der Hygiene beherrscht, den Errungenschaften dieser jungen Wissenschaft zu folgen in der Lage ist.

Da es für den Techniker wie den Verwaltungsbeamten gegenwärtig zumeist nicht möglich ist, derartige Fähigkeiten durch eingehende Studien des Gesamtgebietes der Hygiene sich zu erwerben, oder aus den in erster Linie für Mediziner verfafsten Lehrbüchern und Leitfäden das für sie Bedeutungsvolle herauszuschälen, so dürfte eine in knappe Form gedrängte Zusammenfassung alles für Verwaltungsbeamte und Techniker Wichtigen aus dem Gebiete dieser Wissenschaft der Übertragung ihrer Lehren in das Leben ebenso förderlich sein wie dem Ergreifen sachgemäfser Mafsnahmen auf dem Gebiete der Gesundheitspflege durch die Behörden.

Diesem Zwecke wollen die folgenden Darlegungen dienen.

I. Abschnitt: Die Luft.

Die Luft ist das wichtigste Mittel zur Erhaltung des Lebens. Während der Mensch ohne feste Nahrung bis zu 40 Tagen, ohne Wasser bis zu 8 Tagen auszudauern vermag, kann er die Luft höchstens einige Minuten entbehren. Und zwar ist es der Luftsauerstoff, der dem Menschen und den höheren Tieren so durchaus notwendig ist.

Die Luft wird bekanntlich bei der Atmung in die Lunge aufgenommen (eingepumpt). Die Lunge ist von zahllosen feinsten dünnwandigen Blutgefäſsen durchzogen, in denen die roten Blutkörperchen sich bewegen. Die Blutkörperchen sind nun mit der Fähigkeit begabt, der Lungenluft den Sauerstoff begierig zu entziehen und ihn gebunden weiter fortzutragen zu den verschiedenen Organen des Körpers, von denen er gebraucht wird. Sauerstoffarm verläſst das Blut die Organe, um sich in der Lunge mit neuen Sauerstoffmengen zu beladen. Gleichzeitig besorgt das Blut aber auch in anderer Weise einen Gasaustausch. Der Blutstrom nimmt aus den Organen die daselbst durch den Lebensvorgang gebildete Kohlensäure mit, welche dann aus den zarten Lungengefäſsen in die Lungenluft diffundiert.

Die Luft ist aber nicht nur für den Menschen unentbehrlich wegen ihres Sauerstoffgehaltes, nein, sie spielt auch in der Wärmeregelung des Menschen eine auſserordentlich wichtige Rolle (vergl. den Abschnitt über Wärme Seite 54 bis 56). Endlich werden der Luft beigemischt dem Menschen giftige Gase, Staub, Rauch, schädliche Kleinlebewesen und dergl. zugeführt.

Die Gase der Luft.

Die Luft im Freien wechselt in ihrem Gasgehalt nur wenig, weil die Winde örtlich entstehende Unterschiede rasch ausgleichen, die Mächtigkeit der Luftsäule bedeutsame Änderungen verhindert, die Niederschläge Verunreinigungen, wie Kohlensäure, Ammoniak, Salpetersäure, Schwefelsäure u. a., aufnehmen, um sie den Gewässern und dem Erdboden zuzuführen. Auch die grünenden (Chlorophyll führenden) Pflanzen tragen dazu bei, den Gasgehalt der Luft gleichmäfsig zu erhalten, indem sie im Lichte Sauerstoff abscheiden und Kohlensäure zum Aufbau ihrer Zellen verwenden. Endlich werden durch chemische Vorgänge und durch Lebensthätigkeit der Mikroben Gase gebunden.

Im Durchschnitt enthält die Luft im Freien:

20 bis 21 Raumteile Sauerstoff (O),
77 » 78 » Stickstoff (N),
0,7 Raumteile Argon (Arg.),
0,025 bis 0,05 Raumteile Kohlensäure (CO_2),

ferner örtlich und zeitlich wechselnde Mengen von Wasserdampf, Ammoniak, Salpetersäure und Schwefelsäure, vorübergehend auch schweflige Säure, Wasserstoffsuperoxyd, Ozon, Schwefelwasserstoff u. a.

Von unmittelbarem Einflufs auf das Leben, das Wohlbefinden und das Wohlbehagen ist nur der Gehalt der Luft an Sauerstoff, an Wasserdampf und an schwefliger Säure. Dem Stickstoff kommt einzig Bedeutung zu als Verdünnungsmittel des Sauerstoffs, wenn auch Pflanzen ihn unter Mitwirkung von Mikroben unmittelbar aus der Luft aufzunehmen vermögen, irgend einen Einflufs des Argon kennen wir gegenwärtig nicht, während von den übrigen Bestandteilen im Freien zumeist nur derart geringe Mengen vorhanden sind, dafs sie das Wohlbefinden nicht berühren, das Wohlbehagen höchst selten einmal durch ihren Geruch zu beeinträchtigen vermögen.

Der Erwachsene atmet innerhalb 24 Stunden durchschnittlich etwa 9 cbm = 11,6 kg Luft ein. Die Menge der eingeatmeten Luft steht in gewisser Abhängigkeit zur Bewegung des Körpers; sie ist im Ruhezustande am geringsten, bei lebhafter Thätigkeit stark erhöht. Die ausgeatmete Luft enthält etwa 16 % Sauerstoff, 4 % Kohlensäure und ist mit Wasserdampf gesättigt.

Der Wasserdampfgehalt der Luft wirkt unmittelbar auf die Gesundheit ein, beeinflufst die Trockenheit der Kleidung wie der Wohnung im hohen Grade und kommt für die Ertragbarkeit hoher und niederer Wärmegrade ganz wesentlich in Betracht aus Gründen, die bei der Besprechung der Wärmeregelung Seite 55 dargelegt sind.

Bei jedem Wärmegrade vermag 1 cbm Luft eine ganz bestimmte Wassermenge in Dampfform aufzunehmen. Diese Wassermenge (m) nennt man die (bei dem betreffenden Wärmegrade) höchstmögliche (oder maximale) Feuchtigkeit. Luft, welche diese Wassermenge enthält, heifst mit Wasser gesättigt. Der Eintritt dieses Sättigungszustandes wird mit Taupunkt bezeichnet. Absolute Wassermenge (a) ist die in der Lufteinheit zur Zeit wirklich vorhandene Wassermenge (z. B. 5 g in 1 cbm Luft). Das Sättigungsdefizit (d) gibt an, wie viel Wasser die Lufteinheit bei gleichem Wärmegrade noch aufzunehmen vermag, d ist also gleich $m - a$. Wird das Verhältnis von absoluter und höchstmöglicher Feuchtigkeit in Prozenten ausgedrückt: $a : m = r : 100$, so ist $r = \frac{a \cdot 100}{m}$ die relative Feuchtigkeit. Die Bezeichnung relative Trockenheit ist von Rubner für $100 - r = t$ gewählt.

Der Wasserdampf fehlt nahe der Erdoberfläche nirgends, nimmt aber mit der Höhe etwas rascher ab als die Dichtigkeit der Luft. Seine Menge ist hauptsächlich abhängig von dem Feuchtigkeitszustande der Flächen, welche die Luft bestrichen hat, und von dem Wärmegrade der Luft. Auch der Luftdruck übt einigen Einflufs, da unter geringem Luftdruck bei sonst gleichen Verhältnissen das Wasser rascher verdampft. Je höher der Wärmegrad der Luft liegt, um so mehr Wasser verdampft bei 1° Temperaturzunahme, während Gase sich gleichmäfsig ausdehnen. Je wärmer die Luft ist, desto mehr Wasser vermag sie zu fassen. Und zwar kann 1 cbm Luft aufnehmen

bei einer Temper. von	g Wasser
—10°	2,1
6°	3,2
2°	4,4
0°	4,9
+2°	5,6
4°	6,4
6°	7,3
8°	8,1
10°	9,4
12°	10,6
14°	12,0
16°	13,6
18°	15,1
20°	17,2
22°	19,3
24°	21,5
26°	24,2
28°	27,0

Bei der Abkühlung der Luft hört demnach die Möglichkeit des Wasserdampfhaltens rasch auf, und es kommt dann ein Niederschlagen des Wassers, Taubildung, auf allen festen Körpern zu stande, welche von der Luft berührt werden: auf dem Luftstaub, dem Erdboden, den Pflanzen, an und in den Gebäuden u. s. w. Dieser Vorgang ist für die Technik von grofser Bedeutung, weil er eine vollständige Durchfeuchtung aller Gebäudeteile hervorzurufen vermag und zur Verzögerung der Austrocknung der Neubauten beiträgt. Das Einführen warmer Luft in kalte Räume erfordert daher Vorsicht: das künstliche Befeuchten der an Heizkörpern hoch erwärmten Luft führt zur Durchfeuchtung der durch diese Luft Wärme empfangenden (die Luft also abkühlenden) Teile der Gebäude; das Durchlüften der Keller oder kühl gelegener Erdgeschosse an warmen Sommertagen trocknet diese nicht, sondern pflegt ihren Wassergehalt stark zu vermehren; ebenso das Durchlüften ungeheizt gebliebener Räume beim Eintritt warmer Witterung nach hartem Frostwetter; das kalte Mauerwerk der Neubauten wird weit rascher und billiger durch die Einwirkung strahlender Wärme zum Austrocknen gebracht als durch Umspülen mit erwärmter Luft u. s. f.

Die Wasserdampfabgabe eines Erwachsenen beträgt innerhalb 24 Stunden im Mittel 900 g, und zwar werden davon etwa 250 g durch die Lungen, 650 g durch die Haut ausgeschieden.

Diese Mengen müssen im geschlossenen Raum von der Luft aufgenommen werden können, wenn nicht Nachteile für das Wohlbefinden und Wohlbehagen der in ihm sich Aufhaltenden entstehen sollen.

Die Frage, ob trockene oder feuchte Luft dem Menschen zuträglicher sei, ist vielfach erörtert, sie wurde im Beginn der hygienischen Bestrebungen in dem Sinne entschieden, dafs ein ziemlich hoher Wasserdampfgehalt den Vorzug verdiene, 50—60% rel. Feuchtigkeit wurden als notwendig erachtet, während die neuere Forschung diese Anschauung nicht zu bestätigen vermag. In dem Widerstreit der Meinungen haben Rubners Untersuchungen Klarheit geschaffen; ihr Hauptergebnis war folgendes: Die Wirkung der Kälte wird durch hohe Luftfeuchtigkeit vermehrt, bei mittleren Wärmegraden (14—15° C.) erscheint trockene Luft behaglicher als feuchte, und es steigert sich die wohlthuende Wirkung der Trockenheit bei hohen Wärmegraden (+ 24° C. und mehr). Schafft man in zwei gleich warmen Räumen verschiedene Grade der Luftfeuchtigkeit und begibt sich aus dem feuchten in den trockenen Raum, dann hat man sofort an Händen und Gesicht das Gefühl erfrischender Kühle, welches bald über den ganzen Körper sich geltend macht. Die wohlthuende Wirkung der trockenen Luft ist eine ganz eigenartige, sie gibt das Gefühl gesteigerten Wohlbehagens und Lust zur Thätigkeit. In ruhender Luft mit 22% relativer Feuchtigkeit trat erst bei 30° C. sichtbarer Schweifs auf, und dieser Wärmegrad erschien noch gut erträglich, während bei 80% relativer

Feuchtigkeit gleich warmer Luft starkes Bangigkeitsgefühl und innere Unruhe eintraten.

Hohe Trockenheit der Luft rief nur ein völlig belangloses Gefühl der Trockenheit an Augen, Nase und Lippen hervor, das bei der allgemein gesteigerten Behaglichkeit wenig in Betracht kam, und es trat das Bedürfnis nach dem Genufs kühlen Wassers weit weniger entschieden auf als in gleich warmer feuchter Luft.

Das Bestmafs des Wasserdampfgehaltes der Luft liegt nach Rubner, je nach dem Wärmegrade der Luft bei 30—40% relativer Feuchtigkeit, das Höchstmafs bei 60—70%. Meine vor 10 und 12 Jahren angestellten Beobachtungen hatten das Ergebnis, dafs in gut (20° C.) oder hoch (25° C.) erwärmten Räumen das Wohlbefinden, das Wohlbehagen, die körperliche und die geistige Leistungsfähigkeit wuchsen mit der Abnahme des Wasserdampfgehaltes der Luft. Das Bestmafs schien mir bei 30—35% relativer Feuchtigkeit zu liegen, das eben noch erträgliche Höchstmafs bei 60%. Bei 70% wurde das Wohlbehagen bereits merklich gestört, die Leistungsfähigkeit herabgesetzt. Sobald der Wärmegrad der Aufenthaltsräume wesentlich über 25° C. hinausging, vermochte nur ein geringer Feuchtigkeitsgehalt der Luft (30% und weniger) noch einen erträglichen Zustand zu bieten.

Ein niederer Feuchtigkeitsgehalt der Luft besitzt den weiteren Vorzug, dafs Kleidung und Wohnung trocken erhalten bleiben, dafs Schimmelpilze und etwa vorhandene Krankheitserreger weniger gut zu gedeihen vermögen und rascher absterben als in feuchter Luft und auf feuchten Flächen.

Das Gefühl der Trockenheit im Rachen und Schlund, welches bei der Lehrthätigkeit sich geltend zu machen pflegt, dürfte in erster Linie zurückzuführen sein auf den hohen Staubgehalt der Luft in Schulstuben*.) Ferner ruft lebhaftes wie andauerndes

*) Eine in gut gehaltenen Wohnräumen herrschende Sauberkeit des Fufsbodens ist in Schulzimmern schwer zu erzielen, jedenfalls reichen die bisher für diesen Zweck bewilligten Geldmittel hierzu nicht aus, durch das Schuhwerk wird bei feuchter Witterung viel Schmutz in die Zimmer getragen, der dort rasch auftrocknet und zu Staub verrieben wird, während die lebhafte Bewegung der Schüler während der Pausen ein Aufwirbeln des Staubes hervorruft. Eine Abhilfe dieses unerfreulichen Zustandes dürfte am ehesten durch die Anordnung des Schuhwechsels zu erreichen sein.

Sprechen dieses Gefühl allgemein hervor, und es tragen zu seiner Empfindung katarrhalische wie andere krankhafte Zustände der Sprachwerkzeuge bei, auch wenn sie nur ganz leichter Art sind und sonst kaum empfunden werden. Nach meiner persönlichen Erfahrung bedeutet freies Vortragen in warmer, feuchter Luft eine grofse Anstrengung, auch der Sprachwerkzeuge, während es in ausreichend trockener Luft bei sonst gutem Befinden mühelos vor sich geht. Ferner ergaben meine vielfachen Untersuchungen des Wasserdampfgehaltes der Luft in Schulstuben nach ein- und zweistündigem Unterricht in allen Fällen mehr, meist wesentlich mehr als 70% relative Feuchtigkeit, obgleich die Lehrer über zu grofse Trockenheit der Luft bittere Klage führten.

Die Forderungen der Mehrzahl der Lehrer nach einem hohen Feuchtigkeitsgehalte der Luft dürften daher auf irrigen Annahmen beruhen. Jedenfalls erschlafft in warmer, feuchter Luft die Fähigkeit des Aufmerkens der Schüler rasch. Bei der bedeutenden Wasserabgabe durch die Atemthätigkeit der Kinder dürfte daher gerade im Schulzimmer das Bedürfnis nach Einführung trockener Luft ein dringendes sein, sobald deren Wärmegrad über 18° C. hinausgeht.

Die schweflige Säure, welche durch das Verbrennen der stets Schwefel enthaltenden Steinkohle gegenwärtig der Luft in oft bedeutender Menge zugeführt wird, ruft bei längerer Einatmung in genügender Konzentration heftige Entzündungen der Schleimhäute hervor, wird aber glücklicherweise in der Luft binnen kurzer Frist in Schwefelsäure verwandelt. Die im Freien bei uns in Betracht kommenden Mengen dieser Säure üben auf die Gesundheit des Menschen einen nachweisbaren Einflufs nicht aus, schädigen aber die aus Marmor hergestellten Statuen und Kunstbauten dadurch in ganz erheblichem Grade, dafs der Schnee sowohl während des Niedersinkens als auch während des Liegens verhältnismäfsig grofse Mengen von schwefliger Säure aus der Luft aufnimmt, die teils als solche, teils nach Übergang in Schwefelsäure bei der Schneeschmelze den kohlensauren Kalk des Marmors angreift und ihn in schwefligsauren oder in schwefelsauren Kalk verwandelt, dem bekanntlich jede Wetterbeständigkeit abgeht.

Das auf v. Pettenkofers Vorschlag beim Liebig-Denkmal in München angewendete Einlassen der Marmoroberfläche mit Erdwachs (Ceresin) hat Abhilfe gebracht, weil Erdwachs weder von schwefliger Säure noch von Schwefelsäure angegriffen wird.

Früher wurde dem Ozongehalt der Luft eine hohe Bedeutung beigelegt. Die Gewifsheit eines solchen Nutzens hat sich jedoch nicht nachweisen lassen, wenn es auch sicher scheint, dafs das Ozon an der raschen Zersetzung organischer Bestandteile des Luftstaubes mitwirkt.

Künstlich hergestellte, stark ozonhaltige Luftgemische rufen heftige, lang anhaltende Entzündungen der Schleimhäute hervor. Ein künstliches Anreichern der Zimmerluft mit Ozon mufs demnach als schädigend oder mindestens fragwürdig unterbleiben.

Ähnliches gilt vom Wasserstoffsuperoxyd.

Gefahrdrohende Änderungen im Gasgehalt der Luft kommen vielfach in geschlossenen Räumen zu stande, indem ein aufsergewöhnlich starker Verbrauch von Sauerstoff (nicht gelüfteter enger Zimmer) stattfindet, oder giftige beziehungsweise für die Atmung ungeeignete Gase zur Entwickelung gelangen.

Abgesehen von den in Gewerbebetrieben und Bergwerken zu erwartenden Schädigungen, beanspruchen die Kohlensäure, das Kohlenoxyd und das Ammoniak besondere Aufmerksamkeit.

Die Kohlensäure ist ein schweres (etwa zweimal schwerer als Luft), geruchloses und fast geschmackloses Gas. In Mengen von 8 bis 10% schädigt es rasch das Wohlbefinden, indem es Beklemmung, Schwindelgefühl und auch wohl Ohnmacht herbeiführt. Eine Beimengung von 20 bis 30% zur gewöhnlichen Luft führt stets rasch zum Tode.

Derartig grofse Mengen von Kohlensäure findet man dort, wo aus dem Erdinnern Gase hervordringen, in der Nähe der Vulkane, in Bergwerken, in Höhlen (den sogenannten Hundsgrotten), ferner in Gärkellern und an Orten, wo grofse Mengen organischer Stoffe in Zersetzung begriffen sind, z. B. in Abortgruben, Schlammfängen, Versitzgruben und Grüften, oder wo aus Zersetzungserscheinungen verunreinigten Bodens Kohlensäure herausströmt, in Erdschachten, Brunnen u. a. Beim Betreten derartiger Orte ist Vorsicht am Platz. Da die Kohlensäure das schwerste der in der Luft vorkommenden Gase ist, so sinkt sie (bei gleichem Wärmegrade) zu Boden. In dessen Nähe ist daher die Gefahr am gröfsten; bekanntlich gehen beim Betreten von Hundsgrotten kleine Tiere stets, erwachsene Menschen nur selten zu Grunde. Die in Rauchgasen vorhandenen Kohlensäuremengen werden infolge ihres hohen Wärmegrades nach oben gerissen und gelangen zur Verteilung, ehe sie niedersinkend Gefährdungen hervorrufen können.

Die Gefahr der Kohlensäure-Anhäufung erkennt man durch Einführen bezw. Herablassen eines brennenden Lichtes oder einer Fackel. In den für die Atmung nicht mehr geeigneten Kohlensäure-Luft-Gemengen erlöscht jedes Feuer*). Auch das trübe Brennen des Lichtes, der Gasfeuerung und dergl., in engen, der Lüftung wenig zugänglichen Räumen (Badezimmern) ist zu beachten und als Warnungszeichen zu betrachten.

Die von den Menschen ausgeatmete Kohlensäure (etwa 1000 g in 24 Stunden von einem Erwachsenen) wie die von Beleuchtungskörpern (Lichte, Petroleum, Gas u. s. w.) erzeugten Mengen derselben sind zu geringfügig, um Schädigungen in den für den Aufenthalt von Menschen bestimmten Räumen hervorrufen zu können. Wohl aber sind Beeinträchtigungen des Wohlbefindens, Gefährdungen und selbst Todesfälle dann zu stande gekommen, wenn ungeeignete enge Räume vorübergehend zum Aufenthalt gewählt wurden, so beim Versteckenspiel der Kinder in Truhen und Schränken, beim Zusammenpferchen von Menschen in engen Schiffsräumen, Gefängnissen oder ungeeigneten Massenquartieren und dergl. Auch in Badezimmern sind mehrfach schwere Ohnmachtsanfälle und einige Vergiftungen zur Erscheinung gekommen, wenn die Badeöfen mit Gasheizung versehen waren. Ob es sich hier nur um Kohlensäurezunahme bei gleichzeitiger Sauerstoffabnahme gehandelt hat oder ob auch unvollkommene Verbrennungs-

*) Als Löschmittel brennender Flüssigkeiten vermag die Kohlensäure gute Dienste zu leisten.

erzeugnisse zu der Vergiftung beigetragen haben, ist nicht in allen Fällen klar erwiesen. Jedenfalls wirkt jedes Prozent Sauerstoff, das schwindet, gleich schädlich wie 1% Kohlensäure, das auftritt. So wirkt Luft mit einem Gehalt von nur 16% Sauerstoff und 4% Kohlensäure genau so schädlich, als ob sie bei normalem Sauerstoffgehalt 9% Kohlensäure enthielte.

Eine bedeutungsvolle Verunreinigung der Luft kommt nicht gerade selten durch Kohlenoxyd zu stande. Mengen von 0,05% rufen bereits Übelbefinden und Kopfschmerz hervor, länger andauernde Einatmung noch geringerer Mengen dieses Giftes hat nachteilige Folgen für das Gehirn und die Nerventhätigkeit, Mengen von 0,2 bis 0,3% wirken in einer halben bis einer Stunde lebensgefährlich.

Schwere Vergiftungserscheinungen sind zu gewärtigen beim Austreten von Rauchgasen aus Feuerstätten, Kohlenbecken, Bügelöfen und Bügeleisen, von Leuchtgas (Wassergas oder Kraftgas) aus offenstehenden Hähnen, undichten Leitungen oder aus Rohrbruchstellen in die Aufenthaltsräume. Auch die Anwendung ungeeignet gebauter Gasbadeöfen in engen Räumen kann durch Erlöschen von Flammen infolge des Herabsinkens der zuvor beim Brennen gebildeten Kohlensäure zum Austreten von Leuchtgas und damit von Kohlenoxyd, oder durch unvollkommenes Brennen zur Bildung von Kohlenoxyd führen.

Bei besonders empfindlichen, nervös beanlagten Personen rufen bei längerer Einwirkung bereits die geringen Mengen von Kohlenoxyd Übelbefinden hervor, welche aus jenen Undichtigkeiten der Gasleitungsrohre, der Heizungs- und Beleuchtungskörper austreten, die man als kaum vermeidbar zu betrachten pflegt.

Auch der Tabaksrauch, namentlich der Rauch frischer, wenig abgelagerter oder feucht gewordener und daher unvollkommen brennender Cigarren enthält (neben Nikotin) derartige Mengen von Kohlenoxyd und anderen Erzeugnissen der unvollkommenen Verbrennung, dafs eine aufsergewöhnliche Ansammlung dieses Rauchs in Aufenthaltsräumen, namentlich bei Ungewöhnten, zu Kopfweh führen kann. Wie weit das Nikotin und wie weit das Kohlenoxyd hieran Schuld trägt, ist allerdings noch nicht völlig aufgeklärt. Da aber selbst starke Raucher, also an Nikotingenufs Gewöhnte, durch längeren Aufenthalt in mit Tabaksrauch gefüllten Räumen nicht gerade selten von schweren Kopfschmerzen befallen werden, oder sie am folgenden Tage verspüren, so kommt wohl sicher dem Kohlenoxyd des Tabaksrauchs Bedeutung zu.

Es ist daher eine sorgfältige, behördliche Überwachung der Heizstellen, der Gasleitungen, Kocheinrichtungen und Beleuchtungskörper durchaus am Platze und es empfiehlt sich, die Gasuhren ausschliefslich während der Zeit der Gasverwendung offen zu halten, ihnen daher einen gut zugänglichen Platz anzuweisen. Räume, in welchen beständig geraucht oder zeitweilig stark geraucht wird, bedürfen künstlicher Lüftungseinrichtungen von entsprechender Leistungsfähigkeit, wenn der Aufenthalt in ihnen nicht nachteilige Folgen haben soll.

Ein gleich gefährliches, aber selten und nur in geringen Mengen in Betracht kommendes Gift ist das Ammoniak.

Nach den Untersuchungen von K. B. Lehmann belästigt ein Gehalt der Luft von 0,01 bis 0,02% bereits die Nase stark durch den beizenden Geruch; ein Gehalt von 0,03% ist kaum mehr erträglich und bringt allmählich schwere Entzündungen der Respirationsschleimhäute hervor.

Nicht ganz unbeträchtliche Mengen von Ammoniak gelangen in den Stallungen, namentlich in denen der Pferde zur Entwickelung. Eine ständige Lufterneuerung in ihnen, mehr noch aber eine gründliche Sauberhaltung derselben ist daher besonders dann erforderlich, wenn ein Wärter dort eine Schlafstelle oder Wachdienst hat. Auch ist das unmittelbare Verbinden der Wohngebäude mit den Stallungen wenig am Platze, welches man in einigen Gegenden Deutschlands heute noch bevorzugt, um das Beaufsichtigen der Tiere, namentlich der Pferde, zu erleichtern. Ein Abschlufs durch gedeckten, aber einerseits offenen, oder nur mit durchbrochenen Holzläden verschlossenen Gang mufs als ein Erfordernis bezeichnet werden.

Auch die Wohnungen der ärmeren Landbevölkerung weisen, namentlich im Osten unseres Vaterlandes, während der Winterszeit bisweilen einen nicht ganz unbeträchtlichen Ammoniakgehalt auf, weil die kleineren Haustiere und das Geflügel mit den Menschen den gleichen Raum teilen, eine hinreichende Beaufsichtigung der kleinen Kinder fehlt, Windeln und dergl. im Raume getrocknet werden und der Hautpflege keine genügende Sorgfalt zugewendet wird.

Die Lufterneuerung wird hier weniger zur Verbesserung der bestehenden Verhältnisse zu führen vermögen als Erziehung zur Sauberhaltung (durch die Schule).

Eine gesundheitlich völlig belanglose, geringfügige Entwickelung von Ammoniak habe ich beim Anheizen von Öfen und Heizkörpern beobachtet. Sie bietet nur insofern Interesse, als sie das Entstehen scharfen, die Nase beizenden Geruchs bei Wärmegraden erklärt, die zu einer Destillation des Staubes nicht ausreichen. Den auf den Heizkörpern einer Niederdruck-Dampfheizung abgelagerten Staub, aus welchem beim ersten Anheizen ein beizender Geruch ausging, fand ich stark gemischt mit fein zerriebenem Pferdemist, der mit der Strafsenluft in die Wohnungen geführt wird. Weitere Untersuchungen hatten den gleichen Erfolg, und es liefs sich nachweisen, dafs es beim Anheizen von Öfen wie Heizkörpern bereits bei Temperaturen von 60° C. zur Ammoniakentwickelung aus dem hygroskopischen und daher feuchten organischem Staube kam.

Die früher allgemein geteilte Annahme, dafs die vom Menschen durch Atmung und Hautthätigkeit ausgeschiedenen Gase organische Gifte in geringer Menge enthielten, welche durch den Geruch sich kund thäten, hat sich nicht als zutreffend erwiesen. Wenigstens ist es mit den (gegenwärtig) uns zur Verfügung stehenden chemischen und bakteriologischen Untersuchungsverfahren nicht gelungen, derartige Gifte nachzuweisen. Die an Tieren beobachteten schädlichen Einflüsse der Ausatmungsluft mufsten auf die Einwirkung der Kohlensäure (vielleicht auch auf die des hohen Wasserdampfgehaltes und des Ammoniakgehaltes) der Käfigluft zurückgeführt werden.

Dagegen bedeutet übler Geruch an sich eine Beeinträchtigung der Atemluft, die als ekelerregend und daher die Tiefe des Atmens verringernd um so mehr in Betracht kommt, zu je höheren

Lebensansprüchen der jeweilige Kulturstand der Raumbewohner sie berechtigt. Folgender, von v. Pettenkofer aufgestellte Grundsatz besitzt, auch nach dem gegenwärtigen Stande unserer Erkenntnis über die Bedeutung der Reinheit der Luft volle Berechtigung: Die Luft ist das wichtigste Mittel zur Erhaltung des Lebens, gleich den Nahrungsmitteln mufs sie daher dem Menschen rein und untadelig zur Verfügung gestellt werden. Durch gasförmige Ausscheidungen von Mensch und Tier stark belastete Luft ist jedenfalls als ekelerregend aus den Aufenthaltsräumen nach Möglichkeit fern zu halten oder zu entfernen, besonders dann, wenn diese Ausscheidungen einen üblen Geruch aufweisen, infolge ungenügender Reinlichkeit an Körper oder Kleidung, Krankheiten der Zähne, der Haut oder der Atmungswerkzeuge. Der Sauberhaltung selbst aber kommt eine höhere Bedeutung zu als der Lüftung. Eine noch so ausgiebige Lufterneuerung vermag die Folgen der Unreinlichkeit nicht zu beseitigen.

Der Staubgehalt der Luft.

Der Staubgehalt der Luft ist im Freien stets, im geschlossenen Raum unter Umständen von wesentlich höherer Wirkung auf das Wohlbefinden als der Gasgehalt der Luft. Doch wechselt die Einwirkung des Staubes auf den Menschen, je nach seiner Beschaffenheit in weiten Grenzen.

Daher sind zu unterscheiden:

1. Grob sichtbarer Staub,
2. Rufs,
3. Sonnenstäubchen,
4. Kleinlebewesen.

Die Sonnenstäubchen und der Rufs wirken einerseits ungünstig, indem sie den Einfall des Sonnenlichtes erheblich verringern und der Rufs durch Schwärzen aller in Betracht kommenden Flächen die Rückstrahlung des Lichtes in oft hohem Grade abschwächt, anderseits wirken sie im Verein mit den auf ihnen kondensierten Wassertröpfchen Wärme regelnd, da sie die Einstrahlung wie die Ausstrahlung der Wärme bedeutend vermindern.

Auf die Atemwerkzeuge wirken sie insofern ungünstig ein, als sie die Schleimhäute zu erhöhter Thätigkeit zwingen, um von den Eindringlingen sich wieder zu befreien. Bei langer Einatmung bleibt trotzdem nicht nur Staub auf der Lungenoberfläche liegen, sondern er dringt auch ins Gewebe der Lunge ein. Der Rufs erhält hierbei erhöhte Bedeutung zumeist deshalb, weil auf ihm schweflige Säure sich in oft bedeutender Menge abgelagert hat, welche die Reizwirkung erhöht.

Wesentlich bedeutungsvollere Einlagerungen in die Schleimhäute des Auges wie der Atmungswerkzeuge kommen durch einen irgend erheblichen Gehalt der Luft an grob sichtbarem Staub zu stande, deren Wirkung zu Entzündungserscheinungen zu führen vermag, sobald scharfe oder ätzende Teile im Staube sich befinden. Letzteres ist aber in der Regel der Fall, da Steinsplitterchen und Schlacketeilchen in der Strafsenluft fast nie zu fehlen pflegen, innerhalb der Städte ihnen häufig Cementstaub und Ätzkalkstaub sich zugesellen, die teils von den Bauplätzen, teils von den Strafsenpflasterarbeiten herrühren.

Diese minimalen Verletzungen durch scharfkantige Staubteilchen verdienen eine weit höhere Aufmerksamkeit, als man ihnen gegenwärtig schenkt, denn auch an gesundheitsschädlichen Mikroben (Erreger der Eiterung und anderer Krankheiten) pflegt es in der Strafsenluft nicht zu fehlen. Sie gelangen in die Luft teils mit den von Pferden, Hunden und anderen Tieren stammenden Abgängen, die in verkehrsreichen Strafsen rasch zu Staub zerrieben werden, teils aus den Müllgefäfsen, deren Inhalt auf Stunden der Einwirkung von Lumpensammlern, nach Futter suchenden Hunden und des Windes ausgesetzt zu werden pflegt, teils mit dem Auswurf der Menschen oder mit Speichelteilchen, welche durch Hustenstöfse und lebhaftes Sprechen zum Verspritzen gelangen, teils werden sie durch die Winde weither von gedüngten Äckern, Abfallsammelplätzen und dergl. herbeigetragen.

Dafs die hierdurch zu erwartenden Gefährdungen durch die Verdünnung infolge der Winde auf ein Mindestmafs gebracht oder gar aufgehoben würden, ist eine durch nichts begründete Annahme. Gerade lebhafte Winde, welche die Staubmengen aufwühlen, sie bis in die Obergeschosse der Gebäude emporreifsen und sie den in den Strafsen sich Aufhaltenden oder Beschäftigten in die Augen, in Mund und Nase treiben, sind die Vermittler belangreicher Schädigungen. Unseren Organen wohnt allerdings eine gewisse Widerstandsfähigkeit gegen die kleinen Feinde inne, aber sie reicht nicht aus gegenüber den Angriffen scharfer oder ätzender Staubteile, und sie darf bei Kindern im zarten Alter, Schwächlingen, Kränklichen oder Genesenden nicht vorausgesetzt werden.

Aus diesen Gründen ist es für die letzteren geraten, bei windigem, trockenem Wetter verkehrsreiche oder unreinliche Strafsen zu meiden, und es ist dringend zu fordern, dafs der Freihaltung der Strafsen und öffentlichen Plätze von Staub, besonders aber von scharfen und ätzenden Staubteilen, eine wesentlich höhere Aufmerksamkeit der Behörden geschenkt werde, als es heute der Fall ist. Ferner verdient diejenige Bauart der Wohngebäude (in der gedachten Richtung) den Vorzug, welche das Blockinnere, Höfe und Hausgärten, frei vom Strafsenstaub erhält und die Bildung von Staub in ihnen nach Möglichkeit verhütet.

Aufser der Herstellung eines die Staubbildung verringernden Strafsenoberbaues und der Sauberhaltung desselben ist eine gründliche Regelung des Müllabfuhrwesens als ein Erfordernis zu bezeichnen. Ferner ist die Herstellung von Mörtel auf offener Strafse oder auf offenen Bauplätzen zu verbieten. Sie wird am besten in Mörtelwerken vorgenommen (wodurch die Güte sonst gleichen Mörtels wesentlich gewinnt). Auch der Ätzkalk sollte ausschliefslich im feuchten Zustande in den freien Verkehr und zur Verwendung auf offenen Strafsen und Plätzen gelangen.

Innerhalb geschlossener Räume sinken der grob sichtbare Staub und Rufs rasch zu Boden, vermögen infolgedessen nur dann Schädigungen oder Belästigungen herbeizuführen, wenn ein Aufwirbeln des Staubes zu stande kommt. In reinlich gehaltenen Wohnräumen ist dies weniger zu erwarten als in Schulzimmern, Tanzsälen, Gewerbebetrieben und dergl.; immerhin bedürfen auch die Kinderzimmer erhöhter Sauberhaltung, und es ist dem Reinigen des Schuhwerks vor dem Betreten irgend welcher Aufenthaltsräume allgemein ein gröfserer Wert beizulegen, als es gegenwärtig geschieht.

Sonnenstäubchen, feinste Teile organischen Ursprungs und Kleinlebewesen finden sich in der Luft geschlossener bewohnter Räume fast ständig in bedeutenden Mengen; das Eindringen von Sonnenstrahlen-Bündel gibt oft Gelegenheit, dies zu beobachten. Durch besonders vorsichtiges und sorgfältiges Aufnehmen des abgelagerten feinen Staubes mittels feuchter Tücher und dergl. kann man jenen Gehalt der Luft an feinen Staubteilchen vermindern, aber man vermag ihn nicht zu entfernen. Ob ihm gesundheitliche Bedeutung zukommt, ist nicht mit Sicherheit festgestellt. Jedenfalls entstehen durch diesen feinen Staub mechanische Reizerscheinungen nicht, und die darin enthaltenen Mikroorganismen treten weniger leicht in Wirkung, weil Verletzungen fehlen. Glücklicherweise ist das Tageslicht ein wirksames Mittel zum Abschwächen und zum Abtöten der Krankheitserreger.

Der reiche Gehalt der Luft an Rufs und Rauchteilen ist vielerorts zu einer Plage geworden, deren Bedeutung gegenwärtig im Wachsen begriffen ist, da mit der raschen Entwickelung der Städte und Industriebezirke auch der Brennstoffverbrauch in gewaltiger Zunahme begriffen ist.

Die Gröfse der Rauch- und Rufsbelästigung richtet sich jedoch durchaus nicht nach dem letzteren allein, sondern es nehmen an ihrem Zustandekommen eine Reihe anderer Umstände teil. Als Beleg hierfür mag angeführt werden, dafs Berlin einen ganz wesentlich geringeren Grad des Rufs- und Rauchgehaltes der Luft aufweist als Dresden, Leipzig, Hannover, Nürnberg und viele Industriestädte.

Ganz wesentlich sprechen nach dieser Richtung die örtlichen und klimatischen Verhältnisse mit, weil von ihnen die mehr oder weniger rasche Verteilung der Rauchgase in erster Linie abhängt. Ein feuchtes und namentlich ein an Nebeln reiches Klima ruft unter sonst ähnlichen Verhältnissen eine weit höhere Ansammlung von Rufs und Rauchgasen in der Luft über den Städten hervor als ein trockenes Klima. Ein trockenes Klima verdient also nach dieser Richtung bei weitem den Vorzug vor dem feuchten Klima. In gleicher Weise kommt die örtliche Lage in Betracht. In engen Thälern oder in rings umschlossenen Thalkesseln gelegene Orte leiden am meisten, die hoch auf Terrassen oder in freier Ebene gelegenen Städte oder Stadtteile am wenigsten unter dem Einflufs des Rufses und der Rauchgase.

Einen weiteren Einflufs übt die Lage der Grofsgewerbebetriebe zur Stadt. Wo es gelungen ist, sie in einem besonderen richtig gelegenen Viertel unterzubringen, findet eine irgend erhebliche Belästigung durch sie nicht statt, selbst unter sonst ungünstig gelagerten Verhältnissen. Die Belästigung wird am bedeutendsten dort, wo diese Betriebe im Weichbilde der Stadt verteilt untergebracht sind und sie nach den westlichen Himmelsgegenden begrenzen (z. B. Hannover) oder in Thälern und an Berghängen liegen.

Wesentlich wichtiger aber als die Lage der Grofsbetriebe ist die Art der ortsüblichen Brennstoffe für das Zustandekommen und die Gröfse der Rufsbelästigung. Wo Magerkohlen, Coke und Prefskohlen eine ausgedehnte oder hauptsächliche Verwendung finden (z. B. in Berlin), bleibt die Belästigung eine unter allen Umständen erträgliche, während Fettkohlen, Flammkohlen, das Holz und die böhmischen Braunkohlen als Erzeuger erheblicher Mifsstände gelten dürfen. In erhöhtem Grade führt die Verwendung ihrer Abfälle (Grus und Sägemehl) zur Rufsbildung, falls nicht besondere Feuerungen für sie errichtet werden. Eine besonders günstige Wirkung übt die Einführung von Leuchtgas, Kraftgas und elektrischem Strom für die Sommerfeuerungen der Haushaltungen (Herde und Badeöfen) und die Kleinmotoren, ebenso die Verwendung von Coke und Prefskohle in den Feuerstellen der Kleingewerbebetriebe (namentlich der

Bäckereien, Brennereien, Tischlereien) an Stelle der Kohlenfeuerung.

Der Auswahl geeigneter Brennstoffe dürfte daher eine hohe Bedeutung zukommen in der Bekämpfung der Rauch- und Rufsplage.

Recht wesentlich ist der Anteil, den die Kleingewerbebetriebe und die häuslichen Feuerstätten an der Rauch- und Rufsentsendung nehmen; er dürfte im allgemeinen den der Grofsgewerbebetriebe übertreffen, schon aus dem Grunde, weil der Rufsfall in der Nähe der Rufserzeugung am stärksten ist, jene Feuerungen aber inmitten der Wohngebiete liegen. Meine in Hannover ausgeführten Untersuchungen ergaben eine volle Bestätigung dieser Annahme. An windstillen Tagen übertraf der Rufsfall den bei lebhaften Winden um mindestens das dreifache, obgleich dann ausschliefslich die Feuerstätten der Wohnhäuser und Kleingewerbebetriebe in Betracht kamen, während bei lebhaftem Wind die Windrichtung irgend bemerkenswerte Unterschiede nicht hervortreten liefs, obgleich bei westlicher Windrichtung die Rauchentsendung der Industriestadt Linden den Versuchsorten zugetrieben wurde.

Allgemein fast geben zu Belästigungen Veranlassung die Feuerstätten der Bäckereien, Brauereien, Brennereien und Tischlerwerkstätten mit Maschinenbetrieb, der Wäschereien, gröfseren Schmieden und Schlossereien, sobald sie inmitten oder in unmittelbarer Nähe der Wohngebiete gelegen sind. Klagen über sie sind vielfach selbst in solchen Städten eingelaufen, welche eine Rufs- und Rauchbelästigung sonst nicht kennen.

Von den häuslichen Feuerstätten treten diejenigen am stärksten hervor, welche auch während der warmen Jahreszeit benutzt werden, die Küchen- und Waschküchenherde, die Badeöfen und dergl. Die Waschküchenherde führen zu ganz besonderer Belästigung, sobald sie in niederen Nebengebäuden untergebracht und ihre Schornsteine nicht über die Hauptgebäude hinausgeführt sind.

Bei warmer Witterung und Windstille reicht die Höhe und Bauart der häuslichen Schornsteine nicht aus zur sachgemäfsen Entzündung und Unterhaltung der Feuerungen, die Verbrennung, namentlich der Steinkohlen, ist daher eine höchst unvollkommene, die Rauch- und Rufsentwickelung eine gewaltige. Diese Sachlage hat gleichzeitig eine sehr geringe Ausnutzung fester Brennstoffe zur Folge, so dafs auch in wirtschaftlicher Beziehung die Gasverwendung für die Sommerfeuerungen den Vorzug vor allen übrigen Heizungsarten verdient, während sie jede Rufsbelästigung ausschliefst.

Bei der Beurteilung der Belästigungen durch Rufs und Rauch ist man naturgemäfs nicht berechtigt, allgemein den gleichen Mafsstab anzulegen. In den Industriestädten und -Gebieten ist gröfsere Milde am Platze als in Badeorten, Luftkurorten, Landhausvierteln und dergl. Allgemein aber ist es angezeigt, mit aller Thatkraft dahin zu wirken, dafs die Belästigungen auf das irgend erreichbare Mindestmafs herabgesetzt werden.

Die zur Verfügung stehenden Mittel zur Abhilfe sind:

In Grofsbetrieben mufs das Ausmafs der Kessel- und Rostflächen den ständig oder zeitweise geforderten Höchstleistungen entsprechend gewählt werden, weil in dem Nichteinhalten dieser Grundforderung die wesentlichste Ursache der Rufs- und Rauchbelästigungen zu sehen ist. Ferner kommt der Schulung und Beaufsichtigung der Heizer, sowie einer sorgfältigen Regelung der Luftzuführung und der sachgemäfsen Beschickung der Kesselfeuerungen hohe Bedeutung zu, während das Anbringen der verschiedensten, gesetzlich geschützten und hochgepriesenen Rauchverhüter und Rauchverzehrer bislang ohne jeden nennenswerten Erfolg geblieben ist.

Wo neben Rauch und Rufs Aschefall zu Belästigung Veranlassung bietet, was bei der Verwendung von Braunkohle und Prefskohle die Regel bildet, vermögen sachgemäfs angelegte Vorkehrungen zum Abfangen der Asche vor ihrem Austritt aus der Esse Abhilfe zu bringen.

Den Kleingewerbebetrieben gegenüber kann nicht einheitlich vorgegangen werden, da deren Verhältnisse zu verschiedenartig gelagert sind. Teils wird es sich darum handeln, auf ihr Verlegen in besondere Gewerbeviertel hinzuwirken, teils Kesselfeuerungen zu ersetzen durch Gas- oder Elektromotoren, teils die Anwendung von Brennstoffen durchzusetzen, welche Rufs und Rauch nicht oder in unerheblichem Grade entsenden, teils die sachgemäfse Anlage oder Veränderung der Feuerungen und der Essen zu fordern. Der Verwendung geeigneter Motoren und Brennstoffe dürfte die gröfste Bedeutung zukommen, und es ist von Wert, zu wissen, dafs u. a. die Versuche, in Bäckereien Coke zur Heizung zu benutzen, vollen Erfolg gehabt und zu ganz wesentlichen Ersparnissen geführt haben.

Von den häuslichen Feuerstätten kommen hauptsächlich die Sommerfeuerungen in Betracht. Die allgemeine Durchführung der Gasheizung für sie würde eine nennenswerte Abhilfe der bestehenden Mifsstände bedeuten; sie ist erreichbar durch Ansetzen eines möglichst niederen Abgabepreises des Leuchtgases für diesen Zweck, durch Darbietung bester bewährter Heizeinrichtungen zu wenig mehr als Selbstkostenpreis, vielleicht auch durch Fortschritte in der Erzeugung eines preiswerten Heizgases.*) Jede unrichtige Belastung der Gasanstalten hemmt diese bedeutungsvolle Aufgabe derselben, eine Besteuerung nach Kubikmetern erzeugten Gases ist daher falsch; nur der Reingewinn der Anstalten darf als Mafsstab ihrer staatlichen und städtischen Abgaben herangezogen werden.

Im übrigen ist die sachgemäfse Anlage sämtlicher häuslicher Feuerungsstätten und Schornsteine behördlich vorzuschreiben und zu überwachen. Von Erfolg würde es sein, wenn man fordern wollte, dafs die Rauchrohre mindestens 2 m über den First des Hauses und der (bereits bestehenden) Nachbargebäude hinausgeführt werden müssen. Die gegenwärtig üblichen Höhen der Schornsteine sind zu gering gewählt, um ein Abwärtstreiben des Rauches und Rufses in ausreichendem Mafse verhindern und eine irgend vollkommene Verbrennung, namentlich der Flamm- und Fettkohlen, erzielen zu können. Vielfach lassen auch die Querschnittweiten der Schornsteine sowie die Glätte ihrer Innenwandungen zu wünschen übrig. Soweit dies angeht, sollte auf die Verwendung von Magerkohle, Coke und Prefskohle hinge-

*) Diese Hoffnung erscheint gering, da der Heizwert der verschiedenen Gase annähernd ihrem Herstellungswerte entspricht.

wirkt werden, doch sind Vorschriften nach dieser Richtung nicht angängig, weil sie zu Preistreibereien Veranlassung geben würden und die hohe Preislage der Brennstoffe volle Berücksichtigung, vornehmlich gegenüber den wirtschaftlich weniger gut gestellten Bürgern, erheischt.

Die Frage, ob die vorhandenen gesetzlichen Handhaben ausreichen zu einem Vorgehen gegen jeden Fall besonderer Rauchbelästigung, darf im allgemeinen bejaht werden. Jedenfalls genügen zum Vorgehen wohl allerorts für sämtliche genehmigungspflichtige Feuerstätten die in den verschiedenen Staaten durch Gesetz, Ortsgesetz, Ministerial-Erlafs und Gewerbe-Ordnung gegebenen Bestimmungen, während eine Reihe von Bauordnungen die erforderliche Handhabe gegenüber häuslichen Feuerstätten bieten, sobald diese eine sachgemäfse Ausführung nicht aufweisen. Verschärfungen dieser Verordnungen in der angedeuteten Richtung dürften ohne Schwierigkeit sich durchführen lassen. Im allgemeinen wird die Erteilung eines Ratschlages oder eine Ermahnung zum Abstellen bedeutsamer Mifsstände führen, das Stellen eines Strafantrags sich auf Einzelfälle beschränken lassen.

Die Bedeutung des Luftdrucks.

Trotz des geringen specifischen Gewichtes der Luft, welches bei 0° und 760 mm Hg-Druck 0,001293 beträgt, übt die Luftsäule bekanntlich in der Ebene einen bedeutenden Druck aus, den wir seiner Allseitigkeit wegen nicht empfinden. Man bemifst denselben nach der Pressung, die auf eine Quecksilbersäule ausgeübt wird. Der Luftdruck nimmt mit der Höhe in geometrischer Progression ab; er kommt gleich:

Höhe über dem Meere in Meter	Barometerdruck in mm Hg	Höhe über dem Meere in Meter	Barometerdruck in mm Hg
0	760	4000	460
500	716	5000	406
1000	670	6000	358
2000	591	7000	316
3000	522	8000	279

Die Verminderung des Luftdrucks hat bis zu einer Höhe von nahezu 4000 m über dem Meere nachteilige Folgen meist nur für Ungeübte. In gröfseren Höhen erschwert die starke Verdünnung der Luft eine ausreichende Sauerstoffaufnahme, und es hört in Höhen von mehr als 8500 m ohne künstliche Sauerstoffzufuhr die Möglichkeit des Lebens für den Menschen auf.

Dagegen wächst die Leistungsfähigkeit bei der Mehrzahl der Personen in Höhen von 500 m bis 3000 m wesentlich, wozu der geringe Wasserdampfgehalt der Luft, das raschere Verdunsten des Wassers von der Haut und die niedere Lufttemperatur beitragen dürften. Selbst zarte Frauen und Mädchen vermögen bekanntlich in diesen Höhen schwierige und anstrengende Bergbesteigungen auszuführen, während in der Ebene durch warme und zugleich feuchte Luft (z. B. im Sumpfklima) die Leistungsfähigkeit selbst geübter Fufswanderer stark herabgemindert wird.

Der in Bergwerken herrschende etwas erhöhte Luftdruck ist noch nicht von bemerkbarem Einflufs auf die Gesundheit, dagegen wird er von Bedeutung beim Arbeiten unter Wasser und im wasserreichen Boden, in Taucherglocken und Caissons, hat also für den Ingenieur besonderes Interesse.

Eine langsame Steigerung des Luftdrucks auf mehr als 4 bis 5 Atm. bleibt meist ohne schädliche Folgen. Nur etwas Druckgefühl im Ohr und die Unfähigkeit zu pfeifen fällt neben vermindertem Atmen und Herzfrequenz auf, aber die Gefahren beim Verlassen der Caissons sind bereits bei etwa 3 Atm. Druck von Belang. Hautjucken und Lähmungen einzelner Organe sind vielfach beobachtet.

Das Blut und die Organe nehmen unter hohem Druck mehr Sauerstoff und Stickstoffgas auf als unter normalen Verhältnissen. Bei rascher Druckverminderung vermögen diese Gase nicht ausreichend schnell zu entweichen, sondern bilden innerhalb der Organe Bläschen, welche, wenn sie in der Haut entstehen, Jucken veranlassen, wenn sie im Gehirn oder Rückenmark auftreten, Lähmungen, ja den Tod hervorrufen.

Es ist daher erforderlich, das Ausschleusen der Arbeiter ganz langsam und allmählich vornehmen zu lassen. Ferner erscheint es nach den bisherigen Erfahrungen geraten, einen im Sommer kühlen, im Winter ausreichend erwärmten Raum zur Verfügung zu halten, in welchem die Arbeiter nach dem Ausschleusen mindestens eine halbe, besser eine ganze Stunde zu verweilen haben. Während dieser Zeit sind ihnen (unentgeltlich) Erfrischungen zu reichen, die im Sommer am besten aus kühlen, im Winter aus warmen alkoholfreien oder alkoholarmen Getränken und etwas fester Nahrung bestehen. Herzleidende und Ohrleidende sind zu Arbeiten in Taucherglocken oder Caissons nicht zuzulassen. Das Unterbringen sämtlicher Arbeiter in unmittelbarer Nähe der Arbeitsstätte (Kasernieren) ist rätlich, damit ihnen etwa zustofsende Unfälle sofort bemerkt und behoben werden können, was durch schleuniges Zurückversetzen der Erkrankten unter Druckluft selbst in den schweren Fällen gelingt. Eine Krankenschleuse soll sich zu diesem Zwecke nahe der Arbeitsstelle befinden, ein Krankenwärter und möglichst auch ein Arzt jederzeit dort anwesend sein.

II. Abschnitt.

Die Lüftung der Aufenthaltsräume.

Die Ansprüche an die Lufterneuerung.

Aus den Darlegungen des vorigen Abschnittes geht das Bedürfnis der Lufterneuerung in den zu ständigem Aufenthalt dienenden Räumen hervor. Die Luft soll stets frei von üblem Geruch bleiben und ihr Wasserdampfgehalt in bescheidenen Grenzen gehalten werden. In besonders gelagerten Fällen hat die Lüftung ferner Sorge zu tragen, dafs der Sauerstoffgehalt der Raumluft ein annähernd gleicher bleibt, bedenkliche Anhäufungen von Kohlensäure nicht zu stande kommen und der Luft etwa sich beimengende Gifte (Kohlenoxyd und [andere] Erzeugnisse der unvollkommenen Verbrennung, Ammoniak und dergl.) eine ausreichende Verdünnung erfahren.

Aus jenen Darlegungen liefs sich jedoch bereits erkennen, dafs durch hohe Sauberhaltung des Körpers, der Kleidung und der Aufenthaltsräume, durch die Wahl geeigneter Heiz- und Beleuchtungsarten, durch sorgfältige Anlage und Überwachung der etwa vorhandenen Gasleitung und dergl. fast sämtliche ernste Schädigungen des Wohlbefindens und des Wohlbehagens sich fernhalten lassen, der Lüftung daher ihre Aufgabe ganz wesentlich erleichtert wird.

Als einzige, unter solchen Verhältnissen zu erwartende Schädlichkeit ist das Ansteigen des Wasserdampfgehaltes der

Luft zu betrachten, welches sowohl durch die Lebensthätigkeit der Menschen, wie durch jede Art der Flammenbeleuchtung, durch die Gasheizung, durch die Haushaltsthätigkeit — und durch das vielfach noch übliche absichtliche Verdampfen von Wasser hervorgerufen werden kann. Die in Versammlungsräumen verschiedenster Art beobachteten Erscheinungen von Schwindelgefühl, Beklemmungen, Ohnmacht und dergl., welche besonders bei nervös veranlagten Leuten auftreten, sind wohl in erster Linie dem Ansteigen des Wasserdampfgehaltes der Luft auf mehr als 70% relative Feuchtigkeit bei gleichzeitig hoher Luftwärme zuzuschreiben, wenn auch geringer Sauerstoffmangel, mäfsige Zunahme der Kohlensäure, namentlich aber Austreten von Kohlenoxyd aus Beleuchtungskörpern und die ekelerregende Wirkung üblen Geruchs ihr Teil zu derartigen Störungen des Wohlbefindens beitragen werden.

In sauber gehaltenen, richtig erwärmten, schwach oder mäfsig mit reinlichen Menschen besetzten Räumen ist ein Zwang zur Lüftung überhaupt nur insofern vorhanden, als eben gerade dort wieder hohe Ansprüche an die Reinheit und die erfrischende Wirkung der Luft gestellt werden.

In den Wohnräumen der auf minderer Kulturstufe stehenden Leute macht das enge Beisammenwohnen im Verein mit nicht immer hinreichender Sauberkeit eine kraftvolle Lüftung zum Erfordernis. Dennoch wird man mit strengen Anforderungen hier kaum auftreten dürfen, sobald die Lufterneuerung in Widerspruch gerät mit den Ansprüchen der Wärmewirtschaft. Für das Wohlbefinden und das Wohlbehagen ist das Erhalten angemessener Wärmegrade innerhalb der Aufenthaltsräume wichtiger noch als die Reinheit der Atemluft (vergl. S. 50 ff.), und die Ansprüche der Minderbemittelten an die letztere pflegen recht niedrige zu sein; die Bedeutung der ekelerregenden Wirkung durch üblen Geruch tritt bei ihnen zurück. Erziehung zur Reinlichkeit wird hier weit eher zur Verbesserung der gesundheitlichen Verhältnisse führen als weit gehende Forderungen an die Lufterneuerung, deren dauernde Durchführung stets in Frage gestellt bleibt.

In Versammlungsräumen jeglicher Art, sowie in Schulzimmern, Hörsälen, Kasernen, Werkstätten, Fahrzeugen und dergl. wird dagegen ein ausgiebiger Luftwechsel durchaus am Platze sein. Es handelt sich hier um Ausscheidungen uns fremder Menschen, die um so eher Ekelgefühl zu erwecken vermögen, als wir hinreichende Reinlichkeit am Körper nicht allgemein voraussetzen dürfen. Ferner wird durch starkes Besetzen derartiger Räume der Wasserdampfgehalt ihrer Luft ebenso sehr erhöht wie ihr Wärmegrad, wodurch die oben geschilderten Zustände zu stande kommen, die körperliche und die geistige Leistungsfähigkeit der im Raume Beschäftigten wesentlich verringert wird, bei festlichen Anlässen froher Genufs vereitelt, freudige Stimmung herabgesetzt werden kann.

Das hohe Bedürfnis nach Lufterneuerung in Tabakrauch erfüllten Räumen wurde bereits Seite 12 dargelegt. Scharfe, streng durchgeführte Vorschriften für alle Gastwirtschaften und ihnen ähnliche Betriebe wären durchaus am Platze.

Angefochten sind in der letzten Zeit die hohen Ansprüche, welche gegenwärtig an die Winterlüftung der Krankensäle und an deren Luftraum gestellt werden. Für eine kraftvolle Lufterneuerung spricht der Umstand, dafs nirgends häufiger übler Geruch entsteht als im Krankensaal, während die Ansprüche des Kranken an die Reinheit der Atemluft erhöhte sind. Im wirtschaftlichen Sinne erscheint dagegen ein stärkeres Belegen der Krankensäle durchaus am Platze, um die ohnedies hohen Kosten der Krankenbehandlung nicht zu übermäfsigen werden zu sehen.

Soweit nicht die ärztliche Behandlung und die Ansteckungsgefahr völlige Freilage der Betten fordern, dürfte ein stärkeres Belegen der Säle wohl angehen; auch an der Höhe der letzteren lassen sich unter Umständen Ersparnisse machen, dagegen mufs eine lebhafte ständige Lufterneuerung zur raschen Entfernung der unvermeidlichen üblen Gerüche als ein Erfordernis bezeichnet werden.

Der Mafsstab der Lufterneuerung.

v. Pettenkofer hat zur Berechnung des Lüftungsbedürfnisses den Kohlensäuremafsstab gewählt. Er ging bei dieser Wahl von der Voraussetzung aus, dafs die »schädlichen« gasförmigen Ausscheidungen des Menschen wie der ihm dienenden künstlichen Beleuchtung annähernd im gleichen Verhältnis erfolgten wie die Kohlensäureabgabe.

Seine Luftuntersuchungen in Wohnräumen, Schulzimmern, Kasernen und öffentlichen Versammlungssälen zeigten ihm ferner, dafs eine durch den Geruch erkennbare Verunreinigung der Raumluft und ein Gefühl der Belästigung einhergingen mit einem Ansteigen des Kohlensäuregehaltes der Raumluft auf 0,7 bis 1,0 ‰. Aus diesen Gründen empfahl er, den Grenzwert für das Höchstmafs der Luftverunreinigung auf 1 ‰ festzusetzen und das Lüftungsbedürfnis hiernach, wie folgt, zu berechnen:

Ein Erwachsener scheidet im Mittel während einer Stunde 22 l Kohlensäure ab. Die Aufsenluft enthält durchschnittlich 0,3 ‰, also in 1 cbm 0,3 l CO_2; es dürfen demnach jedem Kubikmeter Frischluft 0,7 l CO_2 zugeführt werden, ehe der Grenzwert überschritten wird. Daher beträgt das Lufterneuerungsbedürfnis für einen Erwachsenen mindestens 32 cbm in der Stunde, für ein Kind durchschnittlich die Hälfte. Da eine dreimalige Lufterneuerung im geschlossenen Raum als die oberste Grenze angesehen werden darf, um nicht zu einer als »Zug« empfundenen Geschwindigkeit der Luftbewegung zu gelangen, so mufs demnach jedem Erwachsenen ein Luftraum von mindestens 10,7 cbm zur Verfügung gestellt werden.

Bei lebhafter körperlicher Thätigkeit erhöht sich die Kohlensäureabscheidung auf annähernd das Doppelte, damit natürlich auch das Lufterneuerungsbedürfnis und der Luftraum.

Dieser Gedankenaufbau M. v. Pettenkofers war auf die damals allgemein verbreitete Annahme begründet, dafs unbekannte organische Gifte mit der ausgeatmeten Luft in annähernd gleichem Verhältnis wie die Kohlensäure den Körper verlassen. Mit dem Nachweis des Fehlens derartiger Gifte hat der Kohlensäuremafsstab seine wissenschaftliche Berechtigung verloren. Auch die weitere Annahme ist nicht aufrecht zu erhalten, dafs der Grad der Luftverunreinigung durch üblen Geruch, durch Verbrennungserzeugnisse der (Flammen-) Beleuchtung und durch Wasserdampf mit dem Kohlensäuremafsstab annähernd bestimmt werden könnte: Reinliche und unreinliche, gesunde und ungesunde Menschen geben unter sonst gleichen Verhältnissen fast die nämlichen Kohlensäuremengen ab, während übelriechende Gase in merklichen Mengen von reinlichen, gesunden Menschen nicht auszugehen pflegen. Die neueren Gasbrenner liefern ausschliefslich Erzeugnisse der vollkommenen Verbrennung (Kohlensäure und Wasserdampf), während die damals üblichen Schmetterlingsbrenner, die Mehrzahl der Petroleumlampen und Kerzen stets auch geringe Mengen unvollkommener Verbrennungserzeugnisse oder den Geruch verschlechternden Gase in den Raum gelangen lassen. Die Wasserdampfabgabe hält mit der Kohlensäureabgabe nicht gleichen Schritt, etwaiges Austreten geringer Leuchtgasmengen und Bildung von Ammoniak haben mit der Kohlensäureentstehung nichts zu thun.

Selbst der von v. Pettenkofer durch gründliche Untersuchungen gewonnene Erfahrungssatz, dafs Luft mit einem Gehalt von mehr denn 1 ‰ Kohlensäure als dem Wohlbehagen und Wohlbefinden nicht mehr entsprechend anzusehen sei, kann als stichhaltig nicht oder doch nicht unter allen Umständen betrachtet werden. Je nach der Herkunft der Kohlensäure, den Trockenheitsverhältnissen der Raumluft und des Raumes, dem in ihm herrschenden Wärmegrade treten in der Reinheit und Bekömmlichkeit der Luft namhafte Unterschiede auf, welche diesem Erfahrungssatze sich nicht einfügen lassen.

Die Bestimmung des Kohlensäuregehaltes der Luft ist nicht so einfach, um sie zur sofortigen Regelung der Lüftung heranziehen zu können, und die auf den Kohlensäuremafsstab begründeten Vorausbestimmungen des Lüftungsbedarfs tragen den sehr verschiedenartigen, jeweilig in Betracht kommenden Verhältnissen des Einzelfalles nicht ausreichend Rechnung.

Aus diesen Gründen vermag ich der Beibehaltung des Kohlensäuremafsstabes nur unter gewissen Beschränkungen zuzustimmen.

Zur Vorausbestimmung des Lüftungsbedarfs eines Raumes dürfte es in der Regel eher zum Ziele führen, wenn unter voller Berücksichtigung seines Zweckes und seiner Gröſse, der Lebensansprüche und des Kulturstandes seiner künftigen »Bewohner«, der in ihm zur Anwendung gelangenden Beleuchtungsart — und der zur Verfügung stehenden Geldmittel festgestellt wird, ob eine einmalige, anderthalbfache, zweimalige oder mehrfache Lufterneuerung in der Stunde ein Erfordernis ist oder bei Vollbesetzung werden kann.

Zur Regelung der Lüftung aber bieten meines Erachtens der Wärmegrad im Verein mit dem Wasserdampfgehalt der Luft in vielen Fällen einen richtigeren Anhalt, weil sie ‚unter normalen Verhältnissen für die Wirkung der Luft auf das Wohlbefinden, das Wohlbehagen und die Leistungsfähigkeit maſsgebend sind.

Als obere Grenzwerte sind nach dem jetzigen Stande der Forschung (vergl. S. 7) anzusehen:

Bei einem Wärmegrade von 18 bis 20° C. ein Wasserdampfgehalt der Luft von 60% relativer Feuchtigkeit,
» » » von 21 bis 23° C. ein Wasserdampfgehalt von 50% relativer Feuchtigkeit,
» » » von 24° und mehr ein Wasserdampfgehalt von 40% relativer Feuchtigkeit.

Irgend welche Schwierigkeiten weist das Bestimmen des Wasserdampfgehaltes der Luft nicht auf, wenn auch die Mehrzahl der im Handel befindlichen Hygrometer als für diesen Zweck dauernd geeignet nicht bezeichnet werden können. Sie bedürfen eines sorgfältigen Eichens und gelegentlicher Nachprüfungen, um zuverlässiges Ablesen zu gestatten. Empfehlenswerter ist die Verwendung des Augustschen Psychrometers, sobald dasselbe zwei genau gleichgehende Thermometer erhält. Rücksichtnahme auf den jeweilig herrschenden Luftdruck ist für den gedachten Zweck nicht erforderlich. Es genügt, aus einer dem Psychrometer angefügten oder in seiner Nähe angebrachten Tabelle den (dem Unterschiede des trocknen und des feuchten Thermometers jeweilig entsprechenden) Wasserdampfgehalt der Luft abzulesen.

Künstliches Befeuchten der Luft.

Aus den obigen Darlegungen über die Bedeutung der Luftfeuchtigkeit (vgl. auch S. 55 u. 69) geht hervor, daſs jedes absichtliche Anreichern der Luft mit Wasserdampf vermieden werden sollte.

Selbst bei hartem Frostwetter und mehr als ausreichender Lufterneuerung habe ich in keinem Falle den Wasserdampfgehalt der Luft von Aufenthalts- oder Versammlungsräumen wesentlich unter 30% relativer Feuchtigkeit, meist erheblich darüber gefunden. Den Umfassungswänden der Gebäude werden durch Schlagregen und Wasseraufnahme aus der Luft recht bedeutende Feuchtigkeitsmengen zugeführt, die im Verein mit der Wasserabgabe des Menschen, den im Haushalt frei werdenden Wasserdampfmengen und dergl. unter allen Umständen für einen hinreichenden Feuchtigkeitsgehalt der Luft Sorge tragen. In mit Menschen stark besetzten Räumen bedarf es, sogar unter den gedachten Witterungsverhältnissen, einer ziemlich lebhaften Lufterneuerung, um das Ansteigen des Feuchtigkeitsgrades der Raumluft über die für das Wohlbefinden und Wohlbehagen zulässige Grenze zu verhindern.

Luftbefeuchtungseinrichtungen sind daher allgemein als teuere und zweckwidrige Nebenanlagen zu betrachten, deren Verwendung auf einzelne rein technische Zwecke zu beschränken ist, denn auch hier stehen sie nicht selten der Wohlfahrt der in den Gewerbebetrieben Beschäftigten entgegen.*)

Bei ungenügender Überwachung rufen derartige Anlagen ferner Mifsstände von oft recht erheblicher Bedeutung hervor:

In Verdunstungspfannen findet man nicht gerade selten Schlammablagerungen, die in stinkende Fäulnis übergegangen sind, so dafs der sie bestreichenden Luft nicht nur Wasserdampf, sondern auch giftige Gase (Schwefelwasserstoff, Ammoniak und dergl.) in erheblichen Mengen zugeführt werden.

Die zur ausgiebigen Befeuchtung früher vielfach benutzten Gewebe pflegen ebenfalls rasch in Fäulnis überzugehen.

Ausschliefslich die Dampfzerstäuber haben sich leidlich bewährt, stellen sich aber im Betrieb teuer und führen der Luft meist überreiche Feuchtigkeitsmengen zu, haben naturgemäfs auch ein begrenztes Verwendungsgebiet.

---

*) In Baumwolle-Spinnereien und -Webereien mufs eine künstliche Befeuchtung der Luft stattfinden, weil ihr durch die hygroskopische Baumwolle Wasserdampf entzogen wird.

Allgemein fast wird der Luft Wasserdampf dann zugeführt, wenn sie in Heizkammern oder an Heizkörpern auf einen hohen Wärmegrad gebracht ist; sie bereichert sich daher derart mit Feuchtigkeit, dafs sie bei der Abkühlung in den Zuführungsleitungen, in den Zimmern und in den Abführungsleitungen Wasser niederschlägt. Eine hochgradige Durchfeuchtung der Gebäude und ihrer Ausstattungsgegenstände sowie ein dem Wohlbefinden schädlicher Wasserdampfgehalt der Raumluft ist die Folge. Das Anreichern der Luft mit Wasserdampf wird daher eher gesundheitswidrige Zustände schaffen, als zur Förderung des Wohlbefindens oder des Wohlbehagens beitragen.

Das Staubfreihalten der Luft.

Von grofser Bedeutung ist das Staubfreihalten der Luft. Eine weitgehende Sauberhaltung der Räume ist für diesen Zweck dringendes Erfordernis, ohne sie bleiben die kostspieligsten Entstaubungseinrichtungen der zugeführten Luft nutzlos.

Aus wohlgepflegten Gärten läfst Luft mit ausreichend niederem Staubgehalt sich ohne weiteres beziehen, während verkehrsreiche Strafsen sie bei lebhaften Winden und trockener Witterung überhaupt nicht oder nur in gewissen Höhenlagen bieten.

Entstaubungseinrichtungen sind aber nur für gröfsere Anlagen am Platze, verteuern sie und bedürfen ständiger Überwachung und Sauberhaltung, wenn der angestrebte Zweck erreicht werden soll. Der unmittelbare Bezug staubarmer Luft aus dem Freien verdient daher unter allen Umständen den Vorzug.

Die aus Maschengeweben oder locker geschichteter Watte hergestellten Luftfilter haben sich nicht besonders bewährt, weil sie dem Luftdurchtritt erhebliche Widerstände bieten und erstere sich rasch verstopfen. Sollen sie in Anwendung kommen, dann bedürfen sie einer häufigen Auswechslung sowie der Anwendung einer starken Erweiterung des Zuführungsrohr-Querschnitts an der Luftentnahmestelle.

Das Führen der Luft zwischen locker gespannten rauhen Geweben verringert die Widerstände und läfst leidliche Staubarmut der Luft erreichen, sobald die Gewebe einer häufigen und gründlichen Säuberung unterworfen werden und die Luft ausreichend lange zwischen den Geweben hinstreicht. Derartige Einrichtungen erfordern aber viel Raum, sind kostspielig und bedürfen sorgfältiger Überwachung.

Das Entlangleiten der Luft an feuchten Geweben (Ahrens-Lambsches Luftfilter) hat einen wesentlich besseren Erfolg, ruft aber den Mifsstand des Faulens der staubigen Gewebe herbei und erhöht den Feuchtigkeitsgrad der Luft ganz wesentlich.

Das Durchleiten der Luft durch Wasserschleier oder Wasserstaub hat nur geringe Erfolge erzielen lassen, stellt sich im Betrieb recht teuer und kann namentlich bei hohen Wärmegraden der Luft im Freien ebenfalls zu einem ungeeigneten Wasserdampfgehalte der Luft Veranlassung geben.

Am preiswertesten werden in der Regel Staubkammern zum Ziele führen, d.h. Erweiterungen des Zuführungsrohr-Querschnittes, in welchen durch Verlangsamung der Luftbewegung die gröberen Staubteile zum Niedersinken gebracht werden. Grundbedingung ist jedoch volle Zugänglichkeit, gute Beleuchtung und eine solche Herstellung der Staubkammern, dafs gründliches Reinigen auf feuchtem Wege unter Aufwendung geringer Mühewaltung möglich ist. Auch erfordern sie selbstverständlich eine sorgfältige Überwachung und eine genaue Regelung der Luftgeschwindigkeit.

Der Wärmegrad der Frischluft.

Der Wärmegrad der in die Räume eingeführten Luft ist bei vorübergehendem Lüften (Fensterlüftung) ziemlich bedeutungslos, während er bei ununterbrochenem Lüften einer sorgfältigen Regelung bedarf, weil er den Wärmegrad des Raumes in ungünstiger Weise zu beeinflussen vermag und die im Raume sich Aufhaltenden in ihrem Wohlbefinden und Wohlbehagen empfindlich stören kann. Bedürfen Körper und Raum der Wärmezuführung, dann soll die Temperatur der Frischluft etwas höher liegen als die des Raumes, im umgekehrten Falle etwas tiefer. Ein starkes Abweichen vom jeweiligen Wärmegrade des Raumes ist aber unter keinen Umständen erwünscht, da es in der Regel lästig empfunden wird.

Während das Erwärmen der Frischluft nur selten Schwierigkeiten bereitet, sobald die Menge und die Geschwindigkeit der Luft zu dem zur Verfügung stehenden Heizkörper in ein richtiges Verhältnis gebracht wird, verfügen wir gegenwärtig nicht über ausreichende Mittel zur Kühlung der Luft. Die Lindeschen und anderen künstlichen Kühleinrichtungen sind für die allgemeine Anwendung leider in Anlage und Betrieb zu teuer, man wird sie wohl noch längere Zeit auf Markthallen, Kühlhäuser, Schlachthäuser, Gewerbebetriebe, Schiffsräume und dergl. beschränkt sehen. Auch das Leiten der einzuführenden Frischluft durch Eisbehälter hat sich als sehr kostspielig erwiesen. Vereinzelt ist versucht, die Frischluft auf längere Strecken durch den Erdboden zu führen, aber der Erfolg war kein guter; es schlagen sich in der Leitung ziemlich bedeutende Wassermengen aus der warmen Luft nieder, an den feuchten Flächen haften bald Staub und Kleinlebewesen in grofsen Mengen, welche, je nach ihrer Art, der Luft einen dumpfen oder üblen Geruch verleihen*). So vorteilhaft diese Niederschlagsvorgänge für die Trockenheit und Reinheit der Luft von staubförmigen Beimengungen sind, so unerfreulich ist die Veränderung ihres Geruchs. Derartige Rohrleitungen müfsten daher begehbar und mit vollkommen glatten Innenwandungen angelegt werden, um sie einer gründlichen Säuberung unterwerfen zu können, sobald der Geruch der Luft zu wünschen übrig läfst. Die Kosten solcher Anlagen würden naturgemäfs erhebliche sein, ihr Nutzen für warme Klimate aber auch ein belangreicher. Für deutsche Verhältnisse dürfte es zur Kühlung der Luft an warmen Sommertagen ausreichen, sie nahe dem Erdboden im Garten zu entnehmen, den Garten aber durch Baumschatten und ausreichend häufiges Sprengen kühl und staubfrei zu erhalten. Das Niederschlagen überschüssigen Wasserdampfgehaltes, des Staubes und der Kleinlebewesen wird dann im Garten erfolgen, die Frischluft also in einem verhältnismäfsig günstigen Zustande dem Ge-

*) Diesen Fehler weisen sämtliche gekühlte Rohrleitungen für Luft auf.

bäude zugeführt werden. Selbst kleinere, aber wohl gepflegte Gärten zwischen hohen Gebäuden reichen für diesen Zweck aus, der Hausschatten trägt sogar zum Kühlhalten ihres Erdbodens bei.

Die Lüftungsarten.

I. Die Fensterlüftung.

Die älteste und einfachste Art der Lufterneuerung, die Fensterlüftung, kann auch heute nicht entbehrt werden. In Wohnungen wird nur ganz ausnahmsweise die Lufterneuerung ausschliefslich und zu jeder Jahreszeit durch anderweite Vorkehrungen herbeigeführt. Aber selbst wo letzteres der Fall ist, wie in Schulen, Gewerbebetrieben, Versammlungsräumen und dergl., kann die Fensterlüftung von Wert werden, indem nachts Kühlung oder tagsüber ein rasches Durchlüften der Räume durch sie hervorgerufen und so die künstliche Lüftung in ihrer Wirkung verstärkt wird.

Zur Auskühlung erhitzter Räume, namentlich solcher mit stärkeren Umfassungswänden, bedarf man sehr grofser Luftmengen, weil die Luft infolge ihres geringen Gewichtes sich rasch erwärmt und in der Regel nur um wenige Grade kühler zu sein pflegt als die zu kühlenden Teile. Die Verwendung der künstlichen Lüftung zu diesem Zweck erfordert daher bedeutende Betriebskosten, auch müfste ihre Anlage übermäfsig grofs gewählt werden, während in den Morgen-, Abend- und Nachtstunden die Fensterlüftung kostenlos Erhebliches zu leisten vermag, sobald Gegenzug hergestellt wird.

Zur ununterbrochenen Lufterneuerung eignet sich die Fensterlüftung nicht überall und nicht zu jeder Jahreszeit. Sobald niedere oder hohe Wärmegrade im Freien herrschen, darf die Fensterlüftung nur auf kurze Zeit und zwar am besten und wirkungsvollsten in der Form des Gegenzuges in Anwendung kommen. Ferner wird in Hörsälen und Schulzimmern, in Räumen für geistig anstrengende Thätigkeit, in Geschäftszimmern, in Konzertsälen und dergl. das Öffnen der Fenster zu erheblichen Störungen Veranlassung geben können. Endlich vermögen ein hoher Staubgehalt der Luft im Freien oder lärmendes Getriebe das Schliefsen der Fenster zu erzwingen. Je nach den klimatischen oder örtlichen Verhältnissen sowie nach dem Zweck der Räume ist daher das Verwendungsgebiet der Fensterlüftung ein mehr oder weniger beschränktes. Unter günstigen Umständen kann sie aber vor der künstlichen Lüftung den Vorzug auch im hygienischen Sinne verdienen, weil ihre Wirkung sinnfällig ist und wir etwaige Mifsstände sofort zu erkennen und zu meiden vermögen. Anderseits ist es von grofsem Vorteil, neben der Fensterlüftung die künstliche Lüftung zur Verfügung zu haben, um von ihr unter den oben angedeuteten Verhältnissen Gebrauch machen zu können. Namentlich bei anhaltend warmer Witterung oder bei ständig hohem Staubgehalt der Strafsenluft ist ein dringendes Bedürfnis hierzu vorhanden.

Der Nachteil des Eindringens der Niederschläge durch geöffnete Fenster ist vermeidbar durch die Anwendung von Kippflügeln, doppelter Schubfenster, der Jalousieverglasung oder von Holzjalousieläden. Diese Einrichtungen bieten bei richtiger Anlage auch gegen Einsteigen ausreichende Sicherheit und halten einen beträchtlichen Teil des Staubgehaltes der Luft zurück, gestatten daher ein ununterbrochenes Lüften während der Nacht und beim zeitweiligen Verlassen wie beim Leerstehen der Wohnungen, können also für das Kühlen und Austrocknen der Häuser wie der Neubauten von grofser Bedeutung werden.

Eine ausgiebige Sommerlüftung und ein rasches oder kraftvolles Durchlüften der Räume ist nur durch die Herstellung von Gegenzug zu erreichen. Man erzielt durch ihn den Vorteil, dafs der Winddruck die Raumluft durch Luft aus dem Freien verdrängt, während bei allen übrigen Lüftungsarten die Lufterneuerung ausschliefslich durch ein allmähliches Mischen der Frischluft mit der Raumluft erfolgt, also nie derart gründlich und rasch zu stande kommen kann. Die Grundplanverfügung sollte daher in jedem Gebäude und in jedem zu längerem Aufenthalte von Menschen bestimmten Raume dafür Sorge tragen, dafs durch Öffnen der Fenster und Thüren Gegenzug sich erreichen läfst.

II. Die Porenlüftung.

Die eigentliche Porenlüftung, d. i. das Eindringen von Luft durch die feinen Hohlräume der Steine und des Mörtels der Umfassungswände in die Gebäude, kann, wo sie auftritt, als höchst willkommen begrüfst werden. Bei dem Durchdringen dieser Körper wird die Luft von staubförmigen Beimengungen befreit und in ihrem Wärmegrade zumeist in günstigem Sinne verändert. Auch vermag sie zum Kühlen und Austrocknen der Wände wie zum Erhärten des Luftmörtels beizutragen.

Leider sind jedoch die Widerstände, welche die Luft auf diesem Wege findet, so bedeutend, dafs von einer Porenlüftung überhaupt nur in seltenen Fällen die Rede sein kann. Es kommt hinzu, dafs die Luft dem Wege folgt, welcher ihr die geringsten Widerstände entgegensetzt; sie dringt infolgedessen weit eher durch die Fugen der Fenster und Thüren oder durch die im Mauerwerk etwa vorhandenen Spalten und Klüfte in die Räume als durch die Poren der Wände. Geschlossene, durch Fenster nicht oder wenig unterbrochene Wandflächen sind der Porenlüftung am ehesten zugänglich, doch läfst eine Stärke derselben von mehr als ein Ziegelstein sie unter normalen Verhältnissen bereits nicht mehr zu stande kommen. Auch durch derartige Wände von geringer Stärke erfolgt eine ausgiebige Porenlüftung nicht in ihrer ganzen Fläche, sondern nur durch diejenigen senkrechten Fugen, welche ohne Unterbrechung von der Aufsenfläche zur Innenfläche reichen. Der Mörtel dieser Fugen bleibt unbelastet, und selten nur werden diese, die Standfestigkeit der Wand wenig beeinflussende Fugen vollständig mit Mörtel gefüllt. Aus diesem Grunde stellen sie dem Durchtritt der Luft einen sehr geringen Widerstand entgegen. Soweit die Wärmewirtschaft und der Schutz der Gebäude gegen Schlagregen die Anwendung derartiger Wände zulassen, kann mit ihnen der Vorteil einer ziemlich ausgiebigen Porenlüftung erzielt werden, was für jene Volksschichten von Bedeutung ist, welche während der kühleren Jahreszeit die Lüftung eher zu verhindern suchen, als von ihr sachgemäfsen Gebrauch zu machen.

III. Die Lufterneuerung durch Spalten und Fugen.

Das Eintreten von Luft durch die Anschlüsse der Fenster und Thüren an das Mauerwerk und durch ihre Fugen, durch Spalten, Risse und gröbere Klüfte in den Umfassungswänden und dergl. führt ziemlich allgemein einen nicht unerheblichen Luftwechsel herbei, sobald lebhafte Winde oder niedere Wärmegrade im Freien herrschen. Aber gerade unter diesen Witterungsverhältnissen ist eine solche Lufterneuerung zumeist höchst unliebsam, weil wir die feinen sich rasch bewegenden Luftströme, namentlich bei sitzender Beschäftigung an den Fensterplätzen, auf das unangenehmste empfinden.

Die durch die Zwischendecken und die Fugen der Innenthüren eintretende Luft ruft derartige Störungen nicht oder weniger hervor, ist aber fragwürdig in ihrer Reinheit, weil sie aus bewohnten Räumen kommt, also bereits mit Abgängen der Atmung, der Hautthätigkeit und dergl. sich beladen hat, aus unrein gehaltenen Gemächern, aus den Küchen, Badezimmern und Aborten stammen kann.

Daher wird das Streben auf eine Verhinderung dieser Lüftungsart, nicht aber auf ihre Förderung zu richten sein. Man erreicht diesen Zweck sowohl durch sachgemäfse Bauart des Hauses, der Fenster, der Thüren und durch ein sorgfältiges Dichtstellen trotzdem etwa entstehender Fugen und Spalten, als auch durch Herstellen von Luftüberdruck im Raume, welcher die Raumluft zwingt, aus diesen Öffnungen auszutreten, das Eintreten von Luft durch sie aber verhindert. Aus diesem Grunde ist es empfehlenswert, die Vorkehrungen für die künstliche Lüftung derart zu bemessen und zu gestalten, dafs mehr Frischluft in die Räume eintritt, als Luft aus den Abzugsöffnungen zu entweichen vermag, die Frischluft aber in die Wohnräume einzuführen, dagegen in den Nebenräumen ausschliefslich Luftabführungseinrichtungen zu treffen. Ferner sollen Küchen, Badezimmer, Aborte und dergl. möglichst der vorherrschenden Windrichtung abgekehrt liegen.

IV. Die künstliche Lüftung.

Die künstliche Lüftung wird dort zum Erfordernis, wo eine verhältnismäfsig grofse Zahl von Menschen im geschlossenen Raume sich ständig oder längere Zeit aufhält, das Offenhalten der Fenster nicht oder nicht zu jeder Zeit angeht, oder Schädlichkeiten (Tabaksrauch, übelriechende Gase, Gifte, Staub und dergl.) vom Entstehungsorte abgeführt werden sollen. Sie ist in Schulen, Krankenhäusern, Gasthäusern, Tanzsälen, Kasernen, Theatern, Konzertsälen, und anderen Versammlungsräumen nicht wohl zu entbehren und wird für die Mehrzahl der Gewerbebetriebe, die Eisenbahnwagen und die Aufenthaltsräume der Schiffe zur Notwendigkeit.

Man vermag den Luftwechsel sowohl durch Absaugen wie durch Einpressen der Luft herbeizuführen, indem man das Nachdringen oder Entweichen von Luft den zufälligen Öffnungen überläfst, wird aber in der Mehrzahl der Fälle dafür Sorge tragen müssen, dafs sowohl die eintretende wie die entweichende Luft der Überwachung nach Menge und Art unterliegen.

Das Absaugen allein geht dort an, wo es sich um das Entfernen von Schädlichkeiten im Entstehen, von Wasserdampf oder übelriechenden Gasen handelt. In den Koch- und Waschküchen, den Aborten, den Badezimmern einfacher Art, den Vorratsräumen und in den Gewerbebetrieben reichen Absaugvorkehrungen in der Regel zum Erreichen des Zwecks vollständig aus.

In den zu längerem oder dauerndem Aufenthalt von Menschen dienenden Räumen führt dagegen das Absaugen der Luft zu Mifsständen, sobald nicht gleichzeitig bestimmte Mengen von richtig erwärmter Frischluft dem Raume zugeführt werden. Es entstehen dann unangenehm wirkende Zugerscheinungen, es fehlt jeder Anhalt über die Reinheit der zuströmenden Luft, und es wird unter Umständen der Wärmegrad des Raumes im ungünstigen Sinne beeinflufst.

Das Einpressen von Luft ruft derartige Mifsstände nicht hervor und kann dort mit Vorteil Verwendung finden, wo es gilt, die zufälligen Öffnungen in den Umfassungsflächen des

Raumes gegen das Eindringen von Luft auch gegenüber kräftigem Winddruck zu sichern und Zugerscheinungen beim Öffnen von Thüren zu vermeiden. Durch das Einpressen von Frischluft entsteht ein Überdruck, welcher dazu führt, dafs durch die vorhandenen Öffnungen in den Umfassungsflächen des Raumes wohl Luft austritt, aber nicht eintritt.

Wo derartige Aufgaben zurücktreten, wird man dagegen zur Unterstützung der Lüftungswirkung neben den Luftzuführungsöffnungen auch Luftabzugsöffnungen im Raume oder in den von ihm nicht vollständig abgeschlossenen Vor- und Nebenräumen anbringen, weil andernfalls dem Eintritt der Luft erhebliche Widerstände sich entgegenstellen, die bei gleichem Energieverbrauch für die Lüftung die Lüftungsgröfse wesentlich herabsetzen. Stets aber soll die eingeführte Frischluft einen gewissen Überdruck behalten, damit die oben angegebenen Mifsstände nicht hervorzutreten vermögen.

Die Wahl der die Luft bewegenden Kräfte (Winddruck, Wärme, Wasserdruck, Dampf, elektrischer Strom) ist hygienisch belanglos, wenn nur die Lüftungswirkung unter allen Umständen sicher gestellt wird und nicht in Abhängigkeit von Witterungseinflüssen gerät.

Wärme und Winddruck haben den bedeutungsvollen Vorzug, dafs sie geräuschlos wirken, den Nachteil, dafs ihre Wirkung eine wechselnde ist und die des Winddrucks sich der Vorausberechnung entzieht. Da der Winddruck Betriebskosten entbehrlich macht, wird er trotz dieses Nachteils für diejenigen Zwecke der Anwendung wert erscheinen, bei denen ein ganz bestimmtes Mafs der Lufterneuerung kein Erfordernis bildet. Wärme und Wasserkraft sind kostspielig, Dampf steht nur in Einzelfällen zur Verfügung, die Elektromotoren arbeiten heute noch viel zu geräuschvoll, um für eine ununterbrochene Lüftung überall anwendbar zu sein.

Das Fortbewegen von Schädlichkeiten soll stets derart erfolgen, dafs der Luftstrom die Verunreinigungen womöglich beim Entstehen derselben erfafst und sie aus der Atemluft wegführt. So ist in den Küchen das Absaugrohr unter starker Erweiterung seines Mundstückes unmittelbar über dem Herde oder dem Waschkessel anzubringen; im Abort soll die Raumluft gezwungen werden, in den Sitz einzutreten und sich von hier zunächst abwärts zu bewegen, um dann in das Entlüftungsrohr einzutreten; in Gewerbebetrieben sind die Entstehungsorte für giftige Gase, soweit dies angeht, auch die für Staub, vollständig zu umschliefsen und von hier die Schädlichkeiten in rascher Bewegung fortzuleiten, oder Staub derart abzusaugen, dafs die Luft gezwungen wird, vom Beschäftigten nach der Entstehungsstelle sich lebhaft zu bewegen, niemals aber die umgekehrte Richtung einzuschlagen vermag.

Für die Anordnung der Luftzuführungsrohre ist grofser Wert darauf zu legen, dafs sie in ihrer ganzen Länge zugänglich bleiben und ohne wesentliche Mühe einer gründlichen Säuberung unterworfen werden können. Es wird daher das Streben dahin gehen, die Luftzuführungsrohre möglichst kurz anzulegen. Lange oder in ihrer Richtung sich wesentlich ändernde Rohre von engem oder mäfsig grofsem Querschnitt geben nicht die geringste Sicherheit, dafs die Frischluft auf ihrem Wege rein erhalten bleibt. Bei grofsen Lüftungsanlagen wird man zu weiten Querschnitten die Zuflucht nehmen müssen und Sorge tragen, dafs die Rohre von und zu den Luftkammern wesentliche Richtungsänderungen nicht erhalten. Für Einzelluftzuführungen in jeden Raum ist dagegen der geeignetste Platz die Fensternische oder eine dem Heizkörper etwa nahe Aufsenwand. Grundbedingung für den ersten Fall ist allerdings die Möglichkeit, in der Fensternische einen Heizkörper zum Erwärmen der eintretenden Luft aufstellen zu können.

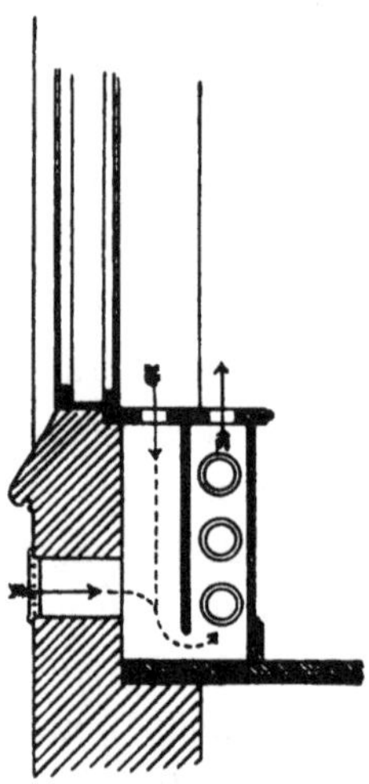

Fig. 1.

Diese Anordnung führt den beachtenswerten, weiteren Vorteil herbei, dafs der während der kalten Jahreszeit an den Fenstern herabsinkende kühle Luftstrom am Niedergleiten zum

Fufsboden verhindert werden kann und ein unmittelbar vor ihm aufsteigender warmer Luftstrom die in der Nähe des Fensters sich Aufhaltenden vor jedem Kältegefühl schützt (vergl. Fig. 1). Frischluft aus den Treppenhäusern, den Fluren u. dergl. zu entnehmen, ist nicht angängig, weil für ihre Reinheit von Gasen und staubförmigen Körpern jede Sicherheit fehlt, unter Umständen hochgradige Verunreinigungen zu stande kommen können, selbst die Ansteckungsgefahr nicht ausgeschlossen ist.

Für die Sauberhaltung der Luftzuleitungen und die Reinerhaltung der Frischluft ist es ferner notwendig, Rohre mit glatten, undurchlässigen Innenwandungen zu verwenden, welche auf feuchtem Wege sich reinigen lassen.

Die Zugänglichkeit und Reinigungsmöglichkeit der Luftabführungsleitungen ist ebenfalls durchaus wünschenswert, sofern nicht ein Umkehren des Luftstromes in ihnen vollkommen ausgeschlossen ist, was nur in seltenen Ausnahmefällen zutreffen dürfte. In diesen Rohren pflegen im Laufe der Zeit bedeutende Staubmengen sich abzulagern. Wird durch Winddruck oder durch Unterschiede im Wärmegrad zwischen der Raumluft und der Luft im Freien ein lebhaftes Abwärtsbewegen der Luft in ihnen hervorgerufen, dann pflegen Staubaufwirbelungen zu erfolgen, welche die Raumluft in erheblichem Grade zu verunreinigen vermögen. Je kürzer diese Leitungen ausfallen und je geringere Richtungsänderungen in ihnen vorkommen, um so eher wird eine Säuberung sich vornehmen lassen.

Allgemein fast sind bisher die Abluftschächte in der den Fenstern gegenüberliegenden Wand oder, z. B. in Schulen, ihnen nahe in den Scheidewänden untergebracht. Diese Lage hat zur Folge, dafs ein lebhafter Luftstrom vom Fufspunkte der Aufsenwände über den Fufsboden hinweg zu den Innenwänden sich bewegt. Man beabsichtigte bei der Wahl dieser Anordnung, den Kreislauf der Luft im Raume zu vollenden. Bei kalter Witterung findet aber trotz der beschleunigten Bewegung der Luft an den Aufsenwänden gängiger Herstellungsweise eine solch hochgradige Abkühlung des Luftstromes statt, dafs er auf die Füfse der im Raume sich Aufhaltenden in höchst unliebsamer Weise einwirkt und zu einer durchaus unerfreulichen Wärmeverteilung im Raume Veranlassung gibt; die Unterschiede zwischen dem Wärmegrade der Luft an der Decke, in Kopfhöhe und am Fufsboden fallen sehr hoch aus. Eine Reihe von Temperaturbeobachtungen in Räumen mit derartiger Lage der Luftschächte brachten mir eine volle Bestätigung dieser Annahme.

Aus diesem Grunde sollte m. E. das Bestreben dahin gerichtet werden, den an den Aufsenwänden niedergesunkenen Luftstrom unmittelbar an ihrem Fufspunkt abzufangen und auf kürzestem Wege ins Freie zu führen.

Es ist dann zu erwarten, dafs der an den Innenwänden herabsinkende, wesentlich höher temperierte Luftstrom vom wärmsten oder doch wärmeren Teile des Raumes aus zur Fensterwand sich bewegt, und teils hierdurch, teils durch das Ableiten der am stärksten abgekühlten Luft die unmittelbar über dem Fufsboden sich befindende Luftschicht auf einem ausreichend hohen Wärmegrade erhalten wird. Auch die Unterschiede zwischen der Temperatur der Luft an der Zimmerdecke, in Kopfhöhe und nahe dem Fufsboden dürften in angemessener Weise verringert werden und zwar um so mehr sich ausgleichen, je lebhafter die Luftbewegung im Raume ausfällt. Mit einer kraftvollen Luftabführung vermögen wir also in diesem Falle die Wärmeverteilung im Raume wahrscheinlich ganz wesentlich zu verbessern, ja es ist nicht ausgeschlossen, dafs trotz der durch dieses Vorgehen erforderlich werdenden Mehrhergabe von Wärme für das Frischlufttemperieren bei gleichbleibender Heizung und dementsprechend gleichen Heizungskosten eine richtigere und angenehmere Erwärmung des Raumes erzielt wird, als ohne jene Luftableitung.

Das Abfangen des an den Aufsenwänden niedergesunkenen kalten Luftstromes verursacht weder Schwierigkeiten noch belangreiche Kosten. Es wird zu diesem Zweck die Fensterbrüstung über die ganze Aufsenwand bis zu den Scheidewänden verlängert, ihr ein Abstand von einigen Centimetern von der Wand gegeben und sie an der Oberfläche mit Schlitzen von möglichst grofser Ausdehnung versehen, durch welche die Luft hinter die Brüstung herabsinkt (vgl. Fig. 2).

Von hier ist ein Weg unmittelbar ins Freie ohne weiteres gegeben, da dem Anbringen von Abluftrohren in der Fensterbrüstung ästhetische Schwierigkeiten nicht im Wege stehen, sobald eine künstlerische Durchbildung derselben vorgenommen wird.

Allerdings ist für das Fortführen der Abluft eine Kraft erforderlich, da die kalte Luft im Freien, sowie der auf das Fenster etwa gerichtete Winddruck das Ausströmen nicht nur verhindern, sondern eine umgekehrte Richtung des kalten Luftstromes in den Raum hervorrufen würden.

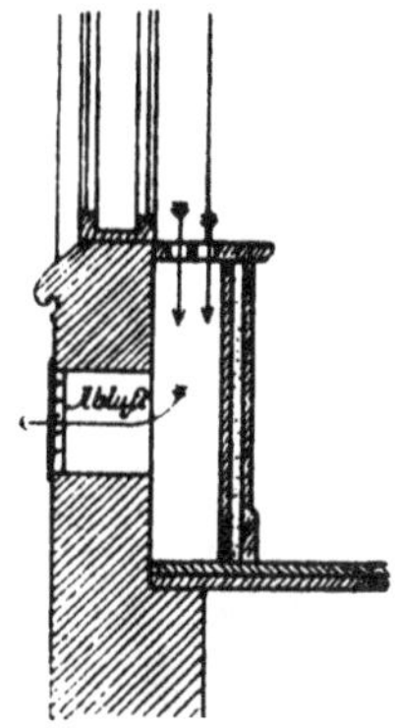

Fig. 2.

Ob und wieweit durch geeignete Vorkehrungen der im Freien herrschende Winddruck als Kraft zum Fortführen der Abluft ausgenutzt werden kann, ist zu entscheiden nicht meine Sache; das mufs ich der Maschinentechnik überlassen. Aus den oben dargelegten Gründen würde die Benutzung des Winddrucks grofse Vorzüge besitzen. Gröfsere Sicherheit bietet freilich die Anwendung des elektrischen Stromes für diesen Zweck, indem ein Motor von entsprechender Leistung in die Fensterbrüstung eingebaut wird, welcher vom Raume aus bedient werden kann, und dessen Geräusch durch die verdeckte Lage gemildert wird.

Naturgemäfs ist die Wand- und Fensterbrüstung derart auszubilden, dafs sie bequem fortgenommen werden kann, um den Motor erforderlichen Falles losnehmen und alle Teile der Gesamtanlage vom Staub säubern zu können.

Derart eingerichtet bedeutet eine solche Anlage jedenfalls das Ideal einer Luftabführung, die den hohen, unzugänglichen oder wenig zugänglichen und daher im Laufe der Zeit arg verstaubenden Luftschächten weitaus vorzuziehen ist. Denn ein in letzteren stattfindendes Umkehren des Luftstromes vermag nicht nur den Räumen reiche Staubmengen zuzuführen, sondern schliefst auch die Möglichkeit in sich, etwa im Abluftschacht abgesetzte Krankheitserreger in den Raum zurückgelangen zu lassen. Stets rufen derartige Luftschächte ferner ein mindestens unbehagliches, wenn nicht Ekel erregendes Gefühl wach, sobald hinter dem Abluftgitter herabsinkende Staubnester die Aufmerksamkeit auf ihren schmutzigen Zustand lenken.

Wo elektrischer Strom fehlt, man die nicht unbedeutenden Kosten seiner Verwendung zu scheuen hat oder das Geräusch der Entlüfter zu Störungen Veranlassung gibt, wird man allerdings wohl oder übel zu ihnen die Zuflucht nehmen müssen. In den Aufsenwänden selbst derartige Schächte hochzuführen, ist zumeist aus statischen und ästhetischen Gründen unzulässig, würde auch kaum zu Erfolg führen, weil der niedere Wärmegrad der Aufsenwand unter den in Betracht kommenden Witterungsverhältnissen den Auftrieb des Abluftstromes fraglich erscheinen läfst. Eher geht es an, in den Scheidewänden oder in der von ihnen mit der Aufsenwand gebildeten Ecke Luftschächte hochzuführen, die man im Dachboden soweit »schleift«, dafs sie in ausreichender Entfernung von den Schauseiten der Gebäude aus dem Dach hervortreten. Ob in ihnen ständig ein genügender Luftauftrieb erzielt werden kann, ohne irgend eine Kraft in Anwendung zu bringen, mufs allerdings ebenfalls als zweifelhaft bezeichnet werden. Gröfsere Sicherheit bietet jedenfalls das Fortführen der Abluft in einem unter dem Fufsboden verlaufenden Rohre zum Heizraum des Ofens, oder zu einem möglichst zwischen Schornsteinen hochgeführten oder sonst ausreichend warm gelegenen Abluftrohre (vergl. Fig. 3).

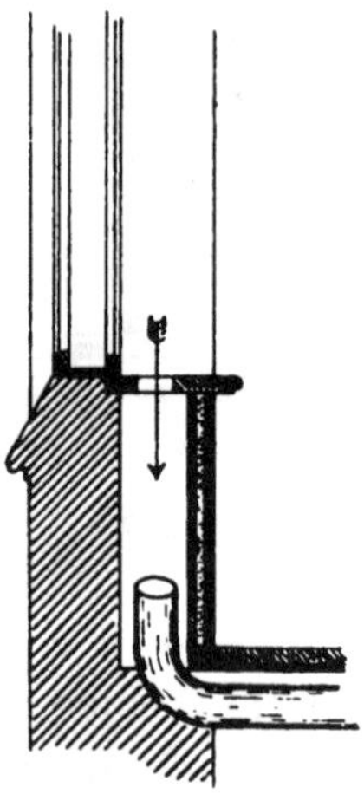

Fig. 3.

Steht Rohrheizung zur Verfügung, dann empfiehlt es sich, die Fensternische mit einem Heizkörper zu versehen, welcher zum Frischluft-Vorwärmen dient und durch Hochführen eines

Warmluftstromes vor dem Kaltluftstrom die Annehmlichkeit von dessen Fortführung noch wesentlich erhöht. Die Fig. 4—6 zeigen die sachgemäfse Verbindung der beiden Vorkehrungen, durch welche jede längere Führung der Luftleitungen vermieden wird und in einfachster Weise, aber naturgemäfs unter Aufwendung entsprechender Betriebskosten, alles erreicht werden kann, was von der Lüftung selbst und von ihrer Einwirkung auf die Wärmeverteilung im Raume in gesundheitlicher Beziehung irgend zu fordern ist.

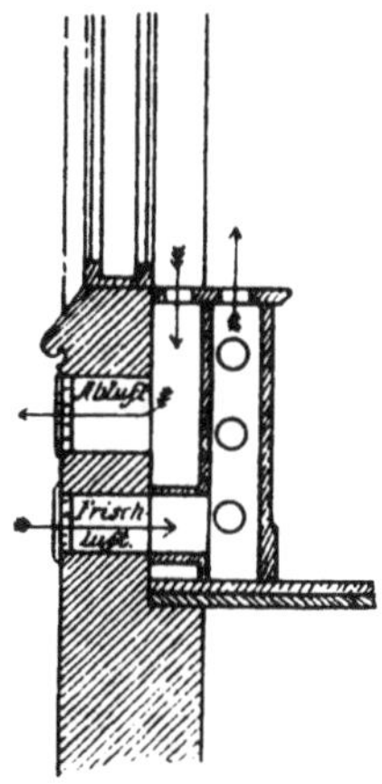

Fig. 4.

Die innerhalb der Fensterbrüstung befindliche Trennungswand des Frischluft- und des Abluftstromes ist als möglichst schlechter Wärmeleiter zu gestalten. Eine Holzwand mit Asbestpappebekleidung seiner nach den Heizrohren gerichteten Seiten dürfte diese Forderung in billigster und einfachster Weise erfüllen lassen.

In den Geschäftszimmern der Banken und der öffentlichen Gebäude, in den Klassenzimmern der Schulen, in den Wohngemächern und Schlafzimmern besser oder vornehm ausgestatteter Wohnhäuser steht der Durchführung solcher Einrichtungen irgend welches Hindernis wohl kaum entgegen. Besonders aber für

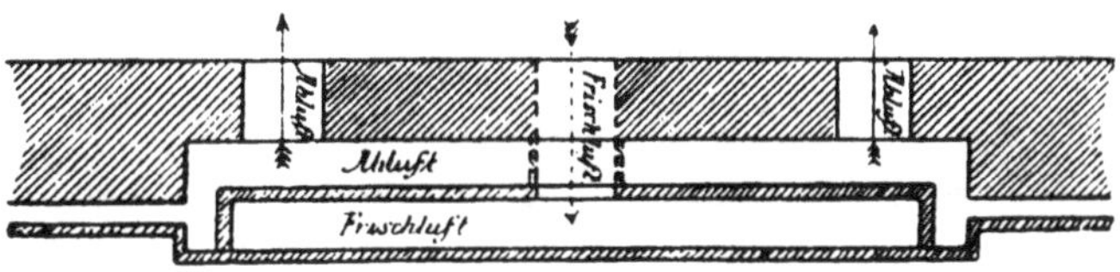

Fig. 5.

Krankensäle und Krankenzimmer verdienen sie vor den bisher üblichen Anlagen ganz entschieden den Vorzug, weil sie jede Staubablagerung mühelos und gründlich zu beseitigen gestatten, die Luft auf kürzestem Wege einführen und fortführen.

Allgemein, namentlich aber für den letzteren Zweck ist es geraten, dort, wo mehrere Wände eines Raumes Freilage haben, die Abluft an der geschlossenen Aufsenwand fortzuführen, die

Frischluft dagegen durch die Fensterbrüstungen einzuleiten, um eine möglichst weite Trennung der Frischluftentnahmestelle von der Abluftausfuhrstelle zu erzielen. Doch wird durch geeignete Formen der hierzu dienenden Rohre auch dann eine Mischung der Abluft mit der Frischluft sich vermeiden lassen, wenn ein Nahelegen beider unvermeidbar ist.

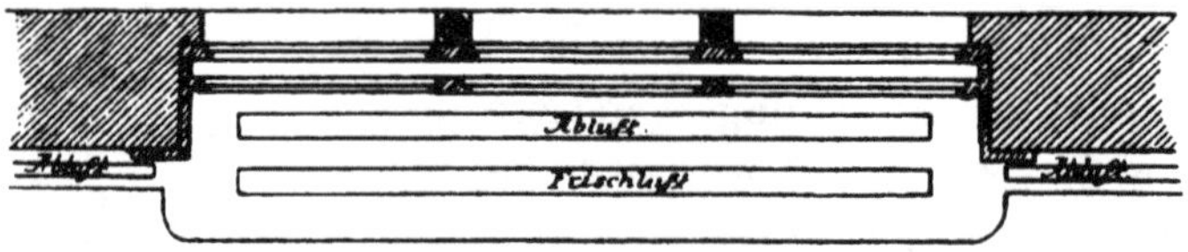

Fig. 6.

Die im Handel befindlichen, elektromotorisch betriebenen kleineren Ventilatoren weisen zumeist die in Fig. 7 dargestellte Form der Flügel auf. Dieselbe vermag dann zweckwidrig zu wirken, sobald ihre Querschnittsstellung nicht sehr sorgfältig ausgemittelt wird. Bei falscher Querschnittsstellung der Flügel habe ich mehrfach beobachtet, dafs die Luft im Zuführungs- oder Abführungsrohre emporgewirbelt wurde, statt fortbewegt zu werden. Es empfiehlt sich daher mehr, jene Flügelform in Anwendung zu bringen, welche für Exhaustoren üblich ist (vergl. Fig. 8) und sich bei diesen bewährt hat. Die in einer Zahl von 6—8, besser noch von 10—12, anzuwendenden Flügel sollen sich in der Ansichtsfläche übergreifen, nicht aber hier Zwischenräume freilassen und die Form der Flügel, sowie ihr Querschnittsabstand mufs richtig ausgemittelt werden, damit sämtliche aufgewendete Betriebskraft der Luftförderung dienstbar wird, jedes Luftumherwirbeln aufhört.

Fig. 7.

Fig. 8.

Ganz besonders empfiehlt es sich, zu diesem Zweck die Luftableitungsrohre von innen nach aufsen sich kräftig erweitern zu lassen (vergl. Fig. 9), um die Widerstände nach Möglichkeit zu verringern, welche die Luft an deren Wandungen findet. Denn auch diese rufen Wirbel hervor, welche die Lüftungswirkung ganz erheblich abschwächen. Je stärker die Luft bewegt wird, und je enger das Rohr im Verhältnis zur Motorbreite ist, um so kraftvoller fallen die Wirbel aus, um so ungünstiger wird das Verhältnis zwischen dem Betriebsaufwand und der geförderten Luftmenge.

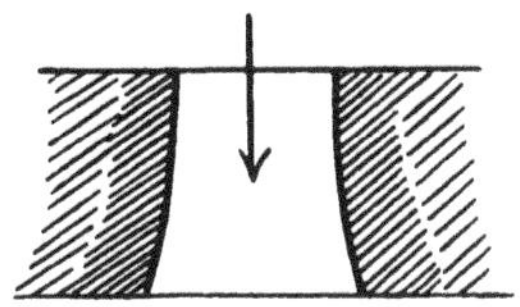

Fig. 9.

Ebenfalls höchst ungünstig für die Lüftungswirkung ist die Gepflogenheit, die Ziervergitterung der Abluftschachte eng und platzraubend zu wählen. Wo nur schwache Kräfte den Auftrieb der Luft hervorrufen, vermag die starke Reibung der letzteren zwischen engen Gitteröffnungen die Lüftungswirkung aufzuheben, in jedem Falle wird sie (nach meinen Versuchen) ganz wesentlich verringert. Die Ziergitter sollen daher weite Öffnungen aufweisen und möglichst wenig Raum in Anspruch nehmen. Nicht selten findet man ferner die Abschlufsklappen unterhalb dieser Gitter falsch gestellt und zwar so, wie Fig. 10b es darstellt. Die Luft wird dadurch gezwungen, zunächst nach unten und dann erst aufwärts zu fliefsen, wobei sie erhebliche Widerstände zu überwinden hat, was durch die in Fig. 10a angedeutete Stellung der Abschlufsklappen sich vermeiden läfst. Denn bei dieser Stellung folgt die Luft ungehindert demjenigen Wege, welchen sie einschlägt, wenn die Abluftöffnungen unvergittert gelassen werden.

Fig. 10.

Dient der Abluftschacht mehreren Geschossen, dann hat die Klappenstellung Fig. 10b den weiteren Nachteil, dafs die Abluft der tiefer gelegenen Räume geneigt ist, in die oberen Räume einzudringen, sobald der Querschnitt des Schachtes stark in Anspruch genommen wird oder der Auftrieb der Luft den ihr sich entgegenstellenden Widerständen gegenüber als schwach zu bezeichnen ist. Die Stellung b der Abschlufsklappen ist daher nur dort am Platze, wo die Luftbewegung in den Schachten eine nach abwärts gerichtete sein soll.

III. Abschnitt: Die Wärme.

Allgemeines.

Beim Leben im Freien vermag der Mensch durch Gewöhnung, gute Ernährung, richtige Kleidung und angemessene Körperthätigkeit bedeutende Wärmeschwankungen ohne Schaden zu ertragen. Dagegen erfordert die sitzende Beschäftigung eine sorgfältige Regelung des im Raume herrschenden Wärmegrades. Man bedarf einerseits bei völliger Körperruhe eines ausgiebigen Schutzes gegen starke Wärmeabgabe, anderseits wird die körperliche wie die geistige Leistungsfähigkeit durch das Herrschen hoher Wärmegrade im geschlossenen Raume ganz wesentlich herabgesetzt.

Da die Technik die im geschlossenen Raume auftretenden Bedingungen zu erfüllen hat, und innerhalb der »Werkstätten« (im weitesten Sinne des Wortes) das Herabsetzen der menschlichen Leistungsfähigkeit auch zu wirtschaftlichen Schädigungen führt, so hat für einen beträchtlichen Teil der Techniker die Lehre von der Wärmewirtschaft des menschlichen Körpers Interesse.

Für die Erdoberfläche bildet die Sonnenstrahlung die einzige Wärmequelle, wenn auch die Winde die Verteilung der Wärme übernehmen. Wärmeverluste entstehen sowohl durch Ausstrahlung, durch Fortführen (durch kühle Luftströme), wie durch Wasserverdunstung. Der Erdwärme kommt erst in gröfseren Tiefen Bedeutung zu, doch vermag der Erdboden als Wärmespeicher bereits in den oberflächlichen Schichten dem Menschen wesentlichen Nutzen zu leisten. In tiefen Bergwerken und Tunnels kann dagegen dem Bau wie dem Betrieb durch die Erdwärme eine grofse Schwierigkeit erwachsen.

Die Wirkung der Sonnenstrahlung wie der Ausstrahlung wird beim Durchdringen der Atmosphäre ganz erheblich herabgesetzt, obgleich von Wasser und Staub freie Luft für Wärmestrahlen vollkommen durchlässig ist.

Es darf daher angenommen werden, dafs dem Wasserdampfgehalte und mehr noch dem Gehalte der Luft an Staubteilen nebst den an ihnen etwa haftenden Wassertröpfchen eine hohe Bedeutung zukommt. Denn ohne diese Milderung der Strahlung und Ausstrahlung, sowie ohne die von der Atmosphäre ausgehende zerstreute Wärmestrahlung würde das Gedeihen von Pflanzen und Tieren in Frage gesetzt, wahrscheinlich unmöglich sein. Je weiter der Weg ist, den ein Wärmestrahl durch die Atmosphäre zurückzulegen hat, um so mehr Wärme wird ihm entzogen. Die Höhenlage eines Ortes und der Sonnenstand, also der Einfallswinkel der Strahlen üben daher einen ausschlaggebenden Einflufs auf deren Wärmewirkung. Kurz vor Sonnenuntergang und kurz nach Sonnenaufgang kommt eine Wärmewirkung der Strahlen überhaupt nicht zu stande, bei senkrechtem Sonnenstande ist sie am höchsten, auf hohen Bergen wird sie am stärksten empfunden. Der niedere Wärmegrad und die lebhafte Bewegung der Luft gleichen sich hier aus mit der starken Wirkung der Strahlung. Ist a die Schattentemperatur, b die Temperatur des besonnten schwarzen Kugelthermometers, so verhält sich der Mensch, als ob er bei der Temperatur $\frac{a+b}{2}$ sich befände. Die starke Ausstrahlung ruft aber nach Sonnenuntergang eine gewaltige Abkühlung hervor. In den mitteleuropäischen Alpen vermag der Wärmegrad der Luft und des Erdbodens bereits in Höhen von 2300 m nach den heifsesten Sommertagen unter den Gefrierpunkt des Wassers zu sinken.

Die Wirkung der Sonnenstrahlung auf den Erdboden hängt ferner ab von dessen Neigung, Farbe, Glätte und Wasser- oder Luftgehalt. Die Neigung des Bodens ändert die jeweilige Lage der Fläche zu den Strahlen; je senkrechter sie auftreffen, um so höher ist ihre Wirkung. Die bekannten klimatischen Vorzüge der Südhänge haben hierin ihre wesentlichste Ursache. Je reicher an Wasser die von der Strahlung getroffenen Teile sind (feuchter Boden oder Mauerwerk, Moor, mit Pflanzenwuchs bedeckter Boden), um so langsamer steigt ihr Wärmegrad, weil die Wasserverdunstung einen grofsen Teil der Wärme in Anspruch nimmt. Eis und gefrorner oder beschneiter Boden nehmen noch weniger Wärme auf, weil die Umwandlung des Wassers aus dem festen in den dampfförmigen Zustand grofse Wärmemengen verbraucht und viel Wärme von solchen Flächen zurückgestrahlt wird. Heller Boden strahlt weit mehr Wärme zurück, als dunkler; berufste Gegenstände nehmen sämtliche durch Strahlung ihr zugeführte Wärme auf, rein weifse und glatte oder spiegelnde Flächen (Wasser und Eis) nur geringe Mengen. (Ein vollkommener Spiegel unterliegt bekanntlich der Wärmewirkung durch Ein- oder Ausstrahlung überhaupt nicht.) Ein stark lufthaltiger Boden nimmt die Wärme weniger rasch auf als ein von Luft freier oder ein solcher mit geringem Luftgehalt sonst ähnlicher Art.

Die Eigenarten des Land- und Seeklimas sowie die Unterschiede zwischen dem Verhalten nackten Bodens (Fels, Wüste, gepflasterter und mit Gebäuden besetzter Boden) und mit Pflanzenwuchs bedeckten Bodens (Wald, Wiese, Feld, Garten) sind jenen Ursachen zuzuschreiben.

Die Luft erwärmt und entwärmt sich sowohl durch die Berührung mit den in ihr schwebenden Wasser- und Staubteilchen wie mit dem Erdboden. Die aus grofsen Höhen herabsinkende Luft pflegt kalt zu sein.

Mit dem Erwärmen der Luft erfolgt ein Ausdehnen, ihr Gewicht nimmt mit der Temperaturerhöhung ab, daher wird sie von andringender kalter Luft verdrängt. Hierdurch entsteht die Bewegung der Luft, der Wind. Derselbe kann örtlich beschränkt sein (Land- und Seewind, Berg- und Thalwind, Luftaustausch zwischen besonnten und beschatteten Flächen) oder weite Landstriche beherrschen (der stete Zuzug kalter Luftströme aus den Polargebieten nach den Äquatorialgegenden und die Rückbewegung der warmen Luftströme von dort, die sogenannten Passate und Antipassate). Diese Winde sind klimatisch von grofser Bedeutung; die kalten und die gemäfsigten Zonen verdanken ihnen die stets wechselnde Eigenart, je nachdem warme und feuchte oder kalte und trockene Luftströme zeitig vorherrschen; das Gebirgs- und das Küstenklima werden durch die örtlichen Winde zu einem bevorzugten, die Schattenlage der Häuser und Hausgärten führt uns im Hochsommer erfrischende Kühlung zu.

Der Einflufs niederer und hoher Wärmegrade auf die Gesundheit.

Die Eigenwärme des Menschen erträgt nur geringe Schwankungen; eine irgend erhebliche Steigerung derselben führt zur Erschlaffung der Zellthätigkeit, zu ernsten Störungen des Allgemeinbefindens, zu krankhaften Veränderungen einzelner Organe und vermag rasch den Tod durch Hitzschlag hervorzurufen. Der Hitzschlag erfolgt, wenn hohe Luftwärme sich paart mit hohem Feuchtigkeitsgehalt und fehlender Bewegung der Luft. Mangel an Wasseraufnahme und Muskelthätigkeit erhöhen die Gefahr. Eine Abnahme der Eigenwärme hat Ermattung im Gefolge, die rasch zur Abnahme der Kräfte und zum Tode führen kann (Erfrieren).

Immerhin kommt es nur selten zu derartigen erheblichen Störungen der Eigenwärme, weil der Körper in der verstärkten Blutfülle der Haut und in der Schweifsverdunstung wichtige Entwärmungsmittel, in der vermehrten Nahrungsaufnahme, Muskelthätigkeit und Kleidung Hemmungsvorkehrungen für zu starke Wärmeabgabe besitzt.

Die Nahrungsaufnahme dient gleichzeitig dem Aufbau und Ersatz der Körperzellen wie der Wärmebildung; der menschliche Körper ist daher auch dann zur Erzeugung von Wärme gezwungen, wenn er zur Wärmeabgabe keine Gelegenheit hat.

Je mehr Arbeit durch Muskelthätigkeit geleistet werden mufs, um so mehr Wärme mufs gebildet werden.

Von der gebildeten Wärme wird ein sehr kleiner Teil zur Erwärmung der Atemluft und der Kost verwendet, ein weiterer kleiner Teil wird — auch bei geringer Körperanstrengung — in Arbeitsleistung umgewandelt, der allergröfste Teil von der Haut abgegeben.

Rubner fand bei einem Erwachsenen die Wärmeabgabe bei geringer Arbeit in 24 Stunden:

	in Kalorien	in Prozenten
Atmung	35	1,29
Arbeit	51	1,88
Erwärmung d. Kost .	42	1,55
Abgabe v. der Haut .	2572	95,28
Zusammen	2700	100,00

Für die Wärmeabgabe von der Haut stehen drei Wege zur Verfügung: die Leitung an Luft oder Wasser; die Ausstrahlung und die Wasserverdunstung.

Je nach den örtlichen und zeitlichen Verhältnissen wechselt die Anteilnahme dieser Wege in sehr weiten Grenzen; bald wird nur einer, bald werden alle drei gleichzeitig beschritten, bald bedürfen sie künstlicher Hemmung, bald der lebhaftesten Förderung, um das Gleichgewicht im Wärmehaushalt des Menschen zu erhalten.

Die Wärmeabgabe an die Luft durch Leitung und Strahlung ist nur möglich, solange deren Temperatur unter + 37° C. liegt. Die Wärmeabgabe durch Leitung ist bei gleichem Wärmegrade im Freien wesentlich höher als im geschlossenen Raume, in diesem wieder bei ununterbrochener Lufterneuerung stärker als bei unterbrochener; immerhin kann im geheizten Raume durch starke Abkühlung der Luft an kalten Aufsenwänden eine rasche, meist höchst unerfreulich wirkende Bewegung der Luft trotz Mangel jedes Luftwechsels zu stande kommen.

Wärmeableitung an Wasser können wir durch Waschungen, Abreibungen und Bäder erzielen und sie durch die Wahl des Wärmegrades des Wassers regeln.

Die Wärmeabgabe durch Strahlung pflegt im geschlossenen Raume hoch auszufallen, sobald oder solange der Wärmegrad seiner Umfassungsflächen erheblich niederer liegt als + 37° C. Heizung, Beleuchtung und Anwesende vermögen sie wesentlich herabzusetzen, unter Umständen aufzuheben. Im Freien erfolgt eine Ausstrahlung stets, wenn die Bestrahlung fehlt. Letztere kann ebensowohl von der Sonne als von erhitzten Gegenständen ausgehen (Fels, Gebäude, gepflasterter oder nackter Erdboden, Wasser und dergl.); die Wirkungen beider vermögen vereint höchst ungünstige Erscheinungen hervorzurufen.

Die Wasserverdunstung hängt hauptsächlich ab von dem Wasserdampfgehalt der Luft und von deren Bewegung. Durch die Wahl der Kleidung läfst sie sich erhöhen oder ermäfsigen.

Ist durch hohe Wärmegrade der Luft und der Umgebung oder durch Bestrahlung sowohl die Wärmeabgabe durch Leitung wie die durch Strahlung verschlossen, dann bleibt als einziger Weg die Wasserverdunstung offen.*) Wird auch dieser durch hohen Wasserdampfgehalt der Luft verlegt oder stark eingeschränkt, dann sind Störungen im Gleichgewicht des Wärmehaushalts und damit im Wohlbehagen wie im Wohlbefinden unausbleiblich.

Die ungünstigen Einwirkungen feuchter, warmer Klimate und die Bedeutung des Wasserdampfgehaltes der Luft für das Wohlbefinden sind hierin begründet.

Ein derartiges Klima schaffen wir aber vielfach in geschlossenen Räumen. Namentlich weisen die Werkstätten einer grofsen Zahl von Gewerbebetrieben**) ein solches ständig oder doch

*) Beim Übergehen von 1 l Wasser aus der flüssigen in Dampfform werden bekanntlich 570 Wärmeeinheiten verbraucht.

**) Die Zuckersiedereien, die Backstuben, die Sudhäuser der Brauereien, die Wäschereien und Färbereien stehen obenan, auch die Textilindustrie weist vielfach höchst ungünstige Bedingungen auf.

während der warmen Jahreszeit auf. Auch in Versammlungssälen, in Schulzimmern und anderen Räumen, die einer grofsen Zahl von Menschen zum Aufenthalt dienen, finden wir während der warmen Jahreszeit, ja selbst während der Heizperiode solche, die Gesundheit ungünstig beeinflussende, wenn nicht schädigende Verhältnisse.

Ein Wärmegrad von 24° C. mufs als bereits kaum mehr erträglich bezeichnet werden, sobald die Luft mehr als 75% relativer Feuchtigkeit aufweist, während in einer ausreichend bewegten Luft von nur 30 bis höchstens 40% relativer Feuchtigkeit Wärmegrade ohne Schaden auch auf längere Zeit ertragen werden, welche der Bluttemperatur nahe liegen oder sie überschreiten, was in Sudhäusern ja die Regel bildet. In wassergesättigter Luft von mehr als Blutwärme vermag der Mensch nur kurze Zeit auszuhalten, ihr Wärmegrad mufs unter 22° C. liegen, um dauernd in ihr sich aufhalten zu können. Nur bei starker Bewegung der Luft werden höhere Wärmegrade erträglich.*)

Der Einflufs der Wärmestrahlung auf die Gesundheit.

Unter dem Einflufs starker Sonnenstrahlung kommen, namentlich für Ungewöhnte, bekanntlich schmerzhafte Hautentzündungen zu stande, und es kann die Wirkung zum Sonnenstich sich steigern, d. h. durch Überhitzung des Kopfes zu schwerer Ohnmacht und zum Tode führen.

Derartige schädigende Wirkungen kommen zu stande bei klarer, von Staub und Wassertropfen freier oder wenig verunreinigter Luft, bei dünner Schicht des Luftmeeres (auf hohen Bergen) und bei senkrechtem Stande der Sonne. Die Rückstrahlung von Fels, Wasser und Schneefeldern verstärkt, wie bereits erwähnt, diese Wirkung.

Schutz bietet das Bedecken der Haut durch leichte, luftige, helle Gewänder, des Kopfes durch hohen, breitkrempigen Stroh- oder Basthut, Korkhelm mit Schleier und dergl.

*) Die Luft im Hause darf ohne Durchzug wohl als ruhend angesehen werden.

Gelindere Sonnenstrahlung vermag dagegen auf den Körper dann wohlig einzuwirken, wenn er der Wärmezufuhr bedarf. Bei bedeckter Haut wirkt in Höhen von etwa 2000 m die Sonnenstrahlung auch in der Mittagsstunde an Hochsommertagen wohlthuend auf den ruhenden Körper ein, weil die kühle, bewegte Luft ihm grofse Wärmemengen entzieht. Im Winter ist Sonnenstrahlung stets erwünscht, nur die Augen bedürfen vor ihrer blendenden Lichtwirkung des Schutzes.

Im geschlossenen Raume empfinden wir stärkere Bestrahlung stets als höchst lästig, namentlich am Kopf. Schwächere Bestrahlung wird dann unangenehm empfunden, wenn der Körper der Wärmeabfuhr bedarf, wohlig im umgekehrten Falle. In Hüttenbetrieben, Werkstätten, Heizkammern, Kesselhäusern, den Maschinenräumen der Dampfschiffe und dergl. kommen höchst ungünstige Erscheinungen dadurch zu stande, dafs starke Bestrahlung sich vereint mit der Wirkung hoher Wärmegrade der Luft. Das Einführen von trockener Luft oder von Luft mit niederem Wärmegrad ist zum Fernhalten ernster Schädigungen hier ein Erfordernis, und die Kleidung mufs der Sachlage entsprechend gewählt werden. Sie soll alle Körperteile vor Strahlung schützen, aber so leicht und luftdurchlässig sein, dafs die Wasserverdunstung voll zur Wirkung gelangen kann.

Stärkere Wärmeausstrahlung vom ruhenden Körper wird unangenehm empfunden und kann zu Erkältungserscheinungen führen, einseitige Abstrahlung ist besonders oft schädlich. Kalte Umfassungswände können selbst bei ausreichend hoher Lufttemperatur des Raumes für den in ihrer Nähe Sitzenden oder Schlafenden schädigende Wirkungen hervorrufen; vornehmlich entblöfste Körperteile sind gefährdet. Auf die sachgemäfse Gestaltung der Umfassungswände aller zum Aufenthalt dienenden Räume ist schon aus diesem Grunde hoher Wert zu legen.

Im Freien bietet starke Ausstrahlung für den Ruhenden Gefahr, oder erhöht wenigstens im bedeutenden Mafse die Wirkungen niederer Wärmegrade. Das Erfrieren einzelner Glieder kommt durch diese vereinte Wirkung bekanntlich auch bei lebhafter Körperthätigkeit zu stande. Schwächere Ausstrahlung wird unangenehm höchstens dann empfunden, wenn der Körper der Wärmezufuhr bedarf; im umgekehrten Falle wirkt sie erfrischend und belebend.

Die für den Aufenthalt im geschlossenen Raume geeigneten Wärmegrade.

Kühle erhöht die Leistungsfähigkeit durch Anregung des Stoffwechsels und der Bewegung, hohe Wärmegrade setzen beides herab.

Wo körperliche Leistungen ausgeführt oder gefordert werden, soll daher der Wärmegrad der geschlossenen Räume niedrig gehalten werden. Je nach der Art der Beschäftigung liegt er am besten zwischen + 12 und + 16° C.

Bei sitzender Beschäftigung und geistiger Thätigkeit verlangt der Körper etwas höhere Wärmegrade, während der Kopf besser kühl gehalten wird. Da aber im geheizten Raume die Temperatur am Fufsboden niederer liegt als in Kopfhöhe, so ist das Streben darauf zu richten, diesen Unterschied möglichst klein werden zu lassen. Ferner ist es geraten, im geheizten Raume den Körper gut zu kleiden, den Unterkörper mit Decke oder besser noch mit leichtem Pelz zu umhüllen, damit der Wärmegrad in Kopfhöhe nicht über 16° bis 18° C. gewählt zu werden braucht.

In der warmen Jahreszeit ist für das Kühlhalten geschlossener Räume, die körperlicher oder geistiger Thätigkeit dienen, Sorge zu tragen. Gelingt dieses nicht oder nicht in ausreichender Weise, dann ist die Einführung trockener Luft in leidlich rascher Bewegung ein dringendes Bedürfnis.

Der Schlaf kommt zwar im hochwarmen Raume rascher zu stande als im kalten Gemach, wirkt aber im kühlen Zimmer am erquickendsten. Die Temperatur sollte daher im Schlafzimmer nicht wesentlich über 20° C. ansteigen, aber auch nicht unter 10° C. herabsinken. Am besten liegt sie wohl zwischen 12° und 16° C.

Schlafen im kalten Zimmer führt zu starkem Bedecken des Körpers und übergrofser Abkühlung des Kopfes, die namentlich bei nervös veranlagten, zu Kopfweh neigenden Leuten Störungen des Wohlbefindens hervorrufen kann. Auch ist das starke Ausstrahlen zufällig entblöfster Körperteile, namentlich für zarte oder kränkliche Leute, zu fürchten. Zahnweh und rheumatische Schmerzen, Steifwerden des Nackens und dergl. pflegen selbst bei abgehärteten Leuten sich dann einzustellen, wenn die betreffenden Körperteile durch frühere Erkrankungen empfindlich geworden sind. Nicht selten leidet auch die Hautpflege unter einem zu niederen Wärmegrade des Schlafgemachs. Stets sollen die Betten den Aufsenwänden der Gebäude möglichst fern stehen, das Kopfende der Betten durch Holz, Polster oder Teppich gegen Ausstrahlung nach den Wandflächen Schutz erhalten.

A b h ä r t u n g ist weit weniger durch Schlafen im kalten Raum zu erzielen als durch Abreibungen, kalte Waschungen, Brausebäder, leichte Kleidung bei Muskelthätigkeit und dergl.

Die Abhärtung besteht darin, dafs die Hautgefäfse schwächer auf Kältereize reagieren. Es tritt beim Abgehärteten nicht auf jeden Kältereiz sofort eine krampfhafte andauernde Kontraktur der Hautgefäfse und vermehrter Blutandrang in den darunter gelegenen oder auch entfernter gelegenen Organen auf.

Der schlafende Körper zeigt den Kältereizen gegenüber nicht oder jedenfalls nicht immer die erforderliche Widerstandskraft, während man bei Körperbewegung sich an die kräftigsten Kältereize zu gewöhnen vermag.

Die Hautpflege.

D i e H a u t p f l e g e h a t a u f s e r d e n e b e n d a r g e l e g t e n Z w e c k e n d i e O f f e n h a l t u n g d e r H a u t p o r e n z u m Z i e l e. Die aus den Schweifsdrüsen abgesonderten Fettsäuren, der Hauttalg der Talgdrüsen, mischen sich mit abgestofsenen Hautschüppchen, Staub und Schmutz und vermögen die Hautporen zu verstopfen. Auch abgestorbene aber nicht sogleich abgestofsene Hautteile bedürfen der Entfernung. Waschungen mit Seife, Abreibungen, Bäder und Wäschewechsel erfüllen jene Anforderungen.

In Gewerbebetrieben erhöht sich die Bedeutung der Hautpflege, weil durch lebhafte oder anstrengende körperliche Thätigkeit die Absonderung von Schweifs wesentlich vermehrt wird, schmutzige Arbeiten, der Verkehr mit oder das Erzeugen von Staub, Giften, ätzenden Stoffen, Fetten, Ölen, mit Krankheitserregern behafteten Gegenständen und dergl. Schädlichkeiten herbeiführen, deren rasches und gründliches Entfernen zur Erhaltung der Gesundheit und Leistungsfähigkeit erforderlich ist.

Die Muskelthätigkeit.

Die Muskeln besitzen für den Menschen eine hohe Bedeutung nicht nur als Arbeitsorgane, sondern auch als Wärmeerzeuger. Nur bei methodischer Übung bleiben sie gesund und leistungsfähig. Gleichzeitig bekämpft die Muskelthätigkeit einen übergrofsen Wasser- und Fettansatz im Organismus.

Im warmen Klima wie bei hohen Wärmegraden im geschlossenen Raume müssen Nahrungsaufnahme und Muskelthätigkeit eingeschränkt werden, um eine Überhitzung zu verhindern.

Jede Überanstrengung der Muskeln führt zur Schwächung derselben und damit zum Herabsetzen der Leistungsfähigkeit, kann krankhafte, schmerzende Erscheinungen (Turnfieber) zur Folge haben und zur Entartung der Muskeln führen. Auch einseitige Thätigkeit einzelner Körperteile ist nachteilig.

Es ist daher im gesundheitlichen Sinne wie im wirtschaftlichen Sinne geboten, den in Gewerbebetriebe aller Art Eintretenden eine Gewöhnungsfrist für körperlich anstrengende Thätigkeit zu gewähren; nur hierdurch können Leute von hoher Leistungsfähigkeit herangebildet werden.

Die Länge der Arbeitszeit und die Zahl wie die Ausdehnung der Ruhepausen haben sich zu richten nach der Anstrengung, welche die Arbeit bedingt, nach den Wärmeverhältnissen der Arbeitsräume, nach der Art der Thätigkeit und den sonst etwa einwirkenden Schädlichkeiten. Bei einseitiger Thätigkeit ist aufserdem ein Gegengewicht zu schaffen, indem ausreichend Gelegenheit zum Gebrauch der übrigen Körperteile oder Organe geboten wird.

IV. Abschnitt: Die Heizung.

Die allgemeinen Anforderungen an die Heizung gehen aus den Darlegungen des vorigen Abschnittes hervor. Sie lassen sich, wie folgt, zusammenfassen:

1. Erhalten eines gleichmäſsigen, der jeweiligen Beschäftigungsweise der im Raume sich Aufhaltenden angepaſsten Wärmegrades;
2. Gleichmäſsige Wärmeverteilung im Raume, auch in der Höhenrichtung;
3. Erhaltung der Innenflächen aller Umfassungen des Raumes (Wände, Decke und Fuſsboden) auf einem der Lufttemperatur gleichen oder mindestens sehr ähnlichen Wärmegrade zur Verhütung starker Ausstrahlung des Körpers und des Entstehens kalter in rascher Bewegung befindlicher Luftströme.

In vollkommener Weise lassen diese Grundforderungen sich nur dann lösen, wenn die Umfassungen der Aufenthaltsräume eine richtige Gestaltung erhalten, während es Aufgabe der Heiztechnik ist, die Wärmezufuhr mit geringstem Kostenaufwande zu einer gleichmäſsigen zu machen.

Als weitere Anforderungen sind zu nennen: Freihalten der Raumluft von schädlichen Gasen und von Staub; Ersatz des verbrauchten Sauerstoffes; einfache, gefahrlose, wenig Arbeit erfordernde Bedienung; vollkommene Verbrennung der Heizstoffe; Sauberhaltung des Hauses.

Von den gegenwärtig herrschenden Mängeln der Heizung sind hervorzuheben: Ungenügende Ausnutzung der in den Brennstoffen aufgespeicherten Wärme; übermäfsig hohe Abführung von Wärme durch die Umfassungen der Gebäude und, hierdurch hervorgerufen, eine höchst ungünstige Wärmeverteilung innerhalb der Aufenthaltsräume. Hierzu tritt bei einer grofsen Zahl von Einzelheizkörpern die ungenügende Regelungsfähigkeit der Wärmeerzeugung.

Die Abhilfe dieser Mängel soll bei der Besprechung der einzelnen Heizungsarten eine Darlegung erfahren.

Die Einzelheizkörper.

Die Bauart der Einzelheizkörper, der Zimmeröfen, mufs sich in erster Linie nach dem Brennstoff richten, der in ihnen Verwendung finden soll.

Während des langen Zeitabschnittes, in welchem das Holz nahezu ausschliefslich diesem Zwecke diente, hatte der hierzu brauchbare Ofen eine ziemlich hohe Vervollkommnung erfahren. Als »Kachelgrundofen« ist er heute noch in einzelnen Gauen Deutschlands üblich und erfüllt seinen Zweck gut. Zum Beschicken mit Braunkohlebriketts ist er ebenfalls geeignet. Sein rostloser Herd wird (nach dem Entfernen der Asche) ein- oder zweimal täglich mit Brennstoff gefüllt und die Luftzufuhr zu ihm sorgfältig abgeschlossen, sobald die Flammenbildung nur noch eine geringe ist. Die Brennstoffreste bedecken sich mit Asche und erhalten sich ausreichend lange in Glut, um die vom Kachelmantel des Ofens abgegebenen Wärmemengen während der Zeit des Nichtbeschickens zu ersetzen und Dauerheizung zu gestatten. Die Wärmeabgabe ist eine milde, und sie reicht infolge der zumeist bedeutenden Ausmafse des Ofens zur Erhaltung angemessener Wärmegrade im Raume dann aus, wenn dessen Umfassungen der Wärmewirtschaft entsprechend ausgebildet worden sind. Auch die Wärmeausnutzung darf als eine befriedigende bezeichnet werden.

Die Einführung der Steinkohlenheizung machte wesentliche Veränderungen der Zimmeröfen erforderlich, die zu mannigfachen Versuchen und recht vielen Fehlgriffen Veranlassung gegeben haben. Auch die heutige Form der für Steinkohlenbeschickung dienenden Zimmeröfen darf als eine vollkommene nicht bezeichnet werden, so zahlreich die an ihnen vorgenommenen Verbesserungen auch waren. Zu wünschen übrig läfst hauptsächlich die Ausnutzung des Brennstoffs und die Regelungsfähigkeit der Wärmeerzeugung, d. h. der Luftzufuhr.

Zur Erzielung einer höheren Wärmeausnutzung ist anzustreben: eine Erhöhung der Verbrennungstemperatur; ausreichend lange Führung der Rauchgase an wärmespendenden Flächen; bessere Ausbildung der Schornsteine, damit auch Rauchgase von niedererm Wärmegrade noch rasch und vollständig entweichen.

Die Luftzuführungsregler bedürfen erstens einer sorgfältigeren Bearbeitung, und zwar des Abschleifens, zweitens einer besseren Sicherung gegen hohes Erhitzen, weil ungenau gearbeitete oder in ihrer Form veränderte Körper einen vollkommenen Luftabschlufs nicht erreichen lassen, der zur Brennstoffersparnis durchaus erforderlich ist. Diese Teile sollen daher dem Rost möglichst fern sitzen. Der lange Weg, welchen die Luft dann im Ofen bis zum Rost zurückzulegen hat, soll ferner dazu dienen, ihr einen hohen Wärmegrad zu geben, damit die Erzielung einer hohen Verbrennungstemperatur der Heizstoffe gelingt.

Die Dauerbrandöfen lassen ziemlich allgemein eine ausreichend lange Führung der Heizgase an wärmespendenden Flächen nicht zu. Es ist daher geraten, sie mit Aufbauten aus Kacheln, Chamotten oder schwach gebrannten Ziegeln zu verbinden, welche die Rauchgase zu durchstreichen haben, ehe sie in den Schornstein gelangen. Diese Aufbauten können mit dem Dauerbrenner im gleichen Raume sich befinden und erhalten dann zweckdienlich die Form eines Kamins, oder sie werden in einem angrenzenden Raume aufgestellt. Bei geeigneter Lage der Räume geht es an, zwei derartige Aufbauten mit einem

Dauerbrenner zu verbinden und so drei Räume durch ihn zu erwärmen, sobald seine Gröfse etwas mehr als ausreichend für den Aufstellungsraum gewählt wird, was ja zur Erzielung einer milden Wärmewirkung stets zu empfehlen ist. Diese Anordnung weist aufser der besseren Brennstoffausnutzung eine Reihe von Vorzügen auf und vermag in bescheidenen Wohnungen eine Sammelheizung zu ersetzen, namentlich wenn das Beschicken (des oder) der Dauerbrenner vom Flur oder Vorzimmer aus erfolgt. Übereinander gelegene Zimmer können ebenfalls auf diese Weise erwärmt werden.

Die übrigen Vorzüge derartiger Anlagen sind belangreich, sobald die Grundplangestaltung sie auszunutzen weifs. Es gelingt ohne Schwierigkeit, von den besonders gut ausgestatteten Gemächern Asche und Kohleteilchen fern zu halten, Schlafzimmer, welche unmittelbar an den Hauptwohnraum stofsen oder über ihm sich befinden, auf einem angemessenen Wärmegrade und zugleich staubfreier zu erhalten, Wohnungen von 3 bis 4 Zimmern von einer einzigen Heizstelle aus hinreichend zu erwärmen. Die Arbeit für das Beschicken und Regeln der Öfen, für die Sauberhaltung der Wohnung, für das Herantragen der Brennstoffe und das Entfernen von Schlacke und Asche wird entsprechend der Zahl der Heizstellen verringert. Ein gelegentliches Unterlassen der rechtzeitigen Regelung der Luftzuführung rächt sich nicht durch Wärmeverlust, da der Mehrverbrauch an Brennstoff zur höheren Erwärmung der angeschlossenen Aufbauten dient und so nutzbar gemacht wird.

Den hygienischen Hauptvorteil sehe ich aber in dem Erhalten eines angemessenen Wärmegrades in sämtlichen Aufenthaltsräumen der Wohnungen, der sich — ist er einmal allgemeiner bekannt — sehr wohl mit derartigen Anlagen erreichen läfst. Hierdurch wird das hochgradige Auskühlen einzelner Zimmer während harten Frostwetters vermieden, welches heute zur Durchfeuchtung von deren Wand- und Deckenflächen zu führen vermag, sobald nach dem Eintreten wärmerer Witterung eine starke Durchlüftung dieser Räume vorgenommen wird (vergl. Seite 6).

Grundbedingung für den tadellosen Betrieb der geschilderten Anlagen ist allerdings eine sachgemäfse Ausführung der Schornsteine. Eine ungenügende »Zugkraft« der Schornsteine vereitelt die gedachte längere Führung der Rauchgase, damit aber überhaupt jedes Streben nach vollständigerer Ausnutzung der Brennstoffe. Das Bestreben, mehrere Räume von einer Heizstelle aus erwärmen zu können, wird allerdings von selbst eine Besserung der vielfach nach dieser Richtung bestehenden Mifsstände herbeiführen. Es werden dabei die Schornsteine mehr nach der Mitte der Gebäude gerückt, wodurch ihre Lage eine wärmere wird und ihre Höhe zuzunehmen pflegt. Auch nimmt naturgemäfs die Zahl der Öfen ab, deren Abgase in das gleiche Rauchrohr münden, es wird unter Umständen an der Zahl der Rauchrohre des gleichen Schornsteins gespart und damit die Möglichkeit geboten, den verbleibenden Rohren eine ausreichende Querschnittsgröfse und gute Ausführung geben zu können, ohne die Anlagekosten vermehren zu müssen.

Dauerheizung verdient stets den Vorzug, weil sie eine hochgradige Abkühlung der Aufenthaltsräume verhindert und dadurch zugleich zu einer gleichmäfsigeren Wärmeverteilung im Raume führt, die Arbeit verringert und die Zimmer in der Frühe bereits behaglich macht. Letzteres ist für diejenigen Leute von besonderer Bedeutung, welche das Haus frühzeitig verlassen müssen, um ihrem Beruf nachzugehen.

Über die Nachteile und Vorteile der Wärmeabgabe von Zimmeröfen durch Strahlung sind die Ansichten geteilt. Da jedoch die Heizung selbstredend nur dann stattfindet, wenn der Körper der Wärmezufuhr bedarf, so kann jede milde Wärmestrahlung nur erwünscht sein. Für das Anheizen und Warmerhalten der Umfassungsflächen des Raumes würde starke Strahlung das beste und billigste Heizverfahren darstellen. Seine Anwendung ist dort am Platze, wo es sich um vorübergehende Erwärmung von Versammlungsräumen oder von Räumen mit ungünstig gestalteten Umfassungen handelt. Durch die (zeitweise) Aufstellung von Ofenschirmen kann der nachteilige Einflufs der kraftvollen Strahlung auf die im Raume sich Aufhaltenden aufgehoben oder entsprechend gemildert werden. Die Anwendung von Mantelöfen (d. h. von Öfen mit festsitzendem Mantel) kann dagegen nicht empfohlen werden. Innerhalb des Mantels schlagen sich in verhältnismäfsig kurzer Zeit bedeutende Staubmengen nieder, welche die Wärmeabgabe ganz wesentlich verringern*), dadurch zum Überhitzen des Ofens wie der zwischen ihm und dem Mantel hinstreichenden Luft und hierdurch zur trockenen Destillation organischen Staubes Veranlassung geben.

Die Ausfütterung der Eisenteile mit Chamotten reicht bei entsprechender Gröfse der Zimmeröfen stets aus, die von ihnen ausgehende Strahlung ausreichend zu mildern. Die Strahlung auch hoch erwärmter Kacheln wird überhaupt stets nur wohlig empfunden.

Wo Frischluftzuführung stattfindet, tritt die Luft am besten frei an der Rückseite des Ofens aus. Handelt es sich um Luftmengen, die im Verhältnis zur Heizkraft des Ofens als grofs bezeichnet werden müssen, dann reicht das Aufstellen eines Schirmes von 1 bis $1^1/_2$ m Höhe aus, um das Austreten kalter Luftströme in den Raum zu verhindern. Bei verhältnismäfsig geringen Luftmengen bildet auch dieses kein Erfordernis. Ein mit Frischluftzuführung versehener Ofen soll jedoch stets ringsum zugänglich sein und so weit von der Wand entfernt stehen, dafs die auf ihm wie auf letzterer sich ansetzenden Staubteilchen mühelos entfernt werden können, damit nicht im Laufe der Zeit ähnliche Nachteile zu entstehen vermögen, wie der Mantelofen sie aufweist.

Die Sammelheizungen.

Wo die Anlagekosten irgend getragen werden können, sollte die Einzelheizung der Sammelheizung weichen, weil erstere selbst bei bester Anlage wesentlich mehr Mühewaltung verursacht und Schmutz verbreitet, während die Betriebskosten (im allgemeinen) ebenfalls zu gunsten der Sammel-

*) Locker lagernder Staub ist einer der schlechtesten Wärmeleiter, welchen wir kennen.

heizung sprechen. Ein grofser Vorteil für den Bestand und die Trockenerhaltung des Gebäudes liegt in dem Erhalten seiner sämtlichen Räume auf angemessenen Wärmegraden durch die Sammelheizung.

Für öffentliche Gebäude selbst einfacher und bescheidener Art dürfte daher in Zukunft ausschliefslich die Sammelheizung in Betracht kommen. Auch für Wohngebäude sollte das Streben mehr noch als bisher auf ihre Durchführung gerichtet werden. Die im steten Wachsen begriffene Schwierigkeit, tüchtige und anständige Dienstboten (für schwere Arbeit) zu bekommen, weist darauf hin, das Mafs an Arbeit in der Haushaltsführung auf das möglichste zu beschränken und zu verfeinern, um entweder an der Zahl der Dienstboten sparen oder ihre Arbeit jungen Mädchen übertragen zu können, die auf etwas höherer Kulturstufe stehen. Ein solches Vorgehen findet gegenwärtig in der Einzelheizung das wesentlichste Hindernis, daher liegt ihr Ersatz durch die Sammelheizung im Sinne der Mehrzahl aller Haushaltungen.

Soll allerdings die Sammelheizung auch für die Wohnungen bescheidener Art durchführbar werden, dann gilt es ihre Anlage- und Betriebskosten ganz wesentlich zu erniedrigen. Es kann dieses geschehen: erstens durch eine möglichst weitgehende Vereinfachung der Gesamtanlage wie der Heizkörper, zweitens durch eine vollständige Ausnutzung der Brennstoffe, drittens dadurch, dafs von den Heizfirmen mehr nach einer starken Vermehrung des Jahresumsatzes getrachtet wird als nach hohem Gewinn aus jeder einzelnen Anlage.

Bislang sind für die Ausbildung der Sammelheizungen fast ausschliefslich Gesichtspunkte mafsgebend gewesen, welche die Lebensansprüche der Wohlhabenden erheischen, aber damit blieb auch das zu beackernde Arbeitsfeld ein kleines. In Zukunft dürfte ein wesentlicher Wandel in dieser Richtung zu erreichen sein, sobald die Heiztechnik die kurz angedeuteten Aufgaben richtig erfafst und zur befriedigenden Lösung führt. Auf die Güte, die Dauerhaftigkeit, die Leistungsfähigkeit und den gebotenen Komfort im Sinne des Wohlbefindens und Wohlbehagens darf nicht der geringste Verzicht geleistet werden, wohl aber lassen sich Vereinfachungen zur Durchführung bringen, die durchaus im Einklang stehen mit den Lebensansprüchen der in Betracht kommenden Bevölkerungskreise, und der gegenwärtig vielfach stattfindenden Brennstoffvergeudung kann durch sachgemäſse Regelungsvorkehrungen des Schornsteinzuges wie durch längere Führung der Heizgase an Wärme ausnutzenden Flächen Einhalt geboten werden.

Damit kommen zugleich die wesentlichen Nachteile der Sammelheizung in Fortfall, welche ihr heute noch anhaften, nachdem im technischen wie im gesundheitlichen Sinne während der letzten Jahrzehnte eine höchst erfreuliche Durchbildung der wichtigsten Sammelheizungsarten stattgefunden hat, die ihre bis dahin belangreichen Mängel verschwinden lieſs.

Die Luftheizung.

Die Luftheizung hat an dieser Vervollkommnung den geringsten Anteil gehabt, weil die vielfältigen bei ihrer Ausführung begangenen Fehler ihre Anwendung während der Hauptentwickelung der neueren Heiztechnik zu einer seltenen gemacht haben.

Im Grundsatz stellt die Luftheizung ein durchaus brauchbares Verfahren dar, welches niedere Anlagekosten mit angemessener Heizstoffausnutzung verbindet. Aber sie eignet sich nicht gut für ausgedehnte Gebäude; nachträgliche Veränderungen pflegen auf groſse Schwierigkeiten zu stoſsen, und die Häuser müssen bereits bei ihrem Errichten der Heizung angepaſst werden.

Ihr wesentlichster, schwer zu beseitigender Fehler besteht in dem allmählichen Verstauben der Luftzuführungsrohre und der Schwierigkeit ihrer gründlichen Säuberung.

Weitere Mängel sind dadurch entstanden, daſs die Lufterhitzungskammern ungenügend geräumig und zugänglich angelegt und schlecht erhellt wurden, daſs man aus falscher Sparsamkeit den Kaloriferen in Länge, Umfang und Stärke unzureichende Ausmaſse gab, ihre Säuberung und Dichthaltung vernachlässigte und daſs (aus Unkenntnis) die Berechnung der

Luftzuführungsrohrquerschnitte dem thatsächlichen Erfordernis nicht entsprach. Alle diese Mängel hat man jedoch als vermeidbar erkannt, sie dürfen daher als der Vergangenheit angehörig betrachtet werden. Der Übergang zu der in Anlage und Betrieb wesentlich teuereren Dampf-Luftheizung ist kein Erfordernis.

In Gebäuden, deren Ausdehnung nur eine geringe horizontale Führung der Luft erheischt, ist die Luftheizung sehr wohl anwendbar und verdient vor anderen Sammelheizungen dort den Vorzug, wo geringer Kostenaufwand die wichtigste Grundbedingung bildet.

Als Anforderungen sind an sie zu stellen: Reinheit, namentlich Staubfreiheit der Frischluft; Trennung der Heizkammern von den Lufterwärmungskammern; sachgemäfse Anlage, Dicht- und Sauberhaltung der Kaloriferen; Reinhaltung der Lufterwärmungskammern, daher richtige räumliche Gestaltung und gute Erhellung derselben.

Es empfiehlt sich ferner, sämtliche Wand-, Fufsboden- und Deckenanschlüsse der Luftkammern auszurunden und alle Flächen dieser Kammern wie der Luft-Zu- und -Abführungsrohre mit glattem Gipsputz zu versehen, um die Widerstände für die Luftbewegung gering ausfallen zu lassen, dem Entstehen von Luftwirbeln entgegenzuwirken und die Sauberhaltung zu erleichtern.

Sodann kommt dem Wärmeschutz der Luftkammern und der ausreichend langen Führung der Heizgase vor ihrem Entweichen in den Schornstein grofse Bedeutung im wirtschaftlichen Sinne zu.

Da die Luftheizung in Zukunft nur dort zur Verwendung gelangen dürfte, wo mit geringem Kostenaufwande gerechnet werden mufs, so sind die teueren Entstaubungsanlagen zu vermeiden und deshalb zu trachten, die Frischluft aus reinlich gehaltenen, vom Verkehr abgeschlossenen Höfen oder aus Gärten entnehmen zu können (vergl. Seite 35).

Luftbefeuchtungsanlagen sind ebenfalls als nicht nur überflüssig, sondern als fragwürdig, ja bedenklich zu bezeichnen (vergl. Seite 31). Der Vorwurf einer zu trocknen Luft, welcher gegen die Luftheizungen vielfach erhoben ist, kann als gerechtfertigt nicht betrachtet werden, sondern das Gefühl der Trockenheit dürfte durch den Gehalt der Luft an Staub (in Schulzimmern) u. a. hervorgerufen sein (vergl. Seite 8). Wird eine Luftbefeuchtung gewünscht, dann sollte sie ausschliefslich innerhalb der betreffenden Aufenthaltsräume stattfinden, um eine übermäfsige Luftfeuchtigkeit hintanzuhalten. Ferner erscheint es geboten, den etwa verwendeten Wassergefäfsen einen Platz zu geben, der ihre dauernde Sauberhaltung sicher stellt, damit ihr Inhalt nicht in Fäulnis geraten kann und sie nicht verschlammen; Mifsstände, die bei älteren Befeuchtungsanlagen nicht gerade selten zur Erscheinung gelangt sind.

Die Wasserheizung.

Die Heifswasserheizung hat sich für Wohnzwecke nicht bewährt, sie ist höchstens für Räume zu vorübergehendem Aufenthalt, weite oder hohe Hallen und dergl. verwendbar.

Die Warmwasserheizung darf dagegen immer noch als die angenehmste, brauchbarste, leider aber auch teuerste Heizart bezeichnet werden. Sie gestattet eine ausgedehnte Führung der Wärme in horizontaler Richtung, läfst eine sehr feine Regelung des Wärmegrades der Heizkörper wie der Räume zu, und ihre Wärmeabgabe ist eine milde.

Aufser den hohen Kosten der Anlage wie des Betriebes sind als ihre Nachteile zu nennen: die Schwierigkeit, eine ausgiebige Lufterneuerung mit ihr zu verbinden, und die ihr drohende Frostgefahr.

Neuerdings wird die letztere dadurch vermieden, dafs man Dauerheizung anwendet. Durch richtige Ausbildung der Umfassungen der Räume kann sie ebenfalls auf ein geringes Mafs herabgeführt werden. Doch bringt bei hartem Frostwetter jedes Offenstehen eines Fensters oder einer Frischluftöffnung Gefahr, sobald nachts keine oder nur eine schwache Wassererwärmung stattfindet.

Die Warmwasserheizung eignet sich aus diesen Gründen fast ausschliefslich für vornehme Häuser, ist in ihnen aber auch durchaus am Platze. In ausgedehnten Gebäuden vermag sie mit der Niederdruckdampfheizung auch wirtschaftlich in Wettbewerb zu treten, während anderseits die neuesten Formen der letzteren die Vorzüge der Warmwasserheizung nahezu erreichen. Die Zeit ist wohl nicht mehr fern, in welcher diese beiden Heizarten sich als völlig gleichwertig im gesundheitlichen Sinne gegenüberstehen, über ihre Wahl im Einzelfalle nur die technischen und wirtschaftlichen Verhältnisse entscheiden werden.

Die Dampfheizung.

Die Anwendung von Dampf, der unter Hochdruck steht, zu Heizzwecken ist eine beschränkte. Im allgemeinen findet sie nur dort statt, wo gleichzeitig Dampf zu Arbeitszwecken benötigt wird. Auch in ausgedehnten Anlagen kann sie vorteilhaft werden, das heifst dort, wo es sich bereits um Fernheizwerke handelt.

Im übrigen wird ausschliefslich von der Niederdruck-Dampfheizung Gebrauch gemacht, obgleich sie mit etwas höheren Betriebskosten verbunden ist, weil man jede Gefahr vermeidet und dadurch zugleich die lästige und kostspielige amtliche Überwachung der Dampfkessel.

Die Niederdruck-Dampfheizung hat seit ihrer ersten Ausbildung durch die Firma Bechem & Post zuerst durch Käuffer eine weitestgehende Verbesserung in allen ihren Einzelteilen erfahren und erfreut sich gegenwärtig der ausgebreitetsten Verwendung.

Gegenüber der Warmwasserheizung besitzt sie den Vorzug, dafs ein Platzen der Rohrleitungen unter der Einwirkung des Frostes nicht zu gewärtigen ist und dafs infolgedessen eine ausgiebige Lufterneuerung der geheizten Räume sich mit ihr vereinigen läfst. Auch können ihre Anlage- und Betriebskosten unter Vornahme gewisser Vereinfachungen sehr wohl so niedrig gehalten werden, dafs ihrer Verwendung für bescheidenere Wohnungen ein Hindernis nicht mehr erwächst.

Gegenwärtig besteht ein Nachteil der Niederdruck-Dampfheizung darin, dafs die für sie verwendeten Kessel nicht selten völlig ungenügende Ausmaſse erhalten.*) Es versagt dann die Heizung, sobald scharfes Frostwetter mehr als mittlere Leistungen von ihr verlangen läſst.

Nach jeder Richtung empfehlenswert ist es, nicht einen, sondern zwei gleich groſse Kessel für jede Heizung zu verwenden, von denen einer ausreicht, den Wärmebedarf bei mildem Winterwetter zu decken, während der zweite Kessel als Rückhalt für scharfes Frostwetter und für erforderlich werdende Wiederherstellungsarbeiten dient. Hierdurch gelingt es, die Betriebskosten auf das Mindestmaſs zu bringen und den Miſsstand hintanzuhalten, daſs durch die kleinste Kesselundichtigkeit und dergl. die Heizung auſser Betrieb gesetzt werden muſs — wenn man ihrer vielleicht am notwendigsten bedarf.

Auch die Gröſse der Heizkörper findet man nicht immer dem Wärmebedürfnis des Raumes entsprechend gewählt, da bei der Berechnung zumeist schematisch vorgegangen wird und häufig mehr gespart werden soll, als angängig ist.

Vom Heizkörper ist ferner zu fordern, daſs er so weit von der Wand abstehe und seine Einzelglieder einen derartigen Zwischenraum aufweisen, um eine Säuberung mühelos und auf feuchtem Wege vornehmen zu können. Nach dieser Richtung werden gegenwärtig wesentliche Fehler begangen, weil man möglichst wenig Raum für die Aufstellung der Heizkörper hergeben will. Da locker lagernder Staub ein ungemein schlechter Wärmeleiter ist und beim Anheizen eine Ammoniakentwickelung aus organischem Staub stattfinden kann (vergl. S. 14), so ist dessen rechtzeitiges Entfernen ein wichtiges Erfordernis.

Um das häſsliche Verstauben der Wandfläche oberhalb des Heizkörpers zu vermeiden, ist es geraten, über jedem Heizkörper eine Platte anzubringen, welche dicht gegen die Wand abschlieſst. Die am Heizkörper hochsteigende Luft setzt dann unter ihr den Staub ab und wird gleichzeitig gegen das Innere des Zimmers abgelenkt, was für die Wärmeverteilung im Raume von Vorteil

*) Dieser Nachteil fällt jedoch nicht ihr, sondern dem Bestreben einzelner Heiztechniker zur Last, billig liefern und dadurch die Mitbewerber aus dem Felde schlagen zu wollen.

ist. Als Wandsims ausgebildet trägt die Platte ferner zur Zierde des Raumes bei und wirkt als Abschlufs des Heizkörpers recht günstig.

Die Vorteile, welche durch das Aufstellen der Heizkörper in Fensternischen erzielt zu werden vermögen, sind S. 42 dargelegt. Für kleinere Wohnräume, für Schlafzimmer und Nebenräume reichen sie allein zur Deckung des Wärmebedarfs aus, für grofse Wohnzimmer, Säle, Versammlungsräume und dergl. genügen sie für die Zeit der milderen Winterwitterung, die weiteren in ihnen untergebrachten Heizkörper brauchen daher nur während des kurzen Abschnittes harten Frostwetters in Benutzung genommen zu werden.

Der Wärmegrad der Heizkörper läfst sich heute (z. B. durch das Körtingsche Luftumwälzverfahren) beliebig niedrig halten. Ein Überhitzen der Räume bei milder Witterung oder eine ungünstige Beeinflussung der im Raume sich Aufhaltenden durch Wärmestrahlung ist daher bei der Niederdruckdampfheizung nicht mehr zu befürchten. Sie steht, gut ausgeführt, nach dieser Richtung der Warmwasserheizung kaum mehr nach.

Die Fufsbodenheizung.

Die Fufsbodenheizung bezweckt, die Nachteile der Steinfufsböden aufzuheben, und ist von dem folgerichtigen Grundgedanken ausgegangen, dafs man eine gleichmäfsige Wärmeverteilung im Raume am sichersten erreichen kann, wenn die ganze Fufsbodenfläche als Heizkörper ausgebildet wird.

Die wenigen bislang ausgeführten Fufsbodenheizungen haben sich jedoch in Anlage und Betrieb teuer gestellt, namentlich geht viel Wärme an den Untergrund verloren, sie beanspruchen viel Raum, die Wiederherstellungsarbeiten bereiten Schwierigkeiten, und es sind manche kleinere Mängel hervorgetreten. In ihrer heutigen Gestalt dürfte die Fufsbodenheizung daher wohl nur ein beschränktes Anwendungsgebiet sich zu erobern vermögen, und es ist fraglich, ob es je gelingen wird, ihr eine Form zu geben, welche sie, namentlich im wirtschaftlichen Sinne, wettbewerbsfähig macht.

Für Einzelfälle, z. B. für Kirchen und andere Versammlungsräume mit Steinfufsboden, die nur vorübergehend geheizt werden, ist die Fufsbodenheizung, trotz der genannten Mängel, als vorteilhaft zu bezeichnen. In hohen Räumen bedarf sie jedoch zur Fernhaltung des Entstehens kalter Luftströme der Unterstützung einer anderen, in entsprechender Höhe angebrachten Heizung.

Zur allgemeineren Durchführung für Krankenhäuser erscheinen — ganz abgesehen von sonstigen Mängeln — die Kosten der Fufsbodenheizung zu hoch. Den Gemeinwesen werden durch die Herstellung und Unterhaltung der Krankenhäuser gegenwärtig Lasten aufgebürdet, die eher der Verminderung bedürfen, als eine weitere Erhöhung angängig erscheinen lassen. Jedenfalls vermag man den dort hervortretenden Anforderungen an die Fufsbodentemperatur auch durch billigere Heizverfahren zu genügen.

Die Gasheizung.

Die Gasheizung ist zu kostspielig, um von ihr allgemeineren Gebrauch zum Erwärmen von Aufenthaltsräumen machen zu können. Sie besitzt als »Fernheizung« einfachster Art grofse Vorzüge, da sie Arbeitsleistung von Belang nicht erfordert, weder Rufs noch Staub erzeugt, ein rasches Anheizen wie ein sofortiges Aufhören der Erwärmung gestattet und eine sehr feine Selbstregelung der Wärmeerzeugung zuläfst. Diesen grofsen Vorzügen stehen allerdings gesundheitliche Nachteile gegenüber, sobald die Anlage nicht eine tadellose ist.

Es sind dann Gasausströmungen möglich, und es kann unvollkommenes Brennen Vergiftungsgefahr im Gefolge haben.

Durch sorgfältige Anlage des Rohrnetzes und die Anwendung von Sicherheitshähnen lassen Gasausströmungen sich, wenn nicht vermeiden, so doch auf ein geringes Mafs herabführen, während unvollkommenes Brennen durch richtige und rasche Ableitung der Verbrennungserzeugnisse hintangehalten wird. **In sehr engen Räumen**, z. B. in Badezimmern, **ist ferner für Frischluftzuführung Sorge zu tragen**, damit erstens durch ausreichenden Sauerstoffgehalt der Luft eine vollkommene Verbrennung dauernd erzielt wird, zweitens die Gefahr hintangehalten wird, welche durch Kohlensäureanhäufung bei gleichzeitigem Sauerstoffmangel in der Raumluft zu entstehen vermag.

Jedes zu weit gehende Streben nach Ausnutzung des Brennwertes der Gase führt Gefahr herbei, weil ein rascher und vollständiger Abzug der Verbrennungserzeugnisse nicht mehr erreicht wird. Namentlich sind durch Abwärtsleiten und nochmaliges Aufwärtsführen der Verbrennungserzeugnisse mehrfach Vergiftungsfälle hervorgerufen, weil die Kohlensäure, statt zu entweichen, den Brennern zugeführt wurde, wodurch die Flammen teils unvollkommen brannten, teils erstickten. Es kam dadurch zum Austreten von unverbranntem Leuchtgas und gleichzeitig zur Bildung giftiger Erzeugnisse der unvollkommenen Verbrennung. Auch wird der angestrebte Zweck nicht erreicht, weil das Eintreten einer unvollkommenen Verbrennung die Ausnutzung des Gasheizwertes wesentlich herabsetzt.

Keineswegs aber sind die mit einer sachgemäfs angelegten Gasheizung verbundenen Gefahren derart, dafs sie von deren Verwendung abschrecken könnten. Nur die Kosten stehen ihr entgegen.

Die Hoffnungen, welche man auf die Anwendung von Wassergas oder Kraftgas für die Verbilligung der Gasheizung gesetzt hat, müssen als gescheitert betrachtet werden, weil der Heizeffekt dieser Gase sich als nicht höher herausgestellt hat wie der einer gleich teueren Leuchtgasmenge. Ferner steht der Anwendung des Wassergases oder der Kraftgase für die Zimmerheizung ihr hoher Kohlenoxydgehalt entgegen.

Auch eine wesentliche Verbesserung der Gasöfen im wirtschaftlichen Sinne ist kaum mehr zu erwarten.

Trotz der hohen Kosten ist aber die Gasheizung für Einzelfälle durchaus wettbewerbsfähig. Namentlich vermag sie als Frühlings- und Herbstheizung, im Gebirge und an der See auch als Sommerheizung gute Dienste zu leisten. Ferner ist sie am Platze für Kirchen, Konzertsäle und andere Versammlungsräume, die nur zeitweilig benutzt werden, sowie für Villen, die im Winter leer stehen, oder für Gastzimmer in Bade- und Luftkurorten. Endlich empfiehlt es sich, in Gebäuden, welche ausschliefslich Sammelheizung erhalten, einzelne Hauptwohnräume mit Gaskaminen auszustatten, um an kühlen Tagen oder Abenden während der milderen Jahreszeit von ihnen Gebrauch machen zu können, wenn das Inbetriebsetzen der Sammelheizung nicht lohnt.

Für alle »Sommerheizungen« der Nebenräume (Küchen- und Waschküchenherde, Bade- und Bügelöfen und dergl.) ist endlich die Gasfeuerung die wirtschaftlich und gesundheitlich beste, weil sie bei richtiger Anlage stets eine vollkommene Verbrennung gewährleistet und Wärme nicht länger von ihr ausgeht, als sie benötigt wird, was beides von sämtlichen anderen Sommerheizungen nicht gesagt werden darf. Die Gasheizung würde bei allgemeiner Durchführung für diese Zwecke zugleich eine höchst wirksame Herabsetzung der Rauch- und Rufsplage hervorrufen; es sollte daher mit allen zu Gebote stehenden Mitteln nach ihrer allgemeinen Verwendung für Sommerfeuerungen gestrebt werden (vergl. Seite 20).

Block- und Fernheizungen.

Mit Block- und Fernheizungen sind bislang nur schüchterne Versuche gemacht, die ein vollwertiges Urteil über das Verhältnis ihrer Kosten zu den Leistungen u. s. w. nicht zulassen. In der Blockheizung ist aber entschieden das Ideal zu suchen, weil sie die Erwärmung der Gebäude ohne jede belangreiche Arbeitsleistung gewährt, Kohlenstaub, Asche und dergl. von ihnen fern hält und nur eine einzige Betriebsstelle für eine grofse Zahl von Wohnungen erforderlich macht.

Aufser den technischen Aufgaben, die ihrer Lösung noch entgegensehen und vornehmlich in der Vermeidung belangreicher Wärmeverluste auf den oft weiten Wegen der Wärmeleitung bestehen, beruht eine Schwierigkeit ihrer Anwendung in den Besitzverhältnissen. Nur dann, wenn der ganze Baublock einen einzigen Besitzer hat oder einer Genossenschaft gehört, ist seine

Beheizung von einer Betriebsstelle aus wirtschaftlich ohne weiteres durchführbar. Die ganze Entwickelung des städtischen Wohnwesens weist allerdings darauf hin, dafs in dem Errichten und Inbesitzhalten der Wohnungen durch Genossenschaften die einzig gute Lösung all der Nachteile zu finden ist, welche aus den gegenwärtigen Besitzverhältnissen sowohl für den Wirt wie für den Mieter entstehen. Dennoch dürften sicher Jahrzehnte vergehen, ehe eine hierauf abzielende Umwälzung des städtischen Wohnwesens sich vollzieht, wenn sie überhaupt je in die Wege geleitet wird.

Die Fernheizungen werden weniger dem Wohnwesen dienen, sondern dürften vornehmlich dort errichtet werden, wo eine Anzahl öffentlicher Gebäude sich nahe liegt. In Dresden hat dieser Umstand bekanntlich zum Errichten des dortigen Fernheiz- und Elektricitätswerkes geführt. Über seine wirtschaftliche und technische Bewährung liegen nur wenige Angaben vor. Von dem Ergebnis der dortigen Beobachtungen wird die nächste Zukunft des Fernheizwesens abhängen.

Die elektrische Heizung ist naturgemäfs das Ideal aller Fernheizungsarten und ihre technische Entwickelung gestattet heute bereits, für Einzelfälle von ihr Anwendung zu machen, z. B. für elektrisch betriebene Strafsenbahnwagen, für Kochzwecke in Laboratorien, bei denen das Einhalten eines bestimmten Wärmegrades Erfordernis ist, zum Erwärmen der Milch für Säuglinge u. s. w. Aber sie ist wirtschaftlich noch als ein Unding zu bezeichnen. Erst dann, wenn es gelingen sollte, elektrische Energie ohne wesentliche Verluste in Wärme umzuwandeln, kann sie für den allgemeinen Gebrauch in Betracht gezogen werden. Heute geht von den in der Kohle vorhandenen Wärmewerten auf dem Wege der Gewinnung elektrischer Energie und ihrer Zurückwandlung in Wärme der weitaus gröfste Teil verloren und die gewaltigen Kosten der Kabelnetze zur Fortleitung jener Energie bilden ein weiteres Hemmnis für dieses Vorgehen zur Erwärmung der Gebäude oder auch nur zum Betrieb der »Sommerfeuerungen.« Nur dort, wo ein Leitungsnetz mit ausreichend grofsen Querschnitten bereits gelegt ist, um Kraft und Licht zu spenden, ferner aber Wasserkraft von genügender Gröfse zur Verfügung steht, kann gegenwärtig an eine weitergehende Verwendung elektrischer Energie zur Darbietung von Wärme überhaupt gedacht werden und da naturgemäfs nur in den Häusern der Wohlhabenden.

Künstliche Kühlung der Aufenthaltsräume.

Die künstliche Kühlung der Aufenthaltsräume ist nicht leicht zu erreichen; sie setzt in allen Fällen Vorkehrungen voraus, welche zu kostspielig erscheinen, um allgemein Gebrauch von ihnen machen zu können. Daher mufs es als ein wichtiges Erfordernis gelten, die Gebäude derart auszubilden, dafs sie ausreichend Schutz gegen Sonnenstrahlung und hohe Luftwärme bieten und sich durch nächtliche Auskühlung auf eine angemessen niedere Temperatur bringen lassen.

Die künstlichen Mittel zur Kühlung der Räume beschränken sich auf eine Temperaturerniedrigung der Luft, welche man in sie einführt. Für bewohnte Räume darf aber der Wärmegrad der in sie gelangenden Luft nur wenig unter dem der in ihr befindlichen Luft liegen. weil die Mehrzahl der Menschen empfindlich gegen kalte Luftströme ist. Zur Erzielung einer merklichen Wärmeerniedrigung ist daher die Einführung bedeutender Luftmengen erforderlich, deren Beförderung allein bereits erhebliche Kosten hervorruft. Doch bewirkt auch in hoch erwärmt bleibenden Räumen die Einführung einer etwas kühleren trocknen Luft bereits eine Erfrischung der Bewohner und eine Hebung ihrer Leistungsfähigkeit, die als hinreichend bezeichnet werden darf. Die Erzielung dieses Zweckes ist bereits mit mässigen Kosten erreichbar. Selbst eine lebhafte Bewegung der im Raume vorhandenen oder gleich warmer Luft vermag, so lange diese ausreichend trocken ist und ihr Wärmegrad unter Bluttemperatur liegt, eine willkommene Erfrischung zu bringen.

Die Kühlung der Luft kann auf sehr verschiedene Art erfolgen. Im gemäfsigten Klima reicht es aus, die Luft in einem schattigen, wohl gesprengten Garten oder Schmuckhofe am Fufspunkte der Gebäude zu entnehmen, oder sie von hier zunächst durch Kellerräume zu führen, wo ihr zugleich Wärme und Feuchtigkeit entzogen zu werden pflegt. Im warmen Klima mufs dagegen zur Erzielung einer ausreichenden Wirkung in der Regel zu kraftvolleren Mitteln gegriffen werden.

Kältemaschinen der verschiedensten Art stehen für diesen Zweck zur Verfügung. Einige derselben kühlen durch Verflüchtigung flüssiger Kohlensäure oder flüssigen Ammoniaks, Salzlösungen, die in Röhren umlaufen, über welche der Luftstrom geleitet wird. Die von Windhausen erdachte und gebaute Kältemaschine prefst Luft stark zusammen, wobei dieselbe sich erhitzt, aber durch Wasserspülung auf einen Wärmegrad von etwa $+20^0$ C. abgekühlt wird. Hebt man nun die Pressung auf, dann sinkt der Wärmegrad der sich ausdehnenden Luft auf etwa -40^0 C. und vermag, in einen Luftstrom verbracht, diesen angemessene Temperaturen zu verleihen. Zur Lufterneuerung der Räume auf Schiffen, die in tropischen und subtropischen Meeren fahren, ist diese Art der Luftkühlung während der letzten Jahre mit gutem Erfolg verwendet. Doch ruft sie natürlich Kosten hervor, die (selbst unter tropischen Lebensverhältnissen) ihrer allgemeineren Anwendung entgegenstehen.

Die Kühlung der Luft durch ausgedehnte Leitung im Erdboden ist ebenfalls bereits versucht, doch waren die Erfolge keine günstigen. Nach verhältnismäfsig kurzer Zeit nahm die Luft in den unterirdischen Leitungen einen üblen Geruch an. Derartige Leitungsnetze müfsten daher begehbar und einer mühelosen gründlichen Säuberung entsprechend angelegt werden, um diesen Mifsstand zu vermeiden. Ihre Kosten dürften dann allerdings so hoch ausfallen, dafs man ebensowohl zur Kühlung der Luft in Kältemaschinen wird greifen können, deren Erfolg sicher steht und deren Wirkung sich im voraus genau berechnen läfst.

Die Kühlung der Luft durch Hinleiten an Wasser oder durch Wasserschleier hat ebenfalls den gehegten Erwartungen nicht entsprochen. Der Wärmegrad der Luft hat sich nicht in einer den Kosten der Anlage und des Betriebes entsprechenden Weise erniedrigen lassen, während der Feuchtigkeitsgehalt der Luft sich vielfach in unangenehmer Weise erhöhte, wodurch die Wirkung der ganzen kostspieligen Vornahme in Frage gestellt wurde.

V. Abschnitt: Die Kleidung.

Der menschliche Körper bedarf der Kleidung im kalten und im kühlen Klima zur Verringerung der Wärmeabgabe, im warmen Klima zur Milderung der Bestrahlung durch die Sonne oder hoch erhitzte Gegenstände. Ist vor derartigen Einwirkungen Schutz geboten, dann vermag dagegen die Kleidung im warmen Klima hochgradige Belästigungen herbeizuführen, weil sie die durchaus erforderliche Wärmeabgabe der Haut erheblich herabsetzt.

Denn die Kleidung verringert den Zutritt der Luft zur Haut und mildert hierdurch zugleich die Wasserverdunstung. Die Wärmeausstrahlung wird von der Haut auf die Aufsenfläche der Kleidung verlegt, hierdurch weniger fühlbar gemacht und dann in ihrer Wirkung herabgesetzt, wenn der Wärmegrad der ausstrahlenden Fläche erheblich niedriger liegt als derjenige der Haut, was im kühlen und kalten Klima der Fall ist. Bei annähernd gleicher Temperatur von Haut und Kleidung strahlt dagegen die Kleidung wesentlich stärker aus als die Haut, weil ihre Oberfläche eine rauhere zu sein pflegt. Die Seidenkleidung macht hiervon eine Ausnahme, die Wollkleidung ergibt die stärkste Strahlung. Endlich geht durch Leitung und Luftführung Wärme von der Haut in die Kleidung über und wird so im kalten wie im kühlen Klima nutzbar, im warmen Klima schädlich.

Im unbekleideten Zustande findet man Wärmegrade von 35 bis 37° C. noch erträglich, von 25 bis 30° C. angemessen, unter 20° C.

bereits als kühl, unter 15° bis 12° C. dauernd kaum mehr erträglich. Doch befähigt die allmähliche Gewöhnung und Abhärtung einen gesunden Körper, diese Grenzen nicht unbeträchtlich zu erweitern.

Die geringe Wärmeleitung der Kleidung wird vornehmlich durch ihren Gehalt an Luft bedingt, welche sich zwischen den rauhen Gewebsfäden nur langsam bewegt. Je lufthaltiger daher die Kleidung gewählt wird, um so mehr hindert sie die Wärmeabgabe. Da Luft sowohl zwischen den einzelnen Schichten der Kleidung wie in deren Poren sich befindet, so vermag die Vermehrung der Schichtzahl in ähnlicher Weise die Wärmeabgabe zu verringern wie die Erhöhung der Dicke der einzelnen Schichten.

Die Grundstoffe der Kleidung nehmen einen wesentlich geringeren Anteil am Wärmeschutz als die Luft, vermehren dagegen das Gewicht der Kleidung bei ihrer Zunahme erheblich. Da aber ein hohes Gewicht der Kleidung Nachteile hervorruft, indem es die Arbeitsleistung bei jeder Art der Muskelthätigkeit zu erhöhen zwingt, dadurch mittelbar zu Schweifsüberflutungen Veranlassung geben kann und im warmen Klima belästigt, so ist es geraten, stets leichte, lockere Gewebe zu wählen und dann viele Schichten übereinander zu nehmen, wenn es gilt, die Wärmeabgabe zu verringern, wenige Schichten aus leichten aber etwas festeren Geweben, wenn sie möglichst hoch ausfallen soll.

Einen wesentlichen Einflufs auf das Wohlbefinden und Wohlbehagen übt ferner die Luftdurchlässigkeit der Kleidung, da sie an dem Abflufs der am Körper erwärmten Luft einen unter Umständen entscheidenden Anteil nimmt und die Wasserdampfabgabe im hohen Grade von ihr abhängt. Im warmen Klima mufs der Abflufs der erwärmten Luft und die Wasserdampfabgabe thunlichst erhöht, im kalten Klima eingeschränkt oder mindestens stark verlangsamt werden. Daher ist es erforderlich, im warmen Klima grofsporige Gewebe zu wählen und die Zwischenräume der von ihnen gebildeten Schichten dem Luftdurchgang zu öffnen, im kalten Klima dagegen die Schichtzwischenräume zu schliefsen und die Gewebe engporig zu nehmen, damit die an der Haut erwärmte Luft nur langsam abfliefst, die in der

Kleidung enthaltene Luft gewissermafsen »ruhende Schichten« bildet. Ein Aufheben der Wasserdampfabführung darf hierdurch bei kräftiger Muskelthätigkeit jedoch nicht erfolgen, weil es zur Schweifsüberflutung der Haut Veranlassung geben und Belästigungen herbeiführen würde.

Durch die Erwärmung, welche die Luft an der Haut erfährt, falls nicht aufsergewöhnlich hohe Wärmegrade im Freien bezw. im Raume herrschen, wird sie zur Aufnahme von Wasserdampf selbst dann befähigt, wenn sie zuvor mit ihm gesättigt war. Ein mäfsiger Wechsel der den Körper umspielenden Luft pflegt daher im kühlen und kalten Klima zur Wasserdampfabführung auszureichen.

Die guten Eigenschaften der Kleidung gehen verloren, sobald sie mit Wasser gesättigt ist. Das in die Gewebsfaser sich einlagernde hygroskopische Wasser hat nach Rubners Untersuchungen nur geringen Einflufs, dagegen hebt ein Erfüllen der Hohlräume, welche von den Fäden gebildet werden, mit Wasser die Durchlässigkeit der Kleidung für Luft- und Wasserdampf auf, erhöht das Wärmeleitungsvermögen erheblich, indem die Luft ausgetrieben wird, steigert hierdurch zugleich die Temperatur der ausstrahlenden Fläche und entzieht der Haut erhebliche Wärmemengen, die zum Verdunsten des eingelagerten Wassers verbraucht werden.

Ferner wird eine Belästigung des Körpers durch die bedeutende Gewichtszunahme und die Verhinderung der Abgabe von Gasen und Wasser aus den Hautgefäfsen hervorgerufen, die im warmen Klima stärker empfunden wird als im kühlen oder kalten Klima.

Diesen verschiedenen Bedingungen hat die Kleidung im gegebenen Falle zu entsprechen. Je nach den klimatischen Verhältnissen, der Beschäftigungsart, dem persönlichen Befinden und dem Wunsche des einzelnen, den Körper wärmer oder kühler zu bekleiden, hat die Art und die Menge der Kleidung zu wechseln.

Betrachten wir zunächst das Verhalten der verschiedenen zu Gebote stehenden Gewebsfasern:

Die Wolle benetzt sich schwer, eine Wassersättigung findet (aufser bei abgetragenen Geweben) kaum je statt, die durchtränkte Faser bleibt elastisch und die feinen Querfädchen halten das Gewebe — eine Luftschicht bildend — etwas von der Haut entfernt. Die Wasserabgabe erfolgt ebenfalls langsam, die zur Wasserdampfbildung in der Zeiteinheit verbrauchten Wärmemengen halten sich daher in mäfsigen Grenzen. Die trockenen Gewebe enthalten grofse Luftmengen. Diesen entschiedenen Vorzügen stehen folgende Nachteile gegenüber:

1. Die Wollfaser nimmt die Feuchtigkeit vom Körper nur dort in erheblichen Mengen auf, wo Reibung stattfindet, die Verteilung der Feuchtigkeit im Gewebe geht nur langsam von statten, bei lebhafter Muskelthätigkeit und im warmen Klima sind daher Schweifsüberflutungen kaum zu vermeiden, sobald Wollgewebe unmittelbar auf der Haut getragen werden.

2. Die Wärmeabgabe ist beim Tragen von Wollkleidung im warmen Klima nicht immer ausreichend.

3. Die Reinlichkeit des Körpers leidet in der Regel, falls Wollgewebe unmittelbar auf der Haut getragen werden, weil sie das Waschen schlecht vertragen und daher meist nicht hinreichend oft gewaschen werden.

4. Die Wolle übt eine kräftige Reizung auf die Haut, die im warmen Klima von der Mehrzahl der Personen unangenehm empfunden wird, Hitzegefühl erweckt und bei empfindlicher Haut zu leichten Entzündungen führt.

5. Wollgewebe eignen sich nicht für Krankenkleidung, weil sie beim Waschen Wärmegrade schlecht vertragen, die mit Sicherheit ein Sterilisieren der etwa anhaftenden Krankheitserreger herbeiführen. (Das für Kranke in Betracht kommende Klima verlangt keine Wollkleidung).

6. Die durchnäfsten Gewebe trocknen, abgelegt, ungemein langsam, was namentlich auf Reisen zu Unbequemlichkeiten führen kann.

7. Die Gewebe laufen in der Wäsche stark ein und verfilzen an den Stellen, wo sie der Reibung ausgesetzt sind. Die guten Eigenschaften gehen nach dem Einlaufen oder Verfilzen verloren, die schlechten nehmen zu. Selbst bei vorsichtigstem Waschen ist ein langes Tragen der aus Wolle gefertigten Unterkleider kaum angängig; hierdurch aber stellen sie sich teuer.

Die Halbwollgewebe zeigen diese Mängel im etwas geringeren Grade, verdienen daher namentlich für gemäfsigte und warme Klimate den Vorzug als Unterzeuge vor Geweben aus reiner Schafwolle, während sie als Oberkleider nur dort sich geeignet erweisen, wo Schutz vor Niederschlägen geboten ist.

Im vollen Gegensatz zur Wolle steht die Leinwand. Sie benetzt sich rasch, verliert benetzt die Elasticität vollständig, und gibt das aufgenommene Wasser durch Verdunsten rasch ab Auch durch trockene Gewebe fliefst die Wärme rasch ab, doch erwärmt sich die Leinwand hoch, hält die Haut trocken und rein und reizt sie nur dann, wenn ungleich gesponnene Fäden Verwendung finden (grobe Hausmache-Leinwand). In trockener Leinwand fühlt man sich wohl, durchnäfst nur rufen die Gewebe Nachteile hervor. Als Bettwäsche verdienen sie stets, als Unterzeuge in unserem Klima für solche Leute den Vorzug, die eine lebhafte körperliche Thätigkeit nicht ausüben und dem Durchnässen sich nicht aussetzen oder durch richtige Wahl der Oberkleider sich Schutz schaffen.

Ähnlich verhält sich die Seide. Aus beiden Gespinsten lassen sich sehr feine leichte Gewebe von ausreichender Haltbarkeit herstellen, welche die Wärme rasch abfliefsen lassen und leicht sauber gehalten werden können, daher im warmen, trockenen Klima wesentliche Vorzüge als Unter- wie als Oberkleidung bieten.

Die Baumwolle steht der Leinwand in ihren Eigenschaften näher als der Wolle. Sie besitzt aber den grofsen Vorzug der Vielseitigkeit: Es lassen sich aus ihr sehr weiche, geschmeidige wie auch härtere Fäden gewinnen und Gewebe beliebigster Art aus diesen herstellen. Baumwollflanelle und Trikots ähneln den Wollgeweben, die Seide kann täuschend nachgeahmt werden, aus dünnen gezwirnten Fäden hergestellte Gewebe wirken der Leinwand ähnlich auf die Haut. Die Elasticität läſst sich erhöhen und vermindern, Hautreize beliebig vermeiden oder schaffen, und die Reinhaltung der Haut durch Baumwollgewebe läſst unter keinen Umständen zu wünschen übrig. Infolge dieser vielseitigen Ausbildungsfähigkeit vermag die Baumwolle stark wechselnden Anforderungen zu genügen, sich den verschiedenartigen Bedürfnissen fast aller Klimate anzuschmiegen; als »Universalfaser« für Unterzeuggewebe ist sie am ehesten denkbar.

Die aus Leinwand, Seide oder Baumwolle hergestellten Gewebe dichteren Gefüges haben, als Unterzeuge verwandt, sämtlich den Nachteil, daſs sie sich durch Aufnahme von Flüssigkeiten rasch mit Wasser sättigen.

Dieser Nachteil läſst sich aufheben durch Erweiterung des Gefüges. Je weiter die Maschen (zwischen den einzelnen Fäden oder zwischen Gewebsteilchen) gewählt werden, um so sicherer wird das Erfüllen der Hohlräume durch Flüssigkeiten aufgehoben.

Die aus Baumwolle oder Seide gefertigten Netzjacken weisen allerdings zu weite Hohlräume auf, um ein ausreichendes Aufsaugen starker Schweiſsabsonderungen herbeiführen zu können; sie vermögen ferner im warmen Klima ein Hindernis der Wärmeabgabe zu bilden, weil sie die Zahl der Unterkleider vermehren, und ihre Knötchen rufen Hautreizungen hervor, die für Personen mit zarter oder verweichlichter Haut unwillkommen sind.

Bessere Dienste leisten, namentlich im warmen Klima, also bei uns im Sommer, Gewebe, deren Hohlräume 0,5 bis 2,0 mm weit gewählt sind und deren Fäden etwa den gleichen Raum einnehmen wie die Poren.*)

*) Der Verfasser hat derartige aus Seide und aus Baumwolle gefertigte Gewebe unter den verschiedensten klimatischen Verhältnissen bei Ruhe und bei lebhafter Körperthätigkeit (auf Jagdausflügen, auf Fuſswanderungen im Gebirge u. s. w.) als Hemden jahrelang getragen und ausschlieſslich gute Erfahrungen mit ihnen gesammelt, während Hemden aus bestem Wolltrikotgewebe ihn nur im kalten Klima voll befriedigt haben. Namentlich bei einem einjährigen Aufenthalte in Italien belästigte das Tragen der Wollhemden den Körper, während unter leichter Wolloberkleidung von heller Farbe wie unter Baumwolloberkleidung die starkporigen Seiden- und Baumwollgewebe sich auf das beste bewährten.

Zur Herstellung der Oberkleidung entspricht dagegen das Wollgewebe den verschiedenartigen Anforderungen besser als alle übrigen Gewebe. Namentlich rasch wechselnden Wärmegraden, Niederschlägen und Kälte gegenüber gewährt sie allein Schutz. Ausschliefslich im warmen, an Niederschlägen armen Klima oder an Orten, wo vor letzteren Schutz geboten ist, verdient eine Oberkleidung aus Seide, Baumwolle oder Leinwand den Vorzug vor der Wollkleidung.

Wasserdicht halten ungeschorene Gewebe aus Ziegenhaar (der ursprüngliche, handgewebte »Loden«), während Kleidungsstücke aus gereinigter (entfetteter) Wollfaser einer künstlichen Tränkung mit Aluminiumsulfat bedürfen, um diese Eigenschaft zu erhalten.

Die Wärmeaufnahme aus Strahlung ist von der Glätte der Stoffe und ihrer Farbe abhängig. Namentlich wird die Aufnahme von Wärme aus leuchtenden Strahlen durch die Farbe erheblich beeinflufst.

Die Wärmeaufnahme aus leuchtenden Strahlen bestimmte Krieger wie folgt:

Weifser Shirting	100
blafsgelber Shirting	102
dunkelgelber »	140
hellgrüner »	155
türkischroter »	165
dunkelgrüner »	168
hellblauer »	198
schwarzer »	208

Die absolute Gröfse der Wärmeabgabe durch Strahlung fand Rubner unter sonst gleichen Verhältnissen für:

Glänzenden Seidenstoff	= 95
Appretierte Baumwolle	= 100
Sommerkammgarn	= 112,5
Rufs	= 114
Gewaschene Baumwolle	= 116
Wollflanell und Trikotgewebe	= 124 bis 125

Wo Gefahr durch rasche Entzündbarkeit der Kleidung besteht, verdient die tierische Faser vor der Pflanzenfaser den Vorzug, weil letztere sich leicht entzünden und die Flamme in ihnen sich rasch fortpflanzt. Die aus dem Tierreich stammenden Gewebsfasern, namentlich die Wolle, entzünden sich dagegen schwer, und die Flamme verbreitet sich in ihnen so langsam, dafs Gefahr kaum zu gewärtigen ist. Vollkommene Feuersicherheit bieten Gewebe aus Asbest- und aus Glas-Fasern. Durch Tränken der Pflanzenfasern oder der aus ihnen hergestellten Kleidungsstücke mit phosphorsaurem Ammoniak wird die Entzündbarkeit herabgesetzt.

Die Kleidungsstücke, namentlich die zur Unterkleidung dienenden Gewebe, dürfen keine Gifte enthalten. Zum Färben der Kleidungsstücke finden zwar im allgemeinen giftfreie Farben Verwendung, doch werden Verunreinigungen dieser Farben durch Arsen, Antimon u. a. nicht immer ausreichend beachtet. Es besteht dann Gefahr, dafs diese Gifte durch verwundete Hautstellen in die Blutbahnen gelangen.

Die Form und der Schnitt der Kleidungsstücke üben einen wesentlichen Einflufs auf Wohlbefinden und Wohlbehagen. Enge Kleider stören die Atemthätigkeit und den Blutumlauf, erschweren jede körperliche Thätigkeit und setzen die Leistungsfähigkeit herab. Ferner vermindern sie den Luftgehalt wie den Luftwechsel der Bekleidung und rufen vornehmlich bei nervös Beanlagten das Gefühl der Beklemmung hervor, welches sich in warmen, an Wasserdampf reichen Räumen bis zur Ohnmacht zu steigern vermag. Werden enge Kleidungsstücke dauernd getragen (Schnürleib), so rufen sie Formveränderungen der Organe hervor, deren Folgeerscheinungen die Gesundheit wesentlich zu beeinträchtigen pflegen. Derartige Formänderungen sind für den in der Entwickelung befindlichen Körper besonders grofs und bedeutsam.

Allgemein, jedenfalls aber während der Entwickelungsjahre, soll das Hauptgewicht der Kleidung von den Schultern getragen werden, jede Beengung einzelner Körperteile ausgeschlossen sein.

Auch aus ästhetischen Gründen ist das letztere zu meiden, weil die betroffenen Organe sich krankhaft und unschön entwickeln. Selbst ein vorübergehendes Zusammenpressen des Körpers durch zu enges Anziehen des Schnürleibs wirkt (vornehmlich bei starken Frauen) häfslich, weil oberhalb und unterhalb des Schnürleibs die Körperformen unnatürlich hervorquellen und der Gegensatz zu den eingeschnürten Teilen diesen Zustand besonders bemerkbar macht.

Unrichtig gebautes Schuhwerk erzeugt Nagelkrankheiten, Schwielen, Hühneraugen, ruft Veränderungen des Fufsskeletts, Drehen und Übereinanderlegen der Zehen hervor. Beim Auftreten verlängert und verbreitert sich der Fufs durch die auf ihm ruhende Belastung um etwa ein Zehntel, bedarf also einer gewissen Bewegungsfreiheit. Auch mufs die Schuhsohle genau dem belasteten Fufse entsprechend geschnitten werden und zwar für jeden der Füfse besonders, da der linke Fufs vielfach etwas kräftiger entwickelt ist als der rechte. Hohe Absätze sind zu meiden, weil die grofse Zehe infolge der starken Hebung der Ferse nach vorn gedrückt wird und dadurch erheblich leidet. Oberbeinbildung ist eine häufige Folgeerscheinung derartigen Drucks. Wichtig ist ferner, dafs das Oberleder unsymmetrisch geschnitten wird, so dafs seine höchste Erhebung über der grofsen Zehe liegt.

Die Unterscheidung der Gespinstfaser als Erkennungsmittel von Verfälschungen gelingt am besten durch eine mikroskopische Untersuchung, die im Erfordernisfalle durch eine mikrochemische Prüfung unterstützt werden kann. Die Fasern der Längs- und Querrichtung sind getrennt zu untersuchen, da Zettel und Einschlag häufig aus verschiedenen Fasern bestehen.*)

*) Eine genaue Anleitung zur Untersuchung der Gespinstfaser wie zum sicheren Erkennen von Verfälschungen gibt K. B. Lehmann in »Die Methoden der praktischen Hygiene«, 2. Auflage S. 533 ff.

VI. Abschnitt: Das Licht.

Unsere Kenntnisse über die Wirkung des Lichtes auf das Allgemeinbefinden des Menschen beruhen mehr auf der Erfahrung als auf exakten Untersuchungen. Unter dem Einflufs des Lichtes sehen wir die Farben der Haut erblühen, bei Lichtmangel die Haut bleich werden; es sinkt also wohl der Gehalt des Blutes an rotem Blutfarbstoff. Wir kennen ferner die belebende, Stoffwechsel und Thätigkeit anregende Wirkung des Lichtes auf das Gemüt, die beruhigende und dadurch einschläfernde Wirkung des Dämmerlichtes und der Dunkelheit. Aber damit sind unsere Kenntnisse ziemlich erschöpft, nur das Gebiet der Vermutung steht uns offen. Dagegen ist der Einflufs des Lichtes auf das Pflanzenleben sowie auf die Kleinlebewesen und damit seine mittelbare Wirkung auf den Menschen durch die Forschung festgestellt. Die chlorophyllführenden Pflanzen vermögen nur im Licht aus einfachsten Stoffen (Kohlensäure, salpetersauren und schwefelsauren Salzen) ihre Zellen aufzubauen, alle Krankheit erregenden Spaltpilze verlieren unter der Einwirkung des Lichtes rasch ihre Krankheit hervorrufenden Eigenschaften und gehen bei längerer Belichtung zu Grunde. Das italienische Sprichwort: »Wo das Licht nicht hinkommt, kommt der Arzt hin«, findet teils in dieser Thatsache seine wissenschaftliche Begründung, teils in dem Umstande, dafs Lichtmangel Unreinlichkeit im Gefolge zu haben pflegt. Dagegen haben die Anschauungen, dafs längerer Lichtmangel die Gesundheit untergrabe, keine Bestätigung gefunden: Wenn Gefangene eine ungünstige Körperbeschaffenheit aufweisen, so kommen hier eine Reihe schädigender Ursachen mit in Betracht, wie der Mangel an Bewegung in frischer Luft, eine die Efslust verringernde Gleichförmigkeit der Kost, seelische Einflüsse u. s. f. Bergleute weisen dort, wo ihr Einkommen ein ausreichendes ist und besondere Schädigungen ihnen ferngehalten werden, eine durchaus gute Gesundheit auf, und die Anschauung, dafs im Polarwinter unter dem Mangel an Sonnenlicht die Gesundheit der Reisenden ins Wanken gerate, ist von Fridjof Nansen durch Thatsachen widerlegt. Dafs anderseits grelle Lichtwirkungen erhebliche Entzündungserscheinungen der Haut hervorzurufen vermögen, hat neuerdings die Anwendung des elektrischen Schweifsverfahrens gelehrt.

Bekannt und bedeutungsvoll ist die Einwirkung des Lichtes auf das Auge. Der Blick in die Sonne und das unmittelbare wie das mittelbare Eindringen von Sonnenstrahlen in das Auge vermögen augenblicklich Sehstörungen hervorzurufen, und es vermag sowohl bei übermäfsiger Helle wie bei Lichtmangel eine irgend anstrengende Thätigkeit das Auge zu ermüden und bei längerer Dauer zu schädigen.

Durch den Blick in die Sonne oder das unmittelbare Eindringen der Sonnenstrahlen werden, besonders häufig bei kleinen Kindern, schwere oder dauernde Schädigungen des Auges hervorgerufen, während die Rückstrahlung des Sonnenlichtes von Wasser-, Schnee- und Eisflächen, von hellen Gebäuden und Strafsen nicht gerade selten auch bei Erwachsenen zu Sehstörungen (Schneeblindheit) und zur Schwächung der Sehschärfe führt.

Der Glanz des künstlichen Lichtes ist gegenwärtig so hoch geworden, dafs er beim Einblick das Auge ebenfalls zu blenden vermag, d. h. zu augenblicklicher, aber vorübergehender Störung der Sehschärfe Veranlassung gibt. Bei vielfacher Wiederholung dürften auch diese Störungen zu dauernden Schädigungen führen. Es mufs daher als Grundsatz gelten, dafs jede Lichtquelle von hohem Glanz mit lichtzerstreuenden oder lichtabblendenden Hüllen zu umgeben ist.

Für jede lang andauernde Thätigkeit des Auges bei Nah- oder Feinarbeit ist eine in ziemlich enge Grenzen gewiesene gleichförmige und ruhige Helle ein Erfordernis.

Übermäfsige Helle vermag dann zu beeinträchtigen, wenn helle, spiegelnde oder glänzende Gegenstände (weifses oder hellgelbes Gewebe, Papier, Porzellan, blankes Metall, Spiegel u. a.) der Bearbeitung unterliegen.

Ungenügende Helle ruft Störungen hervor, sobald das Auge den Gegenständen der Bearbeitung näher gebracht werden mufs, als seiner Eigenart entspricht. Das Auge wird in diesem Falle gezwungen, starke Konvergenzbewegungen und Accomodationsanstrengungen auszuführen, die es ermüden, bei ständiger Wiederholung oder langer Dauer Krämpfe, Netzhautentzündungen und dergl. zu verursachen, die Sehschärfe herabzusetzen, Mängel des Auges, wie z. B. Kurzsichtigkeit, zu mehren vermögen, während gesunde widerstandsfähige Augen mehr aushalten und seltener erkranken.

In andauernder und anstrengender Naharbeit oder Feinarbeit ist aber allgemein — auch bei ausreichender oder guter Beleuchtung — eine Beeinträchtigung des Auges, namentlich des jugendlichen Auges, zu sehen. Es ist dringend erforderlich, das Auge ganz allmählich an die unnatürliche Naharbeit zu gewöhnen und dem Auge während dieser Gewöhnungszeit durch ausreichend langen Aufenthalt im Freien täglich Gelegenheit zum Fernsehen zu bieten, um hierdurch ein Gegengewicht gegen die einseitige Thätigkeit der Naharbeit zu schaffen.

Im anderen Falle ist ein Herabsetzen der Sehschärfe fast unausbleiblich. Für die Leistungsfähigkeit von Heer und Flotte, für eine grofse Zahl Berufsarten, für die Freude an der Natur und das sichere Erkennen ihrer Erscheinungen würde eine weit verbreitete Verringerung jener Fähigkeiten einen grofsen Schaden im Sinne des einzelnen wie der Allgemeinheit bedeuten.

VII. Abschnitt: Die Tagesbeleuchtung.

Als gesundheitlich bedeutsame Lichtquelle kommt einzig die Sonnenstrahlung in Betracht, wenn auch das Mondlicht und in klaren Nächten selbst das Sternenlicht die Möglichkeit bieten, den Weg aufzufinden oder Arbeiten von geringer Lichtbedürftigkeit im Freien auszuführen.

Die der Erde zugeführte Menge und damit die Wirkung des Sonnenlichtes sind abhängig vom Einfallswinkel der Strahlen, von der Dauer der Bestrahlung und von den Widerständen, welche das Durchtreten der Lichtstrahlen durch die Atmosphäre stören. Beim senkrechten Auftreffen der Lichtstrahlen auf einen Gegenstand ist ihre Wirkung die denkbar höchste, während der Sonnenstand und die Höhenlage des Ortes mafsgebend sind für die Schichtdicke der Atmosphäre, welche die Strahlen durchdringen müssen. Die wesentlichsten Hindernisse werden durch Nebel und Bewölkung gebildet, aber auch der Rauch-, Rufs- und Staubgehalt der Luft lassen eine grofse Zahl von Lichtstrahlen nicht bis zur Erde gelangen.

Von höchster Bedeutung für die menschliche Thätigkeit ist nicht die unmittelbare, sondern die mittelbare sog. diffuse Wirkung der Lichtstrahlen, das zerstreute Himmelslicht. Es für die geschlossenen Räume voll und in richtiger Weise auszunutzen, ist eine bedeutsame Aufgabe der Bautechnik.

Die Helligkeit des zerstreuten Himmelslichtes schwankt nach Ort und Zeit in ungemein weiten Grenzen. Die Sonnenhöhe, die Höhenlage und die klimatischen Verhältnisse eines Ortes, die jeweilige Verunreinigung der Luft mit festen Körperchen und die Bewölkung vermögen unerwartet hohe Unterschiede hervorzurufen: Das Höhenklima bietet in den gleichen Breitegraden die gröfste Helligkeit, das Küstenklima die niedrigste. Die an Rauch, Rufs und Staub reiche Luft über grofsen Städten und Industriegebieten läfst ganz wesentlich weniger Licht hindurch als die Luft über dem freien Lande; die Luft über dem Meere und über ausgedehnten Binnenseen oder Morästen wieder mehr als letztere. Die durch Regen vom Staub befreite Luft läfst ganz wesentlich mehr Licht hindurch als eine stauberfüllte; nach längerer Trockenheit pflegt die Durchlässigkeit der Luft gewaltig abzunehmen. Dunkles Gewölk raubt den gröfsten Teil des Lichtes. Weifses Gewölk ruft die örtlich und zeitlich denkbar höchste Helligkeit des zerstreuten Himmelslichtes hervor.

Für die Wirkung des Lichtes ist ferner die Gröfse der Rückstrahlung von weittragender Bedeutung. Nach Schneefall wird auch inmitten geschlossener Räume die Helligkeit ganz wesentlich gehoben. Die Farbe des Erdbodens, der Gebäude und Dächer, der Umfassungsflächen eines Raumes kann für die Wirkung des Himmelslichtes in ihm mafsgebend werden. Der Rufsgehalt der Luft vermindert nicht nur die Einstrahlung, sondern durch Schwärzen aller Flächen auch die Rückstrahlung des Himmelslichtes ganz erheblich.

Aus diesen Gründen ist es nicht angängig, allgemein gültige Angaben zu machen über den Grad der Erhellung von Arbeitsplätzen in geschlossenen Räumen durch Tageslicht, über das hierzu erforderliche Ausmafs der Lichtöffnungen, über die Entfernung der Gebäude voneinander, über die zulässige Höhe der letzteren. Die nach diesen Richtungen vielfach aufgestellten Normen bedürfen für jedes einzelne Klima, für jeden einzelnen Ort, ja für jeden Einzelfall der Richtigstellung. Einzig die am Orte selbst angestellten Untersuchungen und gesammelten Erfahrungen können Anspruch auf volle Beachtung erheben, und auch ihnen gegenüber verdient die Farbe der Umgebung, die Farbe der Umfassungsflächen des in Frage stehenden Raumes, seine Höhe und Geschofslage, die Ausbildung seiner Fenster und die Lichtdurchlässigkeit ihrer Einglasung weitgehende Rücksichtnahme. Eine an sich ungünstige Lage des Raumes vermag durch richtige Ausbildung und Ausstattung desselben nahezu ausgeglichen, eine günstige Lage durch falsche Farbenwahl, unrichtige Höhenbemessung, Fensteranordnung und Durchbildung ihres Wertes beraubt zu werden.

Das Aufstellen von Normen ohne ausreichende Beachtung der klimatischen und örtlichen Verhältnisse führt unter Umständen nicht nur zu übertriebenen Anforderungen an die Freilage der Räume und damit zu wirtschaftlichen Schwierigkeiten, sondern vermag auch belangreiche gesundheitliche Schädigungen im Gefolge zu haben. Abgesehen vom Höhenklima bedürfen die an Sonnenlicht reichen Orte des Schutzes gegen die Wärmewirkung der Sonnenstrahlen während des Sommers im weit höheren Grade als die an Licht ärmeren Gebiete; ein übermäfsig grofses Ausmafs der Fensterflächen gerät in Gegensatz zu den bedeutsamsten Anforderungen der Wärmewirtschaft der Aufenthaltsräume; durch zu grofse Freilage oder unrichtige Wahl ihrer Himmelsrichtung werden die Strafsen des Schattens beraubt, der für den Verkehr in ihnen an sonnigen Sommertagen ein dringendes Erfordernis, namentlich in den Städten Süddeutschlands, bildet; durch falsche Himmelsrichtung der Fenster von Schulzimmern, Werkstätten und dergl. wird die Verdunklung der Glasflächen und damit der Arbeitsplätze gegen unmittelbar einfallende Sonnenstrahlen notwendig, und die Wärmewirkung der letzteren vermag unerträgliche Wärmegrade im Raume hervorzurufen u. s. w.

Aufser den geschilderten Verhältnissen bedarf der Zweck des Raumes der entsprechenden Beachtung: Ein Raum, welcher ausschliefslich während der lichtreichen Tagesstunden der Nah- oder Feinarbeit dient, ist anders zu behandeln als ein während des ganzen Tages hierzu benutzter. Ob die Arbeitsplätze nur nahe der Fensterwand gewonnen werden sollen, oder im ganzen Raume, ob diese nur Naharbeiten dienen, ob Feinarbeiten, ob ein Raum der Thätigkeit, dem Ausruhen oder dem Erholen von ihr zu dienen bestimmt ist, ruft ganz erhebliche Unterschiede in den

Ansprüchen hervor, die an die Gröfse des Tageslichteinfalles zu erheben sind.

Nach Meterkerzen-Helligkeit Ansprüche an die Tageslichtbeleuchtung zu stellen, das nach H. Cohns Vorgang bisher ziemlich allgemein geschehen ist, kann zu irgend welchen Erfolgen nicht führen. Zu welcher Jahreszeit, zu welcher Stunde, unter welchen Witterungsverhältnissen will man die Helligkeit prüfen? Die Unterschiede in der Helligkeit des Himmelslichtes erwiesen sich nach meinen Untersuchungen selbst in den Mittagsstunden an unbewölkten Tagen der Monate Juni und Juli (14 Tage vor und nach der Sonnenwende) derart grofs, dafs die am gleichen Platze vorgenommenen Messungen bis zum Zehnfachen voneinander abwichen. Ob ein unmerklicher Schleier über dem Himmelsgewölbe lag oder hinzog, ob tief unten am Horizont eine weifse Wolkenbank sich gebildet hatte, die gewaltige Lichtmengen zurückwarf, ob die Luft staubarm oder staubreich war, ob Rauch und Rufs sie erfüllten, ob Wassertröpfchen am Luftstaub sich niedergeschlagen hatten, das war während des Messens nicht zu erkennen, ergab aber jene Unterschiede. Wenn unter den angegebenen Verhältnissen auf dem gleichen Platze die Helligkeit bald etwa 30 MK., bald bis zu 300 MK. betrug, wie grofs werden dann erst die Abweichungen zwischen dem lichtreichsten und dem lichtärmsten Monate, zwischen Mittagsstunde und Spätnachmittagsstunde, zwischen weifs überzogenem und dunkel bewölktem Himmelsgewölbe ausfallen? Hat dem gegenüber die Mindestforderung von 10 MK. für jeden Arbeitsplatz irgend welche Bedeutung? Oder ist sie derart gedacht, dafs die Tageshelle in der lichtärmsten Schulstunde (bezw. Arbeitsstunde) des lichtärmsten Tages unter den denkbar ungünstigsten Witterungsverhältnissen auf dem von der Lichtquelle am weitesten entfernten Arbeitsplatze noch 10 MK. betragen soll? Eine solche Forderung dürfte als unerfüllbar auf dem Papiere bleiben; wann will man ihre Erfüllung auch prüfen?

Auch die Messungen mit dem Raumwinkelmesser sind unbrauchbar oder doch sicher nicht ohne weiteres brauchbar, weil sie das zurückgestrahlte Licht unberücksichtigt lassen.

Will man Anhalt über die Brauchbarkeit der in Neubauten zu gewinnenden Arbeitsplätze erhalten, dann sind eingehendere Beobachtungen und Untersuchungen erforderlich, als bislang angestellt worden sind. Solche Untersuchungen müssen am Orte selbst oder unter sehr ähnlichen klimatischen Verhältnissen ausgeführt werden, sie müssen über Jahre sich erstrecken, sie müssen die verschiedensten Witterungseinflüsse, ja selbst die Farben der Umfassungsflächen des Raumes und die seiner Umgebung im günstigen wie im ungünstigen Sinne berücksichtigen, wenn ihnen wirklicher Wert innewohnen soll. Was bisher an derartigen Angaben und Untersuchungen vorliegt, ist so einseitig und so lückenhaft, dafs es nicht einmal für den Untersuchungsort, geschweige denn allgemein Anspruch auf volle Beachtung erheben darf — es ist ein Notbehelf!

Der Gedanke schon, dafs für Städte wie Hamburg, Bremen, Lübeck, Kiel einerseits, München, Stuttgart, Zürich, Wien, Innsbruck oder gar Bozen anderseits die gleiche Helligkeitsnorm Anwendung finden soll, während doch ihre Himmelslichtwirkung (unter sonst ähnlichen Verhältnissen gedacht) um das Vielfache voneinander abweicht, mufs uns sagen, dafs hier eine gründliche, fleifsige Arbeit not thut, ehe gültige, das jeweilige Klima berücksichtigende Normen gewonnen werden können.

Das Zustandekommen der Lichtverluste beim Durchgang durch Körper, welche für Licht durchlässig sind.

Treffen Lichtstrahlen Körper, welche für Licht durchlässig sind, dann geht ein Teil hindurch, ein Teil wird zurückgestrahlt und ein Teil wird derart verändert, dafs die Lichtwirkung verloren geht. Je nach der Art des Körpers, der Glätte seiner Oberflächen, seiner Farbe, Form und Dicke wechseln die hierdurch entstehenden Lichtverluste in weiten Grenzen. Je rauher die Oberflächen sind, um so mehr Licht wird zurückgestrahlt, je dunkler die Farbe des Körpers ist, um so mehr Lichtstrahlen werden ihrer Wirkung beraubt, und zwar ist dabei der Lichtverlust um so bedeutender, je dicker die farbige Schicht ist, welche die Strahlen zu durchdringen haben, während die Form des Körpers lichtbrechend wirken kann, d. h. die Strahlen aus ihrer ursprünglichen Richtung mehr oder weniger stark abzulenken vermag.

Bei dieser Ablenkung der Lichtstrahlen sind folgende Erscheinungen von Bedeutung:

1. Die Strahlen behalten ihre ursprüngliche Richtung bei, es tritt nur eine seitliche Verschiebung derselben ein.

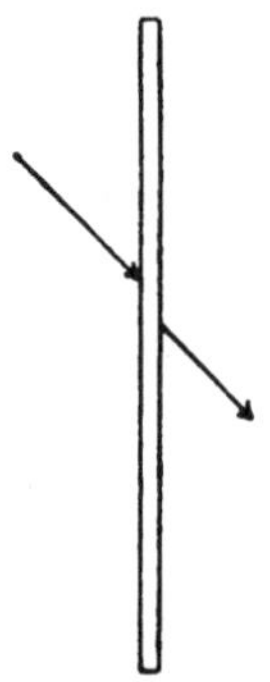

Fig. 11. Ablenkung der Lichtstrahlen b. Durchdringen parallelflächig. Glastafeln.

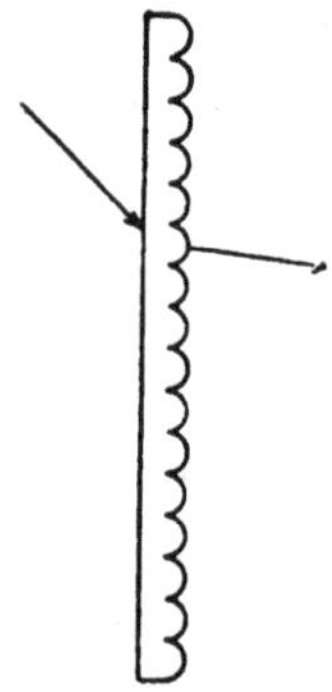

Fig. 12. Ablenkung d. Lichtstrahlen b. Durchdringen von Glastafeln mit stabförm. Innenfläche.

Ein solches Verhalten zeigen z. B. die Lichtstrahlen beim Durchdringen einer völlig ebenen und fehlerlosen Glastafel (Fig. 11).

2. Die Strahlen werden aus ihrer Richtung abgelenkt, treten aber sämtlich in der gleichen Richtung wieder aus.

Diese Erscheinung findet statt bei reinem, fehlerlosem Glas, dessen eine Oberfläche in der Form sich berührender Stäbchen von Halbkreisquerschnitt ausgebildet ist (Fig. 12).

3. Die Strahlen treten in mehrfach veränderter Richtung aus.

Eine derartige »Brechung« der Strahlen wird bewirkt durch Kristalle, durch Prismen, durch Glas mit prismenartiger oder vielfältig geformter Oberfläche und dergl.

4. Die Strahlen treten in vielfältig veränderter Richtung aus, sie werden zerstreut.

Diese Wirkung erzielt man z. B. durch mattes Glas, Milchglas, hellfarbige Stoffe oder Papier. Sie pflegt von bedeutenden Lichtverlusten begleitet zu sein, weil ein erheblicher Teil der Strahlen durch Rückstrahlung seinem Zwecke verloren geht, vermag aber dennoch von Wert zu werden, wenn eine möglichst gleichmäſsige Verteilung des Lichtes in dem zu erhellenden Raume erzielt werden soll, wenn es gilt, den von den Fenstern entfernten Teil eines Raumes ausreichend mit Tageslicht zu versorgen oder die grelle Wirkung unmittelbar einfallender Sonnenstrahlen aufzuheben.

Lichtverluste durch Glasscheiben.

Die in der Litteratur angegebenen Verluste, welche Lichtstrahlen beim Durchtritt durch Glastafeln erleiden, sind auffallend niedrig bemessen. Es erscheint mir daher fraglich, ob sie auf direkten Messungen oder vielmehr auf Berechnungen und Schätzungen beruhen. Durch Messung fand ich, dafs Glastafeln um so mehr Licht hindurchliefsen, je ebener, fehlerfreier und farbloser sie waren. Die Farbe (im Querschnitt betrachtet) übte einen wesentlichen Einflufs auf die Gröfse der Verluste, namentlich das Grün, während gelbliches Glas vom rein weifsen sich nur wenig unterschied.

Es sollte daher das Streben darauf gerichtet werden, ausschliefslich Fensterglas von rein weifser, gelblicher oder blafsgrünlicher Färbung zu erzeugen. Im Querschnitt dunkelgrün erscheinendes Glas darf m. E. ausschliefslich für untergeordnete Nebenräume Verwendung finden.

Auch die Stärke des Glases ruft wesentliche Unterschiede im Lichtverlust hervor. Da mit dem Abnehmen der Glasstärke aber der Wärmedurchtritt (durch Leitung) wächst, so wird man nur in Einzelfällen zur Anwendung besonders dünner Gläser raten können, obgleich sie die geringsten Lichtverluste bedingen.

Es wurden von den Lichtstrahlen zurückgehalten:*)

durch	rein weifses dünnes Spiegelglas . . .	4%
»	licht gelbliches Spiegelglas je nach Stärke	5—6%
»	licht grünliches » » » »	8—9%
»	einfaches grünliches Fensterglas (je nach Reinheit, Farbentiefe und Stärke) .	8—14%

*) Diese Zahlen sind an Gläsern und Geweben gewonnen, die aus den im Handel befindlichen so gewählt wurden, dafs sie den im Gebrauch befindlichen am ehesten entsprachen. Es sind nicht bestimmte Stärken und Arten oder Farbentöne gemessen. Die Zahlen können und wollen daher keinen Anspruch auf allgemeine Gültigkeit erheben, aber sie zeigen, dafs die Angaben der Litteratur in Hinsicht der Genauigkeit zu wünschen übrig lassen, dafs es notwendig ist, unmittelbare Messungen in gröfserer Zahl anzustellen und zu veröffentlichen. Die Physikalisch-technische Reichsanstalt wäre hierzu am ehesten berufen.

durch	doppeltes Glas gleicher Art (1 cm voneinander entfernt)	13—22 %
»	schwach staubiges bestes Fensterglas .	38 %
»	stark » » » .	72 %
»	mattes Glas je nach Rauheit der Oberfläche und Farbe	18—32 %
»	rein weifses geprefstes Glas bester Ausführung (Stollberg) je nach dem Muster	14—17 %
»	grünliches geprefstes Glas gewöhnlicher Art je nach Farbe, Stärke und Reinheit	24—35 %
»	Überfangglas (Milchglas) je nach der Stärke und Art	38—63 %
»	Baumwollgewebe: klarster Erbstüll . .	15—22 %
»	» dichtere englische Tülle	32—40 %
»	» weifse und elfenbeinfarbige dichte Gewebe je nach Stärke	53—88 %

Unter Zugrundelegung der obigen Messungsergebnisse habe ich die Lichtverluste einiger Fenster, wie folgt, bestimmt:

1. Lichtverlust durch Wohnzimmerfenster vornehmster Art:

durch	Holzwerk	25 %
»	Glas (innen rein weifses dünnes, aufsen starkes gelblich. Spiegelglas)	9 %
»	Erbstüllstores	18 %

Es verbleibt ein Lichteinfall von:

$$100 \times 0{,}75 \times 0{,}91 \times 0{,}82 = 55{,}97\,\%.$$

2. Lichtverlust durch Wohnzimmerfenster einfacher Art:

durch	Holzwerk	35 %
»	doppelte Einglasung	20 %
»	Vorhänge	40 %

Es verbleibt ein Lichteinfall von:

$$100 \times 0{,}65 \times 0{,}8 \times 0{,}6 = 31{,}20\,\%.$$

3. Lichtverlust durch ein Schulzimmerfenster*) bester Bauart mit doppelter Einglasung:

durch Holzwerk 20%
» doppelte Einglasung . . . 13%

Es verbleibt ein Lichteinfall von

$$100 \times 0{,}8 \times 0{,}87 = 69{,}60\,\%.$$

4. Lichtverlust durch ein Schulzimmerfenster gewöhnlicher Bauart mit einfacher Einglasung:

durch Holzwerk 30%
» Glas (gewöhnliches) 12%

Es verbleibt ein Lichteinfall von

$$100 \times 0{,}7 \times 0{,}88 = 61{,}6\,\%.$$

Für die Auswahl der Glassorten ist ferner folgendes zu beachten:

Ebene, parallelflächige, farblose Tafeln (Spiegelglas) verdienen auch deshalb den Vorzug, weil sie eine ruhige, vornehme Wirkung hervorrufen, die Landschaft klar und unverzerrt erkennen lassen, die Farbenstimmungen derselben nicht verändern.

Knötchen im Glas sind zu meiden, da sie ähnlich einem Brennglas zu wirken und durch Wärmewirkung der gesammelten Strahlenbündel Feuersgefahr, Schädigungen an Ausstattungsstücken u. a. hervorzurufen vermögen.

Unebenheiten rufen eine unruhige Wirkung hervor und verzerren den Ausblick; mattes und geprefstes Glas verhindern den Ausblick wie den Einblick, fesseln dadurch die Gedanken und schliefsen Störungen durch Gegenüberwohnende aus.

Von farbigem Glas dürfen nur ganz lichte Sorten gewählt werden, weil tiefere Töne grofse Lichtmengen rauben und dadurch zugleich die gewollte Farbenwirkung beeinträchtigen.

*) In den Schulzimmern pflegen aber bedeutende Lichtverluste durch das Verstauben der Fenster zu entstehen, da dem Fensterputzen (aus Mangel an Geldmitteln) vielfach nicht die erforderliche Sorgfalt zugewendet wird. Auch die meist aus starkem Stoff gewählten und nach einigen Wäschen oft grau erscheinenden Vorhänge rauben viel Licht, was namentlich bei rasch wechselnder Beleuchtung von Bedeutung wird.

Sehr lichte farbige Gläser können, zur Einglasung der Innenflügel gewählt, günstige Ergebnisse liefern. So regt licht gelbes Glas an, täuscht bei trübem Wetter Sonnenschein vor, heitert auf und belebt. Für Speisesäle, Gastzimmer, Weinstuben und dergl. ist die Wahl solchen Glases daher zu empfehlen.

Auch für die Fenster von Friedhofkapellen, von Kirchen und von Festsälen ist die Wahl farbiger Gläser anzuraten, weil sich sowohl weihevolle als festliche Stimmungen durch sie hervorrufen lassen.

Dagegen ist die früher übliche Anwendung dunklen, grauen, grünen oder blauen Glases für die Fenster der Augenkliniken aufser Gebrauch gekommen, dürfte sich also kaum bewährt haben. Ebenso findet violettes Fensterglas heute kaum mehr Verwendung, während es früher für Schlösser und vornehme Wohnhäuser gern gewählt wurde. Die von ihm behauptete belebende Wirkung auf die Nerven und damit auf Schaffensfreudigkeit und Leistungsfähigkeit der im Raume sich Aufhaltenden kann als erwiesen nicht gelten.

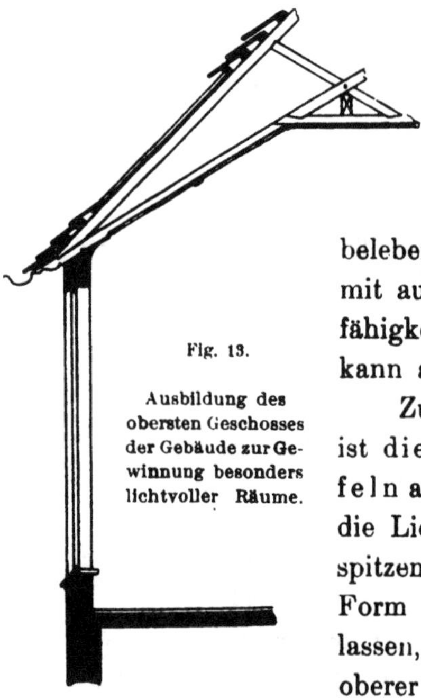

Fig. 13.

Ausbildung des obersten Geschosses der Gebäude zur Gewinnung besonders lichtvoller Räume.

Zur Gewinnung einer hohen Lichtfülle ist die senkrechte Lage der Glastafeln als eine ungünstige zu bezeichnen, weil die Lichtstrahlen sie in mehr oder weniger spitzem Winkel treffen. Wo die Lage und Form lichtbedürftiger Räume es irgend zulassen, sollten daher die Fenster oder ihr oberer Teil unter einem Winkel von 30° bis 60° gegen den Horizont geneigt liegen. Unter dem in Deutschland vorherrschendsten Sonnenstande wird eine Neigung von 45° bis 60° die günstigste Raumerhellung bieten. Für Ateliers und für grofse Arbeitssäle wird diese Fensterform gegenwärtig bereits zur Anwendung gebracht. Namentlich sollten den Dachgeschossen und dem obersten Geschofs der Schulen mehr als bisher derartige Einrichtungen zu gute kommen. (Fig. 13).

Ferner ist eine, wenn auch nur schwache Abweichung von der senkrechten Lage für die Fenster enger Lichthöfe zu empfehlen. Zu ihrer Einglasung eignen sich dann am besten lichtzerstreuende oder lichtbrechende Glasarten (Mattglas und prismenförmiges Glas), weil sie das nahezu senkrecht in diese Höfe einfallende Licht auffangen und im stark geänderten Winkel den Räumen zuführen.

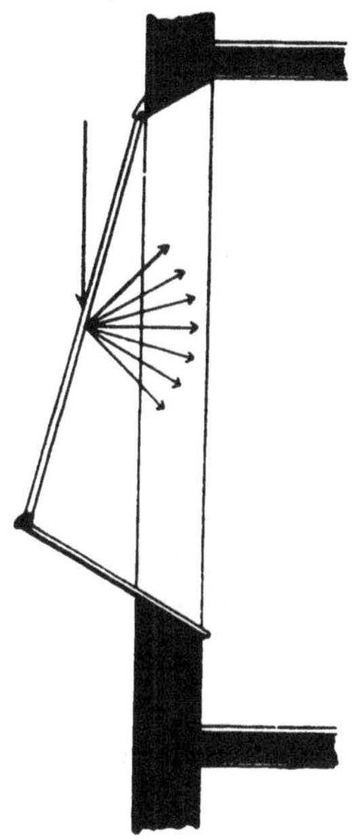

Fig. 14.

Richtige Anordnung der Fenster in engen Höfen, in Lichtschachten und in Lichtgassen.

Die untere Fläche des in den Hof vorspringenden Fensters (vergl. Fig. 14) würde dann ebenfalls Schräglage und eine solche Ausbildung zu erfahren haben, dafs die auf sie fallenden Lichtstrahlen durch Rückstrahlung dem Raume dienstbar werden. Sowohl das Anbringen eines Spiegels, als auch weifser oder elfenbeinfarbiger Anstrich und die Anwendung von Überfangglas würden zweckentsprechend wirken.

Die neuerdings in Anwendung gekommenen, leider aber recht teueren Tageslichtreflektoren beruhen auf ähnlichen Grundsätzen.

VIII. Abschnitt: Die künstliche Beleuchtung.

Das Bedürfnis nach künstlicher Beleuchtung ist ein stark wechselndes; Klima, Lebensweise, Erwerbsverhältnisse und Gewohnheiten sprechen bei ihm mit. Allgemein hat die Verwendung des künstlichen Lichtes durch seine Vervollkommnung stark zugenommen.

Einen vollständigen Ersatz für Tageslicht bietet das künstliche Licht gegenwärtig noch nicht, aber es erfüllt bereits recht hohe Ansprüche, wenn auch noch Gefahren mit seiner Verwendung verbunden sind. Weder hygienisch noch wirtschaftlich als richtig kann dagegen die heutige Gepflogenheit vieler Städter bezeichnet werden, einen nicht unbedeutenden Teil der lichtvollen Tagesstunden für den Schlaf und die Mittagsruhe zu verwenden, einen Teil der Nacht der Arbeit oder den Vergnügungen zu opfern. Jedenfalls sollten der Nah- und Feinarbeit, wenn nicht einzig, so doch hauptsächlich die lichtvollen Tagesstunden dienen und getrachtet werden, die gute Sitte des Frühaufstehens und zeitigen Schlafengehens allmählich wieder zurückzugewinnen.

Die Ansprüche der Hygiene an die künstliche Beleuchtung lassen sich in zwei Gruppen teilen. Die erste umfafst die Forderungen für das Auge, die zweite die Fernhaltung von Schädigungen für das Allgemeinbefinden. Als dritte Gruppe treten Ansprüche wirtschaftlicher Art hinzu.

Die Ansprüche lauten:

I. Gruppe.

1. Die Lichtfülle mufs dem jeweiligen Zwecke genau entsprechen, sie darf weder zu gering, noch zu hoch gewählt werden.

2. Die Lichtquelle soll dem Auge ausreichend entzogen sein.

3. Die Farbe des Lichtes soll im allgemeinen der des Tageslichtes ähneln. Für besondere Zwecke vermag jedoch ein Wechsel der Farbe Vorteile gesundheitlicher und ästhetischer Art im Gefolge zu haben.

4. Das Licht soll gleichmäfsig und ruhig brennen. Aufzucken, Flackern, stetes oder häufiges Wechseln der Helligkeit ermüden das Auge und vermögen es zu schädigen.

II. Gruppe.

1. Die Wärmeentwickelung der Beleuchtungskörper darf nicht zu Belästigungen führen.

2. Gifte oder schädliche Verbrennungserzeugnisse dürfen der Luft von Räumen sich nicht beimengen, welche Menschen zum Aufenthalt dienen.

3. Explosionen sind fernzuhalten.

4. Feuersgefahr ist zu beseitigen.

III. Gruppe.

1. Die Kosten müssen möglichst niedrig gehalten werden, um die Segnungen einer guten Beleuchtungsart allgemein zugänglich zu machen.

2. Der Rohstoff oder die Energie sollten möglichst vollständig zur Lichterzeugung ausgenutzt werden.

3. Die Arbeitsleistung für das Instandhalten und Instandsetzen, Reinigen, Anzünden, Auslöschen der Beleuchtungskörper soll geringfügig sein.

Die Ansprüche an die Lichtfülle wechseln mit dem Zweck der Räume ungemein: Für die Mehrzahl der zu dauerndem Aufenthalt dienenden Säle und Zimmer, besonders für die Wohngemächer, wird sowohl eine gleichmäfsige Erhellung des

Raumes, als auch die ausreichende Belichtung einzelner Arbeitsplätze beansprucht. Bald wächst die Bedeutung der allgemeinen Helligkeit, bald die der Arbeitsplatzbelichtung, während die Ansprüche für die letztere wieder wechseln, je nachdem es sich um Nah- oder Feinarbeit, um den Verkehr mit farbigen Gegenständen oder die Verwendung von Farben, um kleine oder um grofse Gegenstände handelt. In Wohnräumen, die bald geselligen Zwecken, bald häuslicher Thätigkeit dienen sollen, wird daher diejenige Beleuchtungsart den Vorzug verdienen, welche den gröfsten Wechsel der Helligkeit und die gröfste Beweglichkeit ohne übermäfsige Vermehrung der Anlagekosten zuläfst. Gaskronen mit beweglichen Ampeln erfüllen diese Ansprüche gegenwärtig z. B. noch besser als die üblichen feststehenden elektrischen Beleuchtungskörper. Die Anschaffungskosten werden allerdings durch die höhere Beweglichkeit der Kronen wesentlicher erhöht, als für eine allgemeine Verwendung ersprieſslich ist. Die Möglichkeit, einzelne Lampen aufzustellen, ist bei der elektrischen Beleuchtung in besserer Form gegeben als bei der Gasbeleuchtung. Für beide Beleuchtungsarten sind Fortschritte nach dieser Richtung wünschenswert.

Für die eigentliche Arbeitsplatzbelichtung kommt es dagegen darauf an, den Gegenstand der Bearbeitung, das Papier, das Zeichenbrett u. a. in ausreichende Helle zu setzen, die Lichtquelle aber dem Auge vollständig zu verbergen oder aus dem Bereich der Augen zu bringen.

Für die Bearbeitung kleinerer Gegenstände, namentlich für Feinarbeit, ist es erforderlich oder doch am dienlichsten, die Lichtquelle bis unmittelbar an den zu bearbeitenden Gegenstand heranzuführen, während dem Auge die Lichtquelle durch für Licht undurchlässige Schirme verborgen wird, deren Innenfläche alle auf sie fallenden Strahlen zum Arbeitsplatz zurückwirft. Für diesen Zweck sind kalte Lichtquellen am meisten geeignet. Selbst bei wesentlich höheren Betriebskosten für die Lichteinheit vermögen sie in Wettbewerb mit anderen Lichtquellen zu treten, weil die geringe Entfernung vom Gegenstande der Bearbeitung die gleiche Helligkeit mit bedeutend geringerem Lichtaufwand erzielen läfst. Wärme in erheblichem Grade erzeugende Lichtquellen bedürfen für diesen Zweck einer sorgfältigen Schirmbauart, da dessen dem Gesicht zugekehrte Seite eine irgend erhebliche Erhöhung seines Wärmegrades nicht erfahren darf.

Für die Bearbeitung gröfserer Gegenstände, die gleichmäfsige Belichtung von Zeichenplätzen und dergl. wird dagegen im allgemeinen eine solche Erhebung der Lichtquelle erforderlich sein, dafs mäfsig warme Lichtquellen, z. B. das Auerglühlicht, diesem Zwecke ohne weiteres zu dienen vermögen, während für Säle mit einer grofsen Zahl derartiger Arbeitsplätze die mittelbare Beleuchtung den Vorzug verdient. Auch dort ist sie oder die halb mittelbare, halb unmittelbare Beleuchtung am Platze, wo eine gleichmäfsig im Raume verteilte Helle mit hohem Lichtbedürfnis der Arbeitsplätze, Schattenfreiheit auf ihnen und voller Schonung der Augen vereint erzielt werden soll.

Falsch ist es, die Lichtfülle gröfser zu wählen, als der jeweilige Zweck es erfordert, und zwar nicht nur aus wirtschaftlichen Gründen, sondern ebenso sehr aus Rücksicht auf das Auge. Das Lichtbedürfnis des letzteren wird durch die Gewöhnung ungemein stark beeinflufst. Je gröfsere Helligkeit ihm geboten wird, um so mehr verlangt es. Man mufs daher bedacht sein, die stetig sich vollziehende Steigerung des Lichtbedürfnisses in bescheidenen Grenzen zu halten. Im allgemeinen wird man gut thun, die Helligkeit der Nebenräume sowie der zu ständigem oder längerem Aufenthalt dienenden Zimmer mehr dadurch zu erhöhen, dafs ihre sämtlichen Umfassungsflächen in hellen Farben gehalten werden, als durch Verstärkung der Lichtquellen. Mit dieser Vornahme erzielt man zugleich den Vorteil der gleichmäfsigeren Verteilung des Lichtes (bei unveränderter Lage der Lichtquellen) und einer vorteilhafteren Lichtstimmung, weil starke Gegensätze von Hell und Dunkel die letztere ungünstig zu beeinflussen pflegen. Nur für festliche Anlässe ist eine wesentliche Erhöhung der Raumhelligkeit am Platze, und sie wirkt um so günstiger auf die Stimmung ein, je weniger verwöhnt das Auge ist.

Die Lichtquellen sollten allgemein, nicht nur auf Arbeitsplätzen dem Auge so weit entzogen werden, dafs Schädigungen durch Lichtreize nicht zu entstehen vermögen und dafs das Auge durch übergrofse Helle nicht geblendet, d. h. derart in Anspruch genommen wird, um eine durchaus angemessene Helle des Arbeitsplatzes, des Raumes, der Schaufenster, der Strafse u. s. w. als unzureichend zu empfinden.

Wie sehr unter dem Aufdrängen der Lichtquellen die Wirkung der Helle selbst leidet, läfst besonders die Schaufensterbeleuchtung gut beobachten. Wird inmitten oder im oberen Teile des Schaufensters eine Bogenlampe angebracht, wie es zum Anlocken der Beschauer vor einigen Jahren Sitte geworden war, dann erscheinen die Gegenstände ungenügend belichtet und treten eher zurück als hervor. Wird die gleiche oder sogar eine etwas geringere Helligkeit auf den zur Schau gestellten Gegenständen durch Lichtquellen hervorgerufen, die dem Beschauer verborgen bleiben, dann treten die Gegenstände scharf hervor, werden von weither sichtbar und erscheinen im günstigsten Lichte.

Das Bedürfnis nach Verhüllen der Lichtquelle wächst naturgemäfs mit der Zunahme des Glanzes der Lichtquelle, d. h. mit der Zunahme der Helle berechnet auf die Einheit der lichtspendenden Fläche, aber durchaus nicht im gleichen Verhältnis, sondern in weit geringerem Mafse wie die Zunahme des Glanzes. Kraftvolle Lichtquellen von hohem Glanz verdienen sogar vor schwachen Lichtquellen insofern den Vorzug, als sie ein Verhüllen durch lichtzerstreuende Körper ohne allzu wesentliche Einbufse an Helligkeit zulassen. Ist ein Verhüllen der Lichtquelle ausgeschlossen, dann ist es Aufgabe der Beleuchtungstechnik, die Helle derselben auf eine möglichst grofse Fläche zu verteilen, wodurch annähernd der gleiche Erfolg ohne Lichtverlust erreicht werden kann. Beim Verhüllen der Lichtquelle mit lichtundurchlässigen Körpern (für mittelbare Beleuchtung, Erhellung von Arbeitsplätzen, Schaufenstern und dergl.) kommt eine üble Wirkung des Glanzes überhaupt nicht mehr in Betracht, eine Steigerung desselben kann daher nur von Vorteil sein.

Für manche Zwecke, z. B. zum Hervorrufen allgemeiner Helle, für halb mittelbare Beleuchtung u. s. w., ist es von Vorteil, die (lichtdurchlässigen) Hüllen sehr grofs zu wählen, um die durch die Lichtquelle gebotene Helle stark zu verteilen. So wirkt es für Gastzimmer, Veranden, Erker und dergl. vorteilhaft, wenn elektrische Glühlampen mit einer (oben mit Blendschirm versehenen) Rundkuppel aus mattem Glas von 30 bis 50 cm Durchmesser umhüllt werden.

Je nach dem Glanz der Lichtquellen, dem Zweck der Beleuchtung und dem Sitz der Hüllen mufs deren Lichtdurchlässigkeit wechseln. Überfangglas z. B. ist nur dort am Platze, wo eine Rückstrahlung erzielt werden soll oder die Lichtquelle einen sehr hohen Glanz hat, nicht aber dort, wo Arbeitsplätze von der Lichtquelle durch diese Hülle getrennt werden. Aus diesem Grunde ist es z. B. falsch, die kleinen Unterhüllen für Gasglühlicht aus Überfangglas zu wählen, was zur Zeit üblich geworden ist. Für diesen Zweck reicht mattes Glas vollständig aus und vermindert die Arbeitsplatzhelligkeit wenig, während sie durch Überfangglashüllen ganz wesentlich herabgesetzt wird.

Die Farbe des Lichtes ist gesundheitlich nach zwei Richtungen von Belang. Erstens beeinflufst sie die Stimmung, wie dieses Seite 102 dargelegt ist, zweitens vermag sie schädigende Lichtreize zu vermehren oder abzuschwächen.

Rein weifses Licht erweist sich bei hoher Lichtwirkung dadurch besonders vorteilhaft, dafs man jede Farbe genau zu unterscheiden vermag. Wo farbige Gegenstände gefertigt oder verkauft werden, sowie für Zeichensäle, Ateliers und dergl. ist ein rein weifses Licht das allein brauchbare.

Schwach gelbliches Licht verdient den Vorzug dort, wo es darauf ankommt, hohe Lichtfülle mit freudiger Stimmung vereint zu erzielen oder eine günstige Beleuchtung menschlicher Haut, der Toiletten und dergl. zu erreichen,

Schwach rotes Licht ist für den letzteren Zweck zwar noch empfehlenswerter, verringert aber die Lichtfülle ganz erheblich.

Unrichtig ist es, für diesen Zweck weifses Licht mit rosafarbigen Hüllen, d. h. Hüllen aus rot gefärbtem Mattglas, zu versehen. Sie bleiben trotz Lichtverlust fast ohne Wirkung. Eine mit kräftigstem, vollstem Rot schwach gefärbte durchsichtige Glashülle führt allein zum Ziel, ohne allzu erhebliche Lichtverluste hervorzurufen.

Schwach bläuliches Licht ruft traumhafte, zauberische Stimmungen hervor, ist daher für manche Bühnenzwecke und Schaustellungen, Aquarien u s. w. von Wert.

Schwach grünliches Licht erweckt ernste Stimmungen, ruft eine kalte Wirkung des Raumes hervor, läfst die menschliche Haut krankhaft blafs erscheinen und wirkt ungünstig auf die Toiletten, so dafs bläuliches Licht in mancher Beziehung vor ihm den Vorzug verdient.*)

Bei übergrofser Helle rufen weifses wie gelbes Licht Reizungen hervor, die sowohl auf das Auge wie auf das Nervensystem sich zu erstrecken vermögen, bei hoher Steigerung sogar Hautentzündungen im Gefolge haben, wie die Beobachtungen derjenigen Leute gelehrt haben, welche mit dem elektrischen Schweifsverfahren beschäftigt sind. Während das Auge ermüdet und in seiner Sehkraft geschädigt wird, leiden die Nerven unter einer Beunruhigung, die zu Unbehagen Veranlassung gibt, das Allgemeinbefinden ungünstig beeinflufst, bei dauernder Einwirkung aufreibend wirkt.

Aus diesem Grunde ist die Anwendung gröfserer Bogenlampen oder ihnen in der Helligkeit gleichkommender Lichtquellen im geschlossenen Raum von mäfsiger Höhe nicht zu empfehlen. Selbst in hohen und lichtbedürftigen Räumen ist es besser, kleinere Lichtquellen in entsprechend vermehrter Zahl zu wählen (trotz der höheren Kosten, die hierdurch zu entstehen pflegen), sobald sie zu dauerndem Aufenthalt von Menschen dienen. Schwach bläuliches Licht ist bei gleicher Helle erträglicher als rein weifses oder gelbes Licht. Wo Farbenerkennen und Farbenwirkungen nicht in Frage kommen, verdient daher für Lichtquellen von bedeutender Helle und Gröfse das schwach bläuliche Licht den Vorzug.

*) Tiefe Lichttöne irgend welcher Farbe lassen sich mit ausreichender Helle meist nur unter grofsem Kostenaufwand erreichen. Sie sind daher nur dort am Platze, wo man ein gewisses Dämmerlicht wünscht; z. B. tief rotes Licht im Schlafgemach und im traulichen Plauderstübchen, goldgelbes Licht in Weinstuben, Kneipzimmern und dergl.

Die Ansprüche an gleichmäfsiges und ruhiges Brennen bedürfen als allgemein anerkannt einer eingehenderen Darlegung und Begründung nicht.

Die Wärmeentwickelung vermag sowohl durch Strahlung wie durch Temperaturerhöhung der Raumluft lästig zu werden. Bei der Entscheidung für die eine oder die andere Beleuchtungsart sind diese Einflüsse zu trennen, da wir über Mittel verfügen, die Strahlung aufzuheben oder angemessen zu verringern.

Während eine irgend erhebliche Strahlung stets belästigt, sobald die Beleuchtungskörper in der Nähe unbekleideter Körperteile sich befinden, vermag die Temperaturerhöhung unter Umständen vorteilhaft zu wirken. Wird z. B. in einem Orte oder in einem Raume die künstliche Beleuchtung ausschliefslich während der kühlen und der kalten Jahreszeit oder nur während der kühlen Tagesstunden gebraucht, dann erspart sie an Heizungskosten, macht in manchen Fällen die Heizung eines Raumes ganz überflüssig, oder vermag sie doch für gewisse Jahreszeiten zu ersetzen. Bei der grofsen Lichtfülle der südeuropäischen Länder und dem Mangel an Heizstoffen in der Mehrzahl von ihnen kann dort z. B. die Temperaturerhöhung der Aufenthaltsräume zur Wohlthat werden. Während der sonnigen Tagesstunden pflegt dort auch im Winter der Wärmegrad im Freien so hoch anzusteigen, dafs sein und der Besonnung Einflufs auf die Aufenthaltsräume die Heizung entbehrlich macht. Erst nach Sonnenuntergang und vor Sonnenaufgang bedarf man der künstlichen Erwärmung der Räume, aber auch dann, mit wenigen Ausnahmen, nur in so geringem Grade, dafs Gasbeleuchtung, ja selbst Gasglühlicht, den Wärmebedarf zu decken vermag, während die Anwendung von elektrischem Licht eine besondere Heizung der Räume erforderlich werden läfst. Beim Kostenvergleich mufs dieser Umstand daher mit in Rechnung gezogen werden und fällt bei den dort hohen Kosten der Heizung stark ins Gewicht. Wünscht man in Südeuropa auch während der warmen Jahreszeit von der Beleuchtung Gebrauch zu machen, dann verdient allerdings das elektrische Licht unbedingt den Vorzug, weil die geringste Wärmezunahme im geschlossenen Raume unerträgliche Zustände herbeizuführen pflegt. Aus dem gleichen Grunde dürfen im tropischen und subtropischen Klima ausschliefslich kalte Lichtquellen zur Anwendung kommen. Jede Mehrausnutzung der Energie oder des Rohstoffes zur Lichtgewinnung und die damit verknüpfte Abnahme an Wärmeabgabe wird dort aus gesundheitlichen Gründen noch mehr zu begrüfsen sein wie aus wirtschaftlichen. In der gemäfsigten Zone wird man im allgemeinen Lichtquellen von geringer Wärmeentwickelung bevorzugen, sobald während der warmen Jahreszeit Gebrauch von ihnen gemacht werden soll. Dagegen läfst im Gebirge die rasche und starke Abkühlung nach Sonnenuntergang warme Lichtquellen vorteilhaft erscheinen, solange sie annähernd gleiche Helle zu gleichem Kostenaufwand bieten. In der kalten Zone wird auf Kühle der Lichtquellen ebenfalls kaum Wert zu legen sein.

Aus diesen Darlegungen dürfte zur Genüge hervorgehen, wie sehr die klimatischen Verhältnisse für die Wahl und die Beurteilung der Beleuchtungsart der Berücksichtigung bedürfen, solange nicht bedeutsame wirtschaftliche Vorteile mit dem Erzielen kalter Lichtquellen verknüpft sind.

Von der Höhe der Raumtemperatur ist, wie Seite 57 dargelegt wurde, der Grad der Belästigung mit abhängig, welchen die von Beleuchtungskörpern ausgehende Strahlung verursacht, da das jeweilige Wärmebedürfnis bezw. das Erfordernis der Wärmeabgabe eine mäfsige Strahlungswirkung zu einer wohligen wie zu einer lästigen werden lassen können. Auch hierbei sind die klimatischen Verhältnisse, wenn nicht ausschlaggebend, so jedenfalls bedeutungsvoll. Im kalten Klima wird man einen Wärme ausstrahlenden Beleuchtungskörper den Arbeitsplätzen weit näher bringen dürfen als im gemäfsigten Klima, während das tropische wie das subtropische Klima deren Verwendung ausschliefsen.

Diese Verhältnisse werden künftig wohl an Bedeutung verlieren, weil die stärkere Energieausnutzung zur Erzeugung von Licht die Wärmewirkung des letzteren wesentlich herabsetzt.

Gegenwärtig findet eine ungemein geringe Energieausnutzung statt. Es ist daher anzunehmen und zu hoffen, dafs in Zukunft die Wärmeabgabe der Lichtquellen allgemein eine geringere wird.

Ernste Schädigungen durch Erzeugnisse der Verbrennung sind heute überhaupt nur von offenen Flammen, eingeschlagenen Gasbrennern, von blakenden Lampen und dergl. zu erwarten. Eine offene Flamme wird stets unvollkommene Verbrennungserzeugnisse, wenn auch zumeist in geringen Mengen, liefern, ihre Verwendung sollte daher auf Nebenräume beschränkt werden oder ausschliefslich rasch vorübergehenden Zwecken dienen. Das Anzünden der Gasglühlichtbrenner bedarf nur einiger Vorsicht, während Petroleumlampen sehr sorgfältig in stand gehalten und geregelt werden müssen, um Übelstände zu vermeiden, da bei zu hohem Docht unvollkommene Verbrennungserzeugnisse, bei zu niederem Docht übelriechende Gase in oft bedeutender Menge der Raumluft zugeführt werden. Die bedeutende hierfür erforderliche Mühewaltung verteuert unter Umständen die Petroleumbeleuchtung wesentlich mehr, als bei Vergleichsberechnungen in Betracht gezogen wird.

Die Glühlichtbeleuchtung, welche mit der Bunsenflamme arbeitet, liefert keine unvollkommenen Verbrennungserzeugnisse und verdient deshalb allein bereits den Vorzug. Die Anwendung eines nicht leuchtenden Blaugases für sie ist zur Vereinfachung der Brenner anzustreben. Geringere, gesundheitlich allerdings meist ziemlich unbedenkliche Mengen schädlicher Verbrennungserzeugnisse werden von jeder Art der Flammenbeleuchtung erzeugt. So führt der Schwefelgehalt des Leuchtgases zum Entstehen von schwefliger Säure, die Zersetzung des in den Brennstoffen enthaltenen oder aus der Luft zugetretenen Stickstoffs läfst Untersalpetersäure, salpetrige und Salpetersäure in die Raumluft gelangen u. s. f.

Von den Erzeugnissen der vollkommenen Verbrennung verdient der Wasserdampf eine höhere Beachtung als die Kohlensäure. Eine Bereicherung der Luft mit Kohlensäure bei gleichzeitiger Abnahme von deren Sauerstoffgehalt wird gegenwärtig nur in seltenen Ausnahmefällen in solch hohem Grade stattfinden, dafs Beeinträchtigungen des Wohlbefindens oder des Wohlbehagens zu entstehen vermögen, und zwar nur dann, wenn aus anderen Ursachen bereits eine Häufung von Kohlensäure und eine Abnahme des Sauerstoffgehaltes der Raumluft stattfindet. Dagegen kann dort, wo eine ständige Lüftung der Aufenthaltsräume nicht vorgesehen ist, die Anreicherung der Luft mit Wasserdampf schädliche Folgen haben, sobald die Temperatur des Raumes wesentlich höher als 20° C. liegt oder durch die Wärmeabgabe der Beleuchtungskörper, der im Raume sich Aufhaltenden u. a. über dieses Mafs erhöht wird (vergl. Seite 55). Da letzteres in stark mit Menschen besetzten Räumen namentlich während der wärmeren Jahreszeit zu gewärtigen ist, so verdient für sie die elektrische Beleuchtung vor jeder Art Flammenbeleuchtung gesundheitlich unbedingt den Vorzug.

Bedeutungsvoller als die Erzeugnisse der Verbrennung ist das Austreten von unverbrannten, giftigen Gasen. Auch die geringen Kohlenoxydmengen, welche in die mit Leuchtgasleitungen versehenen Räume fast ständig auszutreten pflegen, erheischen m. E. einige Beachtung. Aus diesem Grunde sollten Gasuhren nur während derjenigen Zeit geöffnet bleiben, in welcher man der Beleuchtung bedarf, und ist Gasbeleuchtung für Schlafräume nicht zu empfehlen. Ferner wird der dauernden Dichterhaltung der Rohrleitungen, mehr aber fast noch der Beleuchtungskörper nicht allgemein diejenige Sorgfalt gewidmet, welche ihr unbedingt gebührt.

Für Explosionen kommen derartige Mängel seltener in Frage, hier spielen Rohrbrüche, gröfsere Lecke, das Offenbleiben von Gashähnen und das Ausgeblasenwerden kleiner Flammen eine bedeutungsvollere Rolle. In sämtlichen, dem allgemeinen Verkehr offen stehenden Räumen, wie Treppenhaus, Hausflur, Waschküche und dergl., sollte daher das Versehen der Gasbrenner mit Selbstzündern behördlich gefordert werden. Auch für die Küchen, Badezimmer, Klosetts und Wohnungsflure empfiehlt sich deren Verwendung trotz der Mängel, die der Mehrzahl dieser Einrichtungen heute noch anhaften.

Die Gefahren, welche durch Ausströmen unverbrannten Leuchtgases entstehen, werden durch dessen durchdringenden Geruch insofern herabgesetzt, als dieser zu warnen vermag. Bereits der 20. Teil des Leuchtgasgehaltes der Luft, der den Menschen eben noch gefährdet, ist durch die Nase deutlich zu erkennen. Doch sind manche Leute merkwürdig stumpfsinnig dieser Gefahr gegenüber; die neuerdings üblicher werdenden Mischgase haben bei hohem Kohlenoxydgehalt keinen so starken Geruch, und der Geruch des Leuchtgases wird aufgehoben, sobald das aus Lecken oder Rohrbrüchen austretende Gas den Erdboden oder die Füllstoffe von Zwischendecken durchfliefst. Da das in den Strafsendämmen ausströmende Gas den Häusern zugedrückt wird, sobald die Luft im Freien wesentlich niedere Wärmegrade aufweist als die Luft in ihnen, so ist den Strafsen-Rohrbrüchen eine grofse Beachtung zu schenken.

Das geruchlose Wassergas bedarf der künstlichen Anreicherung mit stark und durchdringend riechenden Stoffen, wenn es in Aufenthaltsräumen Verwendung findet, um sein Ausströmen sinnfällig zu machen. Die Explosionsgefahr ist dagegen beim Wassergas niederer als beim Leuchtgas, weil sowohl Luftgemische von geringerem wie von höherem Wassergasgehalt der Explosion nicht unterliegen, während ein Gehalt der atmosphärischen Luft von 6 bis 29% Leuchtgas sie explosionsfähig macht.

P e t r o l e u m bedingt Explosionsgefahr, sobald es die bei niedriger Temperatur flüchtigen Kohlenwasserstoffe des natürlichen Erdöls noch enthält, mit ihnen versetzt oder ungenügend gereinigt wurde, weil derartiges Petroleum bei denjenigen Wärmegraden bereits verdampft und sich zu entzünden vermag, welche das Becken der Lampen während des Brennens anzunehmen pflegt. Aus diesem Grunde mufs die Entflammungs- oder Entzündungs-Temperatur jedes in Handel gebrachten Petroleums bestimmt werden. Das specifische Gewicht würde ebenfalls Anhalt bieten, wenn nicht von den Petroleum-Erzeugern und -Händlern derartigem minderwertigen Öl schwere Öle zugesetzt würden. Diese Öle sowohl wie die flüchtigen Kohlenwasserstoffe verringern zugleich den Brennwert des Petroleums.

Die höchste Explosionsgefahr weist das Acetylen auf, weil es auch ohne Luftgegenwart zu explodieren vermag, sobald es unter einem Druck von 2 Atmosphären und mehr steht. Luft mit einem Gehalt von 3% bis etwa 80% Acetylen bietet eine besonders hohe Explosionsgefahr. Die kurze Entwickelungszeit der Acetylentechnik hat jedoch bereits Wege zur ausreichenden Vermeidung jener Gefahr finden lassen, und die Giftigkeit des Acetylens steht hinter der des Leuchtgases sehr zurück.

Die Feuersgefahr ist bei der Petroleumbeleuchtung eine ziemlich hohe, tritt bei der Gasbeleuchtung nicht stark hervor, während die Kurzschlufsbildung der elektrischen Stromleitung die höchste Gefährdung herbeiführt.

Es erscheint jedoch geboten, die Hähne der Hauptzuleitung des Leuchtgases zu Gebäuden derart zu legen, dafs sie beim Ausbrechen eines Schadenfeuers von aufsen abgestellt zu werden vermögen. Der Kurzschlufsvermeidung aber ist die gröfste Beachtung der ausführenden Elektrotechniker zu schenken.

In Hinsicht auf die Erfüllung sämtlicher Forderungen der Gruppe II verdient im übrigen die elektrische Beleuchtung den Vorzug vor jeder anderen Beleuchtungsart.

Die Hauptaufgaben der elektrischen Beleuchtungstechnik aber liegen auf wirtschaftlichem Gebiete. Es gilt, namentlich für die Beleuchtung mäfsig grofser und kleinerer Räume, das elektrische Licht weit billiger zu liefern, als dies heute in der Regel angeht. Die Überführung der in der Kohle steckenden Wärme in elektrische Energie ist eine ebenso unvollkommene wie die Ausnutzung der letzteren, namentlich durch die Kohlenfaden-Glühlampe. Ob Nernsts Glühlicht eine wesentlich bessere Ausnutzung möglich machen, oder ob die Osmiumfaden-Glühlampe Auer von Welsbachs hierzu berufen sein wird, läfst sich gegenwärtig nicht entscheiden, wohl aber sagen, dafs der elektrischen Beleuchtungstechnik noch ein weites Feld fruchtbringender Thätigkeit offen steht. Denn dafs im elektrischen Licht trotz der ständigen und rasch sich folgenden grofsartigen Fortschritte auf dem gesamten Gebiete der Gasbeleuchtungstechnik das Licht der Zukunft gesehen werden darf, unterliegt wohl kaum einem Zweifel. Aber der Weg zu diesem Ziele ist noch ein weiter, bedeutungsvolle Fortschritte sind erforderlich, ehe es erreicht sein wird und mit ihm zugleich das Ziel hygienischer Bestrebungen auf dem Gebiete der künstlichen Beleuchtung.

IX. Abschnitt: Der Boden.

Der Mensch steht in vielfachen Beziehungen zum Boden: er benutzt ihn als Acker und Weideland, als Wohnstätte, als Wasserspender und als Arbeitsgelände, indem er Betriebe auf ihm errichtet, durch Bergwerksanlagen seine Schätze hebt, Verkehrswege durch Gebirgsstöcke hindurchführt. Die Vorgänge im Boden und sein Klima bieten daher Interesse.

Wärme wird der oberen Bodenschicht durch Sonnenstrahlung und Luftleitung zugeführt; nicht unerhebliche Mengen werden auch im Boden durch Zersetzungsvorgänge erzeugt; niederfallendes, versickerndes, in ihm verlaufendes Wasser gibt unter Umständen Wärme an ihn ab. Die Wärmeverluste kommen im wesentlichen durch Ausstrahlung, Luftleitung und Wasserverdunstung zu stande.

Die Sonnenstrahlung vermag auch unter den klimatischen Verhältnissen Deutschlands hohe Wärmegrade in der obersten Bodenschicht hervorzurufen; 50° C. kommen häufiger, an den zur Sonnenstrahlung senkrecht gerichteten Südhängen auch 60° C. und etwas mehr zu stande. Die Wärme dringt nur langsam im Boden vor. In einem lufthaltigen Boden pflegen die Tagesschwankungen bereits in der Tiefe von 0,50 m aufzuhören, die Jahresschwankungen in 6 m Tiefe nur noch etwa 3° C. zu betragen, zwischen 8 m und 30 m Tiefe unmerklich zu sein. Von 30 m Tiefe ab macht die Wärme des Erdinnern sich geltend, sie nimmt auf etwa 35 m um je 1° C. zu und bereitet bei der Anlage und dem Betrieb tiefer Bergwerke oder Tunnels mitunter ernste Schwierigkeiten. Die oberen Bodenschichten bilden einen Wärmespeicher, welcher dem Menschen nützlich wird, indem er auf die Lufttemperatur ausgleichend wirkt, dem Grundwasser und dem Wasser der in geeigneter Tiefe verlegten Leitungen einen uns erfrischenden Wärmegrad gibt, anderen Leitungsnetzen und den Vorratskellern vor hohen und niederen Temperaturen Schutz bietet. In einem an Luft armen Boden gehen die Wärmeschwankungen etwas rascher vor sich und in etwas gröfsere Tiefe hinab. Dunkler Boden nimmt (bei gleicher Lage) mehr Wärme aus der Strahlung auf als heller; wasserreicher Boden leitet die Wärme etwas besser als wasserarmer und trockener Boden, doch bleiben die hierdurch hervorgerufenen Unterschiede der Bodentemperatur gering, verglichen mit den Einflüssen des Klimas.

Das Verhalten der Luft, der Feuchtigkeit, der Zersetzungsvorgänge im Boden steht in Abhängigkeit von seinem Aufbau.

Von Spalten, Rissen und Klüften freier dichter Fels, undurchlässige Ablagerungen thoniger Art und dergl. bieten dem Vordringen von Luft und Wasser Widerstand, lassen Zersetzungsvorgänge nur an ihrer Oberfläche zu. Im Fels oder im Boden von geringer Durchlässigkeit dringen Luft und Wasser nur langsam vor, verlaufen die Zersetzungsvorgänge weniger rasch als im stark durchlässigen Boden. Je nach der Dichte des Bodens geht dieser Verlauf in geringerer oder gröfserer Tiefe vor sich.

Besteht ein Boden aus Trümmergestein, Kies, Sand und dergl., dann bietet die Gröfse des einzelnen Korns Interesse. Besonders bedeutungsvoll aber ist es, ob in den Hohlräumen, welche die gröberen Körner untereinander bilden, feine und feinste Teile zwischengelagert sind oder nicht. Die Bewegung der Luft und des Wassers im Boden, die Reinheit des Wassers, der Gehalt an Wasser und die Fähigkeit der »Selbstreinigung« des Bodens stehen in vollster Abhängigkeit zu dem Fehlen oder dem Vorhandensein und der Art dieser Einlagerungen. Fehlen die Zwischenlagerungen, dann ist das Gesamtausmafs der Hohlräume ein grofses; es schwankt je nach der Gröfse der einzelnen Körner und ihrer Mischung zwischen 25 und 40 %. Ein derartiger

Boden vermag daher bedeutende Wassermengen und Luftmengen zu fassen. Die Bewegung des Wassers und der Luft in ihm aber richtet sich nach der Gröfse der einzelnen Hohlräume, da mit ihrer Verringerung die Reibungswiderstände wachsen. Je gröfser und gleichartiger die Körner sind, desto gröfser fallen auch die von ihnen gebildeten Hohlräume aus. Die Durchlässigkeit eines Bodens hängt daher von seiner Struktur ab; sie ist am höchsten bei Trümmergestein und Grobkies, am niedrigsten bei Feinsand. Eine Zwischenlagerung des letzteren setzt sie auf dessen Durchlässigkeit herab, wie immer auch sonst der Boden beschaffen sein mag; thonige Zwischenlagerungen vermögen sie völlig aufzuheben oder auf ein unmerkliches Mafs zu vermindern. Das Gesamtausmafs der Hohlräume wird in gleicher Weise von den Zwischenlagerungen beeinflufst, es kann bis auf 8 % und weniger herabsinken.

Da die oberste Bodenschicht der Ebene, der Thäler und Flachhänge, also der bewohnten Gebiete, in der Regel aus feinen und feinsten Teilen besteht oder Zwischenlagerungen derselben aufweist, so bildet sie ein Filter, welches das Eindringen fester Körper in tiefere Bodenschichten verhindert, das Vordringen der Flüssigkeiten verlangsamt. Die Flüssigkeiten umhüllen die einzelnen Körner, lagern sich in feinste Hohlräume ein, werden daher teils dauernd festgehalten und fallen der Verdunstung anheim, teils sinken sie langsam abwärts. Ihr Gehalt an zersetzungsfähigen Stoffen pflegt daher der Zersetzung hier anheimzufallen und nur selten oder im geringen Mafse in tiefere Bodenschichten zu gelangen.

Die Zersetzungserscheinungen im Boden gehen von Kleinlebewesen aus, welche die organischen Stoffe für ihre Lebensthätigkeit und Vermehrung verbrauchen, hierbei Kohlensäure und Ammoniak, auch wohl Schwefelwasserstoff und dergl. bilden. Das Ammoniak wird im ausreichend trockenen Boden in salpetrige Säure, diese wieder in Salpetersäure umgewandelt. Im feuchten und halbtrockenen Boden gehen unter Anwesenheit ausreichender Sauerstoffmengen die Zersetzungsvorgänge rasch vor sich, und es entstehen geruchlose Enderzeugnisse. Sie zeigen die Eigenarten der Verwesung oder Vermoderung. Diese Vorgänge haben irgend welche Nachteile nicht im Gefolge, sondern führen den Pflanzen Nahrung zu und erweisen sich hierdurch wie durch das Zerstören aller auf oder in den Boden gelangenden Abgänge des tierischen und menschlichen Haushalts und von kleineren und gröfseren Tier- und Pflanzenleichen im hohen Grade nützlich. Die »selbstreinigende Kraft« des Bodens beruht auf ihnen. Im wassergesättigten und an zersetzlichen Stoffen sehr reichen Boden gehen infolge des Mangels an Sauerstoff die Zersetzungsvorgänge nur langsam von statten und weisen die als Fäulnis bekannten Erscheinungen auf, indem das Ammoniak nicht weiter zerlegt wird, Schwefelwasserstoff gebildet wird, also giftige, übelriechende Gase entstehen, welche den Boden und das Grundwasser oder ausströmend die Luft der Umgebung zu verunreinigen vermögen. Im trockenen oder wasserarmen Boden können nur wasserhaltige Körper der Zersetzung anheimfallen.

Für das Zustandekommen und den ordnungsgemäfsen Verlauf der nützlichen Zersetzungserscheinungen ist also ein mäfsiger Feuchtigkeitsgehalt des Bodens, Anwesenheit von Sauerstoff und ein gewisser Wärmegrad Erfordernis. Das Licht vermag hemmend und abtötend auf die Kleinlebewesen zu wirken, die strahlende Wärme wirkt austrocknend, die Zersetzung geht daher unter der Erdoberfläche besser von statten als auf ihr, da auch Wassergehalt und Wärmegrad hier gleichmäfsiger sind.

Werden einem Boden organische Stoffe in so grofsen Mengen zugeführt, dafs die Kleinlebewesen sie nicht zu zerstören vermögen, ehe neue Stoffe hinzukommen, dann kann die Selbstreinigung versagen und dadurch eine Verunreinigung tieferer Bodenschichten sowie des Grundwassers hervorgerufen werden. Hochgradige Bodenverunreinigungen sind daher unzulässig. Dasselbe tritt ein, wenn die oberen Bodenschichten durch Niederschläge, Zuführen von Flüssigkeiten, aufsteigendes Grundwasser oder Austreten von Gewässern mit Wasser gesättigt werden. Es kommt dann zur Fäulnis mit ihren oben gekennzeichneten Nachteilen.

Die Zuführung unreiner Flüssigkeiten zum Boden mufs daher mit gröfserer Vorsicht noch erfolgen als die Zuführung fester

Stoffe, und es darf nur Boden für derartige Zwecke Verwendung finden, dessen Lage, Neigung und Eigenart Sicherheit gegen Wassersättigung bieten.

Mit den Abgängen des menschlichen und tierischen Haushalts, Tierleichen, Dünger u. s. w. gelangen ständig grofse Mengen von Kleinlebewesen auf die Bodenoberfläche und in die oberen Bodenschichten. Bei mäfsiger oder geringer Durchlässigkeit des Bodens werden sie hier zurückgehalten, im stark durchlässigen grobkiesigen oder zerklüfteten Boden geraten sie aber unter Umständen auch in grofse Tiefen sowie ins Grundwasser und können mit diesem weit fort- und zu den Menschen zurückgeführt werden. Doch scheinen in Tiefen von 6 bis 8 m und mehr die Lebensbedingungen den Kleinlebewesen nicht mehr günstig zu sein. Aus dieser Tiefe stammendes Grundwasser erweist sich in der Regel keimfrei oder keimarm, falls ihm nicht Wasser der Flüsse, in Bodensenkungen oder Vertiefungen, Gruben oder Ausschachtungen sich sammelndes Wasser oder unreine Flüssigkeiten unmittelbar zufliefsen.

Die Anzahl der Mikroorganismen ist auf der Bodenoberfläche am gröfsten, nimmt zunächst langsam ab bis zu Tiefen von 0,50 bis 1,00 m, dann je nach der Durchlässigkeit des Bodens mehr oder weniger rasch. Thonhaltiger Sandboden gestattet das Vordringen der Mikroorganismen nur im sehr geringen Grade, feinkörniger Sandboden wurde in etwa 1,50 m Tiefe bereits keimarm, in etwa 4 m Tiefe keimfrei gefunden, während im Kies- und Geröllboden mit geringem Sand- oder Thongehalt sowie im zerklüfteten Boden die Keime bis zu bedeutender Tiefe vorzudringen vermögen. Auch die im thonhaltigen Boden zu Zeiten der Dürre sich bildenden Erdspalten gestatten naturgemäfs das Eindringen von Kleinlebewesen wie von Verunreinigungen bis zu oft grofser Tiefe. Im allgemeinen aber dürfte der Verlauf der geschilderten Zersetzungsvorgänge nahe der Erdoberfläche sich am kraftvollsten abspielen, falls nicht Leichen oder andere zersetzungsfähige Körper in tiefere Schichten gebettet werden, Abwasser in Gruben, Ausschachtungen und dergl. sich ansammeln und hier Boden von grofser Durchlässigkeit antreffen, durch

Aufstauen von Wasserläufen verunreinigtes Oberflächenwasser in benachbartes Erdreich gedrängt wird und dergl.

Die im Boden durch Mikroorganismenthätigkeit und rein chemische Zersetzung wie Umsetzung auftretenden Stoffe, wie Kohlensäure und Salpetersäure, wirken auf die Mineralien des Bodens ein, führen manche Stoffe in Lösung, und es gehen sowohl die gelösten Teile, die gebildeten Salze wie die Säuren dem Grundwasser zu, dasselbe in seinem Geschmacke, Härtegrade, Eisengehalt u. s. w. teils vorteilhaft, teils im ungünstigen Sinne verändernd.

Auch die Bodenluft erfährt Veränderungen. Sie pflegt arm an Sauerstoff und reich an Kohlensäure zu sein, kann unter Umständen giftige Gase (Ammoniak und Schwefelwasserstoff) enthalten und wird daher von Wohnräumen besser ferngehalten, obgleich ihr die Bedeutung als Träger von Krankheitserregern nicht zukommt, welche man ihr früher irrtümlich beimafs. Durch die filternde Wirkung des Bodens werden die Kleinlebewesen zurückgehalten, und die Bewegung der Bodenluft pflegt zu schwach zu sein, um selbst von trockener Bodenoberfläche Kleinlebewesen fortführen zu können, während die Luft im Freien dieses vermag und bei lebhaften Winden Kleinlebewesen oft auf weite Strecken fort- und hochführt.

Unter den Kleinlebewesen des Bodens finden sich Krankheitserreger recht häufig. Mit den Abgängen, Abwassern und Abfallstoffen, mit den Leichen höherer und niederer Tiere, durch das tierische Leben im Boden gelangen sie dorthin und finden in mehr oder weniger grofser Tiefe Verbreitung. Eine erhebliche Zahl dieser Krankheitserreger scheint jedoch im Boden die Bedingungen für seine Vermehrung und sein Fortbestehen nicht oder nur zeitweise zu finden (die Erreger des Typhus und der Cholera), zum Teil, weil sie der schädigenden Konkurrenz der Bodenbakterien erliegen, während andere gerade an der Bodenoberfläche und in den oberen Bodenschichten, zum Teil aus dem Dünger stammend, besonders häufig gefunden werden (die Erreger des Wundstarrkrampfes und des malignen Ödems). Auch die verschiedenen Eingeweidewürmer und andere höher organisierte

Parasiten gelangen vom Boden zum Menschen (Anchylostamenseuche der Bergarbeiter und Ziegelstreicher).

Beim Berühren des Bodens und beim Arbeiten in ihm, besonders in seinen oberflächlichen Schichten, ist stets eine gewisse Vorsicht geboten: auch vom Boden stammende, roh genossene Früchte, Gemüse und Salate können die Vermittler von Krankheiten werden.

Auf dem Boden oder nahe dem Boden, in Kegelbahnen u. a. zugezogene oder mit Erde in Berührung gelangte Wunden sind möglichst ausbluten zu lassen, mechanisch sorgfältig zu reinigen (Splitter und andere Fremdkörper sind zu entfernen) und mit Watte zu umhüllen, die gründlich mit Sublimatlösung (1:1000) befeuchtet worden ist. Nicht selten werden der Wundstarrkrampf und andere tödlich verlaufende Krankheiten gerade durch solche Verwundungen herbeigeführt.

Feld- und Gartenfrüchte, die mit dem Boden in Berührung gekommen sind, bedürfen vor dem Genufs zum mindesten einer sehr gründlichen Säuberung; volle Sicherheit gewährt nur das Abkochen. Das Spielen kleiner Kinder auf dem Boden ist nicht gefahrlos; man sollte ihnen reinen Kies oder Sand zu diesem Zwecke anfahren lassen, der aus tieferen Bodenschichten stammt, und für eine ausreichend häufige Erneuerung desselben Sorge tragen.

Das Einatmen von Staub, namentlich scharfen Staubes, vermag ernste Gefahren herbeizuführen, weil Kleinlebewesen an ihm haften können, die in die vom scharfen Staub hervorgerufenen kleinen Hautverletzungen der Innenorgane eindringen. Bei windigem, trockenem Wetter sollte daher der Aufenthalt im Freien namentlich für Kinder im zarten Alter, zu Kehlkopf- und Lungenleiden Neigende nach Möglichkeit eingeschränkt werden, falls nicht durch Sprengen der Strafsen und Gärten, Anlage von Kieswegen und dergl. Schutz geboten werden kann, Wiesenflächen zum Ergehen zur Verfügung stehen, Parkanlagen nnd Waldungen erreicht werden können, ohne zuvor der Einwirkung stark staubhaltiger Luft ausgesetzt zu sein.

Für das Bauwesen sowohl wie für die Wassergewinnung ist der Wassergehalt des Bodens und die Bewegung des Wassers auf und in ihm von grofser Bedeutung.

Zur Ansiedlung eignen sich nur solche Gebiete, deren Bodenart und Neigung der Bodenfläche einen unschädlichen Abflufs der Niederschläge gewährleisten und deren Lage über dem höchsten, je zu erwartenden Grundwasserstande Sicherheit vor Durchfeuchtung des Gebäudes bietet. Handelt es sich um kleinere Ansiedlungen, dann mufs ferner der Boden in geeigneter Tiefe ein zum Genufs wie zu Haushaltszwecken taugliches Wasser bieten. In grofsen Ansiedlungen fällt das letztere Erfordernis fort, und es kann die Senkung des Grundwasserspiegels sowohl wie der unschädliche Abflufs der Niederschläge in der Regel mit der sachgemäfsen Abführung der Abwasser vereint erreicht werden, ohne für erstere besondere Aufwendungen erforderlich zu machen. Für die Anlage und Ausdehnung gröfserer Städte sind daher einzig die Überschwemmungsgebiete der Flüfse, der Seen und Meere zu meiden, und selbst diese lassen sich vielfach durch den Bau von Schutzmauern und Dämmen, Aufschüttungen des Geländes und andere Mafsnahmen für die Ansiedlung erschliefsen.

Von den Niederschlägen wird je nach der Art und Heftigkeit derselben, der Neigung der Geländeflächen und der Bodenart ein mehr oder weniger grofser Teil vom Boden aufgenommen. Sanft niedergehender Regen und Schmelzwasser versickern zumeist vollständig, falls nicht der Boden durch Gefrieren zur Aufnahme ungeeignet gemacht oder von Natur undurchlässig ist. Heftige Regengüsse pflegen dagegen nur zum geringen Teil zu versickern, weil das Wasser der Bodenluft nicht Zeit zum Entweichen läfst und so sich selbst die Hohlräume unzugänglich macht. In frisch umgebrochenen, gelockerten oder beackerten Boden vermag wesentlich mehr Regen zu versickern als in Boden mit fest gewordener Oberfläche; stark thonhaltiger Boden nimmt die Niederschläge erheblich langsamer auf als thonfreier oder thonarmer Sand- oder Kiesboden. Die Oberfläche von Lehmboden vermag durch anhaltende Dürre derart fest zu werden, dafs sie das Eindringen der Niederschläge ungemein erschwert. Schätzungsweise wird angenommen, dafs ein Dritteil des Wassers oberflächlich abfliefst, ein Dritteil verdunstet und ein Dritteil versickert.

Von den eingedrungenen Wassermengen wird ein grofser Teil in der obersten Bodenschicht zurückbehalten, indem jedes Körnchen mit Feuchtigkeit sich umhüllt (Flächenanziehung), feine Hohlräume mit Wasser erfüllt bleiben, thonhaltige Teile quellen, dadurch gröfsere Höhlräume verstopfen und so den Abflufs in die Tiefe verhindern. Vom Grade der Bodendurchlässigkeit und der Menge des eindringenden Wassers, der Dauer der Niederschläge u. a. hängt es ab, ob und wieviel Wasser in die Tiefe zum Abflufs gelangt. Thonhaltiger Boden hält oft die Niederschläge ganzer Jahre zurück oder verhindert überhaupt die Bildung von Grundwasser.

Die zurückgehaltenen Wassermengen unterliegen der Verdunstung, welche im unbewachsenen Boden wesentlich höher ausfällt als im bewachsenen, auf dem Felde höher als auf Wiesen, im Hochwald am niedrigsten zu sein pflegt, im übrigen aber von der Sonnenstrahlung und dem Feuchtigkeitsgehalte der Luft abhängig ist.

Die von der Verdunstung in ihrem Wassergehalt beeinflufsten Bodenschichten werden mit Verdunstungszone bezeichnet. Die zwischen ihr und dem vom Grundwasser beeinflufsten Gebiet etwa liegenden Schichten nennt man Durchgangszone, die vom Grundwasser eingenommenen Schichten Grundwasserzone. Oberhalb des Grundwassers pflegt der Boden von Wasser durchfeuchtet zu werden, welches in feineren Hohlräumen desselben, den Kapillaren, aufsteigt. Je nach der Art des Bodens fällt die Höhe dieser Schicht sehr verschieden aus. Im Boden von hoher Durchlässigkeit ist sie selten mehr als 0,20 m mächtig, im feinkörnigen und mehr noch im thonhaltigen Boden steigt das Wasser 1 m bis 1,5 m und selbst höher hinauf.

Das Gebiet dieser Zonen ist je nach den Witterungseinflüssen ein mehr oder weniger stark wechselndes. Das Grundwasser vermag bis in die Verdunstungszone emporzusteigen, ja selbst zu oberflächlichen Überschwemmungen Veranlassung zu geben, so dafs alle übrigen Zonen oder ein Teil derselben verschwinden.

Das versickernde Wasser sammelt sich über der ersten undurchlässigen Schicht, auf welche es trifft; ihrem Gefälle folgend bewegt es sich vorwärts. Da derartige Schichten sich mancherorts stark senken, oberhalb derselben sich früher oder später eine andere undurchlässige Schicht anschliefst, so kommt es, dafs vielfach zwei oder mehrere Grundwasserschichten übereinander verlaufen, deren Wasser örtlich getrennten Gebieten entstammt und sehr verschieden in seinen Eigenschaften sich verhalten kann.

Die stärksten Grundwasserströme pflegen unter ausgedehnten Waldgebieten und im Gebirge sich zu bilden, weil der Einfluſs der Verdunstung hier zurücktritt, um von hier der Ebene und den Küsten zuzuströmen. Ihr mehr oder weniger rascher Verlauf und damit ihre Mächtigkeit hängt einesteils ab von der Durchlässigkeit der zu durchlaufenden Erdschichten, vom Gefälle der undurchlässigen Schicht, welche als Grundwasserträger dient, vom Gesamtgefälle ihres Weges und der hierdurch ihnen verliehenen Energie, anderseits von der Möglichkeit des Abflusses. Wird durch Anschwellen oder Aufstauen der Ströme nach heftigen Regengüssen, Schneeschmelze u. s. w. die Abflufsmöglichkeit verringert, das zu durchströmende Bodengebiet in Anspruch genommen, dann pflegt auch das Grundwasser zu steigen und kann seinerseits zu Überschwemmungen von gewaltiger Ausdehnung Veranlassung geben.

Bei grofser Durchlässigkeit des Bodens und mäfsiger Tieflage des Grundwasserträgers kommen auch örtlich begrenzte Überschwemmungen durch Grundwasser zu stande. Ferner können Grundwasserströme, die in Flufsläufe oder Seen sich ergiefsen, zu Aufstau und Austritt derselben über ihre Ufer Veranlassung geben.

Wechselbeziehungen des Grundwassers und des Oberflächenwassers sind daher stets vorhanden; örtlich treten sie bald stark hervor, bald mehr zurück. Versickern doch in einzelnen Berggebieten mächtige Ströme, um weit davon entfernt als Quelle wieder aus dem Boden hervorzutreten; werden doch zur Zeit der Dürre unsere Flüsse und Landseen einzig durch Grundwasser gespeist, während zur Zeit des Mittel- und Hochwassers sich vielerorts eine recht unerfreuliche Beeinflussung des zur Wasserversorgung dienenden Grundwassers durch Oberflächenwasser bemerkbar macht.

Auch die Luft beeinflufst im gewissen Sinne die Bodenfeuchtigkeit. Aus warmer, an Wasserdampf reicher Luft schlägt sich am kühlen Boden und bei ihrem Eindringen in das Erdreich Wasser nieder. Kühle Luft führt aus der besonnten oberen Bodenschicht Wasser fort. Die aus der Kapillarwasserzone oder der Durchgangszone stammende Luft ist stets mit Wasserdampf gesättigt, vermag daher dem Boden Wasser nur zu entziehen, falls dessen Wärme nach oben zunimmt, Wasser an die oberen Bodenschichten abzugeben, wenn der Wärmegrad nach der Oberfläche zu abnimmt, sie aber durch Wind emporgedrückt wird.

X. Abschnitt: Der Städtebau.

Die Anlage einer Stadt ist an sich etwas der Natur Widersprechendes: je gröfser sie wird, je mehr Menschen in ihr leben, je enger dieselben in ihr zusammengedrängt wohnen, desto ärger wird gegen die Gesetze der Natur gesündigt, desto schlimmer rächt sich diese. Aber der Städtebau ist seit dem frühesten Altertume für alle Kulturvölker eine Notwendigkeit geworden ja die Höhe ihrer Kultur und das Wachstum ihrer Städte haben annähernd gleichen Schritt gehalten. Deshalb kann es sich in dem Streben nach Fortschritt nicht darum handeln, dieses Wachstum zu unterdrücken, sondern Mittel zu ersinnen, um den schädlichen Folgen solcher für uns zur Notwendigkeit gewordenen Unnatur entgegenzuarbeiten; den Menschen inmitten der Städte das zu bieten, was ihnen die Natur gab, aus der sie hervorgegangen sind: Licht, Luft und Wasser in Fülle und Reinheit, zugleich aber auch das, was der Mensch zu suchen gezwungen war, seit er die erste Heimat wandernd verliefs: Schutz gegen die Unbilden des Klimas und gegen andere Schädlichkeiten, die aus seiner Umgebung auf ihn einzuwirken vermögen.

Neben diesen Grundbedingungen des Wohlbefindens stehen gleichberechtigt die des Wohlbehagens: Dem Auge soll ein erfreulicher Ausblick sich bieten; das Ohr darf nicht leiden unter dem Geräusch, welches der Verkehr, das Gewerbsleben, das Thun und Treiben der Nachbarn und Hausgenossen hervorrufen; der Ruhebedürftige soll Ruhe zu geistiger Thätigkeit und ernstem

Schaffen ebensowohl zu finden vermögen wie zur Erholung und zum Schlaf; reizvolle Wege an parkbesäumten Wasserläufen, auf erhabener Terrasse, an Aussicht und Schatten in gleicher Weise bietenden Hängen oder — wo solches fehlt — durch schmucke Parkanlagen sollen hinausführen zu Wald und Flur, damit dem im geschlossenen Raum Beschäftigten ein Gegengewicht geboten werden kann, welches den ihm durch seine Thätigkeit entstehenden Schädigungen entgegenwirkt; Hausgärten sollen aus dem gleichen Grunde Gelegenheit zum Aufenthalt und zur Arbeit im Freien bieten.

Die Sterblichkeitsverhältnisse der Städter lagen vor wenigen Jahrzehnten ungünstiger als die der Landbewohner. Der umfassenden Thätigkeit auf dem gesamten Gebiete des Städtebaues, der Wohnungsfürsorge und der Berufshygiene ist es in erster Linie zu danken, dafs sie sich zu gunsten des Städters ausgeglichen haben. Da der Städter in Hinsicht auf seine Ernährung, Hautpflege, die Ausbildung aller Fähigkeiten des Körpers, des Geistes und der Sinne dem Landwirt eher überlegen als unterlegen ist, dennoch aber die Sterblichkeit der Stadtbewohner im Durchschnitt auch heute noch etwas höher liegt als die der Landbewohner, so ist daraus zu erkennen, dafs weitere Fortschritte erforderlich sind, die sich einerseits zu erstrecken haben auf die Wohnweise, namentlich auf die Enge des Beisammenwohnens, anderseits allerdings auch auf die Lebensweise der Städter.

Während die äufseren Lebensbedingungen der Städter während der letzten Hälfte des vergangenen Jahrhunderts ziemlich allgemein wesentliche Verbesserungen erfahren haben, sind die übrigen Lebensbedingungen vielfach ungünstigere geworden: Überbürdung im Berufsleben steht auf der Tagesordnung, welche die Zeit zur Erholung durch körperliche Thätigkeit im Freien und zum ausreichenden Schlaf raubt. Die Vergnügungen reiben weit häufiger auf, als dafs sie Erholung bringen; künstliche Reizmittel werden herangezogen, um dem ermattenden Körper zu erneuter Thätigkeit die Fähigkeit zu geben oder die sinkende Efslust zu heben; die Nacht wird zu Zwecken ausgenutzt, welchen der Tag dienen sollte, und umgekehrt; rastlos und geräuschvoll verläuft das Leben, ruhiges Behagen ist in manchen Kreisen ein unbekannter Begriff geworden; grenzenloser Üppigkeit weniger Reichen steht die bittere Not des weitaus gröfsten Teiles unseres Volkes gegenüber; die mäfsig Begüterten lassen sich öfter zur Üppigkeit fortreifsen, statt ein Gegengewicht gegen sie aufzurichten, ein Vorbild vornehmer Selbstzügelung zu bieten!

Hier heifst es: Umkehr oder Verfall.

Abhilfe ist nur von der Erziehung der Jugend zu erhoffen: Abhärtung gegen klimatische Einflüsse, Ausbildung aller Fähigkeiten des Körpers und der Sinne, Liebe zu körperlichen Übungen und zur Natur, Heranbilden hoher Tugenden im Jüngling wie in der Jungfrau, Üben von Manneszucht und Entsagung, vornehmes Mifsachten verweichlichender und entnervender Üppigkeit, Stärkung des Stolzes und Selbstbewufstseins, Niederhalten der Selbstüberhebung, der Eigenliebe und anderer Laster, richtige und frühzeitige Schulung derjenigen geistigen Fähigkeiten, die im Leben und im Beruf vorwärts führen, Fernhalten der geringsten geistigen Überbürdung vor und während der Schuljahre: dessen bedarf die deutsche Jugend für die Gegenwart wie für die Zukunft.

Auch das Wohnwesen hat eine nach manchen Richtungen vorteilhafte, nach anderen Richtungen ungünstige Entwickelung genommen. Während in fast allen technischen Beziehungen innerhalb der letzten Jahrzehnte grofse Erfolge errungen sind, die das Wohlbefinden und das Wohlbehagen auf das beste zu beeinflussen vermögen, haben Wohnungsmangel und Gewinnsucht im Verein zu einer Enge der Überbauung des städtischen Geländes geführt, welche namentlich von dem nur mäfsig begüterten Teil der hochgebildeten Bevölkerung auf das bitterste empfunden wird, während die breite Schicht der wirtschaftlich schwachen und schwächsten Bürger unter dem hohen Preise, der ungenügenden Ausstattung und der Enge der »Kleinwohnungen« leidet, deren Angebot der ständig sich steigernden Nachfrage fast nirgends entspricht.

Nach beiden Richtungen sind die durchaus erforderlichen Verbesserungen bereits seit langer Zeit angebahnt, aber ein durchschlagender Erfolg wurde bislang nicht erzielt, weil einerseits die Verwaltungsbehörden den von der Allgemeinheit der Bürger empfundenen Mifsständen gegenüber nicht die dringend gebotene Thatkraft bewiesen haben, anderseits die von den Vertretern der Hygiene vorgeschlagenen und mancherorts zur Durchführung gebrachten Verbesserungen nicht die durchaus erforderliche Vielseitigkeit gezeigt haben, welche den ungemein verschiedenartigen Ansprüchen aller Bevölkerungskreise hätte gerecht werden können.

Auf eine Umkehr in diesem Sinne soll daher in den folgenden Darlegungen ganz besonders hingewiesen werden.

Sollen menschliche Ansiedlungsstätten allen an sie zu stellenden Bedingungen entsprechen, dann ist nicht nur ein sehr sorgfältiges Planen derselben erforderlich, unter Erwägung der gegenwärtigen wie der zukünftigen Ansprüche verschiedenster Art, sondern es ist weiter notwendig, dafs durch Gesetze oder Verordnungen die Ausnutzung des Baugeländes auf das sorgfältigste geregelt wird. Den Interessen des Handels und der Gewerbthätigkeit soll dabei in gleicher Weise Rechnung getragen werden wie den Ansprüchen an eine gesunde, zweckmäfsige und zweckdienliche Wohnweise; dem Verkehr dürfen Schranken nicht gezogen werden, aber die ihm dienenden Anlagen und Einrichtungen sollen weder das Auge noch das Ohr der Anwohner beleidigen, noch Schädigungen des Wohlbefindens oder des Wohlbehagens durch den Betrieb entstehen.

Bisher hat man die Rücksichten auf den Verkehr, auf die Bodenverwertung, auf die zweckmäfsige und zugleich künstlerische Gestaltung der Ansiedlungen, auf die freie Entfaltung von Handel und Industrie den Ansprüchen an eine gesundheitsgemäfse Entwicklung der Städteerweiterungen gewissermafsen als Schranken gegenübergestellt. Das ist nicht ganz richtig: *Wirklich zweckmäfsig kann eine Ansiedlung sich nur dann entwickeln, wenn man den gesundheitlichen, den wirtschaftlichen und den technischen Anforderungen* in völlig gleichmäfsiger Weise gerecht wird; vollkommenste Zweckmäfsigkeit wieder bietet die einzige Gewähr für eine wirklich künstlerische Erscheinung der einzelnen Bauwerke, der Strafsenbilder und der Gesamtanlage; unter einer ungenügenden Rücksichtnahme auf den Verkehr, auf Handel und Industrie leidet das Volkswohl in wirtschaftlicher wie in gesundheitlicher Beziehung.

Diese verschiedenartigen Bedingungen lassen sich nicht trennen oder einander gegenüberstellen; sie müssen vereint erfüllt werden, wenn nicht alle Teile leiden sollen; die vollkommene Lösung der einen nützt den übrigen.

Wenn bislang in dem Streben nach gesundheitlichen Verbesserungen oft Stückwerk geschaffen wurde, welches nach keiner Richtung voll zu befriedigen vermag, in manchen Hinsichten Schädigungen gebracht hat, so liegt das begründet in der unvollkommenen, höchst einseitigen Auffassung, die den Aufgaben der Hygiene des Städtebaues fast allgemein zu teil geworden ist.

Die grofsen Nachteile, welche dem Wohnwesen der Städte erwachsen waren und heute noch erwachsen durch das Zulassen einer übermäfsig engen und hohen Bebauung des Geländes, glaubte man nur aufheben zu können durch eine vollkommene Freilage jedes einzelnen Gebäudes. Völlig schematisch wurde und wird vorgegangen, man berücksichtigte weder das Klima der Gegend in ausreichender Weise noch andere örtliche Eigentümlichkeiten, man behandelte Verkehrsstrafsen und Wohnstrafsen völlig gleichartig, man bedachte nicht, dafs die gewaltigen Kosten eines grofsstädtischen Strafsennetzes mit all seinen Leitungen eine gewisse Dichte der Besiedelung gebieterisch fordern, dafs etwa 80 bis 90% der städtischen Bevölkerung ihrem wirtschaftlichen Können nach nur bescheidene Ansprüche an das Wohnen zu erfüllen vermögen und daher auch nur solche erheben dürfen, wenn nicht an die Stelle des bestehenden Übels — der engen Lage des Hauses — das wesentlich gröfsere Übel der engen Wohnung treten soll.

Weiträumigkeit der Städteanlage ist ein Begriff, der je nach den Lebensgewohnheiten und Lebensansprüchen der verschiedenen Bevölkerungskreise und je nach den klimatischen Verhältnissen eines Ortes in weiten Grenzen wechselt, der aber sehr wohl sich erfüllen läfst, ohne der Weiträumigkeit der Wohnung Einklang zu thun, sobald jenen verschiedenartigen Ansprüchen voll Rechnung getragen wird durch Vielseitigkeit der Lösungen, durch richtiges Erfassen der im Einzelfall gestellten Aufgabe.

Mit dem grofsartigen Aufschwunge des Weltverkehrs hat fast allgemein eine Verallgemeinerungssucht Einkehr gehalten, die schädigend nach vielen Richtungen gewirkt hat. Auch die deutschen Städteanlagen aus der letzten Hälfte des neunzehnten Jahrhunderts kranken an ihr in künstlerischer wie in hygienischer Beziehung; möge das neue Jahrhundert mit dem Erkennen des Übels auch Abhilfe von ihm bringen!

Statt nachzuforschen. ob die hochkünstlerischen Städteanlagen früherer Jahrhunderte nicht auf der Zweckmäfsigkeit begründet gewesen sind, ob nicht ihre Vielseitigkeit, ihr Reiz und ihre Eigenart entstanden waren, weil man den Eigentümlichkeiten des Ortes und seines Klimas sie angepafst hatte, kannte man nur noch ein aus Paris übernommenes Vorbild: die schnurgeraden, breiten Strafsenzüge, die weiten Plätze. Und als sie in ihrer ganzen Trostlosigkeit, Öde und Wirkungslosigkeit dastanden, wähnte man Abhilfe dieser jetzt empfundenen Mängel nur schaffen zu können durch die »offene Bauweise«: Künstler und Mediziner vereinten sich in der Forderung nach ihr.

Gewifs stellt die »offene Bauweise« einen der Wege dar zur Gesundung der Städte wie zu ihrer Verschönerung, aber eben nur einen, und dieser dürfte als anwendbar ausschliefslich für die Wohnviertel der Wohlhabenden sich erweisen, wenn Künstler und Hygieniker gleichermafsen befriedigt werden sollen.

Neben ihm zeigen uns die alten Städte und Stadtviertel eine Reihe von Wegen, welche unter vollem Anschmiegen an das Gelände wie an die klimatischen Verhältnisse hohen Reiz mit voller Befriedigung aller Ansprüche an das Wohlbefinden und an das Wohlbehagen vereint erreichen lassen, deren bescheidenere Gestalt den durch ihre wirtschaftliche Lage bedingten bescheidenen Lebensansprüchen der Mehrzahl aller Bürger gerecht wird und ihr zugleich den einzig berechtigten künstlerischen Ausdruck verleiht.

Gleichförmigkeit ist die gröfste Feindin der Städteanlagen im wirtschaftlichen, künstlerischen und gesundheitlichen Sinne. Vielseitigkeit, auf Zweckmäfsigkeit beruhender Wechsel bilden das anzustrebende Ziel des Städteerbauers; inniges Anschmiegen an das Gelände, volles Berücksichtigen der klimatischen Verhältnisse des Ortes schaffen Eigenart und befriedigen das künstlerische Feinempfinden in gleicher Weise wie die berechtigten Ansprüche der Gesundheitslehre.

Die Wahl der Bauweise.

Der Enge des städtischen Häusermeeres hat man in sehr gründlicher Weise entgegenzuwirken versucht, indem man, wie eben erwähnt, für die Aufsengebiete oder Vororte einzelner grofsen Gemeinwesen die offene Bauweise vorschrieb. Man strebte damit eine Rückkehr zur ländlichen Wohnform an und hoffte diese allgemein und für sämtliche Schichten der Bevölkerung zur Durchführung bringen zu können. Diese Versuche können in solcher Breite als vollständig geglückt nicht betrachtet werden; der allgemeinen Anwendung der offenen Bauweise stellen die verschiedenartigsten Hindernisse sich entgegen, welche zu überwinden kaum je gelingen wird.

Eines der bedeutsamsten ist bereits S. 133 kurz berührt; es wird gebildet durch die gewaltigen Kosten der städtischen Strafsenzüge mit ihren Leitungsnetzen. Wollte man diese Kosten vermeiden, um ländlich wohnen zu können, dann müfste man auf eine recht grofse Zahl derjenigen wichtigen gesundheitlichen Vorzüge Verzicht leisten, welche die Städte ihren Bewohnern bieten, hierdurch aber Nachteile in Kauf nehmen, deren Bedeutung diejenige der Vorzüge des Wohnens im ringsum freigelegenen Hause weit überwiegt.

Man bedarf einer guten Befestigungsweise der Strafsenoberfläche zum Hintanhalten der Staubentwickelung, zur Milderung des Geräusches und zum Fernhalten greller Lichtwirkungen (beim Begehen) ebenso sehr wie zur raschen und sicheren Bewältigung des Verkehrs, während die Zuleitung von Wasser, Licht, Kraft und Wärme (Gas), die rasche und sichere Fortleitung des Abwassers und der Fäkalstoffe das Wohlbefinden in gleich vorteilhafter Weise beeinflussen, wie sie das Wohlbehagen heben. Auch die künstliche Beleuchtung, die Sauberhaltung und die Bewachung der Strafsen wird kaum jemand entbehren mögen, der diese Annehmlichkeiten durch längeren Gebrauch kennen und schätzen gelernt hat.

Alle diese Vorzüge sind aber nur durch gewaltige Aufwendungen zu erreichen, die in irgend einer Weise zurückwirken müssen auf die Kosten des Wohnens, sei es, dafs sie als Steuer auf die Gesamtheit der Einwohner verteilt, sei es, dafs sie den Hausbesitzern zur Last gelegt werden, sei es, dafs die ursprünglichen Grundbesitzer sie tragen.

Je mehr Bewohner auf die Einheit der Strafsenlänge sich anzusiedeln vermögen, um so geringer fällt die Belastung des einzelnen aus.

Schon aus diesem Grunde geht es nicht an, dafs die Häuser der wirtschaftlich Schwachen denen der wirtschaftlich Starken gleichartig behandelt werden. Die Dichte der Besiedelung für die ersteren mufs an städtischen Strafsenzügen eine ganz wesentlich bedeutendere werden als für die letzteren, wenn nicht eine unerträgliche Verteuerung der Wohnungen für die wirtschaftlich Schwachen hervorgerufen werden soll, während wir allen Grund haben, das Gegenteil anzustreben.

In ganz gleicher Weise wirken *die stets hohen Kosten des städtischen Baulandes.*

Allerdings ist dessen Preis ein schwankender, und er mufs im allgemeinen nach der Höhe der Rente sich richten, die aus dem Grundstück herausgewirtschaftet werden kann. Durch Verordnungen, welche die Ausnutzungsmöglichkeit des Baulandes beschränken, wird daher auch dessen Preis in gewissen Grenzen gehalten werden können. Aber die unter den gegebenen Verhältnissen denkbar höchste Rente ist preisbildend, und es wirkt eine Reihe von weiteren, örtlich wechselnden Umständen mit zur Werterhöhung des städtischen Grund und Bodens, welche zu beeinflussen nicht in der Macht der Verwaltungsbehörden liegt. So sind die Nähe des Stadtinnern oder der Hauptverkehrsanstalten, die Vorzüge des Geländes und der Umgebung, z. B. erhabene Lage, Nähe von Waldungen, öffentlichen Gärten und dergl., günstige bisherige Ausnutzungsweise der Grundstücke als Lagerplatz oder Arbeitsstätte, als Weingut, als Gastwirtschaftsgarten und dergl., Gründe zur Preiserhöhung des Baulandes gegenüber den sonstigen Grundstücken gleicher Ausnutzungsfähigkeit.

Ein beliebiges Herabdrücken der Grundstückpreise »auf dem Verordnungswege« ist jedenfalls bislang nirgends gelungen. Es liegt vielmehr stets die Gefahr vor, dafs durch weitgehende Ansprüche an Weiträumigkeit nicht der Bodenwert sich vermindert, sondern der Mietpreis sich steigert. Denn beide Werte sind keine fest bestimmten Gröfsen, ihre Wechselwirkung aufeinander unterliegt örtlichen und zeitlichen Schwankungen, die vornehmlich durch das Verhältnis der Anfrage nach Wohnungen zum Angebot derselben hervorgerufen werden. Stets müssen ferner Preise, die niedrig erscheinen gegenüber der Ausnutzungsmöglichkeit zu einem Geschäftshause oder hochherrschaftlichen Wohnhause, bereits als hoch bezeichnet werden, wenn das Bauland zum Errichten von Kleinwohnungen dienen soll, welche es nicht stärker ausnutzen dürfen, als das Haus des Reichen dies thut.

Diese Umstände erweisen die *Notwendigkeit, die Strafsenlänge sowohl als das Bauland für die Besiedelung um so stärker auszunutzen, je niedriger der Mietpreis der zu errichtenden Wohnungen ausfallen mufs.*

Ein Aufserachtlassen dieses Erfordernisses gibt zu einer so wesentlichen Verteuerung der Wohnungen Veranlassung, dafs für den weitaus gröfsten Teil aller Bürger ein Vermindern der Ansprüche an die Weiträumigkeit der Wohnung die Folge ist. Die letzten Jahre haben in dieser Richtung recht traurige Erfahrungen gebracht.

Ein Zusammendrängen der Mitglieder der gleichen oder gar verschiedener Familien innerhalb einer Wohnung ist aber entschieden ein wesentlich gröfserer gesundheitlicher Mifsstand als ein näheres Aneinanderrücken der Gebäude. Mit der Enge der Wohnung wächst die Gefahr der raschen und weiten Verbreitung ansteckender Krankheiten; das Wohlbefinden und mehr noch das Wohlbehagen nehmen ab; sittliche Gefahren treten auf, die Wohnungsnot in ihrer traurigsten Gestalt bildet sich aus, um zunächst und am schärfsten die wirtschaftlich Schwachen zu bedrohen, aber auch den auf mittleres Einkommen Angewiesenen bleibt sie nicht ganz fern oder drückt doch deren Lebenshaltung nach irgend einer anderen Richtung herab.

Darum gilt es, Mittel zu ersinnen, welche die Mifsstände der zu starken Ausnutzung des Baulandes vermeiden lassen, ohne die Kosten des Wohnens zu erhöhen.

Um das städtische Bauland thunlichst preiswert zu erhalten und die Ausnutzung desselben nicht stärker werden zu lassen, als aus wirtschaftlichen Gründen durchaus erforderlich ist, mufs meines Erachtens dahin gestrebt werden, in der Bauordnung wie im Stadtbauplan eine vollständige Trennung der Ausnutzungsmöglichkeit der Grundstücke nach dem wirtschaftlichen Können der Bevölkerungsgruppen herbeizuführen, indem in der gleichen Bebauungszone eine unterschiedliche Behandlung der verschiedenen Gebiete nach dem Zweck ihrer Besiedlung stattfindet. Man wird zu unterscheiden haben zwischen »vornehmen«, »herrschaftlichen« und »bescheidenen« Wohnungen.

Die hiernach sich ergebenden Abstufungen in der Weiträumigkeit der Geländebebauung sind nicht nur gerechtfertigt durch die wirtschaftlichen Verhältnisse, sondern auch durch die Verschiedenheit der Ansprüche, welche jene Bevölkerungsgruppen an die mehr oder weniger freie Lage ihrer Wohnung stellen.

Je bescheidener die Mittel sind, um so bescheidener pflegen auch die Anforderungen zu sein an die Ausdehnung der Gärten, den freien Ausblick, die Höhenlage der Wohnung, die Zahl der Stockwerke und der Wohnungen im gleichen Hause u. s. w.

Baublock für vornehme Mietwohnhäuser.

Figur 15.

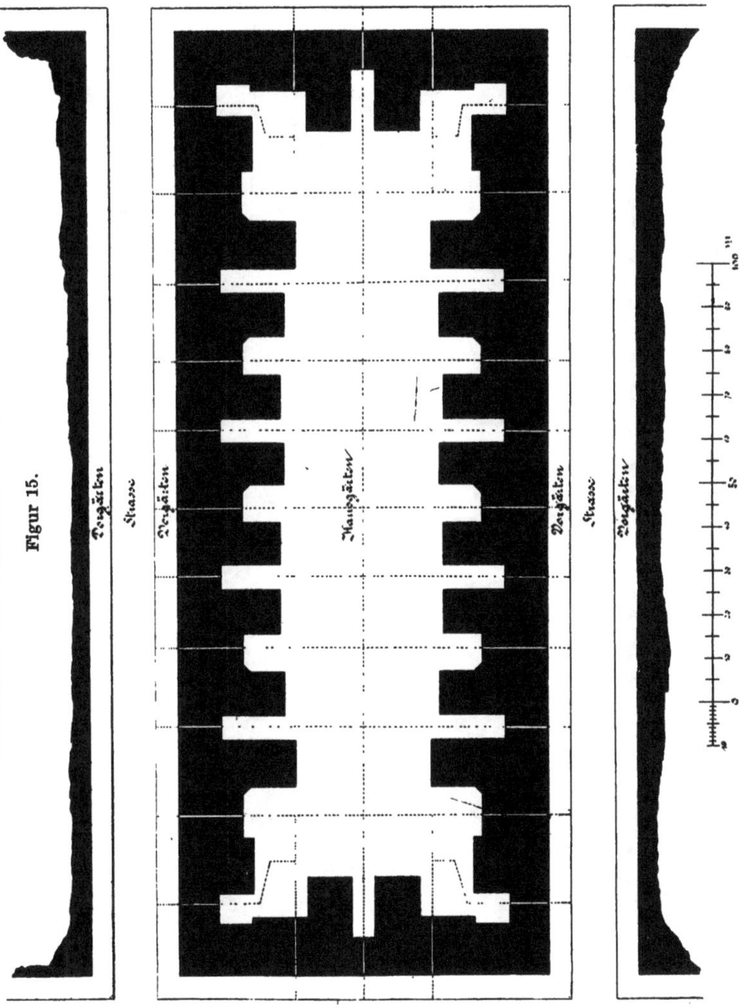

Für ausreichende Lichtfülle und gute Durchlüftung der Wohnräume aber soll allgemein Sorge getragen werden, denn hierauf hat jeder Städter den gleichen Anspruch; jede Verkümmerung dieses Erfordernisses für Wohlbefinden und Wohlbehagen ist als ein Mifsstand zu bezeichnen, welchen die Behörden nicht länger dulden dürfen.

In Grofsstädten wird die offene Bauweise in der Regel nur für einen verhältnismäfsig kleinen Teil der Wohnungen sich zur Durchführung bringen lassen. Ein hygienischer Mangel ist hierin

Figur 16.

Baublock für herrschaftliche Mietwohnhäuser.

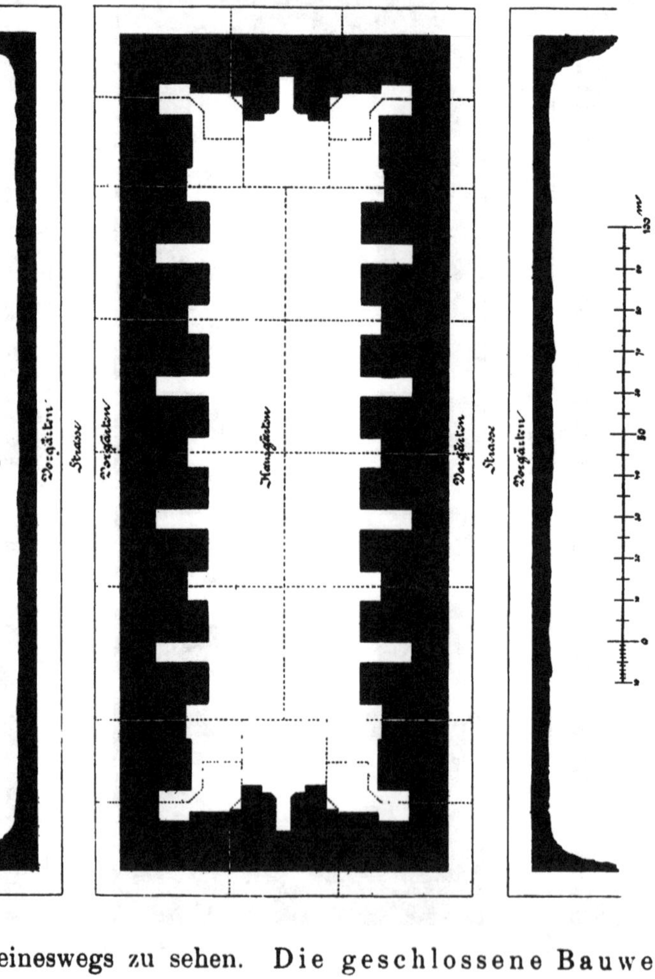

jedoch keineswegs zu sehen. Die geschlossene Bauweise weist bei gesundheitsgemäfser Durchführung mindestens ebenso grofse Vorzüge gegenüber der offenen Bauweise auf als Nachteile. Eine allgemeine Anwendung dieser Durchbildung sollte daher das Ziel der hygienischen Bestrebungen werden, denn es ist erreichbar und schafft hohen Nutzen. Wird ein Baublock mit Vordergebäuden beliebiger Tiefenausdehnung in geschlossener

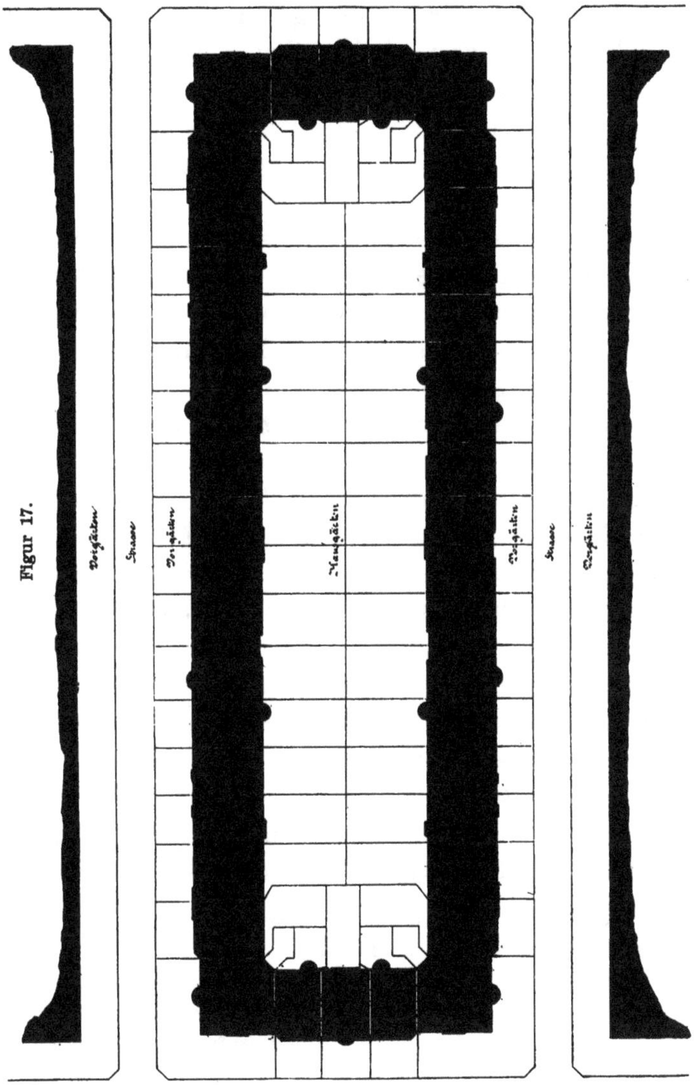

Figur 17.
Baublock für vornehme Familienhäuser.

Zeile umgeben, während sein Inneres von Quer- oder Rückgebäuden frei bleibt und zu Hausgärten dient, die sich rings berühren, wie die Abbildungen 15—18 es zeigen, dann lassen sich durch zweckmäſsige Grundriſsgestaltung auch weitgehende Ansprüche an die Lichtfülle und die Durchlüftung der Aufenthalts- wie der Nebenräume, an freien Ausblick in blühende, grünende Gärten erfüllen.*) Dazu bietet das geschlossen umbaute Blockinnere Schutz vor heftigem Windanfall, vor dem Staub und dem Geräusch der Verkehrsstraſsen, während die Staubbildung in ihm geringer ist als im Innern der offen bebauten Blöcke und durch zeitweiliges Sprengen der Gärten sich völlig vermeiden läſst.

Ungünstig beeinfluſst werden Wohlbefinden und Wohlbehagen nicht durch die geschlossene Bauweise als solche, sondern durch eine übermäſsige Ausnutzung des Baulandes, indem das Blockinnere durch Quer- und Rückgebäude in Einzelhöfe von mäſsigem oder geringem Umfang aufgeteilt wird, welche die eben genannten Ansprüche an gesundes Wohnen nicht oder nicht ausreichend zu erfüllen vermögen.

Derartige nachteilige Zustände aufzuheben ist auch die offene Bauweise nicht ohne weiteres im stande.**) Es ist vielmehr die gleiche Fürsorge durch Stadtbauplan und Bauordnung erforderlich wie bei der geschlossenen Bauweise, um das Freihalten des Blockinnern von Rückgebäuden zu erzielen, während dem Blockinnern niemals diejenige Abgeschlossenheit vom Getriebe, Geräusch und Staub des Verkehrs gegeben werden kann, welche die geschlossene Bauweise bietet.

In ästhetischer Beziehung ist die offene Bauweise ebenfalls nicht ohne weiteres im Vorteil gegenüber der geschlossenen Zeile, sondern es sind die auf Seite 155 dargelegten Bedingungen

*) Die Grundriſswiedergaben im Abschnitt XI lassen die Richtigkeit dieser Behauptung ohne weiteres erkennen.

**) Stuttgart, eine der wenigen Städte, die bereits seit Jahrzehnten die offene Bauweise für das gesamte Baugelände zur Durchführung gebracht haben, weist nichts weniger als eine erfreuliche Ausbildung des Blockinnern auf. In der Mehrzahl der Fälle wird es von Hintergebäuden eingenommen, welche nur geringe Abstände unter sich und mit den Vordergebäuden einhalten und einer ebenso regen wie geräuschvollen Industrie dienen. Von Wohlbehagen kann in den nach diesem Blockinnern gerichteten Gemächern keineswegs die Rede sein, während die Bauwiche das Geräusch ungeschwächt auch auf die Straſse und zur weiteren Verbreitung gelangen lassen.

zu erfüllen, wenn ihre erfreuliche Wirkung zur Geltung gelangen soll*), die ihr dann allerdings das künstlerische und landschaftliche Übergewicht sichert.

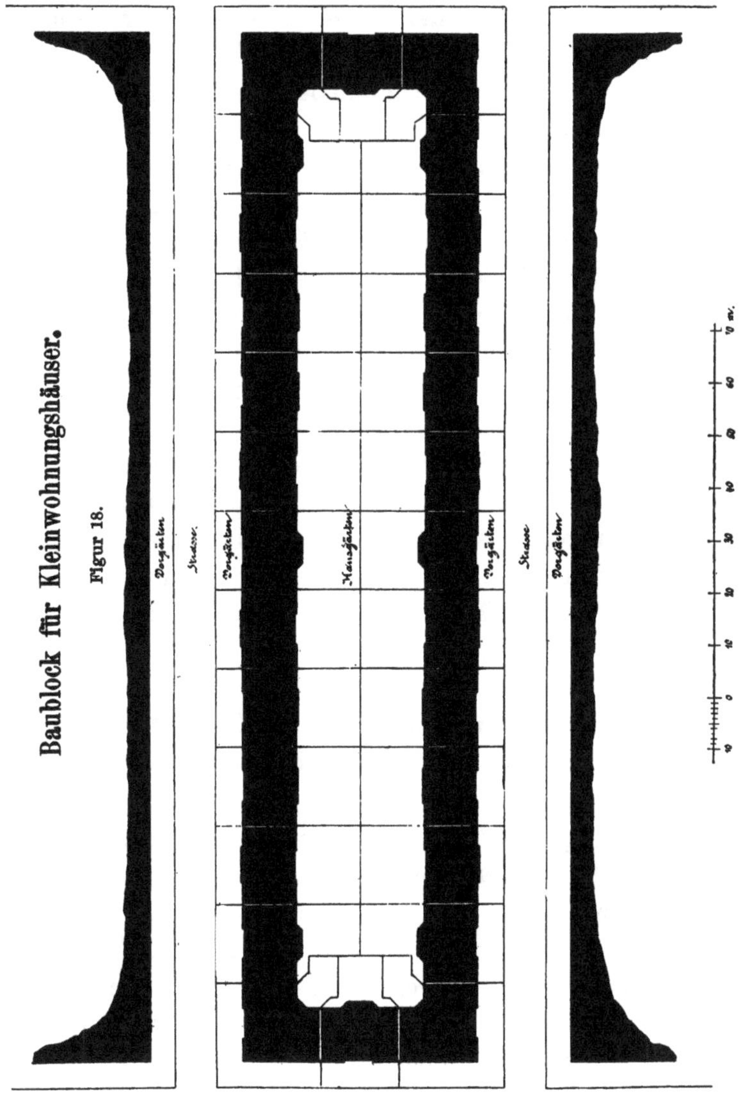

Baublock für Kleinwohnungshäuser.

Figur 18.

*) In Stuttgart weist z. B. die geschlossen bebaute Altstadt ein weit reizvolleres Gepräge auf als die neueren in offener Bauweise gehaltenen Stadtteile, obgleich tüchtige und bedeutende Künstler unter den in den letzteren thätigen Architekten sich befanden.

Das Freihalten des Blockinnern von Rück- und Quergebäuden war bis vor etwa zwei Jahrzehnten in den Aufsengebieten recht vieler deutscher Städte üblich. Das dann allgemein erfolgende rasche und hohe Ansteigen der Grundwerte hat leider diese treffliche Gepflogenheit zur Ausnahme gemacht, und wir besitzen heute noch keine gesetzliche Handhabe, um ihr wieder zur Herrschaft zu verhelfen.

Das Gewinnen einer solchen gesetzlichen Handhabe sollte daher das nächste Hauptziel der hygienischen Bestrebungen im Städtebau bilden.

Gegenwärtig mufs der Städteerbauer sich Genüge sein lassen, die einzelnen Blocktiefen derart auszumitteln oder grofse Baublöcke derart zu unterteilen, dafs sie zur Anordnung von Rückgebäuden ungeeignet werden oder wenigstens nicht zu ihr Veranlassung geben.

Das ist eine recht schwierige Aufgabe, die nur unter genauer Kenntnis der örtlichen Verhältnisse und richtiger Schätzung des zukünftigen Baubedürfnisses so gelöst zu werden vermag, dafs man nicht andere Nachteile in Kauf nehmen mufs. Eine für den Ausblick erfreuliche Tiefe des Blockinnern und die wünschenswerte Gröfse der rückwärtigen Gärten wird unter diesen Verhältnissen nur ausnahmsweise erreicht, dennoch bedeutet das Freihalten des Blockinnern von Rück- und Quergebäuden gegenüber dessen Aufteilung in Einzelhöfe eine bedeutsame Errungenschaft.

Mehr als gegenwärtig zumeist möglich wird nach dieser Richtung erreicht werden können, sobald Genossenschaften das Bebauen ganzer Blöcke in die Hand nehmen, um Wohnungen für ihre Mitglieder zu gewinnen und dauernd im Besitz zu erhalten. Auch der Ankauf weiter Gelände durch die Stadtverwaltungen und Hergabe von Bauland in Erbpacht vermag mit Vorteil diesem Zwecke zu dienen.

Der Stadtbauplan.

Für die gesunde und zweckdienliche Entwickelung einer Stadt ist die sorgfältige Durcharbeitung und die ihr folgende gesetzmäfsige Festlegung des Stadtbauplanes ein unbedingtes Erfordernis.

Von der genauen Darstellung der bestehenden Stadt ausgehend, sind zunächst sämtliche Anlagen und Strafsenzüge aufzutragen, die dem Verkehr dienen oder ihm in Zukunft dienen sollen. Die verschiedenen Bahnen, die Kanäle und Häfen sowie die Hauptverkehrsadern für Fuhrwerke, Reiter, Radfahrer und Fufsgänger bedürfen einer frühzeitigen Festlegung. Gleichzeitig sind die Stadtviertel ihrer besonderen Zweckbestimmung nach zu umgrenzen.

Vornehmlich dem Grofsgewerbe und jenen Kleingewerbebetrieben sind bestimmte Gebiete anzuweisen, welche grofse Flächen in Anspruch nehmen, durch Geräusch, Staub-, Rauch- oder Gasentwickelung und dergl. Belästigungen für die Nachbarschaft herbeiführen. Der Grofshandel wird seinen Hauptsitz inmitten der bestehenden Stadt und in der Nähe der Verkehrsanstalten nehmen, während der Kleinhandel und gewisse Kleingewerbe nur in unmittelbarer Nähe der Wohngebiete zu gedeihen vermögen.

Auch diejenigen Strafsenzüge oder Wegeanlagen sind sofort zu planen, welche aus der Stadt hinausführen in gröfsere Parkanlagen, in Wald und Flur, Flufsthäler oder Berge.

Dagegen erfolgt die Festlegung der übrigen Strafsenzüge, der freien Plätze und kleineren Parkanlagen, namentlich aber die Einteilung des Baugeländes besser erst dann, wenn das Baubedürfnis festliegt. Es ist notwendig, vor dieser endgültigen Durcharbeitung und gesetzlichen Festlegung zu wissen, welche öffentlichen Gebäude in dem betreffenden Viertel errichtet werden sollen, in welchem Umfange vornehme, mittelgrofse und kleine Wohnungen zu planen sind oder welche Gelände ganz dem einen oder anderen Wohnbedürfnisse zu dienen haben.

Diese letzte Durcharbeitung sollte nicht einem einzigen Bearbeiter überlassen werden, sondern sie sollte unter beratender Mitwirkung eines Ausschusses erfolgen, der aus Fachmännern verschiedener Richtungen sich zusammensetzt; ein Hygieniker oder Medizinalbeamter, ein Volkswirt, Architekten, Fabrikbesitzer,

Kaufherren und Gewerbtreibende, künftig wohl auch die Vertreter gröfserer Baugenossenschaften sollten in diesem Ausschufs Sitz und Stimme erhalten, damit Gelegenheit geboten ist, den verschiedenartigen Ansiedelungsbedürfnissen Ausdruck zu geben und Rechnung zu tragen.

Der Umfang der Neuplanungen hat sich einerseits nach dem voraussichtlichen Zuwachs der Bevölkerung zu richten, anderseits nach der mehr oder weniger weiträumigen Überbauung des Baulandes. Es können hierbei*) etwa folgende Grundlagen dienen: Ein Hektar reicht aus zur Besiedelung für den reichen Teil der Bürger mit 100 bis 120 Bewohnern, für den wirtschaftlich gut gestellten Teil mit 150 bis 200 Bewohnern, für den wirtschaftlich mäfsig gestellten Teil mit 250 bis 300 Bewohnern, für den wirtschaftlich schwachen Teil mit 350 bis 450 Bewohnern. Die Zahlen der hierbei in Betracht kommenden Bevölkerungskreise und ihres Zuwachses sind aus den Steuererhebungen und der städtischen Statistik zu ersehen.

Nie aber darf der Stadtbauplan etwas Starres und Unabänderliches darstellen, solange der Entwurf noch der Ausführung harrt. Je nachdem ein Stadtviertel sich entwickelt, kann die Unterteilung grofser Baublöcke ebensowohl als notwendig sich erweisen wie das Zusammenlegen kleinerer Baublöcke. Es kann das Bedürfnis nach Wohnstrafsen sich dort einstellen, wo Geschäftsstrafsen geplant waren; es kann die geschlossene Bauweise dort notwendig werden, wo der Entwurf die offene zeigt, und umgekehrt. Dem vorhandenen Bedürfnis aber soll man folgen, soweit es irgend angeht, nicht auf einer vorgefafsten Meinung beharren, welche doch nur auf Vermutungen aufgebaut werden konnte: Der Plan hat den auftretenden Notwendigkeiten und gerechtfertigten Wünschen sich unterzuordnen, nicht sollen diese dem Plan sich anschmiegen. Nur mufs der letztere das Entstehen ungesunder, zweckwidriger oder unschöner Anlagen unter allen Umständen verhindern.

Die gesundheitlichen Anforderungen an die neu zu errichtenden Wohnviertel lassen sich nicht durch den

*) Nach Angaben von Stübben.

Plan allein lösen, wohl aber durch ihn im Verein mit der Bauordnung. Der Bebauungsplan hat nicht nur die zu diesem Zweck erlassenen Bestimmungen der Bauordnung zu verwirklichen, sondern auch im erheblichen Mafse beizutragen, dafs die Gesamtanlagen zweckmäfsig, gesund und erfreulich ausfallen. In ihm sind endlich die Grenzen der Gebiete festzulegen, deren Überbauung verschiedenartigen Gesichtspunkten unterliegt.

Um in den neu zu erschliefsenden Gebieten eine weiträumigere Bebauungsart erzielen zu können, ist es erforderlich, dafs für sie besondere Verordnungen erlassen werden. Eine gleichartige Behandlung der alten und der neu zu errichtenden Stadtteile hat allgemein zu Härten für die ersteren geführt, ohne dafs für die letzteren auch nur das Mindestmafs der gesundheitlich berechtigten Forderungen erreicht worden ist.

Aus diesem Grunde geht man heute ziemlich allgemein schon von dem Grundsatze aus, das Gesamtgebiet der Stadt in Zonen zu teilen und hiernach verschiedenartig zu behandeln. Eine Zoneneinteilung des Planes im buchstäblichen Sinne hat aber mehr Nachteile als Vorteile im Gefolge gehabt, da sie den höchst verschiedenartigen wirtschaftlichen Ansprüchen nie gerecht zu werden vermag, welche auf S. 136 ff. dargelegt wurden.

Es ist daher notwendig, innerhalb jeder einzelnen Zone der Stadterweiterung wieder Unterabteilungen zu schaffen, die einer getrennten Behandlung unterliegen. Örtlich werden Unterschiede in dieser Hinsicht zu machen sein, im allgemeinen aber bedarf man eines »Landhausviertels« für die Ansiedelung der wirtschaftlich Starken, eines »Wohnhausviertels« für die Bürger mit leidlich gutem und mäfsigem Einkommen und weiter »Gebiete für Kleinwohnungen« für die wirtschaftlich Schwachen und Schwächsten.

Der Umfang dieser Baugelände richtet sich einerseits nach der Zahl der betreffenden Familien, welche aus den Steuererhebungen leicht festgestellt werden kann, anderseits nach den Ansprüchen, welche an die Rauminanspruchnahme der Wohnung nebst Hof und Garten gestellt werden. Setzt man die Geländeinanspruchnahme einer Kleinwohnung gleich 1, dann ergibt sich nach meinen Berechnungen*) im Durchschnitt das Verhältnis von 1 : 3 bis 4 und 1 : 8 bis 12, wobei angenommen ist, dafs nur ein Dritteil der Wohnungen des Landhausviertels aus Einfamilienhäusern besteht, die besseren Miethäuser nicht mehr als drei bis vier, die Häuser für Kleinwohnungen nicht mehr als vier bis fünf Wohngeschosse enthalten dürfen und sämtliche Gebäude mit Vorgärten und rückwärtigen Gärten von entsprechend wechselndem Umfang versehen sind. Das Strafsenland ist in die Rechnung nicht einbezogen.

Doch wechseln die Ansprüche der verschiedenen Bürgerkreise an ihre Siedelungen örtlich so sehr, dafs diese Zahlen nur einen ungefähren Anhalt bei der Aufteilung des Baulandes zu bieten vermögen. Örtliche Erhebungen dürften zu diesem Zwecke ein Erfordernis sein und ohne Schwierigkeit sich durchführen lassen.

Aufser diesen rein Wohnzwecken dienenden Stadtvierteln bedarf man in sämtlichen Aufsengebieten einer Reihe von Strafsenzügen, die dem »Geschäftsviertel« zuzurechnen sind und Gelegenheit bieten zur Ansiedlung derjenigen Händler und Gewerbtreibenden, welche nur in unmittelbarer Nähe der Wohngebiete ihr Geschäft nutzbringend zu gestalten vermögen.

Alle diese »Viertel« sind wieder nicht aufzufassen als fest umschlossene, zusammenhängende Gebietsteile, sondern es können einzelne Blöcke oder Strafsen dem einen, ihnen eng benachbarte Strafsen dem anderen »Viertel« zugeteilt werden, je nachdem das Erfordernis hierzu sich einstellt oder die Art des Geländes es zweckmäfsig erscheinen läfst. Das »Kleinwohnungsviertel« wird zumeist überhaupt nicht von dem Miethausgebiet sich trennen lassen.

Die hygienischen Grundbedingungen für diese verschiedenen Zonen und Viertel sind in der Bauordnung klar zum Ausdruck zu bringen, damit sie beim Entwurf des Bebauungsplanes ohne Schwierigkeit Beachtung finden können.

Für die Behandlung der einzelnen Gebietsteile lassen sich nur allgemeine Anhaltspunkte geben, da die örtlichen Eigentümlichkeiten volle Berücksichtigung erheischen, wenn eine allseitig befriedigende Lösung erzielt werden soll.

*) Für norddeutsche Städte.

Das Viertel für Grofsgewerbe und die störenden Betriebe wird in der Ebene am günstigsten im Nordosten der Stadt seinen Platz finden, weil die vorherrschenden Winde dann die Abgase, den Rufs und feine Staubteile von den Wohngebieten fernhalten.

Weitere Grundbedingungen sind volle Ausdehnungsfreiheit, weil das Aufblühen von Handel und Gewerbe oft einen unerwartet raschen Gang nimmt, und gute Verbindungen sowohl mit den Sitzen des Handels wie mit allen Hauptverkehrsanlagen und Anstalten.

Im Berg- und Hügelland sowie in der Nähe der Küsten bedürfen vielfach die örtlichen Winde (Berg- und Thalwinde, Land- und Seewinde) einer weitergehenden Berücksichtigung bei der Wahl der Lage des Gewerbeviertels als die allgemeinen Winde, da sie entscheidender für das Zustandekommen einer Rauchplage werden können. Die Lage im Thal wie an den Berghängen ist im allgemeinen nicht angezeigt, weil sie zu Rauchschäden Veranlassung gibt, das Abziehen des Rauches und der Abgase erschweren, ja verhindern kann, während die Bedingungen des Verkehrs bei der Thallage sich am ehesten erfüllen lassen. Gut zugängliche Terrassen von geringer Höhe und weiter Ausdehnung pflegen nach allen Richtungen den Vorzug zu verdienen.

Für eine nicht unbeträchtliche Zahl von Gemeinwesen wird die Entscheidung der Frage nicht leicht sein, ob das Errichten eines derart gelegenen Gewerbeviertels überhaupt am Platze ist, nicht die bestehenden Mifsstände hierdurch vergröfsert statt verringert werden, weil gegenwärtig die Betriebe inmitten der Wohngebiete völlig zerstreut liegen oder an verschiedenen Stellen des Stadtrandes Unterkunft gefunden haben, während vielleicht der Nordosten oder ein anderer vollkommen geeigneter Platz noch frei von belästigenden Betrieben ist.

Handelt es sich um ausgedehnte Fabrikviertel, Vororte oder ganze Nachbarstädte, haben besonders günstige Verkehrs- oder Geländeverhältnisse zu dieser Lage die Veranlassung geboten, dann werden Neuerungen in der Regel eine Verbesserung des Bestehenden nicht erzielen lassen. Sind dagegen durch das Verlegen Verkehrsvorteile zu erreichen, bietet die der Windrichtung nach günstige Lage preiswertes Gelände in entsprechender Ausdehnung, dann kann mit dem Errichten eines Grofsgewerbeviertels eine völlige Gesundung von Mifsständen erzielt und zugleich volle Ausdehnungsfreiheit für die übrigen Gebiete der Stadt angebahnt werden, der eine zerstreute Randlage der belästigenden Betriebe arge Hindernisse zu bereiten vermag.

Zum Erreichen dieses Zweckes ist es jedoch erforderlich, das Grofsgewerbeviertel mit allen jenen Einrichtungen und Verkehrsanlagen zu versehen, welche der Industrie Förderung bieten: Güterbahnhöfe und — wo es angeht — Häfen sind hier derart zu errichten, dafs bequeme, billige und sichere Zugänglichkeit von allen Teilen dieses Stadtviertels sich erreichen läfst; Stadtbahnen oder Gürtelbahnen haben den Nahverkehr zu erleichtern; die Strafsennetze sollen in erster Linie den Ansprüchen an Verkehrsadern genügen; Gleisanschlüsse und Nebenkanäle die Verbindungen der einzelnen Grofsbetriebe mit den Hauptverkehrsanstalten herstellen u. dergl.

Unter Umständen wird der frühzeitige Ankauf ausgedehnter Gelände von seiten der Stadt und die Abgabe des Baulandes zu angemessenem Preis eine weitere mächtige Förderung zu bieten vermögen, dafs neu entstehende oder der Vergröfserung bedürftige Grofsbetriebe jenem Viertel sich zuwenden, während die Bau- und Gewerbeordnungen Sorge tragen müssen, dafs hier alle erdenklichen Erleichterungen geboten werden, während in allen übrigen Stadtvierteln erschwerende Bedingungen zu stellen sind, die zugleich die Wohngebiete vor einer nachteiligen Nachbarschaft schützen oder wenigstens die unvermeidlichen Schädlichkeiten auf ein erträgliches Mafs herabführen.

Die Erfahrung hat gelehrt, dafs die mit Glück arbeitenden Grofsbetriebe verhältnismäfsig rasch einer weitgehenden Vergröfserung bedürfen, die bei ihrer Lage innerhalb der Wohnviertel nicht oder nur unter grofsen Opfern angängig ist und selbst in den rasch sich entwickelnden Randgebieten nicht immer oder nicht in vorteilhafter Weise sich ausführen läfst. Dagegen pflegen diejenigen Grofsbetriebe, welche nur unter Kämpfen sich zu erhalten vermögen oder mit geringem Vorteile arbeiten, nicht lange lebensfähig zu bleiben. Da ferner der Wert ihrer Grundstücke zu diesem Zeitpunkte meist ein hoher geworden ist, so pflegen derart gelegene Betriebe günstigen Verkaufsangeboten gern zu folgen, um entweder dann im Gewerbeviertel verbesserte Neuanlagen herzustellen oder ganz einzugehen.

Aus diesen Gründen vergehen nach dem Errichten eines gut angelegten und ausgestatteten Gewerbeviertels meist nur einige Jahrzehnte, bis die Mehrzahl der lästigen gewerblichen Anlagen ihre ursprünglichen Betriebsstätten mit einer solchen im Gewerbeviertel vertauscht hat oder doch verschwunden ist.

Je frühzeitiger die gedachten Mafsnahmen getroffen werden können, um so rascher und vollständiger wird allerdings ihr Erfolg sein; aber selbst im umgekehrten Falle läfst sich oft unerwartet viel erreichen, sobald mit Umsicht und Thatkraft an die Lösung der Aufgabe geschritten wird.

Wo ein sachgemäfs angelegtes Gewerbeviertel fehlt, liegt die Gefahr vor, dafs Betriebe, die eines ausgedehnten Baulandes bedürfen, auf das Land oder in Landstädte verlegt werden und so ihre nutzbringende Wirkung auf andere Gemeinwesen übertragen.

Im Gewerbeviertel sind besonders grofse und tiefe Blockanlagen im allgemeinen ein Erfordernis, doch tritt nach dieser Richtung ein beträchtlicher Wechsel auf. Der richtigste Weg dürfte sein, von vornherein nur die Hauptstrafsenzüge festzulegen, mit dem Planen im übrigen aber dem Bedürfnis zu folgen, nicht dieses zum Anpassen zu zwingen.

Für die stets breit zu wählenden Strafsen dieses Viertels verdient es den Vorzug, den Fufsweg in die Mitte zu legen und mit Radfahrwegen zu beseiten, diesen ganzen Mittelteil aber mit Baumreihen derart zu versehen, dafs ausreichender Schatten für alle drei Wege geboten wird. Da die Mehrzahl aller in Betracht kommenden Gewerbebetriebe im Sommer hohe, vielfach unerträglich hohe Wärmegrade in ihren Werkstätten aufweist, so ist es geboten, den Beschäftigten wenigstens einen schattigen Heimweg und Zugang (für die Mittagspause) zu sichern. Diese Lage des Fufsweges hat den Vorzug, dafs der Lastverkehr von und zu den einzelnen Werken unmittelbar erfolgen kann, während die

Radfahrer und die Fufsgänger durch Gleisbahn- und Wagenverkehr nicht behelligt werden. Wasserstrafsen und Gleisbahnen gehen am besten durch die Mitte der Baublöcke, damit jedes Werk eine kleine Hafenanlage erhalten kann, durch Winden, Hebewerke und dergl. der Verkehr mit dem Wasser unmittelbar aus den Gebäuden stattzufinden vermag, oder Gleisanschlüsse ohne jede Verkehrsstörung im Betrieb erhalten werden können und thunlichst kurz ausfallen.

Das **Geschäftsleben** (Handel und Kleingewerbe) pflegt inmitten der Altstadt seinen Sitz genommen zu haben und von hier aus allmählich in die neueren Stadtteile vorzudringen, indem es zunächst den Hauptverkehrsstrafsen folgt. Sämtliche von ihm in Anspruch genommene Stadtteile und Strafsenzüge nebst den von letzteren berührten Baublöcken sind im Stadtbauplan sowohl wie in der Bauordnung als **Geschäftsviertel** gesondert zu behandeln. Denn dieser Stadtteil bedarf einer weitgehenden Rücksichtnahme im wirtschaftlichen Sinne, während die gesundheitlichen Ansprüche in ihm zurücktreten.

Handel und Gewerbe müssen volle Entwickelungsfreiheit erhalten, denn ihr Blühen nur gibt den Gemeinwesen die Mittel, die gewaltigen Aufwendungen zu bestreiten, welche heute von ihnen im Sinne der Volksgesundheit gefordert werden. Eine Ausnahme hiervon bilden nur die Bade-, Luftkur- und Sommerfrischorte, deren wirtschaftlicher Lebensnerv in der Reinerhaltung der Luft und des Wassers, im Fernhalten von Geräusch und anderen Störungen beruht.

Im Geschäftsviertel dienen höchstens die Obergeschosse Wohnzwecken; nur für sie sind daher jene Anforderungen an Lichteinfall und Lüftung zu stellen, welche in den Wohngebieten für sämtliche Geschosse als Erfordernis sich erwiesen haben. Die grofsen Glasflächen, welche für die Hauptgeschäftsräume in Anwendung kommen, nutzen ferner das Tageslicht wesentlich stärker aus als die in Wohnräumen übliche Fensteranordnung, und es liegt im Sinne des Geschäftslebens, dafs für ausreichende Helligkeit derjenigen Räume Sorge getragen wird, welche zu dauerndem Aufenthalt der in ihnen Beschäftigten dienen. Nur auf diese (Kontore, Werkstätten und dergl.) hat daher die öffentliche Fürsorge sich zu erstrecken, nicht oder weniger auf die Lagerräume, Schauläden u. s. w.

Den Geschäftsstrafsen gebührt daher nicht nur im Innengebiet der Städte eine Ausnahmestellung, sondern auch in den Aufsengebieten. Es empfiehlt sich meines Erachtens sogar, in diesen von vornherein die Verkehrsadern als solche vorzusehen, so zwar, dafs sämtliche von ihnen begrenzte Baublöcke dem Geschäftsviertel zugerechnet werden. Ihnen sind dann entsprechend grofse Ausmafse zu geben. Die hier gebotenen Erleichterungen und die für Geschäftshäuser aller Art notwendige grofse Tiefe der Grundstücke geben dann Anregung, dafs diese hier ihren Platz finden und den eigentlichen Wohnblöcken nur solche Geschäfte verbleiben, welche Unruhe oder andere Belästigungen nicht verbreiten.

Als Bauweise für die Geschäftsstrafsen und Blöcke kann aus wirtschaftlichen und gesundheitlichen Gründen ausschliefslich die geschlossene in Betracht kommen; auch in ästhetischer Hinsicht wird sie den Vorzug verdienen.

An den Geschäftsstrafsen ist jeder Zoll Gebäudefront von hohem Wert für die Schauladenausnutzung, und Unterbrechungen in der Zeile der letzteren sind von Übel, weil sie abschwächend auf die Schaulust und damit auf die Kauflust wirken.

Die geschlossene Umbauung des ganzen Geschäftshausblocks hat ferner für die Nachbarschaft den grofsen Nutzen, dafs lärmendes Getöse oder etwa dort erzeugter Staub aus ihm nicht hervorzudringen vermag. Zum Vorteil der nahe gelegenen Wohngebiete würde daher ein Verbot der offenen Bauweise begründeter sein als deren Forderung, während für den Tageslichteinfall und die Lüftung der Aufenthaltsräume in den Geschäftshäusern im geschlossen umbauten Block ebenso wohl Sorge getragen werden kann als im offen gehaltenen.

In ästhetischer Beziehung gilt in der Regel das gleiche. Der Einblick in die Höfe des Geschäftsviertels dürfte weit häufiger häfsliche als erfreuliche Eindrücke hervorrufen, so dafs die Vorteile wohl mindestens wett gemacht werden, welche durch die räumliche Trennung für den Aufbau jedes einzelnen Hauses sich erreichen lassen.

Der rasche Pulsschlag des Geschäftslebens der Grofsstadt in seiner reizvollen Eigenart findet ferner seinen künstlerischen Ausdruck weit eher in der dicht geschlossenen, jeden Zoll ausnutzenden Häuserzeile als in den durch regelmäfsige Wiche unterbrochenen Strafsenzügen, und es wirkt entschieden vorteilhafter, wenn dort, wo der Raum hierzu sich bietet, breite Steinpfeiler den beiderseitigen Grenzabschlufs der Gebäude bilden, als wenn der durch Wichhergabe verzettelte Raum durch die Anwendung übermäfsig schmaler, künstlich verstärkter Pfeiler wieder eingespart werden mufs.

Zur vollen Erzielung des angestrebten Zweckes der Geschäftsstrafsen-Sonderstellung ist es notwendig, die Verkehrsadern derart in den Wohnvierteln zu verteilen, dafs die Geschäfte den Käufern nicht zu fern liegen.

Da die Hauptverkehrsstrafsen bereits gegeben zu sein pflegen, wenn die endgültige Durcharbeitung des Stadtbauplanes erfolgt, so wird der Entwerfende zunächst Verbindungslinien dieser zu schaffen haben, welche dann als Verkehrsstrafsen, d. i. Geschäftsstrafsen, zu betrachten und zu behandeln sein würden, während die zwischen ihnen auszubildenden weiteren Strafsennetze als Wohnstrafsen aufzufassen sind.

Die Geschäftsstrafsen bedürfen einer den örtlichen Verhältnissen angemessenen Breite, damit dem Wagen- oder Fufsgängerverkehr nicht Hindernisse erwachsen, aber die Entfernung der Gebäude voneinander soll thunlichst so gering bleiben, dafs die beiderseitigen Schauläden voll zur Geltung gelangen. Ferner mufs es als ein Haupterfordernis betrachtet werden, dafs auch in den Mittagsstunden des Hochsommers die Fufsgänger Schatten in diesen Strafsen finden und dafs möglichst lange Kühle in ihnen erhalten bleibt. Sie dürfen daher nicht nach Süden offen liegen, die Haushöhe soll der Strafsenbreite mindestens gleich sein, und es mufs von Vorgärten in ihnen selbst dann Abstand genommen werden, wenn sie anfangs Wohnzwecken dienen. Es ist ferner geraten, diesen Strafsenzügen nicht eine gerade Richtung zu geben, sondern sie in gebrochener Linie oder in Kurven zu führen, wodurch sowohl den eben genannten Ansprüchen gedient wird, wie den ästhetischen und den wirtschaftlichen. Denn die Krümmungen bieten Gelegenheit zur Ausbildung wirkungsvoller Strafsenbilder und lassen zugleich die Schauläden weit mehr zur Geltung gelangen, als es in schnurgeraden Strafsen möglich ist. Bei sachgemäfser, dem Gelände folgender Führung der Kurven wird es ferner stets gelingen, den an sie stofsenden Grundstücken eine zweckdienliche Gestalt zu geben oder zu erhalten.

Die **Landhausviertel** haben den Zweck, dem Wohnbedürfnis der wohlhabenden Bevölkerung zu dienen. Je nach den Lebensgewohnheiten derselben, den Geländeformen und den klimatischen Verhältnissen mufs ihre Einteilung und Ausbildung örtlich wechseln. Die durchaus einseitige, rein schematische Auffassung, welche diese Gebiete während des letzten Jahrzehnts erfahren haben, ist zu tadeln. Wahrer Reiz, echte Kunst ist auch hier nur durch Erfüllung vollster Zweckmäfsigkeit zu erreichen, und sie verlangt an dieser Stelle mehr als anderswo Wechsel.

Die offene Bauweise wird für die Landhausviertel die Regel bilden, aber sie ist durchaus nicht die allein zum Ziel führende, und sie darf nirgends die Bildung von Gebäudegruppen künstlerischen Gepräges verhindern. Für Gebäude von kleinem oder mäfsigem Umfang kann malerischer Reiz fast ausschliefslich durch Gruppenbildung erzielt werden. Namentlich in bergiger Gegend oder im Hügelland entstehen geradezu trostlose Anlagen durch die hygienisch völlig zwecklose Forderung der Freilage jedes einzelnen Hauses. Verstärkt wird diese Öde durch das gesundheitlich ungerechtfertigte und wirtschaftlich ungerechte Verlangen, dafs die Gebäudewiche ein ganz bestimmtes Mafs, z. B. 5 m oder 8 m, betragen müssen. Der Wich kann nur dann gesundheitlich befriedigende Zustände herbeiführen, wenn seine Breite in volle Abhängigkeit gesetzt wird zur Höhe und Tiefe der Gebäude, welche ihn bilden. Nur in diesem Falle wird der Lichteinfall für die nach dem Wich sehenden Aufenthaltsräume ein angemessener. In der Breite des Wichs sind ferner wesentliche Unterschiede einzuhalten, je nachdem Aufenthaltsräume von ihm Luft und Licht empfangen oder ausschliefslich Nebenräume.

Die gesundheitlich richtige Durchführung dieser verschiedenartigen Ansprüche gibt zugleich die Veranlassung zu einem reichen Wechsel in der Wichbreite, in der Höhe und Tiefe der Gebäude sowie in der Gebäudelage zur Mitte des Grundstücks und bietet dadurch Anregung zur Entfaltung künstlerischen Reizes: Mancher wird es vorziehen, sein Grundstück mehr in der Breite auszunutzen als in der Tiefe und Höhe, andere das Umgekehrte; kleine Gebäude werden unter solchen Forderungen ebenso wohl eine wirtschaftlich angemessene Ausnutzung des Geländes zulassen wie solche von bedeutendem Umfang; man wird ringsum freiliegende Häuser aus der Mitte des Grundstücks rücken, indem man die ausschliefslich Nebenräumen Licht zuführende Seite der Nachbargrenze nähert, um für die Aufenthaltsräume der gegenüberliegenden Seite nicht nur einen reichen Lichteinfall, sondern auch reizvolle Gartenlage zu gewinnen u. s. f.

Die Forderung einer gleichmäfsigen, im voraus bestimmten Wichbreite (z. B. 8 m) mufs dagegen aus wirtschaftlichen Rücksichten zu einer vollständigen Gleichförmigkeit führen. Die Mehrzahl der Ansiedler wird trachten, die Grundstücke so weit auszunutzen, wie es die Bauordnung zuläfst: gleiche Wichbreiten, gleiche Höhe, gleiche Tiefe, unter Umständen sogar gleiche Breite der Gebäude ist die Folge. Wie soll da künstlerischer Reiz des Strafsenbildes, grofse oder fesselnde Wirkung der Gesamtanlage entstehen? Der letzteren ist der Fluch eines Schemas aufgedrückt, unter dem sie selbst dann verkümmert, wenn tüchtige oder bedeutende Architekten die einzelnen Häuser durchbilden. Also wozu dieser Zwang? Hygienisch falsch, ästhetisch ein Greuel!

Ein ähnliches Hindernis malerischer Entfaltung der offen bebauten Teile des Landhausviertels bildet der zwar im Gesetz nicht enthaltene, aber vielerorts üblich gewordene Zwang der Einhaltung von Strafsenfluchtlinien oder ihrer Parallelen. Der hygienische Zweck, den sie bei geschlossener

Bauart zu erfüllen hat, eine ausreichende Tageslichtzuführung zu den Aufenthaltsräumen, läſst sich hier durch andere Mittel in gleich guter Weise erzielen, der ästhetische Zweck fällt fort.*)

Ein Zwang, der zwecklos ist, hat aber stets nur Nachteile im Gefolge, während eine gewisse Freiheit Veranlassung gibt, verschiedenartige Lösungen der gleichen Aufgabe zu suchen und damit einen stets erfreulichen Wechsel im Stadtbilde zu schaffen.

Um von vornherein des malerischen Reizes der offen bebauten Teile des Landhausviertels sicher zu sein, empfiehlt es sich, sämtliche Straſsenzüge in kraftvollen Kurven zu führen, ähnlich den Wegen eines Parks.

Die dadurch entstehende vielfältige Form der einzelnen Grundstücke wird feinfühligen Architekten Anregung zur eigenartigen Gestaltung der Gebäude und Gebäudegruppen geben, die zur Belebung des an sich bunten Bildes in erfreulicher Weise beizutragen vermögen.

Es bietet diese Anordnung den weiteren Vorzug, daſs Grundstücke von stark wechselndem Umfang entstehen, wodurch die — auch unter den Wohlhabenden — sehr verschiedenartigen Ansprüche an die Gröſse und Art des Wohnsitzes sich erfüllen lassen.

Der einzeln wohl erhobene Einwand, daſs eine derartige Straſsenform die Ansprüche an die richtige Lage der Gebäude zu den Himmelsgegenden unerfüllt lasse, ist hinfällig: Bei einem rings freiliegenden Gebäude oder einer malerisch angeordneten Gebäudegruppe ist es Sache des Architekten, nicht aber die des Städteerbauers, den Anforderungen dieser Art gerecht zu werden. Das Streben nach richtiger Himmelslage der verschiedenen Aufenthalts- und Nebenräume wird nur Veranlassung zu neuem

---

*) Es genügt die Forderung, daſs im Landhausviertel jedem zu dauerndem Aufenthalt dienenden Raume ein bestimmter Lichteinfallswinkel gesichert werden muſs und daſs kein Punkt des Gebäudes der Straſsenflucht sich auf mehr als ein örtlich wünschenswertes Maſs (die Vorgartenbreite) nähern darf. Je nach den klimatischen Verhältnissen des Ortes wird der Lichteinfallswinkel zwischen 40° und 30° zu wählen sein.

Reiz geben können, wenn die einzelnen Grundstücke eine mehr oder weniger stark wechselnde Himmelsrichtung aufweisen. Auch wird es möglich sein, den persönlichen Anschauungen der künftigen Hausbesitzer über die Vorzüge dieser oder jener Himmelslage für die einzelnen Räume gerecht zu werden.

Die geschlossene Bauweise für Landhausviertel ein für allemal auszuschliefsen, ist ebenfalls falsch, wenigstens sollte sie für Einfamilienhäuser dann gestattet sein, wenn dieses der Gepflogenheit des Ortes entspricht, oder für die betreffenden Teile der Landhausviertel öffentliche Rücksichten nicht oder doch weniger in Betracht kommen als das Wohl der einzelnen.

Ein mit Einfamilienhäusern rings geschlossen umbauter, innen aber völlig freier, durch Gärten eingenommener Block bietet für das Wohnen Vorzüge bedeutsamer Art, die von denen entbehrt werden würden, welche sie kennen und schätzen gelernt haben, und er bietet Gelegenheit, eine an sich ideale Wohnform mit mäfsigem Kostenaufwande bereits erreichen zu können.

Was helfen den Städten die reizvollsten Landhausviertel, wenn nur eine ganz geringe Anzahl vom Glück besonders begünstigter Bürger in ihnen sich anzusiedeln vermögen? Weit richtiger dürfte es doch sein, diesem leider nur kleinen, der völlig offenen Bauweise dienenden Gelände in richtiger Weise ein gröfseres anzuschmiegen, welches einem schon wesentlich breiteren Teile der Bevölkerung die Ansiedlung im Eigenheim ermöglicht.

Dagegen sollte für Häuser mit Stockwerkswohnungen die offene Bauweise vorgeschrieben und die Zahl der Wohngeschosse auf drei beschränkt werden, falls die örtlichen Gepflogenheiten für ihre Zulässigkeit im Landhausviertel sprechen.

Auch diese Wohnform bietet Vorzüge: ein etwas gröfserer Teil der Bevölkerung vermag im Landhausviertel sich anzusiedeln, sie trägt bei zum Wechsel in der äufseren Gestaltung des Landhausviertels, und die Lage der gesamten Wohnung in einer Ebene wird von der Mehrzahl aller Deutschen als eine grofse Annehmlichkeit empfunden, für welche manche die allgemeinen Nachteile des Zinshauses willig in Kauf nehmen. Die Lage einer gewissen Zahl von Zinshäusern im Landhausviertel erscheint daher überall gerechtfertigt, wo die wohlhabendere Bevölkerung nicht gewohnt ist, im Einfamilienhause sich anzusiedeln.

Um der Grundstückverteuerung im Landhausviertel entgegenzuwirken, ist es jedoch vorteilhaft, die Gebiete für diese drei verschiedenen Wohnformen so weit zu trennen, dafs eine gesonderte Behandlung durch die Bauordnung angängig erscheint, oder bestimmte Strafsenzüge von vornherein für die eine oder die andere Bauart festzulegen.

Für die völlig offen bebauten Teile der Landhausviertel sollten alle Geländeabschnitte vorbehalten werden, welche besonderen landschaftlichen Reiz bieten, oder als gegebene Zugangswege aus der Stadt in die freie Natur zu betrachten sind. Waldungen, gröfsere Parkanlagen und Flufsufer sind mit ihnen zu besäumen, Bergeshöhen nur für sie freizugeben u. s. w. Es ist aber durchaus nicht notwendig, dafs ein Landhausviertel ein geschlossenes Ganzes bildet, sondern es können bestimmte Strafsenzüge samt den von ihnen berührten Baublöcken als dem Landhausviertel zugehörig erklärt werden. Für manche Geländeabschnitte wird es dagegen von Nutzen sein, vollständig jenem Viertel anzugehören, weil es nur in diesem Falle möglich ist, von der Natur gebotene Vorzüge vollkommen zu nutzen und dauernd zu erhalten. Ferner ist es geraten, Geschäftsstrafsen im Landhausviertel ganz fortzulassen oder ihre Zahl gering zu wählen und sie derart zu führen, dafs sie den Reiz dieser Stadtteile nicht beeinträchtigen. Ebenso ist es notwendig, das Gewerbeviertel von diesen Gebieten durch breite Geländeteile zu trennen, deren Ausnutzung weiter unten dargelegt werden soll.

Die befestigten Strafsenteile der Landhausviertel dürfen nicht breiter gewählt werden, als der in ihnen zu erwartende Verkehr es verlangt, wenn auch vorbehalten werden kann, eine gewisse Breite der Vorgärten in die Strafse einzubeziehen, sobald ein steigender Verkehr dieses erfordert. Eine übermäfsige Breite erhöht nur die Kosten der Strafsenbefestigung, Unterhaltung und Sauberhaltung sowie die Staubbildung, während sie die Vorgartentiefe und dadurch deren ästhetische Wirkung vermindert.

Die verkehrsreichen, beiderseits bebauten Strafsenzüge des Landhausviertels, z. B. die von der Stadt ins Freie führenden Wege, sollten einen mit Baumreihen besetzten breiten Kiesweg erhalten, der durch Radfahrwege beseitet wird. Die Vorgärten rauben den Schatten, infolgedessen ist die gedachte Anlage für lebhaften Sommerverkehr ein dringendes Bedürfnis. Wo die Strafsenbreite sie nicht zuläfst, z. B. durch Geländeverhältnisse eingeschränkt oder eng begrenzt ist, sollten am Rande der Bürgersteige Baumreihen angelegt werden, die dem gleichen Zwecke dienen.

An den nur einseitig bebauten Strafsenzügen der Berglehnen weist die Vorgartenanlage in der Regel überhaupt mehr Nachteile als Vorzüge auf. Eine Notwendigkeit bilden die Vorgärten hier nicht, da der Lichteinfall durch nichts behindert wird. Die Schönheit der Vorgärten wird zumeist durch das Erfordernis der Futtermauern stark beeinträchtigt, die Hausanlage und mehr noch die Strafsenanlage werden verteuert, die Zugänglichkeit des Hauses wird erschwert, sobald man Vorgärten anlegt, während das Auge bergabwärts gerichtet zu sein pflegt und hier in den Hintergärten der Landhäuser ausreichende Augenweide findet. Zum Fernhalten eines kahlen, nüchternen, der Natur fremden Eindrucks reicht es vollständig aus, wenn ganz schmale Beete vor den Gebäuden angelegt werden, aus denen Kletterpflanzen an den Untergeschossen sich emporranken, um oben an Altanen, in Lauben oder Säulenhallen ihren Abschlufs zu finden, falls man nicht gewillt ist, das ganze Gebäude mit dem Rankenwerk sich umspinnen zu lassen.

Für die geschlossen zu umbauenden Blöcke sind regelmäfsige Formen mehr am Platze als für die offen zu haltenden, aber sie bilden kein Erfordernis. Keinesfalls bedarf man ausschliefslich genau rechtwinkliger Blöcke: sanfte Kurvenführung der für sie dienenden Strafsenzüge ist daher angängig, ästhetisch ein Bedürfnis. Auch ergeben bei richtiger Anordnung derart gestaltete Strafsenzüge stets eine günstigere Form der Grundstücke als die Diagonalstrafsen und besonders die sternförmig verlaufenden Strafsenzüge, welche neuerdings so stark in Aufnahme gekommen sind. Sie können für Bahnhöfe und andere Verkehrscentren ein Erfordernis werden oder Vorzüge bieten. Eine gute Baulandausnutzung und Grundstückform ergeben sie in der Regel nicht; ihre Anwendung sollte daher eine beschränkte sein und mit Vorsicht erfolgen.

Stets empfiehlt es sich, den Blöcken eine langgestreckte Form zu geben, um die Grundstücke nicht unnötig mit Strafsenkosten zu belasten, und selbst dort eine genügende Ausdehnung des Blockinnern zu erzielen, wo die Tiefe der Einzelgrundstücke bescheiden gewählt werden mufs. Die Langseiten der Blöcke sollen dann derart gestellt werden, dafs sie nach den günstigeren Himmelsrichtungen blicken, die Schmalseiten nach den weniger günstigen.

Die Blocktiefen müssen unter allen Umständen einen gewissen Wechsel aufweisen, um sowohl bescheidenen wie hohen Ansprüchen an die Tiefe der Gebäude und der Gärten gerecht werden zu können. Als geringste Blocktiefe einschliefslich der Vorgärten ist eine solche von 50 m anzusehen, während eine Tiefe von 100 m in Grofsstädten in der Regel nicht überschritten zu werden braucht. Mafse von 60 m bis 80 m dürften die am meisten begehrten sein.

Nur in solchen Städten (z. B. in Bremen), wo die geschlossene Bauart der Einfamilienhäuser die Regel bildet, also auch das vornehme Haus unter ihnen sich befindet, wird man einer gewissen Zahl von Blöcken mit besonders grofser Tiefe bedürfen. Sowohl die Tiefe des vornehmen Eigenhauses wie die der Gärten mufs dann hohen Anforderungen zu genügen vermögen. Die besonders günstig gelegenen Blöcke werden daher dort Tiefen von 120 bis 150 m und mehr erhalten dürfen. In solchen Städten wird die Gefahr des Entstehens von Hintergebäuden im Blockinnern kaum je auftreten, Vorsicht nach dieser Richtung daher nicht als Erfordernis betrachtet werden können.

Die örtlich stärksten Abweichungen zeigen die Ansprüche, welche der Mittelstand (im wirtschaftlichen Sinne) an seine Wohnungen stellt. Die seiner Ansiedlung dienenden Gebiete sollen hier als **„Wohnhausviertel“** bezeichnet werden. An die Zahl der Aufenthaltsräume dieser Wohnungen werden in Norddeutschland ziemlich allgemein höhere Anforderungen gestellt als in Süddeutschland, während die Ansprüche an die Ausdehnung des Gartens in kleineren Städten höher zu sein pflegen als in Mittelstädten und Grofsstädten.

In der weitaus gröfsten Zahl der Städte wird man in diesem Viertel Wohnungen von 4, 5 und 6 Zimmern zu schaffen haben; in einzelnen Städten mit besonders hohen Mietpreisen, z. B. in Wien, bilden die Wohnungen von 3 und 4 Zimmern die Regel, in solchen mit niederen Mietpreisen, z. B. in Hannover, steigt die Zimmerzahl bis zu 8 und geht selten unter 5 herab; Wohnungen von 3 und selbst die von 4 Zimmern rechnen hier bereits zu den Kleinwohnungen und weisen eine dementsprechende Ausstattung auf. Auch die Ausmafse der einzelnen Zimmer, die Zahl, Gröfse und Ausstattung der Nebenräume sowie die Höhe der Geschosse sind einem ähnlichen Wechsel unterworfen. Infolgedessen mufs das Ausmafs der diesen Wohnungen dienenden Baublöcke in ziemlich weiten Grenzen schwanken. Stets ist es aber notwendig, dafs in jedem einzelnen Orte nach dieser Richtung eine entsprechende Vielseitigkeit herrsche, um den Vorteil des offenen Blockinnern ohne eine Wohnungsverteuerung erreichen zu können.

Die hohen Kosten der Strafsenanlage, Unterhaltung u. s. w. weisen auf eine angemessene Tiefenausnutzung der Grundstücke in diesem Viertel hin. Die Aufgabe des Architekten wird daher gegenwärtig bereits und mehr noch in Zukunft dahin zu stellen sein, dafs in Gebäuden mit verhältnismäfsig schmaler Front geräumige Wohnungen erzielt werden, ohne Einbufse an Tageslichtfülle für die Aufenthalts- oder Nebenräume in Kauf nehmen zu müssen. Es wird daher die geschlossene Bauweise die Regel zu bilden haben, und es werden Gebäudetiefen von 20 m bis 25 m und selbst 30 m für die Blocktiefen in Anrechnung zu bringen sein (vergl die Grundrisse im Abschnitt XI).

Für Stockwerkswohnungen mit drei bis vier Wohngeschossen ergeben sich daher Blocktiefen von 70 m bis 100 m als angemessen, wenn man annimmt, dafs Vorgärten von 5 m beiderseits frei gelassen werden sollen und dafs das als Hausgärten auszubildende Blockinnere die anderthalbfache Höhe der Gebäude als Tiefe erhalten soll.]

Für Einfamilienhäuser können die Blocktiefen etwa 10 m geringer angenommen, also mit 60 m bis 90 m bemessen werden, falls am betreffenden Ort nicht höhere Ansprüche an die Tiefe der Vor- und Hausgärten gestellt werden, als hier zu Grunde gelegt wurden. Für bescheidene Eigenheime reichen bereits Blocktiefen von 40 m bis 50 m aus, wenn sowohl für die Gesamtstrafsenbreite (nebst Vorgärten) wie für die Tiefe des freien Blockinnern die anderthalbfache Haushöhe gewählt wird. Bei der Annahme einer Blocktiefe von nur 40 m fallen aber die Hausgärten bereits recht klein aus, und es wachsen die Strafsenkosten im Verhältnis zum Werte der zwischen den Strafsen verbleibenden Grundstücke selbst dann stark, wenn man die Breite der befestigten Fahrbahn und Bürgersteige auf das Mindestmafs bringt (zusammen 7 m) und Kleinpflaster oder eine andere billige Befestigungsart für sie gewählt wird. Denn die Kosten der Leitungsnetze, der Beleuchtung und Überwachung der Strafsen lassen sich nicht oder keinesfalls wesentlich herabsetzen. Es empfiehlt sich daher nicht, unter das Durchschnittsmafs der Blöcke von 50 m wesentlich herabzugehen.

Zum Errichten von **Kleinwohnungen** eignen sich ausschliefslich Gebäude von geringer Tiefe (10 m bis 13 m) wirklich gut; auch die Blocktiefen müssen daher geringe Ausmafse erhalten, falls die Anlage von Quer- und Rückgebäuden hintangehalten werden soll. Je nachdem die Anwendung von drei, vier oder fünf Wohngeschossen in dem betreffenden Gebiete üblich oder gestattet ist, bedarf man Blocktiefen von 38 m bis 50 m (ohne Vorgärten), um einen gleich günstigen Lichteinfallswinkel zu erhalten, wie er bisher angenommen wurde. Da das Ausmafs des befestigten Teils der Strafsenbreite stets auf das mindeste zu bemessen ist, so bedarf man unter jener Annahme ziemlich bedeutender Vorgartentiefen; sie würden zwischen 5 m und 9 m sich zu bewegen haben, die Gesamtblocktiefen also 48 m bis 68 m zu wählen sein. In den Aufsengebieten der Grofsstädte dürften diese Ausmafse bereits vielfach zu wirtschaftlichen Schwierigkeiten führen oder zur Anlage von Rückgebäuden Veranlassung geben können. Wo das Klima eine günstige Lichtfülle bietet (z. B. in ganz Süddeutschland), wird man daher mit bescheideneren Ausmafsen der Gesamtstrafsenbreite und des freien Blockinnern sich begnügen müssen. Legt man die fünfviertelfache Höhe der Gebäude als ihr Durchschnittsmafs zu Grunde, dann ergeben sich Gesamtblocktiefen von 45 m bis 60 m, begnügt man sich mit einem Lichteinfallswinkel von 45° zum Fufspunkte der Gebäude, dann reichen solche von 40 m bis 55 m einschliefslich der Vorgärten aus.

Wo Baugenossenschaften oder andere Körperschaften (z. B. Stadtverwaltungen) das Errichten von Kleinwohnungen im gröfseren Mafsstabe betreiben, empfiehlt es sich dagegen, den Baublöcken ganz wesentlich gröfsere Ausmafse zu geben, um das gewonnene Bauland in ein günstigeres Verhältnis zu den Strafsenkosten zu setzen und die Blöcke dann sachgemäfs zu unterteilen.

Denn derart geringe Blocktiefen haben zur Folge, dafs die Zahl der Strafsen wächst und mit ihr deren Gesamtkosten wie die für sie erforderliche Landhergabe.

Jene Unterteilung gröfserer und grofser Baublöcke kann in sehr verschiedener Art erfolgen, stets aber ist es notwendig, ganz bestimmte Formen für sie vorzusehen, von denen nachträglich nicht abgewichen werden darf.

Die einfachste Art der Unterteilung bildet die Anlage von in Reihen gestellten Hintergebäuden. Hierbei kommen hauptsächlich zwei Grundformen in Betracht, die in Abbildung 19 und 20 wiedergegeben sind.

Im einen Falle (Fig. 19) erhalten die Hinterhäuser annähernd die gleiche Tiefe wie die Vordergebäude, und es bleibt zwischen ihren rückwärtigen Fluchten ein zum Lichtspenden geeigneter zusammenhängender Hof oder Garten. Im anderen Falle (Fig. 20) berühren sich die Hinterhäuser mit ihrer Rückfront, treten also beiderseits bis zur Grundstückgrenze heran, so dafs sie nur an ihrer Vorderfront Fenster erhalten. Es entstehen in dem ersteren Falle Blöcke von etwa 80 m bis 95 m Tiefe, im anderen von 60 m bis 75 m Tiefe, wobei die Vorgärten noch aufser Berechnung geblieben sind.

Die an den Schmalseiten der Blöcke befindlichen Gebäude bleiben am besten ohne Hinterhäuser, falls ihre Grundstücke nicht eine besonders grofse

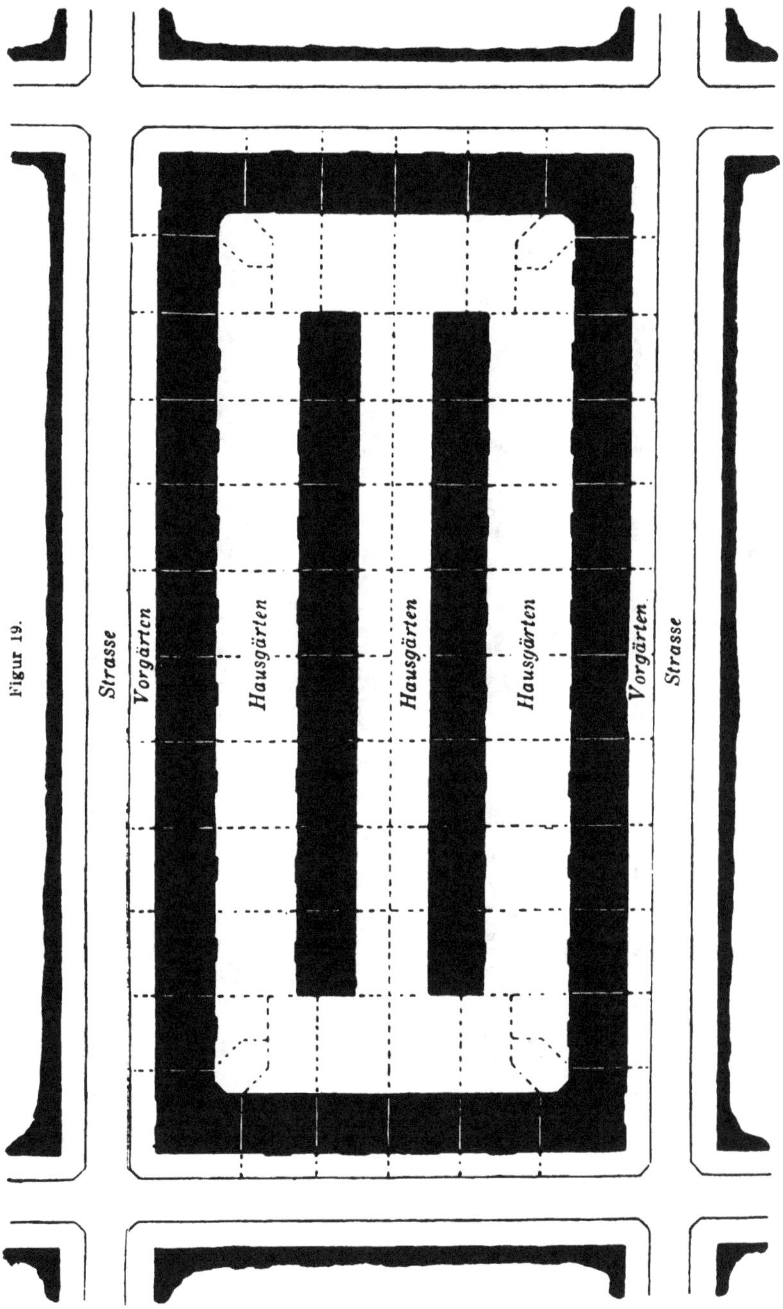

Figur 19.

Baublock für Kleinwohnungen mit Hinterhäusern.

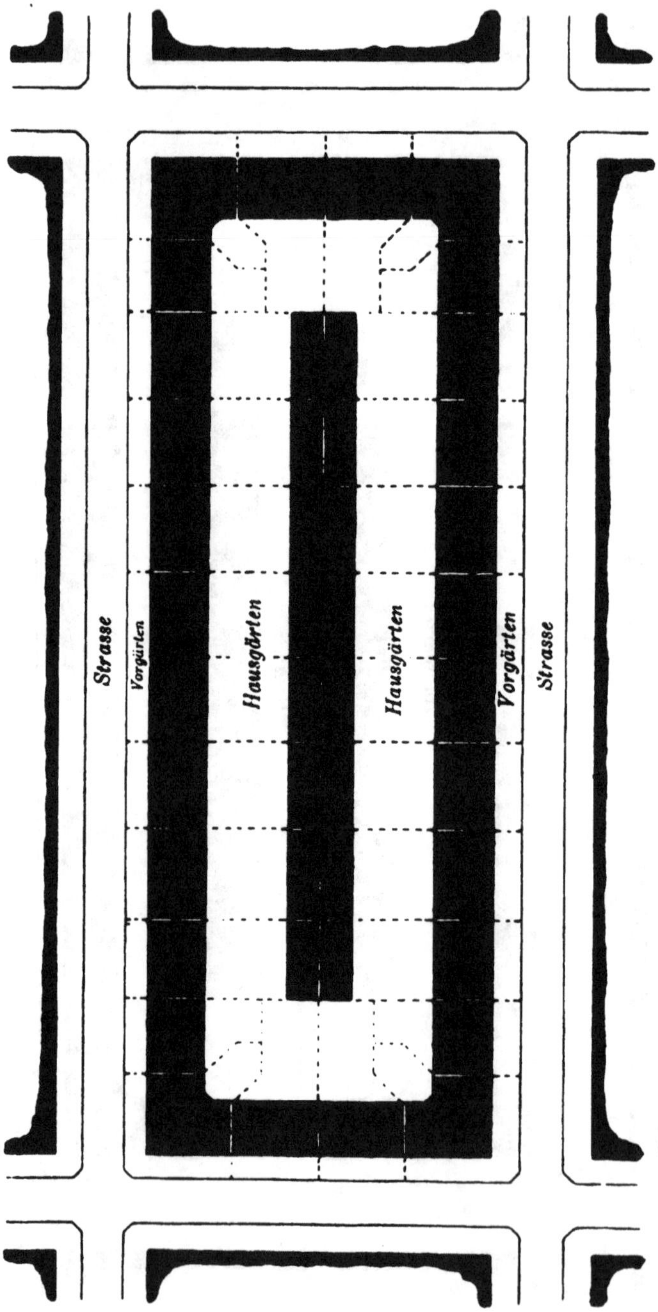

Figur 20.

Baublock für Kleinwohnungen mit Hinterhäusern.

Tiefe besitzen. Stets sollten die Höfe oder Gärten untereinander freie Verbindung erhalten, wodurch die Luftbewegung in ihnen erhöht wird. Bei der Hofbemessung ist angenommen, daſs die Hinterhäuser keinesfalls mehr als vier Wohngeschosse erhalten.

Baublock für Kleinwohnungen.

Figur 21.

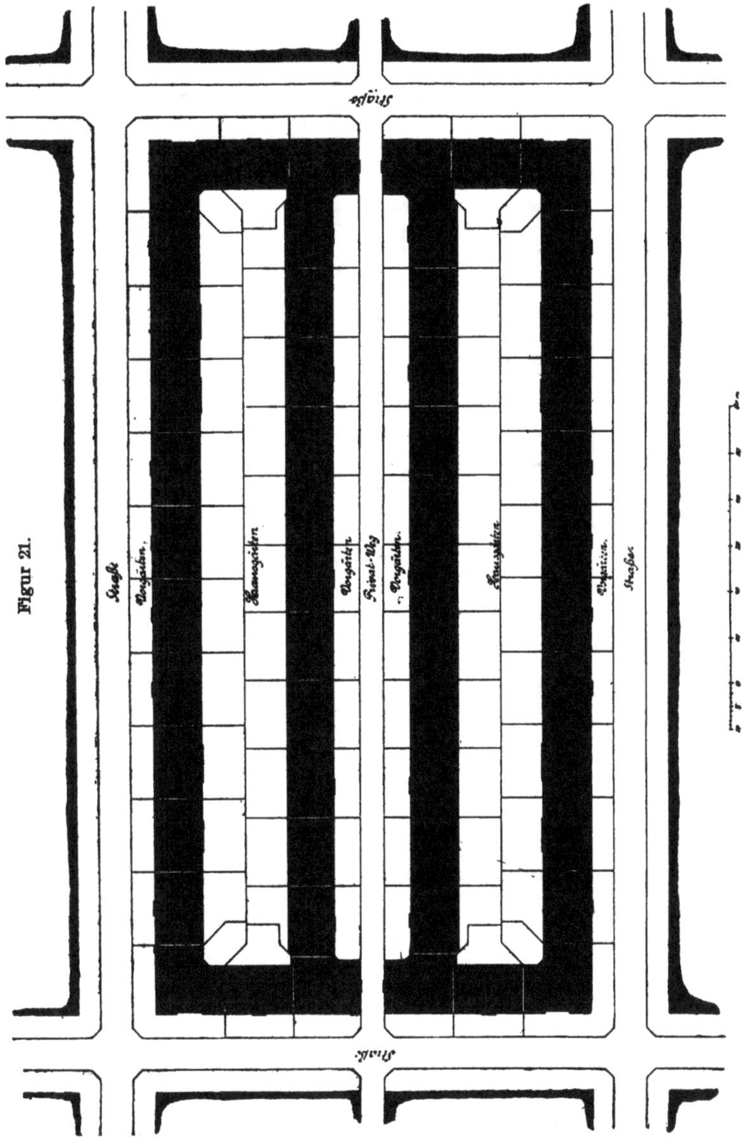

In manchen Fällen wird es sich empfehlen, die Hintergebäude durch einen Privatweg zu erschlieſsen. In den Abbildungen 21 bis 23 ist eine derartige Blockausbildung zur Darstellung gebracht.

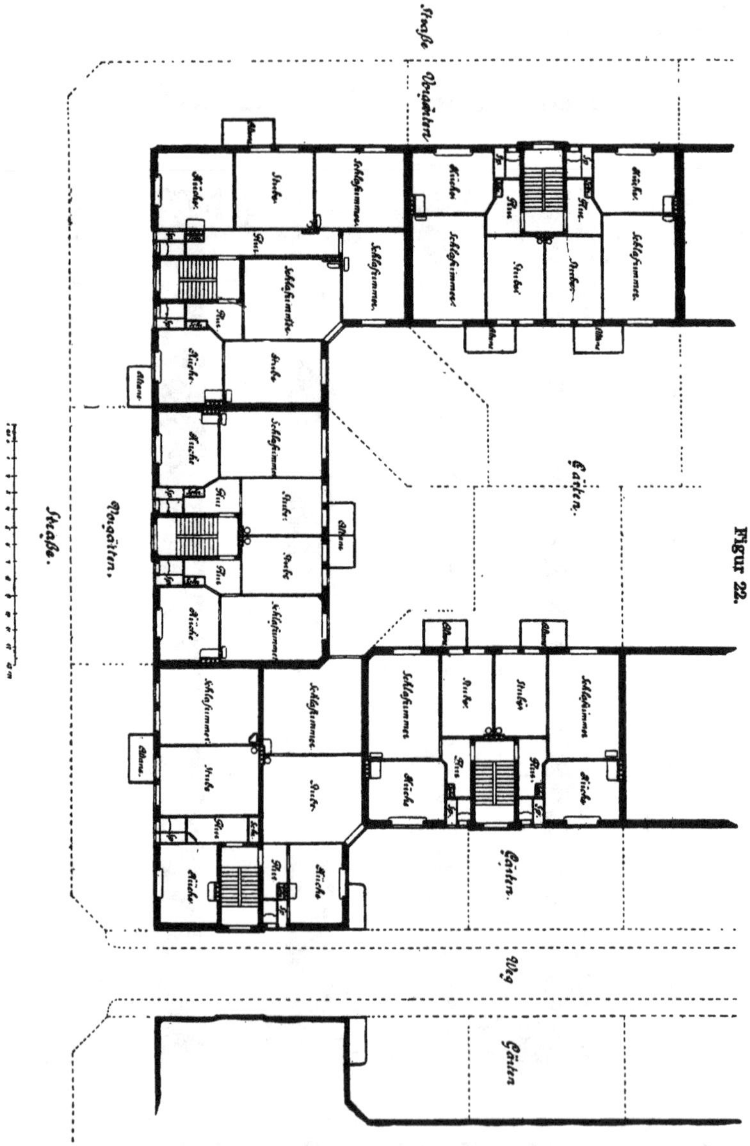

Baublock für Kleinwohnungen.

Figur 22.

Abbildung 21 zeigt einen Block von rund 100 m Tiefe und 200 m Länge, durch dessen Mitte in der Längsrichtung ein Privatweg gelegt ist. Durch ihn werden sämtliche »Hinterhäuser« erschlossen und ihnen dadurch die ungünstigen Eigenschaften eines solchen genommen. Die Breite der befestigten Teile des Weges sowie der übrigen Strafsen ist auf das Mindestmafs eingeschränkt, um an Anlage- und Unterhaltungskosten zu sparen, während durch Vorgärten eine dem Lichteinfall und der Durchlüftung günstige Entfernung voneinander erreicht ist. Die Rückfronten sämtlicher Gebäude blicken auf Hausgärten, die rings im Zusammenhange stehen.

In Abbildung 22 ist der Versuch einer Grundrifslösung für diesen Block wiedergegeben, wobei besonderer Wert auf geeignete Gestaltung der Eckhäuser gelegt wurde. Von dem schmalen Bauwich am Privatweg empfangen ausschliefslich Nebenräume Licht und Luft, während sämtlichen Aufenthaltsräumen eine ausreichende Tageslichtzuführung gesichert ist.*)

In Abbildung 23**) ist eine Geländeaufteilung wiedergegeben, in welcher eine geeignete Lage der Gebiete für die Kleinwohnungen angestrebt wurde. Die für sie bestimmten Baublöcke liegen von den Verkehrsstrafsen (oder vornehm ausgestatteten Wohnstrafsen) vollständig abgeschlossen inmitten von Blöcken, deren Abmessungen und Einteilung für grofse und mittelgrofse Wohnungen geplant ist.

Diese abgeschlossene Lage der Kleinwohnungen, die sie dennoch nicht von den Wohnstätten der wirtschaftlich besser gestellten Bürger trennt, hat den Vorzug, dafs für ihre Aufsengestaltung keine erheblicheren Mittel verausgabt zu werden brauchen, als im Sinne ihrer Bewohner liegt, da Rücksichten auf die Wirkung im Stadtbilde in Fortfall kommen. Infolgedessen wird man zugleich unabhängiger in der Grundplanverfügung, weil man auf die Bestimmungen über die Lage der Treppenhäuser und der Aborte keine Rücksicht zu nehmen braucht, die ausschliefslich der Wirkung im Stadtbilde zuliebe erlassen zu werden pflegen. Ferner gestattet die vom Verkehr wenig berührte Lage der Wohnstrafsen die Anwendung billiger Strafsenbefestigungsarten.

Für grofse Baublöcke endlich empfiehlt sich die Querteilung durch Privatstrafsen oder beiderseits offene Wohnhöfe.

Eine solche Aufteilung eines Baublocks von etwa 200 m zu 300 m Gröfse ist in Abbildung 24 wiedergegeben. Der Unterteilung dienen in diesem Falle Schmuckhöfe, welche je von zwei Strafsen zugänglich gedacht sind. Als Zugang können sowohl Gebäudewiche dienen wie überbaute Thorwege von angemessener Breite und Höhe. Sie brauchen nicht in der Mitte des Schmuckhofes ihren Platz zu erhalten, wie es auf dem Studienplan angenommen ist, sondern können auch an eine Seite gerückt werden oder in ihrer Lage wechseln, falls die Anordnung der Wege im Schmuckhof oder die Grundplanverfügung der Wohnungen dieses zweckmäfsiger erscheinen läfst. Die Rückseiten der Gebäude umschliefsen Höfe, die von der Strafse ab-

*) Alle Wohnungsflure haben ein unmittelbar ins Freie führendes Fenster erhalten, das sich oberhalb des Abortes und des Speiseschrankes befindet, deren Höhe mit rund 2 m ausreichend bemessen zu sein pflegt.

**) Sämtliche Abbildungen sind als Studien schematisch gehalten; für die Ausführung empfiehlt es sich, von den rein rechtwinkligen Formen abzuweichen, die hier nur der Arbeitserleichterung wegen gewählt worden sind.

geschlossen und als Hausgärten aufgeteilt gedacht sind. Sie können zum Ziehen von Gemüse oder als Tummelplätze der Kinder dienen, während Blumengärten den ganzen Block aufsen umziehen und die Schmuckhöfe erfüllen.

Diese Einteilung des Blocks gewährt volle Freiheit in Hinsicht auf die Grundplangestaltung der einzelnen Gebäude und auf ihre Höhe. Die Zahl

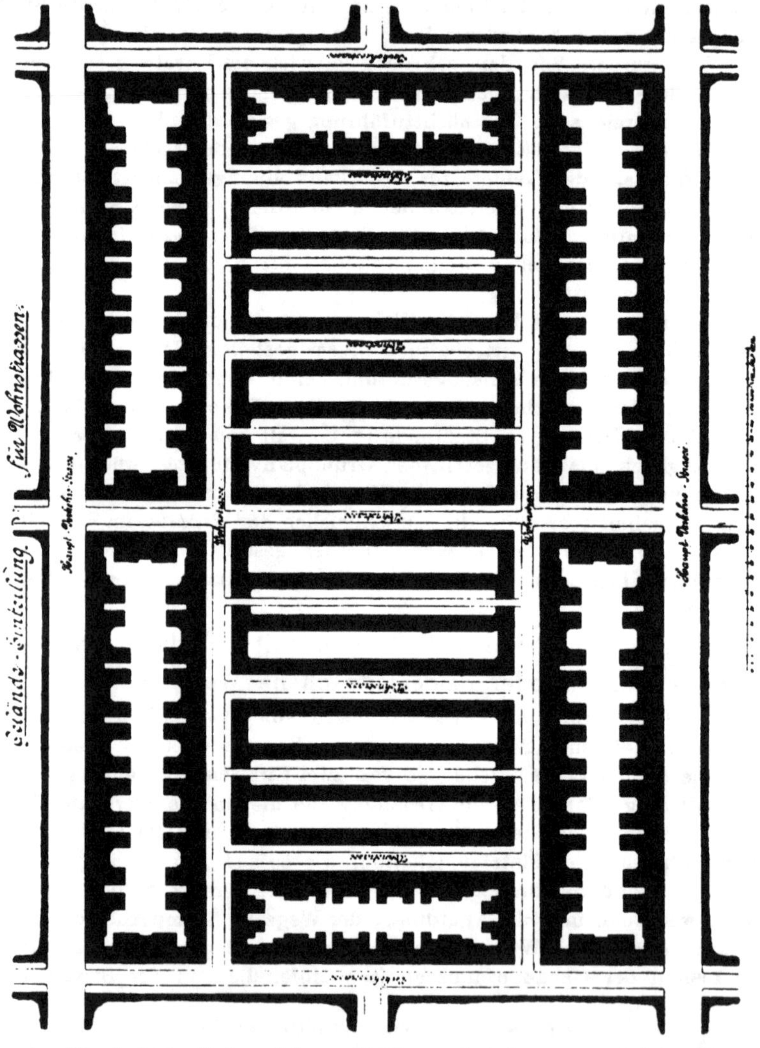

Figur 23.

der im Block befindlichen Schmuckhöfe wächst dort, wo niedrige Häuser an ihnen errichtet werden, und nimmt ab, sobald die Höhe der Gebäude oder deren Tiefenausnutzung eine bedeutendere Schmuckhofbreite erforderlich macht. Man kann den Block aufsen und innen mit gleichartigen Häusern besetzen, oder man kann, wie Abbildung 24 es darstellt, aufsen gröfsere

Wohnungen errichten, während im Innern bescheidene Wohnungen zur Ausführung gelangen. Aufsen können vielgeschossige Zinshäuser, im Innern des Blocks Eigenheime erbaut werden. Es ist nach allen diesen Richtungen volle Bewegungsfreiheit vorhanden. Es bleibt sogar unbenommen, einzelne Grundstücke zu veräufsern, sobald durch Eintragung ins Grundbuch jede

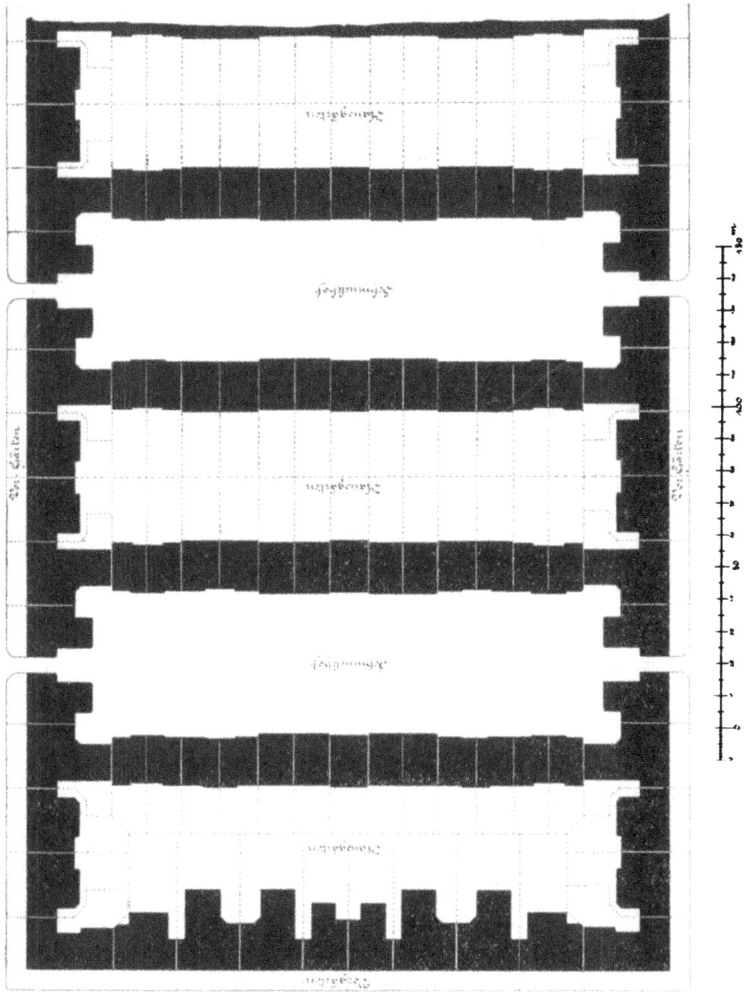

Figur 24.

Erschliefsung eines grofsen Baublocks durch Wohnhöfe.

andersartige Bebauung der Einzelgrundstücke dauernd hintangehalten wird, als der ursprünglichen Absicht entspricht. Geratener allerdings dürfte es sein, wenn die sämtlichen Gebäude unter einheitlicher Verwaltung bleiben.

Je nach der Gröfse des zur Verfügung stehenden Baublocks wird man die Höhe der Gebäude und damit die Tiefe der Höfe geringer oder gröfser zu bemessen haben. Vielfach dürfte die Anordnung von nur drei Wohngeschossen eine ebenso günstige Geländeausnutzung gestatten, wie die von Gebäuden mit vier oder fünf Wohngeschossen sie ergibt, weil für letztere die Breite der Höfe wesentlich wachsen mufs, um den gleichen Lichteinfallswinkel zu gewinnen. Was man also an Wohnungen durch Vermehrung der Gebäudehöhe gewinnt, wird man wieder verlieren durch die Verringerung der Wohnhofzahl und damit der Zahl der Wohngebäude. Flüchtige Studien vermögen leicht Anhalt zu geben, welche Gebäudehöhe unter den vorliegenden Verhältnissen die gröfste Wohnungszahl erzielen läfst. Die Kosten von Häusern mit nur drei Wohngeschossen stellen sich allerdings etwas höher als von solchen mit vier Wohngeschossen, aber diese Mehrkosten sind weniger ausschlaggebend für das Renteergebnis als die Zahl der Wohnungen, und Nettigkeit der ganzen Anlage ist bei der Anwendung niederer Gebäude weit eher zu erreichen. Die Geschofszahl der den Block umfassenden Gebäude kommt für sie weniger in Betracht und wird nicht zu niedrig gewählt werden dürfen, um die Strafsenkosten auf eine ausreichende Zahl von Anwohnern verteilen zu können.

Gegenüber einer »Wohnstrafse« bietet ein solcher beiderseits sich öffnender, als Schmuckhof ausgebildeter »Wohnhof« wesentliche Vorzüge: er ist erheblich billiger in der Anlage und Unterhaltung, hält das Verkehrsgeräusch besser fern, setzt an die Stelle des staubigen Pflasters den Kühlung verbreitenden, die Staubbildung verhindernden, das Auge erfreuenden Park und gestattet eine ununterbrochene Umbauung des Hauptblocks. Liebevoll durch Künstlerhand ausgebildet, vermag der Schmuckhof ein ungemein reizvolles, anheimelndes Gepräge zu erhalten, ohne dafs irgend welcher architektonische Aufwand erforderlich wird.

Die Beschränkung der persönlichen Freiheit zu gunsten einer gedeihlichen Städte-Entwicklung.

Die Beschränkung der persönlichen Freiheit zu gunsten einer gedeihlichen Entwicklung der Städte und des Ansiedlungswesens überhaupt ist ein dringendes Bedürfnis. Trotzdem hat bisher die Gesetzgebung nur zögernd und ungern diesem Bedürfnis Rechnung getragen, obgleich der Zwang hier im eigensten Interesse des Grundbesitzers liegt, sein Land erst der Erbauung erschliefst, es bebauungsfähig macht und ihm dadurch jene Werterhöhung gibt, die wir dem Einflufs der Städte verdanken.

Die Stadtverwaltungen bedürfen zu dieser ihrer nur segensreichen Thätigkeit einer Reihe von Rechten, die ihnen Befugnis geben:

zur Aufstellung von Bebauungsplänen und zur Festlegung der Baufluchtlinien;

zur Enteignung des Strafsenlandes, bebauungsunfähiger Restgrundstücke sowie solcher Gebäude oder Gebäudegruppen, welche der Durchführung des Strafsennetzes entgegenstehen;

zur Enteignung der an einem Strafsendurchbruch gelegenen Grundstücke, um sie einer zweckdienlichen gesundheitsgemäfsen Erbauung zu erschliefsen;

zur Umlegung von Grundstücken, deren Form oder Lage zur Strafse eine zweckmäfsige Bebauung verhindert;

zur Anordnung rückwärtiger Bebauungsgrenzen zum Schaffen eines ausreichend freien Blockinnern;

zur Begrenzung der Bebauungsfähigkeit der Grundstücke, namentlich nach der Höhe; und

zur Fernhaltung lästiger oder gesundheitsschädlicher Betriebe aus dem Innern der Wohngebiete.

Diese Rechte sowie die den Stadtverwaltungen aus ihnen erwachsenden Pflichten sollten aber durch Gesetz vollkommen festgelegt sein, damit ein Überschreiten des Erfordernisses ebenso sehr verhindert wird wie eine ungesunde Entwicklung der Ansiedlungen, damit jede Willkür (der Behörden wie der Grundbesitzer) von vornherein ausgeschlossen ist.

Es ist falsch, dafs heute ein Teil dieser bedeutsamen Erfordernisse teils dem behördlichen Ermessen, teils der freiwilligen Vereinbarung überlassen wird, teils sich jeder Beeinflussung der Allgemeinheit entzieht, obgleich das Wohl der letzteren dadurch in volle Abhängigkeit gerät vom guten Willen jedes einzelnen Grundbesitzers und schwer zu leiden hat unter der etwaigen Gewinnsucht der letzteren.

Die Eingriffe der Gesetzgebung in die persönliche Freiheit des Staatsbürgers auf anderen Gebieten sind wesentlich schwerer wiegender Art und haben nur selten derartige Vorteile für ihn im Gefolge, wie das zweckmäfsige Aufschliefsen des Baulandes und die Sicherung von Luft, Sonnenlicht, Ruhe und Augenweide für die auf letzterem zu errichtenden Gebäude sie herbeiführen. Namentlich dann, wenn der Wohnungsmarkt reich beschickt ist, werden derartige Eigenschaften der Gebäude ihnen zu grofsem wirtschaftlichen Vorteil gereichen, also nicht nur für den Bewohner, sondern auch für den Besitzer hohen Wert erhalten.

Das Recht, die Fluchtlinienfestsetzung auszuüben, ist in der Mehrzahl der Kulturstaaten den Gemeinden verliehen. Mit Ausnahme von Bayern und Mecklenburg haben die Gemeinden ferner allgemein durch Gesetz das Recht erhalten das Enteignungsverfahren zur Gewinnung wie zur Erbreiterung von Strafsen und Plätzen gegen diejenigen Grundbesitzer in Anwendung zu bringen, mit welchen eine freiwillige Einigung nicht zu erzielen ist. Dagegen steht ihnen dieses Recht nicht zu zur Gewinnung von Land zu öffentlichen Gärten. Doch dürfte es im Notfalle angehen, das Enteignungsverfahren zur Gewinnung einer breiteren Strafse oder eines gröfseren Platzes in Anwendung zu bringen und später erst deren gärtnerische Ausbildung zu beschliefsen.

Das Recht der zwangsweisen Grundstückumlegung ist durch Gesetz den Gemeinden Deutschlands bisher nicht gewährt. Nur Hamburg und Mainz bilden eine Ausnahme. Auf dem Verordnungswege hat die Stadt Frankfurt am Main die Lösung dieser gesundheitlich, wirtschaftlich und ästhetisch wichtigen Frage jetzt versucht, und es steht zu hoffen, dafs dieser Versuch von Erfolg gekrönt werden und dann allgemeinere Nachahmung finden wird, wenn auch die Grundbesitzer die vollste Wahrung ihrer Interessen bei dieser Vornahme mit Recht in Anspruch nehmen.

Nicht immer ist es möglich, das Strafsennetz den vorhandenen Grundstücksgrenzen anzuschmiegen, wenn auch in Einzelfällen eine geschicktere Planung die hervorgerufenen Mifsstände hätte vermeiden lassen. Namentlich kann die Ausbildung eines brauchbaren und für das Städtebild zugleich vorteilhaften Verkehrsstrafsennetzes (zwischen den Hauptverkehrsadern) nur selten weitgehende Rücksichten auf die Lage und Form der berührten und der durchschnittenen Grundstücke nehmen. In manchen Fällen sind sogar die Feldgrenzen derart geformt, dafs eine zweckdienliche Aufschliefsung der Grundstücke durch das Strafsennetz überhaupt ausgeschlossen ist. In allen diesen Fällen ist aber die zweckmäfsige Umlegung der Grundstücke ein Erfordernis, während der Mangel jeglichen Zwanges sie abhängig von dem Willen eines einzigen Grundeigentümers machen kann. Nicht selten haben Gewinnsucht oder Eigensinn einzelner Grundbesitzer die durchaus notwendige Umlegung vereitelt oder auf Jahre hinausgeschoben, in anderen Fällen ist die Umlegung nicht so erfolgt, dafs sie als eine glückliche bezeichnet werden konnte. Eine 'gesetzliche Regelung der Frage ist und bleibt daher trotz des Scheiterns des Gesetzentwurfs Adickes (in der Kommission des preufsischen Abgeordnetenhauses) ein dringendes Erfordernis.

Das Recht der Enteignung von Grundstücken, die von einem Strafsendurchbruch berührt oder durchschnitten werden, fehlt in Deutschland, während andere Staaten es den Gemeinden gewährt haben, weil ohne dasselbe jeder Erfolg der Strafsendurchbrüche in anderer als verkehrstechnischer Richtung in Frage gestellt ist oder nur durch unverhältnismäfsig hohe Geldopfer von seiten der Gemeinden oder einzelner Interessenten erreicht werden kann. Vielfach weist das durch Strafsendurchbrüche erschlossene Bauland eine ebenso zweckwidrige wie gesundheitlich ungünstige Bebauung auf. Namentlich mangelt es vielfach den Grundstücken an Tiefe, weil die Besitzer von schmalen, an der Strafse verbleibenden Grundstückresten oder Abschnitten nicht zum Verkauf bewogen werden konnten, während die durch solche Abschnitte von der Strafse getrennten gröfseren Grundstücke unerschlossen geblieben sind.

Endlich wird die dem Wohlbefinden wie dem Wohlbehagen gleich] dienliche Freihaltung des Baublockinnern von Gebäuden nur durch eine gesetzliche Bestimmung zur allgemeinen Durchführung gelangen können. Ohne sie aber dürften alle Bestrebungen nach einer günstigen Gestaltung des gesamten grofsstädtischen Wohnwesens nicht zu einem glücklichen Erfolg führen, alles Erreichte Stückwerk bleiben! (Vergl. Seite 140 ff.)

Für die Begrenzung der Bebauungsfähigkeit der Grundstücke und die Fernhaltung der Belästigungen durch Gewerbebetriebe reichen dagegen die vorhandenen gesetzlichen Bestimmungen und Verordnungen aus.

Die Bauordnung.

In der Bauordnung sind vor allem die Grundsätze festzulegen, welche bei der Bebauung des städtischen Geländes in den verschiedenen Zonen und Stadtvierteln mafsgebend sein sollen. Ferner enthält sie Vorschriften über die Standfestigkeit und Feuersicherheit der Gebäude, regelt sie die nachbarlichen Rechte und Pflichten, fordert sie Mafsnahmen für die Sicherung der Arbeiter, der Nachbarn und der Vorübergehenden während einer Bauausführung wie nach Vollendung der Gebäude und enthält Bestimmungen über die Bezugsfähigkeit, Bewohnbarkeit und Gesunderhaltung der Wohnhäuser.

Ihrem ganzen Wesen nach mufs die Bauordnung unter dem Einflufs der örtlichen Verhältnisse stehen, weil nur in diesem Falle der Eigenart des Geländes, dem Klima und dem wirtschaftlichen Interesse des Ortes, den Lebensgewohnheiten und Lebensansprüchen der Bürger u. a. die gebührende Berücksichtigung zu teil werden kann.

Trotzdem bedürfen wir dringend einer Reichs-Bauordnung, in welcher die allgemeinen Grundsätze festgelegt werden für die Regelung aller bedeutsamen gesundheitlichen und wirtschaftlichen Fragen, die aber in den genannten Richtungen den Einzel-Bauordnungen ausreichend Freiheit läfst. Heute ist der Willkür Thür und Thor geöffnet, und es entscheidet nicht gerade selten über gesundheitliche Notwendigkeiten eine Körperschaft, deren Zusammensetzung eine rein zufällige ist, die daher recht oft weder die Befähigung und Einsicht, noch den guten Willen besitzt, der Allgemeinheit zu nützen, vielmehr den Sonderbestrebungen der Grundbesitzer mehr nachgibt, als es dem Volkswohl entspricht.

Anderseits dürfen wir uns nur dazu beglückwünschen, dafs bisher eine derartige Reichs-Bauordnung nicht erlassen ist. Es bedurfte und bedarf heute noch eines gewissen Reifevorgangs der bauhygienischen Bestrebungen, eines Einblicks in die Kehrseite dessen, was ungenügend geklärte hygienische Ansprüche hervorrufen, einer gründlichen Durcharbeitung aller Fragen des

Städtebaues von seiten einsichtsvoller Fachmänner auf hygienischem und technischem Gebiete, ehe es möglich ist, die Grundlagen aller Bauordnungen so zu schaffen, dafs wirklicher Nutzen für das Allgemeinwohl wie für die Gesundheit des einzelnen aus ihnen entspringt, ohne wirtschaftliche oder künstlerische Nachteile in Kauf nehmen zu müssen.

Die bisherigen Anläufe zu dem Entwurf einer Reichs-Bauordnung*) haben zwar manchen guten und richtigen Gedanken gebracht, aber sie sind weit davon entfernt, als Grundlage einer solch wichtigen und einschneidenden Verordnung dienen zu dürfen. So ist, um nur einige Hauptsachen herauszugreifen, in ihnen weder der Verschiedenartigkeit des deutschen Klimas und der deutschen Wohnweise ausreichend Rechnung getragen, noch der zwingenden Notwendigkeit, vor allem den Markt für Kleinwohnungen dem Bedürfnis entsprechend zu mehren und so die Überfüllung dieser Wohnungen hintanzuhalten, welcher hygienisch eine weitaus höhere Bedeutung zukommt, als der mehr oder weniger freien Lage der ihnen dienenden Gebäude. Ferner würde es meines Erachtens nicht ganz unbedenklich sein, in einer Reichs-Bauordnung hygienische »Mindestforderungen« festzulegen, weil sie in der Mehrzahl der Städte eher ein Herabgehen als ein Höhergehen mit gesundheitlichen Ansprüchen an das Wohnwesen hervorrufen würden. Denn in solchen »Mindestforderungen« müfste der zum Teil recht trostlosen Lage der Millionenstädte mit ihren hochgeschraubten Grundstückwerten Rechnung getragen werden und dem hierdurch bedingten Tiefstande des Kleinwohnungswesens.

Eine Reichs-Bauordnung sollte vielmehr nur die Richtschnur angeben, wie durch eine Teilung der Städte in Zonen und Viertel den gesundheitlichen Ansprüchen Rechnung getragen werden kann, ohne berechtigte wirtschaftliche Interessen zu schädigen, und zugleich festlegen, dafs jedes Gemeinwesen nach dieser

*) R. Baumeister »Normale Bauordnung«. Entwurf des Deutschen Vereins für öffentliche Gesundheitspflege »reichsgesetzlicher Vorschriften zum Schutze des gesunden Wohnens«. — F. v. Gruber »Anhaltspunkte zum Verfassen neuer Bauordnungen«.

Richtung vorgehen mufs, ehe durch übermäfsiges Steigen des Wertes der Aufsengelände jene Möglichkeit zur Gesundung etwa bestehender Mifsstände ihm genommen wird. Diese Bauordnung soll ferner Sorge tragen, dafs mehr als bisher dem Kleinwohnungswesen die dringend notwendige Förderung der Behörden zu teil werde, dafs das Aufschliefsen des für Kleinwohnungen vorzusehenden Geländes in geeigneter Weise erfolge, dafs die von ihren Inhabern zu tragenden öffentlichen Lasten auf das Mindestmafs herabgesetzt werden, dafs die Beiträge zu den Kosten der Strafsenzüge (mit ihren Leitungsnetzen u. s. w.) abgestuft werden gemäfs dem Werte des durch sie erschlossenen Geländes oder der an ihnen zu errichtenden Wohnungen. Eine gleiche Rücksichtnahme soll die Reichs-Bauordnung jeder Art des Eigenheims sichern, damit es nicht schliefslich allgemein dem Zinshause weichen mufs; sie soll dahin wirken, dafs die Bedingungen der Standfestigkeit und Feuersicherheit der Ausdehnung, der Höhe und dem Zweck der Gebäude entsprechend gestellt werden, nicht das kleine oder freistehende Haus gleichartig der Zinskaserne behandelt werde u. s. f. Eine Reichs-Bauordnung darf nicht in kleinlichen Einzelheiten sich verlieren, sondern sie mufs in grofsen Zügen die Grundsätze berechtigter bauhygienischer und volkswirtschaftlicher Gesichtspunkte in jener Vereinigung und Klärung festlegen, die gegenwärtig zwar langsam aber sicher Boden gewinnt gegenüber einseitigen oder zu weit gehenden und dadurch schädigenden Ansprüchen auf jedem einzelnen dieser Gebiete.

Die älteren Bauordnungen kannten nur vollkommen gleichartige Bestimmungen für das gesamte städtische Gelände. Man war hierbei gezwungen, auf die bedeutenden Werte Rücksicht zu nehmen, welche die Grundstücke im Geschäftsviertel der Altstädte allmählich angenommen haben. Die Spekulation machte sich dieses zu nutze, als in der zweiten Hälfte des vergangenen Jahrhunderts mit dem Erblühen von Handel und Gewerbe die Bevölkerungszunahme der Städte einen zuvor ungekannten raschen Gang nahm. So zeigten denn bald die äufseren Stadtgebiete eine Grundausnutzung (in der Ebene wie in der Höhe), welche den bescheidensten Anforderungen an Wohlbefinden und Wohlbehagen Hohn sprach und die Grundwerte in einer Weise hinauftrieb, dafs dem Volkswohl dadurch schwere Schädigungen zugefügt wurden, während einzelnen Grundbesitzern ein völlig unverdienter Reichtum zufiel.

Trotz dieses in den Grofsstädten immer trostloser sich gestaltenden Zustandes ging es nicht an, dem Geschäftsviertel selbst jene Rücksichtnahme zu teil werden zu lassen, welche für das Gedeihen von Handel und Gewerbe unbedingt erforderlich ist, weil aus weiteren Zugeständnissen eine Schädigung des Wohnwesens hätte erwachsen müssen, für welche die Behörden die Verantwortung nicht übernehmen durften. So war niemandem gedient als der Grundspekulation, und diese wuchs infolge der immer höher steigenden Gewinne ins Ungeheuerliche, während die Gediegenheit der Bauten in erschreckender Weise abnahm, weil den Bauunternehmern andernfalls Verluste drohten, während ihnen bis dahin ein ziemlich bedeutender Gewinn aus ihrer Thätigkeit zugefallen war, den aufzugeben sie nicht gesonnen waren.

Dieser unerfreuliche und unwürdige Zustand hat der ganzen letzten Hälfte des vorigen Jahrhunderts den Stempel aufgedrückt zum Schaden des Wohnwesens, des Bauwesens, der Städteentwicklung und des Städtebildes. Möge das neue Jahrhundert volle und allgemeine Befreiung von ihm bringen!

Obgleich das Übel ein allgemeines war und offen zu Tage trat, hat das Mittel zu seiner Abhilfe nur sehr langsam sich Eingang verschafft und kommt gegenwärtig erst einem kleinen Teile der Städte zu gute. Es besteht darin, für die verschiedenartigen Stadtteile gesonderte Bestimmungen zu erlassen, welche die Ausnutzbarkeit der Grundstücke genau regeln unter voller Berücksichtigung des Zweckes, dem sie dienen, und des Wertes, der ihnen innewohnt.

Diese sogenannten »abgestuften« oder »Zonen«-Bauordnungen haben bislang nicht nach allen Richtungen voll zu befriedigen vermocht, weil sie ausschliefslich nach Lage und Wert des Baulandes Unterscheidungen trafen, nicht auch nach dem Zweck des Grundstücks.

Gerade der letztere aber ist es, welcher der vollsten Berücksichtigung bedarf, wenn ein Gemeinwesen im wirtschaftlichen wie im gesundheitlichen Sinne gedeihen soll. Wirtschaftliche und gesundheitliche Güter zu trennen, wird niemals gelingen, da eines aus dem andern entspringt, eines das andere ergänzt, eines ohne das andere nicht zur vollsten Entwicklung gelangt. Darum stehen sie gleichberechtigt nebeneinander, bedürfen sie gleichartiger Berücksichtigung in den Baugesetzen wie in den Bauordnungen.

Aus diesem Grunde genügt es nicht, ausschliefslich Innen- und Aufsenzonen zu bilden, sondern es sind in den Bauordnungen Unterscheidungen zu treffen zwischen den Geschäftsvierteln, den Gebieten für Gewerbebetriebe und den eigentlichen Wohnvierteln, innerhalb der letzteren aber wieder zwischen dem Landhausgebiet, dem Zinshausgebiet und dem Gelände für Kleinwohnungen.

Dabei sollen diese einzelnen Gebiete (mit Ausnahme des für die Grofsbetriebe und lästigen Betriebe vorgesehenen Geländes) gegeneinander nicht eng abgegrenzt werden, sondern sie sollen einander durchdringen dürfen, soweit das Erfordernis sich hierfür herausstellt. Einzelne Strafsenzüge, ja einzelne Baublöcke sollen dem einen oder dem anderen Gebiete zugerechnet und diesem ihrem Zwecke entsprechend ausgebildet werden, weil eine völlige Absonderung des Geschäftsviertels von den Wohngebieten nicht angeht, weil es gesellschaftliche Mifsstände hervorrufen würde, wenn die wirtschaftlich starken und schwachen Bürger in scharf abgegrenzten Stadtvierteln getrennt voneinander wohnen sollten und diese Wohnstätten ihnen gewissermafsen behördlich angewiesen werden müfsten.

Einer besonders vorsichtigen Behandlung bedarf das Geschäftsviertel. In ihm sollen die Kaufhäuser und Kaufläden, die Gasthöfe, die Wirtschaften und die Kleingewerbebetriebe aller Art ihre Stätte finden. Die Zahl der ihnen dienenden Gebäude wächst nahezu im gleichen Verhältnis wie die Einwohnerzahl, es mufs daher diesem »Stadtviertel« eine weitgehende Ausdehnungsfähigkeit zugestanden werden, und es mufs seine Ausläufer bis in die entferntesten Wohngebiete vorschieben dürfen, wenn Handel und Gewerbe zur vollen Blüte sich entwickeln sollen.

Ferner ist es notwendig, dafs innerhalb der Blöcke, welche diesem Viertel angehören, weitgehende Freiheit gewährt wird, die Grundstücke derart auszunutzen, wie der jeweilige Zweck es erheischt. Die Bedürfnisse dieser verschiedenartigen Geschäfte und Betriebe liegen so weit auseinander, dafs es nicht angeht, für die Bebaubarkeit ihrer Grundstücke schematische Formeln aufzustellen, nach denen sie sich zu richten haben. Von Fall zu Fall ist zu beurteilen, ob den berechtigten gesundheitlichen Ansprüchen an die zum ständigen Aufenthalt dienenden Räume ausreichend Rechnung getragen ist. Die Zuführungsart von Licht und Luft für die dem Geschäft dienenden Räume aber ist thunlichts den Bauherren zu überlassen; es liegt in deren eigenem Interesse, dafs eine Verkümmerung dieser wichtigen Lebensbedingungen nicht stattfinde.

So würden Bestimmungen über die Anzahl oder Höhe der Geschosse nur Nachteil hervorrufen. Es genügt, die Gesamthöhe der Gebäude zu begrenzen, und auch in dieser Hinsicht sind Unterschiede zu machen zwischen den Strafsen, an welchen ausschliefslich Kauf- und Geschäftshäuser liegen, d. h. Häuser, welche Wohnzwecken nicht oder nur in ihren obersten Geschossen dienen, und zwischen solchen Strafsen, deren Gebäude nur in den Untergeschossen Kaufläden, Werkstätten und dergl. enthalten. Die ausschliefslich Geschäftszwecken dienenden Untergeschosse müssen allgemein das gesamte Grundstück einnehmen dürfen; die Gröfse der Höfe und Lichthöfe ist in ein richtiges Verhältnis zu setzen zur Gesamthöhe derjenigen Geschosse, welchen sie Licht und Luft zu spenden haben oder in welchen sich Wohnungen, Werkstätten, Kontore und dergl. befinden. Ausschliefslich durch Oberlicht erhellte Treppenhäuser, Säle, Ateliers und andere Räume für Geschäftszwecke sind zu dulden, sobald der Nachweis einer ausreichenden künstlichen Lüftung erbracht wird u. s. w.

Dagegen ist es erforderlich, eine weitgehende Sicherung sämtlicher Kauf- und Geschäftshäuser in Hinsicht auf Feuersgefahr zu verlangen, was gegenüber jenen Begünstigungen selbst dann durchaus gerechtfertigt erscheint, wenn den Bauherren grofse Kosten hieraus erwachsen. Sowohl die Zahl und Weite der

Treppen wie der zu ihnen führenden Gänge und Hausflure sind entsprechend der Höhe und Ausdehnung der Geschäfts- und Kaufhäuser anzuordnen, als auch eine vollkommen feuersichere Bauart für sie wie für diejenigen Räume zu fordern, in denen leicht entzündliche oder dem Feuer Nahrung bietende Gegenstände und Rohstoffe bearbeitet, gelagert oder feilgeboten werden.

Eine ähnliche Behandlung hat das Gewerbeviertel zu erfahren, nur dafs dessen Gebiet von dem Wohngelände möglichst vollkommen abgetrennt werden mufs. Hier ist volle Freiheit zur Ausnutzung der Grundstücke zu gewähren und nur Sorge zu tragen, dafs sowohl die in den Betrieben Beschäftigten wie die Nachbarn vor Gefahren jeder Art sicher gestellt werden (Schadenfeuer, Explosionen, Austritt giftiger und ätzender gasförmiger oder staubförmiger Stoffe u. s. w.). Im übrigen sind hier alle erdenklichen Erleichterungen und Förderungen zu bieten, während innerhalb der übrigen Stadtteile möglichst weitgehende Vorschriften erlassen werden zum Schutz der Bewohner vor Belästigungen jeder Art, damit nach und nach sämtliche lästigen Betriebe und alle Grofsbetriebe, welche über das ganze Stadtgebiet verteilt untergebracht waren, in das Gewerbeviertel hinausziehen (vergl. S. 149 ff.).

Innerhalb der Wohngebiete treten dagegen die gesundheitlichen Ansprüche in ihr volles Recht. Je nach den klimatischen Verhältnissen des Ortes und den Lebensgewohnheiten der Bevölkerungsschichten müssen jedoch wieder Unterschiede in diesen Anforderungen gemacht werden, die Aufstellung eines allgemeinen Schemas hat mehr Nachteile als Vorteile im Gefolge (vergl. S. 155 ff.).

In den zur Zeit des Inkrafttretens der Zonenbauordnung zur Bebauung bereits herangezogenen Gebieten bedürfen die bestehenden wirtschaftlichen Werte der vollen Berücksichtigung. Denn es kann nicht Aufgabe der Bauordnung sein, vorhandene Werte zu zerstören, sondern sie soll versuchen, einem übermäfsigen Ansteigen der Bodenwerte so weit entgegenzuwirken, wie es das Allgemeinwohl erfordert.

Es wird hier in der Regel nicht angehen, erhöhte Ansprüche für eine Neubebauung oder Wiederbebauung zu stellen. Der hierdurch entstehende Schaden für das Wohnwesen pflegt jedoch nach wenigen Jahrzehnten überwunden zu sein, weil diese Wohngebiete dann in Geschäftsviertel sich verwandelt haben oder der Umwandlung entgegengehen; ein Entwicklungsgang, der in Zukunft noch einen rascheren Schritt annehmen dürfte, da mit dem raschen Anwachsen der städtischen Bevölkerung auch das Bedürfnis nach Geschäftshäusern gewaltig steigt.

In den bisher unbebauten Gebieten darf man dagegen den zwar nach Lebensstellung und Einkommen verschiedenartigen, aber heute allgemein auf Wohlbefinden und Wohlbehagen gerichteten Ansprüchen der Bevölkerung an ihre Wohnungen voll Rechnung tragen, soweit nicht das Gelände durch eigenartige örtliche Einwirkungen bereits Werte angenommen hat, welche Berücksichtigung erheischen. Je weiter draufsen die Wohngebiete liegen, um so höher wird man im allgemeinen mit den Forderungen an die freie Lage der Wohnungen gehen dürfen, aber man darf nie vergessen, dafs unter allen Umständen die Kosten der Anlage, der Unterhaltung, der Beleuchtung und der Überwachung städtischer Strafsen (samt ihren Leitungsnetzen) sehr hohe sind, und dafs diese Kosten in irgend einer Form von den späteren Bewohnern getragen werden müssen. Je nach dem wirtschaftlichen Können der Bürger mufs daher die Ansiedlungsdichte des von städtischen Strafsen umschlossenen Baulandes wechseln, wenn nicht der Mietpreis für die Wohnungen der wirtschaftlich weniger gut Gestellten und wirtschaftlich Schwachen steigen, ja unerschwinglich werden soll. Das ist bei dem Erlafs der bisherigen Zonenbauordnungen nicht ausreichend berücksichtigt und hat zu höchst nachteiligen Folgen geführt (vergl. S. 135 ff.).

Ein anderer Fehler wohl sämtlicher Bauordnungen ist, dafs sie eingehende Vorschriften über die Hofgröfsen und die Ausnutzbarkeit der einzelnen Grundstücke (in der Ebene) enthalten, ohne dadurch einen ihrer Höhe entsprechenden Abstand der Gebäude und Nachbargebäude herbeizuführen.

Derartige Vorschriften schneiden in der Regel tief ein in die wirtschaftlichen Verhältnisse eines Teiles der Grundbesitzer. Namentlich wird die Mehrzahl der Eckhäuser und der an zwei oder mehrere Strafsen grenzenden Grundstücke schwer benachteiligt, ohne das anzustrebende Ziel zu erreichen, dafs jedem zu dauerndem Aufenthalt von Menschen dienenden Raume ausreichend Tageslicht zufliefse.

Was wir brauchen, sind Vorschriften über die Gebäudeabstände oder über den Lichteinfallswinkel, und es ist dabei anzustreben, dafs nicht jedes Einzelgrundstück sich gegen die Nachbargrundstücke abschliefse, sondern dafs jedes Grundstück einen Teil opfere, damit zusammenhängende Höfe oder Gärten künftig das Innere jeden Blocks bilden. Denn nur auf diese Weise können wirklich befriedigende Wohnverhältnisse allgemein gewonnen werden, ohne Forderungen erheben zu müssen, welche auf die Lebenshaltung der Bürger und auf die Grundwerte nachteilig einwirken.

Namentlich dort, wo bescheidene Grundstückabmessungen üblich sind oder zur Verbesserung der Kleinwohnungen angestrebt werden, ist mit den bisherigen weitestgehenden Vorschriften eine wirkliche Gesundung des Wohnwesens nicht zu erreichen. Für alle derartigen Grundstücke brauchen wir unbedingt die Forderung des Offenhaltens eines zusammenhängenden Teils des Blockinnern oder des Zusammenlegens sämtlicher Höfe der Nachbargrundstücke, um den Aufenthaltsräumen Licht und Luft in Fülle sichern und zugleich einen erfreulichen Ausblick aus den nach den Höfen gelegenen Zimmern gewinnen zu können, wie es auf Seite 140 ff. geschildert wurde.

Ferner wird in der Mehrzahl der Bauordnungen nicht ausreichend unterschieden zwischen den Ansprüchen, welche an die Belichtung und Lüftung der Aufenthaltsräume und an die der Nebenräume zu stellen sind. Die Breite des Bauwichs, der Höfe, Lichthöfe und Lichtgassen mufs in weiten Grenzen wechseln, falls sie nur dem einen dieser Zwecke dienen. Die jetzigen Forderungen bleiben hinter den berechtigten hygienischen Ansprüchen an die Belichtung und Lüftung der Aufenthaltsräume weitaus zurück, während zu hohe Anforderungen an Höfe gestellt werden, welche nur Nebenräumen als Licht- und Luftspender dienen, weil Unterscheidungen der gedachten Art fehlen.

Ebenso mangelt es an Unterscheidungen zwischen geschlossenen Lichthöfen und Lichtgassen. Während letztere auch bei bescheidensten Abmessungen noch den weitestgehenden Ansprüchen an die Güte und Reinheit der den Räumen zugeführten Luft gerecht werden, pflegen geschlossene Lichthöfe in vielgeschossigen Gebäuden diesen Zweck nur in höchst unvollkommener Art zu erfüllen, weil die Luftwellen beim Herabsenken in sie zu grofsen Widerständen begegnen, ein Ausgleich mit der Luft weiter Höfe oder Gärten in horizontaler Richtung aber ausgeschlossen oder erschwert ist.

Endlich ist es dringend notwendig, die Forderungen an die Feuersicherheit der »Zinshäuser« zu erhöhen, während sie für »Familienhäuser«, »Einfamilienhäuser« und »Eigenheime« der Ermäfsigung bedürfen. Eine gleichartige Behandlung dieser Gebäudegattungen im feuerpolizeilichen und konstruktiven Sinne kann zu befriedigenden Ergebnissen nicht führen, verschafft nur dem Zinshause das Übergewicht über das Familienhaus, während man vollen Grund hat, diesem bereits bestehenden Übergewichte mit allen zur Verfügung stehenden Mitteln entgegenzuwirken, um die entschieden höhere Wohnform des Eigenheims (im weitesten Sinne) wenigstens dort zu erhalten oder wieder zu gewinnen, wo die Bevölkerung sie als erstrebenswert betrachtet oder sich nach ihr sehnt.

Die Höhe der Gebäude und die Anzahl der übereinander gelegenen Geschosse ist in der Mehrzahl aller Bauordnungen einer sachgemäfsen Behandlung nicht unterzogen. Während die älteren Bestimmungen eine Geschofszahl allgemein zuliefsen, welche nur im Innern der Städte als den Grundwerten angemessen bezeichnet werden darf, gehen die neueren Bauordnungen in ihren Ansprüchen in der Regel weiter, als es den wirtschaftlichen Notwendigkeiten entspricht.

Die Höhe der Gebäude mufs ja naturgemäfs zu dem Abstande derselben voneinander in ein richtiges Verhältnis gesetzt werden, damit ein dem Ortsklima angemessener Lichteinfallswinkel gewonnen wird. Aber die Gebäudeabstände lassen sich für Stadterweiterungen fast stets nach der Höhe regeln; es besteht daher kein Hindernis, über die letztere frei zu bestimmen, soweit nicht der ästhetisch dringend erforderliche Wechsel in der Gebäudehöhe Berücksichtigung erheischt.

Läfst man z. B. in den Stadtteilen oder in den Strafsen, welche der Ansiedlung der wirtschaftlich Schwächeren dienen sollen, ein Wohngeschofs mehr zu, als die Zonenbauordnungen es thun, dann bedarf man allerdings entsprechend tieferer Blockausmafse, aber es gelingt, die gleiche Strafsenlänge wesentlich dichter zu besiedeln, also deren Kostenrückwirkung auf die einzelne Wohnung erheblich zu ermäfsigen. Das ist ein volkswirtschaftlich bedeutsamer Vorteil.

Es gilt daher zu untersuchen, welche Wohngeschofszahl an sich noch als hygienisch zulässig betrachtet werden darf, wenn der Lichteinfallswinkel durch die Gebäudehöhe unbeeinflufst bleibt.

Der Wahl einer grofsen Wohngeschofszahl steht unter den gedachten Verhältnissen im Einfamilienhause ein gesundheitliches Hindernis überhaupt nicht im Wege, nur das Wohlbehagen und die Bequemlichkeit der Haushaltsführung kommen in Betracht, da man die Wohn- und Schlafzimmer jener Personen in einem entsprechend tief liegenden Geschofs anordnen kann, welche unter dem Treppensteigen leiden würden, und der Aufenthalt im Freien durch das letztere überhaupt kaum beeinflufst wird, weil die dem Tagesaufenthalt hauptsächlich dienenden Zimmer im Erdgeschofs ihren Platz zu erhalten pflegen.

Im Stockwerkswohnhause entsteht dagegen in der Mühe des Treppensteigens ein Hindernis für den Gartenbesuch sowie für das Ergehen im Freien überhaupt, und sie kann für zarte Kinder, Genesende, junge Mütter und Greise zu einer gewissen Gefahr werden.

Aber mufs man deshalb die Zahl der Wohngeschosse allgemein sehr gering halten? Steht nicht die Wahl des Geschosses frei? Werden nicht die Familien selbst diejenige Höhenlage der Wohnung wählen, welche dem Gesundheitszustande ihrer Mitglieder angemessen ist?

Es kommt hinzu, dafs in den durch Kleinwohnungen eingenommenen Gebäuden die Geschofshöhe gering gewählt wird, während sie in vornehmen Gebäuden gegenwärtig vielerorts eine recht bedeutende zu sein pflegt; es erscheint daher gerechtfertigt, die Wohngeschofszahl in den bescheidenen Häusern gegenüber den vornehm gehaltenen zunehmen zu lassen.

Auch die Gestaltung der Baulandwerte spricht für diese Mafsregel; im allgemeinen folgen sie der Erträgnismöglichkeit (vergl. S. 136), d. h. der Preis wird bemessen nach der aus einem Grundstück zu erzielenden denkbar höchsten Rente. Da bei gleicher Geschofszahl die aus vornehmen Wohnungen zu erzielende Rente in der Regel höher ausfallen wird als die aus weniger vornehmen und aus Kleinwohnungen, so würde für die letzteren ein höherer Grundstückpreis die Folge sein, als volkswirtschaftlich gut geheifsen werden kann; das Zulassen einer gröfseren Wohngeschofszahl für Kleinwohnungen darf daher als ein wirtschaftlich notwendiges Zugeständnis bezeichnet werden.

Aus diesen Gründen halte ich es für richtig und für notwendig, die Anzahl der Wohngeschosse im »Landhausviertel« so weit zu begrenzen, wie es den örtlichen Grundstückwerten, Geländeverhältnissen, Gepflogenheiten und Baukosten nach irgend thunlich ist, dagegen zu gestatten, dafs diese Wohngeschofszahl im »Wohnhausviertel« um eines, im »Kleinwohnungsviertel« um zwei vermehrt werde.

Im allgemeinen wird es sich für die äufserste Zone, z. B. die Vororte, empfehlen, im Landhausviertel nur zwei eigentliche Wohngeschosse zuzulassen, dagegen den Ausbau des Dachgeschosses für Einzelräume (nicht für eine volle Wohnung) zu gestatten und die Anlage eines Wirtschaftsgeschosses auch oberhalb des Erdbodons, wenigstens für Einfamilienhäuser, zu erlauben. Im »Wohnhausviertel« der gleichen Zone würden dann drei, im »Kleinwohnungsviertel« vier Wohngeschosse zulässig sein und der Ausbau des Dachgeschosses zu Einzelwohnräumen (Fremdenzimmer, Magdkammern u. dergl.) gestattet werden können, falls dieses den örtlichen Gepflogenheiten entspricht.

In dem zwischen dieser Zone und dem Innengebiet liegenden Gelände der »Übergangszone« würde dann in der Regel erlaubt werden müssen, dafs je ein Wohngeschofs mehr errichtet werde, um den Baulandwerten und den Wünschen eines grofsen Teils der Bevölkerung Rechnung zu tragen, nicht zu fern dem Stadtkern sich ansiedeln zu können.

Die Erlaubnis, das Dachgeschofs zu einer oder mehreren vollständigen Wohnungen auszubauen, sollte nicht oder nur ausnahmsweise erteilt werden. Wird sie allgemein oder im Kleinwohnungsviertel gegeben, dann führt sie, namentlich im letzteren, mit hoher Wahrscheinlichkeit dahin, dafs die Mehrzahl aller Dachgeschosse vollständige Wohnungen enthalten, die Zahl der Dachgeschofswohnungen eine verhältnismäfsig grofse wird.

Die Wärmeverhältnisse der Dachgeschofswohnungen sind im warmen wie im kalten Klima die denkbar ungünstigsten, seit der Feuersgefahr wegen die Anwendung von Stroh- und Rohrdächern untersagt wurde, weil ein irgend brauchbarer Ersatz für deren Wärmeschutz bisher nicht geboten werden kann. Da die Bewohner des Dachgeschosses dem wirtschaftlich schwächeren Teile der Bevölkerung angehören, so fehlen ihnen zumeist die Mittel sowohl für den hohen Brennstoffaufwand, welcher im Winter erforderlich ist zur Herstellung einigermafsen erträglicher Wärmegrade ihrer Räume, als auch zum Beziehen einer »Sommerfrische« während der heifsesten Wochen des Jahres. Sie sind daher während des ganzen Jahres den Unbilden des Klimas mehr ausgesetzt, als selbst für kräftige Naturen auf die Dauer erträglich ist. Die Fülle an Luft und Sonnenlicht, welche die Dachgeschosse bieten, kann diesen Mifsstand nicht aufheben. Die Feuersgefahr aber ist in Dachwohnungen eine wesentlich erhöhte, sie wirkt sogar zurück auf das ganze Haus.

Eingehende Umfragen bei den Bewohnern von Dachgeschossen haben dem Verfasser ferner bestätigt, dafs das Wohlbehagen dort nicht zu seinem Rechte kommt; nur der Mangel an preiswerten Kleinwohnungen gibt Veranlassung zum Bewohnen der Dachgeschosse.

Die Kellerwohnungen bieten selbst im Winter weit günstigere Wärmeverhältnisse als die Dachwohnungen, sobald ihre Wände infolge des Heizens hinreichend trocken gestellt sind, während sie in der warmen Jahreszeit und im warmen Klima nach dieser Richtung günstiger gestellt sind als alle übrigen Geschosse. Bei genügendem oder grofsem Abstand der Gebäude fehlt es gut angelegten Hochkellerwohnungen auch nicht an Luft und Sonnenlicht, sie dürften daher in den Stadterweiterungsgebieten den Dachwohnungen entschieden vorzuziehen sein.

Wirken dennoch die Bauordnungen ihrem Entstehen mit ziemlich scharfen Mitteln entgegen, dann ist eine Bekämpfung der Dachwohnungs-Vermehrung noch weit mehr am Platze, solange es an einem preiswerten, allgemein anwendbaren Mittel fehlt zum wirksamen Wärmeschutz der Dachflächen.

Jedenfalls halte ich es vom hygienischen Standpunkte für richtiger, ein eigentliches Wohngeschofs mehr zuzulassen, als die Herstellung von Dachwohnungen zu gestatten. Denn das Treppensteigen ist für die Inhaber der letzteren doch keineswegs vermindert, während eine Reihe neuer Mifsstände in ihnen auftritt.

Nur dort, wo die Gebäudeabstände zu gering bemessen sind, um ein weiteres Wohngeschofs zuzulassen, kann meines Erachtens zur dichteren Besiedelung und zur Beschaffung billiger Wohnungen das Dachgeschofs überhaupt in Betracht kommen. Aber auch in diesem Falle bleibt die Anlage von Dachwohnungen ein Notbehelf recht trauriger Art, dessen allgemeine Zulässigkeit sicher nicht im Sinne des Wohlbefindens und des Wohlbehagens liegt.

Meinen langjährigen Beobachtungen und ziemlich reichen Erfahrungen nach möchte ich im Einzelfalle, z. B. zur Herstellung von Hausmeisterwohnungen, auf trockenem Gelände eher die Anlage von Hochkellerwohnungen als die von Dachwohnungen empfehlen, weil wir technisch weit eher in der Lage sind, den ersteren eine gesundheitsgemäfse Ausbildung zu geben als den letzteren und ihre Wärmeverhältnisse stets günstiger liegen.

Für Neubauten aber ist es richtiger, zum Errichten derartiger Wohnungen, von Werkstätten und Geschäftsräumen den Ausbau eines Sockelgeschosses zuzulassen, dessen Fufsboden sich einige Centimeter oberhalb des Erdbodens befindet und gegen diesen durch eine für Wasser undurchlässige Schicht sicher abgeschlossen ist. In solchen Sockelgeschossen lassen sich die Vorzüge der Hochkellergeschosse erreichen, ohne ihre Nachteile in Kauf nehmen zu müssen.

Um die Zahl der Dach- und Kellerwohnungen auf eine möglichst niedrige Zahl zu vermindern, möchte ich sogar empfehlen, gut angelegte Sockelgeschosse als Wohngeschosse nicht in Anrechnung zu bringen, solange oder sofern nicht eine mifsbräuchliche Ausnutzung dieses Zugeständnisses zu gewärtigen ist. Namentlich für Städte und Stadtteile, in denen eine Ausnutzung der Keller für Geschäfts- oder Wohnzwecke üblich und statthaft ist, dürfte ein solches Zugeständnis am Platze sein und zur Besserung bestehender Mifsstände zu führen vermögen.

Die Sanierung der alten Stadtteile.

Die Sanierung der alten Stadtteile erfolgt zum Teil von selbst, indem an die Stelle der Wohnhäuser Geschäftshäuser treten, die nur in den gut belichteten Obergeschossen Wohnungen enthalten und deren Ausstattung den Bedingungen des Wohlbefindens wie des Wohlbehagens zu entsprechen pflegt.

Vielfach ist diese Umwandlung jedoch nur durch behördlichen Eingriff zu erreichen oder kann doch besonderer Anregung bedürfen.

Eine solche ist in erster Linie zu sehen in der Verbesserung der Verkehrsverhältnisse. Teils sind zu diesem Zweck Strafsendurchbrüche ein Erfordernis, teils reicht es aus, die Fluchtlinien enger Strafsenzüge zurückzulegen und deren Einhaltung für Neubauten vorzuschreiben.

Wichtig ist es, das ganze Fluchtliniennetz der Altstadt rechtzeitig und gleichzeitig zu bearbeiten, um Neubauten zu verhindern, welche seiner Durchführung entgegenstehen oder sie wesentlich verteuern würden.

Das Zurücklegen der Baufluchtlinien mufs mit besonderer Vorsicht erfolgen, falls die Grundstücktiefen gering sind, da dann deren Werte durch die Kürzung ganz wesentliche Einbufse zu erleiden vermögen, bedarf aber stets einer sorglichen Ermittlung der Grundstückzwecke, ehe sie festgelegt werden. In der Regel wird eine Erbreiterung der Hauptstrafsenzüge auf etwa 15 m, der übrigen Strafsenzüge auf 8 bis 12 m dem Verkehr ausreichend Rücksicht tragen, während ein weiteres Beschneiden der Grundstücke oft mehr wirtschaftliche Nachteile als Vorteile herbeiführt, deren Erzielung schliefslich doch der Hauptzweck der ganzen Vornahme ist.

Eine mäfsige Breite der Geschäftsstrafsen ist für die Zwecke des Handels meist vorteilhafter als eine bedeutende. Namentlich dort, wo nur ein mäfsiger Wagenverkehr herrscht und Gleisbahnen fehlen, mufs eine Erbreiterung auf mehr als 12 m als zwecklos bezeichnet werden. Lieber wird man auf eine grofse Höhenausnutzung der Grundstücke verzichten, als von ihrer Tiefe mehr opfern, wie dringend geboten erscheint.

Für enge, dem Verkehr völlig oder nahezu verschlossene Häusermassen oder Stadtviertel, deren baulicher und gesundheitlicher Zustand Bedenken erregt, pflegt nur der Abbruch mit der Abhilfe des Übels zugleich Vorteile in Hinsicht auf Verkehr und Geschäftsleben erreichen zu lassen.

Aber mit dem Abbruch solcher Viertel oder gröfserer Gebäudegruppen ist stets ein Mifsstand schwer wiegender Art untrennbar verbunden: Man vernichtet eine grofse Zahl von Kleinwohnungen, entzieht ihren Inhabern zum Teil die Möglichkeit, im gleichen Stadtviertel geeignete Unterkunft zu finden, erhöht in der Regel die Überfüllung der in ihm vorhandenen Wohnungen und macht zumeist eine Reihe »kleiner« Geschäftsleute brotlos. Selbst wenn auf dem gleichen Gelände wieder Kleinwohnungen errichtet werden, so kommt doch diese Hilfe viel zu spät und es fallen die Wohnungen zu teuer aus, um von den Vertriebenen bezogen werden zu können; auch pflegt die Zahl der neu errichteten Wohnungen hinter der einstigen weit zurückzubleiben, weil viel Strafsenland hergegeben werden mufs, die frühere Enge der Bebauung nicht mehr geduldet werden darf und die Untergeschosse der Neubauten für Geschäftszwecke auszunutzen sind, um die hohen Kosten der Neuherstellung von Strafsen und Gebäuden erträglich zu machen.

Ein vorschnelles Vorgehen in der gedachten Richtung ist daher zu meiden. Nur dem Zwange der Notwendigkeit darf gefolgt werden, und es ist allgemein Sorge zu tragen, dafs in oder nahe der Altstadt oder der Geschäftsstadt möglichst viel Gelände für das Errichten von Kleinwohnungen vorgesehen wird, um dem Entstehen einer Wohnungsnot durch den Abbruch alter Gebäude und Gebäudegruppen vorzubeugen. Strafsendurchbrüche werden in solchen Städten unvermeidlich, deren ursprüngliches Strafsennetz sehr eng bemessen worden ist, den Rücksichten des Verkehrs zu wenig Rechnung getragen oder Blockabmessungen von übergrofser Ausdehnung vorgesehen hat.

Ebenso sind weitgehende Eingriffe dort unvermeidlich, wo Stadtteile im Überschwemmungsgebiet belassen worden sind. Ein allmähliches Aufhöhen der Strafsen pflegt mit grofsen Schwierigkeiten verbunden zu sein, weil die Zugänglichkeit entweder der Neubauten oder der alten Gebäude leidet, je nachdem man die Strafsenaufhöhung erst nach Vollendung der Neubauten oder sofort vornimmt.

In beiden Fällen ist Ankauf und Abbruch der in Betracht kommenden Häuser das einzig empfehlenswerte Mittel. Im allgemeinen ist es Aufgabe der Stadtverwaltung, solche Unternehmungen zur Durchführung zu bringen. Der Verkauf der gewonnenen Grundstücke deckt nur in der Minderzahl der Fälle die erforderlichen Ausgaben vollständig nnd läfst selten nur einen Überschufs erzielen, wenn die Neugestaltung nach jeder Hinsicht etwas Vollkommenes darstellen soll. Einem Unternehmer darf diese Arbeit daher nicht oder nur unter weitgehenden Zugeständnissen überlassen werden, welche Sicherheit für den Erfolg der Umgestaltung bieten.

Neuerdings hat auch der Bau von Stadtbahnen, Gürtelbahnen und Strafsenbahnen vielfach weitgehende Eingriffe in den Bestand der älteren Stadtteile erforderlich gemacht. Der grofse Nutzen solcher Verkehrsanlagen läfst die mit ihnen verknüpfte Vernichtung von Kleinwohnungen ebenso gerechtfertigt erscheinen wie das Verdrängen derselben durch die Bedürfnisse des Geschäftslebens. Aber es erwächst der Allgemeinheit hieraus die Aufgabe, den wirtschaftlich schwachen Bürgern einen brauchbaren Ersatz ihrer Wohnstätten zu bieten. Diese Aufgabe ist bisher vielfach vernachlässigt und noch weniger die Verpflichtung der Gemeinwesen zu ihrer Lösung anerkannt. Es ist Zeit, dafs eine Änderung in dieser Richtung thatkräftig angebahnt wird: Der geschilderte Umwandlungsvorgang der Altstädte hat in den letzten Jahren einen so raschen Schritt angenommen, dafs bittere Wohnungsnot aus ihm entstehen mufs, wenn nicht bald für Ersatz der zerstörten Kleinwohnungen Sorge getragen wird. Ein Fortbestehen der Saumseligkeit könnte sich bitter an denen rächen, welche die Not entstehen sehen, ihre Macht zur Abhilfe aber unbenutzt lassen.

Auch die heute von vielen Seiten befürworteten Bestrebungen, ungeeignete oder ungesunde Wohnungen zwangsweise räumen zu lassen und erst nach vollständiger Neuherstellung oder gründlicher Wiederherstellung ihre Benutzung zu Wohnzwecken zuzulassen, kann zur Wohnungsnot führen, sobald man im grofsen Mafsstabe an diese Art der Wohnungssanierung herantritt. Vor jedem Übereifer in dieser Richtung ist daher zu warnen, und es sind wirklich mafsgebende Fachleute mit der Untersuchung der fraglichen Wohnungen auf ihren gesundheitlichen Zustand zu betrauen, ehe die Räumung über sie verhängt wird. Ein überdichtes Belegen der Wohnungen pflegt sie nach kurzer Frist ihres guten und gesundheitsgemäfsen Zustandes zu berauben. Letzteres aber ist stets für die verbleibenden Wohnungen zu gewärtigen, wenn ein beträchtlicher Teil der in einem Stadtviertel vorhandenen Kleinwohnungen auf irgend eine Weise dauernd oder vorübergehend seinem Zwecke entzogen wird. Mit dem Zusammendrängen mehrerer

Familien in eine Wohnung pflegt aber zugleich deren Mietpreis emporzuschnellen. Trifft dieses für eine gröfsere Zahl von Wohnungen zu, dann wird die Rückwirkung auf die Mietpreise der übrigen Kleinwohnungen des gleichen Stadtviertels kaum ausbleiben und so die Wohnungsnot in mehreren Beziehungen vermehrt statt vermindert werden.

Erst dann, wenn das Angebot an Kleinwohnungen die Nachfrage übersteigt (oder gegenwärtig wohl richtiger gesagt, je übersteigen sollte), ist der Zeitpunkt zur Sanierung der bestehenden älteren Kleinwohnungen gekommen. Aber auch dann heifst es mit Vorsicht ans Werk gehen, und es darf stets nur ein gewisser Prozentsatz der Wohnungen eines Stadtteils gleichzeitig geräumt werden.

Die Anlage städtischer Strafsen.

Die Strafsen der alten Städte und Stadtteile zeigen bisweilen eine Enge, welche der Zuführung von Tageslicht und reiner Luft zu den an ihnen errichteten Wohnungen hindernd im Wege steht. Der Grund dieses Mifsstandes ist darauf zurückzuführen, dafs man die Breite und Richtung der Strafsen im Mittelalter hauptsächlich den Ansprüchen des Verkehrs und der Schönheit gemäfs wählte und dafs vielfach in späterer Zeit an die Stelle von Lagerhäusern oder niederen Eigenheimen vielgeschossige Wohn- und Geschäftshäuser getreten sind, für welche jene geringe Breite nicht bestimmt war.

Seit einer Reihe von Jahrzehnten ist daher die Hygiene bestrebt, solchen Mifsständen entgegenzuwirken und jedenfalls Sorge zu tragen, dafs sie in den neu entstehenden Stadtvierteln sich nicht zu wiederholen vermögen. Doch ist die zu lösende Aufgabe bisher in viel zu einseitiger Weise gestellt, um allgemein befriedigende Ergebnisse hervorrufen zu können; man hat manche der Vorzüge übersehen, welche die Strafsenzüge alter Städte in hygienischer und ästhetischer Hinsicht bieten, und hat den recht bedeutenden klimatischen Unterschieden nicht ausreichend Rechnung getragen, welche bereits innerhalb Deutschlands sich fühlbar machen.

Infolgedessen stellt das, was während der letzten Jahrzehnte geschaffen worden ist, durchaus nicht etwas Ideales, sondern etwas sehr Verbesserungsbedürftiges dar; vielerorts ist sogar eine völlige Umkehr von dem eingeschlagenen Wege notwendig, um Strafsenzüge zu erhalten, welche, den klimatischen Eigentümlichkeiten des Ortes sich anpassend, den verschiedenartigen Ansprüchen der Gesundheitslehre wirklich gerecht werden und zugleich ihrem Zwecke vollkommen entsprechen.

I. Die Strafsenbreite.

Die Breite einer Strafse steht, soweit ihre hygienische Bedeutung in Betracht kommt, in vollster Abhängigkeit zur Höhe der sie begrenzenden Gebäude. Gebäudeabstand und Gebäudehöhe müssen in ein richtiges Verhältnis gebracht werden, um ausreichende Tageslichtfülle und kraftvolle Lufterneuerung zu gewinnen. Die absolute Breite der Strafse ist in allen hygienischen Beziehungen durchaus gleichgültig; sie kommt ausschliefslich für die Ansprüche des Verkehrs in Frage.

Je weiter der Gebäudeabstand im Verhältnis zur Haushöhe wird, um so mehr Tageslicht bietet die Strafse, um so mehr liegt sie der Bestrahlung und Ausstrahlung offen, um so rascher erwärmt sie sich daher und um so rascher kühlt sie sich aus. Gleichzeitig verstärkt sich die Bewegung der Luft und verringert sich der Schutz vor dem Anfall des Sturmwindes mit dem Wachsen dieser Gröfse.

Eine in diesem Sinne »schmale« Strafse bietet demnach einen wesentlich höheren Schutz gegen rasches und hohes Erwärmen im Sommer wie gegen starke Abkühlung im Winter, gegen die Wirkung des Sturmes wie gegen Staubtreiben, aber sie ist weniger lichtvoll und ihre Lufterneuerung geht langsamer von statten, auch kommt die an Sommerabenden zumeist erwünschte Abkühlung in ihr nicht so rasch zu stande, als es in der relativ breiten Strafse der Fall ist.

Je nach den klimatischen Verhältnissen eines Ortes werden bald diese Nachteile, bald jene Vorzüge gröfsere Beachtung erheischen. Das während der letzten Jahrzehnte ziemlich allgemein gestellte Verlangen nach breiten Strafsen, und zwar häufig im Sinne der absoluten Breite, ist daher mit Vorsicht aufzunehmen, seine Erfüllung dürfte in hygienischer Beziehung ebenso oft zu Mifsständen wie zu Errungenschaften führen. Namentlich bedürfen die den Stürmen besonders ausgesetzten Landstriche und die Gegenden mit einem warmen Klima einer sorgfältigen Erwägung der zu schaffenden Gebäudeabstände. Das ist bisher vielfach übersehen, und es sind infolgedessen vielfach empfindliche Nachteile herbeigeführt.

Unter einem übermäfsig hohen Wärmegrade der Strafse leidet besonders der Fufsgängerverkehr in ihr. Auch für die Anwohner ist er lästig und schädigend. Die an dem erhitzten Pflaster und Mauerwerk sich hoch erwärmende Strafsenluft dringt durch die etwa behufs der Lüftung geöffneten Fenster in die Wohnungen, die Staubbildung und das Staubtreiben werden vermehrt, die Umfassungswände der Gebäude erhalten durch Sonnenstrahlung wie durch Luftleitung höhere Wärmemengen zugeführt.

Sonnenlicht und Sonnenwärme sind untrennbar verbunden; je höher die Wärmewirkung der Sonne steigt, um so gröfsere Lichtfülle erhalten die Strafsen und die an ihnen errichteten Gebäude. Die durchaus erforderliche Rücksichtnahme auf Wärmeschutz bedingt daher nicht auch Verzichtleistung auf Tageslichtfülle; einem »warmen« Landstrich pflegt es an letzterer nicht zu mangeln.

Namentlich volkreiche Städte, welche langandauernde Sommer aufweisen oder durch ihre Lage im Bergkessel (z. B. Würzburg und Stuttgart) der Wärmewirkung der Sonnenstrahlung besonders stark ausgesetzt sind, bedürfen einer gewissen Enge der Strafsenzüge und eines Abschlusses derselben gegen Süden.

Im Mittelalter ist man diesem Erfordernis allgemein nachgekommen, indem man in solchen Städten schmale, gewundene oder gebrochen verlaufende Strafsen anlegte oder geraderen Strafsen eine geringe Ausdehnung gab.

Dagegen rufen die relativ breiten, schnurgeraden und lang ausgedehnten Strafsenanlagen der Neuzeit während des Hochsommers vielfach die ärgsten Verkehrsbelästigungen hervor und lassen bereits in den Morgenstunden des Hochsommers jene wohlthuende Kühle vermissen, welche die Strafsen der Altstädte oft noch gegen Mittag aufweisen.

Je gröfser der Fufsgängerverkehr in einer Strafse ist, um so mehr ist auf den in ihr herrschenden Wärmegrad Rücksicht zu nehmen. Stets soll in verkehrsreichen Strafsen ferner ein Bürgersteig Schatten bieten, der sowohl von Gebäuden wie von Baumreihen ausgehen kann.

Schwieriger gestaltet sich vielfach die Rücksichtnahme auf Windschutz, da er auch in Gegenden erforderlich wird, deren Tageslichtfülle zu wünschen übrig läfst. Dieses gilt namentlich von den norddeutschen Küstengebieten. Hier wird mehr die gewundene oder gebrochene Führung und das Kürzen der Strafsenzüge zum gedeihlichen Ziele zu führen vermögen als die Wahl relativ schmaler Gebäudeabstände. Keinesfalls aber darf hier die Strafsenrichtung mit der vorherrschenden Windrichtung zusammentreffen.

Aus diesen Darlegungen geht hervor, dafs den klimatischen Verhältnissen jedes einzelnen Ortes weit mehr Rechnung getragen werden mufs, als es in den hygienischen Forderungen wie bei der Planung der Strafsenzüge bisher geschehen ist. Während im lichtarmen Klima Norddeutschlands der Gebäudeabstand die Gebäudehöhe wesentlich übertreffen mufs, um gesunde Wohnungsverhältnisse zu erzielen, verlangt das Klima Süddeutschlands und Österreichs zu dem gleichen Zwecke nicht selten das umgekehrte Verhältnis, wenigstens für Geschäftsstrafsen und andere Strafsen mit regem Fufsgängerverkehr*).

Die breiten, schnurgeraden Strafsenzüge von ausgedehnter Länge sind übrigens nicht aus hygienischen Gesichtspunkten zur Durchführung gelangt, sondern waren Folgeerscheinungen der grofsen französischen Revolution. Es

*) Erinnert sei nur an die klimatischen Verhältnisse von Stuttgart, Freiburg i. B., Innsbruck, Bozen, Trient und Triest.

galt, in Paris Artillerie- und Infanterie-Feuer in städtischen Strafsenzügen zur volleren Wirkung zu bringen. Auch die sternförmig von kleineren wie gröfseren Plätzen ausgehenden Strafsenanlagen, die neuerdings so stark in Aufnahme gekommen sind, verdanken diesem Bestreben ihr Entstehen. Von Paris wurden diese »Vorbilder« durch deutsche Residenzstädte übernommen; ob zu dem gleichen Zwecke oder nur als »neueste« Mode, wird sich kaum mehr feststellen lassen.

Da in den Aufsengebieten deutscher Städte solche Anforderungen kaum irgendwo gestellt werden müssen, so wird man ja wohl leichten Herzens von derartigen Anlagen absehen dürfen, die weder in gesundheitlicher, noch in sonst irgend einer Richtung zu befriedigen vermögen, den ästhetischen Anforderungen an das Städtebild aber Hohn sprechen.

Eine sternförmige Ausbildung des Strafsennetzes ist nur dort am Platze, wo es gilt, einen Verkehrsmittelpunkt von möglichst vielen Richtungen aus zugänglich zu machen, und es hindert nichts daran, jeder einzelnen dieser Strafsen die erforderliche Richtungsbewegung zu geben.

Die Breite jeder Strafse aber soll wechseln nach dem Zwecke, dem sie zu dienen hat. Wird zugleich die jeweilig zulässige Gebäudehöhe in Abhängigkeit zum Gebäudeabstand gebracht, dann entsteht hierdurch jener für das Stadtbild durchaus erforderliche oder mindestens wünschenswerte Wechsel in der Gebäudehöhe und in der Geschofszahl. Man darf nicht eine bestimmte Gebäudehöhe zu Grunde legen und hiernach allgemein die Strafsenbreite bemessen, sonst entsteht jene trostlose Gleichförmigkeit, die wir an den Zinskasernenstädten »hassen« gelernt haben.

Der Verfasser des Stadtbauplanes hat es in der Hand, einem Stadtviertel denjenigen Charakter aufzuprägen, welcher seiner Eigenart und Lage entspricht, indem er die Strafsenbreiten sachgemäfs wählt; ohne weiteres vermag er hierdurch die Zinskaserne zu verhindern, dem Eigenheim die Möglichkeit des Entstehens zu bieten, reizvollen Wechsel in Gebäudehöhe und Gebäudeeigenart zu schaffen. Durch gleichförmiges Bemessen der Strafsenbreiten vernichtet er von vornherein den Erfolg aller künstlerischen Bestrebungen im Städtebau.

Die Anforderungen des Verkehrs an die Strafsenbreite schwanken allgemein in weiten Grenzen. Der befestigte Teil bescheidener Wohnstrafsen ist mit 8 m, in kleineren Städten selbst mit 7 m ausreichend bemessen, während in vornehmen Wohnstrafsen seine Breite zwischen 9 m und 12 m wechseln sollte. Die Breiten der Verkehrs-, Geschäfts- und Hauptverkehrsstrafsen müssen, dem jeweiligen Bedürfnis folgend, nach örtlichen Verhältnissen wechseln; ihr Ausmafs pflegt zwischen 10 m und 40 m zu liegen, hie und da 60 m zu überschreiten. Jene Wohnstrafsenbreiten werden nur im warmen Klima oder bei geringer Gebäudehöhe dem Lichtbedürfnis ausreichend zu dienen vermögen. Da die Kosten einer hygienisch richtigen Strafsenbefestigung hohe sind und die Staubbildung mit deren Breite wächst, so ergänzt man den Gebäudeabstand durch Vorgärten auf das jeweilig erforderliche Mafs. Die Vorgärten haben also einen bedeutsamen wirtschaftlichen Zweck und sind nicht etwa als ein Luxus zu betrachten.

Als hygienische Mindestforderung für neu zu errichtende Stadtviertel hat bisher allgemein ein Lichteinfallswinkel von 45° zum Fufspunkte der Gebäude gegolten, d. h. die Gebäudehöhe darf die Strafsenbreite nicht übertreffen. Diese Forderung genügt den berechtigten Ansprüchen an das Lichtbedürfnis in norddeutschen Städten nicht, während sie für manche Städte Süddeutschlands bereits als zu weitgehend bezeichnet werden mufs. In den eigentlichen Wohnstrafsen Norddeutschlands sollte meines Erachtens die Gebäudehöhe nur etwa zwei Drittel der Strafsenbreite betragen dürfen, während im lichtreichen Landklima Württembergs, Badens, Südbayerns und Tirols die Sicherung eines Lichteinfallswinkels von 45° zur Fensterunterkante des untersten Wohngeschosses bereits vollkommen ausreichen dürfte, sofern nicht die Ansprüche an einen reizvollen Ausblick breitere Gebäudeabstände erheischen. Für vornehme Strafsenzüge mögen daher dort gern höhere Forderungen an den Lichteinfallswinkel gestellt werden, für die bescheidenen Wohnstrafsen sind sie in der Regel ebenso wenig am Platze wie für Geschäftsstrafsen, weil zu gunsten niederer Mietpreise hier jedes Hinausgehen über das wirkliche Erfordernis vermieden werden sollte, sobald hohe Grundwerte herrschen. Nur dort, wo niedere Gebäude die Regel bilden und angenommen werden mufs, dafs früher oder später höhere Häuser an deren Stelle treten, ist es richtig, das zeitweilige Erfordernis zu überschreiten, unter Umständen sogar wesentlich zu überschreiten.

Vielfach sind Vorschläge gemacht, in den alten Stadtteilen Verbesserungen des ungünstigen Verhältnisses der Strafsenbreite zur Gebäudehöhe herbeizuführen. Einzelne derselben gingen so weit, das Abtragen der Obergeschosse zu befürworten, um eine gröfsere Lichtfülle zu gewinnen. Derartige Vorschläge sind mit grofser Vorsicht aufzunehmen. Die hohen Werte, welche die Grundstücke der städtischen Innenbezirke darstellen, verlangen vollste Berücksichtigung; es geht nicht an, deren Rente ohne weiteres erheblich herabzusetzen. Man wird sich in der Regel damit begnügen müssen, eine weitergehende Ausnutzung des Grundes (in der Ebene wie in der Höhe) hintanzuhalten, als bisher stattgefunden hat. Nur dort, wo ganze Stadtteile abgetragen werden, sind wirkungsvolle Eingriffe am Platze.

Ein solches Verhalten gegenüber den etwa vorhandenen Mifsständen ist nicht so bedenklich, wie es auf den ersten Blick erscheinen mag: Allmählich zwar, aber unaufhaltsam vollzieht sich die Umwandlung der älteren Stadtteile aus Wohngebieten zu Geschäftsvierteln. Zunächst werden die Untergeschosse, später oft sämtliche Stockwerke der Gebäude zu Geschäftszwecken herangezogen; nur die obersten oder doch die hochgelegenen Geschosse dienen schliefslich noch Wohnzwecken. Diesen wird aber infolge ihrer Hochlage selbst an relativ engen Strafsen Licht und Luft in ausreichender Fülle geboten, während den Ansprüchen und Bedürfnissen des Geschäftslebens Hindernisse nicht in den Weg gelegt werden dürfen. An dem Blühen des Handels und der Industrie hat auch die Hygiene das weitestgehende Interesse; sie allein bieten den Städten die Mittel zur Durchführung bedeutsamer Samierungsarbeiten, während der weitaus gröfste Teil der

Bürger nur durch sie in den Stand gesetzt wird, eine gesundheitsgemäfse Lebenshaltung zu führen.

Auch sind die Ansprüche an Geschäftshäuser viel zu verschiedenartig, um ihnen mit Verordnungsparagraphen auf den Leib rücken zu dürfen. Letztere zwingen höchstens zu Umgehungen, welche nach keiner Richtung Vorteile zu zeigen pflegen, während dort, wo volle Freiheit gewährt wird, zweckmäfsige Anlagen entstehen, die zumeist auch den gesundheitlichen Anforderungen gerecht werden, weil letztere mit vollster Zweckdienlichkeit fast stets zusammenfallen.

Die Durchlüftung der Strafsen stöfst nur unter besonders ungünstigen Verhältnissen auf Schwierigkeiten. Das rings verbundene Strafsennetz gibt horizontal gerichteten Luftströmungen ausreichend Gelegenheit zur Fortbewegung, während das Herabsenken der über die Dächer fortschreitenden Luftwellen erst dann auf Schwierigkeiten stofsen kann, wenn die Gebäude annähernd die doppelte Strafsenbreite zur Höhe erhalten, was in Zukunft nirgends geschehen dürfte.

Weit häufiger bedarf man in neueren Strafsen des Windschutzes, da der Sturm das Vorwärtsschreiten erschwert und lebhafter Wind zum Aufwirbeln des Staubes Veranlassung gibt oder den Regen uns ins Angesicht peitscht. Gerade, breite Strafsen gewähren, wie bereits erwähnt, einen solchen Schutz nicht, während gewundene oder in ihrer Richtung mehrfach gebrochene Strafsen von mäfsiger Breite ihn bieten. Auch dieser Grund spricht daher dafür, Verkehrsstrafsen und Geschäftsstrafsen allgemein eine derartige Form zu geben, schnurgerade Strafsen von ausgedehnter Länge aber überhaupt zu vermeiden.

II. Die Strafsenrichtung.

Bei der Wahl der Strafsenrichtung ist in erster Linie ein vollkommenes Anpassen an das Gelände zu fordern: Den Wasserläufen, einem See oder dem Meer und den Häfen sollen Uferstrafsen sich anschmiegen, welche nur einseitige Bebauung aufweisen dürfen; die Steigungsverhältnisse müssen

Berücksichtigung finden; die Gipfel von Bergen, Hügeln, Terrassen oder anderen Geländeerhebungen sollen an ihren Aufsenkanten Strafsen erhalten, welche freien Ausblick gewähren, also ebenfalls nur einseitige Bebauung aufweisen dürfen. Auch der obere Teil der Hänge mufs von der Bebauung frei bleiben, um die reizvolle Wirkung der Geländeerhebung zur Erscheinung gelangen zu lassen, während eine wirkungsvolle Bekrönung der Höhen (jenseits der Strafse) nur erwünscht sein kann.

Ein andersartiges Anpassen ist an die Eisenbahnen erforderlich, mögen sie die Stadt in der Ebene durchschneiden, in Einschnitten oder auf Viadukten geführt sein. Man mufs trachten, die Bahnen so weit mit Gebäuden zu umschliefsen, wie es irgend erreichbar ist, um das von ihnen ausgehende Geräusch auf möglichst kleine Flächen zu beschränken und häfsliche Ausblicke von den Strafsen auf sie zu verhindern. Doch soll der Abstand der Strafsen von den Gleisen ein ausreichend grofser sein, damit den Bahnen die gerade innerhalb der Städte so häufig erforderlich werdende Erbreiterung des Schienennetzes ermöglicht bleibt. Es müssen daher tiefe Höfe oder Gärten zwischen der Bahn und den Gebäuden verbleiben, wodurch zugleich die Belästigungen für deren Bewohner vermindert werden.

Das Heranlegen von Strafsen (Umfuhrwegen) an die Bahnen macht eine kostspielige Ausbildung der Viadukte notwendig, verhindert die nachträgliche Erbreiterung des Schienennetzes und läfst die von der Bahn ausgehenden Belästigungen ganz besonders fühlbar werden.

Umgekehrt vermag ein so weites Ablegen der Strafsen vom Bahnkörper, dafs der Bau von Rückgebäuden (unter Belassung ausreichender Abstände zwischen ihnen und den Gleisen wie den Vordergebäuden) ermöglicht wird, wirtschaftlich günstig zu wirken, da die billigen Wohnungen der Rückgebäude auch in solcher Lage sich meist anstandslos vermieten und die Rückgebäude den Vordergebäuden Schutz vor Belästigungen gewähren.

Das Verlegen der Strafsenbahngleise in die Strafsenkörper ist ein durch Verkehrsrücksichten notwendig gewordenes Übel, von dem recht viele Belästigungen für die

Anwohner und stete Gefahren für den übrigen Verkehr ausgehen. Besser wäre es vielleicht gewesen, dem Vorbild Englands zu folgen, überall gut durchgebildete Vorortbahnen und Stadtbahnen zu schaffen, sich im übrigen aber mit Fuhrwerken zu begnügen. Dem in Deutschland geschaffenen Zustande gegenüber kann man nur raten, die Gleisanlagen auf die Hauptverkehrsadern zu beschränken, sie aus den eigentlichen Geschäfts- und Wohnstrafsen aber fernzuhalten. Je breiter die Fahrbahn wird, um so mehr verringern sich die Gefahren, welche von Strafsenbahnen ausgehen, und das in den Hauptverkehrsadern herrschende starke Geräusch läfst die von ihnen hervorgerufenen Belästigungen weniger fühlbar erscheinen. Stets verdienen aber die kleinen leichten Wagen den Vorzug vor grofsen schweren, weil Gefahr wie Geräusch von den ersteren im geringeren Mafse ausgehen. Die Oberleitung ist daher dem Accumulatorbetrieb in hygienischer Beziehung stets vorzuziehen. Auch die Luftverderbnis innerhalb der Wagen durch Schwefelsäure fällt bei der ersteren fort.

Die Lage der Hauptverkehrsadern pflegt bereits gegeben zu sein, ehe an die Bearbeitung des Bebauungsplanes eines neuen Stadtviertels herangegangen wird. Dagegen bleibt dem Entwerfenden für die Richtung der übrigen Strafsen eine gewisse Freiheit, welche je nach der Art des Geländes eine mehr oder weniger grofse sein kann. Es ist lange Jahre ein Kampf darum geführt, welche Richtung zu den Himmelsgegenden diesen Strafsennetzen gegeben werden solle, um den an ihnen zu errichtenden Gebäuden Himmelslicht und Sonnenwärme in ausreichender Fülle zuführen zu können. Aber das schliefsliche Ergebnis dieses Kampfes ist kein wirklich zufriedenstellendes gewesen, konnte auch nach Lage der Sache ein solches nicht sein, weil die verschiedenartigen klimatischen Verhältnisse eine einheitliche Lösung der Frage als unthunlich erscheinen lassen, jede einzelne Himmelsrichtung neben ihren Vorzügen aber Nachteile aufweist, welche nicht durch den Städteerbauer allein vermieden oder angemessen verringert werden können, sondern zu deren Beseitigung die Mitwirkung des Architekten erforderlich ist.

Als Grundbedingung für die Lage der Wohnstätten zur Sonne darf in unseren Breitengraden gelten: Volle Ausnutzung der durch die Sonnenstrahlen gebotenen Licht- und Wärmemengen während der kühlen und kalten Jahreszeit; Schutz sowohl vor der Wärmewirkung als auch vor grellen, das Auge beeinträchtigenden Lichtwirkungen zur Zeit des Hochsommers.

Der Versuch, diese beiden wichtigsten Forderungen in Einklang zu bringen, stöfst bereits auf schwer zu überwindende Hindernisse, die klar hervortreten, sobald man die Nachteile und Vorteile einander gegenüberstellt, welche die Lage nach den verschiedenen Himmelsrichtungen bietet.

In den Wintermonaten, in welchen man des Sonnenlichtes und der Sonnenwärme am meisten bedarf, wird eine nach Ost oder West gerichtete senkrechte Wand nur dann leidlich bestrahlt, wenn sie eine vollkommen freie Lage aufweist. Der Tiefstand der Sonne im Osten und Westen, die in den Morgen- und Nachmittagsstunden auftretenden Nebelbildungen nebst der durch sie hervorgerufenen Lagerung des Rauches und Rufses über der Stadt lassen die Wirkung der Strahlung aus diesen Himmelsrichtungen während jener Jahreszeit auf ein sehr bescheidenes Mafs herabsinken. Jedenfalls kommt dieselbe innerhalb volkreicher Städte ausschliefslich den oberen Geschossen der Gebäude zu gute.

Im Sommer erhitzen sich dagegen die nach Ost und West gerichteten Wandflächen stark infolge des nahezu senkrechten Auftreffens der Sonnenstrahlen.

Die Lage der Gebäude-Aufsenwände nach Ost und West würde daher das Gegenteil von dem erreichen, was in Hinsicht auf die Wärmeverhältnisse anzustreben ist.

Liegen die Räume für den Tagesaufenthalt nach Westen, die für den Nachtaufenthalt nach Osten, dann pflegen während des Sommers die Wärmegrade in ihnen sich noch erträglich halten zu lassen, weil zur Auskühlung der Schlafräume — durch Gegenzug — vor ihrer Benutzung Zeit zu bleiben pflegt und die

Erhitzung der Wohnräume erst in den späteren Nachmittags- und Abendstunden fühlbar wird, in welchen man sie zu verlassen pflegt, um aufser dem Hause Erfrischung zu suchen. Liegen die Räume umgekehrt, dann ist erfahrungsgemäfs der Sommeraufenthalt in solchen Wohnungen ein höchst unangenehmer, der Gesundheit sicher nicht zuträglicher.

In Beziehung auf die Lichtwirkung der unmittelbar einfallenden Sonnenstrahlen gilt annähernd das gleiche. Die Belichtung aus Ost und West ist gerade während derjenigen Jahreszeit am schwächsten, in welcher man ihrer am meisten bedarf. Doch ist durch diese Lage ein Vorzug geboten: Infolge des Tiefstandes der Sonne treffen ihre Strahlen die Fensteröffnungen, soweit dieselben nicht beschattet werden, in einer Richtung, welche das Eindringen der Lichtstrahlen bis in die Tiefe der Räume begünstigt. Es gelangt daher die zerstörende Wirkung des Lichtes auf Mikroparasiten zur vollsten Geltung.

Da jedoch ein derartiges Eindringen der unmittelbaren Sonnenstrahlen in anderer Hinsicht, gerade für Wohngebäude, höchst unwillkommen zu sein pflegt, die Farben des Hausrats darunter leiden, das Auge geblendet wird und zur Sommerzeit unerwünscht grofse Wärmemengen zur Abgabe gelangen, so kann in der Mehrzahl der Fälle dieser Vorzug nicht oder nur unvollkommen zur Geltung kommen. Man wird die Fensterflächen durch Holzläden oder Vorhänge bedecken, wodurch die Lichtstrahlen ferngehalten oder so stark zerstreut werden, dafs ihre Wirkung dem des zerstreuten Himmelslichtes nicht mehr überlegen ist.

Dagegen lehrt die dauernde Beobachtung des Sonnenstandes und der Besonnungszeit senkrechter Wandflächen, dafs unter den Bedingungen, welche gröfsere Städte in Hinsicht auf das Verhältnis der Gebäudehöhe zum Gebäudeabstand zu bieten pflegen, ausschliefslich die Südlage eine ausgiebige Besonnung während der Wintermonate gewährt.

Diese Lage bietet den weiteren Vorzug, dafs während der Sommermonate infolge des Hochstandes der Sonne die Strahlen im spitzen Winkel auf die Wandflächen gerichtet sind. Sie rufen daher nur eine mäſsige Erhitzung derselben hervor, und sie lassen sich durch vorspringende Dächer, Fensterüberdachungen, Markisen und dergl. ohne Schwierigkeit fernhalten.

Allerdings empfangen die nach Süden gerichteten Wandflächen auch aus Südost und Südwest Strahlen, so daſs ihre Besonnung als eine recht andauernde bezeichnet werden muſs. Obgleich letztere Strahlen ebenfalls im leidlich spitzen Winkel auftreffen, so wird doch im Laufe eines Sommertages eine beträchtliche Wärmemenge an diese Wände abgegeben.

Die Lichtwirkung ist nach Süden die kraftvollste, und man vermag durch die oben angegebenen Mittel einen das Auge störenden Einfall der unmittelbaren Sonnenstrahlen aufzuheben, ohne die Gasfläche selbst verdunkeln zu müssen, was nach anderen Himmelsrichtungen infolge des Tiefstandes der Sonne nicht angeht.

Während man diese immerhin nicht geringen Vorzüge der Südlage für Krankensäle, Schulgebäude, Kasernen, rings freiliegende Landhäuser und dergl. ohne weiteres auszunutzen vermag, stellt sich in geschlossen bebauten Straſsenzügen für den Wohnhausbau ein schwerwiegendes Bedenken entgegen: die zweite freiliegende, nach Norden gerichtete Gebäudeseite bietet keine Besonnung und eine zwar sehr gleichmäſsige und stets voll ausnutzbare, aber etwas schwächere Helligkeit (durch zerstreutes Himmelslicht), als andere Himmelsrichtungen sie aufweisen. Da gegenwärtig die Mehrzahl der Gebäude für Wasser durchlässige Auſsenflächen zeigt, so pflegt das Fehlen jeglicher Sonnenwärme auf den Feuchtigkeitsgehalt der Umfassungswände ungünstig einzuwirken. Auch das Fehlen des unmittelbaren Sonnenlichtes in den nach dort gelegenen Aufenthaltsräumen wird zumeist als Mangel empfunden.

Abgesehen von diesen Übelständen bietet das Wohnen in Gebäuden, deren freistehende Wände gegen Süden und Norden liegen, eine groſse Annehmlichkeit, sobald der Grundplan des Hauses sachgemäſs ausgebildet wird. Man vermag, durch Wechseln der Aufenthaltsräume, im Winter warm und hell, im Sommer kühl zu wohnen, während in dieser Jahreszeit auch die aus Norden gebotene Helligkeit als ausreichend bezeichnet werden darf, falls nicht Mängel vorliegen, die durch eine zu enge Bebauung des städtischen Geländes hervorgerufen sind.

Die Lage nach Norden bietet ferner für Studier- oder Zeichenzimmer, Ateliers und andere Räume, in welchen Nah- oder Feinarbeiten dauernd ausgeführt werden sollen, den Vorzug gleichmäfsiger Belichtung und erträglicher Wärmegrade während des Sommers, wenn auch zu ihrer Beheizung ein etwas höherer Brennstoffaufwand erforderlich ist. Für manche Nebenräume ist die Nordlage ebenfalls vorteilhaft. Dagegen sind nach Norden gerichtete Schlafzimmer im gleichen Grade zu beanstanden wie deren West- oder Nordwestlage.

Zur Vermeidung der geschilderten Mängel der reinen Ost-, West- und Nordlage ist seitens des Deutschen Vereins für öffentliche Gesundheitspflege auf Vorschlag Stübbens die »Diagonalrichtung« der Strafsen empfohlen worden.

Mit dieser Lage der Wohnstrafsen werden aber mehr Vorteile aufgegeben als erreicht. Keineswegs bieten die Südost- und die Südwestlage die Vorzüge der reinen Südlage. Die nach ihnen gerichteten Gebäudeseiten bedürfen einer wesentlich gröfseren Freilage, um im Winter annähernd gleiche Wärmemengen zu empfangen wie die nach Süden gelegenen, während im Sommer die Nachteile der Ost- und Westlage im nahezu gleichen Mafse der Südost- und Südwestlage anhaften.

Dagegen ist die Nordost- und Nordwestlage der reinen Nordlage im allgemeinen wohl vorzuziehen, weil die Wände nicht völlig unbesonnt bleiben, aber sie bietet nichts weniger als eine ausgiebige Winterbesonnung, und die immerhin nicht unbedeutenden Vorzüge der reinen Nordlage gehen verloren, während ihre Mängel wohl etwas gemildert, aber durchaus nicht aufgehoben werden.

Nur der eine wirkliche Vorteil wird erreicht, dafs nicht ein Teil der Strafsen nach Süden offen liegt und dadurch gerade für besonders warme Tagesstunden des Schattens beraubt wird.

Aus dieser Schilderung der bestehenden Verhältnisse geht hervor, dafs die Lage der freiliegenden Gebäudeseiten nach Ost und West zu vermeiden oder doch auf das erreichbare Mindestmafs zu beschränken ist, und dafs Strafsen mit lebhaftem Verkehr nicht nach Süden offen liegen sollen, dafs aber auch allen übrigen Himmelsrichtungen Mängel anhaften, die zu beseitigen Sache der Städteerbauer und Architekten ist.

Über der durchaus berechtigten Forderung nach unmittelbarer Sonnenstrahlung ist vielfach vergessen worden, dafs wir des Schutzes gegen hohe Wärmegrade im Sommer im mindestens gleichem Mafse bedürfen. Gegen niedere Temperaturen vermögen wir uns innerhalb der Wohnung ausgiebigen Schutz zu verschaffen, während das Fernhalten hoher Wärmegrade von den in den Obergeschossen belegenen Wohnungen nur durch aufsergewöhnliche Mittel zu erreichen ist.

Ferner wechselt der Wert der sonnigen und der kühlen Lage mit dem Klima sehr. Während im Gebirge, an der Küste und im hohen Norden die sonnige Lage ausschliefslich Vorzüge aufweist, verdient im Süden Europas, ja bereits im südlichsten Teile Deutschlands und in Deutsch-Österreich die kühle Lage den Vorzug, und es mufs in einem sehr grofsen Teile Deutschlands gefordert werden, dafs einige Räume der Wohnung während der warmen Jahreszeit Kühlung zu bieten vermögen, falls sie während dieser Zeit nicht verlassen wird, was bei wohlhabenden Familien ja heute vielfach der Fall ist.

Die Richtung der Strafsen steht daher in der gleichen Abhängigkeit vom Ortsklima wie das Verhältnis der Strafsenbreite zur Gebäudehöhe. Völlig gleichartige hygienische Forderungen für das ganze Reich oder gar für ganz Europa sind ein Unding; sie haben mehr Nachteile als Vorteile im Gefolge und können in der Hand des ungenügend geschulten oder »kurzsichtigen« Städteerbauers bedenkliche Schädigungen hervorrufen.

Auch die Lage zu den vorherrschenden Windrichtungen bedarf der Berücksichtigung. In Gegenden, welche den Stürmen besonders ausgesetzt sind, z. B. in allen Küstengebieten, auf Inseln und Halbinseln, bedürfen die freiliegenden Gebäudewände, besonders die Fensterwände, ebenso sehr des

Windschutzes wie die Verkehrsstrafsen, während in Thalkesseln und anderen von den Winden nur schwach getroffenen Gebieten eine zur vorherrschenden Windrichtung senkrechte Lage der Fensterwände als Erfordernis bezeichnet werden mufs, um während der warmen Jahreszeit eine gründliche Durchlüftung der Räume erzielen zu können.

Folgt eine Strafse dagegen auf eine erhebliche Strecke der vorherrschenden Windrichtung, dann leidet der Verkehr in ihr unter dem Windanfall und seinen Folgeerscheinungen.

In der Mehrzahl der Fälle aber bleibt dem Städteerbauer die erforderliche Freiheit, den Strafsenzügen des Stadtbauplanes die aus ästhetischen, hygienischen und wirtschaftlichen Gründen durchaus erwünschte, bald stärkere, bald schwächere Kurvenform oder Brechung geben zu dürfen, Wegkürzungen für den Verkehr erzielen, von Verkehrsmittelpunkten Strafsen nach allen Richtungen ausgehen lassen zu können, dem Gelände in seiner Eigenart folgen zu dürfen und nicht ihm Gewalt anthun zu müssen.

Sache des Architekten ist es, die mit jeder Himmelsrichtung der Grundstücke verbundenen Vorzüge auszunutzen, die Nachteile aber zu vermeiden oder angemessen zu verringern (vergl. Abschnitt XI).

Die weitere Unterteilung des Strafsennetzes hat dann stets derart zu erfolgen, dafs die Langseite der Baublöcke nach den verhältnismäfsig günstigsten Himmelsrichtungen blickt, während für die kurze Seite unter besonders ungünstigen Umständen die offene Bauweise angewendet werden kann, um Mifsständen zu begegnen oder sie zu verringern. Ferner ist anzuraten, derartig gelegenen Blöcken eine möglichst lang gestreckte Gestalt zu geben.

Die ästhetischen Rücksichten auf die Strafsenrichtung sind bereits bei der Besprechung des Stadtbauplans mehrfach berührt: Schnurgerade Strafsen ergeben niemals reizvolle Strafsenperspektiven; solchen Strafsen von erheblicher Länge fehlt ferner der für ihre Wirkung stets notwendige Abschlufs. Die gebrochene und die gewundene Führung langer Strafsen mufs als ästhetisches Erfordernis bezeichnet werden, aber selbst kurze Strafsen gewinnen durch eine leichte Bewegung ihrer Linienführung sehr.

Die im rechtwinklig sich kreuzenden Strafsennetz zum Erreichen von Verkehrserleichterungen vielfach empfohlenen Diagonalstrafsen weisen ferner den wirtschaftlichen Nachteil auf, dafs viele spitzwinklig geformte Grundstücke entstehen, deren Bebauung teuer wird, während das von kleinen Plätzen ausgehende sternförmige Strafsennetz zur Bildung sehr schmaler oder mindestens an der Spitze zu schmaler Baublöcke Veranlassung gibt, deren Hofbildung daher in der Regel ebenso unschön wie ungesund ausfällt. Zugleich wird durch diese Strafsenanlagen meist ein übermäfsiger Teil des verfügbaren Geländes in Anspruch genommen, dessen Kosten zusammen mit den hoch werdenden Gesamtkosten der Strafsen eine zu weitgehende Ausnutzung des verbleibenden, in schmale Blöcke aufgeteilten Baulandes erforderlich machen. (Als Beispiel kann die Erweiterung von Stettin genannt werden.)

Ästhetische Nachteile fallen daher auch hier mit wirtschaftlichen und gesundheitlichen zusammen.

Die gebrochene und gewundene Führung der Strafsennetze gibt dagegen (dem tüchtigen Fachmanne) die Möglichkeit, eine günstige Grundstück- und Baublockgestaltung auch im schwierigsten Gelände zu erzielen.*)

Das ernste Studium dessen, was im Mittelalter durch die bewegte Führung der Strafsenzüge erreicht worden ist, zeigt die grofsen Vorzüge derselben im hellsten Lichte.**) Sie den neu-

*) Nur ein ›Spielen‹ mit solchen Formen, wie es neuerdings in einigen Stadtplänen geschehen ist, eine rein äufserliche, weil unverstandene Verwendung der Kurven oder Strafsenbrechungen, führt zu ungünstigen Grundstückbildungen und anderen Mängeln.

**) Ursprünglich dürfte diese Strafsengestaltung ebenfalls aus strategischen Gründen zur Anwendung gelangt sein: sie gewährte Schutz gegen einen andringenden äufseren Feind wie gegen von aufsen geworfene Geschofse.

zeitigen Bedürfnissen in jedem Einzelfall anzupassen, mufs als eine der bedeutsamsten Aufgaben des Städteerbauers bezeichnet werden.

III. Die Ausbildung der Strafsen.

Je nach dem Zweck der Strafse mufs ihre Ausbildung eine sehr verschiedenartige sein, und sie darf nur diesem entsprechen, nicht durch falsche »ästhetische Rücksichten« ihm mehr oder weniger entzogen werden. Denn die schönheitliche Wirkung der Strafse ist nicht etwas Feststehendes, das ohne weiteres übertragen werden kann, sondern sie steht in voller Abhängigkeit sowohl zu dem Leben, das auf ihr sich abspielt, als auch zu ihrer Umgebung. Der rasche Pulsschlag des grofsstädtischen Geschäftslebens mufs auch der Strafse, auf welcher der durch ihn hervorgerufene Verkehr hinflutet, sein Gepräge aufdrücken, während die in das Grün der Gärten gebetteten Landhäuser eine landschaftlich reizvolle Gestaltung der Strafse oder ein Anschmiegen, ein bescheidenes Unterordnen derselben an vorhandenen Liebreiz des Geländes verlangen. Wollte man gleichartige Strafsen für beide verwenden, dann würden im wirtschaftlichen wie im künstlerischen Sinne nur Nachteile entstehen.

Die Geschäftsstrafse der Grofsstadt verträgt Pflanzengrün selbst dort nicht gut, wo sie sich — schüchtern noch — in bisher unbebaute Aufsengebiete hinauszieht: Vorgärten würden das Herantreten an die Schaufenster, den Verkehr zu Thüren und Thoren behindern, Baumreihen den Blick von einer Seite der Strafse zur anderen stören, mit Baumreihen besäumte Wege inmitten der Strafse ihre grofse Wirkung schwächen, weil sie die eine Strafse gewissermafsen in mehrere zerlegen. Nur dort, wo die Geschäftsstrafse der Verkehrsbewältigung wegen eine für ihre Eigenart nicht mehr passende Breite erhalten mufs, oder wo die »Promenadestrafse« allmählich zur Geschäftsstrafse wird, ist jene Anordnung zulässig.

Dagegen bedarf die Geschäftsstrafse breiter Fufswege, von denen mindestens einer Schatten bieten mufs. Ein Herabgelangen der unmittelbaren Sonnenstrahlen zu den Schaufenstern ist nie willkommen, Kühle zur Zeit des Hochsommers aber ein grofser Vorzug.

Im Gegensatz hierzu soll das Ausmafs des Fahrweges nicht wesentlich breiter gewählt werden, als der Verkehr in absehbarer Zeit es erfordert, weil eine übergrofse Entfernung der sich gegenüberliegenden Schauläden den Wert der Geschäftsstrafse als solche herabsetzt.

Gegenwärtig finden wir häufig (z. B. in Berlin) die Fufswege zu schmal, die Fahrwege zu breit ausgebildet; auf den Bürgersteigen wogt dann das Gedränge, verhindert das Besichtigen der ausgelegten Waren und führt zu Belästigungen der verschiedensten Art, während auf dem Fahrwege eine fast unerfreuliche Leere herrscht. Wo die Geschäftsstrafse nicht zugleich einen starken Fuhrwerksverkehr aufweist, kann es vorteilhaft sein, jedem Bürgersteig die gleiche Breite zu geben wie dem Fahrweg.

Im hygienischen Sinne ist eine bedeutende Breite der Bürgersteige ganz besonders zu befürworten, weil ein übermäfsig dichter Fufsgängerverkehr Veranlassung gibt, dafs man die Ausatmungsluft Fremder einzuatmen gezwungen ist, wodurch nicht nur Ekelgefühl erweckt wird, sondern auch Gelegenheit zur Übertragung von Krankheiten gegeben werden kann. Die unmittelbare Berührung der Menschen im Gedränge vermag ebenfalls, namentlich im Sommer, zu Mifsständen zu führen.

Die oben gegebenen Regeln passen nicht oder doch nicht ganz für diejenigen Geschäftsstrafsen, in denen lebhafter Strafsenbahnverkehr stattfindet (oder dereinst zu erwarten ist), oder welche ständig (nicht nur für einige Tagesstunden) dem Hauptwagenverkehr dienen. Ein derartiger Verkehr pflegt eine solch grofse Trennung der beiden Schauladenseiten hervorzurufen, dafs sie auch tektonisch ausgesprochen werden darf, unter Umständen sogar ausgesprochen werden mufs.

Die Verkehrsstrafse ist verschiedenartig zu behandeln je nach dem Stadtviertel, in welchem sie liegt, und je nach dem Verkehr, dem sie dient; die gleiche Strafse sogar kann sehr wohl im Innern der Stadt eine andersartige Ausbildung erfahren als in den Aufsengebieten oder in dem Gewerbeviertel.

Während die Verkehrsstrafse im Stadtkern in der Regel Geschäftsstrafse ist und daher als solche behandelt werden mufs, wird sie nicht selten in den Aufsengebieten zur Promenadestrafse, d. h. zu einem Wege, der aus der Stadt mit ihrem Getriebe und ihrer Schwüle hinausführt in die freie Natur, in welcher der Bürger nach des Tages Arbeit sich erquicken will. Der Weg dorthin soll bereits Anmut aufweisen. Es ist nichts trostloser, als aus der Mitte einer Grofsstadt den Weg ins Freie sich »erkaufen« zu müssen durch stundenlange Wanderung oder weite Fahrt auf unschöner, düsterer Strafse.

Am vorteilhaftesten ist es, den Fuhrwerk- und Reiterverkehr hier völlig vom Radfahrer- und Fufsgängerverkehr zu trennen, indem man schmale Parkstreifen längs der Fahrstrafse führt, in denen gesonderte Fufsgänger- und Radfahrerwege angelegt werden, die möglichst sich nirgends berühren. Diese Parkstreifen inmitten zweier Fahrstrafsen anzuordnen, ist weniger vorteilhaft, weil die Beeinträchtigung des Parks durch Geräusch und Staub hierdurch ganz wesentlich erhöht wird, kann aber auf beiderseits mit Häusern besetzten Strafsen durch die Verkehrsverhältnisse gefordert werden.

Wo für Parkanlagen der Raum fehlt, sollten mit Baumreihen besetzte Fufsgänger- und Radfahrerwege seitlich oder inmitten der Fahrstrafse angelegt werden. Auch im Gewerbeviertel sind diese am Platze (vergl. S. 151).

Seitlich der Fahrstrafse liegende Parkstreifen oder Alleen sollen möglichst derart angelegt werden, dafs die vorherrschende Windrichtung von ihnen zur Fahrstrafse führt. Wo das Gelände die umgekehrte Lage der Parkstreifen erheischt, mufs dichtes, hohes Buschwerk sie von der Fahrstrafse trennen, um als Staubfänger zu dienen.

In den eigentlichen W o h n s t r a f s e n sollte allgemein das Ausmafs des befestigten Teils, namentlich des Fahrweges, auf das für den Verkehr jeweilig erforderliche Mindestmafs beschränkt werden, um die Kosten für Strafsenland, Strafsenbefestigung und Strafsensäuberung thunlichst niedrig zu halten, ohne die Güte und Staubfreiheit des Pflasters zu beeinträchtigen.

Der in beiderseits mit Gebäuden besetzten Strafsen für die Gewinnung von Licht und Luft erforderliche Hausabstand ist in der Regel durch Vorgärten zu erzielen.

Neben diesem rein wirtschaftlichen Zweck erfüllen die Vorgärten einige hygienische und ästhetische Aufgaben. Sie bieten Augenweide, erfüllen die Luft mit Blütenduft und vermögen bei richtiger Anlage Staub und Sonnenglut von den Gebäuden fernzuhalten.

In Hinsicht auf die Augenweide ist es vorteilhaft, die Vorgärten beiderseits in nahezu gleicher Breite anzulegen. Es führt diese Anordnung aber unter Umständen den Nachteil herbei, dafs dann keiner der Bürgersteige den für den Verkehr im Sommer notwendigen Schatten bietet. Daher empfiehlt es sich, in den betreffenden Fällen die Vorgärten an der Schattenseite nicht breiter zu wählen, als des Schattenspendens wegen angeht, dafür ihnen aber an der Sonnenseite eine grofse Tiefe zu geben. Hier gedeiht der Pflanzenwuchs üppiger und die Gebäudewände wie die Gärten selbst bedürfen des Schutzes vor den Sonnenstrahlen durch Laubwerk mehr als an der Schattenseite, was bei bedeutender Tiefe der Gärten sich leichter erreichen läfst. Die gedachte Anordnung ist daher in jeder Hinsicht zweckdienlicher als die Anlage gleich breiter Vorgärten.

In verkehrsarmen Strafsen und besonders in den Kleinwohnungsgebieten halte ich es für geraten, an die Stelle der Bürgersteige nebst den Vorgärten schmale Parkstreifen zu setzen, deren (fest unterbettete) Kieswege für den Fufsgängerverkehr ausreichen. Es bleibt zwischen diesen Streifen dann nur der Fahrweg.

Meist wird es vorteilhaft sein, diesem Parkstreifen an der Sonnenseite eine möglichst grofse Breite zu geben, an der Schattenseite dagegen nur schmale Rasenstreifen anzuordnen, vor welchen ein Kiesweg entlang läuft, während zwischen ihm und den Gebäuden ein Beet von ganz geringer Breite bleibt, das zum Ziehen von Blumen und Schlingpflanzen Gelegenheit bietet.

Bei einem Gebäudeabstande von nur 20 m kann im letzteren Falle der Parkstreifen bereits eine Breite von 10 m erhalten, die zum Ergehen vollständig ausreicht und dem Gesamtbilde einen entschieden höheren Reiz gibt, als Strafsen mit abgegrenzten Vorgärten von je 4 bis 5 m Tiefe, namentlich im Kleinwohnungsgebiete, es vermögen.

Hier fehlen in der Regel die Mittel, häufig auch die Neigung zur netten Anlage und zur sorgsamen Pflege der Vorgärten. Zwischen freundlichen Gärten bleiben nicht selten wüst liegende oder als Kinderspielplatz dienende Strecken, die dem Ganzen den Stempel der Öde oder der Armut aufdrücken. Öffentliche Parkanlagen verdienen daher in derartigen Strafsen bei weitem den Vorzug, und die Gelegenheit zum Ergehen, welche sie bieten, ist gerade für die Inhaber von Kleinwohnungen ein entschiedener gesundheitlicher Vorteil, weil ihnen an Werktagen zu wenig Zeit zu bleiben pflegt, um entfernte Parkanlagen, Stadtwaldungen und dergl. aufsuchen zu können.

Ich bin sogar überzeugt, dafs nach der Verwirklichung dieses meines Vorschlages bald auch in manchen anderen Wohnstrafsen derartige Parkstreifen an Stelle der Bürgersteige und Vorgärten entstehen würden, die, in Zusammenhang mit gröfseren Parkanlagen oder öffentlichen Plätzen gebracht, zum Lustwandeln allgemein willkommene Gelegenheit zu bieten vermöchten, ohne mehr Strafsenland zu erfordern, als für einen ausreichenden Gebäudeabstand beansprucht werden mufs.

Wie bereits auf Seite 160 dargelegt wurde, sind in nur einseitig mit Gebäuden besetzten Strafsenzügen Vorgärten kein hygienisches Bedürfnis. Aus anderweiten Gründen wird man sie in der Ebene wie auf dem Rande der Höhenzüge zumeist anordnen. Dagegen empfiehlt es sich, sie an Berghängen fortzulassen oder doch auf schmale Beete zu beschränken, die vor den Futtermauern ihren Platz erhalten, um Schlinggewächse an letzteren hochführen zu können. Die Gesamtanlage stellt sich ganz wesentlich billiger, wenn die Futtermauern als Gebäudewände zu dienen vermögen; die Zugänglichkeit der Häuser wird eine wesentlich bessere, und man vermag den lichtvollen Teil ihrer Untergeschosse als Eintrittshalle oder zu Aufenthaltsräumen auszunutzen. Einen wirklich reizvollen Eindruck gewähren die

Vorgärten in einseitig bebauten Berghangstrafsen mit ihren hohen Futtermauerabschlüssen nicht, sondern rauben nur den für den Verkehr dort meist besonders notwendigen Schatten, während die rückwärtigen Gärten an Tiefe gewinnen, sobald die Gebäude bis an den Bürgersteig herangeschoben werden und damit sowohl der Gesamteindruck der Strafse als auch die Augenweide von ihr gehoben wird, da der Einblick in diese Gärten von der oberen Strafse aus offen liegt und die Dächer (der unterhalb der Strafse liegenden Gebäude) tiefer rücken. Unter gleicher Ausnutzung der Grundstücke wird es bei irgend erheblicher Neigung der Berghänge gelingen, von allen Strafsenzügen freien Ausblick bis ins Thal zu erhalten, sobald die Vorgärten fortgelassen werden, während bei ihrer Anlage schon eine so bedeutende Grundstücktiefe hierzu erforderlich ist, wie sie aus wirtschaftlichen Gründen nicht allgemein durchgeführt werden kann.

Auf der Höhe der Geländeerhebungen und an den Ufern der Gewässer sind die Vorgärten dagegen durchaus am Platze, und zwar sollten sie hier eine besonders grofse Tiefe erhalten, um Gelegenheit zum Anbringen von Terrassen und Veranden zu geben, aus welchen man die sich bietende Aussicht oder Fernsicht zu geniefsen vermag.

Die Anlage der öffentlichen Plätze.

Die öffentlichen Plätze werden ziemlich allgemein als »Lungen der Städte« bezeichnet, weil sie luftverbessernd auf die in ihrer Nähe liegenden Strafsen einwirken. Soweit es sich um verhältnismäfsig enge Gassen und Gäfschen älterer Städte oder Stadtteile handelt, beruht diese Anschauung auf Wirklichkeit. Wo aber eine der Haushöhe gleiche oder sie übertreffende Breite der Strafsen zur Durchführung gelangt, bedarf es solcher »Lungen« zur Verbesserung ihrer Durchlüftung nicht. Die Luftwellen, welche über die Dächer dahinziehen oder jagen, senken sich in derartige Strafsen in ausreichendem Mafse herab, setzen sich hier zumeist als horizontale Strömungen fort und rufen selbst bei Windstille im Sommer noch eine ausreichende Lufterneuerung hervor. Die Untersuchung ergibt in den neueren

Stadtteilen stets eine Zusammensetzung der Strafsenluft, wie sie auch im Freien nicht anders gefunden wird.

Ein grofser Vorzug der öffentlichen Plätze von einiger Ausdehnung beruht dagegen darauf, dafs sie die ihnen tagsüber zugeführten Wärmemengen nach Sonnenuntergang durch Ausstrahlung und Leitung rascher abzugeben vermögen als die engeren Strafsenzüge, und dafs die mit Pflanzenwuchs versehenen Plätze wesentlich weniger Wärme durch Bestrahlung aufnehmen als die gepflasterten Strafsenteile.

Die erfrischende und erquickende Wirkung, welche wir empfinden, sobald wir an Sommerabenden, aus dem Gewirr städtischer Strafsennetze kommend, freie Plätze oder Parkanlagen betreten, beruht nicht etwa auf gröfserer Reinheit der Luft, sondern auf einem niedrigeren Wärmegrade derselben und auf dem Nachlassen der Wärmestrahlung, welche zuvor von den Gebäudewänden und dem Strafsenpflaster auf unseren Körper ausgeübt wurde.

In der Frühe vermögen wir unter Umständen dieselbe erfrischende Wirkung zu verspüren, wenn wir von dem besonnten freien Platze oder von breiten Strafsenzügen in die schattigen, Kühlung bietenden engen, gewundenen Gassen der Altstadt treten.

Beide haben daher ihre volle hygienische Berechtigung nebeneinander. Nicht etwa sind die »engen«, gewundenen Verkehrsstrafsen »notwendige Übel«, die freien Plätze und breiten Strafsenzüge das alleinige Ideal (was bis jetzt vielfach, aber fälschlich behauptet worden ist).

Im Mittelalter sind freie Plätze nur dort errichtet, wo man ihrer zu Zwecken des Handels und des Verkehrs bedurfte. Ferner sind die rings der Kirchen angelegten Friedhöfe später zu öffentlichen Plätzen umgewandelt. Als man begann, an Stelle der Burgen Schlösser zu errichten, entstanden als »Schlofsfreiheit« weitere Plätze von einer zuvor kaum gekannten Ausdehnung, obgleich in manchen Orten die Marktplätze und Hafenplätze bereits bedeutende Ausmafse erhalten hatten.

Derartige grofse, freie Plätze sind heute vielfach ihres ursprünglichen Zweckes beraubt und rufen dann nicht selten das

Gefühl der Leere und Öde hervor, während kleinere, an Knotenpunkten des Verkehrs oder an Wegkreuzungen errichtete Plätze zumeist auch heute noch uns entzücken durch die Schönheit ihres architektonischen Eindrucks.

Da grofse, freie Plätze ferner zur Staubbildung neigen und zum Staubtreiben Veranlassung geben, so hat man begonnen, sie zu öffentlichen Parkanlagen oder zu Schmuckplätzen umzuwandeln, sobald ihr Zweck dies irgend gestattet. Beim Neuschaffen solcher Anlagen wird man fast immer die Gartenform wählen.

Dagegen bedarf man kleinerer Plätze an Wegkreuzungen, als Erbreiterung der Verkehrsstrafsen an besonders in Anspruch genommenen Punkten, als Haltestellen der Fuhrwerke und dergl. auch heute noch, und ihr hoher Wert für die Wirkung des Stadtbildes und der etwa an ihnen zu errichtenden öffentlichen Gebäude wie als Strafsenabschlufs sichert ihnen für alle Zukunft eine vielfache Anwendung. Ihr Ausmafs mufs sich dem jeweiligen Zweck vollständig unterordnen, weil andernfalls ihre künstlerische Wirkung leidet, während es hygienisch ziemlich belanglos zu sein pflegt.

Ganz besonders empfiehlt es sich, an allen Wegkreuzungen die etwa vorhandenen spitzwinklig geformten Grundstückecken stumpf oder ellipsenförmig abzuschneiden, weil die auf diesen Ecken errichteten Gebäude günstigere Grundrisse erzielen lassen und eine weit schönere Gebäudewirkung ergeben als beim Belassen der spitzen Eckform. Dem Verkehr wird hierdurch in gleichem Mafse gedient. Falsch ist es dagegen, rechteckige Grundstücke abzuschrägen. Hierdurch wird der Grundplan ebenso sehr geschädigt, wie die Wirkung des Stadtbildes.

Dagegen hat die Gröfse der als öffentliche Gärten dienenden Plätze rein gesundheitliches Interesse, doch ist es nicht angängig, allgemein gültige Zahlen zu geben: Einerseits darf ein solcher Platz nicht zu klein gewählt werden, wenn er zum Lustwandeln einladen soll, anderseits ist es namentlich für die wirtschaftlich schwachen Bürger besser, eine grofse Zahl solcher Plätze zu besitzen, als wenige Plätze von bedeutendem Umfang, deren Erreichen aber einen wesentlichen Zeitaufwand bedingt.

Wo in unmittelbarer Nähe der Stadt hoher Naturgenufs sich bietet, z. B. in München, Stuttgart und Freiburg i. B., oder wo die Stadt an verschiedenen Seiten von Waldungen, ausgedehnten Wiesenflächen und grofsen Parkanlagen unmittelbar berührt ist, z. B. Hannover, da genügen im Innern derselben öffentliche Gärten von geringer oder mäfsiger Gröfse (2 bis 10 ha) dem gedachten Zweck vollkommen, während für Städte, deren nahe Umgebung zu Wanderungen wenig einladet, Parkanlagen gröfseren Umfangs ein Erfordernis bilden (20 ha und mehr).

Stets empfiehlt es sich, zwischen diesen einzelnen öffentlichen Gärten sowie zwischen ihnen und den nahe gelegenen Waldungen u. s. w. reizvolle Verbindungswege zu schaffen. Es wird dadurch ein längeres Ergehen auch im Innern der Stadt ermöglicht, ohne durch fortwährendes Umkehren die Sinne zu ermüden, und es beginnt der Naturgenufs beim Hinauswandern bereits innerhalb des Stadtgebietes.

Besonders geeignet zum Schaffen solcher reizvollen Verbindungen sind die Ufer aller Wasserläufe. Soweit sie nicht Verkehrszwecken dienen, sollten sie stets beiderseits, wenn auch nur schmale, Parkstreifen erhalten, welche thunlichst durch die ganze Stadt führen. Namentlich die Überschwemmungsgebiete der Flüsse können zu diesem Zwecke vortheilhaft ausgenutzt werden. Ebenso sind einstige Wälle und Festungsgräben oder andere tiefliegende Geländeteile gegebene Wege dieser Art. Die Anlagen Nürnbergs zeigen, welche Anmut mit geringen Geldmitteln sich in ihnen entwickeln läfst.

Gegebene Parkanlagen sind ferner aufgelassene Friedhöfe, deren andersartige Benutzung auch aus ethischen Gründen einige Menschenalter hindurch oder ganz unterbleiben sollte.

Von grofsem Nutzen würde es sein, die Friedhofsgelände von vornherein so zu wählen, dafs dieser spätere Zweck von ihnen voll erfüllt wird, und zwischen der Stadt und den Friedhöfen reizvolle Verbindungswege zu schaffen, die bereits für den ursprünglichen Zweck der Friedhöfe als ein Erfordernis bezeichnet werden dürfen.

Im allgemeinen werden kleinere öffentliche Gärten und Schmuckplätze gegenwärtig derart angelegt, dafs die

Vorderseiten der Gebäude nach ihnen gerichtet sind. Doch geht es sehr wohl an, das Innere grofser oder übergrofser Baublöcke zu einem öffentlichen Park auszubilden, an welchen rings die Höfe oder Hausgärten der Gebäude grenzen und gegebenenfalls Zugänge nach ihm erhalten. Wien und Paris besitzen je eine vorbildliche Anlage dieser Art.

Derartige öffentliche Gärten empfehlen sich besonders für rings mit Kleinwohnungen umbaute gröfsere Blöcke, weil eine schmucke Anlage und gute Instandhaltung der Hausgärten dort nicht vorausgesetzt werden kann.

Eine grofse Förderung des Wohlbefindens und Wohlbehagens der Bürger könnten die Stadtverwaltungen erzielen, wenn sie die in ihrem Besitz befindlichen oder zu diesem Zweck frühzeitig erworbenen Gelände derart aufteilen würden, dafs im Innern jedes Blocks ein Park verbliebe und nur die Aufsenteile desselben veräufsert würden, die dann vollständig zur Herstellung der Häuser und Höfe ausgenutzt werden könnten unter der Bedingung, den nach dem Park gerichteten Wänden und Dächern eine angemessene, der Umgebung angepafste Aufsengestaltung zu geben.

Die Benutzung solcher Parkanlagen kann ausschliefslich für die Anwohner oder allgemein frei gegeben werden. Offene oder überbaute Zugänge sind im letzteren Falle von mindestens zwei Strafsen herzustellen. Am besten eignen sich zu diesem Zwecke die kurzen Blockseiten.

Die Form und Einteilung der öffentlichen Plätze besitzt kein hygienisches Interesse, sondern ist den Rücksichten des Verkehrs und der schönheitlichen Wirkung unterzuordnen.

Dagegen mufs es als ein Erfordernis gelten, gröfsere öffentliche Gärten und Schmuckplätze mit schattigen Wegen derart zu versehen, dafs sie auch an heifsen Tagen vollen Genufs zu bieten vermögen und nicht eine Störung im Fufsgängerverkehr bilden. Ebenso ist Wert darauf zu legen, dafs in trockener Sommerzeit nicht nur die Grasflächen und Beete gesprengt, sondern auch die Wege staubfrei erhalten werden. Was nutzt die Frische des Pflanzenwuchses, wenn zwischen ihm Staubwolken von den Wegen sich erheben oder bei jedem Schritt Staub emporwirbelt? Wo die Rasenflächen ununterbrochen gesprengt werden, dürfte auch für die schmalen Wege wohl etwas Nafs zur Verfügung stehen! Die Gärtner scheinen allerdings vielerorts vom Gegenteil überzeugt zu sein, denn staubige Wege inmitten frisch grünender Parkanlagen gehören nicht gerade zu den Seltenheiten.

Die Strafsenbefestigung.

Von der Oberflächengestaltung der Fahrbahnen fordert die Hygiene Staubfreiheit, Geräuschlosigkeit, Reinhaltung des Untergrundes und raschen Wasserabflufs.

Der Staubfreiheit kommt die vornehmste Bedeutung zu, da die Einwirkung des Staubes auf die Atmungsorgane und die Augen eine höchst unheilvolle werden kann: Scharfe oder ätzende Staubteile rufen Reizungen der Schleimhäute hervor, welche als Eingangspforten für Krankheitserreger zu dienen vermögen.

Auch die Bedeutung der Ruhe für den Nervenhaushalt der Bürger, namentlich des geistig angestrengt arbeitenden Teiles der Bevölkerung, ist bereits heute eine hohe und in steter Zunahme begriffen. Wir beanspruchen daher innerhalb der geschlossenen Räume Ruhe für geistige Beschäftigung sowohl wie zur Erholung von ihr und für den Schlaf. Auch für die auf der Strafse befindlichen Leute vermag ohrbetäubendes Geräusch zur Qual zu werden.

Dagegen kann gegenwärtig der Reinhaltung des Untergrundes der Strafsen die Bedeutung nicht mehr zugesprochen werden, welche man ihr früher beilegte, weil in gröfseren Gemeinwesen das Trinkwasser nicht mehr innerhalb der Stadt dem Grunde entnommen wird, und wir wissen, dafs der Selbstreinigung des Bodens die Beseitigung derjenigen Verunreinigungen überlassen werden darf, welche auf den Strafsen gut verwalteter Städte zu gewärtigen sind. Je durchlässiger die Strafsenoberfläche für Flüssigkeiten ist, um so zugänglicher ist sie auch dem Sauerstoff der Luft, unter dessen Einflufs die unschädliche Zersetzung organischer Stoffe durch Kleinlebewesen rasch und sicher erfolgt. Mit der Höhe der Untergrundverunreinigung wird daher in der Regel die selbstreinigende Kraft des Bodens wachsen.

Die rasche Entwässerung der Strafse ist sowohl für deren Begehen erforderlich wie zur vollkommenen Sauberhaltung. Die Form und das Gefälle der befestigten Strafsenteile müssen dieser Bedingung Rechnung tragen. Undurchlässige Fahrbahnen brauchen bei gleicher Ebenheit ein stärkeres Gefälle als durchlässige. Meist wird aber die rauhere, dem Wasserabflufs Widerstand bietende Oberfläche durchlässiger Fahrbahnen diese Bedingung aufheben. Wasser- oder Kotlachen dürfen nirgends entstehen.

Die Staubbildung ist drei Ursachen zuzuschreiben: Erstens wird Staub erzeugt infolge des Zerreibens der Strafsenoberfläche durch den Verkehr; zweitens kommen die Abgänge der Lasttiere zur Verreibung und damit zum Verstauben; drittens wird Staub den Strafsen unmittelbar zugeführt durch die Beförderung staubförmiger Körper auf ihnen, durch das Einsammeln des Hausmülls und seine Beförderung, durch die Bauthätigkeit auf und an den Strafsen und dergl.

Die Bauart der Strafsen vermag nur der ersten dieser Ursachen unmittelbar entgegenzuwirken, dagegen fördert eine ebene, feste und fugenfreie Herstellung der Strafsenoberfläche die Möglichkeit der Sauberhaltung und dadurch mittelbar ihre Staubfreiheit in hervorragendem Grade.

Neben der Sauberhaltung besitzen wir im Feuchthalten des Strafsenkörpers ein Mittel, die Bildung und das Aufwirbeln des Staubes hintanzuhalten oder zu verringern.

Die Bedeutung des Feuchthaltens, also des Sprengens des Strafsenkörpers wechselt je nach dessen Beschaffenheit und den Witterungsverhältnissen in recht weiten Grenzen. Je mehr Feuchtigkeit der Strafsenkörper aufzunehmen vermag, um so längere Zeit vergeht, bis die auf seiner Oberfläche lagernden staubförmigen Teile durch Windwirkung in die Luft geführt werden können. Die Gröfse dieses Zeitraumes wechselt ferner mit der Kraft der Sonnenstrahlung, der Luftwärme und der Luftbewegung. Während ein aus Steinschlag gebildeter Strafsenkörper, der durch Regen oder gründliches Sprengen vollständig durchfeuchtet ist, selbst an sonnigen Sommertagen bei stark bewegter Luft in der Regel Stunden braucht, bis ein Verstauben seiner Oberfläche stattfindet, trocknet eine befeuchtete Asphaltdecke unter solchen Umständen binnen weniger Minuten aus und läfst das Aufwirbeln und Forttreiben des Staubes aufserdem weit rascher zu als der Steinschlag, weil die Reibung ungemein gering ist, welcher der Staub und die Luft auf seiner Oberfläche begegnen.

Je undurchlässiger und ebener eine Strafsendecke ist, um so weniger Nutzen schafft das Sprengen derselben, um so notwendiger ist deren dauernde und vollkommene Sauberhaltung, weil nur durch sie Staubfreiheit der Strafse erzielt werden kann. Auf völlig oder nahezu undurchlässigem Pflaster bedeutet jedes Sprengen eine Verschwendung; die hierfür aufgewendeten Geldmittel werden besser für erhöhte Sauberhaltung ausgegeben, denn wo kein Staub ist, kann auch von trockener Fläche keiner emporwirbeln.

Dagegen bedürfen durchlässige Strafsenoberflächen eines um so gründlicheren Sprengens, je weniger vollkommen ihre Sauberhaltung zu erfolgen vermag, je rauher oder fugenreicher die Fläche ist. Des ausgiebigsten Feuchthaltens bedarf daher der Steinschlag, dann folgt das Kleinpflaster, hierauf das Steinpflaster mit breiter, zuletzt das Kunststeinpflaster mit schmaler Sandfuge, während die beiden letztgenannten Pflasterarten als wenig durchlässig betrachtet werden dürfen, sobald ihre Fugen eine Bitumenfüllung erhalten haben, wenn auch die Steine eine je nach ihrer Eigenart mehr oder weniger grofse Wassermenge in den Poren ihrer Oberfläche aufzunehmen vermögen.

Die Heftigkeit des durch den Wagenverkehr hervorgerufenen Geräusches hängt in erster Linie ab von den Widerständen, welche die Räder auf der Strafsenfläche finden. Ferner kommt der Eigenton des Strafsenkörpers in Betracht und die Art der Unterbettung, welche der letztere erfahren hat. Auch die Erhaltung der Ebenheit einer Fahrbahn ist natürlich von grofser Bedeutung.

Je ebener die Fahrbahn ist, um so weniger Widerstand finden die Räder; ihre Vorwärtsbewegung ist daher mehr die des Gleitens als die des Springens. Je unebener die Strafse ist, je mehr und je höhere Vorsprünge das Pflaster bildet, um so stärker fällt das Springen und Hüpfen der Räder aus und dadurch das von ihnen erzeugte Geräusch. Doch fällt das letztere um so dumpfer und matter aus, je schwächer die Klangfarbe des Strafsenkörpers ist. Die Reihenfolge der gegenwärtig hauptsächlich verwendeten Pflasterstoffe in der Klangfarbe ist: Holz, Asphalt, Steinschlag, Schlackenstein, Klinker und andere Kunststeine, hartes Naturgestein. Der vom Hufschlag der Pferde ausgehende Schall hängt ausschliefslich von dieser Eigenschaft des Strafsenkörpers ab.

Das unmittelbare Auflagern der Pflasterkörper auf fester, wenig nachgiebiger oder unnachgiebiger Unterbettung erhöht sowohl das Geräusch wie die Abnutzung der Oberfläche.

Die gröfste Ebenheit der Fahrbahn wird durch das Asphaltpflaster erzielt; ihm folgen Holz-, Kunststein- und Kleinpflaster, dann der Steinschlag und diesem in der Regel erst das Natursteinpflaster. Dagegen weisen der Steinschlag und das Holzpflaster die rascheste und ungleichmäfsigste Abnutzung und dadurch eine bedeutende Staubbildung auf, selbst wenn zu ihnen die geeignetsten Baustoffe gewählt werden und die Ausführung der Strafsendecke die denkbar beste ist.

Für geneigte Strafsen ist eine gewisse Rauheit ihrer Oberfläche ein Erfordernis, um einem Abwärtsgleiten der Räder entgegenzuwirken und den Hufen der Lasttiere Halt zu bieten. Zu irgend erheblichen Neigungen eignet das Asphaltpflaster sich daher nicht, während die übrigen Pflasterarten als brauchbar und ziemlich gleichwertig für geneigte Fahrbahnen bezeichnet werden dürfen.

Diesen allgemeinen Darlegungen entsprechend läfst sich das Urteil über den gesundheitlichen Wert der einzelnen Fahrbahnbefestigungsarten etwa wie folgt zusammenfassen:

Der S t a m p f a s p h a l t erfüllt die Forderungen an Staubfreiheit, geringes Geräusch und Reinhaltung des Untergrundes sämtlich in ausreichender Weise, doch ist es notwendig, seiner Sauberhaltung die gröfste Sorgfalt zuzuwenden, weil andernfalls das Staubtreiben und Aufwirbeln auf ihm besonders stark erfolgt.

Das Holzpflaster hat die auf dasselbe gestellten Hoffnungen nicht erfüllt: Die Staubbildung ist eine hohe und gibt die Art des Staubes noch zu Bedenken Veranlassung; ein gründliches Sauberhalten stöfst auf Schwierigkeiten; das mit den Abgängen der Lasttiere getränkte Holz neigt zur Fäulnis und erfüllt bei warmer Witterung die Luft mit übelriechenden Gasen, ein Mangel, der durch das Imprägnieren des Holzes wohl etwas gemildert, aber nicht aufgehoben wird. Da in technischer und wirtschaftlicher Beziehung dem Holzpflaster ebenfalls Mifsstände anhaften, die durch eine sachgemäfse Auswahl des Holzes und eine zweckdienliche Pflasterungsart wohl verringert, aber nicht behoben werden können, so ist kaum anzunehmen, dafs ihm eine »grofse Zukunft« bevorsteht, obgleich das Holz in Hinsicht auf die Geringfügigkeit des Verkehrsgeräusches vor jedem anderen der gegenwärtig üblichen Pflasterstoffe weitaus den Vorzug verdient.

Dagegen ist das Holzstöckelpflaster dort zu empfehlen, wo es gegen die Einflüsse der Witterung geschützt liegt oder ein besonders hohes Bedürfnis des Schutzes gegen Schallerzeugung vorliegt, z. B. in Einfahrten und Durchfahrten der Gebäude, in den Unterführungen von Bahnen, in den Zugängen der Stallgebäude. Auch als Pflaster der Brücken, der Zufahrten der Gebäude, der von Fuhrwerken benutzten Höfe besitzt es bedeutenden und voraussichtlich bleibenden Wert, falls nicht die Versuche, aus Korkabfällen, Gumminachahmungen u. a. geeignete preiswerte Pflastersteine zu bilden, dereinst von Erfolg gekrönt werden.

Das Steinpflaster weist in der Regel eine hohe Geräuschbildung auf, weil einerseits die für dasselbe zumeist gewählte Sandunterbettung zu nachgiebig ist, um eine ebene Fahrbahn auf die Dauer erzielen zu können, anderseits die Steine selbst ziemlich bedeutende Unebenheiten zeigen, welche breite Fugen zum Erfordernis machen und zum Springen der Räder selbst

Veranlassung geben, während die Klangfarbe fast aller zu Pflasterzwecken geeigneten Gesteine eine helle ist.

. Die Nachteile dieses Pflasters lassen sich bereits dadurch vermindern, dafs eine Betonunterbettung mit Sandzwischenlage an die Stelle der Sandbettung tritt, und würden auf ein geringes Mafs herabsinken, sobald man die Steine ringsum abschleifen könnte. Das Verfahren Hergenhahns zur Formengebung harten Gesteins erscheint hierzu geeignet und dürfte ausreichend preiswerte Gesteine gewinnen lassen, weil die unvermeidliche Preiserhöhung dadurch wieder wett gemacht wird, dafs vier Seiten solcher Steine nacheinander als Fahrbahnoberfläche zu dienen vermögen. Die Fugen der durch Abschleifen gewonnenen Pflastersteine lassen sich beliebig schmal wählen, und man kann eine Fahrbahnfläche aus ihnen bilden, welche derjenigen der Asphaltbahnen an Ebenheit nur wenig nachgibt, während durch die Wahl ausreichend rauhen Gesteins der Nachteil der Schlüpfrigkeit vermeidbar ist.

Die zur Bildung runder Köpfe neigenden Naturgesteine sind zur Herstellung von Fahrbahnen wenig geeignet. Weichere Gesteine, namentlich die Grauwacke, haben sich besser bewährt als harte Gesteine solcher Art (z. B. Basalt und harter Granit).

Die aus geeigneten Kunststeinen hergestellten Pflasterungen auf Betonbettung mit Sandzwischenlage weisen die geschilderten Eigenschaften ebener Fahrbahnen heute bereits auf. Die Frage, ob sie oder abgeschliffene Natursteine den Vorzug verdienen würden, ist eine rein wirtschaftliche, da ausschliefslich der Preis und die Haltbarkeit für die Wahl entscheiden.

Überlegen bleibt der Asphalt derartigen Fahrbahnherstellungen stets durch seine wesentlich dumpfere Klangfarbe. In ebenen oder wenig geneigten Strafsen mit starkem Wagenverkehr dürfte er daher den Vorzug verdienen, falls nicht die Preislage ein Hindernis seiner Verwendung bildet.

Sämtliche bisher genannten Pflasterungsarten stellen sich jedoch zu teuer, um in Wohnstrafsen bescheidenster

Art Anwendung finden zu können. Mit allen Mitteln ist dahin zu streben, den Mietpreis der Kleinwohnungen niedrig zu halten, weil die Bekämpfung alles dessen, was unter dem Wort »Wohnungsnot« zusammengefafst wird, nur hierdurch in wirksamer Weise ermöglicht wird.

Bislang hat man billige Fahrbahnen allgemein aus Steinschlag (teils mit leidlichem, teils mit schlechtem Erfolge) hergestellt, welchem man durch Dampfwalzen die erforderliche Ebenheit und Festigkeit gibt. Die Geräuschbildung auf diesem Pflaster ist anfangs eine geringe, und seine ziemlich bedeutende Durchlässigkeit würde in Kauf genommen werden können; erst eine ungleiche Abnutzung führt zu Mifsständen: Die Unterhaltungskosten werden dann hoch, das Geräusch wächst, die Sauberhaltung und Wasserableitung stöfst auf Schwierigkeiten, Staubfreiheit aber kann nur mehr durch gewaltigen Aufwand an Wasser und häufiges Sprengen erzielt werden.

Vom Grade der Abnutzung und ihrer Art hängt daher die Brauchbarkeit der Steinschlagfahrbahnen ab.

Die Erfahrung hat nun gezeigt, dafs richtig gebaute Fahrbahnen aus hartem, druckfestem Gestein eine Reihe von Jahren selbst bei lebhaftem Verkehr Anstände nicht hervortreten lassen, während schlecht angelegte oder aus weicherem Gestein hergestellte Fahrbahnen höchstens dort Verwendung finden dürfen, wo ein geringer und leichter Verkehr stattfindet.

Unter keinen Umständen empfiehlt sich für städtische Strafsen das längere Instandhalten ungleichmäfsig abgenutzter Steinschlagbahnen. Sobald ein solcher, hygienisch und verkehrstechnisch ungünstiger Zustand eintritt, ist entweder eine Neuherstellung geboten oder ein Belegen der abgenutzten Fahrbahn mit Kleinpflaster.

Dieses durch Gravenhorst angegebene und zuerst auf den Heer- und Landstrafsen der Provinz Hannover zur Ausführung gelangte Verfahren scheint sich gut zu bewähren. Jedenfalls hat es sich rasch Freunde erworben: Die Ebenheit der Fahrbahnen und damit die Geräuschbildung ist eine für den gedachten Zweck ausreichende (sie übertrifft nach einigen Jahren die von neu hergestelltem Steinschlag); ihre Sauberhaltung stöfst nicht auf Schwierigkeiten; die Abnutzung ist nur dort eine hohe gewesen, wo ein dauernder Verkehr besonders schwerer Lastwagen stattfand, welcher in bescheidenen Wohnstrafsen nirgends zu gewärtigen ist, und die Staubbildung ist kaum höher als auf Fahrbahnen mit Würfelpflasterung gewöhnlicher Art.

Wo die wesentlichste Anforderung an eine Fahrbahn im Niedrighalten ihrer Gesamtkosten besteht, dürfte daher die Anlage geeigneter Steinschlagbahnen geraten erscheinen, welche sofort nach Eintritt einer ungleichmäfsigen Abnutzung mit Kleinpflaster belegt oder neu hergestellt werden.

Es spricht für ein solches Vorgehen der weitere Umstand, dafs in Wohnstrafsen bescheidener Art ein sehr schwacher Fuhrwerksverkehr stattzufinden pflegt, sobald die Bauthätigkeit vollendet ist. Infolgedessen ist dort weder eine rasche Abnutzung, noch starkes Verkehrsgeräusch, noch eine gesundheitswidrige Staubbildung überhaupt zu gewärtigen. Es wäre daher falsch, hohe Geldmittel aufwenden zu wollen, um Mifsständen zu begegnen, die nur in Ausnahmefällen einzutreten vermögen. Wird aber eine Wohnstrafse im Laufe der Jahre zur Verkehrsstrafse, dann steht bei der nächsten sich notwendig erweisenden Neuherstellung der Fahrbahn die Wahl jeder anderen geeigneter erscheinenden Pflasterart ja frei.

Die Oberflächengestaltung der Bürgersteige wirkt auf die Staubbildung kaum ein, das auf ihnen entstehende Verkehrsgeräusch bleibt geringfügig, während eine Untergrundverunreinigung kaum zu gewärtigen ist. Als einziger hygienischer Anspruch an sie ist daher eine solche Oberflächengestaltung zu stellen, welche ein schmerzloses und gefahrloses Begehen sowie eine leichte Sauberhaltung gestatten und ein rasches Abfliefsen der Niederschläge bewirken mufs.

Gufsasphalt, mäfsig harte Steinplatten, beste Cement- und Steingutplatten sowie das Plättchenpflaster erfüllen diese Bedingungen. Aber selbst gut geglättete Kieswege auf fester, durch Regen nicht erweichender Unterbettung dürfen dort zur Verwendung gelangen, wo es darauf ankommt, brauchbare Fufswege mit geringstem Kostenaufwande anzulegen, falls aus Verkehrsrücksichten nicht höhere Anforderungen gestellt werden müssen. Platten aus Granit und manchem anderen Hartgestein oder Klinker weisen den Nachteil des Schlüpfrigwerdens auf, während Schlackenwege eine zu hohe Staubbildung zeigen, um innerhalb volkreicher Gemeinwesen geduldet werden zu können. Mindestens sollte ihre Oberfläche durch Cementzusatz befestigt oder mit einer entsprechend hohen Kiesschüttung versehen werden, wo man in den Aufsen- oder Vorortgebieten von ihnen vorübergehend Verwendung machen will.

Stets empfiehlt es sich, die Bürgersteige dort mit einem Plättchenpflasterstreifen zu versehen, wo Leitungsnetze unter ihnen verlaufen, um Änderungen oder Wiederherstellungsarbeiten an diesen mit geringstem Kostenaufwande durchführen zu können. Das Mosaikpflaster hat sich hierzu ebenfalls geeignet erwiesen, ruft aber bei längerem Begehen ein schmerzhaftes Gefühl auf den Fufssohlen hervor.

Für Radfahrwege eignet sich jedes ebene Pflaster, das bei Regen nicht aufweicht und gute Sauberhaltung ermöglicht. Sorgfältig angelegte Steinschlagbahnen sind für Radfahrwege durchaus brauchbar.

Die Radfahrwege bieten den Vorteil, dafs sie weder Unterhaltungskosten noch Wiederherstellungskosten bereiten, weil die Räder den Weg glätten, ihn dauernd eben erhalten und ihn wenig abnutzen. Gleich den Vorgärten vermögen sie daher zur preiswerten Vergröfserung des Gebäudeabstandes zu dienen.

Unerfreulich wirken dagegen innerhalb der Städte die Reitwege: Schmutz und Staub wird durch sie verbreitet; die Fufsgänger werden durch Kotspritzen und Staubaufwirbelung belästigt; die Unterhaltungskosten der Reitwege sind hohe. Reitwege sollten daher nur dort angelegt werden, wo ein Zwang hierzu vorliegt.

Vorteilhaft ist es, auch aufserhalb der Städte den Reitweg inmitten des Fahrwegs anzulegen, nicht aber zwischen diesem und den Fufs- oder Radfahrwegen, weil der Fuhrwerkverkehr durch die Reiter weniger leidet als der Fufs- und Radverkehr.

Zur Bettung der Reitwege hat sich (in Berlin) ein an der Luft zerfallender Steinmergel am besten bewährt. Das anderorts übliche Gemisch aus Lohe und Sägemehl ist weniger zu empfehlen, weil der von ihm ausgehende Staub Reizerscheinungen der Schleimhäute hervorzurufen vermag.

Das Freihalten der Strafse von Schmutz und Staub.

Die Verfahren zur Strafsenreinigung haben während der letzten Jahre ganz wesentliche Vervollkommnungen erfahren, aber ihre Einführung schreitet nur langsam vorwärts; »der Besen in der Hand« spielt nicht nur in kleinen und mittelgrofsen Städten noch seine Rolle, die er recht häufig mehr zur Staubaufwirbelung als zur Staubbeseitigung ausnutzt. Auch die Sauberkeit der Fahrbahnen läfst nicht nur in Kleinstädten zu wünschen übrig. Die Gefahren, welche die Staubaufwirbelung und die Schmutzverschleppung in die Gebäude bedingen, werden von den Verwaltungsbehörden und Organen nicht in ausreichender Weise gewürdigt, sonst würden wenigstens in den Grofsstädten nicht Zustände herrschen, die als mindestens unwürdig bezeichnet werden müssen.

Als Grundforderungen sind zu nennen:

1. Bei trockenem Wetter soll der Strafsenfläche ausreichend Feuchtigkeit zugeführt werden, damit beim Kehren nicht Staubaufwirbelung stattfinden kann, und das Sprengen mufs in einer Weise erfolgen, welche das Erheben des Staubes in die Luft ausschliefst.

2. Der Schmutz soll vollständig entfernt werden; ein Verlangen, das allerdings nur bei richtiger Wahl der Oberflächenbefestigung vollkommen erfüllt werden kann.

3. Das Einsammeln des Kehrichts soll sofort und in sorgfältigster Weise erfolgen. Bei trockener Witterung ist ein Nachspülen der Sammelstelle erforderlich.

4. Da bei Frostwetter das Säubern der Strafsen ohne Staubaufwirbelung schwierig ist, so mufs es zu einer Zeit geschehen, in welcher ein nennenswerter Strafsenverkehr nicht stattfindet und die Fenster wie die Thüren der Gebäude geschlossen sind.

5. Die Beseitigung starker Schneefälle mufs sofort oder doch so rasch erfolgen, dafs der Schnee vor seinem Einwurf in Kanäle oder Wasserläufe keine wesentliche Verschmutzung erfährt und der Verkehr nicht Störungen erleidet. In diesem Falle hat jenes Beseitigungsverfahren des Schnees irgend welche Nachteile nicht im Gefolge.

6. Eine schwache Schneedecke wirkt als Staubfänger günstig; ihre Beseitigung von den Fahrbahnen ist nicht nur zwecklos, sondern nachteilig.

7. Die Häufigkeit und Ausgiebigkeit des Sprengens der Strafsen mufs sich nach der Art ihrer Oberflächenbefestigung richten. Auf undurchlässigen, ebenen Wegen (Asphalt) ist es zwecklos; an seine Stelle mufs hier das Waschen treten, wenn wirklicher Erfolg erzielt werden soll. Auf rauhen, durchlässigen Flächen (Holzpflaster und Steinschlag) kann dagegen nur häufiges und ausgiebiges Sprengen zur Staubfreiheit führen.

8. Das Waschen der Strafsen verdient vor dem Kehren weitaus den Vorzug, ist aber nur bei ebenen Fahrbahnen durchzuführen.

9. Die Sauberhaltung der Fahrbahnen und Bürgersteige ist Aufgabe der Stadtverwaltungen, nicht der Bürger.

Trotz der besten Reinigungsverfahren ist aber eine hygienisch wünschenswerte Staubfreiheit der Strafsen wie der Strafsenluft nur dann zu erzielen, wenn gleichzeitig dem Fernhalten staubiger Stoffe die nötige Aufmerksamkeit geschenkt wird. In erster Linie mufs das Augenmerk auf das Fernhalten des Cement- und Kalkstaubes gerichtet werden, sie vermögen infolge ihrer Ätzwirkung zu hochgradigen Entzündungen der Schleimhäute Veranlassung zu geben. Es ist daher zu fordern, dafs Cement und Ätzkalk entweder nur in geschlossenen Wagen oder als fertiger Mörtel zu den Bauten angeliefert werden dürfen. Zu ganz besonders grofsen Mifsständen führt das Anmengen des Betons (für Strafsenbauten) auf offener Strafse. Bei windigem Wetter sind zugleich die Verluste an Cement hierbei so erheblich, dafs der fertige Beton weit preiswerter und besser aus Mörtelwerken bezogen werden kann.

Sodann ist für eine gründlichere Sauberhaltung der Strafsen vor und neben den Bauplätzen Sorge zu tragen und zu fordern, dafs beim Abbruch von Bauten dem Wasser Zeit zum Eindringen gelassen wird. Das Sprengen soll daher einigemal in gröfseren Pausen und zuletzt so reichlich erfolgen, dafs erhebliches Stauben beim Abbruch nicht stattfindet, und es soll während des Abbruchs in jeder Arbeitspause wiederholt werden. Das ebenfalls in dieser Hinsicht bedeutungsvolle sachgemäfse Einsammeln und Beseitigen der festen Abfallstoffe des Hauses ist im Schlufsteil des XVIII. Abschnitts eingehend dargelegt.

XI. Abschnitt: Das Wohnhaus*).

Die Fürsorge der Hygiene zur Erzielung gesunden Wohnens erstreckt sich nach fünf Richtungen:

1. Gesundheitsgemäfse und zweckdienliche Gestaltung des Wohnhauses und seiner Einrichtungen;
2. Beschaffung einer ausreichenden Zahl von Wohnungen;
3. Verhindern der Überfüllung der Wohnungen;
4. Erhalten der Wohnungen im guten Bestande;
5. Preiswerterhalten der Wohnungen und namentlich der Kleinwohnungen.

Wirklich Befriedigendes kann nur dann erreicht werden, wenn alle diese Richtungen eine gleichmäfsige Beachtung erfahren:

Was nützt die beste Lage, die reizvollste, behaglichste Gestaltung und Ausstattung des Hauses, wenn nur wenige Glückliche im stande sind, die Kosten der in ihm gebotenen Wohnungen zu bestreiten?

Die gesundeste Wohnung verliert jeden hygienischen Wert durch Überfüllung oder Verwahrlosung; eine ungenügende Zahl von Wohnungen führt zu unerschwinglichen Preissteigerungen;

*) Eingehend ist dieser Gegenstand von mir behandelt in: Die Hygiene des Wohnhauses. Handbuch der Hygiene, herausgegeben von Dr. Th. Weyl IV. Bd. II. Abtlg. und Die Gestaltung der Arbeiterwohnungen nach hygienischen Grundsätzen. Schriften der Zentralstelle für Arbeiter-Wohlfahrtseinrichtungen.

eine zu kostspielige Anlage oder Lage zwingt zum Verzicht auf ein hinreichendes Gesamtausmafs oder die Zahl der Räumlichkeiten, während eine ungediegene Bauart und Ausstattungsweise einen raschen Verfall des Hauses zur Folge hat.

Die Ansprüche der Hygiene müssen daher mit denen der Technik und der Volkswirtschaft stets auf das sorgfältigste in Einklang gesetzt werden, wenn sie nicht Schaden anrichten sollen, wo sie zu nützen bestrebt waren.

Die Plangestaltung des Wohnhauses.

Die Plangestaltung des Wohnhauses kann niemals eine einheitliche werden, weil die Ansprüche an sie nicht nur wechseln mit dem wirtschaftlichen Können, dem Kulturstande, der Lebenshaltung und den Gepflogenheiten der verschiedenen Kreise der Bevölkerung, sondern auch örtlich ungemein voneinander abweichen. Eine wirklich zweckdienliche Ausbildung des Wohnhauses kann daher nur gelingen, wenn den in dieser Richtung jeweilig gestellten Bedingungen voll und ganz Rechnung getragen wird und zugleich das Klima des Ortes eine sachgemäfse Berücksichtigung erfährt. An dieser Stelle mufs ich mich darauf beschränken, die wichtigsten, allgemein hervortretenden Anforderungen einer kurzgefafsten Betrachtung zu unterziehen, indem ich auf den reicheren Inhalt der angegebenen Schriften· verweise.

Das Einfamilienhaus.

Das Wohnen im Einfamilienhause bietet gegenüber dem Zinshause wesentliche Vorzüge, denen nur wenige Nachteile gegenüberstehen: Der Familie steht die freie Verfügung von Haus und Garten zu, sie vermag über seine Einrichtung zu entscheiden, jede unliebsame Einwirkung auszuschliefsen, die Wärmeverhältnisse und die Lufterneuerung nach eigenem Ermessen zu regeln, die Reinlichkeit in und aufser dem Hause zu erhalten, die Kinder abzuschliefsen gegen üble Einflüsse gesundheitlicher und sittlicher Art.

Ferner gelingt im Einfamilienhause weit eher eine nach jeder Richtung befriedigende Raumgestaltung als im Zinshause.

Die verschiedenartigen Anforderungen an die Zahl, Gröfse und Form der Räume, an die warme und an die kühle Lage der Wohn- und Schlafgemächer, an die Ruhe der letzteren und der Zimmer für geistig anstrengende Thätigkeit lassen sich ohne Schwierigkeit erfüllen.

Vor allem wird die Gefahr der Übertragung von Infektionskrankheiten von einer Familie zur anderen herabgesetzt und die Möglichkeit zum Aufenthalt im Freien vermehrt, da der Garten ohne jede Schwierigkeit von den Hauptwohnräumen sich erreichen läfst und ungestörte Gelegenheit bietet zum Verrichten häuslicher oder gärtnerischer Arbeiten wie zu geistiger Thätigkeit.

Endlich kommt der Vorteil hinzu, dafs das Einfamilienhaus in der Regel ein Eigenheim ist, während die Stockwerkswohnung gegenwärtig in der Mehrzahl der Fälle ein dem ständigen Wechsel unterworfener Gegenstand der Miete ist. Die Freude am Eigenheim aber führt fast immer dazu, es zu verschönen und mit allem auszustatten, was dem Wohlbefinden und Wohlbehagen zum Vorteil gereicht.

Diesen grofsen Vorzügen stehen als Nachteil entgegen die, namentlich innerhalb der Grofsstädte, erhöhten Kosten des Wohnens und die vermehrte Arbeitsleistung für die Haushaltsführung und Sauberhaltung. Ein weiterer Nachteil kann dadurch entstehen, dafs das Haus mit der Zeit räumlich nicht mehr dem vorhandenen Bedürfnis entspricht, wenn die Zahl der Familienglieder eine wesentliche Vermehrung oder Verminderung erfährt.

Der Kostenerhöhung kann entgegengewirkt werden durch zweckentsprechende Bemessung der Grundstücke, sorgliche Ausmittlung des Grundrisses und sachgemäfse Ausstattung des Hauses im Äufsern wie im Innern; der Arbeitsvermehrung durch Einschränkung der Geschofszahl, wohldurchdachte Raumbehandlung und Raumausstattung. Dem letztgenannten Nachteile vermag nur der Wechsel des Hauses abzuhelfen, welchem wirtschaftliche Schwierigkeiten in der Regel nicht entgegenstehen.

Will man den mäfsig begüterten Bürgern das Wohnen im Eigenheim ermöglichen, dann ist weise Beschränkung in der

Gröfse und Zahl der Räume wie in ihrer Ausstattung durchaus geboten, während gediegene Ausführung stets von Vorteil ist, weil die Kosten der Unterhaltung dadurch niedrig gehalten werden, die andernfalls drückender zu werden vermögen als die Verzinsung und Tilgung, deren Höhe von vornherein bekannt ist.

Das Raumerfordernis des Einfamilienhauses ist ein stark wechselndes; es wird durch örtliche Gepflogenheiten, die Zahl und die Lebensansprüche der Bewohner beeinflufst. Auch die Einteilung unterliegt diesen Verhältnissen und hat das Ortsklima zu berücksichtigen, um wirkliche Befriedigung gewähren zu können. Der wesentlichste Unterschied in der Einteilung aber ist zu machen zwischen erstens dem vornehmen, zweitens dem bescheidenen Einfamilienhaus, drittens dem »Eigenheim«.

Im »vornehmen« sowie im »herrschaftlichen« Einfamilienhause ist die Anordnung eines besonderen Wirtschaftsgeschosses geboten, während im bescheidenen Einfamilienhause und im »Eigenheim« ein solches nur unnötige Kosten und erhöhte Arbeit für die Haushaltsführung hervorrufen würde, die teilweise oder ganz den Familiengliedern obliegt.

Das »vornehme« und das »herrschaftliche« Einfamilienhaus enthalten heute in der Regel im Untergeschofs sämtliche den Wirtschaftszwecken dienenden Räume sowie die Heizung, im Erdgeschofs die Räume für den Tagesaufenthalt, im Obergeschofs die Schlafzimmer, im Dachgeschofs die Fremdenzimmer, Dienstbotenzimmer, Schrankkammern und andere Nebenräume. Sie unterscheiden sich vielfach dadurch, dafs das »vornehme« Haus zwei oder mehr, das »herrschaftliche« Haus nur eine Treppe erhält, doch rufen nach dieser Richtung örtliche Gepflogenheiten wesentliche Unterschiede hervor, die zum Teil auf Gewohnheiten, zum Teil auf dem Aufwande der Lebenshaltung beruhen.

Als ein leider in Deutschland recht verbreiteter Mangel dieser Gattungen des Einfamilienhauses mufs das Unterbringen des Wirtschaftsgeschosses in einem Hochkeller bezeichnet werden.

Diese Gepflogenheit ist aus England übernommen und mag unter den dortigen Verhältnissen vielleicht am Platze sein, bei uns ist sie es sicher nicht:

Erstens werden je nach der Höhenlage des Grundwasserspiegels mehr oder minder grofse Übelstände hervorgerufen infolge der Durchfeuchtung des Mauerwerks, falls der untere Wandteil nicht mit einem unter Umständen recht hohen Kostenaufwand gegen das Eindringen von Erdfeuchtigkeit gesichert wurde.

Zweitens ist diese Lage des Wirtschaftsgeschosses eine recht unbequeme für das Betreten des Gebäudes und den Verkehr zwischen Haus und Garten.

Drittens führt sie dazu, im Erdgeschofs für die Eintrittshalle und eine Reihe der an sie grenzenden Nebenräume Platz hergeben zu müssen, welcher besser für die Familienzimmer ausgenutzt wird.

Viertens werden durch die Anlage eines oberhalb des Erdbodens befindlichen Untergeschosses die Wohnräume emporgerückt und dadurch günstiger gestaltet in Hinsicht auf Trockenheit, Lichtfülle und Reinheit der Luft.

Diesen Vorzügen wird man die Mehrkosten entgegenstellen, aber sie sind — bei eingehender Rechnung recht selten von Belang und werden selbst im ungünstigsten Falle voll ersetzt durch den Gewinn an nutzbarem Raum.

Wo nicht eine aufsergewöhnliche Höhenlage über dem Grundwasser Vorkehrungen unnötig macht zum Schutze des Gebäudes gegen seitlich eindringende Erdfeuchtigkeit, kann von Minderkosten der Hochkellerausbildung überhaupt kaum die Rede sein. Die Ersparnisse an Grundmauerwerk werden in der Regel aufgehoben durch das Mehr an Erdarbeiten und die Isolierungen der im Boden steckenden Kellerwandflächen gegen dessen Feuchtigkeit — wenn letztere wenigstens auf die Dauer Erfolg bieten sollen, was von Gudronanstrich und ähnlichen preiswerten Mitteln nicht erwartet werden kann.

Legt man die Sohle des Wirtschaftsgeschosses einige Centimeter über die Erde, was aus Gründen des Verkehrs am zweckdienlichsten ist, unterkellert das Gebäude nicht, sondern schlägt die entsprechend schmal angelegten Grundmauergräben mit Stampfwerk aus und deckt sie mit einigen Klinkerschichten in Asphaltmörtel oder Cementmörtel ab, dann pflegen die Kosten keine erheblichen zu sein, während unter Anwendung eines geeigneten Fufsbodens zum Wirtschaftsgeschofs (Asphaltestrich, Klinker, Steingutplatten oder Stabhölzer in Asphalt und dergl.) das Gebäude gegen Erdfeuchtigkeit völlig gesichert erscheint, den trocknenden Einflüssen der Lüftung und Besonnung frei liegt.

In den nebenstehenden Grundplänen (Fig. 25 bis 28) ist versucht die zweckdienliche Ausnutzung der über der Erde gelegenen Wirtschaftsgeschosse zu zeigen und zwar für Einfamilienhäuser verschiedener Art und Strafsenbreiten. Mit Absicht sind vornehmlich eingebaute Häuser zur Darstellung gebracht, um gleichzeitig klar zu legen, dafs es zwanglos auch bei diesen angeht, jedes noch so untergeordnete Gelafs mit der Aufsenluft in unmittelbare Verbindung zu bringen und mit Himmelslicht ausreichend zu versorgen, ohne von Lichthöfen und Lichtschachten Anwendung machen zu müssen.

Infolge der hohen Kosten städtischer Strafsen nebst ihren Leitungsnetzen in Anlage, Erhaltung, Beleuchtung und Bewachung wird man die geschlossene Blockumbauung nicht entbehren können, um auch dem mittelmäfsig Begüterten das Wohnen im Eigenheim zu ermöglichen. Man wird sogar gut thun, recht langgestreckte Blockformen anzuwenden, um die Landhergabe und die Kosten für die Strafsen in ein einigermafsen annehmbares Verhältnis zu bringen zu der geringen Zahl der an ihnen gewonnenen Wohnungen (vergl. S. 138 ff.).

Die Ausbildung des Wirtschaftsgeschosses ist stets derart geplant, dafs der Eintretende zunächst in eine kleine (geschlossene) Vorhalle gelangt, die mit der Küche durch eine Thür unmittelbar verbunden ist, damit jeder unliebsame Verkehr von der grofsen Halle ferngehalten werden kann, Boten u. a. in der Vorhalle abgefertigt werden. Unmittelbar neben der Eintrittsthür zur Halle liegen die zu den Obergeschossen führende Haupttreppe, sowie die Kleiderablagen nebst Toiletten und Klosetts. Aufserdem sind im Untergeschofs die Heizkammer und die Vor-

Herrschaftliches Einfamilienhaus (Eckhaus).

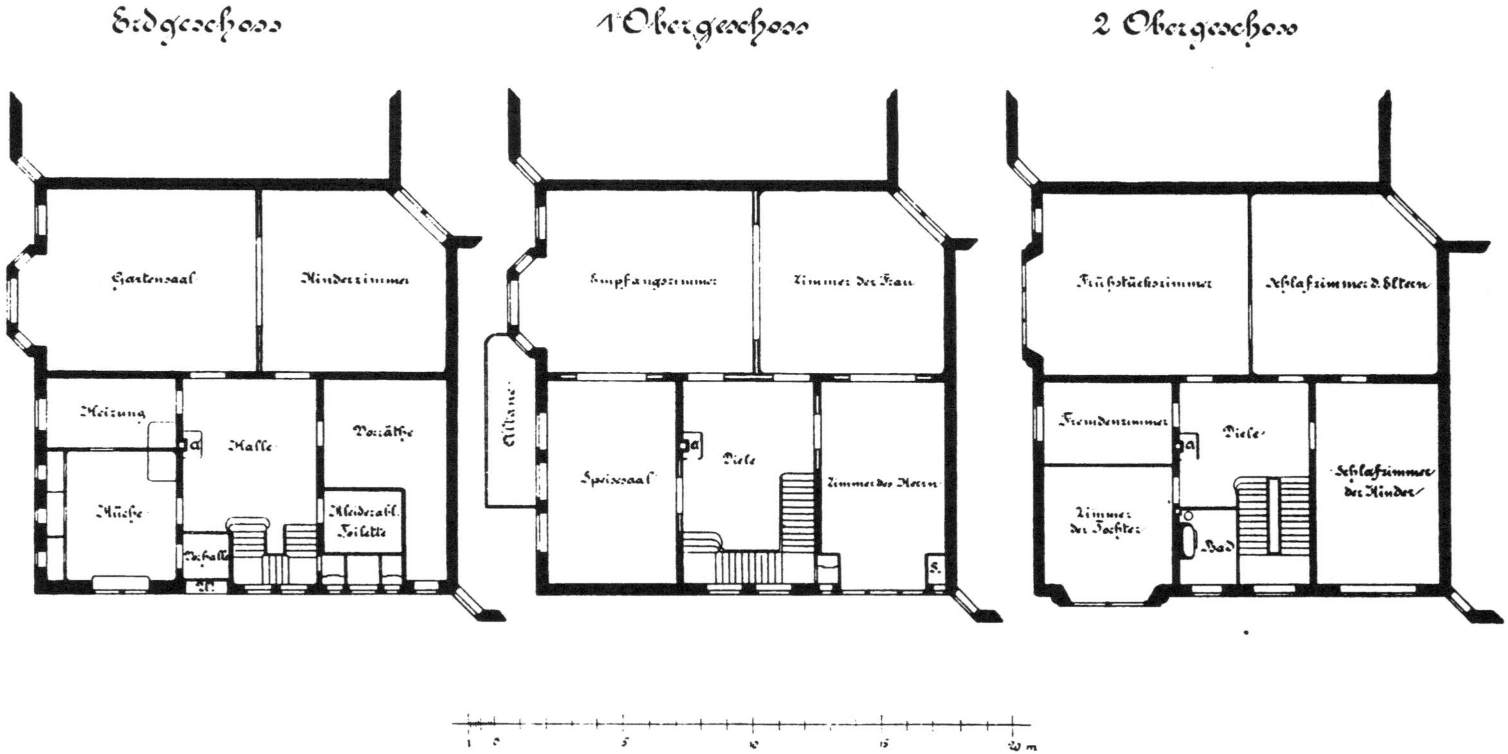

Figur 25.

ratsräume sowie ein oder zwei saalartige Gemächer untergebracht, welche dem Tagesaufenthalte der Kinder zu dienen bestimmt

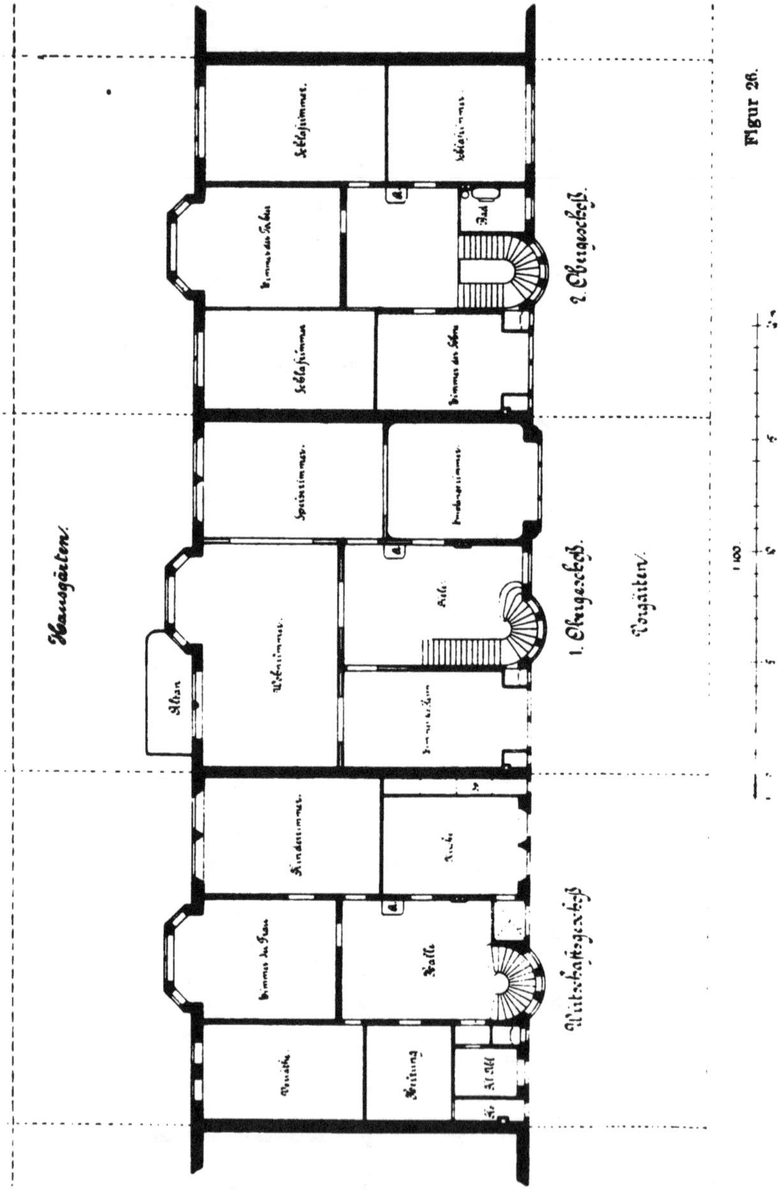

Herrschaftliches Einfamilienhaus.

Figur 26.

sind und während der warmen Tagesstunden im Sommer als Speisesaal oder Gartensaal Kühlung bieten.

Herrschaftliches Einfamilienhaus.

Figur 27.

Da der Verkehr von und zum Garten ohne Benutzung von Stufen oder Freitreppen erfolgt, so bieten diese Räume für den gedachten Zweck einen hohen Nutzen. Ein ganz besonderer Wert aber liegt in ihrer Kühle zur Zeit des Hochsommers. Die unmittelbare Berührung des Fuſsbodens mit der Erde wirkt günstig nach dieser Richtung, ihre Wirkung aber kann durch Anwendung starker Auſsenwände und Bekleiden von deren Auſsenflächen mit Schlingpflanzen ohne groſse Kosten erheblich gesteigert werden,

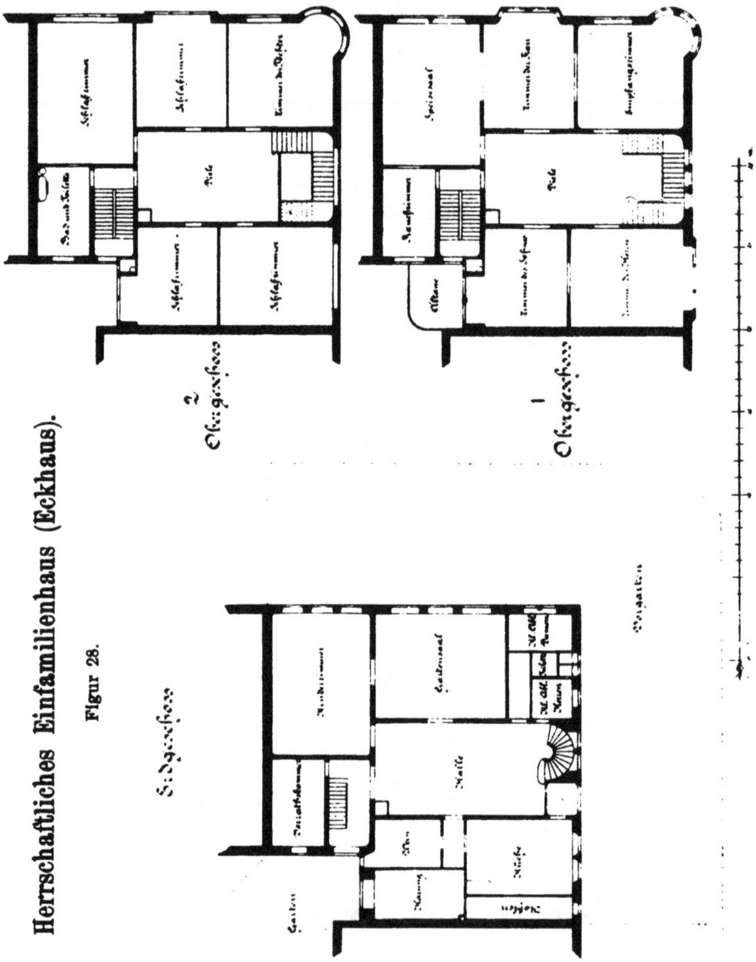

Herrschaftliches Einfamilienhaus (Eckhaus).

Figur 28.

und man vermag durch Anpflanzen von Bäumen oder hohem Strauchwerk die Sonnenstrahlung von ihren Wandflächen während des Sommers fernzuhalten, wo dieses durch das Ortsklima geboten erscheint.

Das sind Vorzüge, welche im Hochkeller kaum in nur annähernd gleicher Art erzielt werden können, während unter städtischen, besonders aber unter grofsstädtischen Verhältnissen eine Unterkellerung sich vollständig entbehren läfst, sobald das Aufsteigen der Erdfeuchtigkeit (durch die oben beschriebenen Anlagen) verhindert wird.

Im Erdgeschofs lagern sich um eine mehr oder weniger weite, stets lichte Diele die Räume für den Tagesaufenthalt, sie sind mit ihr wie untereinander durch breite Öffnungen verbunden, welche je nach Wunsch nur durch Vorhänge oder durch Schiebethüren abgeschlossen werden können.

Die Schlafzimmer und sonstige Räume des Obergeschosses sind sämtlich von der Diele zugänglich, die hier eine Einschränkung erfahren oder offen durch beide Stockwerke geführt werden kann. Untereinander sind diese Räume dagegen nur soweit verbunden, wie es ihr Zweck erheischt.

Da der Garten mit dem Gebäude in unmittelbarer Verbindung steht, so sind Terrassenanlagen als zwecklos vermieden; ein Kiesplatz, dessen an das Haus grenzender Teil mit weit vorspringendem Dach oder Laubdach beschattet und gegen Niederschläge geschützt werden kann, ersetzt sie. Dagegen ist für das Erdgeschofs stets eine geräumige Altane vorgesehen, und es bieten Erker oder tiefe Fensternischen lauschige Plätze in einer grofsen Zahl von Wohnräumen.

Die Lage der Küche wurde stets nach der Strafse gewählt, weil sie in der Regel als die allein zweckdienliche bezeichnet werden darf: die rings sich berührenden und dadurch frei und reizvoll erscheinenden Gärten des Blockinnern sollen frei gehalten werden von Küchenlärm und Speisegeruch, es sollen die in der Küche Beschäftigten im stande sein, das Pförtneramt auszuüben, und es sollen durch die unmittelbare Annahme aller für Küche, Keller und Haushalt bestimmten Sendungen die Ruhe und Sauberkeit des Hauses erhöht werden. Das alles vereint ist nur zu erreichen durch die Lage der Küche neben dem Hauseingang, und dieser wird beim eingebauten Hause naturgemäfs an der Strafse sich befinden.

Allerdings steht auch eine völlig entgegengesetzte Lösung zur Verfügung, welche manche Vorteile aufweist und unter gewissen örtlichen Verhältnissen, z. B. an Berghangstrafsen und in kleineren Städten den Vorzug verdienen kann, in der Regel aber mehr Nachteile als Vorteile aufweist: Es wird durch die Mitte des Blockinnern ein Weg geführt, welcher nach den Strafsen als Thor sich öffnet. In ihm münden von jedem Hausgarten aus Thüren und er nimmt die Hauptstränge aller Leitungsrohre in seinem Körper auf. In diesem Falle sind die Küchen nach rückwärts anzuordnen, da jener Weg der Art des Verkehrs zu dienen bestimmt ist, welchen man aus den von der Herrschaft benutzten Teilen des Hauses und Gartens fern halten möchte.

Wo Verkehrsgetriebe zu erwarten ist, entbehrt jedoch der Vorgarten des Schutzes gegen Staub und Geräusch, der Aufenthalt in den Gärten des Blockinnern ist aufserdem ein ungestörterer und bietet mehr Windschutz. Unter grofsstädtischen Verhältnissen kann ich daher dem Vorgarten als Aufenthaltsort nur die untergeordnete Stellung einräumen. Jene inmitten des Blocks angelegten Wege setzen aber die Ruhe und Ungestörtheit der rückwärts gelegenen Gärten ungemein herab, wodurch sie einen grofsen Teil ihres gerade im geschlossen umbauten Block hohen Wertes einbüfsen.

Nicht zum Vorteil des Wohnwesens haben wir uns in Deutschland vielerorts daran gewöhnt, alles Unschöne und Störende an die Rückseite der Gebäude zu verlegen. Bei gesundheitsgemäfser Anlage des Baublocks ist aber ausschliefslich im Innern desselben die Ruhe und die Staubarmut der Luft zu finden, deren der Grofsstädter zur Erholung seiner Nerven und seiner Atmungsorgane dringend bedarf. Daher ist eine Umkehr auf diesem vielfach herrschend gewordenen Wege durchaus geboten. Die reizvollen und zweckdienlichen Anlagen der südeuropäischen und der orientalischen Wohnstätten bieten dem Architekten treffliche Vorbilder in dieser Richtung. Dort bilden Gärten und säulenumkränzte Höfe den mit aller Liebe ausgestatteten Mittelpunkt, um welchen die Wohngemächer sich lagern, während die Strafsenlage als die nebensächlichere, dem Geschäftsleben und dem Verkehr dienende betrachtet wird — und das mit Fug und Recht.

Der Hauptnachteil jener »Privatwege« besteht aber darin, dafs niemand verantwortlich gemacht werden kann für ihre Sauberhaltung, dafs sie die polizeiliche Überwachung auch in anderen Richtungen erschweren und dafs nachts vielfach unliebsames Geräusch u. a. von ihnen ausgeht, falls nicht die Thore abends frühzeitig und regelmäfsig geschlossen werden.

Für das **»bescheidene Einfamilienhaus«** ist es geboten, die Tiefe des Grundstücks nach Möglichkeit auszunutzen, um mit einer schmalen Strafsenfront auszukommen und dadurch eine thunlichst geringe Höhe der Strafsenkosten zu erzielen, während der Arbeitsaufwand dafür spricht, die Geschofszahl nicht unnötig zu vermehren.

Die Küche gehört hier unbedingt in die Nähe der Wohnräume, damit die Hausfrau sie unmittelbar und mühelos zu erreichen vermag. — Es empfiehlt sich in der Ebene ferner, weder ein Wirtschaftsgeschofs noch ein volles Kellergeschofs anzulegen, weil dieses den Bau wesentlich verteuert und viel Arbeit für die Sauberhaltung wie für das Hinauf- und Hinabbefördern der Vorräte und Heizstoffe erfordert. Die Vorräte und Brennstoffe können sowohl im Erdgeschofs untergebracht werden wie in einem Keller, der nur einen kleineren Teil des Hauses einnimmt; auch eine etwaige Sammelheizanlage kann hier ihren Platz finden.

Das Treppenhaus läfst sich vorteilhaft mit dem Hausflur vereinen, während ein kleiner Windfang ihm Schutz gibt und zugleich als Aufenthalt der dem Öffnen Harrenden zu dienen vermag. Die Laufbreite der Treppe bedarf nur eines mäfsigen Ausmafses. Es kommt mehr darauf an, ihr Ersteigen zu erleichtern und zu sichern, was durch Annahme einer geringen Stufenhöhe und die Vermeidung von Spitzstufen erreicht wird. Die Anlage einer Nebentreppe ist nicht angezeigt.

Das Erdgeschofs hat die Hauptaufenthaltsräume zu enthalten, während weitere Wohnzimmer und die Schlafzimmer in ein oder zwei Obergeschossen gewonnen werden können. Auch empfiehlt es sich, das Dachgeschofs noch für letztere auszunutzen, falls es nicht durch Dienstbotenzimmer und Nebenräume voll ständig in Anspruch genommen wird. Als solche sind zumeist erforderlich eine Waschküche, die zugleich als Trockenraum und Bügelzimmer dienen kann, eine Wäsche- und Schrankkammer, eine Koffer- und Gerätekammer. In manchen Fällen ist es von Nutzen, eine kleine Werkstätte im Dachgeschofs auszubilden.

In keinem Geschofs darf ein Ausgufs nebst Zapfhahn der Wasserleitung fehlen, weil deren Mangel einen wesentlichen Arbeitsaufwand hervorruft.

Sitzplätze können ebensowohl im Garten unter einem Laubdach als in unmittelbarer Verbindung mit dem Hause ausgebildet werden, doch ist es geraten, eine erhöhte, luftige Altane anzubringen, oder einen gut zugänglichen Dachteil hierzu auszubilden, damit an schwülen Sommerabenden dort Erfrischung und Schutz vor Mücken gefunden werden kann. Auch die erkerartige Ausbildung der Fensternischen empfiehlt sich für mindestens einen der Wohnräume.

Bei der meist geringen Gebäudehöhe ist es angängig, das Treppenhaus ausschliefslich durch Oberlicht zu erhellen, während für seine Lüftung die Hausthür und eine kleine durch Schnur oder Kette zu regelnde Öffnung im Oberlicht ausreicht, falls durch diese Anordnung eine vollkommenere Grundausnutzung gelingt.

Ferner ist es notwendig, alle Nebenräume in ihren Abmessungen nach Möglichkeit zu beschränken, dagegen an ihrer Zahl nicht zu sparen, weil das Wohlbehagen unter einer solchen Einschränkung zu leiden pflegt.

Die zum Hauptaufenthalt dienenden Wohnzimmer sollen möglichst nach entgegengesetzten Himmelsrichtungen gelegen und derart verbunden sein, dafs man sie sowohl, besonders bei festlichen Anlässen, wie einen einzigen Raum benutzen kann, als auch stets einen im Schatten und einen sonnig gelegenen Raum für die verschiedenen Jahres- und Tageszeiten zur Verfügung hat. Ferner ist Sorge zu tragen, dafs sämtliche Räume, die dem ständigen Aufenthalt dienen, mittels Gegenzug eine kraftvolle Durchlüftung erfahren können, damit ihre Lufterneuerung rasch bewerkstelligt und im Hochsommer Kühlung erzielt zu werden vermag.

Alles übrige ist aus den Grundplänen Fig. 29 bis 41 ersichtlich.

Das »Eigenheim« kann innerhalb der Städte überhaupt nur noch gedeihen, wenn besonders günstige Blockgestaltungen für dasselbe vorgesehen werden, seine Raumbemessung aber auf

Bescheidene Einfamilienhäuser.

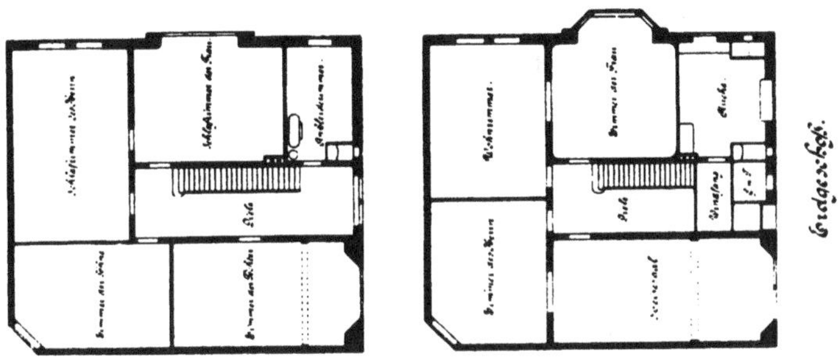

Figur 29.

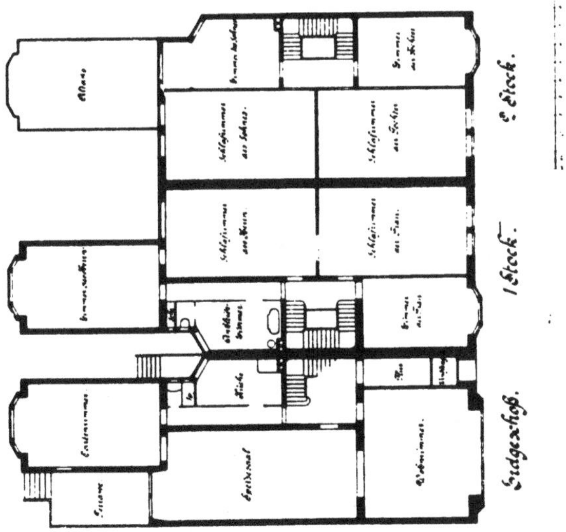

Figur 30.

das sorgfältigste durchdacht und beschränkt wird und die weitgehendste Sparsamkeit bei seiner Durchbildung herrscht.

Ein volles Kellergeschofs anzuwenden, geht der Kosten wegen nicht wohl an, ist auch zumeist zwecklos, da die Brennstoffe besser in einem oberirdischen Geschofs aufserhalb des Hauses gelagert werden und die in der Regel nur geringen

Vorräte billiger im Erdgeschofs oder in einem kleinen Keller unterhalb der Stiege sich aufbewahren lassen.

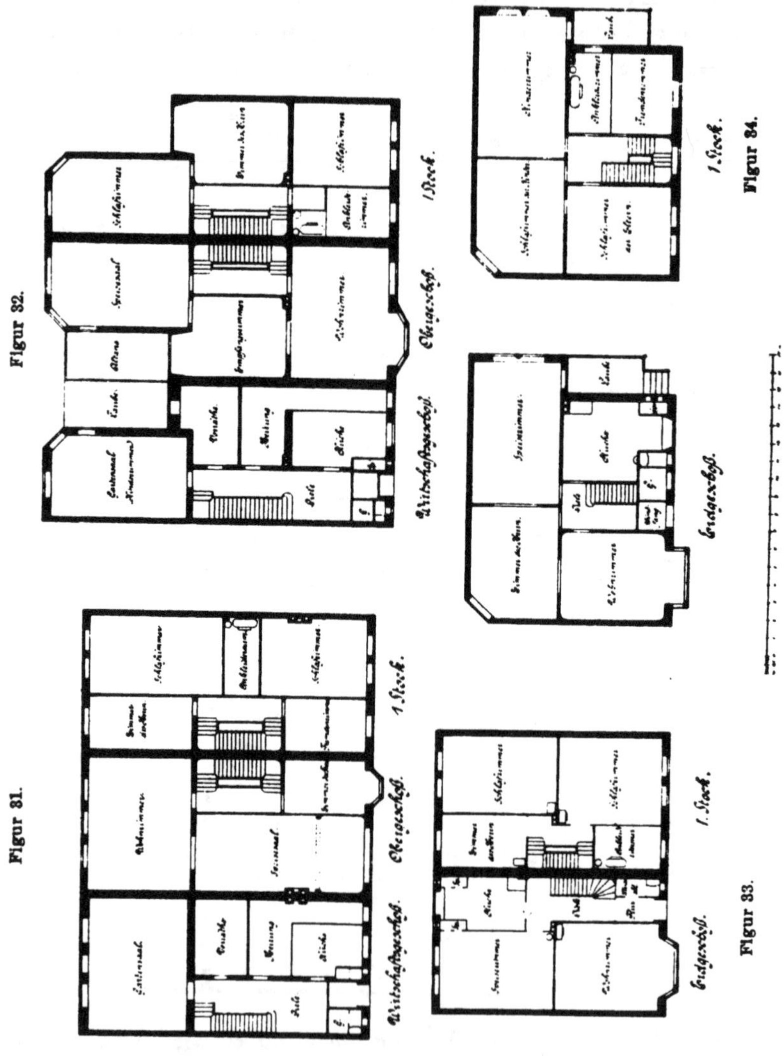

Bescheidene Einfamilienhäuser.

Figur 31. Figur 32. Figur 33. Figur 34.

Das Raumerfordernis wechselt in ziemlich engen Grenzen: Aufser der Küche nebst Speisegelafs bedarf man ein bis zwei Stuben und drei Schlafzimmer. Ein kleines Badezimmer ist in der Regel erwünscht, darf aber heute noch nicht als eine Notwendigkeit bezeichnet werden.

Die Ansprüche an die Gröfse und die Ausbildung der Küche sind örtlich verschieden. Mancherorts genügt für diesen Zweck ein Gelafs von sehr bescheidenen Ausmafsen, wenn es nur hell und freundlich angelegt und derart ausgestattet ist,

Bescheidene Einfamilienhäuser.

Figur 35. Figur 36. Figur 37. Figur 38.

dafs alle Gegenstände gut zur Hand sind. In anderen Gegenden wird dagegen die Küche als Hauptaufenthaltsraum betrachtet und bedarf dann einer angemessenen Gröfse, damit aus dieser Benutzungsart nicht Mifsstände erwachsen. Im letzteren Falle ist es geraten, die Küche architektonisch durch Vorlagen, kleine Pfeiler, Kragsteine und dergl. in einen Kochraum und einen

Wohnraum zu teilen und jedem dieser Teile eine seinem Zweck entsprechende Ausbildung zu geben.

Wo die Küche als Wohnraum dient, reicht zumeist eine Stube aus, während im anderen Falle ein gröfseres und ein kleineres Zimmer benötigt zu werden pflegen.

Bescheidene Einfamilienhäuser.

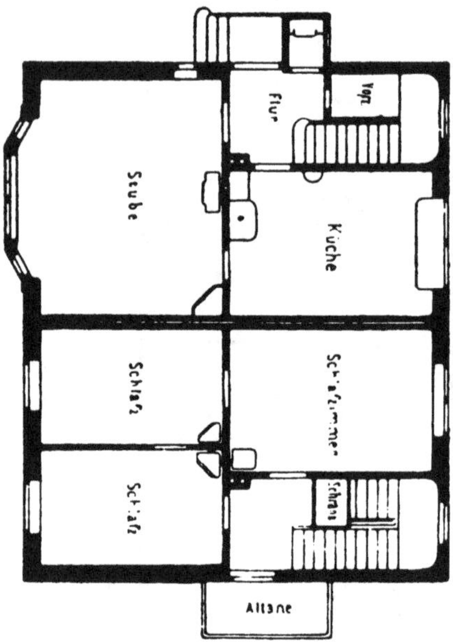

Figur 39.

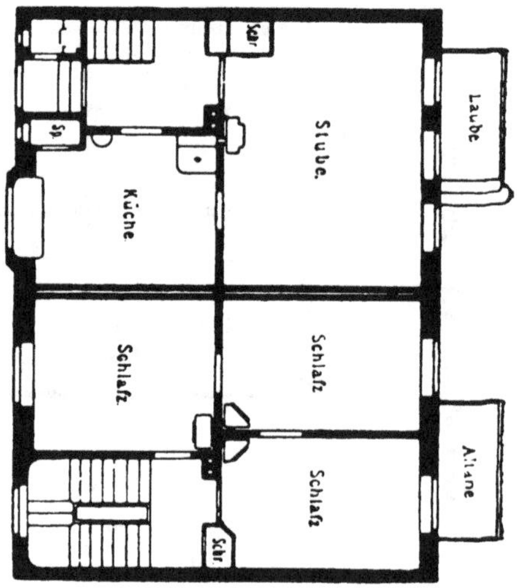

Figur 40.

In einzelnen Gegenden wünscht man neben der »Wohnküche« eine »Spülküche« zu besitzen, in welcher der Zapfhahn der Wasserleitung oder der Brunnen ihren Platz erhalten und in welcher alle Arbeiten verrichtet werden, welche Schmutz oder üblen Geruch verbreiten.

Die Schlafzimmer finden zumeist in einem Obergeschofs Unterkunft, doch wird aus Sparsamkeitsgründen nicht selten das Dachgeschofs als Obergeschofs verwendet, während im anderen Falle das Dachgeschofs zum Gewinnen von Nebenräumen und als Speicher (zum Trocknen der Wäsche und dergl.) dient.

Rätlich ist es, in der Dachschräge kleine Gelasse als Werkstätte, Vorratskammern und dergl. auszubilden.

In den nebenstehenden Grundplänen (Fig. 39 bis 41) ist versucht, Vorbilder dieser Art zu gewinnen.

Das Raumerfordernis und die Grundplangestaltung der Stockwerkswohnung wechseln in derart weiten Grenzen, dafs es hier nicht angeht, ihre verschiedenen Formen einzeln zu behandeln

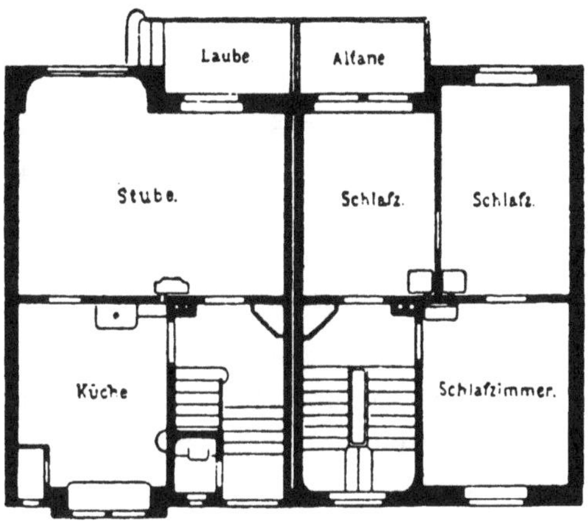

Figur 41.

Die Stockwerkswohnung.

oder gar eine erschöpfende Darstellung derselben zu geben. Es wird mehr Interesse bieten, den allgemein bei der Grundplangestaltung hervorgetretenen Mängeln nachzuspüren und Verbesserungsvorschläge zu machen.

Gegenüber den bedeutenden Fortschritten, die im Laufe der letzten Jahrzehnte im Wohnhausbauwesen erreicht sind, namentlich in Hinsicht auf die künstlerische Durchbildung aller Teile des Hauses und auf seine Ausstattung im Sinne des Komforts, befremdet es, dafs — mit wenigen Ausnahmen — manche Eigentümlichkeiten der Grundplananordnung beibehalten worden sind, die dem Wohnwesen durchaus nicht zum Vorteil gereichen.

In erster Linie gilt dieses von der Ausbildung des Vorraumes in Stockwerkswohnungen.

Durchblättert man die besseren Sammelwerke von Wiedergaben der in der Neuzeit ausgeführten Wohnhäuser, so findet man wohl recht wesentliche örtliche Verschiedenheiten in der Anordnung und Gestaltung des Wohnungsvorraumes: Dort dient für diesen Zweck ein schmaler Flur, dort ein nahezu geviertförmiger Raum von kleineren oder gröfseren Abmessungen, hie und da wird auf die Gewinnung schön oder reizvoll geformter Flure gesehen — aber allgemein fast ist auf ihre Erhellung durch Tageslicht nicht derjenige Wert gelegt, welcher gerade für den Eintrittsraum einer Wohnung ganz besonders am Platze erscheinen mufs. Denn hier empfängt der Gast den ersten Eindruck einer Wohnung, hier bewegt sich der Verkehr der kommenden und gehenden wie der in der Wohnung lebenden Leute. Dazu bedarf man aber eines ausreichenden Tageslichtes, wenn nicht kleinere wie gröfsere Mifsstände oder bedeutende Kosten für künstliche Belichtung entstehen sollen.

Auch die Lüftungsvorkehrungen des Eintrittsraumes der Wohnung lassen in der Regel zu wünschen übrig, während ihm doch aus den Schlafzimmern, aus Küche und Nebenräumen Luft zuzuströmen pflegt, die durch üblen Geruch gerade infolge ihrer Mischung unangenehmer auffällt, als die Luft jener einzelnen Räume. Denn in ihnen, namentlich in der Küche, ist der Geruch ein deutlich ausgesprochener, der seine Quelle noch erkennen läfst, unter Umständen sogar als Wohlgeruch bezeichnet werden darf.

Einrichtungen für künstliche Lüftung sind aber entweder im Betrieb teuer, oder unzulänglich, sobald eine besondere bewegende Kraft für sie nicht zur Anwendung gelangt. Daher verdient für den Wohnungsflur die Fensterlüftung im allgemeinen den Vorzug.

Aus diesen knappen Darlegungen geht bereits hervor, dafs das Anbringen eines unmittelbar ins Freie führenden Fensters im Wohnungsflur als ein allgemein vorhandenes Bedürfnis bezeichnet werden mufs. Heute sieht man es befriedigt aber nur ganz vereinzelt in vornehm ausgestatteten Stockwerkswohnungen (und ziemlich allgemein im Einfamilienhause), während in der

Regel kaum das Bestreben hervortritt, eine irgend belangreiche Abhülfe der geschilderten Mängel zu schaffen. Ein zweiter »wunder Punkt« der Grundrifsausbildung ist vielfach das Fehlen solcher Nebenräume, welche, in unmittelbarer Verbindung mit dem Eintrittsraum stehend, den Gästen zum Ablegen und Ordnen der Kleider und dergl. zu dienen vermögen. Ausschiefslich die Einfamilienhäuser und die Stockwerkswohnungen vornehmster Ausstattung weisen gegenwärtig derartige Nebenräume auf. Nicht selten läfst aber die Anordnung der letzteren selbst in diesen Einzelfällen zu wünschen über.

Allerorts, wo die Gastlichkeit in Blüte steht, und in allen Familien, welche bestrebt sind, ihren Freunden und Gästen den Aufenthalt vom ersten bis zum letzten Augenblick des Verweilens behaglich zu gestalten, besteht meines Erachtens das Erfordernis nach einer Kleiderablage, die vom Eintrittsraum unmittelbar betreten werden kann, während man von ihr das Klosett sowohl als auch die Toilette zu erreichen vermag, ohne den Flur wieder berühren zu müssen.

Ferner sollte ein unmittelbarer Ausgang von der Toilette nach dem Flur es ermöglichen, dafs eine gröfsere Zahl von Gästen dieser Räume auch dann ohne Schwierigkeit sich zu bedienen vermag, wenn ihre Ausmafse bescheiden gewählt werden mufsten.

Bietet die Kleiderablage den hierzu erforderlichen Raum, dann kann die Toilette fortgelassen und sie selbst mit den Einrichtungen zum Waschen der Hände, Säubern und Ordnen des Anzuges und dergl. versehen werden. In diesem Falle empfiehlt es sich jedoch, der Kleiderablage zur Erleichterung des Verkehrs in ihr getrennte Eingangs- und Ausgangsthüren zu geben.

In recht vielen Fällen entspricht ferner die Lage der Küche nicht den vielseitigen Ansprüchen, die an sie teils als solche, teils als Haupt-Tagesaufenthaltsort der Dienstboten sich geltend machen:

1. Die Küche soll hell und luftig gelegen sein, um ihren Zweck als Koch- und Aufenthaltsraum voll erfüllen zu können, aber das in ihr entstehende Geräusch darf Störungen für die

Wohnräume, die Schlafzimmer und die Altane nicht hervorrufen.

2. Die Küche mufs dort dem Wohnungseintritt nahe liegen, wo das Pförtneramt von einem der in der Küche thätigen Dienstboten versehen wird. Anderseits wird mancherorts das häufige Betreten des Vorzimmers durch die Dienstboten als unerwünscht betrachtet.

3. Der Weg von der Küche zum Speisezimmer mufs kurz sein. Vielfach wünscht man eine unmittelbare Verbindung beider, die am besten in der Form eines Anrichteraumes erzielt wird, der zwischen Küche und Speisezimmer sich befindet, um unliebsames Geräusch von letzterem fernzuhalten oder doch entsprechend abzuschwächen.

4. Mancherorts soll die Küche in unmittelbarer Verbindung mit einer Nebentreppe stehen, um die Haupttreppe von jedem Lastenverkehr, Botenwesen und dergl. freizuhalten. In anderen Städten wieder sieht man in dieser Lage einen Nachteil, weil sie die Beaufsichtigung der Dienstboten erschwert, oder scheut (wohl mit Recht) die Anlagekosten und die Raumhergabe für eine zweite Treppe.

Von diesen Ansprüchen wird je nach den örtlichen Gepflogenheiten, der Lebenslage und den Lebensanschauungen der einzelnen Familien bald der eine bald der andere mehr hervor- oder zurücktreten, bald werden sie alle vereint sich geltend machen, wodurch dann die Lösung der gestellten Aufgabe recht erschwert zu werden vermag. Nicht selten nimmt man die gegenwärtig nach diesen Richtungen etwa bestehenden Mängel als »unvermeidbare Übel« hin, wird aber recht bald anderer Anschauung, wenn irgendwo eine gutgewählte Lage der Küche den Beweis der Vermeidbarkeit derartiger Mifsstände geliefert hat, und ist dann nicht mehr so leicht zu befriedigen.

Da der entwerfende Architekt nicht allein die gegenwärtig gestellten Ansprüche berücksichtigen sollte, sondern auch den für die nähere Zukunft zu erwartenden Beachtung schenken mufs, um der immerhin nicht kurzen Dauer der Wohngebäude Rechnung zu tragen, so wird man gut thun, danach zu trachten, dafs im gegebenen Falle das Bestmögliche erreicht wird.

Den Versuchen, eingewurzelte Mifsstände zu entfernen, steht aber nicht nur das Hängen am Altgewöhnten als schwer zu beseitigendes Hindernis gegenüber, sondern recht häufig ist es die Bauordnung, welche ihnen unüberwindliche Schwierigkeiten bereitet, obgleich sie doch geschaffen ist und wird, um Gefahren und Schädigungen von den Wohnstätten fern-

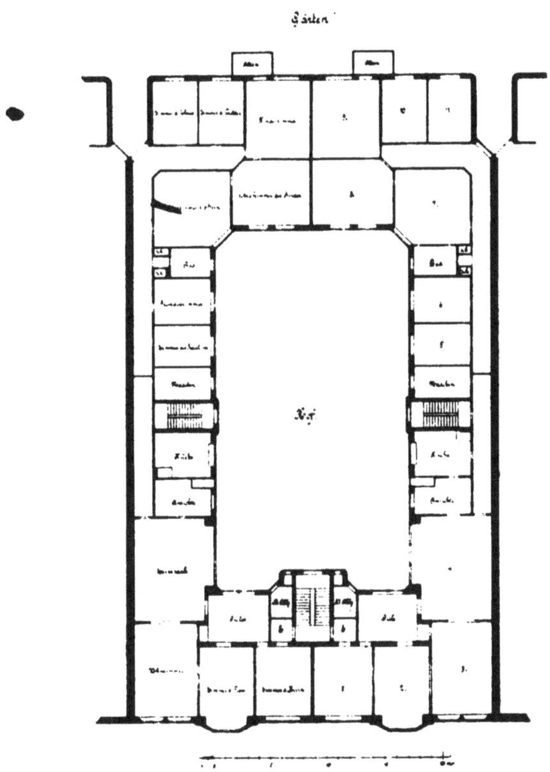

Figur 42.

Versuch zur Verbesserung des Berliner Grundrisses.

zuhalten, sie zweckdienlich und gesund entstehen und bleiben zu sehen. In den nebenstehenden Entwürfen (Fig. 42 bis 48) ist auf derartige Bestimmungen selbstredend Rücksicht nicht genommen.

In diesen zu Studienzwecken hergestellten Plänen ist der Versuch gemacht, den bekannten »Berliner Grundrifs« sowie eine in Hannover während der letzten Jahre üblich gewordene Grundrifsform (mit bedeutender Tiefenausnutzung der Grundstücke) in den gedachten Richtungen zu verbessern. Untereinander weichen diese beiden Wohnhausformen weit ab, es ist in ihnen

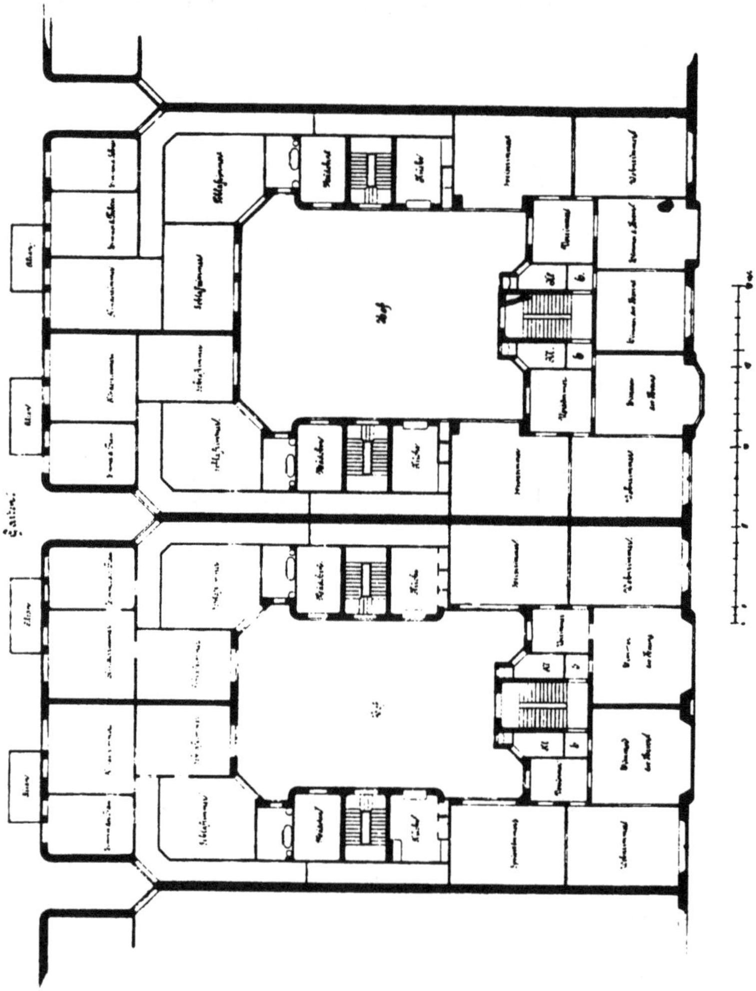

Versuch zur Verbesserung des Berliner Grundrisses.

Figur 43.

daher die erforderliche Abwechslung geboten. Nach eingehendem Studium der verschiedenen in Deutschland üblich gewordenen Grundplananordnungen halte ich mich ferner zu der Annahme berechtigt, dafs die hier vorgeführten Anregungen und Vorschläge von geschickter Fachmannshand ohne grofse Mühe auf die Mehrzahl der üblichen Gestaltungen des Stockwerkshauses sich werden übertragen lassen.

Im »Berliner Grundrifs« bin ich absichtlich von der üblichen Anordnungsart nicht weiter abgewichen als für die Verbesserungsvorschläge erforderlich erschien; ich habe diese ferner im wesentlichen beschränkt auf die Gestaltung des Vorzimmers mit seinen Nebenräumen und auf die Lichtzuführung zu sämtlichen Aufenthalts- und Nebenräumen, namentlich zu dem »Berliner Zimmer« und dem von hier nach den rückwärtigen Gemächern führenden langen Gange (vergl. Fig. 42 und 43).

Vom Haupttreppenhause gelangt man in einen kleinen Eintrittsraum, von welchem aus das Vorzimmer, die Kleiderablage und gewünschten Falles das Zimmer des Herrn unmittelbar betreten werden können, um jede Art des Geschäfts- und Berufsverkehrs vom Vorzimmer fernzuhalten, dessen Ausstattung als die eines Zimmers im eigentlichen Sinne gedacht ist. Von der als Toilette eingerichteten Kleiderablage ist das Klosett zugänglich und man tritt von ihr unmittelbar in das Vorzimmer. Kleiderablage und Vorzimmer haben ein unmittelbar ins Freie führendes Fenster erhalten, und das Speisezimmer (Berliner Zimmer) läfst ebenfalls in Hinsicht der Tageshelle nichts zu wünschen über; selbst wenn ein Glasgang vor seinen Fenstern vorübergeführt wird zur unmittelbaren Verbindung von Vorzimmer und Küche, dürfte sie hinreichen. Geopfert ist für diese Vorteile das kleine Zimmer, welches gegenwärtig zwischen dem Haupttreppenhause und dem »Berliner Zimmer« gelegen zu sein pflegt und teils als »Zimmer des Herrn«, teils als »Dienerzimmer« in den Grundrissen bezeichnet wird. Da nach dem Hofe gerichtete Aufenthalts- und Nebenräume durch Tiefenvergröfserung des Gebäudes in beliebiger Zahl gewonnen werden können, dürfte dieser Verlust nur dort von Bedeutung sein, wo die Grundstücktiefe eine geringe ist.

Um die gegenwärtig zumeist dunklen Verbindungsgänge zwischen den »Berliner Zimmern« und sämtlichen nach rückwärts gelegenen Räumen hell und luftig zu erhalten, ist an der beiderseitigen Grenze je eine kurze Lichtgasse angenommen.

Das Gangfenster ist diagonal gestellt, um für dasselbe eine den Lüftungsansprüchen entsprechende grofse Fläche zu erhalten und das von den in heller Färbung gedachten Wandflächen der Lichtgasse zurückgestrahlte Licht ausnutzen zu können zur Erhellung des senkrecht vom Hauptgang abzweigenden kürzeren Teiles des Ganges.*)

Der vordere Teil des Hauptganges, an welchem die Küche, der Anrichteraum und die Mägdekammer liegen, ist durch eine Glas-Spielthür (Pendelthür) abgetrennt. Es hat diese Trennung den Zweck, die hier entstehenden Geräusche und Luftverschlechterungen möglichst fernzuhalten von den Aufenthaltsräumen und Schlafgemächern der Familie. Die Nebentreppe dürfte für die Entlüftung und Belichtung dieses Gangteiles sich wohl ausnutzen lassen, wenn der Feuersicherheit wegen die dem letzteren Zwecke dienenden Flächen mit Drahtglas versehen werden und der Luftauslafs kräftiges Gitter nebst Drahtgasefüllung erhält. Wünscht man eine derartige Verbindung zwischen Gang und Nebentreppenhaus nicht, dann können Luftschachte angebracht und die Thüren jener Nebenräume, vielleicht auch die des Speisezimmers mit Glasfüllungen versehen werden, wodurch gerade im schwächst erhellten Teile des Ganges eine nicht unerhebliche Lichtzufuhr erzielt zu werden vermag.

Beim Entwerfen der Grundpläne nach hannoverscher Art ist der leitende Gedanke gewesen, jede Art geschlossenen Hofes oder Lichthofes zu vermeiden und zu zeigen, dafs es bei Anwendung offener Lichtgassen sehr wohl angeht, sämtlichen Haupt- und Nebenräumen eine ihrem jeweiligen Zweck angepafste Lichtmenge zuzuführen, ohne von einer Tiefenausnutzung absehen zu müssen, wie sie in Hannover während der letzten Jahrzehnte üblich geworden ist. Ferner wurde stets für das

*) Diese Diagonalstellung verstöfst meines Wissens gegen die Vorschriften der Berliner Bauordnung. Es zeigt mir dieses jedoch nur, dafs die betreffende Vorschrift abänderungsbedürftig ist. Durch die Wahl von mattem oder sonst den Einblick wehrendem Glas oder von Drahtglas und durch die Anwendung von Kippflügeln kann den Nachteilen der Diagonallage des Fensters ausreichend entgegengewirkt werden.

Versuch zur Verbesserung des Hannoverschen Grundrisses.

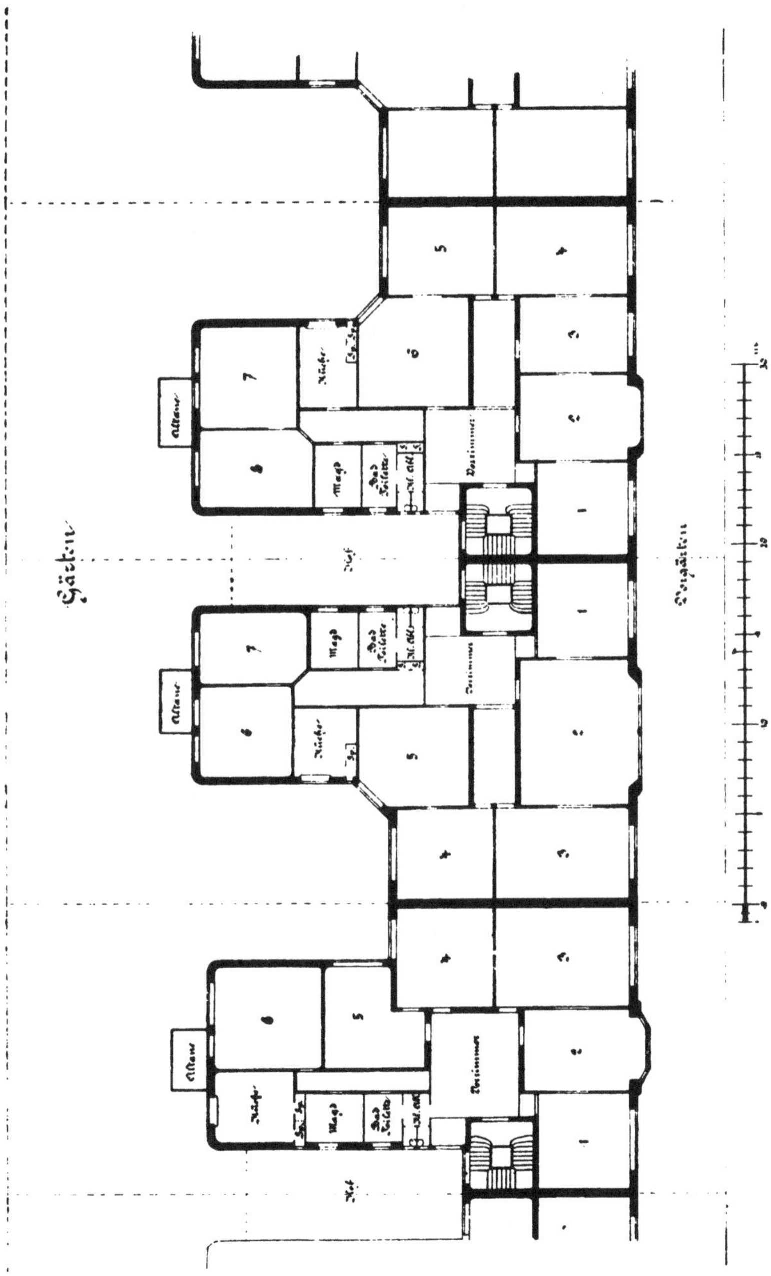

Figur 44.

Versuch zur Verbesserung des Hannoverschen Grundrisses.

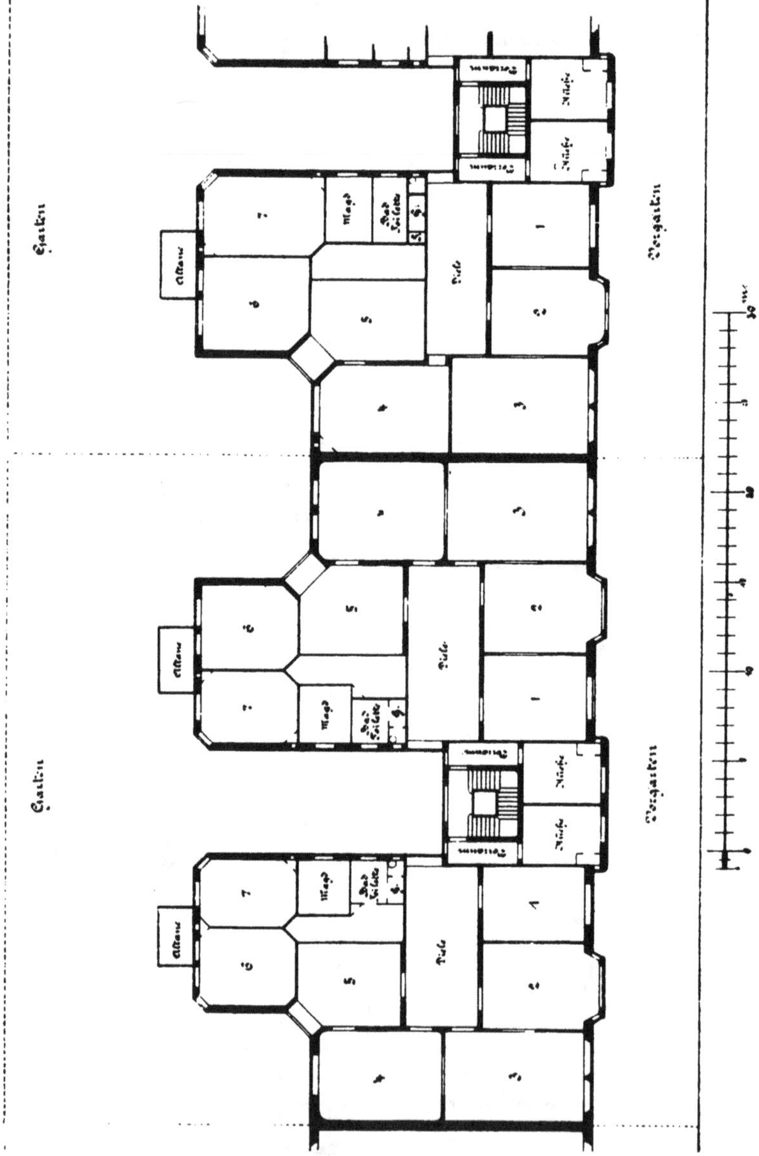

Figur 45.

Vorzimmer ein unmittelbar ins Freie führendes Fenster von 1,50 bis 2,00 m Breite gewonnen.

Versuch zur Verbesserung des Hannoverschen Grundrisses.

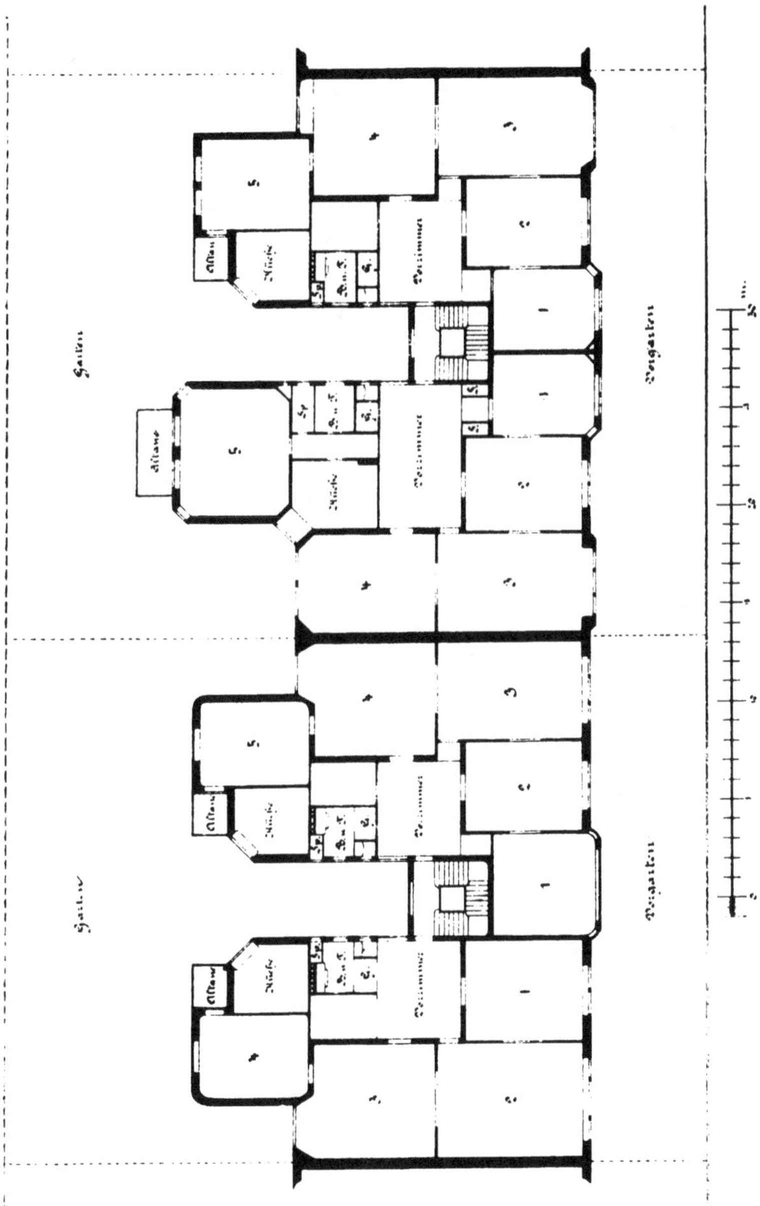

Figur 46.

Da man Nebentreppen in Hannover nur ausnahmsweise anlegt, so ist von ihrer Anwendung Abstand genommen worden.

In einem Teil der Pläne ist dann gezeigt, wie es angeht, die Küche in unmittelbarer Nähe des Haupttreppenhauses derart anzuordnen, dafs das Vorzimmer freigehalten wird von allem durch die Haushaltsführung hervorgerufenen Verkehr, ohne der Hausfrau den Weg zur Küche zu erschweren.

In einem anderen Teile der Pläne ist dagegen der in Hannover ziemlich weit verbreiteten Anschauung Rechnung getragen, dafs die Küche einen besonderen Ausgang nach dem Treppenhause nicht haben dürfe, weil die Beaufsichtigung der Dienstboten durch ihn sehr erschwert werde.

Da ich durch lange Jahre (auch in der eigenen Wohnung) die Erfahrung gemacht habe, dafs eine Erhellung der Küche durch Lichtgassen nur unter sehr günstigen Verhältnissen ausreicht, um für die Sauberkeit der dort bereiteten Speisen und Getränke, wie des dort gereinigten Geschirrs Sicherheit, auch an lichtarmen Wintertagen, zu bieten, so ist diese Lage in keinem Falle gewählt. Sie hat den weiteren Nachteil, dafs das in der Küche stets entstehende Geräusch sowie das unter den Dienstboten wohl beliebte Lärmen und Singen in seiner Schallwirkung innerhalb der Lichtgassen verstärkt wird und besonders an Sommerabenden die auf den Altanen und in den offenen Lauben Sitzenden in ihrem Wohlbehagen recht empfindlich stört.

Da in dem hier, für Aufsengebiete und Vororte gedachten Falle des Freihaltens des Blockinnern von Rückgebäuden und dergl. und dessen Aufteilung zu einander rings begrenzenden Hausgärten eine solche Störung besonders unangenehm zur Wirkung gelangen würde, so ist in einem Teil der Pläne gezeigt, dafs gegen derartige Mifsstände gründlichst Abhilfe geschaffen werden kann durch die Strafsenlage der Küchen.

Bei einer Ausbildung des gesamten Blockinnern zu Hausgärten besitzt die Strafsenlage kaum einen höheren Wert als die Gartenlage der Aufenthaltsräume, während an verkehrsreichen Strafsen das Bedürfnis sich herauszustellen pflegt, Gemächer in wirklich Ruhe bietender Lage gewinnen zu müssen. In solchen Fällen dürfte es zweckdienlich sein, alle diejenigen Aufenthalts- und Nebenräume nach der Strafse zu legen, welche die Ruhe

Versuch zur Verbesserung des Hannoverschen Grundrisses.

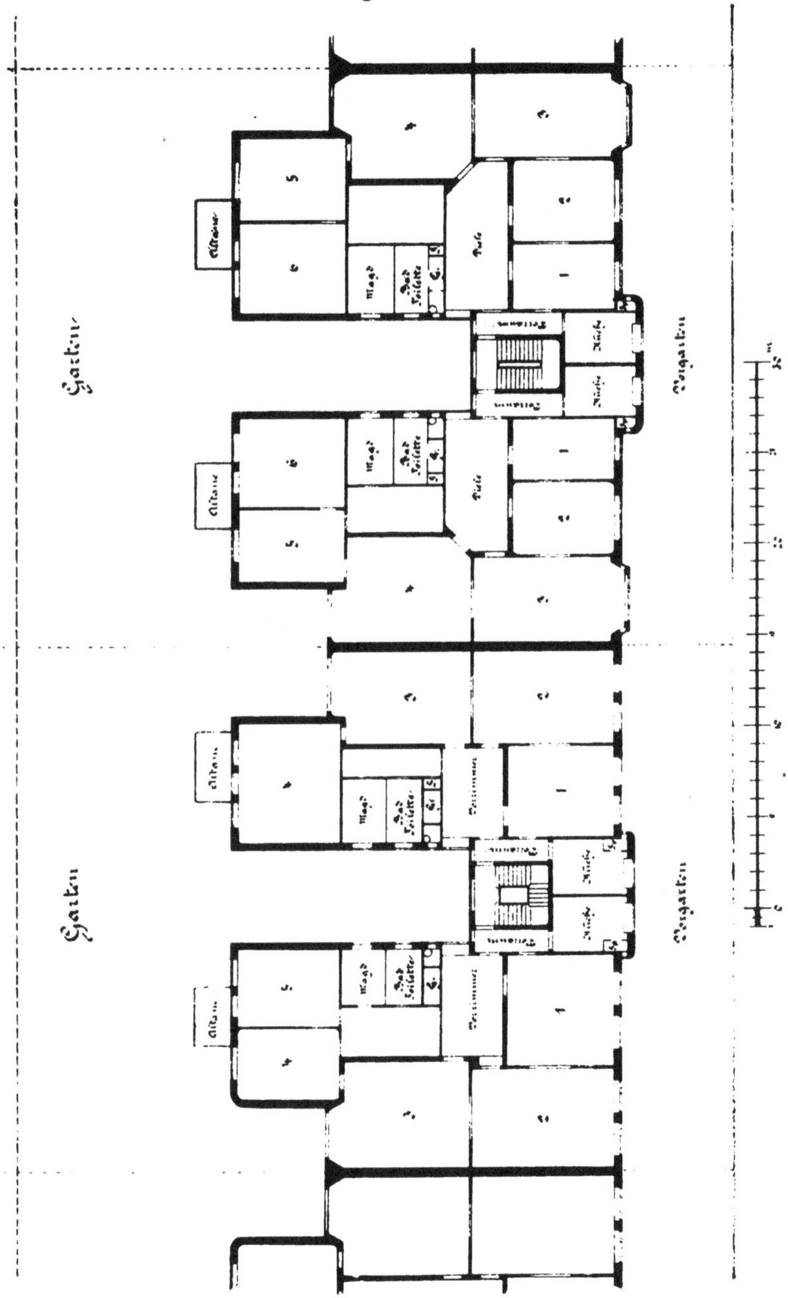

Figur 47.

des Gartens zu stören vermögen: Küche, Musikübungszimmer, Werkstätten, Waschküchen — und eigentlich auch das Kinderzimmer, doch wird man besser hiervon Abstand nehmen, um den ständigen Aufenthaltsräumen der Kinder die diesen so besonders notwendige staubärmere Luft des Gartens zuführen zu können.

In jedem Fall ist wieder mit dem Vorzimmer eine Kleiderablage derart verbunden, dafs von ihr Klosett und Toilette unmittelbar zugänglich sind. Stets ist das Bad mit dieser Toilette vereinigt, um ihre Annehmlichkeiten möglichst preiswert bieten zu können, was unter hannoverschen Verhältnissen in der Regel angezeigt erscheint.

Die an das Vorzimmer stofsenden Verbindungsgänge sind mit diesem stets in offener Vereinigung, höchstens durch Vorhänge geschieden gedacht, um die Gänge an der Annehmlichkeit der Fensterlüftung teilnehmen zu lassen. Zu ihrer weiteren Erhellung kann das Anbringen von Glasthüren und Glasfüllungen in Thüren oder über ihnen herangezogen werden; für den Luftabzug können Schachte im Mauerwerk ausgespart oder an den Wänden hochgeführt werden. Kippflügel oberhalb der Badezimmerthür vermögen mit Vorteil dem gleichen Zwecke zu dienen und verringern zugleich die in diesen Räumen durch Gasöfen etwa hervorgerufene Gefahr, da man sie (in der kalten Jahreszeit) während des Badens eher offen lassen kann, als die ins Freie führenden Fenster.

Die Entwürfe erstrecken sich auf vornehmere wie auf preiswerte »herrschaftliche« Wohnungen. In Abbildung 48 ist eine Ecklösung wiedergegeben, welche zeigt, wie eine solche durchgeführt werden sollte, damit nirgends enge, düstere Höfe zu entstehen vermögen, sondern die frische, staubarme Luft des Gartens ungehindert zu sämtlichen nach rückwärts gerichteten Räumen herantreten kann.*)

Die Treppen sind allgemein als Ruheplatzstiegen ausgebildet, um ungünstige Spitzstufenformen überhaupt zu vermeiden. Doch steht der Anwendung von Halb- und Dreiviertel-

*) Die zugehörigen Lagepläne (Fig. 15 u. 16) sind auf Seite 139 u. 140 zur Wiedergabe gelangt.

Kreistreppen mit weiter Spindel und dergl. nichts entgegen. An Stelle von **Speisekammern** sind in sämtlichen Plänen **Speiseschränke** von 0,60 bis 0,80 m Tiefe angeordnet, da

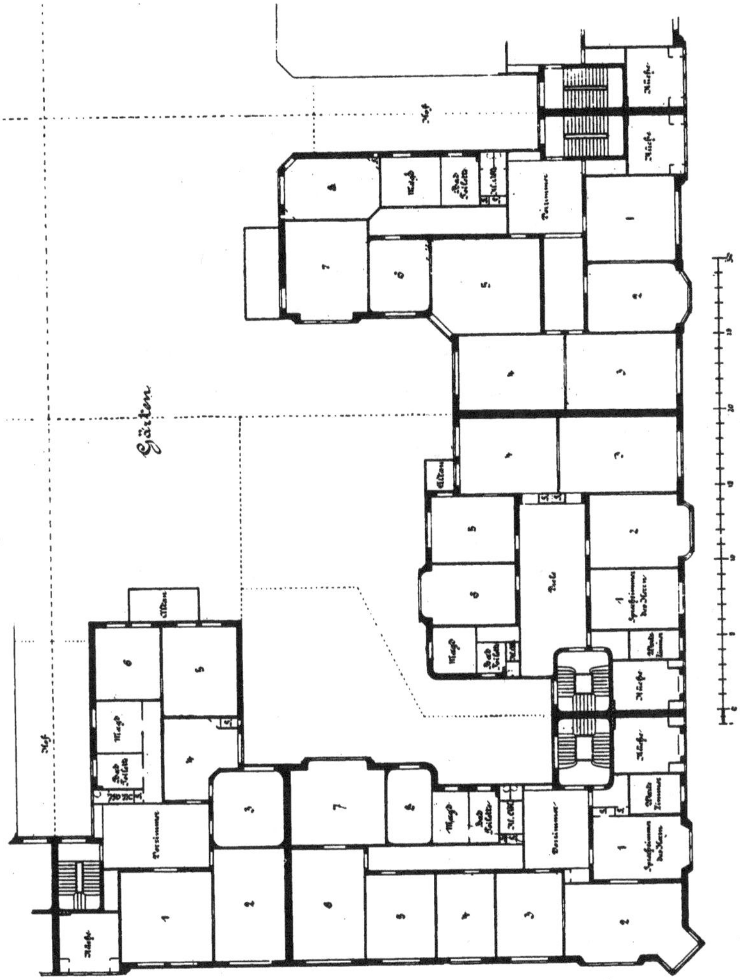

Versuch zur Verbesserung des Hannoverschen Grundrisses (Ecklösung.)

Figur 48.

ich sie für wesentlich zweckdienlicher halte als betretbare Speisekammern, sobald sie diesen in Hinsicht auf Zutritt von Licht und Luft gleichwertig behandelt werden: Richtig angeordnet und unterteilt bieten sie bei geringer Platzinanspruchnahme wesentlich mehr Raumgehalt als die in Städten üblichen Speisekammern von 1,20 bis 1,60 m Breite, weil in letzteren der meiste Platz für die Bewegungsfreiheit in der Kammer hergegeben werden mufs. Ferner lassen sie sich vor Fliegen und Staubeintritt weit besser bewahren und erleichtern die Handhabung wesentlich, da an die Stelle einer schweren Zimmerthür schmale, zierliche Schrankthüren treten können.

Dagegen sind die Ausmafse der Altane im allgemeinen reichlicher bemessen, als es in Hannover üblich ist, weil hier das Sparen mit Raum ungünstig auf deren Ausnutzung zu wirken pflegt. Die Altane ist für die allerdings kurze Zeit des wirklichen Sommers ein bedeutungsvoller Raum, besonders für diejenigen Städter, für welche ein Hinausziehen auf das Land nicht angeht. Daher sollte man der Altane eine entsprechende Beachtung im Grundplan nicht versagen. Dafs eine Verdunklung der hinter der Altane gelegenen Zimmer sich vermeiden läfst, bin ich zu zeigen bestrebt gewesen.

Auch auf die Anlage von Wandschränken ist grofser Wert gelegt, weil sie zur Entlastung der Aufenthaltsräume von allerhand dort nicht erforderlichem Hausrat, Kleidungsstücken, Spielzeug und dergl. führen, den Luftraum dieser Räume daher vergröfsern und den Geruch der Luft verbessern helfen.

Die Ausladung der Wanderker und erkerartigen Wandvorsprünge ist absichtlich gering gewählt worden, weil meines Erachtens schwach vorspringende Erker in ihrer schönheitlichen Wirkung für das Äufsere der Gebäude wie für das Gemach, welches sie zieren sollen, erheblich günstiger wirken als stark ausladende Erker. Aufserdem bleiben die Kosten der ersteren hinter denen der letzteren weit zurück, weil man das Vorspringen durch Auskragen der Ziegel oder Hausteine erzielen kann, ohne verdeckte Eisenkonstruktionen anwenden zu müssen, was zum Erhöhen des künstlerischen Feinempfindens jedenfalls beiträgt.

Die Anordnung breiter Pfeiler zwischen den Fenstern ist vermieden: sie beeinflussen meines Erachtens die Lichtwirkung in schönheitlichem Sinne ungünstig, weil sie ihr die Einheitlichkeit rauben, während breite, durch schmale Pfeilerchen geteilte Fenster dem Raume zumeist zur hohen Zierde gereichen und eine freiere, weniger Licht raubende Anordnung der Vorhänge gestatten. Konstruktiv kommt den breiten Fensterpfeilern heute kaum mehr grofse Bedeutung zu, da wir ausreichend Mittel besitzen zur Überdeckung breiter Öffnungen. Dagegen bedürfen wir neben den Scheidewänden ausreichend breiter Pfeiler, um den Hausrat gut unterbringen zu können und dem Zimmer den Eindruck des Behagens zu verleihen, welcher entschieden verloren geht, wenn breite Mittelpfeiler und schmale Eckpfeiler angebracht werden. Wo das Bedürfnis sie verlangte, sind dagegen unsymmetrische Anordnungen der Fenster oder Erker ohne Skrupel gewählt, weil sie den Reiz des Raumes eher zu erhöhen als zu verringern vermögen und Gelegenheit bieten zur Ausbildung lauschiger Plätze zum Plaudern und anderer Erholung.

Die Kleinwohnung.

Unter dem Wort »Kleinwohnung« sind alle Wohnungen zusammenzufassen, deren Inhaber den gering bemittelten und den wirtschaftlich schwachen Volkskreisen angehören. Je nach dem Ort und innerhalb der gleichen Stadt treten daher ziemlich bedeutende Unterschiede zwischen der Art und der Gröfse dieser Wohnungen auf. Die besseren derselben sind Abbilder der ortsüblichen »herrschaftlichen« Stockwerkswohnungen in etwas kleinerem Mafsstabe und in bescheidenerer Ausstattung, während die einfachen Kleinwohnungen in der Regel eine andersartige Gestaltung erhalten müssen, um den Lebensgewohnheiten ihrer Inhaber vollkommen zu entsprechen. Mit den letzteren wollen wir uns daher etwas eingehender beschäftigen, während dieses für die ersteren kaum notwendig sein wird.

Als Erfordernis für jede Kleinwohnung sollte gelten: ein abgeschlossener Flur nebst Abort, eine Küche nebst Speisegelafs, ein bis zwei Wohnräume und ein geräumiges Schlafzimmer für die Eltern nebst den kleinen Kindern, während für herangewachsene Söhne und Töchter gesonderte Schlafzimmer notwendig sind, deren Abmessungen aber bescheidene sein dürfen.

Leider werden diese Räume nur in den besseren Kleinwohnungen derart vollständig geboten; je volkreicher die Stadt und je bescheidener die Einkünfte der Bewohner sind, um so gröfsere Beschränkungen pflegen die letzteren sich auferlegen zu müssen. Doch sollte das Streben der Allgemeinheit darauf gerichtet sein, die gegenwärtig recht traurige, oft sogar trostlose Gestalt jener Einschränkungen zu mildern. Der Staat, die Städte und die wohlhabenden Bürger dürfen ihre Mitwirkung zu einem solchen Vorgehen nicht versagen, da die Not vielerorts die erträglichen Grenzen längst überschritten hat und dringende Abhilfe erheischt.

Je einfacher die Lebenshaltung der Wohnungsinhaber ist, eine um so gröfsere Aufmerksamkeit mufs der Gestaltung der Küche gewidmet werden, weil sie als Aufenthaltsraum im eigentlichen Sinne, vielfach sogar als Hauptaufenthaltsraum für die Tagesstunden zu betrachten ist. Da die Hausfrau selbst oder ihre Vertreterin die Küchenarbeit und Hausarbeit verrichtet, so dient die Küche ihr eben als Aufenthaltsraum für eine ziemlich bedeutende Zahl der Tagesstunden, und in der Regel werden die kleineren Kinder sich bei ihr befinden, falls das Wetter nicht deren Aufenthalt im Freien gestattet, da sie der Beaufsichtigung bedürfen. Ferner wünschen die Leute während der kühleren Jahres- und Tageszeit die Wärme auszunutzen, welche die Küche zu bieten pflegt, weil sie die Ausgabe für das Heizen anderer Räume zu scheuen haben. Je kühler das Ortsklima ist, um so mehr und um so länger dient daher die Küche als Familienzimmer. Je beschränkter endlich die Zahl der Räume ist, um so mehr wünscht man, die einzige Stube zu schonen und sauber zu halten. Es wird dann in der Küche das Essen aufgetragen, die von der Arbeit Heimkehrenden verweilen zunächst in ihr, um das Schuhzeug zu wechseln oder trocknen zu lassen. Kurzum, die Küche und der Hauptwohnraum werden eins.

Sollen hierdurch nicht Mifsstände erwachsen, dann ist es notwendig, die »Wohnküche« als solche auszustatten und ihr Abmessungen zu geben, welche dem Hauptaufenthaltsraum der ganzen Familie angemessen sind. Ihr und dem Familienschlafzimmer gebührt dann die geräumigste Gestaltung, während die Stube etwas kleinere Ausmafse erhalten kann, da sie und ihr Luftraum dem ständigen Gebrauch entzogen werden.

Von grofser Bedeutung ist es, der Küche ein kleines Gelafs zum Aufbewahren der Speisen und Speisereste zu geben, vornehmlich, wenn die Küche als Hauptaufenthaltsraum dient. Im anderen Falle erhalten die Speisen in luftlosen Schränken Platz oder stehen dem Verstauben und der Verunreinigung durch Fliegen offen.

Es ist aber in Kleinwohnungen weniger noch als anderswo am Platze, dafs dieses Gelafs als betretbarer Raum ausgebildet werde. Ein mit Fenster versehener Wandschrank von 0,5 bis 0,6 m Tiefe und einer Breite von 0,80 bis 1,0 m reicht hier für diesen Zweck vollständig aus und hat den Vorzug, dafs die Speisen vor Staub und Fliegen besser geschützt werden können als in einer betretbaren Kammer, deren Raumhergabe in der Regel als Verschwendung bezeichnet werden müfste. Das Fenster ist nach innen aufgehend auszubilden, nach aufsen aber durch Drahtgaze dicht abzuschliefsen, die behufs der Reinigung am besten in einem kleinen, losnehmbaren Rahmen sich befindet.

Den Schrank selbst teilt man vorteilhaft der Höhe nach in zwei Abteile, deren jedes seine besondere Thür erhält. In dem unteren, etwa 0,60 m hohen Abteil können die Rohstoffe, im oberen Abteil die fertigen Speisen und Speisereste Unterkunft finden.

Wo es an Raum für einen solchen Wandschrank mangelt, ist es geraten, die Nische unterhalb des Küchenfensters zu einem nach innen etwa 0,50 m vorspringenden Schranke auszubilden, welcher eine kleine durch Drahtgaze abgeschlossene Öffnung ins Freie erhält. Das obere Abschlufsbrett des Schrankes dient gleichzeitig als Fensterbank und als Arbeitstisch, der in dieser Lage vollstes Licht bietet und wenig Raum fortnimmt.

Einen grofsen Nutzen kann man den Inhabern der Kleinwohnungen ferner erweisen durch A n l a g e v o n W a n d s c h r ä n k e n. Es fehlt ihnen vielfach an Geldmitteln, Schränke in ausreichender Zahl anzuschaffen. Auch die Umzugskosten werden durch sie nicht unwesentlich erhöht. Die Wohnung erhält daher leicht ein unordentliches Ansehen, wenn Kleider, Schuhzeug,

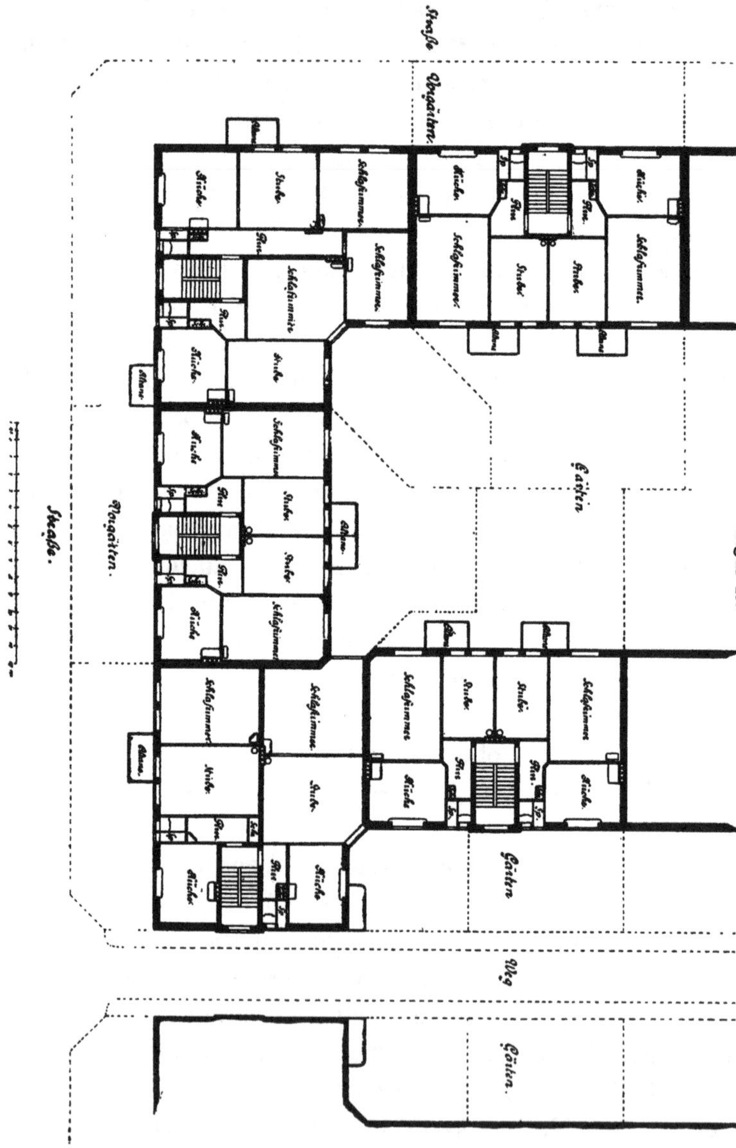

Figur 49.
Kleinwohnungsanlage.

Wäsche und dergl. frei an den Wänden hängend oder umherliegend untergebracht werden müssen. Es leiden ferner diese

Gegenstände durch das Verstauben. und sie verderben durch ihren Geruch die Luft der Wohnung. Einfache Wandschränke erhöhen aber die Anlagekosten der letzteren nur unwesentlich und lassen sich zumeist ohne Schwierigkeit unterbringen, wie es in den Grundplananordnungen Fig. 49 bis 54 angedeutet ist.

Endlich mufs es in städtischen Stockwerkswohnungen als ein Erfordernis gelten, dafs jede Familie über eine, wenn auch nur kleine Altane verfügt. Sie ist notwendig, um auf ihr die Betten und Polster sonnen und Kinderwäsche rasch trocknen zu können. Ihr weiterer Nutzen als Sitz- und Arbeitsplatz an frischer Luft bedarf des Hervorhebens nicht.

In den Abbildungen 49 bis 54 sind Beispiele von Kleinwohnungen verschiedener Art gegeben.

Allgemein ist in ihnen zu zeigen versucht, wie die T r e p p e n von Kleinwohnungshäusern beschaffen sein sollen. Das übermäfsige Sparen mit Raum hat in den bestehenden Häusern vielfach zu den ungünstigsten Anordnungen der Stiegen geführt, deren Spitzstufen das Ersteigen der Treppen, vornehmlich im Dämmerlicht, gefahrvoll machen, während die übermäfsig grofs gewählte Höhe der einzelnen Stufe Greisen, Genesenden, schwächeren Frauen und Kindern eine durchaus unnötige Mühsal auferlegt, welche zu Gesundheitsschädigungen Veranlassung geben kann.

In der Breitenbemessung der Stufe darf im Notfall an Raum gespart werden, die Höhe sollte nicht über 16 bis $16^1/_4$ cm gewählt werden.

An Raum wird im Erdgeschofs städtischer Miethäuser wesentlich gespart, wenn man die Treppenhäuser unmittelbar an den Hauseingang legt, da dann der Hausflur völlig fortgelassen werden kann. Der Zugang zum Garten kann mit dem Niedergang der Stufen nach dem Keller vereinigt werden.

Diese Lage des Treppenhauses hat den Vorzug, dafs man beim Entstehen eines Schadenfeuers ohne jeden Verzug zur Strafse gelangen kann und die Feuerwehr den Speicher auf dem kürzesten Wege zu erreichen vermag.

In den Stadthäusern geschlossener Bauart pflegt es ferner zur Ermäfsigung der Anlagekosten der Wasser-Zu- und -Ableitungen

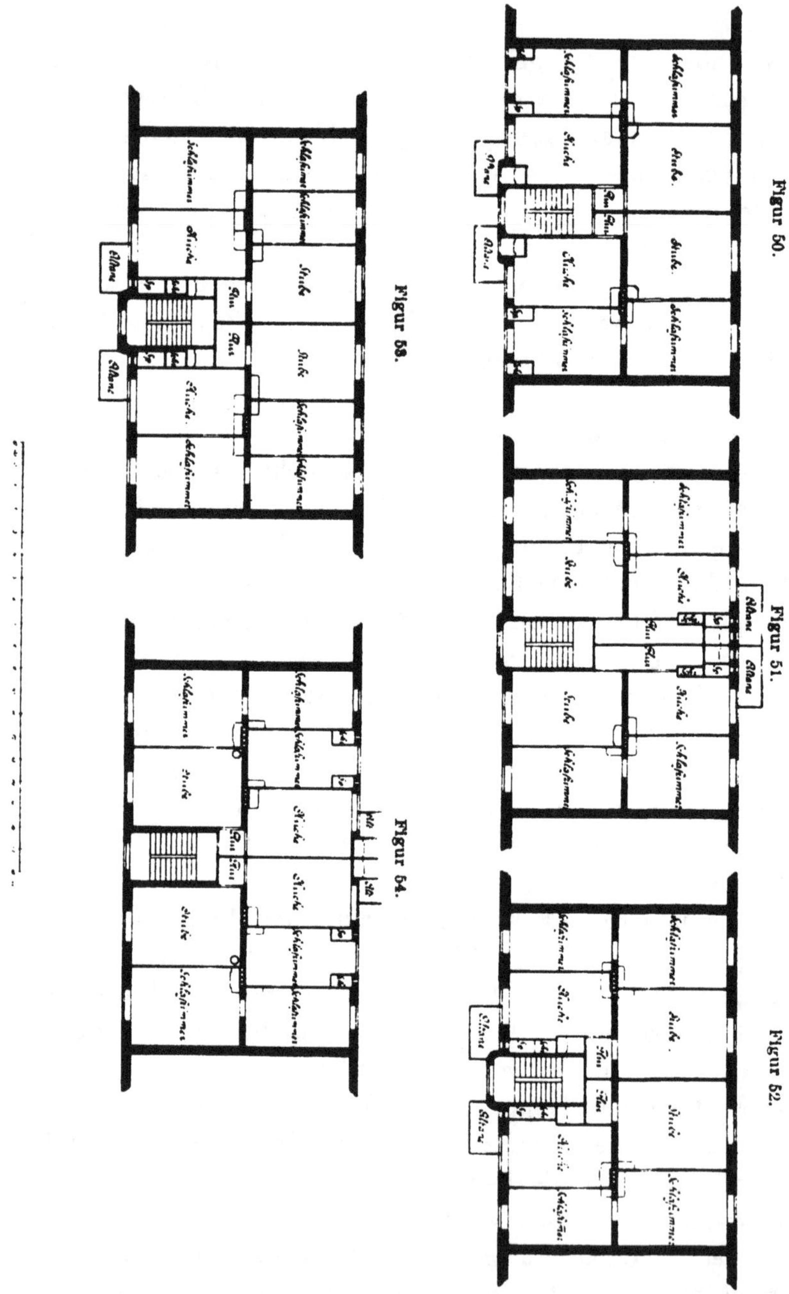

Kleinwohnungen.

Figur 50.

Figur 51.

Figur 52.

Figur 53.

Figur 54.

zu führen, wenn die Küchen und Aborte sich nahe liegen und nach dort gerichtet sind, wo die Zuführungs- und Abführungsrohre laufen. Teils wird dieser Platz die Strafse sein, teils auch der Hof (oder das Blockinnere), wenn der ganze Block einheitlich bebaut und jene Rohre durch dessen Mitte geführt werden, was zu wesentlichen Ersparnissen führen kann, falls die Stadtverwaltung die Rohr- und Sielausführung oder deren Anschlüsse hoch berechnet.

Das Erfordernis, mit jedem Zoll nutzbaren Raumes zu sparen, erschwert beim Entwerfen von Kleinwohnungen das Gewinnen eines unmittelbar belichteten Flurs. Am ehesten wird die in den Abb. 49 und 51 dargestellte Lösung den Zweck erreichen lassen, ohne besondere Aufwendungen an Raum zu erfordern: Klosett und Speiseschrank sind nebeneinander an den Kopf des Flurs gelegt und nur etwa 2 m hoch geführt, so dafs über ihnen 0,5 bis 1 m Höhe zur Verfügung bleibt für ein als Kippflügel ausgebildetes Oberlichtfenster, dessen Handhabung durch Schnur oder Kette erfolgt.

In den Grundplanwiedergaben Fig. 50, 52, 53 und 54 ist dagegen die Gröfse des Flurs auf das engste begrenzt, um mit möglichst geringem Raumaufwand eine hinreichende Zahl von Zimmern zu gewinnen. Die Belichtung und Lüftung des Flurs ist in diesem Falle durch ein als Kippflügel ausgebildetes Drahtglasoberlicht über der Wohnungseingangsthür gedacht. Der Zugang der Schlafzimmer ist in diesen Plänen absichtlich als ein mittelbarer gewählt, weil diese Anordnung in einzelnen Gegenden besonders gern gesehen wird. Zur Aftervermietung eignen sich derartig geplante Wohnungen nicht.

Der Zugang des Aborts von einer Altane (vergl. Abb. 50 und 54) entspricht ebenfalls nur für ganz bestimmte Gegenden den örtlichen Gepflogenheiten, wo ein mildes Klima den Weg durchs Freie ohne Nachteil erscheinen läfst, es aber besonders wünschenswert macht, den üblen Geruch der Wohnung fernzuhalten, welcher dort zu gewärtigen ist, wo die in Abschnitt XVII geschilderten Lüftungseinrichtungen sich nicht anbringen lassen.

Die Lage der Räume zur Himmelsrichtung.

Über die Nachteile und Vorzüge der verschiedenen Himmelsrichtungen in ihrer Wirkung auf Wohngebäude ist Seite 203 ff. eine eingehende Darlegung gegeben. Es wurde dort betont, daſs es Sache des Architekten sei, die mit jedweder Lage verbundenen Nachteile zu verringern, die Vorzüge voll auszunutzen. Es erübrigt daher an dieser Stelle, nach jener Richtung die erforderlichen Fingerzeige zu geben.

Unter den mittleren klimatischen Verhältnissen Deutschlands bedürfen der sonnigen Lage sämtliche Schlaf- und Kinderzimmer sowie der Hauptaufenthaltsraum der Familie für die Tagesstunden während der kühlen Jahreszeit; der Schattenlage ein Wohnraum, welcher im Hochsommer dem letzteren Zweck dient, während der kühlen Jahreszeit aber ohne Schaden als Speisezimmer benutzt werden kann, ferner das Arbeitszimmer des Herrn und andere Räume, in denen eine Thätigkeit ausgeübt werden soll, zu welcher gleichmäſsiges Himmelslicht erforderlich ist und welche unter einem übermäſsigen Ansteigen des Wärmegrades leidet. Ziemlich gleichgültig ist die Himmelslage für diejenigen Räume, welche der ständigen Benutzung nicht unterliegen, wie das Fremdenzimmer, das Empfangszimmer, Säle für festliche Zwecke, die »beste Stube« und dergl., sowie für die Mehrzahl der Nebenräume.

Für die Küche kann es zweifelhaft sein, ob sonnige oder schattige Lage den Vorzug verdienen. Einerseits bedarf die Küche im Sommer der Kühlung, weil durch die während der Speisebereitung frei werdende Wärme unerträglich hohe Temperaturen in ihr hervorgerufen werden, anderseits läſst die dauernde, oft recht starke Wasserdampferzeugung eine Durchfeuchtung der Wände durch Schwitzwasserbildung gewärtigen, zu deren Entfernung Winterbesonnung ein Erfordernis werden kann. Wo der Herd ständig stark benutzt wird (in vornehmen Wohnungen), ist anzunehmen, daſs die Folgen der Wasserdampfbildung nicht zur Geltung kommen, während man der Kühlung bedarf; demnach ist Schattenlage vorzuziehen. Wo dagegen mit den Brennstoffen gespart wird und die Küche der Familie oder einem Teil ihrer Mitglieder als Aufenthalt dient, wird sie der Besonnung bedürfen.

Für die Schlafzimmer ist es wichtig, dafs die Sonnenstrahlen sie möglichst frühzeitig treffen und rechtzeitig wieder verlassen, damit die ausgelegten Betten morgens Sonnenwärme empfangen, im Hochsommer aber Zeit zur Kühlung bleibt, ehe man sich zur Ruhe begibt.

Für die Räume, welche dem Tagesaufenthalt dienen, ist die umgekehrte Himmelslage vorzuziehen, damit im Sommer nicht bereits in der Frühe unerträglich hohe Wärmegrade in ihnen entstehen, welche infolge der inzwischen eintretenden hohen Lufttemperatur im Freien unter Tags nicht wieder beseitigt werden können.

Die Schlafzimmer liegen daher besser nach einer östlichen, die Wohnzimmer nach einer westlichen Richtung, während die reine Südlage allgemein so grofse Vorzüge zeigt, dafs ihre Nachteile für beide Arten von Räumen in Kauf genommen werden können, sobald die Wand- und Fensterflächen einen dem Ortsklima entsprechenden Sonnenschutz erhalten.

Sämtliche nach Norden oder einer Wetterseite blickenden Wandflächen bedürfen dagegen des Schutzes vor Durchfeuchtung, über welchen auf Seite 285 berichtet ist.

Im Einfamilienhause lassen sich die genannten Bedingungen dadurch in noch vollkommenerer Weise erreichen, dafs man die der Kühlung bedürftigen Räume im Erdgeschofs oder im Sockelgeschofs anordnet, die der Sonnenlage bedürftigen in den Obergeschossen unterbringt.

Die Abmessungen der Räume.

Über das Mindestausmafs der Aufenthaltsräume lassen sich genaue Angaben gegenwärtig nicht machen. Die bisher ziemlich allgemein als richtig angenommenen Angaben von Pettenkofers, dafs für Erwachsene ein Luftgehalt von 20 bis 30 cbm, für Kinder im Durchschnitt ein solcher von 10 bis 15 cbm für jeden zu dauerndem Aufenthalt dienenden Raum erforderlich sei, können auf wissenschaftliche Berechtigung Anspruch nicht mehr erheben, seitdem die Grundlagen als hinfällig sich erwiesen haben, auf denen jene Annahmen beruhten (vergl. S. 29). Bei ausgiebiger Lufterneuerung sind jene Abmessungen entschieden zu hoch gegriffen und sie werden in Kleinwohnungen aus wirtschaftlichen Gründen nicht immer erfüllt werden können, obgleich hier eine hinreichende Lufterneuerung nicht vorausgesetzt werden darf. Da ein Zuviel niemals Schaden bedeuten kann, so wird man nach möglichster Gröfse der Räume streben, im gegebenen Falle aber mit dem wirtschaftlich und technisch Erreichbaren sich zufrieden geben müssen.

Ein übermäfsiges Herabgehen mit den Zimmerabmessungen (der Kleinwohnungen) ist dagegen auch wirtschaftlich von Übel. Es tritt in diesem Falle das Ausmafs der Räume in ein ungünstiges Verhältnis zum Gesamtausmafs des Mauerwerks, wodurch der Preis der Einheit nutzbaren Raumes sich ganz wesentlich erhöht. So sind bei den gegenwärtig durch die Bauordnungen vorgeschriebenen Mauerstärken Zimmertiefen unter 4,60 m nicht mehr vorteilhaft, während die Zimmerbreite im allgemeinen nicht unter 2,50 bis 3,00 m herabgehen sollte.

Für die Höhenfestsetzung der Aufenthaltsräume sind zwei Gesichtspunkte bestimmend, die zu einander im Gegensatz stehen: Geheizte Zimmer lassen sich mit geringerem Brennstoffaufwand behaglich halten, wenn ihre Höhe gering gewählt wurde, während für den Sommeraufenthalt eine grofse Höhe den Vorzug verdient. Im kalten Klima sind daher niedere, im warmen Klima hohe Räume von Vorteil. Ferner fordert die Notwendigkeit, den Aufenthaltsräumen das Tageslicht in ihrer vollen Tiefe zuzuführen, dafs die Höhe eines Zimmers in ein ganz bestimmtes Verhältnis zu seiner Tiefe (d. i. die Entfernung der Rückwand von der Fensterwand) gesetzt werde. Je lichtvoller das Klima ist, um so geringer kann zwar die Höhe im Verhältnis zur Tiefe gewählt werden, doch darf man meinen Untersuchungen nach in Nord- und Mitteldeutschland das Verhältnis von 3 : 5 nicht unterschreiten, wenn im Winter die Tagesbelichtung berechtigten Anforderungen noch entsprechen soll. Bei einer wesentlichen Unterschreitung ruft ein Raum in seinem rückwärtigen Teil bereits einen düsteren Eindruck hervor, der durch helle Färbung der Decken-, Fufsboden- und Wandflächen wohl gemildert, aber nicht aufgehoben werden kann.

Im übrigen mufs das Ausmafs und die Form der einzelnen Räume sich nach deren Zweck richten: So bedürfen Speisezimmer fast allgemein einer grofsen Tiefe, können aber eine sehr gestreckte Form erhalten, während das Empfangzimmer, das Zimmer der Frau oder der Töchter am besten geviertförmig oder kreisförmig gestaltet werden und alle übrigen Räume eine Breite erhalten sollten, die zu ihrer Tiefe mindestens wie 3 : 5, besser wie 2 : 3 oder wie 4 : 5 sich verhält.

Die Gröfsenverhältnisse der Räume wechseln örtlich ebenso stark wie die Raumzahl einer Wohnung, richten sich aber an jedem Ort nach den Mietpreisen der verschiedenartigen Wohnungen. So begnügt man sich in München und in Wien bei gleicher Miethöhe mit wesentlich geringeren Raumgröfsen und einer geringeren Raumzahl als in Berlin und in Hamburg, obgleich im übrigen die Lebenshaltung in den letzteren Städten, namentlich in Hamburg, kostspieliger ist als in den ersteren. Dabei treten die gröfsten Unterschiede zwischen den »herrschaftlichen« Wohnungen, die geringsten zwischen den bescheidenen »Kleinwohnungen« dieser und anderer Städte auf. Zur weiteren Orientierung dürften die diesem Abschnitt eingefügten Grundpläne ausreichen.

Das Treppenhaus.

Einer etwas eingehenderen Behandlung bedarf dagegen das Treppenhaus nebst der Stiege.

Allgemein ist zu fordern, dafs die Treppe einen sichern, die Mühe des Steigens thunlichst erleichternden Aufgang bietet. Je höher die Gebäude und die einzelnen Geschosse sind, je mehr Wohnungen sie enthalten, um so schärfer ist dieser Anspruch zu stellen und im Erfordernisfalle zu verfechten. Zwischen dem Einfamilienhause und dem Stockwerks-Wohnungshause tritt ein wesentlicher Unterschied ferner insofern hervor, als das Treppenhaus des letzteren ein allgemein zugänglicher, »öffentlicher« Raum ist, an dessen Sicherheit daher die Allgemeinheit ein weit gehendes Interesse besitzt, während es nahezu ausschliefslich Sache des Einzelnen ist, für die Sicherheit des nur von seiner Familie benutzten, völlig abgeschlossenen Treppenhauses Sorge zu tragen.

Der Arbeitsaufwand wird bedingt von der Zahl der Stufen und ihrer Unterbrechung durch Ruheplätze, vom Verhältnis der Stufenhöhe zur Stufenbreite und von der Elasticität des Stufenkörpers.

Das Einfügen eines Ruheplatzes auf 10 bis 12 Stufen ist in mehrgeschossigen Gebäuden ein Erfordernis, um auch schwächlichen Personen den Aufstieg ohne ein Übermafs von Anstrengung zu ermöglichen. Die Breite des Ruheplatzes ist nicht geringer als die von drei Stufen zu wählen. In niedrigen Gebäuden sowohl wie in Einfamilienhäusern können Ruheplätze entbehrt werden, falls die Neigung und Stufenform der Treppe günstig gewählt wird. In vielgeschossigen Gebäuden sollten Sitzgelegenheiten auf den Ruheplätzen angebracht werden, um Ermüdeten zum Ausruhen Gelegenheit zu bieten und das Niedersetzen von Lasten zu gestatten. Mit Vorteil lassen sich die Fensternischen zu diesem Zwecke ausnutzen.

Den bedeutsamsten Einflufs auf die Mühe des Steigens nimmt die Stufenhöhe; sie soll im allgemeinen der Gröfse und Kraft der in Betracht kommenden Personen angepafst werden. In Wohngebäuden ist das Aufsuchen eines Mittelwertes erforderlich, weil Personen verschiedenen Alters und Geschlechts in ihm verkehren. Als solchen läfst sich erfahrungsgemäfs eine Höhe von 16 cm bezeichnen. Unter sie hinabzugehen geht eher an, als sie zu überschreiten. Höhen von mehr als 17 cm müssen als für Wohngebäude unzulässig bezeichnet werden; sie eignen sich nur für den ausschliefslichen Verkehr von Männern.

Bei der Festlegung der Treppenneigung ging man früher von der Annahme aus, dafs 2 Stufenhöhen und 1 Stufenbreite zusammen gleich der Schrittlänge der in Betracht kommenden Personen sein müfsten. Baurat Wilcke hat diese Annahme angefochten und auf Grund des thatsächlichen Verhältnisses der beim Treppensteigen aufzuwendenden Arbeit diese Gleichung richtig gestellt in:

$$2^1/_3 \text{ Stufenhöhen (h)} + 1 \text{ Stufenbreite (b)} = \text{Schrittlänge (s)}$$

Die Schrittlänge beträgt im Durchschnitt bei Männern 0,69 m, bei Frauen 0,61 m, bei Kindern 0,54 m. Wählt man die Schrittlänge der Frauen als Durchschnittsmafs, dann ergibt sich:

$$2^1/_3 \cdot 16 + b = 61 \text{ oder } b = 23{,}72 \text{ cm},$$

rund also gleich 24 cm. Zu dieser Breite kommt die Ausladung der Auftrittstufe mit 3, besser mit 5 cm, wodurch die Auftrittbreite eine auch für Männer noch ausreichende Abmessung erhält. Der Neigungswinkel solcher Treppen ist mit $\frac{16}{24} = 0{,}667$ oder $= 33^0 42'$ ebenfalls als ein noch günstiger zu bezeichnen.

Auf Grund dieser Annahme erbaute Treppen haben als verhältnismäfsig bequem sich erwiesen und ihre Rauminanspruchnahme darf als eine mäfsige, selbst in Kleinwohnungen wirtschaftlich noch durchführbare bezeichnet werden. Nur für Freitreppen aufserhalb der Gebäude ist eine gröfsere Stufenbreite notwendig, um der Gefahr des Ausgleitens bei Glatteisbildung auf den Stufen zu begegnen. Sie darf nicht unter 27 cm + 5 cm Ausladung gewählt werden. Gefahrloser sind Rampen, deren Gefälle 1 : 5 (im Notfalle sogar 1 : 4) betragen darf, um noch bequem erstiegen werden zu können.

Die Sicherheit des Treppensteigens hängt einerseits ab von der Anwendung und Lage der Ruheplätze, anderseits von der Form der Stufen. Das Fehlen der Ruheplätze ruft die Gefahr hervor, dafs Abstürzende die ganze Geschofshöhe hinabkollern, wodurch recht erhebliche Verletzungen hervorgerufen zu werden pflegen. Diese Gefahr wächst mit dem Abnehmen der Stufenbreite und der Zunahme der Stufenhöhe, also der Steilheit der Treppe.

Eine weitere Gefahr ruft die Anwendung von Spitzstufen hervor, sobald die schmalste Stelle weniger als 15 cm beträgt. Besonders bedenklich ist die Anwendung von Spitzstufen an Stelle des Ruheplatzes in Stiegen mit geraden Läufen (Fig. 55), weil man unvermutet auf Spitzstufen gelangt und deren Spitze ganz besonders schmal auszufallen pflegt, weil Treppen mit geraden Läufen in der Regel nur schmale Spindeln erhalten. Selbst Wendelstiegen (Fig. 57) sind ihnen vorzuziehen, da man hier auf die Gefahr vorbereitet ist und von vornherein

Figur 55.
Schlechte Anordnung der Treppen.

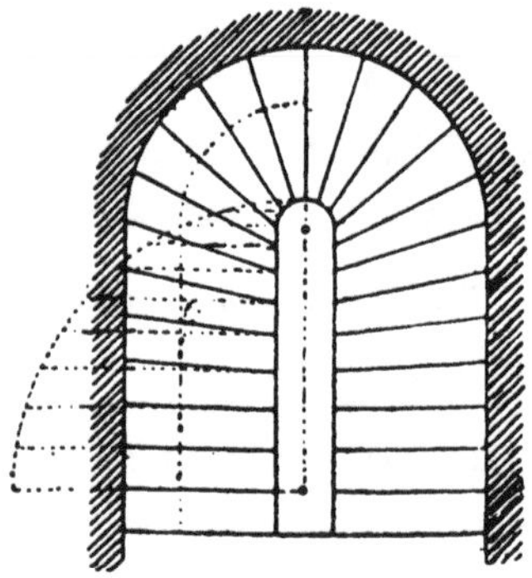

Figur 56.
Gute Anordnung d. Spitzstufentreppen.

sich die Stelle aussuchen kann, welche dem eigenen Schrittmafse am ehesten zusagt und die geringste Gefahr bietet.

Die Abb. 56 stellt einen in Österreich gebräuchlichen Versuch dar, die Nachteile der Spitzstufenanordnung an Stelle des

Figur 57.
Wendelstiege.

Figur 58.
Kreisförmige Treppe mit weiter Spindel.

Ruheplatzes zu mildern. Die Gefahr wird verringert, aber bequem werden derartige Treppen selbst bei bester Ausmittelung nicht, und sie stellen sich teuer.

Treppen von kreisförmiger, ellipsenförmiger oder diesen ähnlicher Gestalt (vergl. Fig. 58 und 59) lassen sich derart ausbilden, dafs jede Gefahr vermieden und das Treppensteigen bequem gemacht wird. Erfordernis ist zu diesem Zwecke eine breite Spindel und das Einlegen eines Ruheplatzes inmitten der Stufen vergl. Fig. 59). Als einziger Nachteil haftet allen derartigen Stiegen der Übelstand an, dafs das Aufwärts- oder Abwärtsschreiten in einer Schraubenlinie einzelnen, namentlich älteren Personen Schwindel bereitet.

Figur 59.
Kreisförm. Treppe mit weiter Spindel und Ruheplatz.

Wo für besonders hohe Geschosse eine grofse Stufenzahl erforderlich wird, ist es geraten, Stiegen mit zwei Ruheplätzen in Anwendung zu bringen. Ferner werden sie sich dort ergeben, wo nur eine geringe Raumtiefe für das Treppenhaus zur Verfügung steht, Rundstiegen aber vermieden werden sollen. Es ist dahin zu streben, dafs alle drei Läufe eine annähernd gleiche Stufenzahl erhalten. Die in

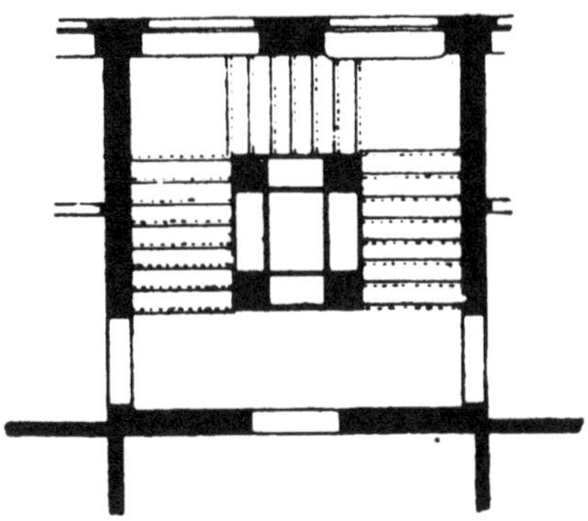

Figur 60. Treppe mit zwei Ruheplätzen.

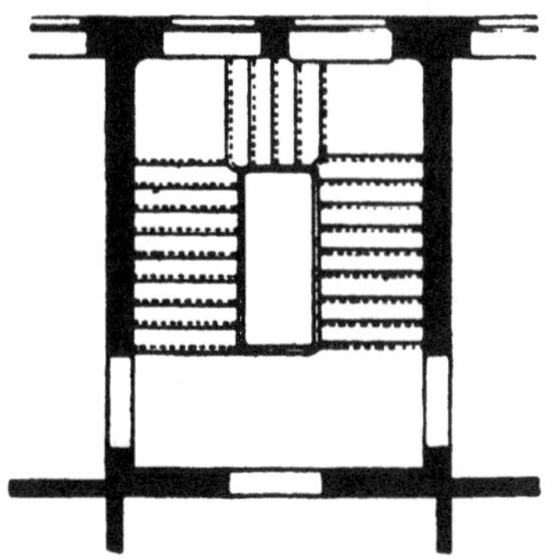

Figur 61. Treppe mit zwei Ruheplätzen.

Fig. 61 wiedergegebene Treppe ist weit weniger bequem als die in Fig. 60 dargestellte.

Die Anwendung von zwei Ruheplätzen ist besonders für Treppen empfehlenswert, welche auf Pfeilern und Gewölben aufruhen (um ihnen hohe Feuersicherheit zu geben), weil nur in diesem Falle eine günstige Lichtverteilung über die ganze Stiege erzielt werden kann, falls man nicht einen unverhältnismäfsig grofsen Raum für den Ruheplatz hergeben will, was nur in vornehmen Gebäuden am Platze ist.

Die Sicherheit des Treppenhausverkehrs hängt ferner ab von der Beleuchtung desselben und einer der Feuersgefahr Rechnung tragenden Anlage.

Für die Tageshelle wie für die künstliche Beleuchtung bieten Stiegen mit weiter offener Spindel einen wesentlichen Vorzug, weil das Licht ungehindert durch mehrere Geschosse herabflutet und vollständig ausgenutzt wird. In Treppenhäusern, welche ausausschliefslich durch Oberlicht erhellt werden, dürfen Stiegen mit sehr enger Spindel überhaupt nicht zur Verwendung gelangen, trotzdem die Treppe mit geraden Läufen und einem Ruheplatz (Fig. 62) in manchen anderen Beziehungen den Vorzug verdient. Das gleiche gilt von Treppenhäusern, deren künstliche Beleuchtung durch eine einzige (oder wenige) grofse Lichtquelle (z. B. durch eine Bogenlampe) erfolgt. In diesem Falle mufs die Lichtquelle im obersten Geschofs inmitten der Spindel ihren Platz finden; sie wird aber selbst dann mehr als drei Geschossen in der Regel nicht zu dienen vermögen.

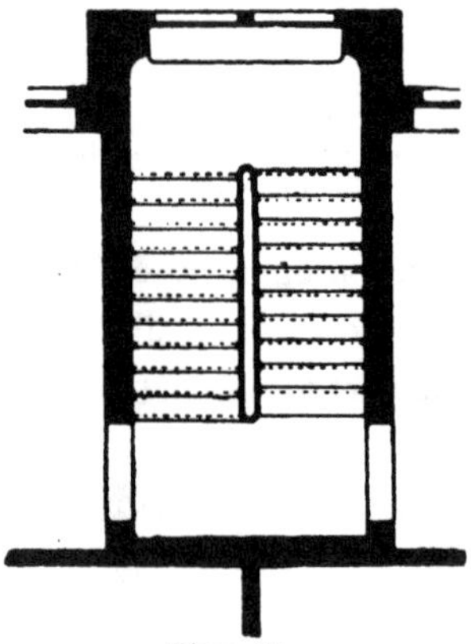

Figur 62.
Treppe mit geraden Läufen.

Die Feuersicherheit des Treppenhauses gewinnt an Bedeutung mit der Höhe der Gebäude, ihrer Ausdehnung und der Zahl ihrer Bewohner. Für Gebäude mit mehr als drei eigentlichen Wohngeschossen ist zu fordern, dafs jede Wohnung unmittelbar mit einem Stiegenhause verbunden ist, das beim Ausbruch eines Schadenfeuers sicheren Ausgang ins Freie gewährt. Ein solches Treppenhaus mufs gegen Stichflammen und Verqualmen gesichert und mit feuerfesten Umfassungen versehen sein, während von der Bauart der Treppe selbst zu verlangen ist, dafs sie langsam Feuer fängt, in den Flammen aber ihre

Standfestigkeit so lange bewahrt, wie an ein Betreten des Treppenhauses überhaupt noch gedacht werden kann.

Die gröfste Feuersicherheit bietet eine aus Ziegelgewölben auf Pfeilern gebaute Treppe, zu welcher tragende Eisenteile überhaupt keine Verwendung finden. Ihr folgt die freitragende Treppe aus Sandstein und Kunststein, dieser die aus Teakholz oder anderem Hartholz hergestellte Stiege, deren Sicherheit durch Unterwölben oder Unterschalen mit unverbrennlichen Körpern vermehrt worden ist.

Weniger sicher sind die aus Hartgestein gebauten freitragenden Treppen, da ihre Standfestigkeit durch Stichflammen Einbusse erleidet und unter ungünstigen Verhältnissen aufgehoben werden kann.

Völlig unsicher sind die aus Nadelholz oder Weichholz hergestellten Treppen, und ihnen nur wenig überlegen müssen die aus Eisen gebildeten oder auf Eisenträgern ruhenden Treppen bezeichnet werden.

Durch Verhüllen der Eisenträger mit Ziegelmauerwerk lassen die letzteren Treppen sich allerdings brauchbar machen, aber auch in diesem Zustande bieten sie nicht die Sicherheit, welche die Bauordnungen ihnen einräumen, sobald gröfsere Mengen brennbarer Stoffe dem Treppenhause sich nahe befinden.

Alles im Treppenhause angebrachte Holzwerk soll glatte Flächen aufweisen und möglichst starke Querschnitte erhalten, damit es schwer Feuer fängt und das Feuer in ihm langsam fortschreitet. Feine Zierate aus oder am Holz sind hier nicht am Platze, stehen auch derjenigen Sauberhaltung im Wege, die im Treppenhause als dringendes Erfordernis bezeichnet werden mufs. Die neuzeitige Kunstrichtung bedarf ihrer ja glücklicherweise nicht mehr, sondern wird glatte, kraftvolle Formen, die zugleich zweckentsprechend sind, bevorzugen.

Eine wesentlich höhere Beachtung als bisher ist dem Abschlusse des Wohnungsflurs oder des Vorzimmers nach dem Treppenhause zuzuwenden. Die mancherorts üblichen, mit Glasfüllungen versehenen Holzverschläge bieten nichts weniger als einen feuersicheren Abschlufs, auch gewöhnliche Füllungsthüren vermögen das Hineinschlagen der Flammen aus einer brennenden Wohnung in das Treppenhaus ebenso wenig zu verhindern als dessen Verqualmen. Es sollten für diesen Abschlufs ausschliefslich Ziegelwände dienen dürfen, die in das Treppenhaus mündenden Thüren aber aus Hartholz in gedoppelter Bretterlage hergestellt werden. Zur weiteren Sicherung empfiehlt sich das Einfügen von Asbestpappe zwischen die beiden Bretterlagen (vergl S. 322). Lichtspendende Füllungen müssen mit Drahtglas versehen werden, während etwaige Lüftungsöffnungen mit Drahtgaze auszufüllen sind, falls man diese überhaupt zulassen will. Diese Einrichtungen kommen zugleich der Wohnung zu gute, da sie ihr gegen Einbruch Schutz verleihen.

Die Bedeutung und Bauart der Aufsenwände.

Im Verein mit dem Dach fällt den Aufsenwänden die Aufgabe zu, im Innern des Hauses dauernd ein mildes Klima zu erhalten, dem Sonnenlicht und der Luft aber soweit Eintritt zu gestatten, als es der Zweck der Räume unter den gegebenen Verhältnissen des Ortes und den Lebensgewohnheiten der Einwohner erheischt.

Zu diesem Zwecke ist es vor allem notwendig, die Wand dauernd trocken zu erhalten und sie derart auszubilden, dafs sie die rasche Wärmeübertragung durch Leitung wie durch Strahlung verhindert. In vielen Fällen wird es ferner erforderlich sein, sie als einen ausgiebigen Wärmespeicher zu gestalten, in andern Fällen wird die Wirkung als Wärmespeicher dagegen als ein Mangel zu betrachten sein.

Zum dauernden Trockenerhalten der Aufsenwände ist es erstens notwendig, das Aufsteigen der Erdfeuchtigkeit in ihnen zu verhindern, zweitens müssen die Bauart des Daches wie der Dachrinnen und Regenfallrohre Sorge tragen, dafs nicht eine Durchfeuchtung von oben (durch Niederschläge und Schneeschmelzwasser) stattfinden kann, drittens ist das Eindringen des Schlagregens mindestens dort zu verhüten, wo es häufiger zu erwarten ist (an den Wetterseiten) und viertens ist die Bauart der Wand derart zu wählen und hat aus solchen Körpern zu erfolgen, dafs aus irgend welchen Quellen aufgenommenes Wasser, sich gleichmäfsig verteilend, rasch wieder zur Verdunstung gelangt. Als Wasserquellen kommen zunächst die Baufeuchtigkeit, später die Schwitzwasserbildung beim Abkühlen warmer, feuchter Luft an kaltem Mauerwerk ganz besonders in Betracht.

Während der Sicherung der Gebäude vor der Mehrzahl der genannten Arten der Wasserzuführung gegenwärtig ein hinreichendes Interesse allgemein entgegengebracht wird, vernachlässigt man vielerorts den Schutz gegen das Eindringen des Schlagregens vollständig. Und doch kommt dieser Durchfeuchtungsquelle der nach den Wetterseiten gerichteten Wände weitaus die gröfste Bedeutung zu, ist ihr die Schuld beizumessen, dafs eine grofse Zahl von Gebäuden durch verheerende Holzkrankheiten heimgesucht wird, dafs viele nach einer Westseite gelegenen Zimmer einen ausreichenden Trockenheitszustand überhaupt niemals aufweisen oder ihn doch nur bei andauernd trockener Witterung und während der Heizperiode erhalten.

Meines Erachtens sollte daher ein ausreichender Schutz der Wetterseiten bewohnter Gebäude baupolizeilich angeordnet werden. An technischen Mitteln für diesen Zweck fehlt es uns nicht: Der sicherste Schutz kann erreicht werden durch eine Bekleidung der Wand mit für Wasser undurchlässigen Körpern, wie Platten und Plättchen aus hartem Gestein, Steingut, Klinker, Glas, Verblendziegel und gewöhnliche Ziegel (Krümmer), die bis an die Grenze der Sinterung oder darüber hinaus gebrannt wurden und dergl. Vor der Verwendung dichter Cementverputzungen oder Anstriche ist dagegen zu warnen; sie haben als haltbar sich nicht erwiesen. Etwas besser bewährt hat sich die Behandlung durchlässiger Wandflächen mit Fluaten (für Kalkgestein) oder mit Testalin (für alle übrigen Gesteinsarten, Kunststeine und Verputzungen), doch reicht sie im Küstenklima für den gedachten Zweck nicht aus.

Die Wärmeübertragung der neueren Wandbauweisen ist eine höhere oder doch ungünstigere als wir sie in älteren Gebäuden finden. Sowohl die dicken Steinwände oder sandgefüllten Wände als auch die Blockwand und selbst die mit

Lehmziegeln ausgefüllte, innen mit Lehmmörtel geputzte oder mit Holztäfelung versehene Fachwerkwand boten Wärmeschutz in zwar verschiedenartiger, aber doch dem jeweiligen Zweck entsprechenden Weise, während wir in den mit Ziegelwänden von 1 bis 2 Stein Stärke umgebenen Häusern unter dem Einflufs hoher und niederer Wärmegrade zu leiden haben.

Die Wirkung der letzteren Wände als Wärmespeicher reicht nur für wenige Tage aus, sind sie aber erst durchhitzt oder ausgekältet, dann wirken sie eher ungünstig als günstig auf die Wärmegrade des Raumes ein. Eine nächtliche Auskühlung durchhitzter Wände dieser Art ist nicht mehr zu erreichen; die Beobachtung lehrt, dafs bei andauernd warmem Wetter die Zimmertemperatur täglich um 1 bis 2° (zur gleichen Tageszeit) zunimmt — die Wand wirkt als Ofen. Die Wirkung stark ausgekühlter Ziegelwände dieser Stärke auf die Wärmeableitung geheizter Räume nimmt in ähnlicher Weise mit der Dauer der kalten Witterung zu.

Auch die Hohlwände haben die auf sie gesetzten Hoffnungen in Hinsicht auf Wärme- wie Wetterschutz nicht oder doch sicher nicht unter allen klimatischen Verhältnissen erfüllt. Wir bedürfen daher Änderungen der modernen Wandbauweise, die eine Besserung der bestehenden Verhältnisse herbeiführen.

Es fehlen gegenwärtig einwandfreie Untersuchungen an bestehenden Gebäuden, welche Fingerzeige nach dieser Richtung zu geben vermöchten. Empfehlenswert aber dürfte sein:

1. Eine Bauart der Aufsenwände, welche ihre dauernde Trockenerhaltung gewährleistet, um Wärmeverluste durch Wasserverdunstung und erhöhte Leitungsfähigkeit zu vermeiden.

2. Eine Stärke der Wände, die entweder so bedeutend ist, dafs die Wand einen Wärmespeicher im günstigen Sinne zu bilden vermag oder so gering, dafs die Wandtemperatur durch nächtliche Auskühlung (im Sommer) wie durch Dauerheizung (im Winter) entsprechend gehalten zu werden vermag unter

3. Auswahl von Baustoffen, deren Wärmeleitungs- und Strahlungsvermögen eine rasche und starke Beeinflussung des Raumes durch die Witterungsverhältnisse ausschliefsen.

4. Schutz der Sonnenseite der Gebäude gegen Sonnenstrahlung durch Bekleiden mit Schlinggewächsen.*)

5. Richtige Anordnung der Heizkörper oder Ableiten des an den Innenflächen der Umfassungswände herabsinkenden kalten Luftstromes (vergl. S. 44);

6. Bekleiden dieser Innenflächen mit Wärme besonders schlecht leitenden Stoffen (Korkabfallplatten, Holztäfelungen und dergl.).

Unter voller Berücksichtigung der unter 3 bis 6 empfohlenen Vornahmen läfst sich auch die moderne Fachwerkwand derart ausbilden, dafs sie den Ansprüchen der Wärmewirtschaft für Wohngebäude gerecht zu werden vermag. Nur dort ist sie nicht am Platze oder bedarf noch weiterer Vorkehrungen, wo ein besonders hartes Winterklima herrscht. Auch an den Küsten pflegt die Fachwerkswand heutiger Bauart weder langen Bestand aufzuweisen, noch vor den dort herrschenden Stürmen ausreichend Schutz zu bieten. Es bedürfen ferner hier die sämtlichen Umfassungswände aller Gebäude einer undurchlässigen Bekleidung, weil sie sich andernfalls mit Seesalz erfüllen, das wasseranziehend wirkt und infolgedessen die Wände dauernd feucht macht**).

Gegen lebhafte Wärmeaufnahme und -Abgabe durch Strahlung bietet die glatte und hellfarbige Gestaltung der Aufsenflächen einigen Schutz. Je dunkelfarbiger und rauher

---

*) Das Laubwerk hält die Sonnenstrahlen von der Wand fern, verbraucht aber Wärme zum Aufbau der Pflanzenzellen und mehr noch zur Wasserverdunstung. Epheu und andere Schlinggewächse, welche das Mauerwerk durch Hineinsenden ihrer Wurzeln zerklüften, dürfen diesem Zweck nicht dienen. Dagegen empfiehlt sich ganz besonders der spanische Kletterwein hierzu, weil er ohne Hilfsmittel sich am Gebäude emporrankt und ein rasches Wachstum aufweist. Dem Nachteil der Durchfeuchtung solcher mit Schlingpflanzen bekleideten und dadurch kühl gehaltenen Wandflächen infolge von Schwitzwasserbildung aus warmer sie bestreichender Luft kann vollkommen durch eine für Wasser undurchlässige Oberflächengestaltung entgegengewirkt werden.

**) Die Brandung läfst grofse Mengen von Seesalz mit den feinen Wassertropfen in die Luft gelangen, von der es oft weit fortgeführt wird und so zu schädigender Wirkung gelangen kann.

die Flächen gehalten werden, um so gröfser fallen diese Beeinflussungen aus.

Die Innenwände.

Aus wirtschaftlichen Gründen geht es nur in Einzelfällen an, die Scheidewände so stark zu wählen, dafs sie einen ausgiebigen Wärmespeicher bilden. Im allgemeinen wird man vielmehr trachten müssen, dünne aber trotzdem ausreichend standfeste Innenwände herzustellen, damit an Platz gespart wird, die Austrocknung der Neubauten rasch vor sich geht, das Anheizen wie das Auskühlen der Räume ohne Schwierigkeit oder besonderen Kostenaufwand erreicht werden kann.

Die neuerdings vielfach in Anwendung gekommenen Wandherstellungsweisen aus Eisen und Mörtel entsprechen diesen Anforderungen in vollkommenster Weise, haben aber den Nachteil, dafs sie die zumeist erforderliche Versteifung der tragenden Aufsen- wie Innenwände nicht zu bilden vermögen. Dagegen haben sich $^1/_2$ Stein starke Wände aus Kunststeinen der verschiedensten Art nach allen diesen Richtungen bewährt. Durch die Wahl rasch und vollkommen erhärtenden Mörtels vermag man ihnen sogar eine nicht unerhebliche Tragfähigkeit zu geben. Übermäfsige Innenwandstärken lassen sich durch die Anwendung derartigen Mörtels oder von Fachwerk vermeiden.

Die Trennungswände von Wohnungen müssen Schutz gegen die lebhafte Übertragung von Wärme wie von Schall gewähren. Dieser Anspruch läfst sich am einfachsten erreichen durch Bekleiden beider Wandseiten mit Korkabfallplatten oder durch die Anwendung von zwei dünnen Scheidewänden, deren Zwischenraum mit feinem Sand und dergl. vollkommen ausgefüllt wird.

Die Trennungswände von Gebäuden müssen ferner Feuerschutz bieten. Daher darf ihre Stärke nicht unter 1 Stein betragen und soll ihr Baustoff Feuerbeständigkeit aufweisen. Der Ziegel erfüllt die letztere Anforderung am vollkommensten.

Das Verwenden einer gemeinsamen Brandmauer hat manche Nachteile im Gefolge: Es entstehen leicht Grenzstreitigkeiten; lebhaftes Geräuch (z. B. Hämmern) wird durch eine solche Wand in beiden Gebäuden fortgeleitet; Rissebildungen führen zu unangenehmen Erscheinungen; durch stärkere Spalten, wie sie durch ungleichmäfsiges Setzen erfolgen, wird der Einblick von einer Wohnung zur anderen ermöglicht, sogar die Feuersicherheit ungünstig beeinflufst, da der Rauch sie lebhaft durchdringt. Dennoch fordern die grofsen Kosten der Brandmauern mindestens für die Wohnhäuser bescheidenster Art eine gewisse Rücksichtnahme. Jedenfalls darf den gemeinnützigen Baugesellschaften und -Genossenschaften das Recht der Anwendung gemeinsamer Brandmauern kaum vorenthalten werden, damit der Mietpreis der Wohnungen entsprechend niedrig gehalten werden kann.

Die Innenwand- und Decken-Flächen.

An die Innenwand- und Deckenflächen sind folgende Forderungen zu stellen:

1. Sollen sie geringe Rauheit aufweisen, um das Ansetzen von Staub herabzusetzen und das Entfernen desselben zu erleichtern;

2. sollen sie eine gründliche Säuberung mindestens auf trockenem, besser auch auf feuchtem Wege gestatten;

3. soll ihre Farbe so licht gewählt werden, wie es der Lichtfülle des Ortes und des betreffenden Raumes sowie dessen Zweck entspricht.

Eine zu dunkle Färbung beeinflufst die natürliche wie die künstliche Beleuchtung auf das ungünstigste und läfst die Raumwirkung wie die Farbenwirkung nicht zur Geltung gelangen. Rauhe Flächen büfsen an Farbenwirkuug und Helle durch Staubansatz rasch ein und machen den Gesamteindruck unfreundlich. Anstricharten, welche jede Art von Säuberung vereiteln, wie es z. B. der Leimfarbenanstrich thut, bedürfen einer häufigen Erneuerung, stellen sich hierdurch mit der Zeit teurer als es bei oberflächlicher Berechnung den Anschein hat, und müssen als hygienisch unzulässig bezeichnet werden.

Soweit es nach Lage der wirtschaftlichen Verhältnisse erreichbar ist, sollten Wand- und Deckenbekleidungen zur Durchführung gelangen, welche eine Säuberung auf feuchtem Wege zulassen. Nur sie können als einwandfrei bezeichnet werden und bieten die Möglichkeit der Wanddesinfektion.

Die Schornsteine.

An die Schornsteine sind nachfolgende Ansprüche zu stellen:

1. Die Widerstände, welche die Rauchgase beim Auftrieb finden, sollen gering ausfallen, weil von ihnen die Leistung des Schornsteins in erster Linie abhängt. Da die Widerstände mit der Querschnittsverringerung wachsen, so ist jede erreichbare Querschnittsvermehrung anzustreben. Aus diesem Grunde ist die Innenverputzung von Nachteil, und es verdient ein grofses Ziegelformat für den Bau der Schornsteinwände den Vorzug*). Ferner sollen die Innenwände völlig eben und möglichst glatt hergestellt werden und erhalten bleiben. Gar gebrannte Maschinenziegel mit ebenem Fugenverstrich erfüllen diese Forderung, während Handziegel und Verputzungen zu wünschen übrig lassen. Dann ist die senkrechte Führung der Rauchrohre ein Erfordernis; jedes Schleifen derselben vermehrt die Widerstände, welche die Rauchgase finden, wesentlich, und stets mufs es in einer sanften Kurve erfolgen. Von grofsem Vorteil würde es sein, wenn der Querschnitt der Rauchrohre sich von unten nach oben erweitern könnte, weil dann jene Widerstände nahezu verschwinden. Leider stehen einer solchen Bauart unüberwindliche Hindernisse entgegen, doch sollten mindestens die Rauchrohrköpfe eine Querschnittserweiterung aufweisen, nie aber eine Querschnittsverengung, die man gegenwärtig nicht gerade selten findet.

2. Die Luft darf in den Schornstein ausschliefslich durch die Feuerstellen einzudringen vermögen, weil andernfalls der Querschnitt von »Nebenluft« in Anspruch genommen wird, den Rauchgasen nicht der erforderliche Raum

*) Die in Österreich und Bayern üblichen Rauchrohrquerschnitte von 17 zu 17 cm lassen bessere Erfolge erzielen, als die 14:14 cm oder 14:18 cm betragenden Querschnitte in Nord- und Mitteldeutschland es thun.

zum Abzug bleibt und sie auf Widerstände stofsen. Besonders ungünstig wirkt der Lufteintritt am Fufspunkt des Schornsteins, weil der Überdruck der Luft hier der jeweilig denkbar gröfste zu sein pflegt. Ein luftdichter Abschlufs der Schornsteinreinigungsöffnungen ist daher ein dringendes Erfordernis.

3. Der Schornsteinkopf soll die ihm benachbarten Gebäudefirste und Wände überragen, weil er andernfalls durch abwärts gerichtete Windstöfse in ungünstiger Weise beeinflufst wird. Durch kleine, den Schornstein rings überragende Bedachungen und Kappen läfst eine solche Beeinflussung sich im Notfall hintanhalten.

4. Die Lage des Schornsteins mufs Wärmeschutz bieten, da sonst ein Abwärtsfliefsen der Luft in ihm zu gewärtigen ist, Luftwirbel das Austreten der Rauchgase erschweren oder verhindern, die starke Abkühlung der Rauchgase zur Rufsbildung im Schornsteininnern Veranlassung gibt.

5. Jede Durchfeuchtung der Schornsteinwände mufs hintangehalten werden, weil durch die Wasserverdunstung den Rauchgasen und Wänden Wärme entzogen wird. Der aus dem Dach tretende Schornsteinteil sollte daher aus Baustoffen hergestellt werden, welche für Wasser undurchlässig sind, und Kappen das Eindringen der Niederschläge in die Rauchrohre verhindern.

Die Gasfeuerung pflegt eine Durchfeuchtung der Schornsteine herbeizuführen; die derselben dienenden Rauchrohre sollten daher für Wasser undurchlässige Innenwandungen erhalten*).

6. Schornsteine, welche die Verbrennungserzeugnisse von Holz, Torf, Braunkohle und Braunkohlebriketts aufzunehmen haben, sollten ebenfalls aus undurchlässigen Baustoffen hergestellt werden, weil sie andernfalls von übelriechenden Fettrufsteilchen durchzogen

*) Das Abführen der Verbrennungserzeugnisse der Gasfeuerung erfolgt weit vorteilhafter und sicherer mittels eines kleinen Gebläses direkt ins Freie als mittels eines Schornsteines. Man vermag dann die Wärme des Gases vollständig auszunützen, wodurch die Betriebskosten des Gebläses gedeckt werden.

werden, welche die Luft der vom Schornstein berührten Räume zu verderben vermögen.

7. Die Querschnittsform der Rauchrohre soll rund oder geviertförmig gewählt werden, weil rechteckige Formen der gründlichen Säuberung von Rufs Schwierigkeiten entgegensetzen. Je ebener und glatter die Innenwandungen der Rauchrohre sind, um so weniger haftet der Rufs auf ihnen und um so leichter läfst er sich entfernen.

8. Unterhalb der Rufsentnahmestellen mufs der Fufsboden aus undurchlässigen, feuersicheren Stoffen bestehen oder mit ihnen bekleidet werden, damit die Sauberhaltung gelingt und Feuersgefahr vermieden wird.

9. An ein Rauchrohr dürfen ausschliefslich Öfen des gleichen Geschosses angeschlossen werden, wenn das Austreten von Rauchgasen aus ungeheizt bleibenden Feuerstellen mit Sicherheit vermieden werden soll. Die Einmündungsstellen der Ofenrohre müssen aber geringe Höhenunterschiede aufweisen. In die den Herden der Koch- und Waschküchen dienenden Rauchrohre dürfen Öfen (der zu dauerndem Aufenthalt dienenden Räume) aus dem gleichen Grunde nicht führen. (Der Schornsteinfeger hat das Einhalten dieser Bestimmung der Bauordnungen zu überwachen.)

In Einfamilienhäusern sind Ausnahmen von dieser Regel zulässig, dagegen sollten Feuerstellen verschiedener Wohnungen unter keinen Umständen in das gleiche Rauchrohr münden, weil sonst aufser den Rauchgasen auch verunreinigte Luft aus einer Wohnung in die andere zu gelangen vermag.

10. Ratsam ist es endlich, 0,5 bis 1,0 m oberhalb der Schornsteinreinigungsthüren eine Öffnung zwischen je zwei Rauchrohren in ihren seitlichen Wangen herzustellen, sie aber mit dicht schliefsenden Schiebern zu versehen, die vor dem Herablassen der Kugel oder des Besens in die Schornsteine geöffnet werden. Es kann dann eine Luftverdichtung durch diese Vornahme nicht stattfinden, während anderenfalls unliebsame Erscheinungen durch sie zu gewärtigen sind. Nach dem Entfernen des Rufses hat der Kaminkehrer die Schieber zu

schliefsen, die aus starkem Blech standfest hergestellt werden und in kräftigen Metallfassungen laufen müssen.

Dem Vorteil dieser Einrichtung steht jedoch der Nachteil entgegen, dafs »Nebenluft« in den Fufspunkt der Rauchrohre gelangen kann, wenn die Schieber nicht dicht schliefsen oder ihr Verschlufs versäumt wird. Vorschriften über vorsichtiges Fegen der Schornsteine oder über die Form der hierzu benutzten Geräte dürften das gleiche Ziel erreichen lassen, ohne einen Nachteil mit in Kauf nehmen zu müssen.

Die Zwischendecken.

Die Zwischendecken hatten im Einfamilienhaus nur den Zweck der räumlichen Scheidung der Geschosse. Im Stockwerkswohnungshaus mufs diese Scheidung dagegen eine vollkommene werden, sie mufs das Durchtreten von Luft und Flüssigkeiten verhindern, die Übertragung von Wärme und Schall auf ein annehmbares Mafs herabsetzen. In das Innere der Zwischendecke dürfen ferner weder staubförmige oder flüssige Verunreinigungen hineingelangen, noch dürfen staubförmige Körper, die zu ihrer Füllung gedient haben, aus ihr in die Wohnräume treten können.

Stets sollte daher der Fufsboden einen dichten Abschlufs bilden, und die Zwischendecke über wie unter unbewohnten Geschossen (Keller und Dach) aus Wärme schlecht leitenden Körpern (in angemessener Dicke) bestehen. Im Stockwerkshause tritt diese Forderung dann an alle Zwichendecken heran, wenn nicht eine Sammelheizung sämtlichen Aufenthaltsräumen Wärme zuführt, und es kommt die Notwendigkeit eines kraftvollen Schallschutzes hinzu.

Die Anforderungen an die Feuersicherheit und Standfestigkeit wechseln je nach dem Zweck und der Höhe der Gebäude, doch müssen die Zwischendecken stets gegen die rasche Verbreitung eines Schadenfeuers Schutz bieten und ziemlich bedeutende Nutzlasten aufzunehmen vermögen. Wo Holz zu tragenden Deckenteilen Verwendung findet, ist eine ausreichende Sicherung gegen seine Feinde des Pflanzen- und Tierreiches ein dringendes Erfordernis.

Die Bauart der Holzbalken- und Bohlendecken ist nach mehreren Richtungen verbesserungsbedürftig. Der

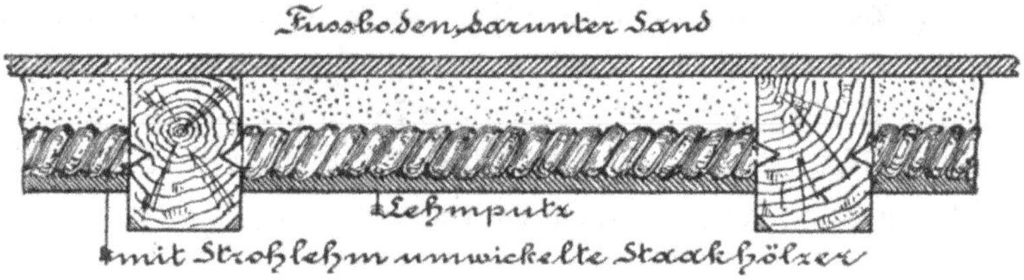

Figur 63. Ältere Anordnung der Holzbalken-Decken.

hervorstechendste Mangel besteht in ihrer ungenügenden Sicherung gegen die Holzzerstörer des Pflanzenreiches. Die älteren Bauweisen zeigten diesen Mifsstand nicht, weil der untere Teil

Figur 64. Ältere Anordnung der Holzbalken-Decken.

der Balken und Bohlen frei blieb und infolgedessen von der Luft umspielt wurde (vergl. Fig. 63 und 64). Hierdurch erzielte man eine dauernde Lufttrockenheit des Holzwerks. Sie allein

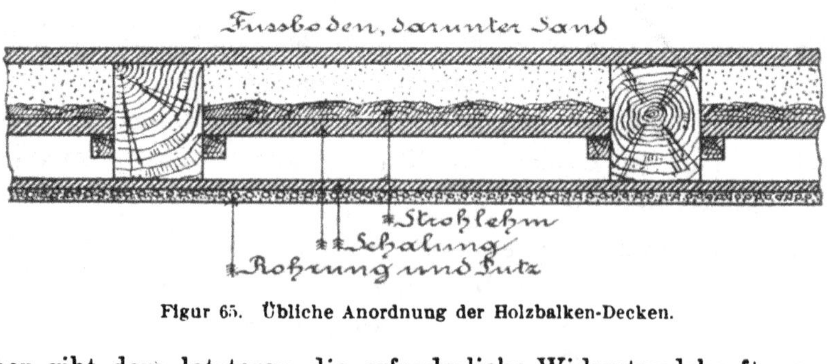

Figur 65. Übliche Anordnung der Holzbalken-Decken.

aber gibt dem letzteren die erforderliche Widerstandskraft gegen die Lebensthätigkeit der Pilze. Zur Erhöhung der Feuersicherheit gelangte im vergangenen Jahrhundert ein unterer Abschlufs des Gebälks durch Putz nebst Putzträger und dergl. zur Anwendung (vergl. Fig. 65), welcher heute fast allgemein eingebürgert ist. Diesen feuersicheren Abschlufs trifft die Hauptschuld an der starken Verbreitung der Holzkrankheiten in städtischen Gebäuden. Allerdings sind auch die Waldungen gegenwärtig stärker von ihnen heimgesucht als es früher der Fall war.

Es erscheint daher geboten, wieder zu den älteren Bauweisen der Holzbalkendecken zurückzukehren und dort Steindecken zu verwenden, wo ihre Feuersicherheit nicht ausreicht oder man einen wagerechten Abschlufs der Zimmerdecke erzielen will. Alle übrigen Mittel zur Bekämpfung der Holzkrankheiten sind Notbehelfe, denen ein belangreicher Wert nicht zukommt.

Holzwerk verträgt eine von der Luft mehr oder weniger abgeschlossene Lage nicht; wo man sie ihm gibt, sind Mifsstände stets zu gewärtigen. Dieselben werden um so gröfser ausfallen, je mehr Feuchtigkeit dem Gebälk zufliefst und je weniger Luft an dasselbe herantreten kann.

Sollen daher verdeckte Bauweisen der Holzbalkendecken beibehalten werden, dann ist es notwendig, dafür Sorge zu tragen, dafs das Holzwerk lufttrocken geworden ist, ehe sein Luftabschlufs erfolgt, und dafs jede Zuführung von Feuchtigkeit hintangehalten wird.

Meine Beobachtungen und Untersuchungen haben mir gezeigt, dafs als besonders gefährdet dasjenige Holzwerk anzusehen ist, welches in den nach Wetterseiten gerichteten Aufsenwänden steckt oder sie berührt. Die aus schwach durchlässigem Naturgestein (Kalkstein, Sandstein und dergl.) bestehenden oder mit ihnen bekleideten Aufsenwände führen allgemein diese Gefährdung herbei, weil sie das durch Schlagregen auf sie gelangende Wasser durch die ganze Dicke der Mauern fortzuleiten pflegen und lange Zeit festhalten. Ebenso mifslich ist die Verwendung von Lehmschlag zum Fehlboden der Balkendecken. Derselbe führt dem im Austrocknen begriffenen Holzwerk neue Feuchtigkeit zu und trocknet so langsam aus, dafs er noch wesentliche Wassermengen zu enthalten pflegt, wenn die Verputzungen der Zimmerdecken beginnen. Je dicker der Lehmschlag gewählt wird und je thonhaltiger er ist, um so gröfser ist die Gefahr.

Aus diesen Gründen halte ich es für notwendig, in derart gefährdeten Decken die Gebälkunterkanten offen zu lassen oder folgende Vorsichtsmafsregeln zu treffen: Die Wetterseiten der Gebäude sind gegen das Eindringen von Schlagregen zu schützen; Wände, die in ihrer ganzen Dicke aus Naturgestein von geringer Durchlässigkeit bestehen, sind durch Behandlung mit Fluaten oder Testalin mit einer wasserabweisenden Oberfläche zu versehen; Verblendungen aus Naturgestein sind in Milchkalkmörtel zu versetzen*), um sie gegen die Hintermauerung ausreichend abzuschliefsen; der Lehmschlag ist durch geeignetere Dichtungskörper zu ersetzen oder im Notfalle nur in ganz dünner Lage (2 bis 3 cm) zur Fugendichtung zu benutzen; das Verputzen der Decken darf erst nach völliger Austrocknung des Lehmschlags erfolgen, das Verlegen des Fufsbodens erst nach völliger Austrocknung des Neubaues.

Zur Herstellung des Fehlbodens eignen sich Spundschalung, Gipsdielen, Cementdielen und Kappengewölbe aus leichten Kunststeinen; als Füllmaterial reiner, trockener Sand, die in den Neubauten sich anhäufenden Mörtelabfälle, nebst Ziegelstückchen, Hochofenschlacke, Bimssand und Infusorienerde. Die letztere ist teuer, besitzt aber den grofsen Vorzug, dafs sie das Holzwerk auch dort trocken erhält, wo das Fernhalten von Feuchtigkeit nur unvollkommen gelingt (z. B. über dem Erdboden oder dem Keller, an ungeschützten Wetterseiten, in Küchen und Aborten).

Von grofser Bedeutung ist es, den Fehlboden und die Füllstoffe gegen Verunreinigungen durch die Bauarbeiter zu schützen. Die Unsitte, diese Teile durch Harn und selbst durch Kot zu beschmutzen, ist weit verbreitet. Das beste Mittel ist das Aufstellen einer ausreichenden Zahl bequem erreichbarer Aborte, dagegen verschlimmert das Aufstellen von Gefäfsen das Übel,

*) Dieser aus Magermilch oder Buttermilch und Ätzkalk mit oder ohne Sandzusatz bestehende Mörtel hat sich als das einzige technisch wirklich empfehlenswerte Bindemittel für Werksteine erwiesen.

statt es zu verringern. Noch empfehlenswerter ist es, die Füllstoffe erst unmittelbar vor dem Legen des Fufsbodens in die Dekenfelder des Zimmers einbringen zu lassen. Doch ist dann vollkommene Lufttrockenheit der Füllstoffe ein Erfordernis.

Die Bauart der Steindecken ist während der letzten Jahrzehnte vielfach vervollkommnet und dürfte weiteren Ver-

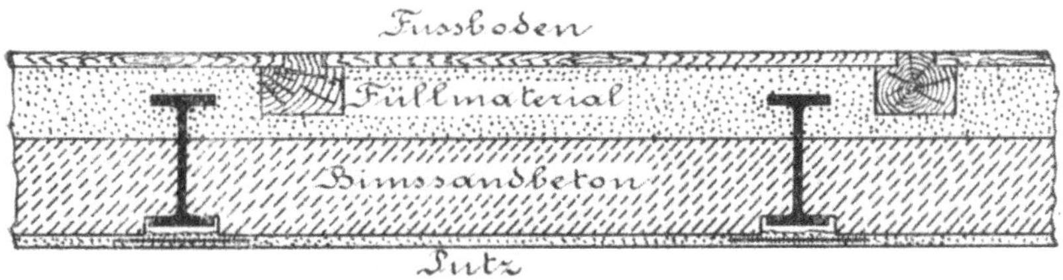

Figur 66. Richtige Anordnung der Betondecken.

besserungen entgegensehen, weil die verheerende Verbreitung der Holzkrankheiten der Anwendung von Steindecken ein weites Feld eröffnet hat. Vollkommen feuersichere und nahezu unvergängliche Decken gewinnt man durch das Schlagen leichter Gewölbe von Wand zu Wand oder von Pfeiler zu Pfeiler. Durch

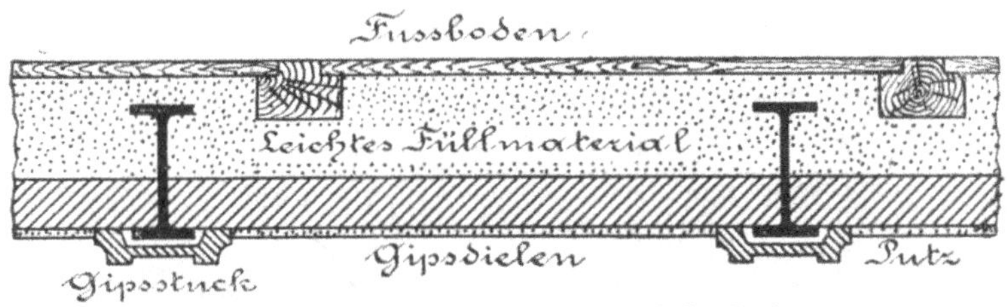

Figur 67. Richtige Anordnung der Gipsdielen-Decken.

das Einlegen von Eisenteilen in ihren Körper ist es neuerdings gelungen, weite Räume mit ihnen zu überspannen ohne eine belangreiche Pfeilhöhe oder Gurtbögen verwenden zu müssen.

Trotzdem wird das Bedürfnis nach einem völlig ebenen Zimmerabschlufs die Verwendung von Eisenträgerdecken auch in Zukunft kaum verringern, obgleich diesen Decken Mängel anhaften: Völlig feuersicher werden Eisenträgerdecken nur dann, wenn auch die Unterkante der Träger mit im Feuer unvergänglichen, die Wärme schlecht leitenden Körpern in entsprechender Stärke umhüllt ist.

Ferner entstehen im Deckenputz wie im Estrich Risse, wenn deren Mörtel von den Trägerflanschen nicht vollkommen getrennt ist.

Endlich geben die Träger zu Schallübertragungen und Schwitzwasserbildungen Veranlassung, wenn nicht eine ausreichende Überdeckung und Umhüllung derselben durch Körper

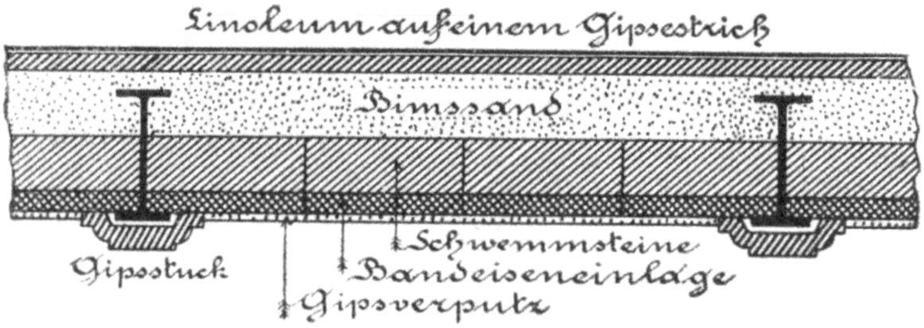

Figur 68. Verbesserte Anordnung der Decken nach Baurat Kleine.

vorgenommen wird, welche die Schallwellen schlecht leiten und Feuchtigkeit aufzunehmen vermögen.

Die Fig. 66 bis 69 geben von mir ausgebildete Deckenbauweisen wieder, in denen diesen Bedingungen Rechnung getragen ist.

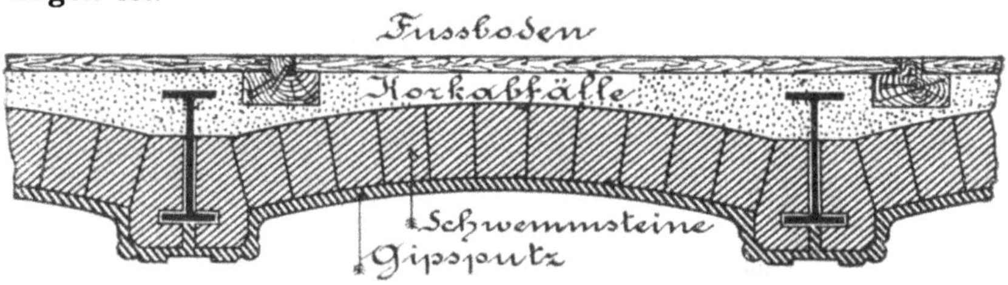

Figur 69. Gewölbte Eisenträgerdecke.

Die Höhe und Art der Füllstoffe in Steindecken mufs den Bedingungen gemäfs gewählt werden, welche an den Wärmeschutz und Schallschutz in den betreffenden Gebäuden zu stellen sind. In Stockwerkswohnungshäusern sollte diese Höhe nicht unter 15 cm, besser 20 cm betragen, während im Eigenheim 5 bis 8 cm, unter Anwendung von Linoleumbelag auf geeignetem Estrich sogar 3 bis 4 cm auszureichen pflegen.

Ein hygienisch richtig gestalteter Fufsboden mufs eine für Wasser und Staub undurchlässige, fugenfreie Oberfläche bieten, deren Glätte und Art eine sichere, mühelose Reinigung auf feuchtem Wege gestatten. In dauernd bewohnten Räumen ist ferner eine geringe Wärmeleitung und eine ausreichende Schalldämpfung von ihm zu verlangen.

Ein gut hergestellter Estrich erfüllt die ersteren Bedingungen, während in Aufenthaltsräumen sein Belegen mit Linoleum, Holzriemen in Asphalt und dergl. erforderlich ist. Als Unterlage der letzteren Körper dienen jedoch besser Korkabfallplatten oder Papiermasse, um die Wärme- und Schallübertragung gering ausfallen zu lassen.

Über die Brauchbarkeit von Xylotith- sowie Papyrolithböden und ihnen ähnlichen Herstellungsweisen fehlt es zu einem mafsgebenden Urteil noch an Erfahrungen; die rasche Abnutzung der Oberfläche derartiger Böden ermutigt nicht zu ihrer Verwendung.

Die Holzfufsböden zeigen stets, namentlich an ihren Wandanschlüssen, eine gewisse Durchlässigkeit und lassen sich fugenlos nicht ausbilden. Für Nebenräume verdient daher jeder Estrich vor ihnen den Vorzug. Dagegen können die Nachteile soweit behoben werden, dafs ihrer Verwendung in Wohn- und Schlafzimmern ernste Bedenken nicht mehr entgegenstehen.

Die Eichenriemen- und Parkettböden wird man ihrer Schönheit wegen keinesfalls entbehren wollen. Werden sie aus trockenem Holze in trockenen Räumen mit voller Sorgfalt gelegt, dann bleiben ihre Fugen stets so gering, dafs sie durch das Einlassen mit Wachs ausreichend dicht gehalten werden können. Dagegen weisen die in Neubauten gelegten Böden stets mehr oder weniger breite Fugen und andere Mängel auf, weil der dort zumeist herrschende hohe Feuchtigkeitsgehalt der Luft eine baldige Wassersättigung der Holzfasern hervorruft. Lagern die Riemen und Parketten einige Tage im Neubau, ehe sie verlegt werden, dann findet das Quellen während dieser Zeit statt und es entstehen dann nach der völligen Trockenstellung der Gebäude ziemlich breite Fugen. Werden täglich nur so viele Riemen angefahren, wie Verwendung finden können, dann pflegt ein Quellen und dadurch ein Heben des Fufsbodens stattzufinden, welches nur selten ohne dauernde Folgen verbleibt. Ein technisch und hygienisch einwandfreier Parkettboden kann daher in Neubauten nur dann erzielt werden, wenn man zunächst einen gewöhnlichen Fichtenholzboden legt und diesen später (als Blendboden) zur Befestigung der Riemen benutzt, wenn die Trockenstellung des Hauses vollendet ist. Die Mehrkosten von 1 bis 2 Mk. für 1 qm Fufsboden machen sich bezahlt durch die Güte und Haltbarkeit des Parkettbodens und durch dessen Schonung. Denn niemals wieder hat ein Fufsboden so sehr zu leiden wie in den im Fertigwerden begriffenen Neu-

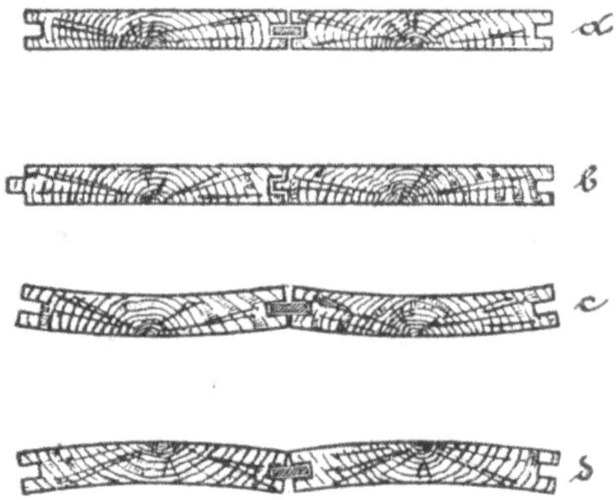

Figur 70.

Anordnung der Dielen-Fusböden.

bauten sowie beim Besichtigen und Beziehen der neuen Wohnungen.*)

Gröfsere Mängel weist der aus Dielen hergestellte Fufsboden auf. Die Bildung »klaffender« Fugen ist hier fast unvermeidlich, weil die Böden in den Neubauten zumeist hergestellt werden müssen, ehe vollkommene Lufttrockenheit in ihnen erzielt ist. Es müssen daher die Dielen auf Nut und Feder gearbeitet (Fig. 70a) oder mit einer Feder versehen werden. (Fig. 70b). Ferner ist es geraten, die Dielen mit der Kernseite nach unten zu verlegen, weil sie dann beim Werfen die in

*) Für Mietwohnungen hat dieses Vorgehen den wirtschaftlichen Vorteil, dafs man nur solchen Mietern den Parkettboden legen läfst, welche sich seiner würdig erweisen.

Fig. 70c wiedergegebene Form annehmen und dadurch die zur Reinigung des Fufsbodens benutzten oder sonst etwa auf ihn gelangenden Wassermengen auf ihrer muldenförmigen Oberfläche zurückhalten und zur Verdunstung bringen, während die Flüssigkeiten bei der umgekehrten Lage (Fig. 70d) in das Innnere der Zwischendecke versickern.

Ein nachträgliches Dichtstellen der durch das Austrocknen entstandenen Fugen ist nicht leicht zu erzielen, weil die Dielen durch Nagelung befestigt werden, ein Ausstreichen der Fugen mit Kitt keine lange Dauer aufweist, das Ausfugen durch eingeleimte Holzstreifen nur bei breiten Fugen angeht und ein recht unschönes Aussehen hervorruft.

Wesentlich vorteilhafter, aber auch entsprechend teurer, ist die in Fig. 72 dargestellte Herstellungsart der Fufsböden. Die in kürzere Stücke zerschnittenen Dielen werden derart verlegt, dafs längere, rahmenartig verbundene Dielen sie festhalten, welche mittels Schrauben auf den Balken oder Lagerhölzern befestigt werden. Da eine geringe Anzahl von Schrauben zu diesem Zwecke ausreicht, so können die Dielen nach dem Austrocknen ohne Schwierigkeit angetrieben werden, wodurch die Fugen für allezeit eine ausreichende Dichtstellung erfahren.

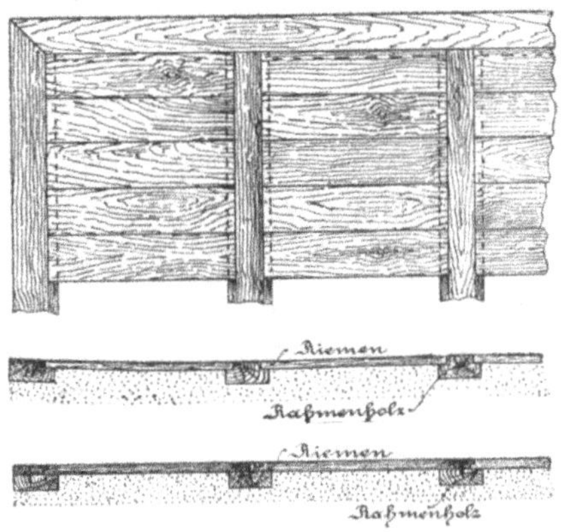

Figur 72.
Weicher Riemenboden in Rahmhölzern.

Diese Befestigungsweise hat den weiteren Vorzug, dafs einzelne schadhaft gewordene Dielen leicht ausgewechselt werden können und dafs man jederzeit einen Einblick in das Innere der Zwischendecke zu gewinnen vermag, um gegebenen Falles gegen Holzkrankheiten einzuschreiten.

Ein Ölfarbenanstrich der Fufsböden ist nicht zu empfehlen, da er rasch unschön und schadhaft wird, sich mit der Zeit recht teuer stellt und die Schönheit wie die Eigenart des Holzes verdeckt. Für einfache Wohnhäuser empfiehlt sich das Einlassen der Böden mit Leinölfirnis, für bessere Bauten ein Lackieren oder ein Einlassen mit Wachs oder beides. Diesen Behandlungsarten kann ein Streichen des Holzes mit (nicht zu dunkler aber feintöniger) Lasurfarbe vorangehen, falls man an der lichten Farbe der Nadelhölzer kein Gefallen findet. (Für die Lichtwirkung verdient sie den Vorzug.)

Wichtig ist für alle Arten der Holzfufsböden die Dichtstellung ihrer Anschlüsse an die Wandflächen. Dort wo die Hirnenden der Hölzer die Wände berühren, bleiben breite Klüfte, welche der Ausfüllung bedürfen, weil sonst gröfsere Mengen von Flüssigkeit hier zu versickern vermögen, Staubwinkel entstehen u. s. w. Vorteilhaft ist es unter allen Umständen rings der Wände Rahmenhölzer zu verlegen, unter welche die Dielen, Riemen oder Parketten greifen. Wo die Kosten dieser Vornahme gescheut werden, geht es an, die klaffende Fuge mit Asphalt, Milch-Kalkmörtel und dergl. zu schliefsen, ehe die Wandsockelleisten oder Wandtäfelungen angebracht werden, welche jene Fugen zwar verdecken, aber sie nicht dicht zu stellen vermögen. Gegen die letztere Form des Dichtstellens spricht die Verringerung des Luftwechsels für das Gebälk; sie ist daher nur dort am Platze, wo die Unterkante desselben der Luft offen liegt.

Das Dach.

Die hygienische Bedeutung der Bauart des Daches und seiner Eindeckung wechselt in weiten Grenzen, je nachdem das Dachgeschofs völlig zu Wohnungen ausgebildet ist, nur einzelne Wohnräume enthält, oder ausschliefslich als Speicher und dergl. dient.*) Dementsprechend sind auch stark abweichende Forderungen zu stellen. In Zinshäusern wie in Warenhäusern sollte stets verlangt werden, dafs der gesamte Dachstuhl einen feuersicheren Abschlufs gegen die Zwischendecke des oberen Stockwerks erhalte, weil hierdurch die Sicherheit des Hauses und seiner Bewohner ganz wesentlich erhöht wird.

*) Über die Bewohnbarkeit des Dachgeschosses vergl. die Darlegungen auf Seite 188.

Eine feuersichere Bauart des Dachstuhls gibt es nicht, es sei denn, dafs das ganze Dach als Gewölbe (mit oder ohne Eiseneinlagen) ausgebildet wird. Sowohl die aus Eisengerippen wie die aus Holzwerk bestehenden Dachstühle bieten einem Schadenfeuer nur geringen Widerstand, auch die ersteren enthalten in der Regel soviel Holzteile, dafs zum Entstehen und Verbreiten eines Feuers ausreichend Gelegenheit geboten ist.

In Wien, wo die Bauordnung einen feuersicheren Abschlufs fordert, hat sich derselbe auf das beste bewährt. Der Verfasser hatte während eines mehrjährigen Aufenthaltes in dieser Stadt einigemal Gelegenheit, den hohen Nutzen dieses Abschlusses kennen zu lernen. Selbst bei einem ganz gewaltigen Dachbrande, der durch das Lagern von Akten im Speicher Nahrung erhielt, gelang es der Feuerwehr ohne Schwierigkeit, das Übergreifen des Feuers auf das oberste Stockwerk zu verhüten. Der Abschlufs wird dort durch ein Pflaster gebildet, welches aus Ziegelplatten von etwa 3 cm Dicke besteht. Es wird auf eine Sandbettung verlegt, die annähernd um das gleiche Ausmafs über die Balken der obersten Zwischendecke emporragt. Ein Eingreifen von Dachhölzern in diese Decke ist unstatthaft. Das Pflaster gewährt der Zwischendecke zugleich Schutz gegen die dem Löschen dienenden Wassermengen. Es empfiehlt sich, für letzteren Zweck ihm ein geringes Gefälle nach Stellen zu geben, von welchen der Abflufs erfolgen darf.

Die Eindeckung des Daches.

Der hygienisch wichtigste Teil des Daches ist seine Eindeckung. Sie hat im Verein mit den Brandmauern die Übertragung eines Schadenfeuers von Dach zu Dach zu verhüten, dem Hause Schutz zu bieten von dem Eindringen der Niederschläge und des Staubes, die Übertragung von Geräusch und Wärme angemessen zu verringern, den Einwirkungen des Sturmes und der Schneebelastung zu widerstehen.

Die besseren der gegenwärtig üblichen Eindeckungsarten erfüllen die Mehrzahl dieser Anforderungen ganz oder in ausreichender Weise, nur die Übertragung der Wärme erfolgt durch sie in solch hohem Maſse, daſs Gesundheitsschädigungen oder mindestens eine starke Beeinträchtigung des Wohlbefindens und des Wohlbehagens zu gewärtigen sind, sobald das Dach die Decke von Räumen bildet, welche zu dauerndem Aufenthalt dienen.

Verbesserungen der Dacheindeckungen nach dieser Richtung sind vielfach versucht, aber sie haben bislang zu einem vollen Erfolge nicht geführt, das Strohdach unserer Altvorderen steht in Hinsicht auf seinen Schutz gegen klimatische Unbilden immer noch unerreicht da. Ob die Anwendung von Asbestschiefer eine wesentliche Herabsetzung der Wärmeübertragung herbeizuführen vermag, ist nicht in einwandfreier Weise festgestellt, aber kaum anzunehmen. Bei der geringen Stärke der Eindeckungskörper ist es aber überhaupt kaum denkbar, daſs selbst die Wahl solcher von niedrigstem Wärmeleitungsvermögen eine bedeutsame Verbesserung des bestehenden Mangels hervorzurufen vermag. Es wird vielmehr erforderlich sein, unterhalb desselben eine ausreichend starke Schicht die Wärme schlecht leitender Stoffe anzubringen, sobald das Dachgeschoſs Wohnzwecken zu dienen bestimmt ist. Ferner empfiehlt es sich dort, wo die Bauart des Daches dieses gestattet, dem Eindeckungskörper Schutz gegen Aufnahme und Abgabe von Wärme durch Strahlung zu bieten, weil die Einwirkung der Strahlung auf die Wärmeverhältnisse des Dachgeschosses die der Wärmeleitung ganz gewaltig überwiegt.

Betrachten wir nach diesen allgemeinen Bemerkungen die wichtigeren Dachdeckungsarten:

Die Metall-Eindeckung bietet den Vorzug vollständigen Dichthaltens gegen Staub und Niederschläge, aber ihr haftet der Nachteil einer besonders starken Übertragung von Wärme und Schall an. Für Dachteile, welche die Decke bewohnter Räume bilden, eignet sich daher die Metalldeckung nicht und es ist stets geraten, zwischen ihr und der Holzschalung einen möglichst dicken Filz einzulegen, um jene Mängel einigermaſsen erträglich zu machen.

In Hinsicht auf Haltbarkeit und Schönheit steht die Kupferdeckung in erster Linie; ihr hoher Preis wird zwar durch die grofse Dauer und den Wert des alten Kupfers ausgeglichen, läfst aber dennoch ihre Verwendung nur für vornehmere Gebäude zu.

Für flache Dächer oder Dachteile hat man früher vielfach vom Blei Gebrauch gemacht, heute ist es durch die Holzcement- und die Zinkblechdeckung nahezu verdrängt. Es unterliegt der Zerstörung durch Oxydbildung und mechanische Angriffe in ziemlich hohem Mafse und stellt sich teuer, weil starke Bleiplatten Verwendung finden müssen, um hinlänglichen Schutz zu bieten.

Zinkblech hat sich nur dann leidlich bewährt, wenn die stärksten Sorten zur Eindeckung gewählt wurden und es bietet gegen die Übertragung von Schadenfeuer nicht immer den erwarteten Schutz, da der Schmelzpunkt der im Handel befindlichen Blechsorten (Legierungen) bisweilen sehr niedrig liegt.*)

Eisenblech, welches eine hohe Feuersicherheit aufweist, pflegt — auch in verzinntem Zustande — der Oxydbildung in verhältnismäfsig kurzer Zeit zu unterliegen. Nur Bleche von starkem Querschnitt bieten einige Gewähr für ausreichende Dauer der Dachdeckungen. Für den Wohnhausbau ist ihre Anwendung nicht empfehlenswert, obgleich sie sich mit mäfsigen Kosten ausführen läfst.

Die Schiefereindeckung teilt mit anderen aus kleinen sich übergreifenden Körpern gebildeten Deckungsweisen den Nachteil, dafs Schnee, Rufs und Staub durch den Wind unter die Deckung getrieben werden und so in das Dachgeschofs gelangen können. Sie bedarf daher entweder eines Mörtelverstrichs der Fugen oder einer dichten Unterbettung. Dem letzteren Zweck dient gegenwärtig in der Regel eine Holzschalung, die mit Dachpappe überzogen ist.

*) Der Verfasser war als Bauführer Zeuge folgendes eigenartigen Vorkommnisses: Auf dem Dach eines Fabrikneubaues in Döbling bei Wien entzündete sich die gesamte eben vollendete Zinkblecheinfassung durch eine auf sie gefallene glühende Holzkohle und verbrannte im Laufe weniger Minuten, ohne dafs das Holzwerk sich entzündete. Die Verbreitung des Feuers im Blech war eine ganz auffallend rasche und vereitelte von vornherein jeden Löschversuch.

Die Feuersicherheit des Schiefers ist eine begrenzte, da die Tafeln unter der Einwirkung einer Stichflamme zerspringen, während die Haltbarkeit der Schieferdeckung durch den Sturmwind beeinträchtigt wird, sobald die Tafeln sich nicht stark übergreifen.

Endlich bietet der Schiefer gegen die Übertragung von Wärme und Schall nur einen mäfsigen Schutz, da das Wärmestrahlungsvermögen, namentlich des dunklen Schiefers, ein grofses ist und die Wärmeleitung lebhafter erfolgt als beim Ziegel.

Trotz dieser Mängel galt bisher das mit englischem Schiefer gedeckte Dach für vornehmer als das Ziegeldach. Erst die neuere Architekturrichtung hat Wandel in dieser Anschauung gebracht und die Vorzüge des Ziegeldaches wieder allgemeiner zur Geltung kommen lassen.

Der Ziegel stellt den feuersichersten Eindeckungskörper dar, welchen wir kennen, und er gewährt bei guter Ausführung eine ebenso haltbare als sturmsichere Eindeckung. Gegen das Eindringen von Schnee, Rufs und Staub vermögen die Anwendung von Pfalzen wie von Mörtelverstrich ausreichend Schutz zu bieten.

Unter den verschiedenen Arten des Ziegeldaches hat die doppelte Eindeckung mit Bieberschwänzen sich als die beste bewährt, doch stellt sie ein wesentlich höheres Gewicht dar, als die Falzziegel- oder die Dachpfannendeckung. Neuerdings wird auch der in Italien üblichen Deckung auf »Mönch und Nonne« wieder die Aufmerksamkeit zugewandt, weil sie eine reizvolle Wirkung hervorruft. Doch bedarf sie einer sorgfältigen Einbettung in Mörtel und besitzt ein recht hohes Eigengewicht.

Für flache begehbare Dächer hat die Holzcementdeckung sich am verhältnismäfsig besten bewährt. Doch bedarf es grofser Sorgfalt bei ihrer Ausführung, wenn Mängel vermieden werden sollen und eine irgend höhere Dauer verlangt wird. Besondere Vorsicht ist der Unterbettung des Holzcementpapiers zuzuwenden. So hat Dachpappeunterbettung sich dann nicht bewährt, wenn zwischen ihrem Aufbringen und dem Verlegen des Papiers Niederschläge stattfanden, weil sie erweichend Buckel bildet, die nicht völlig wieder verschwinden, beim Begehen des Daches aber zum Entstehen von Lecken Veranlassung geben. Soll ein Estrich als Unterlage des Holzcementpapiers dienen, dann mufs er aus Gips oder Gipsdielen hergestellt werden, weil die Alkalien der übrigen Mörtel die Holzcementmasse stark angreifen oder zerstören.

Der Wärmeschutz des Daches.

Die Dachflächen sind der Aufnahme und Abgabe von Wärme durch Strahlung ganz besonders stark ausgesetzt. Es empfiehlt sich daher, hellfarbige Körper mit glatter Oberfläche zur Eindeckung zu wählen. Die gegenwärtig übliche Verwendung dunkler oder mittelfarbiger Stoffe mit körniger Oberfläche kann als zweckmäfsig nicht bezeichnet werden. Das Auge würde sich an eine solche Neuerung bald gewöhnen, da helle Dachflächen sowohl gegen die Luft wie gegen Laubgrün sich vortrefflich abheben.

Ganz flache Dachflächen lassen sich gegen Aufnahme von Wärme aus der Sonnenstrahlung durch Pflanzenwuchs schützen. Es ist daher geraten, Holzcementdächer nicht mit Kies, sondern mit einem Gemisch aus Lehm und Gartenerde zu bedecken und mit Gras zu besäen oder mit Moos zu belegen.

Gegen Wärmeübertragung durch Leitung hat man bisher Hohlräume angewendet, die zwischen der Dachdeckung und der Innenschalung gebildet werden. Erfahrungsgemäfs ist jedoch der durch sie gebotene Wärmeschutz kein ausreichender. Ein wesentlich besserer Erfolg läfst sich erzielen, sobald derartige Hohlräume mit leichten, die Wärme besonders schlecht leitenden Stoffen ausgefüllt werden. Auch das Belegen der Dachinnenflächen mit Korkziegeln oder Platten aus Papiermasse, Infusorienerde und dergl. gewährt einen belangreichen Nutzen.

Sobald jedoch eine Unterschalung des Dachgebälks stattfindet, welche dessen Durchlüftung erheblich herabsetzt oder aufhebt, mufs durch anderweite Mittel für eine solche Sorge getragen werden. Namentlich unter einer undurchlässigen Eindeckung (Metall, Holzcement und dergl.) ist kraftvolle Durchlüftung des Gebälks ein Erfordernis, weil andernfalls das Holzwerk durch die Angriffe der höheren und niederen Pilze verhältnismäſsig rasch der Zerstörung anheimfällt. Zu diesem Zweck empfiehlt es sich, die Schalungen nicht unterhalb der Dachsparren anzubringen, sondern sie derart zwischen ihnen zu befestigen, daſs ihre Unterkante der Durchlüftung frei bleibt, wie Figur 73 dieses darstellt.

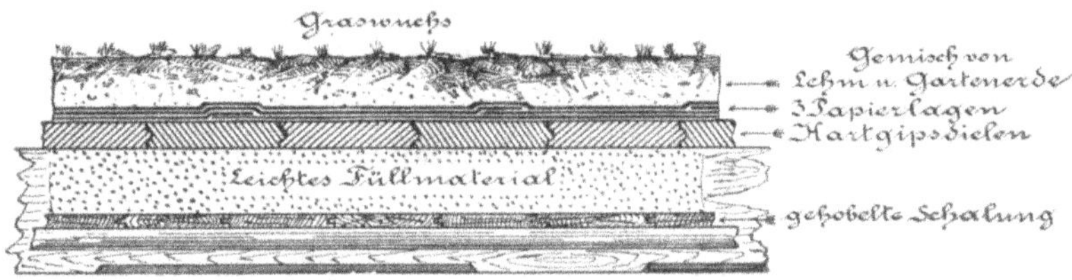

Figur 73. Richtige Anordnung des Holzcement-Daches.

Die Lichtfülle des Dachgeschosses.

Den Dachflächen strömt eine groſse Lichtfülle zu, weil das Sonnenlicht sie in einem sehr günstigen Winkel trifft und nur ausnahmsweise das unmittelbare Himmelslicht von ihnen fern gehalten wird. Man sollte das Dachgeschoſs daher mehr als bisher für lichtbedürftige Räume ausnutzen, und es ist kaum zu verstehen, daſs gegenwärtig die Speicherräume vielfach unter Lichtmangel leiden. Jede Dachziegelform läſst sich aus Glas herstellen; es steht daher dem Verlegen einer beliebigen Zahl von Glasziegeln zwischen den übrigen Eindeckungskörpern ein Hindernis nicht entgegen und die Kosten einer solchen Lichtgewinnung sind nicht belangreich.

Die Dachrinnen und Regenfallrohre.

Den Dachrinnen fällt dann eine bedeutsame Aufgabe zu, wenn die Eindeckung nicht eine zusammenhängende dichte Fläche bildet, sondern aus kleineren, sich übergreifenden Körpern besteht. Sie muſs in diesem Falle verhindern, daſs aufstauendes Wasser sich unter diese Körper schiebt und so in das Innere des Hauses abzutropfen vermag. Die weitaus gröſste Sicherheit bietet nach dieser Richtung allerdings das ausreichend weite Vorspringen der Dächer über die Wände, weil der Tropfenfall dann unter allen Umständen dem Gebäude ferngehalten wird. Bei schwach oder nicht vorspringenden Dächern mufs die Rinne oder ein unter ihr liegender Blechstreifen so weit nach oben geführt werden, dafs eher ein Überlaufen der Rinne als ein Abtropfen oberhalb derselben erfolgt (vergl. Fig. 74).

Ferner sollten die Rinnen selbst eine »unbegrenzte« Haltbarkeit aufweisen. Das einzige Metall, welches diese Forderung erfüllt, ist das Kupfer. Wird Zinkblech gewählt, dann müssen die stärksten Sorten (No. 18) zur Verwendung gelangen, um einige Sicherheit vor frühzeitiger Zerstörung zu bieten.

Von den Regenfallrohren gilt das gleiche. Doch ist es ferner notwendig, sie aus Wellblech zu fertigen, weil glatte Bleche gegenüber dem Ausfrieren durch Schnee verlegter Rohre keine Widerstandsfähigkeit zu bieten vermögen. Das aus Wellblech hergestellte Fallrohr vermag dagegen der Dehnung des Wassers beim Gefrieren zu folgen, wodurch ein Aufplatzen oder sonstige Leckbildung vermieden wird.

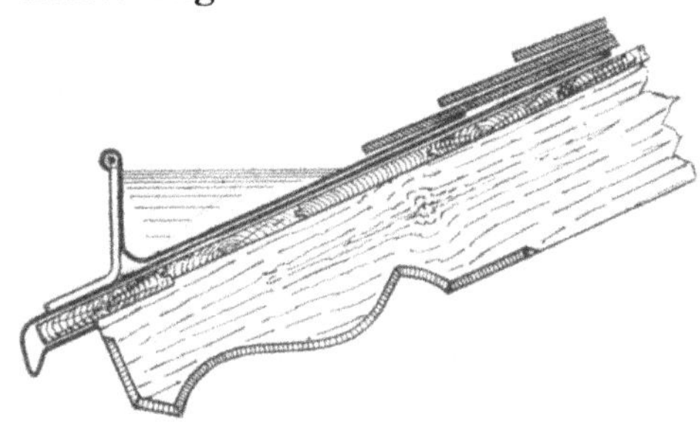

Figur 74.
Richtige Ausbildung der Dachrinne.

Der vom Erdboden aus erreichbare Teil der Fallrohre bedarf eines Schutzmantels gegen mechanische Angriffe. Die üblichen Gufseisenrohre sind hierzu nicht empfehlenswert, weil sie bei niederer Temperatur eine zu hohe Sprödigkeit aufweisen. Am sichersten erreicht man den Zweck durch Verdopplung der Blechrohre und Ausfüllen des derart gebildeten Hohlraumes mit feinem Sand.

Das Fenster.

Eine ausgiebige Erhellung der zu ständigem oder dauerndem Aufenthalt dienenden Räume durch unmittelbar einfallendes Himmelslicht erscheint allgemein geboten. Je nach dem Zweck dieser Räume kann der Grad des Lichtbedürfnisses jedoch ungemein wechseln, zumal es in Wohnhäusern zumeist angeht, die dem Fenster naheliegenden Plätze zur Ausführung aller die Sehkraft stark beanspruchenden Arbeiten auszunutzen. Ferner erfordern die klimatischen Verhältnisse des Ortes, die Sonnen- oder die Schattenlage der Fenster, die Höhenlage der Wohnung im Hause und die etwaige Beschattung der Fenster durch gegenüberliegende Gebäude, Berge u. a. volle Berücksichtigung bei der Bemessung der lichtspendenden Fläche.

Im allgemeinen läfst sich sagen, dafs die Fenster an den Schattenseiten der Gebäude ein wesentlich gröfseres Ausmafs erhalten müssen als an den Sonnenseiten, und dafs in beiderseits bebauten Strafsenzügen sowie in Höfen von mäfsiger oder geringer Ausdehnung die Fenstergröfse vom obersten Geschofs aus nach unten erheblich zunehmen mufs, um unter sonst gleichen klimatischen Verhältnissen den Anforderungen an die Lichtfülle der Aufenthaltsräume genügen zu können.

Da aber die Fensterfläche, selbst bei geeignetster Bauart, die Wärmeverhältnisse des Raumes in der warmen wie in der kalten Jahreszeit auf das ungünstigste zu beeinflussen pflegt, so erscheint es geboten, mit ihrem Ausmafs nicht weiter zu gehen, als zur Gewinnung ausreichenden Tageslichtes unter den gegebenen örtlichen Verhältnissen durchaus erforderlich ist. Orte mit hoher Lichtfülle (im Binnenlande, bei grofser Höhe über dem Meere und im Süden Deutschlands) erheischen gegenüber Orten mit geringer Lichtfülle (an und nahe den Küsten Norddeutschlands) bedeutend höhere Unterschiede im Ausmafs der Fenster, als gegenwärtig üblich sind.

Stets gilt es endlich, das einfallende Tageslicht in möglichst vollkommener Weise zur Ausnutzung zu bringen, indem man die lichtdurchlässigsten Glassorten verwendet und die Glasflächen stets sauber hält, die Vorhänge derart wählt und anbringt, dafs sie nur wenig Licht rauben, sämtliche Flächen der Aufenthaltsräume aber mit lichten Farben ausstattet, damit das einfallende Licht durch Rückstrahlung zur vollen Wirkung gelangt.

Nur unter Einhaltung dieser Bedingungen lassen die sich entgegenstehenden Anforderungen an die Lichtfülle und die

Wärmewirtschaft der Aufenthaltsräume sich einigermafsen in Einklang bringen.

Für die zu vorübergehendem Aufenthalt dienenden Räume reicht mittelbar einfallendes von lichten Flächen zurückgestrahltes Himmelslicht zwar im Notfall aus, doch ist für die Mehrzahl der Nebenräume Lichtfülle ein Bedürfnis und sie erhöht in der Regel den Wert dieser Räume wie den der Wohnung.

Die bisher aufgestellten Normen für das Ausmafs der lichtspendenden Fläche vermögen im Einzellfall nur einen ungefähren Anhalt zu bieten, da sie weder das Klima des Ortes noch die Himmelslage und die Freilage des Fensters berücksichtigen können. Es ist notwendig, durch Studien am gegebenen Orte diese Angaben richtig zu stellen, unter voller Berücksichtigung des jeweiligen Zweckes der zu belichtenden Räume.

Zur Festlegung eines Mindestmafses an Fensterfläche habe ich im Laufe der letzten Jahre eine Reihe von Beobachtungen angestellt, die insofern allgemeines Interesse bieten, als das Klima des Beobachtungsortes ein für die Tageslichtfülle ungünstiges ist. Die Stadt Hannover wird in Hinsicht der Bewölkung und der Nebelbildung vom Seeklima beeinflufst, die Zahl der von Nebel und Bewölkung freien Tage ist daher gering, die Bewölkung vielfach eine sehr dichte, das Licht stark raubende. Hierzu tritt der Reichtum der Luft an Rufs, welcher kaum dem der rheinisch-westfälischen Industriestädte etwas nachgeben dürfte. Die von mir bislang innegehabte vor 9 Jahren bezogene Wohnung weist eine hinreichende Freilage auf, bietet daher nahe den Fenstern günstige Arbeitsplätze, obgleich ich des Wärmeschutzes wegen nach dem ersten Winter eine Verdopplung der Fenstereinglasung vornehmen liefs. Dagegen erfüllte das gröfste der Wohnzimmer (5 m breit, 6 m tief, 3,5 m hoch) die von mir ziemlich hoch gestellten Ansprüche an allgemeine Helligkeit nicht, obgleich die Fenster ausschliefslich mit englischen Tüllvorhängen versehen wurden und diese derart über und neben den Glasflächen angebracht waren, dafs ein erheblicher Teil der letzteren frei blieb. Die Verbreiterung der Fenster durch Fortnahme des Mittelpfeilers würde kostspielig gewesen sein und hätte die an sich nicht gerade günstigen Wärmeverhältnisse verschlechtert. Daher liefs ich den Fufsboden mit einem hellgrundigen Teppich belegen, die Wände mit einer lichten, gelblichgrauen Tapete bekleiden und die Decke ihr entsprechend hell streichen. Das Zimmer wird jetzt von jedem, der es betritt, für besonders hell und dennoch anheimelnd erklärt, obgleich die Glasfläche zur Fufsbodenfläche sich nur verhält wie 1 : 10, die Fensterfläche zur lezteren wie 1 : 7. Nach meinem Gefühl würde die angenehme Wirkung des Raumes durch weitere Vermehrung der Helligkeit eher verlieren als gewinnen. Zugleich ist mit dieser Vornahme die Wirkung der künstlichen Beleuchtung ganz wesentlich verbessert. Drei Auerlichtbrenner erhellen das Zimmer jetzt mehr als ausreichend, während zuvor fünf dieser Flammen nur die in ihrer Nähe befindlichen Teile des Raumes licht erscheinen liefsen.

Es geht hieraus hervor, dafs erstens die Farbengebung des Raumes von ganz erheblichem Einflufs auf die Lichtwirkung ist, zweitens aber das Ausmafs der Glasfläche von 1 : 10 der Fufsbodenfläche bei leidlicher Freilage unter recht ungünstigen klimatischen Verhältnissen noch als ein mehr denn ausreichendes für Wohnräume bezeichnet werden kann. Bei völliger Freilage dürfte das Verhältnis von 1 : 12 in Hannover noch als ein genügendes sich erweisen, obgleich die vom Rufs geschwärzten, zumeist mit roten Ziegeln bekleideten Hausflächen nur eine sehr geringe Rückstrahlung des auf sie fallenden Himmelslichtes gewähren.

Durch eine Reihe weiterer Messungen und Beobachtungen habe ich diese Annahme bestätigt gefunden, ferner aber feststellen können, dafs mit der Abnahme der Freilage in Hannover die Lichtwirkung rasch zurückgeht — wohl infolge der geringen Rückstrahlung des Tageslichtes von den Hausflächen. So fand ich im Erdgeschofs eines Hauses, dessen Höhe wie die seines Gegenübers gleich der Strafsenbreite bemessen ist, trotz lichter Farbe der Wand-, Fufsboden- und Deckenflächen die Tageshelle in einem Zimmer eben noch ausreichend, dessen Glasfläche zur Fufsbodenfläche sich verhält wie 1 : 6, während alle übrigen

Räume dieses Geschosses eine unzureichende Belichtung aufwiesen. Unter derart ungünstigen klimatischen Verhältnissen wie Hannover sie zeigt, würde daher bei der Voraussetzung, dafs das einfallende Tageslicht durch richtige Färbung aller Zimmerflächen gut ausgenutzt wird, die Glasfläche zu wählen sein: im obersten Geschofs gleich 1 : 12, im Erdgeschofs (bei Strafsenbreite gleich Haushöhe) wie 1 : 6 der Fufsbodenfläche. Die dazwischen gelegenen Geschosse würden entsprechend abzustufen sein, doch darf die Zunahme von oben ab langsamer erfolgen als nach unten zu.

Das Verhältnis der Glasfläche zur Fufsbodenfläche von 1 : 6 verträgt sich jedoch bereits nicht mehr mit einer sachgemäfsen Wärmewirtschaft. Unter den gedachten klimatischen Verhältnissen halte ich es daher für ein Erfordernis, die Strafsenbreite und Hoftiefe gröfser anzunehmen als die Haushöhe. Die letztere sollte nicht mehr als $^3/_4$ jener Ausmafse betragen, mehr noch empfiehlt sich ein Herabgehen auf $^2/_3$ derselben. Nach zahlreichen in derart gelegenen Wohnungen gemachten Beobachtungen halte ich es für angängig und richtig, dann folgendes Verhältnis der Glasfläche zur Fufsbodenfläche zu wählen: im Erdgeschofs wie 1 : 9, im ersten Stockwerk wie 1 : 10, im zweiten Stockwerk wie 1 : 11, im dritten Stockwerk wie 1 : 12, im Dachgeschofs wie 1 : 15, sobald die Fenster in der Dachschräge angeordnet werden, wodurch die denkbar günstigsten Einfallwinkel und Öffnungswinkel für das Licht erreicht werden. Das sind Glasflächenmafse, die noch gestatten, durch sachgemäfse Fensterbauart den Anforderungen der Wärmewirtschaft gerecht zu werden.

Absichtlich bin ich bei meinen Messungen von der Glasfläche, nicht aber von der Gesamtfensterfläche ausgegangen, weil das Verhältnis derselben zur Glasfläche in ziemlich weiten Grenzen schwankt. Durch die Anwendung harten Holzes oder starker, aber dafür schmaler Querschnittsmafse weichen Holzes, geeigneter Beschlagteile und durch die Wahl einer zweckmäfsigen Form des Fensterstockes gelingt es ohne Schwierigkeit, das Ausmafs des Holzwerks gegenüber der üblichen Fensterbauart ganz wesentlich herabzusetzen. Jede irgend erreichbare Verringerung der Ausmafse des Holzwerks sollte aber zu erzielen getrachtet werden, um mit der denkbar niedrigsten Fenstergröfse eine entsprechende Erhellung der Wohnräume zu erhalten. Je geringer die Zahl der Fenster, je gröfser das Ausmafs des einzelnen Fensters gewählt wird, um so eher gelingt dieses. Es empfiehlt sich daher, in der Regel an die Stelle von zwei durch Mauerpfeiler getrennten Fenstern ein einziges grofses Fenster treten zu lassen.

Dieses Vorgehen übt auch in anderer Richtung einen günstigen Einflufs auf die Wärmewirtschaft. Die verhältnismäfsig schmalen Trennungspfeiler der Fenster pflegen der Beeinflussung durch die im Freien herrschenden Wärmegrade weit mehr zu unterliegen als breite Seitenpfeiler. Fügt man daher das Ausmafs der Trennungspfeiler den Seitenpfeilern hinzu, dann erzielt man eine nicht unwesentliche Verringerung der im Raume sich fühlbar machenden Wärmeschwankungen. Den Wohnraum macht es im allgemeinen behaglicher, wenn die Seitenpfeiler hinreichend breit gewählt werden, während in der Mitte der Fensterwand eine zusammenhängende Glasfläche dem Lichteinfall dient, und es tritt als günstig für den letzteren der Umstand hinzu, dafs die Ausschmückung durch Vorhänge bei dieser Anordnung weit weniger lichtraubend auszufallen pflegt oder gewählt werden kann, als es bei zwei oder drei schmalen Fenstern der Fall ist. Für die Aufsenerscheinung der Bauwerke ist es in der Regel ebenfalls dienlich, wenn jeder Raum nur ein einziges, gegebenenfalls durch schmale Stein-, Eisen- oder Holzpfeilerchen geteiltes oder erkerartig ausgebildetes Fenster erhält. Diese Bauart ist für Räume von grofser Tiefe ganz besonders am Platze. Dagegen kann für breit an der Gebäudefront gelagerte Säle zur gleichmäfsigen Verteilung des Tageslichtes die Trennung der Fenster durch Mauerpfeiler ein Erfordernis werden, aber sie bilden heute eine seltene Ausnahme.

Im übrigen lassen sich für die zweckmäfsige Lage des Fensters im Raume nur einige Anhaltspunkte geben. Im allgemeinen ist es geraten, in Zimmern von grofser Tiefe sogar geboten, mit der Fensteroberkante möglichst nahe an die Decke heranzugehen, um möglichst viel freies Himmelslicht zu gewinnen und den rückwärtigen Raumteil ausreichend zu erhellen. Die Entfernung der Glasfläche vom Fufsboden ist für die Beleuchtung des Raumes weniger belangreich, seit es Sitte geworden ist, dem Fufsboden eine ziemlich dunkle Färbung zu geben, wodurch sein Rückstrahlungsvermögen ganz wesentlich verringert wird. Eine solche Färbung mufs allerdings als zweckwidrig bezeichnet werden, weil das in den Raum einfallende Himmelslicht

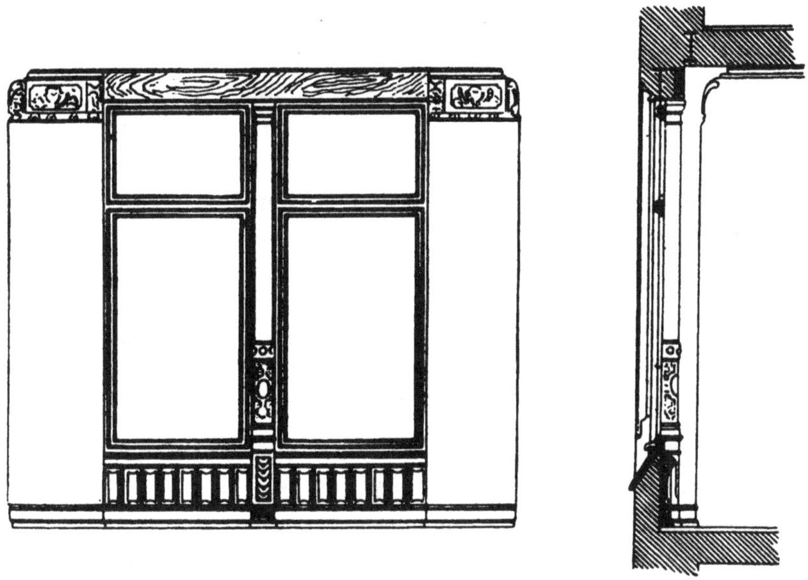

Figur 75. Günstige Anordnung der Fenster.

hauptsächlich den Fufsboden trifft, die Helligkeit des Zimmers also von seinem Rückstrahlungsvermögen abhängig ist.

Die Brüstungshöhe der Fensterbank läfst sich jedoch nicht willkürlich wählen. Um Sicherheit gegen Hinausstürzen zu erhalten, ist eine Höhe von 0,80 m erforderlich, das Hineinlegen von Heizvorrichtungen in die Fensternische erfordert oft eine noch etwas gröfsere Höhe, auch in Schlafzimmern und Zeichenzimmern pflegt diese erwünscht zu sein, während sie im Kinderzimmer niedrig gewählt werden sollte, um den auf dem Fufsboden stehenden kleineren Kindern freien Ausblick zu gewähren und ihnen so die Veranlassung zum Hinaufklettern auf die

Fensterbank zu nehmen. Zur weiteren Sicherung vermögen kräftige, etwa in 1 m Höhe angebrachte Rundstangen aus Holz oder Metall zu dienen. Ferner ist es geraten, die Fensterbänke im Kinderzimmer fortzulassen und die Brüstung derart auszubilden, wie Fig. 75 es zeigt.

Von günstiger Wirkung für die Lichtfülle des Raumes ist es, wenn die Licht spendende Fläche die Mitte der Fensterwand einnimmt. Doch lassen seitliche Verschiebungen sich nicht völlig vermeiden. Breite Eckpfeiler rufen Nachteile kaum hervor, sind vielmehr in der Regel willkommen zum Stellen der Möbel und sonstigen Hausrats, zum Schaffen behaglicher Plauderwinkel und dergl. Dagegen wirkt das Anbringen breiter Mittelpfeiler ziemlich ungünstig auch auf die Lichtwirkung ein, weil Schatten inmitten des Zimmers entsteht, das nach der Fensterwand gerichtete Auge geblendet wird durch den starken Gegensatz zwischen

Figur 76.

Figur 77.

Gute Anordnung der Fenster.

der Helle des Fensters und der Dunkelheit der in der Schattenlage befindlichen Pfeiler, die gröfste Dunkelheit dort entsteht, wo die Hauptlichtquelle sein sollte. Durch helle Färbung oder Belegen des Mittelpfeilers mit einem Spiegel, die Wahl lichtdurchlässiger, heller Vorhänge und dergl. läfst ein vorhandener Nachteil dieser Art sich jedoch beheben oder wesentlich mildern. Wo eine kraftvolle Belichtung der Seitenwände erforderlich ist, kann ein Heranrücken der Fenster an diese zum Erfordernis werden. Die Fig. 76 bis 85 geben vorteilhafte Fensterformen verschiedener Art wieder. Unter andern ist in ihnen ein Weg gezeigt, tiefe, erkerartige Fensternischen auch dann zu gewinnen, wenn die Aufsenwandstärken gering gewählt werden müssen.

Für die Auswahl der Glassorten ist folgendes zu beachten: Die Lichtdurchlässigkeit des Glases ist um so höher, je farbloser es ist. Man erkennt die Unterschiede durch Vergleich der Farbe der Querschnittsflächen. Im Querschnitt gelb erscheinendes Glas raubt wesentlich weniger Licht als grün erscheinendes. Ebene, parallelflächige, fehlerlose Glastafeln rufen die geringste Lichtzerstreuung hervor, geben das Bild der Landschaft rein wieder und gewähren von aufsen den Eindruck der Ruhe. Aus diesen Gründen verdient Spiegelglas den Vorzug vor allen übrigen Glassorten. Knötchen im Glas bieten Gefahr, weil sie ähnlich einem Brennglas zu wirken vermögen, wodurch eine Entzündung der Vorhänge hervorgerufen werden kann. Schlieriges

Fig. 78.

Fig. 79.

Fig. 80.

Fig. 81.

Fig. 82.

Fig. 83.

Fig. 84.

Fig. 85.

Erckerartige Anordnung der Fenster.

oder stark unebenes Glas verzerrt das Bild des Gesehenen, verringert den Lichteinfall und ruft von aufsen einen ungünstigen Eindruck hervor, darf daher höchstens in Nebenräumen Verwendung finden. Eine vollkommene Lichtzerstreuung wird ausschliefslich durch mattes Glas erzielt. Die hierdurch entstehenden Lichtverluste wachsen jedoch mit dem Grade der Lichtzerstreuung; für die Mehrzahl der Fälle dürfte daher schwach mattes Glas vor stark mattem den Vorzug verdienen. Den Durchblick und Einblick verwehrt auch das geprefste Glas, während seine Lichtzerstreuung eine höchst unvollkommene zu sein pflegt. Für Thüren, Ankleide- und Badezimmer, Klosetts, Speisekammern und dergl. ist seine Verwendung trotzdem zu empfehlen. Matte wie gepreſste Gläser lassen etwa ein Fünftel bis ein Drittel des auf sie fallenden Lichtes durch Rückstrahlung u. a. verloren gehen. Zur Verringerung des Lichtverlustes sollte ausschlieſslich farbloses Glas zu ihrer Herstellung dienen.

Zur Sicherung der Fenster gegen Übertragung von Wärme und Schall reicht eine einzige Glasschicht nur unvollkommen aus, obgleich Glas Wärme wie Schall wenig überträgt. Die Anwendung von Doppelfenstern hat sich dagegen nach beiden Richtungen bewährt. Wo die Kosten derselben gescheut werden und für Nebenräume empfiehlt sich eine doppelte Einglasung der einfachen Fensterflügel. Für Räume, die eines besonderen Wärmeschutzes bedürfen (Wintergärten, Klosetts, Badezimmer, Vorratsräume, Weinkeller), ist es geraten, Doppelfenster zu verwenden, deren äuſserer Flügel eine zweifache Einglasung erhält. Die Vermehrung der Stärke der einzelnen Glastafel hat nicht annähernd die Wirkung der Verdopplung dünner Glastafeln (mit dazwischen gelassenem Hohlraum von 1 bis 2 cm). So vermag das stärkste Spiegelglas Schwitzwasserbildungen nicht zu verhindern, während die Verdopplung der dünnsten Glasscheiben dieses (nach den langjährigen Beobachtungen des Verfassers in der eigenen Wohnung) mit Sicherheit thut.

Gegen Sonnenstrahlung vermag man die Fenster am besten durch Holzläden mit drehbaren Stabfüllungen zu schützen. Bei reiner Südlage bieten auch Fensterbedachungen und Marquisen ausreichend Schutz und haben den Vorzug, daſs die Licht spendende Fläche durch sie nur in geringfügigem Maſse verdunkelt wird. Für Erdgeschosse sind kräftige, gut befestigte Holzläden mit Stabfüllungen auch nach den Schattenseiten ein dringendes Erfordernis, weil sie eine Durchlüftung der Räume gestatten, ohne die Gefahr des Einsteigens herbeizuführen.

Die nach auſsen aufschlagenden Holzläden mit verstellbaren Stabfüllungen haben sich weitaus besser bewährt als alle Arten von Rollläden, Stabläden und dergl.

In Süddeutschland ist es vielerorts Sitte, während des Sommers die äuſseren Fensterflügel zu entfernen und sie durch Holzläden mit Stabfüllungen zu ersetzen. Das Durchlüften der Räume wird hierdurch wesentlich erleichtert. Stets ist es erforderlich, die Fensterflügel nach innen aufgehen zu lassen, sobald Holzläden angebracht werden, und den Vorsprung der Kippflügel entsprechend zu beschränken.

Im kalten Klima empfiehlt sich das Anbringen undurchbrochener Holzläden im Innern der Räume als Schutz gegen Wärmeverluste geheizter Räume.

Als Schutz gegen Einbruch dienen am besten gut befestigte Spiegelscheiben oder Drahtglastafeln. Die letzteren bieten zu-

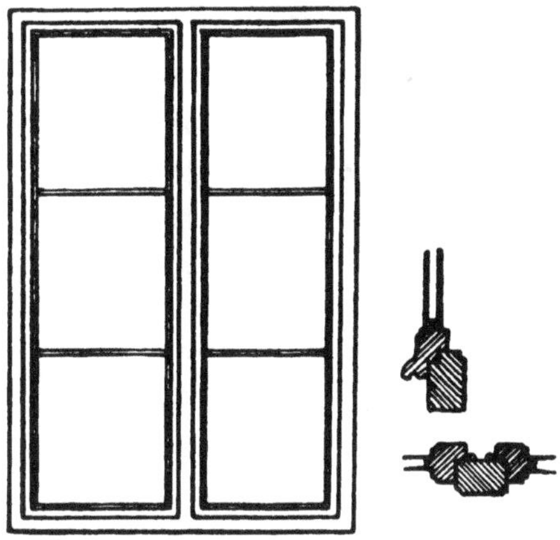

Figur 86. Fenster mit feststehendem Mittelstock.

gleich eine ziemlich weit gehende Feuersicherheit, empfehlen sich daher zur Einglasung für die etwa nach dem Treppenhause gehenden Lichtöffnungen, zum Abschlufs von Räumen, in denen feuergefährliche Stoffe lagern, verarbeitet oder feilgeboten werden

Für die Lüftung der Räume kommt dem Fenster eine grofse Bedeutung zu. Die besten künstlichen Lüftungseinrichtungen vermögen die Fensterlüftung nicht vollkommen zu ersetzen, weil die rasche und kraftvolle Wirkung durch sie nicht erreicht zu werden vermag, welche Gegenzug bietet. Gute Einrichtungen für künstliche Lüftung finden wir ferner nur in einem kleinen Teile der vornehmen Wohnungen, weil die Kosten ihrer Herstellung und ihres Betriebes von der Mehrzahl der Bevölkerung gescheut werden. Daher ist es notwendig, die Fenster allgemein derart auszubilden, dafs sie eine ausgiebige Lüftung ebensowohl gestatten wie eine geringfügige, aber ständige Lufterneuerung. Aus diesem Grunde sollen sämtliche Flügel beweglich hergestellt werden und es empfiehlt sich, die oberen Flügel als Kippflügel (um eine horizontale Achse) derart auszubilden, dafs sie geöffnet vom Sturmwind nicht bewegt werden können, den Regen aber nach aufsen abtropfen lassen. Soll an Beschlagteilen gespart werden, dann kann der untere Teil der Fenster mit einem Kippflügel versehen werden. Für Kleinwohnungen pflegen auch derartige Einrichtungen bereits zu kostspielig zu sein. Da ferner die Höhe der Fenster in ihnen eine mäfsige zu sein pflegt, so ist es geraten, jede wagerechte Unterteilung fortzulassen und dem Fenster nur zwei, sich völlig öffnende Flügel zu geben. Fenster mit feststehendem Mittelstock (Fig. 86) haben sich für diesen Zweck am besten bewährt und lassen sich mit dem geringsten Kostenaufwande sturmsicher herstellen.

Die Thüren.

Von den Thoren, Haus- und Hofthüren ist in erster Linie zu fordern, dafs sie Sicherheit gegen Einbruch bieten und einen geräuschlosen Gang aufweisen. Letzteres erreicht man durch die Auswahl starker, genau gearbeiteter Beschläge, durch Belegen der Falze mit kleineren Stücken von Kautschuk, Kork, Filz und dergl. und durch Anbringen selbstthätig wirkender, geräuschlos arbeitender Thürschliefser. Es ist jedoch geraten, grofse Thore mit Durchgangsthüren zu versehen und die dem ständigen Gebrauch dienenden Thürflügel nicht zu schwer auszuführen, weil es schwierig ist, hohes Eigengewicht mit geräuschlosem Gang in Einklang zu bringen.

Die Ausgangsthüren des Hauses sollen sich ferner nach aufsen öffnen, um beim Eintritt von Gefahr den Weg nicht zu versperren, da das Öffnen nach innen durch Gedränge und andere Hindernisse verwehrt werden kann. Es geht jedoch nicht an, die Thüre nach der Strafse aufschlagen zu lassen, weil die Vorübergehenden dann Stöfsen ausgesetzt sein würden und der

Verkehr Störungen erleiden könnte. Daher ist es notwendig, tiefe Thürnischen oder kleine Vorhallen in Anwendung zu bringen. Sie bieten den Vorteil, dafs die dem Öffnen der Hausthür Harrenden Schutz vor Regen und Sturm in ihnen finden. Öffnet die Hausthür sich nach aufsen, so mufs ferner die Anlage von Stufen und hohen Schwellen mit Vorsicht erfolgen, besser ist es, statt ihrer Rampen zu verwenden.

Aus diesen Darlegungen geht hervor, dafs das Aufschlagen der Hausthüren nach innen manche Bequemlichkeit bietet. Wo Verordnungen ihm nicht entgegenstehen, wird ihm daher viel-

Figur 87. Füllungsthür.

Figur 88. Gedoppelte Thür.

fach der Vorzug gegeben. Je gröfsere Feuersicherheit ein Haus bietet und je weniger Bewohner es enthält, um so geringere Bedenken hat das Aufschlagen der Thüren nach innen.

Die Wohnungs-Eingangsthüren müssen in gröfseren Städten einen diebes- und feuersicheren Abschlufs bieten. Die gegenwärtig übliche Ausbildung dieser Thüren auf Rahmen und Füllung (Fig. 87) ist als zweckwidrig zu bezeichnen, weil die in den Rahmen greifenden Teile der Füllungen sich mit einem starken Messer durchschneiden lassen und rasch durchbrennen. Die aus zwei sich kreuzenden Bretterlagen hergestellten »gedoppelten« Thüren (Fig. 88 bis 90) weisen eine weit höhere Sicherheit auf und bieten zugleich einen wesentlich besseren Schutz gegen die Übertragung von Wärme und Schall. In Grofsstädten sollten die Haus- wie die Wohnungs-Eingangsthüren mit diebssicheren Schlössern nach Art der Geldschränke versehen werden. Auslugge an den Thüren mit oder ohne Spiegelvorrichtung zum Erkennen der Einlafs Begehrenden vermögen gute Dienste zu leisten.

Die Zimmer-Eingangsthüren (vom Wohnungsflur) sollen dem Durchdringen von Wärme und Schall ausreichend Widerstand entgegensetzen. Auch für sie ist die Anwendung gedoppelter Thüren geraten. Einen wesentlich höheren Schutz bietet das Anbringen von zwei Thüren am gleichen Stock. Zum Schall-

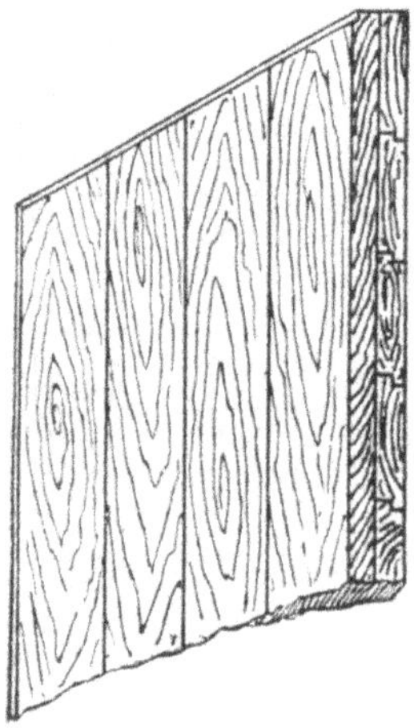

Figur 89. Gedoppelte Thür.

Figur 90. Gedoppelte Thür.

abschlufs für Musik- und Kinderzimmer, für die Küche oder zum Schallschutze des Zimmers des Herrn, zur Trennung der Schlafzimmer und dergl. ist diese Bauart trotz der höheren Kosten am Platze.

Einen nahezu vollkommen feuersicheren Abschlufs erreicht man durch das Überziehen glatter gedoppelter Hartholzthüren mit Asbestpappe und Eisenblech, während eiserne Thüren sich nicht bewährt haben, da sie sich frühzeitig erhitzen und werfen, dann aber den Flammen wie dem Rauch Durchgang gewähren.

Sämtliche Thüren, welche einen diebes- oder feuersicheren Abschlufs gewähren sollen, müssen sich selbstthätig schliefsen.

Durch richtige Lage der Bänder und die Anwendung leicht gehender, sorgfältig gearbeiteter Schlösser ist dieses ohne grofse Kosten zu erreichen.

Die Verbindungsthüren der Räume zum Tagesaufenthalt bildet man zweckdienlich als Schiebthüren aus, weil letztere, geöffnet, keinen Raum in Anspruch nehmen, das Stellen des Hausrats erleichtern und das Gegeneinanderschlagen verschiedener Thüren verhindern. Diese Ausbildungsweise ruft jedoch beträchtliche Mehrkosten hervor. Infolgedessen wird es sich vielfach empfehlen, als Abschlufs solcher Räume ausschliefslich Vorhänge zu verwenden und nur einzelne Räume mit weiteren Abschlüssen zu versehen, die dessen zeitweilig bedürfen. In schönheitlicher Hinsicht verdient der Vorhang den Vorzug vor Thüren.

Um das Sauberhalten der Thüren zu erleichtern, empfiehlt es sich, dieselben möglichst glatt zu halten, Gliederungen ganz zu meiden, oder sie kraftvoll und einfach auszubilden, damit schwer zugängliche Vertiefungen vermieden werden. Durch die Wahl verschiedenfarbiger Holzarten lassen glatte Thüren sich zu einer feinen, vornehmen Wirkung bringen.

Die Bauart der Thüren mufs jedoch stets so gewählt werden, dafs das Holzwerk die erforderliche Bewegungsfreiheit behält. Die Holzfaser vermag sich aus feuchter Luft vollkommen mit Wasser zu sättigen; das best ausgetrocknete älteste Holz bietet daher keine Gewähr gegen Schäden, sobald die Bewegungsfreiheit eine ungenügende ist. Harte Holzarten nehmen Wasser aus der Luft langsamer auf als weiche und geben es langsamer wieder ab, weil sie ein dichteres Gefüge besitzen; im übrigen verhalten sich sämtliche Holzarten nach dieser Richtung annähernd gleich.

Die Feuersicherheit der Baustoffe und der Bauweisen.

Im nachfolgenden sollen die bisherigen Erfahrungen über den Grad der Feuersicherheit der wichtigeren Baustoffe und Bauweisen in gedrängter Kürze zusammengestellt werden.

I. Die Baustoffe.

Alle aus Thon, Lehm, Flinz und dergl. hergestellten Kunststeine, wie Ziegel aller Art und Chamotten bieten eine hohe Feuerbeständigkeit. Schwach gebrannte Ziegel sind im Feuer wesentlich beständiger als hart gebrannte, weil ein bedeutender Teil der auf sie einwirkenden Wärme zu ihrer Erhärtung dient. Namentlich zur Herstellung von Herden, zur Einmauerung von Wasser- und Dampfkesseln und dergl. haben schwach gebrannte Ziegel sich beständiger gezeigt als hart gebrannte.

Eine weit geringere Feuerbeständigkeit weisen die Naturgesteine auf. Ein beträchtlicher Teil der Hartgesteine wird durch Stichflamme zum Zerspringen geführt, während von den übrigen Gesteinsarten die Mehrzahl ihre Festigkeit in der Glut einbüfst, weil die Bindemittel oder sie selbst den Zusammenhang verlieren. Namentlich gilt dieses von den kohlensauren und schwefelsauren Kalken. Die Sandsteine mit thonigem Bindemittel haben sich als feuersicher erwiesen. Die übrigen kieselsauren Bindemittel zeigen ebenfalls ausreichende Feuerbeständigkeit.

Die gebräuchlichen Bindemittel für die verschiedenen Mörtelarten zerfallen sämtlich im Feuer, die aus ihnen hergestellten Bauteile vermögen daher kräftigen Wasserstrahlen nur dann zu widerstehen, wenn ihr Gewicht ihnen ausreichende Standfestigkeit verleiht. Den Cementen wohnt infolge ihres Thongehaltes eine etwas höhere Widerstandsfähigkeit inne als dem Kalk und dem Gips.

Eisen büfst bei 600° C. bereits so wesentlich an Festigkeit ein, dafs aus ihm hergestellte kühnere Konstruktionen gefährdet sind. Namentlich ist das Durchbiegen stark belasteter Träger und Stützen zu befürchten. Beim Ansteigen des Wärmegrades gefährdet ferner das Eisen infolge seiner Bewegungen die mit ihm verbundenen Wände. Erglüht vermag das Eisen zur Feuerübertragung Veranlassung zu geben und es darf im erhitzten Zustande nicht berührt werden. Die aus Eisen hergestellten Treppen bieten daher die Möglichkeit des Rückzuges nur sehr kurze Zeit.

Holz ist zwar leicht feuerfangend und verbrennbar, zeigt aber im übrigen weit günstigere Eigenschaften, als man ziemlich allgemein bis vor etwa einem Jahrzehnt angenommen hat:

Harthölzer fangen nur langsam Feuer, sobald ihre Stärken grofs gewählt und ihre Flächen glatt gehalten werden. Das Feuer schreitet in ihnen meist nur langsam vorwärts, noch langsamer die Erhitzung. So lange der Wärmegrad der Räume ein Betreten möglich macht, pflegt auch das Holzwerk ohne Schaden betreten oder berührt werden zu können. Der Grad der Standfestigkeit der Hölzer ist ohne weiteres zu erkennen. Schädliche Bewegungen, die den Einsturz von Bauteilen hervorrufen könnten, sind vom Holz nicht zu gewärtigen.

Weichhölzer entzünden sich rascher. Bei freiliegendem Holzwerk hat die Anwendung grofser Stärken und glatter Flächen nur geringen Nutzen. Mit dem Entwickeln brennbarer Gase beginnt die Entzündungsgefahr. Sie tritt beim freiliegenden Nadelholz, z. B. in Dachgespärren, frühzeitig ein, während in Sand, Lehm oder Ziegel eingebettete Hölzer den Angriffen des Feuers lange Zeit widerstehen, weil ihre Erwärmung nur langsam erfolgt. Die Widerstandsfähigkeit der Fachwerkbauten und gut ausgefüllter Balkenlagen hat hierin ihren Grund.

Einige neuere Imprägnierungsverfahren nehmen dem Holz das Entflammungsvermögen, es verkohlt langsam an der Oberfläche, ohne in Brand zu geraten oder zerstört zu werden. Soweit die bisher noch geringen Erfahrungen ein Urteil zulassen, empfiehlt sich derart behandeltes Holz zu tragenden Teilen mehr als Eisen ohne Schutzhülle oder mit einer solchen von geringer Stärke.

Asbest an sich ist vollkommen feuerbeständig. Die mit ihm bekleideten Bauteile können aber zu Grunde gehen, sobald das Holz- oder Eisenwerk hohe Wärmegrade zugeführt erhält.

II. Die Bauweisen.

Für die Herstellung der Umfassungswände und die Mehrzahl der Innenwände haben alle üblichen Baustoffe sich bewährt. Eiserne Träger dürfen mit ihnen jedoch nicht fest oder derart verbunden werden, daſs sie den Einsturz durch ihre Bewegungen hervorrufen können.

Für die Wände der Treppenhäuser und solcher Räume, in denen feuergefährliche Stoffe gelagert, bearbeitet oder feilgeboten werden sollen, sowie für Brandmauern verdienen schwach oder mäſsig stark gebrannte Ziegel in Cementmörtel den Vorzug. In besonderen Fällen kann man mit gutem Erfolg Lehmmörtel verwenden.

Für gewöhnliche Scheidewände darf von Cement- wie Gipsdielen, Monierbauweisen und dergl. Gebrauch gemacht werden. Eine belangreiche Feuersicherheit kommt ihnen jedoch nicht zu. Beiderseits geputzte, gut ausgemauerte Fachwerkwände stehen ihnen in Hinsicht auf Feuersicherheit kaum nach.

Vollkommen feuersichere Zwischendecken gewinnt man ausschlieſslich durch Ziegelgewölbe, die unmittelbar zwischen die Wände oder zwischen Ziegelgurtbögen eingespannt sind. Die leichtesten Ziegel und Hohlziegel können für diesen Zweck Verwendung finden. Gewölbe aus Betonmasse mit oder ohne Eiseneinlagen besitzen zwar keine derart hohe, aber doch ausreichende Feuersicherheit, während bei der Anwendung von Eisenträgern und Holzbalken ein möglichst vollkommenes Einbetten derselben in feuerbeständige, Wärme schlecht leitende Stoffe als Erfordernis bezeichnet werden muſs, sobald die Räume höheren Anforderungen an Feuersicherheit zu genügen haben.

Zu freiliegenden Dachgespärren empfiehlt sich am meisten feuersicher imprägniertes Holzwerk. Ihm folgen in Hinsicht auf Feuersicherheit Eisen und Hartholz. Nadelhölzer bieten die gröſste Gefahr. In Räumen, deren Dach die Decke bildet, sollten sie nur dann Verwendung finden, wenn Feuersgefahr nicht oder höchstens in geringem Grade zu gewärtigen ist.

Der in Wien durch Bauordnung geforderte vollkommen feuersichere Abschluſs des obersten Wohngeschosses vom Dachboden und dem Holzwerk der Dachkonstruktion hat sich glänzend bewährt (vergl. S. 303).

Holzcement und Ziegel bieten eine vollkommen sichere Dacheindeckung. Schiefer zerspringen unter der Einwirkung von Stichflammen. Metalle sind fragwürdig, weil zum Teil ihr Schmelzpunkt niedrig liegt (Blei und Zinklegierungen), teils durch ihr rasches Erhitzen das Feuer auf die Holzschalung übertragen zu werden vermag. Verhältnismäfsig gut hat die Kupferblechdeckung sich bewährt. Das Strohdach erhielt durch seinen Feuchtigkeitsgehalt, mehr aber durch Bildung einer Moosschicht auf seiner Oberfläche einigen Schutz. Weit gefährlicher ist die Anwendung von Strohdocken zur Unterfüllung von Ziegeldächern, welche auf dem Lande vielerorts als Ersatz des Wärmeschutzes der Strohdächer dienen. Das Stroh bleibt hier dauernd trocken, die Flammen verbreiten sich daher mit unglaublicher Schnelligkeit unter der ganzen Dacheindeckung, sobald es irgendwo Feuer gefangen hat.

Eine vollkommen feuersichere Treppe bieten ausschliefslich Ziegelgewölbe, die auf Ziegelgurtbögen und Ziegelpfeilern ruhen. Sie können mit jedem beliebigen Stufenmaterial belegt werden. Ihnen folgen in der Feuersicherheit freitragende Treppen aus Sandstein oder Kunststein. Die zum Treppenbau verwendeten Eisenteile bedürfen des Einbettens in Ziegelmauerwerk. Hartholztreppen sollen an ihren Untersichten mit unverbrennlichen Stoffen bekleidet werden, falls höhere Feuersicherheit von ihnen zu fordern ist. Weichholz und Nadelholz ist feuersicher zu imprägnieren, falls es in Treppenhäusern Verwendung finden soll. Ausschliefslich in Eigenheimen, die über dem Erdgeschofs nur ein einziges bewohntes Geschofs besitzen, können Treppen aus Nadelholz geduldet werden.

Oberlichte über Treppenhäusern sind mit Drahtglas zu versehen. Das Drahtgeflecht hält das etwa von Rissen und Sprüngen durchzogene Glas zusammen, so dafs es später unter der Einwirkung hoher Wärmegrade wieder zusammensintert, ehe es schmilzt. Als Abschlufs der Wohnungsflure von dem Treppenhause sollten nur Ziegelwände dienen, deren Öffnungen mit Drahtglas, gedoppelten Thüren aus Hartholz oder feuersicher imprägniertem Holz versehen werden.

Die Abschlufsthüren des Dachbodens oder von Räumen, in denen feuergefährliche Stoffe gelagert, bearbeitet oder feilgeboten werden, sind aus Hartholz oder imprägniertem Holz gedoppelt herzustellen, dann mit Asbestpappe und hierüber mit starkem Eisenblech rings zu überziehen.

Eiserne Thüren haben sich nicht bewährt, da sie sich frühzeitig werfen, dann dem Rauch wie den Flammen den Durchtritt gestatten, erglühend aber das Feuer zu übertragen vermögen.

Sämtliche Abschlufsthüren im Dachgeschofs und im Treppenhaus sollen sich selbstthätig schliefsen.

Alles Holzwerk in Räumen, welche höhere Feuersicherheit zu bieten haben, soll glatt und flächenhaft behandelt werden. Zarte Gliederungen und sonstige Zierteile sind zu vermeiden. Kräftige Hohlkehlen und Rundstäbe sollen die ersteren ersetzen, Intarsien die letzteren. Die Schönheit der Holzarten als solche soll hervortreten, unschön gefärbtes Holz kann durch Lasurfarbenbehandlung in seiner Wirkung wesentlich mehr verbessert werden als durch Deckfarbenanstrich.

Pfeiler und Säulen können vollkommen feuersicher nur aus Ziegelmauerwerk hergestellt werden. Stärkere Pfeiler und Säulen aus hartem Naturgestein bieten jedoch ausreichende Sicherheit. Ihnen folgen gut umhülltes Eisen, imprägniertes Holz und Hartholz.

Als Eisenumhüllung ist Ziegelmauerwerk in entsprechender Stärke am meisten zu empfehlen. Auch Kachelbekleidung mit Lehmverstrich ist brauchbar. Die verschiedenartigen Hüllen aus Mörtel und Drahtgewebe, Asbestcement und dergl. haben sich nicht besonders bewährt. Dagegen scheint die von Rheinhold & Co. hergestellte Schutzhülle nach den allerdings noch jungen Erfahrungen sich gut zu bewähren. Ihr Vorzug besteht in einem sehr geringen Auftrag (nur 3 cm), der gut erhärtet und unmittelbar bemalt werden kann. Gipsschalen von nur 1 cm Stärke gewähren als weitere Zierhüllen die Möglichkeit einer reizvollen Gestaltung der Säulen, Eisenpfeiler und Eisenträger.

Der Grad der Feuersicherheit der Baustoffe und Bauweisen darf stark wechseln nach dem Zweck, der Freilage, Ausdehnung und Höhe der Gebäude. Mehr als bisher mufs dieses in den Bauordnungen zum Ausdruck kommen. Mit Warenhäusern ist der Anfang gemacht. Aber auch diese sind zu unterscheiden von Geschäftshäusern einfacher Art, letztere unter sich wieder zu trennen nach der Feuergefährlichkeit der aufgespeicherten oder feilgebotenen Waren u. s. w. Ferner sind »Zinskasernen« zu unterscheiden von »Familienhäusern«, diese von »Einfamilienhäusern« und »Eigenheimen«.

Es ist ferner zu berücksichtigen, dafs die Feuersgefahr auf dem Lande ganz wesentlich höher ist als innerhalb grofser Städte, weil die Blitzgefahr in letzteren stark abnimmt, die Brandstiftung eine seltene Erscheinung ist, die Gefahren der Selbstzündung von Stroh und Heu in Fortfall kommen.

Jedes Verallgemeinern und Schematisieren der Bauordnungen in Hinsicht auf die Feuersicherheit der verschiedenen Gebäude ist von Übel, weil derartige Verordnungen grofse Nachteile auf wirtschaftlichem Gebiete im Gefolge haben, sobald sie dort getroffen werden, wo ein irgend erheblicher Nutzen durch sie nicht geschaffen wird, oder für Gebäude erlassen werden, deren Feuersicherheit nicht von Belang werden kann. So hat die in vielen Bauordnungen aufgenommene Forderung des feuersicheren unteren Abschlusses der Balken- und Bohlendecken eine derart starke Vermehrung der Holzkrankheiten in diesen hervorgerufen, dafs jährlich viele Millionen an Nationalvermögen hierdurch verloren gehen, während die Verringerung der Schadenfeuer durch sie nicht in irgend belangreicher Weise erreicht ist.

Feuchte Wohnungen, das Erkennen ihrer Ursachen und deren Abhilfe.

Eine andauernde oder längere Zeit bestehende Durchfeuchtung des Hauses wirkt ebenso ungünstig auf das Wohlbefinden und Wohlbehagen seiner Bewohner ein wie auf seinen Bestand, weil höhere und niedere Pilze ihre Lebensthätigkeit zu entwickeln vermögen, sobald ihnen entsprechende Wassermengen zur Verfügung stehen und die Wärmewirtschaft feuchter Wohnungen (unter sonst gleichen Verhältnissen) sich ungünstiger stellt als die trockener Räume.

Obwohl bei der Besprechung der einzelnen Teile des Hauses einige Ursachen und Wirkungen der Durchfeuchtung bereits dargelegt sind, soll hier eine knappe Zusammenfassung derselben erfolgen, um dem zum Gutachten aufgeforderten Techniker und Verwaltungsbeamten eine Handhabe zu bieten.

Die Durchfeuchtung des Hauses oder einzelner seiner Teile kann folgenden Ursachen zuzuschreiben sein, die nacheinander kurz abgehandelt werden sollen:

1. Das Wasser ist aus dem Erdboden in den Wänden des Hauses emporgestiegen.

2. Die Feuchtigkeit ist durch Überschwemmungen in das Gebäude gelangt.

3. Niederschläge sind durch ungenügend geschützte Aufsenwände oder Teile derselben eingedrungen.

4. Der Neubau war vor dem Beziehen der Wohnungen nicht ausreichend trocken.

5. Es hat sich an den Innenwänden oder innerhalb der Hohlräume von Wänden und Zwischendecken Wasser aus der Luft niedergeschlagen.

6. Infolge mangelhafter Herstellungsweise der Dacheindeckung, der Dachrinnen oder der Regenfallrohre dringt Wasser in die Wände ein.

7. Rohre für die Zuleitung oder die Ableitung des Wassers sind leck geworden.

8. Wasser ist durch die Fufsböden in das Innere der Zwischendecken eingedrungen.

Das Wasser ist aus dem Erdboden in den Wänden den Hauses emporgestiegen.

Vermag das Grundwasser oder die über diesem befindliche Kapillarwasserschicht die Grundmauern oder die Kellerwände eines Gebäudes zu erreichen, dann durchfeuchtet es nicht nur diese Teile, sondern pflegt in den Poren derselben ein beträchtliches Stück emporzusteigen und nicht selten über den Erdboden bis in das Erdgeschofs hinauf zu gelangen.

Man erkennt die Ursache der Durchfeuchtung im letzteren Falle an der Bildung einer deutlich sichtbaren — wenn auch unregelmäfsig geformten — Trennungslinie zwischen der mit Wasser gesättigten unteren und der nicht gesättigten oberen Schicht aller Wände. Zeigt sich dagegen die Feuchtigkeit ausschliefslich in den freistehenden Aufsenwänden oberhalb des Erdbodens, während der untere Teil dieser Wände trocken erscheint, dann handelt es sich um Wasser, welches aus Niederschlägen entstammt, im Mauerwerk bis zu einer Isolierschicht herabgesickert ist und nun durch diese am vollständigen Versickern verhindert wird.*)

Isolierschichten gegen aufsteigende Grundfeuchtigkeit dürfen nur auf hochgelegenem, gegen jede Art der Überschwemmung gesicherten Gelände fortgelassen werden und ihre Bauart mufs der Kraft entsprechen, mit der das aufsteigende Wasser anzudringen vermag.

Sollen Isolierschichten einem starken Wasserandrange widerstehen, dann werden sie am besten aus in Asphalt verlegten Klinkern gebildet. Einem mäfsigen Andrange widerstehen Schichten aus Gufsasphalt, druckfestem Glas in Cementmörtel, Bleiplatten in Asphalt- und dergl. Handelt es sich nur darum, das Aufsteigen von Kapillarwasser zu verhindern, dann genügt es, die entsprechend geglättete Stein-, Ziegel- oder Mörtelschicht mit Stoffen zu tränken, welche deren Poren vollständig verstopfen. Diese Stoffe müssen jedoch witterungsbeständig sein und dürfen vom Mörtel nicht angegriffen werden. Teerartige Körper, Asphalt- und andere Lacke, welche zur Zeit vielfach Verwendung finden, sind weder ausreichend beständig, noch vermögen sie dem Einflusse der Cement- und der Kalkmörtel zu widerstehen. (Auch Bleiplatten werden von letzteren stark angegriffen.) Sollen derartige Stoffe zur Anwendung kommen, dann müssen sie in Gips eingebettet werden, welcher bei hohen Temperaturen (bis zur Weifsglut) gebrannt wurde. Zu empfehlen

*) Dieser Mangel jeder Isolierschicht kann nur dadurch wett gemacht werden, dafs man die Wetterseiten der Gebäude für Wasser undurchlässig macht (vgl. S. 285).

ist die Verwendung von Erdwachs, welches am besten im geschmolzenen Zustande aufgetragen und so lange mit heifsen Eisen gebügelt wird, bis die Poren es völlig aufgesogen haben. Da Erdwachs in dieser Lage vor hohen Wärmegraden geschützt ist, so zeigt es grofse Dauerhaftigkeit, denn von den Alkalien des Mörtels wird es nicht angegriffen.

Isolierschichten in fertigen Gebäuden anzubringen, ist schwierig und ruft grofse Kosten hervor. Beim Neulegen der Fufsböden läfst sich unter diesen allerdings ohne Schwierigkeit eine Trennungsschicht der genannten Art anbringen. Wurde dagegen die Anordnung einer solchen Schicht in den Wänden versäumt, so müssen diese — von Meter zu Meter fortschreitend — untersägt werden. In die derart gewonnenen Lücken werden dann undurchlässige Platten (aus Steingut, druckfestem Glas, Blei u. a. m.) geschoben und erstere mit Cement, die letzteren mit Gips oder Asphalt vergossen.

Die Feuchtigkeit ist durch eine Überschwemmung in das Haus gelangt.

Da die Ursache der Durchfeuchtung bei derartigen Vorgängen stets bekannt ist, so bedarf nur deren Vermeidung einer Darlegung.

Eigentliche Überschwemmungsgebiete sind möglichst von der Bebauung auszuschliefsen. Innerhalb der Städte vermögen sie als öffentliche Parkanlagen dem Gemeinwohl zu dienen, aufserhalb derselben kommen sie nur dort als Bauland in Betracht, wo weite Landstrecken den Überflutungen ausgesetzt sind.

Wird diese Verwendung aus Mangel an Gelände erforderlich, dann ist es geraten, Unterkellerungen überhaupt nicht zur Ausführung zu bringen und die Erdgeschofssohle so hoch über den Erdboden zu erheben, dafs sie vor Überflutungen sichergestellt ist. Der den letzteren ausgesetzte Unterbau kann aus freistehenden Pfeilern bestehen, welche aus undurchlässigen Materialien hergestellt oder vom Erdgeschofs durch eine entsprechend starke Isolierschicht getrennt werden. Geht dieses der klimatischen Verhältnisse wegen nicht an, dann kann man den zwischen den Grundpfeilern bleibenden Raum mit Sand, Schlacke und dergl. so hoch ausfüllen, dafs Wärmeschutz geboten wird, ein Übertragen von Feuchtigkeit aber noch nicht stattfinden kann.

Ist ein sehr hohes Ansteigen des andringenden Wassers zu gewärtigen, so empfiehlt es sich, Wohnräume nur in den Obergeschossen anzuordnen, das Erdgeschofs von ihnen durch eine undurchlässige Schicht, welche über das ganze Gebäude reicht, vollkommen zu trennen und es anderweit auszunutzen. Schauläden, Werkstätten, Wirtschaftsräume u. a. m. können dort zumeist untergebracht werden, weil die Überflutungen selten so rasch erfolgen, dafs ein Entfernen wertvoller Gegenstände nicht mehr angeht.

Die Wände wie die Zwischendecken derartiger Erdgeschosse bestehen zweckdienlich aus undurchlässigen Baustoffen, während ihre Oberflächen derart hergestellt werden, dafs sie weder durch Wasser noch durch eine nach der Überflutung etwa ausgeführte Desinfektion eine wesentliche Einbufse in ihrem Aussehen erleiden.

Durch ungenügend geschützte Aufsenwände oder Teile derselben sind Niederschläge eingedrungen.

Sobald die vom anschlagenden Regen getroffenen Wandflächen nicht gegen das Eindringen desselben geschützt werden, nimmt das Mauerwerk ziemlich bedeutende Wassermengen aus den Niederschlägen auf. Ein Teil der letzteren rinnt zwar stets an den senkrechten Flächen ab, aber je länger der Weg ist, welchen das Wasser hierbei zurückzulegen hat, und je gröfsere Widerstände es auf demselben findet, um so weniger gelangt zum Abflufs. Je höher daher die Wände sind und je rauher sich ihre Oberfläche zeigt, um so mehr Wasser wird von ihnen aufgenommen.

Ferner hängt die Aufnahmefähigkeit einer Wand von der Art der Stoffe ab, mit denen sie bekleidet oder aus denen sie gebildet ist. Sind diese Stoffe stark durchlässig, dann pflegen sie sich aus dem anschlagenden Regen mit Wasser zu sättigen, ehe von diesem auch nur geringe Mengen zum Abflufs gelangen. Ist die Durchlässigkeit eine geringe, dann wird verhältnismäfsig wenig Wasser aufgenommen. Dennoch treten gerade im letzteren Falle Mifsstände recht häufig hervor, weil derartige Körper das aufgenommene Wasser sehr langsam wieder abgeben und tief in das Innere der Wand hineinzuführen vermögen. Ein grofser Teil der für Wasser in geringerem Mafse durchlässigen Naturgesteine, vornehmlich Sand- und Kalksteine zeigen diese Eigenschaft; die aus ihnen gebildeten Aufsenwände bedürfen daher nach den Wetterseiten des Schutzes ebenso sehr wie die aus stark durchlässigen Körpern z. B. aus Tuff, Schwemmsteinen, Schlackensteinen, ungebrannten oder schwachgebrannten Ziegeln und dergl. hergestellten Wände.

Verhältnismäfsig günstig verhalten sich gar gebrannte Backsteine mit glatter Oberfläche (»Maschinenziegel«) nach dieser Richtung; sie lassen ziemlich grofse Wassermengen zum Abflufs gelangen und trocknen in kurzer Frist wieder aus. Dennoch wird der Wassergehalt auch der mit ihnen bekleideten oder aus ihnen gebildeten Wände durch Schlagregen stets wesentlich erhöht.

Aus Fachwerk hergestellte und andere Wände von geringer Dicke lassen diesen Einflufs deutlich erkennen; nach länger andauerndem Regen aus gleicher Richtung pflegt der Innenputz Flecke aufzuweisen oder sich in seiner ganzen Ausdehnung derart durchfeuchtet zu zeigen, dafs man den hohen Wassergehalt durch das Gefühl wahrzunehmen vermag. In dickeren Wänden gelangt im allgemeinen nur ein mäfsiger Teil der Feuchtigkeit bis zum Innenputz. Manche Sand- und Kalkgesteine, sowie diesen ähnliche Körper führen das Wasser allerdings selbst durch Mauerwerk von 0,80 bis 1,00 m Dicke derart hindurch, dafs es im Innern deutlich sichtbar wird. Zumeist ist in solchen Wänden aber die Verteilung der Feuchtigkeit eine so grofse, dafs man sie auf der Innenfläche der Räume nicht mehr wahrzunehmen vermag, wenn auch die Untersuchung des Innenputzes nach andauerndem Regen stets eine wesentliche Erhöhung des Wassergehaltes der von ihm getroffenen Wandflächen ergibt. Das vom Mauerwerk aufgenommene Wasser sinkt — soweit es nicht zur Verdunstung gelangt — in diesem allmählich abwärts. Infolgedessen weisen die betroffenen Wände der Untergeschosse nach derartigen Witterungseinflüssen zumeist einen höheren Feuchtigkeitsgehalt auf als die der Obergeschosse. Sind Isolierschichten nicht vorhanden, dann gelangt das Wasser allmählich in das Keller- und das Grundmauerwerk. Wird es von einer undurchlässigen Schicht aufgehalten, dann bleibt es über dieser stehen und bildet nicht selten einen deutlich sichtbaren feuchten Streifen von 0,30 bis 1,50 m Höhe, welcher die ganze Dicke der Wand einzunehmen pflegt, also bei Vollmauern auch im Innern bemerkbar wird.

Da die Isolierschicht sich zumeist wenige Decimeter oberhalb des Erdbodens befindet, so erweckt dieser feuchte Streifen nicht selten den Anschein, dafs er durch aufsteigendes Grundwasser gebildet sei, und es werden um so leichter falsche Mafsnahmen zur Beseitigung des Mifsstandes getroffen, weil die unter der Isolierschicht befindlichen äufseren Wandflächen infolge des vom Erdboden aufspritzenden wie des in diesem versickernden Wassers nach Regenwetter ebenfalls feucht erscheinen.

Man erkennt die richtige Ursache jedoch ohne Schwierigkeit daran, dafs sich die Durchfeuchtung durch Schlagregen ausschliefslich innerhalb der von diesem getroffenen Wände zeigt, während aufsteigendes Grundwasser alle Wände des Gebäudes gleichmäfsig zu durchfeuchten pflegt.

Die Schutzmittel gegen das Eindringen der Niederschläge in die nach Wetterseiten gerichteten Aufsenwände sind auf Seite 285 besprochen.

Ganz besonders sind diejenigen Teile der Aufsenwände dem Eindringen des Schlagregens ausgesetzt, welche aus der senkrechten Lage vorspringen. Vornehmlich gilt dieses von den Oberkanten der Gesimse und der äufseren Fensterbänke (der »Sohlbänke«). Es ist daher erforderlich, dieselben entweder aus einem völlig undurchlässigen Körper zu bilden bezw. mit diesem zu belegen oder ihnen bei geringer Durchlässigkeit eine sehr glatte Oberfläche und starke Neigung zu geben, damit der Regen rasch abfliefst und der Schnee abgleitet, ehe er zu tauen vermag. Für den ersteren Zweck sind fugenlose Platten aus undurchlässigem Gestein, Glas, Glasflufs und dergl. besonders geeignet. Das Belegen dieser Flächen mit Kupfer- oder Zinkblech, welches heute vielfach stattfindet, führt den Nachteil herbei, dafs das Aufschlagen der Regentropfen ein starkes Geräusch verursacht. Bleibelag zeigt diesen Fehler nicht, seine Widerstandsfähigkeit gegen mechanische Angriffe reicht jedoch nicht aus, um Fensterbänke mit ihm schützen zu können.

Sollen durchlässige Gebäudeteile dieser Art nachträglich dicht gestellt werden, dann ist es geraten, dieselben mit geschmolzenem Erdwachs zu tränken und dieses so lange mit heifsen Eisen zu bügeln, bis es völlig von den Poren aufgesogen ist.

Man erkennt etwaige Mängel in der Herstellungsweise jener Wandteile leicht, da sich feuchte Stellen im Innern der nach den Wetterseiten gelegenen Räume bald zu zeigen pflegen, während sie an anderen Stellen nicht oder weit weniger stark auftreten. Feuchte oder mit Schimmelpilzen bedeckte Stellen unter den Fenstern sind stets auf solche Mifsstände zurückzuführen.

Der Neubau war vor dem Beziehen der Wohnungen nicht ausreichend trocken.

Infolge des raschen Aufführens der Neubauten pflegt beim Beziehen der Wohnungen die erforderliche Trockenheit (der dickeren Wände) nur unter sehr günstigen Witterungsverhältnissen erreicht zu sein. Häufig erscheinen allerdings die Innenflächen aller Räume trocken, das Mauerwerk besitzt aber noch einen derart hohen Wassergehalt, dafs sich die Flächen rasch wieder sättigen, sobald sich aus der Luft Wasser an ihnen niederschlägt. Innerhalb ungenügend geheizter, von einer gröfseren Zahl Menschen bewohnter Räume pflegt letzteres der Fall zu sein, falls die Wände niedere Wärmegrade aufweisen.

War die Austrocknung vor dem Beziehen eine sehr geringe, dann pflegen alle Wände, bisweilen auch die Zwischendecken, feuchte Flecke zu zeigen, auf welchen sich nicht selten Schimmelpilzkolonien bilden.

War der Austrocknungsgrad ein etwas höherer, dann findet man diese Anzeichen zumeist nur an den Flächen der dickeren

Mauern, oft nur an den Aufsenwänden, in manchen Fällen ausschliefslich an den nach den Wetterseiten und den nach Norden gerichteten Umfassungswänden, weil letztere teils durch die Niederschläge, teils durch den Mangel an Besonnung ungünstig beeinflufst werden.

Das sichere Erkennen der Ursache der Durchfeuchtung ist in diesen Fällen nicht immer leicht. Aufserdem sickert das im Mauerwerk befindliche Wasser allmählich in diesem herab, so dafs vornehmlich die Erdgeschosse Feuchtigkeit aufweisen. Hierdurch wird es schwer zu unterscheiden, ob aufsteigendes Grundwasser oder ungenügende Austrocknung die Ursache bilden, ob endlich beide zusammenwirkend die Durchfeuchtung hervorgerufen haben. Das Erkennen des Grundes ist um so mehr erschwert, weil die Keller- und Grundmauern eines Neubaues fast ausnahmslos eine geringe Trockenheit aufweisen. Nur eine Untersuchung des Erdreiches vermag daher einen sicheren Aufschlufs zu bieten.

Erweist sich das die Wände berührende Erdreich beim Aufgraben als trocken, dann kann die Feuchtigkeit naturgemäfs nicht aus diesem emporgestiegen sein. Immerhin werden nicht selten beide Ursachen vereint auftreten. (Die Güte der Isolierschicht wird man im letzteren Falle zumeist erst nach der Austrocknung eines Neubaues zu beurteilen vermögen.)

Ebenso schwer ist es zu unterscheiden, ob die Wetterseiten durch Niederschläge beeinflufst sind, ob ungenügende Austrocknung vorliegt, oder beides vereint die Durchfeuchtung herbeigeführt hat.

Sind einzig die Wetterseiten betroffen, dann darf man der ungenügenden Sicherung derselben gegen Niederschläge die Schuld oder doch einen wesentlichen Teil derselben beimessen, zeigen sich auch andere freiliegende Wände feucht, dann pflegt unzureichende Austrocknung vorzuliegen.

Als Mittel zur Austrocknung steht die Lüftung zu Gebote, doch ist deren Wirkung abhängig vom Wärmegrade der zu trocknenden Gegenstände. Die Luft kann von diesen nur dann Feuchtigkeit aufnehmen, wenn sie sich an ihnen erwärmt oder sich doch keinesfalls abkühlt. Die Wirkung hängt ferner ab von dem Sättigungsdeficit der Luft und der Menge, welche die Wandflächen in der Zeiteinheit umspült.

Aus diesem Grunde empfiehlt es sich, den Räumen während der warmen Jahreszeit kühle Luft zuzuführen, also eine lebhafte Luftbewegung (mittels Gegenzug) nur in den Morgen-, Abend- und Nachtstunden hervorzurufen. Dagegen wird man während der kühleren und der kalten Jahreszeit danach streben müssen, den Wärmegrad der zu trocknenden Wandflächen entsprechend zu erhöhen.

Auf den ersten Blick mufs es als das richtigste Verfahren zur Austrocknung eines Neubaues erscheinen, die in denselben eingeführte Luft auf eine hohe Temperatur zu bringen, um dadurch sowohl ihre Aufnahmefähigkeit für Wasserdampf zu erhöhen, als auch Wärme zur Bildung des letzteren verfügbar zu machen. Dieses Verfahren wird daher vielfach in Anwendung gebracht, doch lassen die mit ihm erzielten Erfolge sehr zu wünschen übrig, weil die Temperatur des zu trocknenden Mauerwerks in der kalten Jahreszeit eine sehr niedere ist.

Infolge der ununterbrochenen Wasserverdunstung, der etwas erhöhten Wärmeleitung feuchter und wassergesättigter Baustoffe, vornehmlich aber der kräftigen Ausstrahlung rauher Wandflächen findet man die Wärmegrade der Wände eines Neubaues zumeist sehr niedrig. Es werden ferner während der kalten Jahreszeit durch die Umfassungswände so bedeutende Wärmemengen zur Ableitung gebracht, dafs es schwer hält, durch Zuführung warmer Luft an die Innenflächen derselben eine merkliche Temperatursteigerung im Mauerwerk hervorzurufen.

Die durch Heizung erwärmte Luft kühlt sich aus diesen Gründen namentlich an den Innenflächen der Aufsenwände so stark ab, dafs ihr Sättigungsdeficit unter Umständen niederer zu werden vermag als es vor der Erwärmung war.

Man wird bei andauernder Einführung erwärmter Luft wohl die Innenwände und Decken eines Neubaues allmählich auszutrocknen vermögen, aber eine merkliche Wasserentziehung von den freiliegenden Umfassungswänden wird im Winter nur dann gelingen, wenn eine ausgiebige Besonnung diesem Verfahren zu Hilfe kommt; eine Voraussetzung, welche in Deutschland recht selten zutrifft.

Es ist daher geraten, nicht die eingeführte Luft zu erwärmen, sondern die Temperatur der zu trocknenden Gegenstände nach Möglichkeit zu erhöhen, was in wirtschaftlich richtiger Weise ausschliefslich durch strahlende Wärme gelingen dürfte. Die Erwärmung durch Leitung geht zu langsam von statten, um die starke Abkühlung der Umfassungswände nicht nur aufheben, sondern noch einen Wärmeüberschufs erzielen zu können. Soll die Heizwirkung ferner für alle Teile des Gebäudes in gleichwertiger Weise zur Geltung gelangen, so müssen in erster Linie den Aufsenwänden und in zweiter Linie den dickeren Innenwänden Wärmemengen zugeführt werden.

Aus diesen Gründen sind für die Austrocknung von Neubauten stark strahlende Heizkörper in Anwendung zu bringen und diese derart aufzustellen, dafs durch sie vornehmlich die Aufsenwände und die etwa vorhandenen Innenwände mit grofsem Querschnittsausmafs erwärmt werden. Durch eine allseitig erfolgende Strahlung wird man dann den übrigen Gebäudeteilen noch ausreichende Wärmemengen zuführen, um deren Trockenstellung in gleicher Frist erreichen zu können.

Als günstigste Form solcher Heizkörper dürfen die Kokskörbe bezeichnet werden, weil sie eine allseitig zur Geltung gelangende kräftige Strahlung ausüben, den preiswerten Brennstoff vollkommen ausnutzen und 'sich in ihrer Stellung beliebig verändern lassen. Die ihnen anhaftenden Nachteile kann man ohne Schwierigkeit soweit einschränken, dafs sie der Verwendung dieses für die Austrocknung kaum zu entbehrenden Heizkörpers nicht mehr im Wege stehen.*)

*) Die Koksmassen sind im Freien zu entzünden und in Glut zu bringen, die Räume, in welchen Körbe stehen, durch Gegenzug zu lüften und die Körbe mit Sand derart zu unterbetten, dafs Feuersgefahr ausgeschlossen ist. Ferner soll die Aufstellung nur zu der Zeit erfolgen, in welcher Arbeiter sich in den auszuheizenden Räumen nicht dauernd aufhalten.

Eiserne Heizkörper mit rauher, sich stark erhitzender Oberfläche können diesem Zwecke ebenfalls dienen, falls deren Gewicht gestattet, ihre Stellung in den Räumen beliebig zu verändern Kachelöfen und andere schwach strahlende Zimmeröfen sind als nahezu ungeeignet zum Ausheizen feuchter Gebäude zu bezeichnen; jedenfalls wird bei ihrer Verwendung ein übermäfsiger Aufwand von Brennstoffen erforderlich werden.

Sobald kalte Luft unmittelbar an die Wände gelangt, mufs deren Zuführung der Wärmewirkung entsprechend geregelt werden. Zumeist ist es erforderlich, die Räume zunächst einige Tage bei eingeschränktem Luftwechsel zu heizen und diesen dann allmählich zu steigern, damit ein ausreichend hoher Wärmegrad der Wände und Decken erzielt wird und ständig erhalten bleibt. Die Luftzufuhr dauernd niedrig zu halten, geht dagegen nicht an, wenn der Austrocknungsvorgang kräftig gefördert werden soll, da selbst von verhältnismäfsig trockener Luft sehr bedeutende Mengen erforderlich sind, um einem Neubau seine Wassermengen in Dampfform zu entziehen.

Es hat sich an den Innenwänden oder innerhalb der Hohlräume von Wänden und Zwischendecken Wasser aus der Luft niedergeschlagen.

Aus dem soeben geschilderten Verhalten des in der Luft enthaltenen Wasserdampfes ergibt sich, dafs die Wand- und Deckenflächen mit Feuchtigkeit bereichert werden, sobald sie mit feuchter Luft in Berührung kommen, welche einen wesentlich höheren Wärmegrad aufweist als sie selbst besitzen.

Trotzdem dieser Vorgang als allgemein bekannt gelten darf, werden doch vielfach die Fenster der ungeheizten Räume geöffnet, sobald nach längerer Frostdauer milde Witterung eintritt, weil selbst gebildete Laien nicht selten wähnen, durch das Einführen grofser Mengen höher temperierter Luft die Trockenheitsverhältnisse der Räume verbessern zu können.

Erst dann, wenn die Wände einen der Luft gleichen oder höheren Wärmegrad angenommen haben, kann eine Austrocknung erfolgen; bis zu diesem Zeitpunkte tritt eine Bereicherung mit Wasser ein.

Die Folgen zeigen sich meist sehr bald durch Reifbildung oder das Auftreten feuchter Flecke, die Aufsenwände pflegen hiervon am stärksten betroffen zu werden; eine Verwechslung mit anderen Ursachen ist kaum zu gewärtigen.

Ehe nach Frostperioden eine Durchlüftung ungeheizter Räume vorgenommen wird, ist daher ein Ausheizen derselben notwendig. Für Landhäuser, welche im Winter unbewohnt bleiben, ist dieses als ein unumgängliches Erfordernis zu bezeichnen.

Zum Ausheizen ist strahlende Wärme die wirksamste. Da Koksöfen für fertige Räume jedoch nicht oder doch nur ausnahmsweise in Anwendung kommen können, wird man im allgemeinen die vorhandenen Heizanlagen für diesen Zweck benutzen. Doch ist es geraten, die von diesen gebotene Strahlung vollkommen auszunutzen und nach Möglichkeit zu vermehren. Die Lüftung darf erst beginnen, wenn die Umgrenzungsflächen des Raumes einen entsprechenden Wärmegrad angenommen haben.

Aus dem gleichen Grunde bedarf es beim Lüften der Keller- und kühler Erdgeschofsräume im Sommer der Vorsicht: Durch die Einführung warmer Luft erhöht man nicht nur die während des Sommers sehr willkommene niedere Temperatur dieser Räume, sondern man führt den kühlen Flächen Wassermengen zu, welche recht beträchtlich zu werden vermögen, und ruft hierdurch einen üblen Geruch der Luft hervor.

Das Lüften solcher, durch den Einflufs des Erdbodens und dicker Umfassungswände kühl gehaltener Räume bedarf daher einer sorgfältigen Regelung. Dieselbe sollte nur dann in irgend ausgiebiger Weise erfolgen, wenn die einzuführende Luft keinen höheren Wärmegrad als die Umfassungsflächen aufweist. Die unmittelbare Einführung der aus dem Freien entnommenen Luft geht an warmen Tagen daher nur nachts und während der kühlen Stunden des Morgens und Abends an. Für Aufenthaltsräume dieser Art empfiehlt sich tags über eine künstliche Kühlung der einzuführenden Luft.

Wie bereits erwähnt, spielen sich ähnliche Vorgänge innerhalb der Hohlräume von Wänden und Zwischendecken ab, sobald die in dieselben eintretende Luft einen höheren Wärmegrad besitzt als eine der Umgrenzungsflächen. Je gröfser der Temperaturunterschied und die Menge der in die Hohlräume gelangenden Luft ist, desto stärker fällt die Schwitzwasserbildung aus. Sie vermag unter Umständen eine wesentliche Durchfeuchtung der den Hohlraum umschliefsenden Flächen herbeizuführen, und die Ursache der Durchfeuchtung ist ungemein schwer zu entdecken, falls man über das Vorhandensein der Hohlräume oder deren Lage nicht unterrichtet ist. Am ehesten führt das Anbohren der betreffenden Teile zu diesem Ziele. Hohlräume sind daher gegen Lufteintritt nach Möglichkeit zu bewahren oder besser in der weiter oben geschilderten Weise auszufüllen.

Infolge mangelhafter Herstellungsweise der Dacheindeckung, der Dachrinnen oder der Regenfallrohre dringt Wasser in die Wände ein.

Fehler der Dacheindeckung und der Rinnenanlage, welche ein Durchsickern der Niederschläge in die Umfassungswände zulassen, sind oft schwer zu erkennen. Da die Aufsenwände des Dachgeschosses zumeist nur eine Stärke von 12 bis 30 cm aufweisen, so ist bei einer Durchfeuchtung derselben nicht immer leicht zu entscheiden, ob sie durch Schlagregen stattgefunden hat oder ob es sich um ungenügenden Schutz ihrer Oberkante handelt. Auch die Bildung von Schwitzwasser auf den Innenflächen dieser Wände wird das Erkennen der Ursache zu erschweren vermögen, es kommt nach längerer Frostdauer leicht zu stande, weil die Räume des Dachgeschosses vielfach ungeheizt bleiben und die geringen Querschnittsausmafse ihrer Umfassungswände die Auskühlung begünstigen.

Die Durchfeuchtung infolge von Schlagregen oder von Schwitzwasserbildung trifft fast ausnahmslos die Wände in der ganzen Ausdehnung des Dachgeschosses völlig gleichmäfsig, während Mängel der Dachdeckung die oberen Teile derselben stärker zu durchfeuchten pflegen als die unteren. Nicht selten gelingt es auch, von der Fehlstelle ab das Herabsickern des Wassers nach Art eines kleinen Rinnsals erkennen zu können.

Die sachgemäfse Anlage der Dacheindeckung, der Rinnen und der Regenfallrohre ist auf S. 303 bis 309 geschildert.

Die Rohre für die Zuleitung und die Ableitung des Wassers sind leck geworden.

Verlaufen alle Rohrleitungen frei an den Wänden, dann sind etwaige Leckstellen ohne weiteres zu erkennen und leicht abzustellen. Schwieriger wird dieses bereits, wenn sich eine Undichtigkeit dort gebildet hat, wo die Rohre die Zwischendecke durchqueren, weil das aussickernde Wasser vom Füllmaterial aufgenommen wird und sich unter Umständen auf eine ziemlich weite Strecke verbreitet, ehe an der Unterkante der Decke ein feuchter Fleck sichtbar wird. Aufserdem verursachen die Wiederherstellungsarbeiten an solchen Stellen grofse Schwierigkeiten.

Aus diesem Grunde sollen innerhalb der Zwischendecken weder Anschlüsse verschiedener Rohrteile, noch Verbindungsstellen der Rohre liegen. Bleirohre bedürfen aufserdem an dieser Stelle eines schmiedeeisernen Mantels, welcher sie gegen mechanische Angriffe sichert. (Letztere sind beim Befestigen und Ausbessern der Fufsböden stets zu gewärtigen.)

Schwieriger noch wird das Erkennen wie das Abstellen eines Lecks, falls die Rohre in engen Wandschlitzen verlegt sind oder dickere Wände durchqueren. Im ersteren Falle rinnt das aussickernde Wasser nicht selten eine bedeutende Strecke an den Rohren herab, ehe es mit Wandteilen in Berührung kommt. Man vermutet dann das Leck am falschen Platz und ordnet leicht unnötige Aufbrucharbeiten an. Im zweiten Falle verbreitet sich das Wasser oft weit im Mauerwerk, ehe Flecke zu Tage treten; diese zeigen sich nicht selten gleichzeitig an verschiedenen, voneinander entfernten Stellen. Man wird daher leicht versucht sein, andere Ursachen für die Durchfeuchtung anzunehmen, ehe man den wahren Grund entdeckt, und es hält nach dem Auffinden unter Umständen sehr schwer, das Leck zu entfernen.

Das Verlegen von Rohrleitungen in engen Wandschlitzen findet aus diesem Grunde selten mehr statt und sollte allerorts verboten werden, wo es noch in Anwendung ist. Dagegen läfst sich das Durchqueren der Wände nicht vermeiden. Der Anschlufs an die Strafsenleitungsnetze, das Verbinden zweier in benachbarten Räumen liegenden Rohre, Zapfstellen, Ausgüsse u. s. w. macht diese Vornahme stets erforderlich.

Lecke kommen aber an derartigen Stellen sehr häufig vor, weil erstens ein Biegen der Verbindungsteile erforderlich zu werden pflegt, wodurch ein Aufplatzen der Rohrnähte ungemein leicht hervorgerufen werden kann, und zweitens die Rohre innerhalb des Mauerwerks der Zerstörung mehr als anderen Orts ausgesetzt sind.

Dem Biegen solcher Rohrteile mufs daher grofse Sorgfalt zugewendet und das gebogene Rohr sehr genau untersucht werden, ehe es innerhalb einer Wand verlegt wird. Ferner bedürfen die Rohre hier eines Schutzes gegen Oxydbildung.

Die Schmiedeeisenrohre unterliegen der letzteren, sobald das Mauerwerk gewisse Feuchtigkeitsmengen enthält und Luft an die Rohre herantreten kann. Bleirohre werden aufserdem vom Kalkmörtel etwas, vom Cementmörtel stark angegriffen, während Eisenrohre durch eine sorgfältige Einbettung in Cement gegen Oxydbildung etwas geschützt sind.

Infolgedessen ist es erforderlich, Eisenrohre innerhalb der Mauern sorgfältig mit Cement zu umhüllen, was durch Unterbetten des Rohres und durch Ausgiefsen der für das Durchführen desselben gebildeten Öffnung ohne Schwierigkeit erreicht werden kann. Bleirohre sind dagegen durch sorgfältiges Einbetten in Gipsmörtel gegen die Einwirkung der Kalke und Cemente zu schützen. Aufserdem empfiehlt es sich, sie gegen mechanische Angriffe (Zusammenpressen infolge starker Belastung des Mauerwerks u. a. m.) durch einen schmiedeeisernen Schutzmantel sicher zu stellen. Der Zwischenraum beider Rohre kann durch Gipsmörtel oder Sand ausgefüllt werden.

Wasser ist durch den Fufsboden in die Zwischendecken gesickert.

Die aus Holzdielen hergestellten Fufsböden lassen fast ausnahmslos einen Teil der zu ihrer Reinigung benutzten Flüssigkeit, wie des zufällig oder ständig auf sie gelangenden Wassers in das Innere der Zwischendecken versickern.

Handelt es sich nur um geringe Wassermengen, dann pflegen diese bald wieder zu verdunsten, ohne einen wesentlichen Schaden herbeizuführen, handelt es sich um gröſsere Mengen, gelangt z. B. das Tropfwasser der Leitungshähne und das aus den Ausgüssen verspritzende Wasser auf Holzfuſsböden, oder wird zufällig ein gröſseres Gefäſs mit Flüssigkeit ausgeschüttet, was in Küchen und Schlafzimmern wie beim Reinigen anderer Fuſsböden nicht selten vorkommt, dann pflegt ein gröſserer Teil der Zwischendecke auf längere Zeit durchfeuchtet zu werden.

Vollkommen lassen sich diese Miſsstände allein durch die Wahl undurchlässiger Fuſsböden und dichter Anschlüsse derselben an die Wände entfernen, deren Bauart Seite 299 bis 301 dargelegt ist.

XII. Abschnitt: Die Schule.

Der Schulzwang macht es zu einer unabweisbaren Pflicht des Staates, Sorge zu tragen, dafs Gesundheitsschädigungen durch den Schulbesuch nicht einzutreten vermögen oder doch nach Möglichkeit hintangehalten werden.

Schädigungen der verschiedensten Art sind aber zur Beobachtung gekommen. Sie werden hervorgerufen:

1. durch Überbürdung der geistigen Fähigkeiten des Kindes bei ungenügender Schulung des Körpers und der Sinne;
2. durch zu langen Aufenthalt im Schulzimmer;
3. durch unrichtige Gestaltung der Schulzimmer und ihrer Ausstattungsgegenstände;
4. durch die Übertragung ansteckender Krankheiten in der Schule.

Die nach diesen Richtungen bestehenden Mängel bedürfen daher der Abhilfe; die Mittel hierzu liegen auf sehr verschiedenen Gebieten.

Die Hygiene des Unterrichts.

Für die Volksschule darf das Vorhandensein einer geistigen Überbürdung verneint werden. Zu wünschen bleibt eine Vertiefung der Schulung der Sinne und eine über das jetzige Mafs hinausgehende Übung der verschiedenartigen körperlichen Fähigkeiten, einschliefslich des Handfertigkeitsunterrichts für Knaben, des Haushaltsführungsunterrichts für Mädchen. Erreichen läfst sich das letztere ohne eine Erhöhung der Unterrichtszeit dadurch, dafs jede einzelne Schulstunde auf etwa 40 Minuten abgekürzt wird.

Hierdurch würde zugleich eine wichtige gesundheitliche Forderung erfüllt werden. Die ungeteilte Aufmerksamkeit eines Kindes kann, je nach Alter und Befähigung, nicht wohl länger als 30 bis höchstens 45 Minuten auf einen Unterrichtsgegenstand gerichtet werden. Bei den jüngeren Kindern tritt meist schon nach 20 bis 25 Minuten eine Erschlaffung der Fähigkeit des Aufmerkens und Erfassens des ihnen Gelehrten ein, und sie nimmt allgemein von diesem Zeitpunkte ab stetig derart zu, dafs ich die etwaige Anschauung zu bestreiten mich für berechtigt halte, ein weiteres Erfassen des Dargelegten oder gar eine weitere Schulung geistiger Fähigkeit sei nach einer Dauer der Unterrichtsstunde von 40 Minuten noch möglich. Von vielen tüchtigen Pädagogen ist mir die Richtigkeit dieser Beobachtung bestätigt.

Erst nach einem fröhlichen Umhertummeln von etwa 15 Minuten ist diese Möglichkeit wieder gegeben. Nach zwei solchen Unterrichtsstunden mufs eine Pause von etwa 25 Minuten folgen, die zugleich zur Einnahme des Frühstücks dient, und es dürfen kaum mehr als anfangs 2, später 3, schliefslich 4, höchstens 5 derartige Unterrichtsstunden am Tage erteilt werden, wenn jegliche Überanstrengung des Kindes vermieden werden soll. Auch häusliche Aufgaben von irgend welchem Belang sind im zarten Alter durchaus nicht am Platze. Der Unterricht erfolgt am besten ausschliefslich in der Schule, weil nur dann der Lehrer in der Lage ist, zu beurteilen, ob dem Kinde nicht (durch eigenen Ehrgeiz oder den der Eltern) ein höheres Mafs geistiger Anstrengung zugemutet wird, als mit dem gesunden Entwickeln seiner Fähigkeiten vereinbar ist.

Vom 8. oder 9. Lebensjahre an kann neben diesem Unterricht eine Ausbildung körperlicher Fähigkeiten durch Unterricht im Gesang, Turnen u. s. w. erfolgen, der am besten auf die

Nachmittagsstunden verlegt wird, falls man auf dieselben nicht ganz verzichten zu können glaubt.*)

In den Mittelschulen liegen die Verhältnisse ganz wesentlich ungünstiger und interessieren uns hier besonders, weil die Vorbildung des Verwaltungsbeamten und des Technikers auf ihnen gewonnen wird. Die nachfolgende Grundforderung der Hygiene findet auf ihnen noch nicht überall volles Verständnis und Würdigung: An die Stelle der einseitigen Schulung des Geistes hat die gleichzeitige und gleichmäfsige, ganz allmählich zu steigernde Ausbildung des Geistes, der Sinne und des Körpers zu treten.

Die Schulung des Geistes war bis fast zur Neige des 19. Jahrhunderts nicht nur eine einseitige, sondern sie verdiente diese Bezeichnung kaum mehr. An die Stelle der Schulung, d. h. der planmäfsigen, vorsichtigen und sorgfältigen Ausbildung aller geistigen Fähigkeiten war eine Überlastung des Geistes getreten, die bei der Fortführung der Studien an den Hochschulen und im Beruf sich bitter rächte, da das Fassungsvermögen, das selbständige logische Denken und vor allem das Anschauungsvermögen als ungenügend geschult sich erwiesen, das überreizte Gedächtnis nicht ausreichend befähigt war, Neues aufzunehmen und es für die Verwertung im Beruf festzuhalten.

Es gilt daher, das Gedächtnis ganz wesentlich zu entlasten, ihm jede unnütze Bürde fernzuhalten, aber es vom Kindesalter ab zu schulen, damit der Jüngling und der Mann von ihm für das Leben vollen Gebrauch zu machen vermögen. Gleichberechtigt haben neben dem Gedächtnis Anspruch auf Schulung das Auffassungsvermögen, das selbständige weitschauende, scharfe und folgerichtige Denken, das Anschauungsvermögen — und die Fähigkeit, sowohl die Gedanken in knappe, stets das Richtige treffende Form zu kleiden, schriftlich wie im freien Vortrag die Muttersprache nach dieser Richtung zu beherrschen,

*) Im Sinne der körperlichen Entwicklung des Kindes würde ein solcher Verzicht ganz entschieden gelegen sein, doch mögen innerhalb der Städte die Arbeitsverhältnisse der Eltern vielerorts den Nachmittagsunterricht zu einer sozialen Notwendigkeit machen.

als auch das im Geiste Erschaute durch das Bild zu verkörpern, durch den Zeichenstift das Geschriebene zu ergänzen.

Eine solche Schulung ist eine schwierige Aufgabe, aber sie läfst sich lösen, sobald sie als die wichtigste und bedeutsamste Thätigkeit der Gymnasien wie der Realschulen anerkannt und ihre Erfüllung in die erste Linie gerückt wird, während das Beherrschen einzelner Unterrichtsgegenstände hinter ihr zurücktritt.

Der Geist und mehr noch die Sinne des Kindes sind von der Natur auf das Herrlichste ausgestattet. Es gilt ihrer vollen Entwicklung Freiheit zu schaffen, sie zu fördern und sie allmählich zu heben, den Zwang zu beseitigen, der vielfach bisher das kindliche Fassungs-, Denk- und Anschauungsvermögen in Banden schlug, statt auf ihr Erblühen hinzuwirken. Aber hierzu ist es erforderlich, dafs jeder Lehrer vor allem lerne, das Kindergemüt zu ergründen, ihm durch den Unterricht Anregung zu bieten, den Geist des Kindes zu fesseln, statt ihn mit Gedächtniswerk zu belasten, ferner die Hochachtung und Liebe des Kindes sich zu erwerben und dauernd zu erhalten durch gerechte und liebevolle Würdigung seiner Eigenart, seiner Schwächen und seiner besonderen Befähigungen.

Auch die Schulung der Fähigkeiten des Geistes und der Sinne als solche kann bei den gegenwärtig bestehenden Vorschriften über die Dauer der Schulstunde und die Gröfse des zu erledigenden Pensums nicht mit derjenigen Vorsicht geübt werden, welche durchaus erforderlich ist, um die Fähigkeiten des zarten Kindes mit ihm wachsen zu sehen zur höchsten jeweilig erreichbaren Vollendung.

Wie der Ringkämpfer und der Turner nur dann zur Meisterschaft gelangen, wenn jede Muskel des Körpers ganz allmählich, mit gröfster Vorsicht und Ausdauer geübt wird und durch die Übung zum Wachstum, zur Vollentwicklung gelangt, so können auch geistige Fähigkeiten nur dann zur höchstmöglichen Steigerung geführt werden, wenn ihre Ausbildung mit der erdenklichsten Schonung und Vorsicht, aber stetig und mit gröfster Ausdauer erfolgt. Wie jede Überanstrengung der Muskeln zur

Schwächung derselben, zu krankhaften Erscheinungen und zur Rückentwicklung führt, so ist auch jedes Überspannen des Geistes und der Sinne der sicherste Weg zu ihrer Entartung. Daher ist die Dauer der einzelnen Unterrichtsstunde dem zarten Organismus anzupassen, ist das Pensum in den unteren Schulklassen auf das denkbar niedrigste Mafs zu beschränken und ganz allmählich zu steigern, damit die Gymnasien wieder das werden, was dieses Wort kennzeichnet.

Über die Dauer der einzelnen Unterrichtsstunde gilt das auf Seite 347 vom Volksschulunterricht Gesagte. Auch in den oberen Klassen sollte eine Erhöhung ihrer Dauer auf mehr als 40 Minuten unterbleiben, um diejenige Frische des Aufmerkens und der Auffassung allgemein zu erzielen, welche allein fruchtbringend für die Unterrichtsergebnisse ist.

Bei sachlichem Umfang der Pausen lassen sich dann 6 Unterrichtsstunden in 5 Stunden erteilen, so dafs selbst in den obersten Klassen der Nachmittag vom Unterricht vollständig frei bleiben kann.

Das Freihalten des ganzen Nachmittags zum Zwecke des Aufenthaltes und der Erholung im Freien (bei guter Witterung), wie zum Ausbilden besonderer Fähigkeiten, z. B. zum Treiben von Musik, technischem und künstlerischem Zeichnen, Malen, Modellieren oder wissenschaftlicher Lieblingsfächer (bei ungünstiger Witterung) halte ich für aufserordentlich wichtig zur körperlichen und geistigen Förderung des Knaben wie des Jünglings. Eine Verkümmerung dieser Freiheit durch häusliche Aufgaben sollte thunlichst vermieden werden; sie sind auf das zur Übung und zum Wiederholen durchaus erforderliche Mafs zu beschränken. In der Schule selbst soll nicht nur gelehrt, sondern auch gelernt werden.

Sämtliche Prüfungen, deren Abhalten vorher bekannt ist oder vorausgesetzt werden kann, führen zur Überanstrengung der geistigen Fähigkeiten und rufen eine Erregung der Nerven hervor, die als eine schwere Schädigung des Organismus gekennzeichnet werden mufs. Um die Reife der Schüler mit Sicherheit beurteilen zu können, genügt das gelegentliche und unerwartete

Abhalten von schriftlichen oder mündlichen Prüfungen, welche die Dauer einer Unterrichtsstunde nicht überschreiten. Um die auch durch sie hervorgerufene Erregung gering ausfallen zu lassen, ist es gut, ihre Bedeutung zu verschleiern, sie als eine harmlose Form hinzustellen zum Erkennen der allgemein erreichten Fortschritte.

Die Ausbildung der Sinne wird sich in erster Linie auf das Auge, in zweiter Linie auf das Gehör zu erstrecken haben, während die Schulung der übrigen Sinne im allgemeinen dem Leben überlassen werden kann. Geruch und Geschmack werden allerdings im Chemie-Unterricht sehr wohl eine wesentliche Schärfung zu erfahren vermögen. Für das Gehör bildet der Gesangsunterricht die beste Schulung; er sollte möglichst frühzeitig unter Leitung eines Fachlehrers beginnen und bis zum Verlassen des Gymnasiums fortgeführt werden, soweit nicht das »Wechseln« der Stimme das Ausüben des Gesanges verbietet.

Eine für das Leben wertvolle Ausbildung des Auges kann nur erzielt werden, wenn die Anschauungsübungen und der Zeichenunterricht systematisch miteinander verbunden werden. Sie sind zunächst ausschliefslich im Schulgebäude abzuhalten, möglichst früh aber auch in die freie Natur zu verlegen, soweit die Witterung dies gestattet. Es ist dabei mit den einfachsten Gegenständen, einem Stein, einem Krystall, einem Blatt und dergl. zu beginnen, und es mufs naturgemäfs eine Übung im Zeichnen einfacher Linien vorausgehen.

Ferner ist es erforderlich, die Anschauung allgemein mehr als bisher heranzuziehen als Ergänzung und Verbesserung der üblichen Unterrichtsverfahren. Besondere Gelegenheit bieten hierzu die Erdkunde, die Naturkunde und derjenige Teil des mathematischen Unterrichts, welcher mit Körpern sich beschäftigt.

Endlich soll das Auge auch im Sinne des Kunstverständnisses geübt werden, indem man die Schulzimmerwände mit guten Wiedergaben von Kunstwerken schmückt und die reiferen Schüler in Kunstsammlungen führt, wo sie namentlich auch den

Werdegang der Malerei und der Bildhauerei bis in die neueste Zeit kennen und verstehen lernen. Wo hierzu Gelegenheit sich bietet, sollte ferner die Baukunst auf gemeinsamen Spaziergängen wie durch Vorführen von Prachtwerken Berücksichtigung finden.

Den bedeutsamsten Teil der Sinnesschulung aber stellt die angedeutete Verbindung des Zeichenunterrichts mit den Anschauungsübungen dar. Ein Sehenlernen im höheren Sinne ist nur zu erzielen, wenn man von vornherein versucht, den empfangenen Eindruck im Bilde wiederzugeben. Mit dem Zeichnenlernen wird dann nach und nach auch das Sehen, d. h. scharfes, richtiges und sicheres Erkennen gelernt, welches einem grofsen Teile unserer Jugend heute fehlt, und es werden zugleich die Fähigkeiten ausgebildet, welche der künftige Techniker und der Offizier für den Beruf gebrauchen.

Die einzelnen Unterrichtsfächer sind gegenwärtig teils nicht glücklich bewertet, teils bedürfen sie — wenigstens auf den Latein-Gymnasien — einer Ergänzung, um den heutigen Anforderungen des Lebens sich anzupassen. Eine gründliche Neubildung des Unterrichtswesens ist dringend erforderlich, um die Überbürdung fernzuhalten, volle Reife für das Leben und den Beruf aber den Abiturienten mitgeben zu können.

Als hierzu notwendig mufs in erster Linie alles das bezeichnet werden, was man unter dem Begriff »allgemeinbildend« zusammenzufassen pflegt. Es ist sowohl für den Verwaltungsbeamten wie für den Techniker ein Bedürfnis, um ihr Gesichtsfeld von Jugend an zu einem weiten zu machen, den Blick auf das Grofse richten zu lernen und befähigt zu werden, dereinst im Leben eine führende Stellung einzunehmen. Es müssen demnach die Grundlagen aller Gebiete unseres Wissens gelehrt werden, aber eben ausschliefslich die Grundlagen. Die Ausbildung von Fachkenntnissen auf diesen vielen und weiten Gebieten ist den Hoch- und Fachschulen oder dem fakultativen Unterrichte zu überlassen.

Die Erd- und Völkerkunde, einschliefslich der Geschichte des Wachsens und Vergehens der Völker, ihrer Kultur, ihrer

Kunst und Literatur, die Naturwissenschaften und — die alten Sprachen sind in diesem Sinne zu lehren.

Einen völligen Verzicht auf eines dieser Gebiete halte ich für eine Schädigung der allgemeinen Bildung. Eine gewisse Kenntnis der alten Sprachen und der in ihnen verfafsten bedeutsamsten Schriften ist etwas durchaus Nutzbringendes, aber die Schüler sollen diese Sprachen eben nur kennen, nicht aber gebrauchen lernen. Wo für einzelne das letztere notwendig oder wünschenswert erscheint, mag ihnen Gelegenheit dazu geboten werden. Unter allen Umständen reicht es aus, das in griechischer oder lateinischer Sprache Geschriebene lesen zu können. Ein Übersetzen aus der Muttersprache in eine der alten Sprachen oder gar das Verfassen von Aufsätzen in ihnen ist meines Erachtens ein Unding. Das Erlernen einer solchen Fähigkeit bedeutet eine arge Zeitvergeudung und führt zur Überbürdung, ohne Nutzen zu bringen.

Wenn das eingehende Lehren der lateinischen Grammatik von Philologen vielfach noch als bedeutsam angesehen wird, weil sie den Schlüssel für die Grammatik jeder Sprache bildet, so mag man sie eben in diesem Sinne lehren, d. h. ihren Aufbau darlegen, nicht aber die Zeit verlieren und das Gedächtnis der Schüler belasten, indem man sie in die Einzelheiten der Grammatik sich vertiefen, oder gar — wie das früher allgemein der Fall war — endlose Regeln auswendig lernen läfst. Beides ist ohne jeden Wert für die Schulung, die allgemeine Bildung und das Leben.

Die alten Sprachen sollen vor allem aber einzig als Gegenstände der allgemeinen Bildung aufgefafst und getrieben werden. Ein Auswendiglernen oder anderweites häusliches Arbeiten auf einem dieser Gebiete ist kein Erfordernis. Es genügt vollständig, wenn sie in anregender, das Allgemeine beherrschender und vergleichend heranziehender Form vorgetragen werden.

Zur allgemeinen Bildung gehört mit Fug und Recht ferner die Kenntnis der neueren Sprachen. Der auf Gymnasien und Hochschulen gebildete Deutsche wird von Ausländern keineswegs als hochgebildet angesehen, wenn er nicht einer einzigen fremden Sprache sich als mächtig erweist. Ferner ist zum Verstehen anderer, neben uns lebender Kulturvölker, ihrer Bestrebungen und Fortschritte die Fähigkeit erforderlich, die in ihrer Sprache verfafsten Schriften und Dichtungen lesen zu können.

Für eine grofse Zahl von Technikern ist es sogar dringend notwendig, diese Sprachen im mündlichen wie im schriftlichen Gebrauch zu beherrschen. Sie sind in erster Linie berufen, die Errungenschaften deutschen Könnens und deutschen Fleifses in das Ausland zu tragen, ihnen den Weltmarkt, damit aber unserem Volke Absatzgebiete zu erschliefsen, deren es zu seinem Fortbestehen bedarf. Der Teckniker Hand in Hand mit dem Kaufmann sind im wirtschaftlichen Sinne die Pioniere unseres Volkes. Spielt doch selbst in den Fortschritten der Landwirtschaft die Technik die bedeutsamste Rolle, ist sie es doch, welche die fehlenden und zu teueren Arbeitskräfte dem Landwirt durch Maschinen ersetzt, ihn zu befähigen sucht, den Wettbewerb mit anderen Völkern siegreich zu bestehen.

Darum werden wenigstens das Realgymnasium und die Oberrealschule die wichtigeren neuen Sprachen als Fachgegenstände derart zu betreiben haben, dafs ihre Abiturienten sie beherrschen, fähig sind, mündlich wie schriftlich sich gewandt in ihnen auszudrücken. Denn auf diesen Schulen soll sowohl der höhere Techniker wie derjenige Kaufmann seine Ausbildung erfahren, welcher die gekennzeichneten und andere hohe Aufgaben zu übernehmen im stande sein will.

Neben der deutschen Sprache nimmt heute die englische als Weltsprache eine Vorzugsstellung ein. Als Gegenstände der allgemeinen Bildung beanspruchen dagegen die französische wie die italienische Sprache ein mindestens gleiches Interesse, und es mufs jedenfalls Gelegenheit geboten werden, in einer dieser oder besser in beiden Sprachen sich fakultativ ausbilden zu können. Die Neuphilologen, besonders aber der Architekt, haben an dem Beherrschen dieser Sprachen ein ebenso grofses Interesse wie an dem des Englischen.

Ein gleich wichtiges Fach wie die neuen Sprachen bildet die M a t h e m a t i k. Als Grundlage für das Studium der Naturwissenschaften und eines Teiles der technischen Wissenschaften gebührt auch ihr ein vornehmer Platz unter den für eine allgemeine Bildung notwendigen Gebieten. Ihre grundlegenden Teile dürfen daher der Mehrzahl der Gymnasiasten nicht fehlen.

Als ein strittiger Punkt mufs dagegen die Frage bezeichnet werden, wie weit auf dem Realgymnasium und der Oberrealschule die Mathematik als Fachgegenstand getrieben werden soll. Einerseits ist ein Vorzug darin zu sehen, wenn das gesamte Gebiet der sogen. niederen Mathematik auf diesen Schulen vollständig erledigt wird, da dann die technische Hochschule sofort in Fachgegenstände einzutreten vermag. Aber es ist zu bedenken, dafs eine Anzahl der Studierenden der technischen Hochschulen auf Latein-Gymnasien ihre Vorbildung erhält, und es liegt ein bedeutsamer Nachteil darin, dafs ein vollständiges Beherrschen des Gesamtgebietes der sogen. niederen Mathematik nur bei einzelnen, für dieses Fach besonders begabten Schülern erreicht zu werden pflegt, weil im jugendlichen Alter das Verständnis für streng mathematische Begriffe im allgemeinen ein geringes ist.

Es wäre daher meines Erachtens besser, die Mathematik auf allen Mittelschulen ausschliefslich in den oberen Klassen zu treiben, in welchen ein allgemeineres und volles Verständnis ihrer Lehren eher vorausgesetzt werden darf, sich dann aber auf ein kleines, grundlegendes Gebiet zu beschränken und dieses derart zu betreiben, dafs nur die für Mathematik völlig Unbegabten es nicht beherrschen. Auch für diejenigen Schüler trifft dieses Vorgehen das Richtige, welche in ihrem Beruf von der Mathematik nur geringen Gebrauch zu machen haben*).

---

*) In diesem Falle müfsten die technischen Hochschulen allerdings die schwierigeren Teile der niederen Mathematik in ihr Lehrgebiet aufnehmen und würden gezwungen sein, einige Gegenstände auf das zweite Studienjahr zu verlegen, die sonst vielleicht im ersten Studienjahr sich würden erledigen lassen. Dafür aber könnte man auf ein volles Verständnis für die mathematischen Darlegungen allgemein rechnen, während gegenwärtig eine nicht unbedeutende Zahl selbst der strebsamen Studierenden technischer Hochschulen Lücken in ihrem Wissen aufweist, weil ihr die mathematische Grundlage und Schulung fehlt.

Eine weitere bedeutsame Frage, die meines Erachtens noch zu wenig behandelt worden ist, harrt der Lösung, sie lautet: Ist das Zeitmafs nicht zu grofs, welches die Gymnasien für das Erreichen ihres Zieles heute aufwenden? Kann das, was hier als ihre Aufgabe flüchtig skizziert wurde, nicht in kürzerer Frist erreicht werden?

Die Mehrzahl der jungen Männer wird zu alt, ehe sie in ihrem Beruf selbständig an bedeutsame Aufgaben herantreten dürfen, ehe sie als höhere Beamte in führende Stellungen gelangen. Das ist ein Fehler, unter dem die Allgemeinheit ebenso sehr leidet wie der Einzelne.

Die beste Zeit jugendfrischer Arbeitskraft und Arbeitsfreude, höchster Leistungsfähigkeit geht in der Regel mit der Vorbereitung für den Beruf verloren. Diejenige Reife des Urteils, welche zur Erfüllung höchster Aufgaben erforderlich ist, kann bei richtiger Ausbildung aller Fähigkeiten früher erzielt werden, als es heute der Fall ist. Dagegen nimmt der Umfang dessen in sämtlichen Fächern stetig zu, was eine gründliche Ausbildung im Beruf erheischt. An dem ihr zu widmenden Zeitmafs kann daher füglich nicht gekürzt werden, während die Breite des Unterrichts auf den Gymnasien dem Werte nicht voll entspricht, welche die dort gewonnene Ausbildung für das Leben besitzt. Entweder mufs daher dieser Wert steigen oder die aufzuwendende Zeit gekürzt werden. Vielleicht läfst beides sich gleichzeitig erzielen durch Ausmerzen alles Unfruchtbaren oder Überflüssigen, durch Entfernen dessen, was das Gedächtnis belastet, durch planvolle Ausbildung aller geistigen Fähigkeiten, durch anregende Art des Lehrens, die heute wohl von den befähigteren Lehrern geübt, nicht aber allgemein verlangt wird als wichtigstes Erfordernis für die Anwartschaft zu Lehrstellen an Mittelschulen. Als Ziel der Mittelschulreform ist meines Erachtens alles dieses und zugleich eine Kürzung des vorgeschriebenen Lehrplanes der Gymnasien auf zehn Jahre (einschliefslich des Vorklassenunterrichts) anzustreben, damit es trotz der heutigen Breite der gesamten Berufsausbildung, der Erfüllung der Wehrpflicht u. s. w. möglich ist, die befähigteren Gymnasial-Abiturienten mit 25 Jahren in Berufsstellungen zu sehen, die ihnen ein auskömmliches Einkommen gewähren und ihnen die Möglichkeit bieten, mit ihrer Arbeitskraft und ihrem Können in selbständigem Schaffen der Allgemeinheit zu nützen.

Die Hygiene des Schulhauses.

Unter dem Einflufs der Hygiene hat das Schulhausbauwesen während des letzten Menschenalters so bedeutende Fortschritte gemacht, dafs die Mehrzahl der gesundheitlich berechtigten Anforderungen von den neueren Schulgebäuden allgemein erfüllt wird. Vielfach ist man in dem Streben nach gesunden Schulgebäuden sogar weiter gegangen, als mit wohlbegründeten volkswirtschaftlichen Ansprüchen vereinbar ist. Es gilt daher, zu sichten und diejenigen Anforderungen klar herauszuheben, die unter allen Umständen erfüllt werden müssen, zugleich aber zu zeigen, an welchen Stellen und durch welche Mittel Ersparnisse erzielt werden können, damit nicht durch Rückschläge den künftigen Schulbauten mit dem Entbehrlichen auch Notwendiges genommen werde.

Die Wahl des Bauplatzes wird durch eine Reihe von Erwägungen beeinflufst, die Erfüllung sämtlicher Wünsche kann daher nicht immer gelingen.

Die beste Lage für ein Schulhaus ist die inmitten eines Gartens, dessen Pflanzenwuchs Schutz vor sommerlicher Sonnenglut und vor Staub bietet, die Luft kühl und rein erhält, während die Entfernung von hohen Nachbargebäuden eine ausreichende Lichtfülle sichert.

Innerhalb verkehrsreicher Städte wird aber eine abgeschlossene Lage in der Regel den Vorzug verdienen, weil es gilt, das durch Verkehr und Geschäftsleben erzeugte Geräusch, sowie den auf den Strafsen sich stets bildenden Staub den Schulzimmern fern zu halten. Zu diesem Zwecke ist es erforderlich oder doch zweckdienlich, den Baublock, in welchem das Schulhaus sich befindet, rings mit Gebäuden zu umschliefsen, sein Inneres aber derart frei und geräumig zu wählen, dafs man den Schulzimmern von dort Lichtfülle und reine Luft zuzuführen vermag. In dem nach der Strafse gerichteten Teile des Gebäudes werden dann eigentliche Schulzimmer besser nicht untergebracht. Eine mäfsige Breite bei grofser Tiefe des Grundstücks pflegt zugleich zu einer Ermäfsigung des Kostenaufwandes zu führen, weil der Grund zumeist etwas billiger ist, die Strafsenbaukosten um so niedriger ausfallen und an der Schauseitenausbildung um so mehr Ersparnisse gemacht werden können, je kleiner der an der Strafse belegene und der von ihr sichtbare Gebäudeteil ausfällt.

Mafsgebend für die Lage und Zahl der Schulhäuser ist ferner die Bevölkerungsdichte, die mutmafsliche Weite der Schulwege, das Fernhalten von geräuschvollen oder luftverschlechternden Betrieben und die Möglichkeit, auf die übrige Bebauung des Blockes Einflufs üben zu können, was am ehesten durch dessen (frühzeitigen) Gesamterwerb sich in ausreichender Weise erreichen läfst. Hierdurch wird zugleich die Möglichkeit gewonnen, die richtige Himmelsgegend für die Klassenzimmerlage wählen zu können, während sie bei Einzelgrundstücken oft nicht zu erzielen ist oder andere Mifsstände ihretwegen in Kauf genommen werden müssen.

Sehen die Fenster von Klassenzimmern nach einer oder mehreren Strafsen, dann liegt es in der Regel im Sinne der Gewinnung einer guten Tagesbeleuchtung, von der Strafse etwas zurückzuweichen und den verbleibenden Raum als Schmuckgarten auszubilden.

Für die Wahl des Grundstücks und die Lage des Schulgebäudes auf ihm spricht auch die Erstellung eines richtig angeordneten Dienstwohngebäudes mit, während die Turnhalle ebensowohl im Untergeschofse des Schulgebäudes, z. B. unterhalb der Aula, untergebracht werden kann, falls durch das Errichten eines besonderen Gebäudes Schwierigkeiten erwachsen oder Mängel entstehen würden. Ebenso kann die Bedürfnisanstalt einen Flügel des Schulgebäudes bilden, falls die Lage, Ausbildung und Lüftung der Anstalt sachgemäfs gewählt wird.

Die Himmelsrichtung der Fensterwand im Klassenzimmer ist für dessen Tagesbeleuchtung und Wärmeverhältnisse von ausschlaggebender Bedeutung. Es darf daher kaum wundernehmen, wenn die Anschauungen über die günstigste Lage der Klassenzimmerfenster noch nicht zur Klärung gelangt sind.

In weiten Kreisen wird die Ansicht geteilt und namentlich von seiten der Lehrerschaft warm verfochten, dafs die Richtung der Fensterwände nach Süden die verhältnismäfsig günstigste sei. Sie bietet sicher eine Reihe von Vorzügen: Infolge des Hochstandes der Sonne werden auch bei nicht besonders freier Lage die nach Süden gerichteten senkrechten Wandflächen in der kühleren Jahreszeit ausgiebig von den Licht- und Wärmestrahlen getroffen, während letztere im Hochsommer unter so spitzem Winkel einfallen, dafs ihre Wärmeabgabe an die Wandflächen eine verhältnismäfsig geringe ist. Doch findet die Besonnung dieser Flächen ferner aus Südost und Südwest statt, und wenn auch der Einfallswinkel der aus diesen Himmelsrichtungen kommenden Strahlen auf die nach Süd gerichtete Wand ebenfalls als ein leidlich günstiger bezeichnet werden darf, so ist doch die Dauer der Besonnung an unbewölkten Sommertagen eine derart lange, dafs recht bedeutende Wärmemengen an die Wandflächen abgegeben werden, welche die Temperatur der Schulzimmer während der Unterrichtszeit ganz beträchtlich zu erhöhen vermögen und das Schliefsen der Vorhänge erfordern. Immerhin ist aber die reine Südlage der Ost- und Südostlage entschieden vorzuziehen, und sie kann für die Klassen der jüngsten Schüler mit Vorteil ausgenutzt werden, weil diese die Schule im Sommer bereits gegen 11 Uhr zu verlassen und nachmittags vom Unterricht frei zu sein pflegen, also unter der Wärmewirkung nicht zu leiden haben. Für Landschulen ist sie aus dem gleichen Grunde vielfach ebenfalls am Platze. Dagegen sind die Klassen, deren Fensterwände oder sonst freistehenden Wände nach Süden gerichtet sind, als zum Nachmittagsunterricht an sonnigen Sommertagen nicht wohl tauglich zu bezeichnen, weil sie dann Wärmegrade aufzuweisen pflegen, unter denen die Fähigkeit des Lehrens wie des Erfassens und Lernens ganz erheblich leidet.

Die Richtungen nach Ost und Südost sind für Schulzwecke völlig unbrauchbar, weil sie (aufser ihren Seite 204 ff. dargelegten Fehlern) an sonnigen Sommertagen bereits vor Beginn des Unterrichts eine hochgradige Erhitzung der Räume hervorrufen, die durch Fensterlüftung nicht wieder entfernt zu werden vermag, weil die Lufttemperatur im Freien hoch angestiegen zu sein pflegt, wenn die Sonne die nach Ost und Südost gerichteten Wände nicht mehr trifft.

Der Lage nach West und Südwest an sich haften zwar die gleichen Mängel an wie der nach Ost und Südost, aber sie ist für Schulzimmer wesentlich brauchbarer als für andere Gebäude, weil die Mängel erst in den Nachmittagsstunden sich geltend machen. Wo Nachmittagsunterricht nicht oder nicht während heifser Sommertage erteilt wird, kommen sie überhaupt nicht in Betracht, und es gelingt, sie dort zu meiden oder erträglich zu machen, wo der Nachmittagsunterricht nur der Ausbildung »körperlicher« Fähigkeiten gilt, wie dem Zeichnen, Singen, Turnen, Handarbeiten, Handfertigkeiten u. s. w., weil dieser Unterricht teils in besonderen Räumen erteilt wird, für die man Schattenlage wählen kann (z. B. in einem Flügelbau), und keine besonders hohe Anstrengung des Geistes für den Lehrer wie den Schüler erfordert.

Die Nordlage bietet während des ganzen Jahres ein gleichmäfsiges Tageslicht, und Störungen durch unmittelbares Einfallen der Sonnenstrahlen sind ausgeschlossen, dagegen läfst die Lichtfülle an Wintertagen am ehesten zu wünschen übrig. Es ist daher für die nach Norden gerichteten Fenster eine etwas erhöhte Freilage zu verlangen. Die Nordlage gewährt ferner während der Sommermonate Schutz vor jähem und frühzeitigem Ansteigen der Wärmegrade im Schulzimmer, und sie bietet die beste Gewähr für eine gleichmäfsige Wirkung der Heizung. Sie erleichtert daher deren Regelung, während die nach Süden gelegenen Räume durch unerwartetes Hervorbrechen der Sonne leicht ein Überhitzen erfahren, weil eine so rasche und ausgiebige Regelung für die Mehrzahl der Heizungsarten nicht angängig ist, wie sie zum Vermeiden dieses Mifsstandes erforderlich wäre.

Gegen die Nordlage der Fensterwände wird trotz dieser bedeutsamen Vorzüge von vielen Seiten Einspruch erhoben. Es wird betont, dafs nach Norden gerichtete Wandflächen wie die von diesen begrenzten Räume feucht seien, dafs ferner die Wärmeverhältnisse in ihnen infolge der fehlenden Besonnung zu wünschen übrig liefsen, und dafs endlich die Helligkeit keine ausreichende sei. Diese Einwände können, soweit sie sich auf ältere Gebäude beziehen, vielleicht als berechtigt anerkannt werden, für Neubauten aber lassen sich derartige Mängel vollkommen vermeiden. Sachgemäfse Heizung und Lüftung sorgen für die dauernde Trockenerhaltung der Räume und die Fensterwand wird bei richtiger Bauweise heute zu einer »Glaswand«, deren Mauerwerk so geringe Ausmafse aufweist, dafs die Wärmeübertragung durch dasselbe für die Temperatur der grofsen Schulzimmer belanglos ist. Ob dieses Mauerwerk besonnt wird oder unbesonnt bleibt, ist für die Wohnlichkeit des Raumes ohne Bedeutung. Die Glasfläche und die drei fensterlosen Umfassungswände des Zimmers wie seine Decke und sein Fufsboden geben in dieser Hinsicht den Ausschlag. Aufserdem hält es nicht schwer, jene Teile zu solch schlechten Wärmeleitern zu gestalten, dafs auch für die zunächst sitzenden Schüler unangenehme Erscheinungen durch kalte Luftströme oder Ausstrahlung nicht mehr aufzutreten vermögen.

Jedenfalls darf man sagen, dafs die Technik gegenwärtig im stande ist, ohne Aufwendung belangreicher Geldmittel alle derartigen Mängel zu beheben, gegen welche jene Einwände sich richten, mag die Himmelsrichtung der Fensterwand wie immer gewählt werden. Dagegen vermag sie uns nicht zu schützen gegen die rasche und kraftvolle Wärmeübertragung durch besonnte Glasflächen, und sie vermag die Tagesbeleuchtung, welche die letzteren bieten, in ihrer Gleichmäfsigkeit und Helle nicht wesentlich zu beeinflussen. Für eine günstige Tagesbeleuchtung und das unerträgliche Ansteigen des Wärmegrades im Raume ist daher die Himmelsrichtung mafsgebend.

So belebend das unmittelbare Sonnenlicht zu wirken vermag, so willkommen es im allgemeinen für Aufenthaltsräume ist, so nachteilig vermag es in beiden Richtungen zu wirken. Der Beleuchtung sowohl wie dem Wärmegrade des Schulzimmers kommt aber für die Gesundheit der Schuljugend eine hohe Bedeutung zu. Für die Beschäftigungsweise während des Unterrichts erheischt das Auge in erster Linie Beachtung. Auf letzteres übt grelle ungebrochene Sonnenstrahlung wie die Rückstrahlung derselben von den weifsen oder hellgelben Papierflächen einen noch weit ungünstigeren Einflufs aus als eine zu geringe Belichtung der Arbeitsplätze. Ferner sind die starken Gegensätze von hellstem Licht und tiefsten Schlagschatten, welche durch ungehindertes Eindringen der Sonnenstrahlen stets hervorgerufen werden, sowie der Umstand zu fürchten, dafs hierdurch ein Teil des Raumes grell, andere im Schatten befindliche Teile ungenügend belichtet werden.

Diese Mifsstände lassen sich allerdings durch Anbringen gut verstellbarer Vorhänge mildern wenn nicht beheben. Sie bewirken bei richtiger Wahl des Stoffes und seiner Farbe (vergl. Seite 100) eine günstige Zerstreuung und dadurch gleichmäfsigere Verteilung des Lichtes im Raume, mildern die Gegensätze und heben die Schlagschatten auf. In Schulgebäuden pflegen sich jedoch auch in dieser Richtung Schwierigkeiten einzustellen. Zunächst wird häufig dickeren, dichten Geweben der Vorzug vor dünnen, lockeren, stark lichtdurchlässigen Stoffen erteilt, weil sie eine gröfsere Dauerhaftigkeit gewährleisten; ferner wird auf die Sauberhaltung der Vorhänge nicht immer die erforderliche Sorgfalt verwendet. Sie verstauben nicht selten so stark, dafs sie den Lichteinfall ganz wesentlich beeinträchtigen und beim Bewegen den Staubgehalt der Zimmerluft in fühlbarer Weise vermehren. Die Reinigungsart der Vorhänge läfst ebenfalls oft zu wünschen über. Hierdurch kommt es, dafs man in Schulräumen zumeist Vorhänge antrifft, deren Farbe nach und nach zu einem dunklen Grau und deren Lichtdurchlässigkeit eine so geringe geworden ist, dafs sie bei kräftigster Besonnung eine ausreichende Beleuchtung des Raumes nicht mehr gewähren. Endlich sind die Kosten für das Beschaffen und Instanderhalten der Vorhänge erhebliche. Es ist daher als ein grofser Vorteil zu bezeichnen, wenn die Vorhänge durch die Lage der Klassenzimmer völlig entbehrlich werden.

Höchst ungünstig gestaltet sich die Beleuchtung der mit Vorhängen versehenen Räume an Tagen mit wechselnder Beleuchtung. Hellster Sonnenglanz und tiefer Wolkenschatten folgen einander oft so rasch, dafs es kaum möglich oder für den Unterricht doch recht störend ist, die Vorhänge bald öffnen, bald schliefsen zu müssen.

Aus diesen Gründen scheint es mir ein Erfordernis zu sein, die Fensterwände der Schulzimmer derart zu legen, dafs sie während der Unterrichtszeit nicht oder höchstens im ganz spitzen Winkel von den unmittelbar einfallenden Sonnenstrahlen getroffen werden. Eine Besonnung der Räume nach dem Unterricht kann dagegen willkommen geheifsen werden, sobald Sorge getragen wird, dafs sie im Sommer durch Herstellung von Gegenzug nachts eine ausreichende Kühlung erfahren.

Durch richtige Färbung aller Flächen des Raumess kann ferner dahin gewirkt werden, dafs der Eindruck des Schulzimmers auch unbesonnt ein freundlicher sei. Die Wahl eines gelblichen Glases (im Querschnitt betrachtet) vermag ebenfalls zur Belebung des Lichteindrucks Erhebliches zu leisten.

Wenn aber von einzelnen Seiten die Forderung sonnig gelegener Schulzimmer dahin erweitert wird, dafs während des Unterrichts nicht nur die lichtspendende Fläche, sondern der Raum selbst von der unmittelbaren Sonnenstrahlung getroffen werden solle, weil viele Kinder gezwungen seien, ihr Leben in dumpfen Gassen zu verbringen und ihnen daher in den Schulzimmern ein sonniger Aufenthalt geboten werden müsse, so kann ein solches Verlangen nicht ernst genommen werden, mag es bei oberflächlicher Betrachtung der Sachlage noch so verlockend klingen: Ein derart besonnter Raum würde infolge seines blendenden Lichtes jede Beschäftigung der Schüler ausschliefsen, welche das Betrachten hellen Papiers oder Handarbeiten erforderlich macht, und würde selbst bei anderweitiger Thätigkeit ernste Gefahren für die Sehkraft der Kinder herbeiführen, die für deren Entwicklung und Brauchbarkeit im Leben weit mehr in das Gewicht fallen als der Einflufs unmittelbaren Sonnenlichtes auf die Gesundheit.

Der letztere kann und darf ausschliefslich im Freien voll zur Wirkung gelangen. Aus diesen und anderen Gründen ist es durchaus erforderlich, der Jugend als Gegengewicht zu ihrer Thätigkeit in Schule und Haus Gelegenheit und ausreichend Zeit zum Tummeln auf frei gelegenen Turn- und Spielplätzen, in Wald und Feld zu bieten. Die Schulzimmer aber zu diesem Zwecke ausbilden zu wollen, ist doch wohl ein allzukühner Gedanke.

Die Entfernung der Klassenfensterwände von gegenüberliegenden Gebäuden mufs derart gewählt werden, dafs freier Lichteinfall auch für das unterste Geschofs gewährt wird, welches Räume für Lehrzwecke enthält. Je nach der Lichtfülle des Ortes und dem Reichtum an Bewölkung ist aber diese Entfernung einem bedeutenden Wechsel unterworfen. Sie für ganz Deutschland gleichartig anzunehmen, wie das gegenwärtig fast allgemein geschieht, mufs als falsch bezeichnet werden. Während in den nordischen Küstengebieten Deutschlands ein Lichteinfallswinkel von 30° (gegen den Horizont gemessen) als notwendig bezeichnet werden darf, reicht für hochgelegene Gebirgsorte Mitteldeutschlands und für den Süden unseres Vaterlandes ein Einfallswinkel von 45° für die Unterkante des tiefstgelegenen Fensters aus, um eine mindestens gleichwertige Beleuchtung zu gewähren. Immerhin dürfte es vorteilhaft sein, den Lichteinfallswinkel thunlichst flach zu wählen. Ferner spricht das Verhältnis der Raumtiefe zur Raumhöhe für das Zustandekommen einer günstigen Tagesbeleuchtung im hohen Grade mit. Die Raumhöhe mufs annähernd $^2/_3$ der Raumtiefe betragen, wenn einn ausreichende Erhellung der vom Fenster entferntesten Klassenplätze erzielt werden soll. Aber auch für die Festsetzung dieser Verhältniszahl kommt der Lichtfülle des Ortes eine wesentliche Bedeutung zu.

Jedenfalls darf man jedoch sagen, dafs dann, wenn diese Verhältniszahl wesentlich unter $^2/_3$ bleibt, die Entfernung der Fensterwände von gegenüberliegenden Gebäuden beträchtlich gröfser gewählt werden mufs als im umgekehrten Falle, und dafs dort, wo die Entfernung von gegenüberliegenden Gebäuden oder sonst Lichtschatten gebenden Gegenständen (Bergwänden u. dergl.) als eine ungenügende oder nur eben ausreichende zu bezeichnen ist, die Geschofshöhe mehr als $^2/_3$ der Raumtiefe betragen mufs, um Nachteile hintanzuhalten. Sämtlichen anderen, für die Wahl der Geschofshöhe sprechenden Gründen kommt diesen Ansprüchen gegenüber nur eine untergeordnete Bedeutung zu.

Wo eine ausreichende Entfernung von Lichtschatten gebenden Gegenständen nicht erreicht werden kann, empfiehlt es sich ferner, an die Stelle des Kellers ein Sockelgeschofs zu setzen, um die Lehrzimmer möglichst hoch über den Erdboden emporzurücken. Die hierdurch entstehenden Mehrkosten sind nicht sehr belangreich und werden durch die bessere Ausnutzungsmöglichkeit eines Sockelgeschosses wett gemacht: Die Vorhalle, die Kleiderablagen, die Diensträume des Schuldieners können in diesem Geschofse untergebracht werden, die Turnhalle kann in ihm beginnen und nimmt dann nur noch das Erdgeschofs in Anspruch, während sonst das Erdgeschofs und das 1. Stockwerk ihr dienen müssen, die Bibliothek und sonstige Sammlungszimmer für Lehrmittel können im Untergeschofs liegen, falls dessen Ausbildung eine sachgemäfse ist, und es darf als ein grofser Vorteil für das Schulbad wie für die der Heizung und Lüftung dienenden Räume bezeichnet werden, wenn sie statt im Keller in einem Geschofs untergebracht werden, dessen Fufsboden oberhalb des Erdbodens sich befindet, dem Sonnenlicht und der Luft also vollständig zugänglich ist. Da man der Vorratskeller mit gleichmäfsigem Wärmegrade im Schulgebäude nicht bedarf, so liegt aufser den Kosten kein Grund vor, der gegen die Anlage eines Untergeschosses an Stelle des Kellers spricht.

Wo auch dieses Emporrücken nicht ausreicht, um den Klassenzimmern Tageslichtfülle zu sichern, ist es geraten, das Erdgeschofs (und gegebenen Falles einen Teil des Kellers) anderen Zwecken zu widmen, indem man die in Betracht kommenden Räume vollständig und schallsicher vom Schulhause trennt und ihnen besondere Eingänge gibt. In den verkehrsreichen Stadtteilen können derart getrennte Räume sehr wohl als Bureaux oder Kontore, ja selbst als Schauläden oder zu Bankzwecken, in weniger lebhaften Stadtvierteln als Lagerräume dienen, ohne irgend welche Nachteile für die Schule hervorzurufen. Kann doch sogar der in München seinerzeit gemachte Versuch als durchaus geglückt bezeichnet werden, eine Markthalle mit einem Schulgebäude zu vereinen*).

Die Grundplanverfügung des Schulgebäudes wechselt je nach den örtlichen Verhältnissen stark, namentlich weisen Land- und Stadt-Schulen wesentliche Abweichungen auf, und es zeigt das neuerdings versuchsweise zur Ausführung gelangte Schulhaus im Pavillonsystem völlig andere Verhältnisse als die gängigen Schulbauten Stets aber hat die Grundplangestaltung auszugehen von der richtigen Lage, Gröfse und Form der Schulzimmer, ihrer Zugänglichkeit und der Beschaffung geeigneter Nebenräume zum Ablegen der Kleider und zum Aufenthalt während der Unterrichtspausen (bei ungünstiger Witterung). Alle übrigen Räume sind im gewissen Sinne als nebensächlich zu bezeichnen, haben sich daher der Gewinnung richtig gestalteter Schulzimmer in ausreichender Zahl unterzuordnen. Das Schulzimmer soll daher zunächst eine kurze Besprechung erfahren.

Das Schulzimmer darf nicht gröfser gewählt werden, als zum bequemen Unterbringen der Höchstzahl von Schülern erforderlich ist, und zwar sollte dabei angenommen werden, dafs nur je zwei Schüler auf einer Bank sitzen dürfen und ein Zwischenraum von 0,60 m die einzelnen Bänke zu trennen hat. Eine Länge des Zimmers von 10 m bei einer Tiefe von 7 m gilt als eben noch zulässiges Höchstmafs. Doch sollte das Streben dahin gehen, die Entfernung der letzten Plätze von der Fensterwand nicht gröfser als 5,5 m, von der Tafelwand nicht gröfser als 8,5 m werden zu lassen. Günstiger sind Entfernungen, die 5 m und 7,5 m nicht überschreiten, weil bei ihnen die Belichtung der Arbeitsplätze noch als gleichmäfsig bezeichnet werden darf und das Lesen des an der Tafel Geschriebenen oder Aufgehängten ohne jede Anstrengung eines normal gebildeten Auges möglich ist.

Wird Oberlicht mit zur Benutzung gezogen, dann kann allerdings die Tiefe des Schulzimmers ganz wesentlich wachsen, ohne

*) Dieser Versuch wurde erforderlich, weil für das Schulgebäude in dem betreffenden Stadtviertel einzig ein Marktplatz zur Verfügung stand, den man aber seinem ursprünglichen Zwecke nicht völlig entziehen durfte.

der Belichtung der Arbeitsplätze Eintracht zu thun. Wo besonders grofse Schulzimmer sich erforderlich erweisen, z. B. in einzelnen Landschulen, sollte daher aufser dem Fenster seitliches Oberlicht zur Verwendung gelangen. Ebenso sollte für besonders lichtbedürftige Räume, z. B. für Zeichensäle, von ihm Gebrauch gemacht werden. Der Verlegung solcher Säle in das oberste Geschofs stehen Schwierigkeiten nicht im Wege.

Für die üblichen, nach dem »Korridorsytem« errichteten Schulbauten wird ziemlich allgemein die Forderung erhoben, dafs die Flure nur einseitig bebaut werden dürfen, weil sie zum Aufenthalt der Schüler während der Unterrichtspausen dienen sollen. Die vollständige Durchführung dieses sehr weitgehenden Anspruches verteuert jedoch die Schulbauten ganz ungemein. Der beabsichtigte Zweck, dem Flur Licht, Luft und Sonnenwärme zuzuführen, kann mit geringerem Geldaufwande erreicht werden. Für kleinere Schulen geht es an, den Flur von beiden Giebelseiten und durch die Treppenhäuser mit Licht und Luft zu versorgen. Für ausgedehnte Gebäude genügt es, an zwei Stellen die Langseite des Flurs unbebaut zu lassen, welche möglichst weit vom Haupttreppenhause entfernt liegen sollen, dessen Licht- und Luftfülle dem Flur stets zu gute kommt.

Als Höchstzahl der Geschosse, in welchen Klassenzimmer untergebracht werden dürfen, gelten drei. In der Regel wird man diese Zahl kaum überschreiten. Doch liegt ein triftiger gesundheitlicher Grund nicht vor, auf teuerem oder beschränktem Bauland die oberen Klassen und die Säle für den Unterricht im Zeichnen, Gesang, Handfertigkeiten, Chemie und Physik, sowie die Aula in einem weiteren Obergeschofs unterzubringen.

Auf derartigem Bauland empfiehlt es sich ferner, an Stelle eines Kellers das Gebäude mit einem Untergeschofs zu versehen, dessen Fufsboden um 8 bis 10 cm oberhalb der Strafsenhöhe sich befindet, und in ihm sämtliche oben aufgeführten Räume unterzubringen. Bei entsprechender Höhe und Ausstattung dieses Untergeschosses können auch die Lehrerzimmer sehr wohl in ihm Platz finden, so dafs fast der gesamte Raum der Obergeschosse für die Klassenzimmer verfügbar bleibt.

Selbst dort, wo das Gelände weniger beschränkt und teuer ist, vermag eine solche Anordnung Ersparnisse herbeizuführen und dazu beizutragen, dem Schulhof die stets wünschenswerte Ausdehnung belassen zu können, weil das Gebäude eine geringere Grundfläche beansprucht. Es dürfte sich daher in zahlreichen Fällen lohnen, Entwürfe und Kostenüberschläge in dieser wie in der bisher üblichen Art für Schulgebäude fertigen zu lassen, um die im Einzelfall durch die Anlage eines Sockelgeschosses erreichbaren Vorteile klar übersehen zu können. Das hierdurch erzielte Emporrücken der Obergeschosse und seine Vorzüge wurden bereits erwähnt.

Eines Dachgeschosses bedarf das Schulhaus nicht. Zur Ausnutzung des Daches ist es daher geraten, die Aula und die Säle für den Unterricht im Zeichnen, Singen, Handfertigkeiten, Physik und Chemie in das oberste Geschofs zu verlegen und in das Dach greifen zu lassen. Man gewinnt ohne wesentliche Mehrkosten hierdurch erstens die für sie wünschenswerte gröfsere Höhe, zweitens die Möglichkeit, seitliches Oberlicht (über den Fenstern) für die Säle anwenden zu können, wodurch die Beschränkung ihrer Tiefenbemessung durch die Rücksicht auf hinreichende Belichtung der von der Fensterwand entfernt liegenden Arbeitsplätze fortfällt und die für Zeichnen, Malen und Modellieren günstigste Art der Tagesbeleuchtung erzielt wird.

Eine sachgemäfse Anordnung und künstlerische Durchbildung dieser Anlage wird dem Gebäude in seiner Gesamtwirkung nur zu nützen vermögen, das Innere der Aula wird ein reizvolles, eigenartigeres Gepräge erhalten und ihre Akustik wie die des Gesangsales*) wird sich heben lassen.

Die Eintrittshalle des Gebäudes soll Raum genug bieten, um bei ungünstiger Witterung einen Teil der Schüler aufnehmen zu können; eine Bedingung, die bei ihrer Lage im Sockelgeschofs sich am ehesten wird erfüllen lassen. Sie soll mit einer luftigen, jedoch Wetterschutz bietenden Vorhalle versehen sein, in welcher die Vorkehrungen zum Reinigen des Schuhwerks sich

*) Als solcher kann auch die Aula selbst dienen, falls gespart werden soll.

befinden, damit Schmutz und Staub nicht in das Innere des Gebäudes getragen werden. Liegt die Eintrittshalle im Untergeschofs, dann werden am besten sämtliche Kleiderablagen mit ihr verbunden, während diese im anderen Falle besser in den Fluren (nahe jeder Klasse) unterzubringen sind.

Die Aborte werden in niederen Schulhäusern in der Regel als besonderes Gebäude ausgebildet, welches im Hof seinen Platz findet. In mehrgeschossigen, städtischen Schulhäusern ist es dagegen zweckentsprechender, die Aborte als Flügelbau in ihm hochzuführen und von jedem Hauptflur zugänglich zu machen, damit die Schüler auf den Weg möglichst wenig Zeit verlieren. Der Zugang vom Hauptflur findet dann am besten durch einen einerseits offenen, aber Wetterschutz bietenden Gang statt, damit übelriechende Gase nicht in den Hauptflur zu gelangen vermögen.

Ob gesundheitlich diese Lage oder die im Hof den Vorzug verdient, ist eine Streitfrage. Wird die Spülung und die Lüftung gut eingerichteter Aborte (vgl. Abschn. XVII) sachgemäfs angelegt und gehandhabt, dann ist gegen ihre Lage in einem Flügelbau kaum etwas einzuwenden und sie verdient infolge ihrer rascheren, vor Wind und Wetter geschützten Zugänglichkeit sicher den Vorzug, da der weite Weg in den Hof für Kinder, die an Durchfall leiden, ernste Nachteile haben kann, zarte, kränkliche und eben genesende Kinder Witterungsunbilden aussetzt. Die Sauberhaltung der Aborte ist bei jeder Lage derselben ein dringendes Erfordernis zur Fernhaltung der Ansteckungsgefahr, während der etwa von ihnen ausgehende üble Geruch als gesundheitlich ziemlich belanglos zu bezeichnen ist, mehr das Wohlbehagen als das Wohlbefinden stört. Der letztere Mifsstand ist aber unter allen Umständen vermeidbar, kann daher keinesfalls als schwerwiegender Grund für die Entscheidung über die Lage der Aborte gelten.

Meines Erachtens verdient diejenige Lage den Vorzug, welche aus allen Teilen des Gebäudes am raschesten und sichersten zugänglich ist, einer ausgiebigen und sachgemäfsen Lüftung aber Schwierigkeiten nicht bereitet.

Die Dienstwohnungen des Schulleiters und des Hausdieners sollen in einem besonderen Gebäude oder Flügelanbau derart gelegen sein, dafs sie unmittelbare Eingänge von der Strafse erhalten und vom Schulhause und seinen Eingängen vollkommen getrennt sind, um Krankheitsübertragungen von den Familien auf die Schulkinder möglichst hintanzuhalten. Die Zugänge beider Wohnungen sind aus dem gleichen Grunde ebenfalls zu trennen.

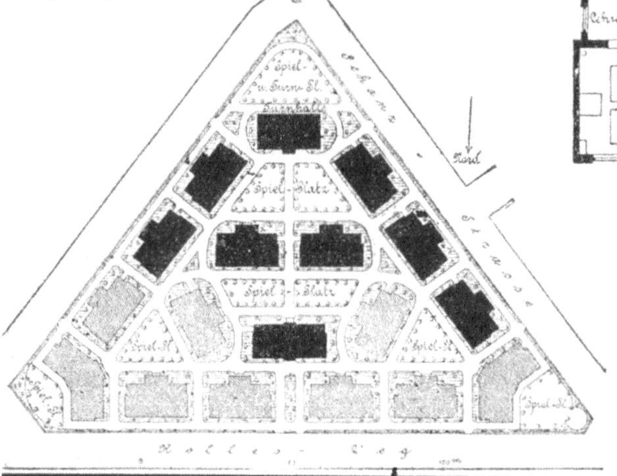

Figur 91 a.

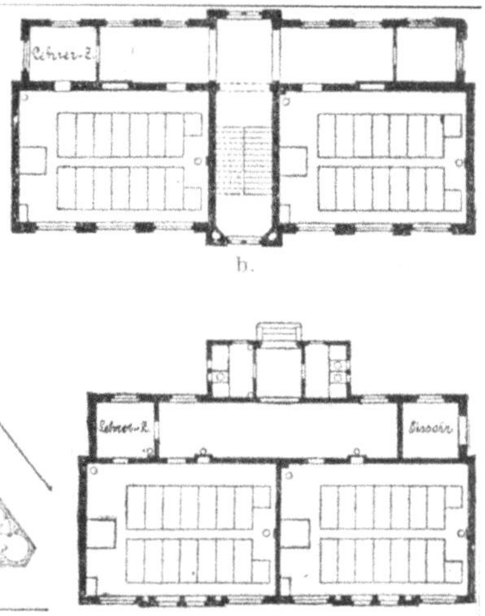

b. c.

Unter städtischen Verhältnissen pflegt das Anordnen der Schuldienerwohnung im Erdgeschofs oder Sockelgeschofs, der Schulleiterwohnung in den Obergeschossen die preiswerteste Lösung zu bieten, während in Vororten und Dörfern die Wohnungen ohne wesentliche Kostenerhöhung in getrennten Gebäuden errichtet werden können. Die letztere Lage verdient in jeder anderen Beziehung stets den Vorzug, wird sich aber auf Grundstücken, die nur mit einer Schmalseite an eine Strafse stofsen, nicht immer durchführen lassen.

Die Grundrifsgestaltung und Einrichtung der Wohnungen wechselt nach örtlichen Gepflogenheiten und den Lebensansprüchen der Schulleiter. Es sei daher auf den Abschnitt »Wohnung« verwiesen.

Völlig anders entwickelt sich die Raumverfügung bei der Anlage der Schulen in zerstreuter Bauart, welche zuerst in Ludwigshafen (Architekt: Stadtbauinspektor Beutner) versucht ist und unter den dortigen Verhältnissen auch in wirtschaftlicher Hinsicht sich bewährt hat. Die Fig. 91 a, b und c geben diese Anlage wieder. Die Klassen werden, zu je 2, 3 oder 4 vereint, in eingeschossigen Häusern angeordnet. (In Grofs-Lichterfelde sind auch zweigeschossige Gebäude zur Ausführung gelangt.) Ein mehrgeschossiges Verwaltungsgebäude enthält sämtliche übrigen Räume. Die Turnhalle und die Aula können vereint ein besonderes Haus bilden. Zwischen den einzelnen Gebäuden verbleiben Spiel- und Tummelplätze, welche es möglich machen, den verschiedenen Altersklassen getrennte Plätze für die Unterrichtspausen anzuweisen. Hierin ist meines Erachtens ein entschiedener Vorzug zu sehen, weil beim Tummeln sämtlicher Schüler auf einem einzigen Platze die kleineren Kinder allerlei geringfügigen, nicht selten sogar belangreichen Unbilden ausgesetzt sind.

Als sonstige Vorzüge der zerstreuten Bauart sind zu nennen:

1. Die Gröfse des Grundstücks und die eigenartige Bauart bieten vereint den Vorteil, dafs die Schule jederzeit erweiterungsfähig ist.

2. Es brauchen zunächst nicht mehr Lehrsäle errichtet zu werden, als beim Eröffnen der Schule erforderlich sind.

3. Die Störungen des Unterrichts durch das Enganeinander- und Übereinanderliegen der Klassenzimmer werden auf das denkbar niedrigste Mafs beschränkt.

4. Der verschiedenartigen Zahl und Gröfse der Schüler entsprechend, können die Klassenzimmer in ihren Ausmafsen beliebig wechseln, wodurch wesentliche Ersparnisse möglich sind. Denn in den Schulhäusern üblicher Bauart ist die Gröfse der Säle im Erdgeschofs mafsgebend für die Ausmafse der Säle in den Obergeschossen. Das Erdgeschofs soll aber ausschliefslich den kleinsten Schülern dienen, um ihnen die Mühe des Treppensteigens zu ersparen, oder letztere klein zu halten.

5. Beim Auftreten ansteckender Krankheiten ist das etwa erforderliche Schliefsen und Desinficieren eines zweiklassigen Gebäudes leichter und ohne Schaden durchführbar als das Schliefsen der ganzen Anstalt.

6. Treppen sind nicht erforderlich, und die Gebäude lassen sich beim Auftreten einer Gefahr binnen kürzester Frist räumen — im äufsersten Falle unter Mitbenutzung der wenig über dem Erdboden befindlichen Fenster.

Schulzimmer in Pavillonbauart mit Oberlicht und Einzelsitzen.

Figur 92.

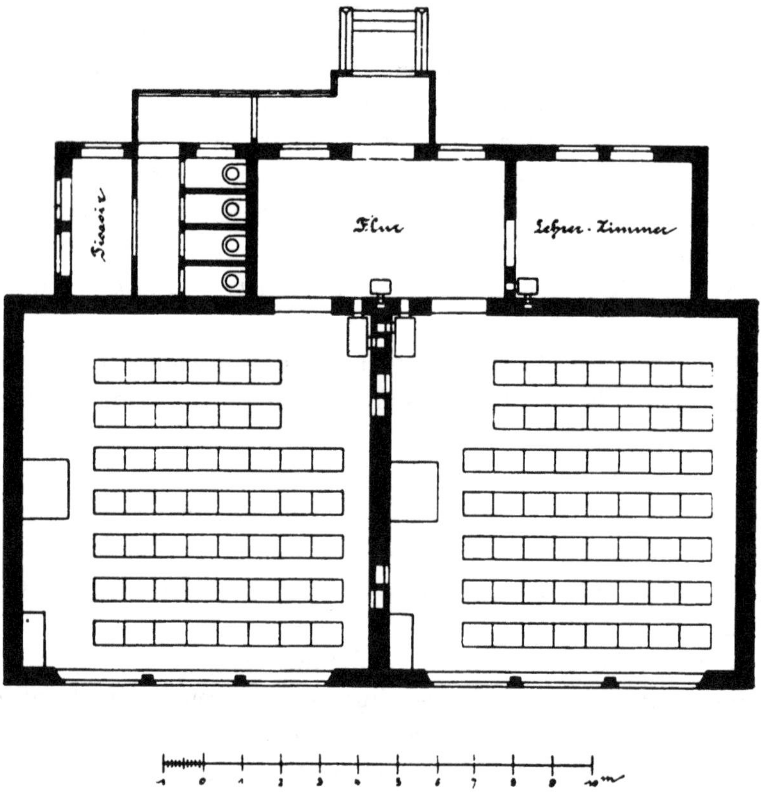

Grundrifs.

7. Die Lüftung wird durch die zerstreute Bauart wesentlich erleichtert und die Güte der zuströmenden Luft läfst sich verbessern durch wohlgepflegte gärtnerische Anlagen rings der Gebäude.

8. Der Tageslichteinfall wird bei richtiger Anlage den Klassenzimmern nirgends verkümmert.

9. Die Sommertemperaturen im Lehrzimmer werden durch de Erdgeschofslage günstig gestaltet und lassen sich verbessern, idem man die Gebäudewände an den Sonnenseiten oder ringsum nit Schlingpflanzen bekleidet und sie dadurch gegen Sonnensrahlung schützt.

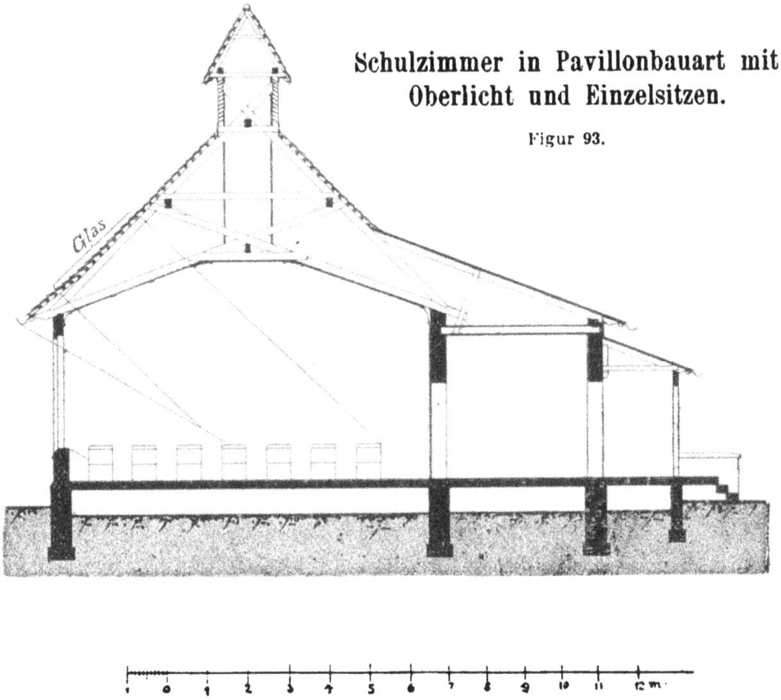

Schulzimmer in Pavillonbauart mit Oberlicht und Einzelsitzen.

Figur 93.

Querschnitt.

Diesen Vorzügen stehen folgende Nachteile gegenüber:

1. Die Anlage ist unübersichtlich, der Verkehr von Klasse zı Klasse wird erschwert, und die Lehrer sind bei ihm Witterungsunbilden ausgesetzt.

2. Die Beheizung der Anstalt von einem Punkte aus wird eschwert und verteuert.

3. Die Gewinnung eines grofsen Tummelplatzes für Jugendspiele und dergl. ist weniger leicht zu erreichen.

Ein weiterer bedeutsamer Vorteil aber läfst sich durch die Anwendung der zerstreuten Bauart erreichen, sobald die Decke der Säle in das Kehlgebälk des Daches verlegt und die gewonnene Schräge mit Oberlicht versehen wird. Man gewinnt dadurch ohne Kostenaufwand an Luftraum und erhält volle Freiheit in Hinsicht auf die Raumbemessung. Die Fig. 92 bis 93 zeigen eine von mir entworfene, schematisch gehaltene Raumgestaltung dieser Art. Man kann, wie aus dem Querschnitt, Fig. 93, ersichtlich ist, die Entfernung der Flurwand von der Fensterwand ganz erheblich vergröfsern, dennoch aber eine günstigere Belichtung aller Arbeitsplätze erzielen, als es ohne Oberlichtanwendung denkbar ist. Dadurch wird es möglich, die Klassenzimmer geviertförmig zu gestalten und jedem Schüler einen Einzelsitz zu geben. Eine solche Form mufs aber als ideal für Unterrichtszwecke bezeichnet werden, weil sie die übersichtlichste ist, das Sehen, Hören und Sprechen erleichtert. Ebenso ist der (nur vorn und rückwärts an andere Sitze grenzende) Einzelsitz als die beste Art des Unterbringens der Schüler zu bezeichnen, weil jede ungewollte Störung durch Nachbarn fortfällt, freie Bewegung beim Schreiben möglich wird, die im Sommer so lästige gegenseitige Beeinflussung durch Wärmestrahlung gemildert ist und das Gefühl der Enge und des Unbehagens aufhört, das den zweisitzigen, dreisitzigen und viersitzigen Bänken anzuhaften vermag.

Schwierig dagegen ist die Durchführung der zerstreuten Bauart, weil sie weite Gelände erfordert. Sie setzt unbedingt voraus, dafs die Stadtverwaltungen sich frühzeitig in den Besitz weiter zusammenhängender Flächen ihrer Aufsengebiete und Vororte setzen, um den Grunderwerb zu niederem Preis möglich zu machen. Aber ein derartiges Vorgehen der Stadtverwaltungen ist auch aus anderen Gründen heute allgemein geboten, und es erwächst aus der Gröfse der Schulgrundstücke der hochanzuschlagende Vorteil, dafs die Schulen für alle Zeit ausreichend erweiterungsfähig bleiben, mögen sie in der bisherigen Weise oder in zerstreuter Bauart ausgeführt werden.

Ein Rückblick auf die jüngste Vergangenheit vermag den Vorzug einer unbedingten Erweiterungsfähigkeit am besten vor Augen zu führen: Die Schulhausanlagen, welche das lebende

Geschlecht von seinen Vätern übernommen hat, litten sämtlich an dem Fehler der Enge des Gebäudes wie des Grundstücks. Trotz aller Bemühungen der Technik ist es fast nirgends möglich gewesen, auf diesen beschränkten Plätzen, aus den beengten Räumen in vielgeschossigen Gebäuden etwas Brauchbares zu schaffen. Nicht einmal der Abbruch und Wiederaufbau eines neuen Hauses hat Abhilfe zu bringen vermocht.

Trotz der grofsen Fortschritte auf dem Gebiete des Schulhausbaues und seiner Einrichtungen, welche während der letzten Jahrzehnte zu verzeichnen gewesen sind, darf man nicht annehmen, dafs die den jetzigen Anforderungen vollkommen entsprechenden Räume nun auch in Zukunft als geeignet gelten werden. Es ist vielmehr anzunehmen, dafs auf dem gegenwärtig von der Technik im Verein mit der Hygiene geschaffenen Fundament weiter gebaut werden wird. Namentlich in Bezug auf die gesundheitstechnischen Einrichtungen, auf Raumgröfse, Raumgestaltung und Raumbelichtung dürften die Ansprüche in unserem Jahrhundert genau so sich steigern, wie es in dem vergangenen der Fall war.

Hinterlassen wir daher Einrichtungen, welche nicht in jeder Hinsicht erweiterungsfähig sind, schaffen wir weiter Bauwerke von hohem Geldwerte, aber von geringem Grundstückwerte, dann werden wir aller Wahrscheinlichkeit nach unsere Nachkommen in die gleiche Verlegenheit setzen, in welche wir durch unsere Vorfahren gesetzt worden sind. Darum gilt es m. E. in Zukunft preiswerte, aber mit künstlerischem Feingefühl durchbildete Schulbauten auf weiträumigem Gelände zu schaffen. Die Weiträumigkeit wird der heranwachsenden Jugend wie den kommenden Geschlechtern gleich gute Dienste leisten und sie wird es ermöglichen, dereinst auf dem gleichen Platze Schulhäuser zu errichten, welche den berechtigten Ansprüchen ferner Nachkommen vollkommen zu entsprechen vermögen.

Schaffen wir aber das Gegenteil, dann nehmen wir unseren Enkeln oder Urenkeln diese Möglichkeit, und man wird später schwerlich in der Lage sein, das erforderliche Gelände im Weichbild der Städte zu beschaffen, auf welchem vollkommen entsprechende Schulhäuser errichtet werden können.

Wie die Grundplanverfügung vom Lehrzimmer seinen Ausgang nehmen mufs, so kann die Konstruktion des Schulhauses nur von ihm und seinen Lichtöffnungen aus zur Vollendung geführt werden. Hierdurch erhält das Gebäude zugleich die Eigenart seines Gepräges und seinen Reiz. Eine Aufsengestaltung, welche diese Erscheinung zu verschleiern versucht, um den Eindruck des Palastes hervorzurufen, mufs als »Scheinarchitektur« verworfen werden, und sie wird schwerlich eine vollkommen befriedigende Lösung der Tagesbeleuchtung zu bieten vermögen.

Die Lichtöffnung des Schulzimmers verlangt eine Auflösung des gröfseren Teiles der Fensterwand in eine Glasfläche, die nur von schmalen Pfeilern unterbrochen wird. Die Glasfläche beginnt 0,80 m bis 1,20 m über dem Fufsboden und soll bis möglichst nahe an die Decke herangeführt werden. Die verbleibenden Wandpfeiler sind an der vom Lehrersitz eingenommenen Seite des Zimmers etwa 1,00 m, an der gegenüberliegenden Seite etwa 0,60 m breit zu wählen. Die Zwischenpfeiler sollen das Ausmafs von 0,50 m keinesfalls überschreiten und im Innern derart geformt werden, dafs sie durch Streiflicht ganz oder zum gröfseren Teil erhellt werden, so dafs Schlagschatten durch sie nicht entstehen (vergl. die Fig. 94 bis 99). Je geringere Ausmafse die Zwischenpfeiler erhalten, um so gröfsere Lichtfülle vermag man den Zimmern zuzuführen.

Die Glasfläche wird einschliefslich der Zwischenpfeiler demnach aufsen eine Breite von etwa 6,00 m bis 8,00 m erhalten, während die Wandpfeiler 2,30 m bis höchstens 3,00 m breit ausfallen können (vergl. die Fig. 94 bis 96). Wo diese Breiten nicht ausreichen, um dem Gebäude mit den preiswert zur Verfügung stehenden Baustoffen die erforderliche Standfestigkeit zu geben, kann sowohl eine Verstärkung des Pfeilers durch äufsere Vorlage, in der Art der Strebepfeiler (Fig. 97 und 98), als eine innere Verstärkung desselben erfolgen (Fig. 99).

Durch Abwechslung mit derartigen, dem jeweiligen Baustoff angepafsten Mitteln wird man zugleich der Einförmigkeit der äufseren Erscheinung der Schulgebäude zu begegnen vermögen. In ebenso hohem Grade trägt der Wechsel in der Form und dem Ausmafs der Fensterzwischenpfeiler und ihrer Überdeckung

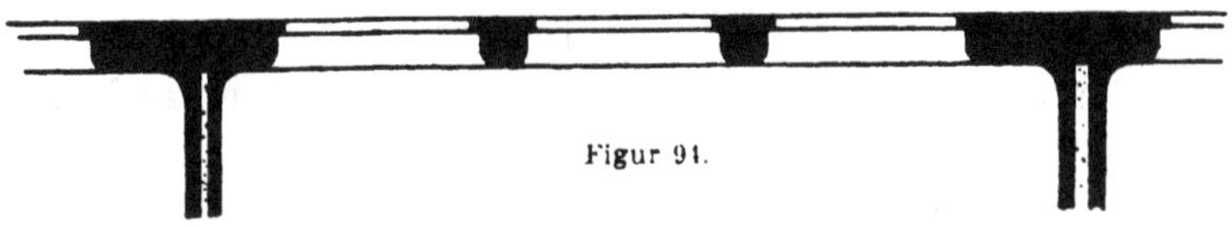

Figur 94.

Figur 95.

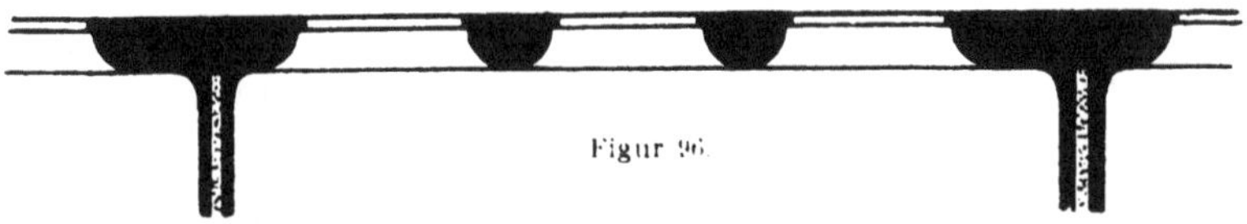

Figur 96.

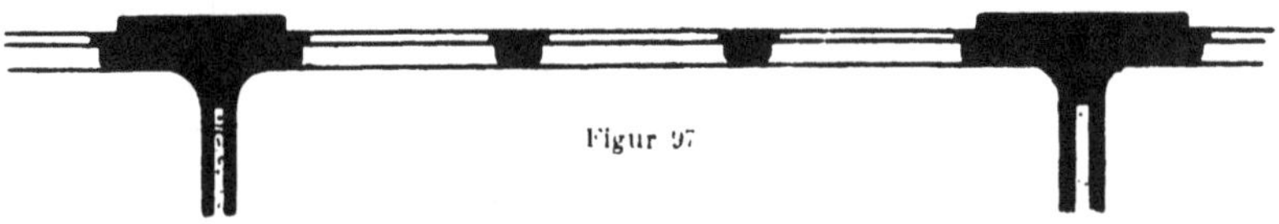

Figur 97.

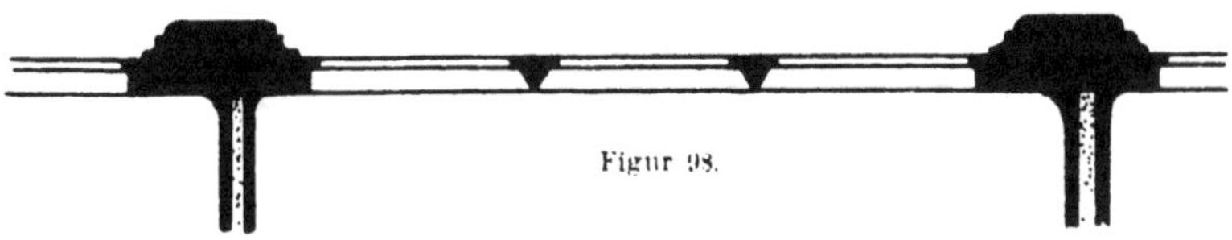

Figur 98.

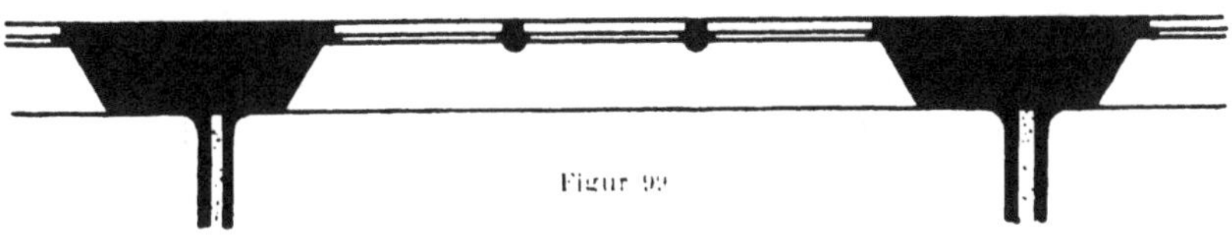

Figur 99.

Ausbildung der Fensterwand in Schulzimmern.

zur Belebung der Schulhaus-Architektur bei. Je nach der Stärke dieser Pfeiler können Bögen, Stein- oder Eisenträger den oberen Abschlufs der Glasfläche bilden. Ein völlig gerader Abschlufs ist keine Notwendigkeit, wenn er auch als der günstigste in Beziehung auf den Lichteinfall gelten darf.

Die untere Fensternische kann vorteilhaft zum Anbringen eines Heizkörpers dienen, da es nur hierdurch gelingt, eine gleichmäfsige Wärmeverteilung im Raume zu erzielen (vergl. S. 44 ff.). Wo ein solcher keine Aufstellung finden soll, empfiehlt es sich, die Fensterbank fortzulassen, weil sie zum Aufklettern benutzt zu werden pflegt und dadurch Gefahr hervorrufen kann. Eine steile Schräge (vergl. Fig. 75 S. 315) verdient an ihrer Stelle den Vorzug.

Um die Wärmeverhältnisse des Schulzimmers möglichst günstig zu gestalten, empfiehlt sich die Bekleidung der inneren Aufsenwandflächen mit Korkziegeln oder anderen, die Wärme besonders schlecht leitenden Körpern, während die Fenster für den gleichen Zweck mindestens eine doppelte Einglasung erhalten müssen (vergl. Seite 318).

Zur Trockenerhaltung der Aufsenwände ist es erforderlich, die nach Wetterseiten gerichteten Aufsenflächen für Wasser undurchlässig zu machen (vergl. Seite 285).

Für die Innenwände treten die Bedingungen der Trockenerhaltung und der Wärmewirtschaft zurück gegen diejenigen der Standfestigkeit, während von den Scheidewänden zweier Klassenzimmer geringe Schallübertragung gefordert werden mufs. Am besten erfüllen zwei halbsteinige Scheidewände den letzteren Zweck, deren Hohlraum mit feinem Sand ausgefüllt ist. Die Anwendung von Gips- oder Cementdielenwänden, Drahtputzwänden und dergl. ist höchstens für eine dieser Wände angängig, weil sie keine ausreichende Versteifung der Aufsen- und der Flurwände zu bieten vermögen. Sollen die Scheidewände der Aufnahme von Lüftungsrohren dienen, dann wird man sie der Standfestigkeit wegen in der Regel als Vollmauern herstellen. Es ist dann geraten, sie zur Verringerung der Schallübertragung beiderseits mit Korkziegelplatten zu bekleiden. Es genügen für diesen Zweck ganz dünne Plättchen.

Die vornehmste Forderung an die Zwischendecken der Klassenzimmer ist ebenfalls geringe Schalldurchlässigkeit. Die Wärmeübertragung vermag dort, wo die Zwischendecke Lehrzwecken dienende Räume trennt, nur günstig zu wirken, weil sie die Fufsbodentemperatur des oberen Raumes steigert. Dagegen soll die oberste Zimmerdecke des Hauses, unter Umständen auch die unterste, gegen Wärmeübertragung möglichst hohen Schutz bieten.

Eine weitere belangreiche Forderung an die Zimmerdecke ist die, dafs Vorsprünge, z. B. Unterzüge oder Träger, an ihrer Unterkante sich nicht befinden dürfen, weil sie der Bewegung der Schallwellen, der Luft und mit ihr der Wärme im Raume Hindernisse bereiten, die auf die Akustik, die Lufterneuerung und die gleichmäfsige Verteilung der Wärme in geheizten Räumen auf das Ungünstigste einzuwirken vermögen. Als beste Decke ist ein Gaumengewölbe zu bezeichnen, das sowohl aus leichtesten Baustoffen wie aus Beton mit Eiseneinlage (nach Bauart »Möller«) sich bilden läfst, ohne Mehrkosten gegenüber einer Trägerdecke oder Unterzugdecke zu fordern. Ihr ähnlich wirkt eine gerade Decke, deren Anschlufs an die Wände rings aus Hohlkehlen besteht.

Der Fufsboden soll fugenlos sein und sich auf feuchtem Wege leicht gründlich säubern lassen. Ein Estrich ist jedoch fufskalt. Bestes Linoleum auf Korkziegelestrich hat sich bewährt. Auch Fufsböden aus Hartholz, Kiefer oder Pitschpine und dergl. sind brauchbar, sobald ihre Bauart eine nachträgliche Fugendichtung gestattet (vergl. Seite 301) oder sie in Asphalt verlegt werden. Fichtenholzfufsböden weisen keine für Schulen ausreichende Haltbarkeit der Oberfläche auf, werden daher selbst bei häufigem Einlassen mit Leinölfirnis oder Wachs bald rauh und lassen dann eine zweckentsprechende Säuberung nicht mehr zu oder erschweren sie. Die Flure, Gänge, Sammlungszimmer, Aborte und sonstigen Nebenräume sind mit Estrich zu versehen. Zur Milderung des Geräuschs empfiehlt es sich, den Estrich der Flure und Gänge mit Linoleum belegen zu lassen.

Die übrigen Teile des Schulzimmers sollen ebenfalls der Sauberhaltung entsprechend ausgebildet werden. Aus diesem

Grunde ist es geraten, die Wandecken hohlkehlenartig auszurunden und alle Profilierungen des Holzwerks fortzulassen oder höchstens kraftvolle Hohlkehlen und Rundstäbe als Zierrat zu verwenden.

Die Thüren werden am besten völlig glatt mit sauber abgerundeten Ecken gearbeitet. Ihre Umrahmung kann als Abschlufs einen kräftigen Rundstab erhalten, der sich bis auf die Wand herumzieht. Durch die Wahl verschiedenfarbiger Hölzer kann trotz dieser Schlichtheit eine feine und vornehme Wirkung der Thüren erzielt werden, sobald man sie naturfarben läfst oder nur mit Lasurfarben behandelt und dann mit farblosem oder sehr hellem Lack überzieht.

Die Wand- und Deckenflächen werden am besten waschbar hergestellt. Doch verbieten die Kosten dies in der Regel. Man pflegt sich daher damit zu begnügen, den Wandsockel in einer Höhe von 1,20 m bis 2,00 m mit Öl-, Wachs- oder Lackfarbe zu überziehen, den oberen Teil der Wände und die Decke aber mit Leimfarbe oder Kalkfarbe zu streichen. Kalkfarbe verdient dann der Billigkeit wegen den Vorzug, während Leimfarbe eine feinere Wirkung hervorruft. Beide Farbarten bedürfen der häufigen Erneuerung, weil sie eine Säuberung der Flächen weder auf feuchtem noch auf trockenem Wege vertragen. Die zu empfehlende Anwendung von Käsefarbe oder Magermilchfarbe geht nur dort an, wo die Handwerker in ihrer Herstellung und Benutzung ausreichende Übung besitzen. Das Beziehen der oberen Wand- und der Deckenflächen mit waschbaren Tapeten hat sich bislang nirgends eingebürgert, ist auch ebenso kostspielig wie waschbarer Anstrich und weniger haltbar als dieser.

Wo ein Gaumengewölbe die Decke bildet oder Hohlkehlen von der Wand zur Decke überleiten, ruft es die günstigste Raumwirkung hervor, wenn die Decke und die oberen Wandteile in der gleichen lichten Farbe gestrichen werden, während ein breites farbiges Band als Trennung des etwas dunkler gehaltenen Wandsockels dient. Auch für die Lichtverteilung im Raume empfiehlt sich diese Anordnung.

Da Kalkputz keine ausreichende Haltbarkeit aufweist, so mufs der Wandsockel mit Estrichgips, Cementmörtel oder Milchmörtel geputzt werden. Zuschläge von Cement zum Kalkmörtel pflegen ebenfalls hinreichende Festigkeit hervorzurufen.

Um nachts und während der Unterrichtspausen Gegenzug im Raume hervorrufen zu können, sind im oberen oder unteren Teile der Klassenzimmer- wie der Flurfenster sturmsicher stehende, nach aufsen vorspringende Kippflügel anzubringen, und es ist die Klassenthür mit einer Einrichtung zum Offenhalten zu versehen.

Die Stiege soll vollkommene Feuersicherheit bieten, einen für Kinder geeigneten, bequemen Aufstieg gewähren und überall helles Tageslicht zugeführt erhalten.

Die feuersicherste Bauart wird durch Ziegelgewölbe erreicht, welche auf Pfeilern oder Säulen aus Ziegelmauerwerk ruhen. Falls Eisenträger Verwendung finden, sind sie in Ziegelmauerwerk von entsprechender Stärke einzubetten. Zum Belegen der Stufen darf Holzwerk dienen.

Die Höhe der Stufen darf 0,14 m nicht überschreiten, die Breite und Höhe der Stufe zusammen soll der mittleren Schrittweite der Kinder entsprechen, welche sie zu benutzen haben. Mit 0,26 m dürfte die Breite der Stufe im allgemeinen zweckentsprechend gewählt sein, da die verschiedenen Ansprüche zwischen 0,24 m und 0,28 m liegen. Für Geschofshöhen bis zu 3,60 m genügt ein Ruheplatz. Für gröfsere Höhen sollen zwei Ruheplätze in Anwendung kommen, die Stufenzahl der einzelnen Treppenläufe mufs dann aber eine annähernd gleiche sein. Da Treppen mit zwei Ruheplätzen und drei gleich langen, geraden Läufen (vergl. Fig. 60 S. 281) eine günstige Verteilung des Lichtes im Stiegenhause hervorrufen, so verdienen sie im allgemeinen den Vorzug. Halbkreisförmige Treppen haben den Vorzug, dafs die Kinder zum Begehen der Stiege sich diejenige Stelle auszusuchen vermögen, die ihrer Schrittweite entspricht. Doch bedürfen sie in Schulen ausreichend breiter Ruheplätze und einer besonders weiten Spindel, damit Ermüdung sowohl wie eine gefährliche Form der Spitzstufen vermieden wird.

Jede Stiege ist mit Handläufern und mit Wandläufern zu versehen, damit zarten oder schwächlichen Kindern ausreichend Stützen zur Verfügung stehen, welche zugleich die Gefahr des Stürzens vermindern. Es empfiehlt sich sogar aus dem gleichen Grunde, an Stelle einer sehr breiten Haupttreppe zwei mäfsig breite gleichwertige Treppen anzulegen, wenn die Zahl der kleineren Kinder eine grofse ist, welche die Treppen zu benutzen haben. Namentlich dann ist diese Anordnung am Platze, wenn sämtliche Schulzimmer sich in den Obergeschossen befinden, das Erdgeschofs des Schulhauses aber anderen Zwecken dient.

In den Vorhallen, Fluren und Gängen dürfen Stufen sich nicht befinden. Schwellen vor den Thüren sind ebenso sehr zu vermeiden wie die Anwendung von Freitreppen. Im Erfordernisfalle kann dem Fufsboden der betreffenden Räume ein mäfsiges Gefälle gegeben werden.

In den Aborten sind sämtliche Gegenstände und Flächen waschbar und so haltbar herzustellen, dafs sie eine ständig sich wiederholende Schlauchspülung ohne Schaden vertragen. Für die Sitze und Stände sind sowohl Ölspülung, als auch ständige oder von Zeit zu Zeit herbeigeführte Wasserspülung anwendbar.

Für die Stände verdient Ölspülung den Vorzug, weil sie vollständige Geruchlosigkeit mit niederen Betriebskosten erreichen läfst. Klosettschalen mit selbstthätiger oder durch den Benutzer herbeigeführter Wasserspülung sind im allgemeinen zu empfehlen. Dagegen darf man sie dort in Volksschulen nicht verwenden, wo die Kinder von Haus aus einen niederen Kulturstand aufweisen. Hier kann nur zeitweilige (gemeinsame) Spülung der Sitze und Stände durch den Schuldiener oder Öspülung in Betracht kommen.

Die Lüftung der Aborte ist derart einzurichten, dafs die Abluft entweder durch die Sitze oder am Fufsboden entweicht, die Frischluft oberhalb der Kopfhöhe zuströmt. Es wird hierdurch erreicht, dafs die übelriechenden Gase sich der Atmungsluft nicht oder in geringem Mafse beimengen. Die Luftbewegung sollte durch motorische Kraft sichergestellt sein, die Windbewegung ist hierzu nicht unter allen Umständen ausreichend.

Die Lage des Abortgebäudes soll ferner derart gewählt werden, daſs die vorherrschenden Windrichtungen nicht eine Bewegung der übelriechenden Gase von ihm nach dem Schulhause bewirken können. Die günstigste Lage der Abortgebäude oder des Abortflügelhauses ist in unseren Breitengraden die nordöstliche. Das Mauerwerk des Abortgebäudes wird am besten aus Klinkern oder Krümmern in Cementmörtel dichter Mischung hergestellt. Je geringere Durchlässigkeit die Wände und Decken aufweisen, um so eher werden sie den (mittelbaren) Einflüssen der Harnverspritzungen und dergl. zu widerstehen vermögen.

Für peinlichste Sauberhaltung der Aborte und ihrer sämtlichen Einrichtungsgegenstände ist der Schuldiener verantwortlich zu machen. Der Instandhaltung dieser Teile ist ebenfalls die gröſste Aufmerksamkeit zu schenken, weil ein besserungsbedürftiger Zustand derselben die Sauberhaltung vereitelt oder beeinträchtigt.

Die Form der Schulbänke und die Lage der Schultische scheint mir der richtigen Lösung noch zu harren, so reich auch die letzten Jahrzehnte uns mit den verschiedenartigsten Versuchen beschenkt haben.

Um das Gerade- und Aufrechthalten des Kindes beim Schreiben zu erzielen, wird bekanntlich gefordert, daſs die Bank um 2,5 cm unter die Tischplatte vorspringen soll. Dadurch wird aber das Aufstehen des Kindes erschwert und ihm die Bewegungsfreiheit geraubt, welche durchaus erforderlich ist, um das andauernde Sitzen erträglich zu machen.

Die verschiedenen Versuche, die Tische oder Bänke beweglich zu machen und hierdurch jenen Miſsstand zu beseitigen, können als völlig geglückt nicht bezeichnet werden. Sie verteuern die Schulbank und erhöhen ihr Gewicht derart, daſs sie die für ihre und des Zimmers Sauberhaltung erforderliche Bewegungsfreiheit einbüſst.

Richtiger scheint es mir daher zu sein, jenen Vorsprung der Bank fortzulassen, dafür aber der Tischplatte eine Neigung von nahezu 30° zu geben.

Es wird dadurch dem Vornüber- und Seitwärtsbeugen des Kindes beim Schreiben ausreichend entgegengewirkt, während das Heben der Platte dazu beiträgt, dem Kinde volle Bewegungsfreiheit zu geben, und das auf die Platte fallende Tageslicht besser ausgenutzt wird.

Die Platte ganz auf 30° oder noch höher zu heben, geht nicht an, weil dann die auf ihr liegenden Gegenstände abzurutschen vermögen.

An das Schreiben auf einer derart geneigten Platte gewöhnt man sich gern, weil es von selbst ein Anlegen des Rückens an die Lehne hervorruft, das Blatt dem Auge näher und in günstigere Richtung zu ihm führt, seine Belichtung verbessert und sowohl Schrägschrift wie Steilschrift gestattet, ohne die Körperlage zu ändern oder den Rückenmuskeln irgend welche Anstrengung aufzuerlegen. An meinem Schreibtisch habe ich die angegebene Lage erprobt und bin mit ihr in jeder Beziehung zufrieden, glaube daher, sie für Versuche im Schulgebrauch empfehlen zu dürfen.

Die Tagesbeleuchtung auf der Tischplatte kann weiter dadurch ganz wesentlich verbessert werden, dafs man die Bänke nicht senkrecht zur Fensterwand stellt, wie das jetzt üblich ist, sondern ihnen eine geringe Neigung von ihr ab gibt, in der Art, wie die Fig. 100 es darstellt. Durch Drehen eines weifsen Blattes gegen das Licht kann man die günstigste Neigung der Tische leicht erproben. Sie bietet den weiteren Vorzug, dafs die Augen vom Licht sich abkehren, Blendwirkung daher vermieden wird.

Schreiben wie Lesen werden auf derart gestalteten und gestellten Tischen ganz wesentlich erleichtert und es ist möglich, die einfachste, leichteste und billigste Bauart der Schulbänke in Anwendung zu bringen. Doch ist die Schrägstellung der Tische platzraubend, läfst sich daher in stark besetzten Klassenzimmern nicht durchführen.

Für die Beleuchtung der von der Fensterwand entferntesten Sitzplätze würde es richtig sein, die Bänke sehr breit und vielsitzig zu bauen, sie z. B. von der Fensterwand bis nahe an die

Flurwand reichen zu lassen. Auch die Tiefe der Räume liefse sich dadurch auf das Mindestmafs bringen. Leider sprechen eine Reihe gewichtiger Gründe gegen diese Bankgestaltung: Erstens würde ihr Gewicht zu grofs und ihr Fortrücken dadurch erschwert werden, während es für die Sauberhaltung der Klassenzimmer durchaus wünschenswert ist, die Bänke sämtlich von der

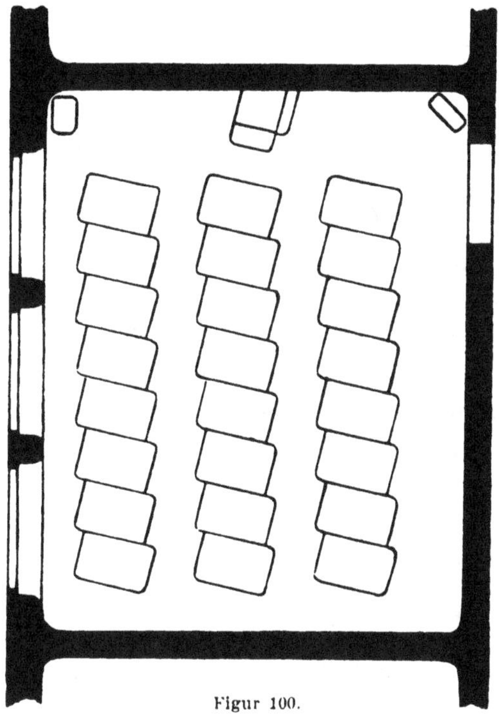

Figur 100.

Die für die Tageshelle günstigste Bankstellung in Schulzimmern.

zu reinigenden Zimmerhälfte ohne grofse Mühe fortstellen zu können. Zweitens sind die gegenseitigen Störungen der Schüler um so gröfser, je mehr von ihnen auf einer Bank Platz finden. Drittens wird die Überwachung der Schüler erschwert. Viertens raubt das jedesmalige Entleeren der Klasse sehr viel Zeit.

Das Ideal bleibt daher die einsitzige Bank. Da sie jedoch nur unter Zuhilfenahme von Oberlicht durchführbar erscheint, so wird die zweisitzige Bank wohl auch ferner die Regel zu bilden haben und nur im Notfall zu dreisitzigen Bänken gegriffen werden, wenn die Schülerzahl eine für die Raumgröfse hohe ist.

Das für die Schulbank zu wählende Holz soll leicht und billig sein, aber eine ausreichende Widerstandsfähigkeit gegen mechanische Angriffe besitzen. Das Fichtenholz erfüllt diese Anforderungen wohl am ehesten. Alle Ecken und Kanten der Bänke und Tische sollen sorgfältig abgerundet sein, um das Anstofsen weniger schmerzhaft ausfallen zu lassen und das andauernde Sitzen zu erleichtern.

Als Farbe der Schulbank ist das Belassen der Naturfarbe des Holzes oder eine zarte Graulasur des Holzes zu empfehlen. Die starken Gegensätze der schwarz oder dunkelgrau gefärbten Tische zum Papier wie zu dem lichten Anstrich der Wände wirken ungünstig auf das Auge und stören die gleichmäfsige Lichtverteilung im Raume. Deckfarbenanstrich ist ferner in keinem Falle so schön wie die Naturfarbe oder eine zarte Lasur, ermöglicht aber ferner die unbemerkte Verwendung weniger guten Holzes. Als Überzug dient am zweckmäfsigsten bester Lack, weil Firnis leicht klebrig bleibt, die Anzüge und die Bücher der Kinder zu verderben vermag.

Die Tafel soll günstig zu den einfallenden Lichtstrahlen stehen oder drehbar hergestellt werden, ihre Farbe soll ein tiefes mattes Schwarz sein. Schiefertafeln verdienen vor Holztafeln den Vorzug, weil sie sich gründlicher säubern lassen, sind aber teurer. Der weifse Anstrich der Tafeln hat sich nicht bewährt, weil die schwarze Kreide nicht vollständig von ihm entfernt werden kann, so dafs die Tafeln nach einiger Zeit eine schmutzig graue Färbung annehmen, von welcher die schwarze Schrift sich nicht ausreichend abhebt.

Die sonstigen Einrichtungsgegenstände wie ihre Anordnung im Raume und die Ausstattung des Schulzimmers bedarf keiner Besprechung, weil bewährte Normen für sie sich herausgebildet haben.

Die Sauberhaltung der Schulzimmer und des Schulhauses läfst gegenwärtig allgemein zu wünschen über, weil die für diesen Zweck bewilligten Geldmittel unzureichend sind. Es wäre notwendig, dafs wöchentlich einmal eine gründliche Reinigung aller Flächen und Gegenstände, sowie ein Putzen der Fenster stattfände, täglich ein feuchtes Aufnehmen des Fufsbodens der Schulzimmer, Flure und Gänge, der Tische und Bänke, um die gesundheitlich so wichtige Staubfreiheit (oder richtiger gesagt Staubarmut) zu schaffen und die Lichtwirkung günstig zu erhalten. Aber für diesen Zweck würden zahlreiche Arbeitskräfte erforderlich sein; ein Schuldiener kann allein oder mit seiner Familie derartigen Anforderungen nicht gerecht werden, zumal ihm eine Reihe anderer Pflichten obzuliegen pflegt.

Die Ersparnisse auf diesem Gebiet sind durchaus nicht am Platze. Lieber sollte man es aufgeben, monumentale Prachtbauten zu schaffen und dafür die Aufsengestaltung des Schulhauses mit einfachsten Mitteln, aber in künstlerischer, feinfühliger Weise zu erreichen trachten. Ferner ist die Gröfse des Schulhauses durch geschickte Grundplanverfügung auf das Mindestmafs zu bringen. Denn auch nach dieser Richtung wird gegenwärtig noch vielfach am unrechten Platz verschwendet, ohne für die Hauptaufenthaltsräume einen fühlbaren Gewinn zu erzielen.

XIII. Abschnitt: Das Krankenhaus.

Der Kranke bedarf aufser hingebender Pflege vor allem der Ruhe und der Sauberkeit. Erwünscht sind ferner günstige Wärmeverhältnisse des Raumes, ausreichendes aber mildes Licht, reine erquickende Luft, ein das Auge erfreuender Ausblick. Für den weniger Wohlhabenden ist alles dieses weit eher im Krankenhause zu erreichen als in der Wohnung.

Für das Krankenhaus ist eine Trennung erforderlich nach Geschlecht und Alter, für Schwer- und für Leicht-Kranke, für innere und äufsere Krankheiten, und es sollen die von ansteckenden Krankheiten Betroffenen nicht mit anderen Kranken in irgend welche Berührung kommen dürfen.

Alles dieses läfst sich sowohl in einem einzigen grofsen Hause erreichen wie in kleinen, voneinander getrennt liegenden Gebäuden, wenn auch in der Trennung der für ansteckende Kranke verschiedener Art bestimmten Gebäude ein entschiedener Vorzug gesehen werden darf, da der Schutz gegen Krankheitsübertragung sich leichter erzielen läfst, als es in einem einzigen grofsen Gebäude möglich ist.

Ein weiterer Vorteil liegt in der Trennung der Verwaltungsräume und der Dienstwohnungen, der Küchen und der Vorratsräume, der Leichenkammern und der Desinfektionsanstalt von den der Krankenbehandlung dienenden Häusern, weil die von ersteren ausgehende Unruhe, Gerüche u. s. w. den Kranken zu beeinträchtigen vermögen.

Keineswegs aber ist es notwendig, die Trennung weiter zu treiben, als hier angedeutet ist, z. B. ausschliefslich kleine eingeschossige Gebäude für Krankensäle und Krankenzimmer zu verwenden. Es kann z. B. die Trennung sehr wohl nur in der Weise erfolgen, dafs ein Verwaltungsgebäude errichtet wird, dafs ein weiteres Haus sämtliche nicht ansteckende Kranke aufnimmt und nur für die ansteckenden Kranken verschiedene kleinere oder mäfsig grofse Einzelgebäude geschaffen werden, deren jedes ausschliefslich Leute aufnimmt, welche mit der gleichen Krankheit behaftet sind. Wohl aber können dann in einem Flügel die weiblichen, im anderen die männlichen Kranken, im Erdgeschofs die Erwachsenen, im Obergeschofs die Kinder untergebracht werden, sobald die Gebäude getrennte Eingänge und Aufgänge erhalten.

Ferner ist die ringsum freie Lage jedes einzelnen Gebäudes nicht als ein Erfordernis zu bezeichnen, sondern es können sehr wohl Gruppen derselben zusammengelegt werden, sobald man die Häuser durch massive Mauern trennt und jedes Haus einen besonderen Eingang und Aufgang erhält.

Von den örtlichen Verhältnissen, den Grundstückpreisen und den Baukosten allein darf es abhängig gemacht werden, ob eine weiter gehende Auflösung der Anstalt in freistehende Einzelgebäude am Platze ist. Auch die der Verwaltung durch die letztere erwachsenden Schwierigkeiten oder die durch sie bedingten Mehrkosten des Krankenhausbetriebes, einschliefslich seiner Heizung, Lüftung und Beleuchtung, sind in Betracht zu ziehen, ehe nach dieser Richtung eine Entscheidung getroffen wird.

Eine gute Durchlüftung und sachgemäfse Belichtung der sämtlichen Aufenthalts- und Nebenräume ist ebensowohl beim Gruppenbau zu erzielen wie bei der Anwendung der zerstreuten Bauweise, während die Wärmeverhältnisse (im Winter wie im Sommer) durch den Gruppenbau eine günstigere Gestaltung zu erfahren vermögen.

Die ins Unerschwingliche gesteigerten Anlage- und Betriebskosten einzelner neuer Krankenhäuser lassen es notwendig erscheinen, in jedem Einzelfall sorgfältige Erwägungen nach den angedeuteten Richtungen anzustellen, ehe mit der Planung oder der Ausführung einer Neuanlage begonnen wird.

Sodann kann man bei sachgemäfser räumlicher Beschränkung vielfach dem Stadtmittelpunkte mit den Krankenhäusern näher bleiben, als es im anderen Falle denkbar ist. In dieser Nähe liegt aber ein ganz entschiedener Vorzug, weil die rasche Überführung schwer Verletzter für diese nicht gerade selten Lebensrettung bedeutet und die Überführung schwer Erkrankter durch eine zu grofse Entfernung unter Umständen vereitelt wird, während ihr Unterbringen im Krankenhause ebensowohl in ihrem eigenen Sinne wie in dem der Allgemeinheit zu liegen pflegt, sobald es sich um eine Infektionskrankheit handelt, deren Verbreitung seuchenartigen Charakter anzunehmen vermag.

Stets wird endlich die Heizung, künstliche Lüftung und Beleuchtung eines Gruppenbaues sich übersichtlicher, einheitlicher und preiswerter herstellen lassen und ihr Betrieb sich vereinfachen und billiger ausfallen, als bei den gegenwärtig üblichen Anstalten in zerstreuter, rings freiliegender Bauart.

Die Aufsengestaltung des Krankenhauses soll einen freundlichen, anheimelnden Eindruck gewähren. Üppige oder monumentale Bauwerke für diesen Zweck zu errichten, ist sinnlos und verursacht schlecht angebrachte Kosten. Die Gediegenheit der Bauweise darf innen und aufsen zur Geltung gebracht werden, sonst aber ist eine schlichte, feinfühlig behandelte Gestaltung mehr am Platze als reiche Gliederungen, kostspielige Baustoffe und dergl.

Notwendig ist für jedes Krankenhaus die Lage im oder an einem Park und die Fernhaltung geräuschvollen Betriebes jeglicher Art. Die Kranken bedürfen des Blicks in das freundliche Grün der Landschaft, die Genesenden des Aufenthalts im Garten.

Innerhalb grofser Städte bilden das Verwaltungsgebäude, die Wohnhäuser der Beamten und dergl. zweckentsprechend einen vollständigen Abschlufs des Krankenanstalt-Geländes gegen die Strafse (bezw. die Strafsen), um ihm Schutz gegen das Geräusch und die Staubwirkung des Verkehrs zu bieten. Das Blockinnere eignet sich hier am ehesten für einen Park dieser Art und wird ihn mit dem verhältnismäfsig geringsten Kostenaufwande gewinnen lassen. Stofsen Gebäude zum Unterbringen von Kranken oder Genesenden an eine Strafse, dann müssen nach ihr die Nebenräume gelegt werden, während die Krankenzimmer oder Säle nach dem Garten blicken. Desinfektionsanstalt und Leichenhaus liegen am besten an einer Nebenstrafse oder von ihr zugänglich, falls sie nicht im Untergeschofs des Verwaltungsgebäudes untergebracht werden. In diesem Falle müssen sie einen besonderen Ausgang erhalten, der vom Haupteingange entfernt anzulegen ist und möglichst wenig auffallen darf.

In kleineren Städten, Vororten und in Landgemeinden wird dagegen die Lage der Anstalt innerhalb eines Parks in der Regel den Vorzug verdienen. Doch ist es geraten, die Gebäude an eine Seite desselben zu rücken oder doch keinesfalls mehrere Gebäude gleichmäfsig über die ganze Fläche des zur Verfügung stehenden Geländes zu verteilen, damit der Park ein möglichst geschlossenes Ganzes bildet und seines Reizes nicht beraubt wird. Ferner soll die Anstalt gegen staubige Landstrafsen durch Mauern, hohe Hecken oder dichtes Buschwerk abgeschlossen werden.

Die Parklage der Krankensäle soll stets dazu dienen, die Räume im Sommer vor übermäfsiger Wärmewirkung der Sonnenstrahlung zu schützen. Bäume, welche ihren Laubschmuck im Spätsommer bereits vollständig verlieren, z. B. Linden, erfüllen diesen Zweck in richtiger Weise. Auch durch Schlingpflanzenbekleidung der nach Sonnenseiten gerichteten Wandflächen kann er erreicht werden. Doch sollen ausschliefslich Schlingpflanzen gewählt werden, welche die Blätter frühzeitig und vollständig verlieren, damit die Wandflächen in der kühlen Jahreszeit der Besonnung offen liegen. Das Mauerwerk zerklüftende Pflanzen (Epheu, Geisblatt u. s. w.) sind von der Verwendung auszuschliefsen. »Spanischer Kletterwein«, eine sich ohne künstliche Mittel am Mauerwerk emporrankende Abart des wilden Weins, dürfte den verschiedenen Ansprüchen am ehesten entsprechen.

Die Fensterwände der Krankenzimmer liegen vorteilhaft rein nach Süden, damit sie Wintersonne in ausreichender Fülle erhalten, gegen tiefes Eindringen der Sonnenstrahlen in den Raum während der warmen Jahreszeit aber geschützt sind. Die Ost- und Südostlage ist im Winter kalt und erhöht im Sommer den Wärmegrad des Raumes bereits früh morgens. West- und Südwestlage bedarf des Wetterschutzes und ruft im Sommer unangenehm hohe Wärmegrade während der Nacht hervor. Ost- wie Westlagen zeigen beide den Mifsstand, dafs die Fensterwände dem Sturmanfall ausgesetzt sind, wodurch Unruhe geschaffen und das Offenhalten der Fenster erschwert wird. Krankensäle, welche auf beiden Langseiten Fenster erhalten, sollten mit diesen nach Süden und Norden blicken. Jede andere Lage hat für sie besonders fühlbare Nachteile im Gefolge. Den Mängeln der Nordlage wird in Krankenhäusern durch Heizung und künstliche Lüftung ausreichend entgegengewirkt. Einer gröfseren Lichtfülle, als die Nordlage bietet, bedarf man im Krankenzimmer nicht. In Orten mit warmem Klima (z. B. in Südeuropa) darf sogar die Nordlage der (einzigen) Fensterwand als die zweckmäfsigste bezeichnet werden, weil sie allein Schutz gegen übermäfsiges Ansteigen des Wärmegrades der Zimmer gewährt, das für Kranke ebenso lästig wie nachteilig zu werden pflegt.

Die Grundplanverfügung wechselt nach Gröfse und Bauart der Anstalten stark, und es dürften in Zukunft wesentliche Änderungen des gegenwärtig üblichen Grundrisses sich geltend machen, wie aus den obigen Darlegungen hervorgeht.

Unter allen Umständen ist es geraten, das Verwaltungsgebäude oder Hauptgebäude statt mit einem Keller mit einem Untergeschofs zu versehen, dessen Fufsboden um Schwellenhöhe über das anliegende Gelände emporragt, so dafs es nach der Strafse wie nach dem Garten unmittelbar zugänglich ist. Man bedarf in diesem Gebäude zahlreicher Räume, die in einem derartigen Untergeschofs sehr wohl untergebracht werden können, während ein Keller für sie nicht dienen darf. Die Ausnützung des Untergeschosses ist daher von vornherein oder wird mit der Zeit eine so vollkommene, dafs demgegenüber die geringen Mehrkosten der Untergeschofsanlage überhaupt nicht in

Betracht kommen, während der Schutz gegen aufsteigende Erdfeuchtigkeit bei ihm vollkommener und mit geringerem Kostenaufwand erzielt werden kann als bei einer Hochkelleranlage. Eines eigentlichen Kellers aber bedarf man für Krankenhäuser nicht.

Die Eintrittshalle mit ihren sämtlichen Nebenräumen und der Haupttreppe findet in diesem Untergeschofs stets ihren Platz, wodurch das Erdgeschofs eine wesentliche Entlastung erfährt. Soll ein besonderes Wirtschaftsgebäude nicht angelegt werden, dann werden auch sämtliche Hauptküchen mit ihren Nebenräumen, sowie ein Speise- und Aufenthaltszimmer für das Krankenhauspersonal im Untergeschofs unterzubringen sein, ferner die Gelasse für das Sammeln, Desinficieren, Reinigen, Rollen, Bügeln und Aufbewahren der Wäsche. Die Heizungs- und Lüftungsanlagen werden ebenfalls hier ihren Platz erhalten, falls nicht ein besonderes Maschinenhaus errichtet wird.

Bei ausgedehnten Anlagen in zerstreuter Bauart sollen das Verwaltungsgebäude an der Hauptzugangsstrafse, das Wirtschaftsgebäude und das Maschinenhaus in der Mitte der Anstalt, das Leichenhaus an oder nahe einer Nebenstrafse gelegen sein, während die Gebäude für ansteckende Kranke am besten im Nordosten des Geländes angeordnet werden, damit sie den vorherrschenden Windrichtungen abgekehrt sind. Die Krankensäle sind mit geräumigen, der Sonne zugänglichen Veranden zu verbinden, welche als Tageraum für Leicht-Kranke und Genesende dienen. Zwischen den Krankensälen sind Wärterzimmer in ausreichender Zahl vorzusehen. Ferner bedarf man in deren nächster Nähe einer Theeküche und einer Wäschekammer. Bad und Klosett sollen sich stets in unmittelbarer Nähe oder in Verbindung mit den Krankensälen und Zimmern befinden. Verbandzeugschränke können in kleinen Gebäuden im Flur Aufstellung finden. Im Hauptgebäude sind ein oder mehrere Zimmer für sie und die Instrumente erforderlich.

Einer besonders lichtvollen und sorgfältigen Ausbildung bedürfen die Operationssäle. Ihre sämtlichen Flächen werden am besten mit weifsem Mattglas (rauhe Seite nach dem Verputz) oder mit Überfangglas belegt, um jeder Wundinfektion vorzubeugen, höchste Sauberhaltung erzielen zu können und eine gleichmäfsige Lichtverteilung im Raume zu gewinnen. Die Lage ihrer Fenster mufs eine rein nördliche sein, und es ist seitliches Oberlicht oberhalb der Fenster anzubringen. Auch deren Glas soll ein vollkommen lichtzerstreuendes sein, damit jede Schattenbildung vermieden wird. Stark mattes Glas eignet sich am besten zu diesem Zweck. Da die Lage der Operationssäle im Erdgeschofs als Erfordernis bezeichnet werden mufs, um die Überführung der Kranken von und zu ihnen nicht unnötig zu erschweren, so werden die Fenster am besten in der Form eines grofsen, weit vorspringenden Erkers ausgebildet, dessen tragende Teile aus Eisen oder hartem, undurchlässigen Gestein bestehen und dessen Dach aus Eisen und Glas gebildet ist. Der Fufsboden der Operationssäle soll Gefälle haben und mit Wasserauslafs versehen sein, um eine rasche und vollkommene Spülung zu ermöglichen.

Die Bauart der Gebäude und Gebäudeteile, welche der Krankenbehandlung dienen, mufs höchste Sauberhaltung ermöglichen, das Zustandekommen ungünstiger Wärmegrade zu jeder Jahreszeit ausreichend verhindern und das Entstehen störenden Geräusches hintanhalten.

Die Umfassungswände müssen daher ausreichend stark aus Wärme schlecht leitenden Stoffen gebildet werden und sind gegen die Aufnahme von Feuchtigkeit aus Schlagregen oder aus dem Erdboden hinreichend zu schützen. Etwa verwendete Hohlwände sind mit Kieselgur, feinem Sand und dergl. dicht zu füllen. Der Innenputz mufs aus rasch und vollständig erhärtendem Mörtel hergestellt werden, alle Flächen sind mit wasserbeständigen und wasserdichten Stoffen zu überziehen, der als Fufsboden dienende Estrich ist mit Linoleum zu belegen, die Scheuerleisten sind aus Steingut herzustellen. Alle scharfen Ecken, Vorsprünge und Gesimse sollen vermieden werden. Die Anschlüsse der Decken an die Wände und die Wandecken sind daher als Hohlkehlen auszubilden, die Thüren und Thürumrahmungen, die Fenster und Fensterumkleidungen glatt mit sorgfältig abgerundeten Ecken herzustellen, alles Holzwerk mit bestem Lack oder Firnifs zu überziehen. Die Anwendung von Holzbalkendecken empfiehlt sich nicht. Auch Vertäfelungen und dergl. sind nach Möglichkeit zu meiden. Nur dort wo das Kehlgebälk des Daches die Decke bildet, werden sie Anwendung finden dürfen.

Die Fenster müssen zwar so grofs gewählt werden, um eine der Sauberhaltung und Krankenuntersuchung entsprechende Lichtfülle zu bieten, aber sie dürfen nicht übermäfsige Abmessungen erhalten, weil sie andernfalls die Wärmeverhältnisse des Raumes ungünstig beeinflussen. Je nach den klimatischen Verhältnissen des Ortes mufs ihre Gröfse daher wechseln. Die Glasflächen sollen des Wärmeschutzes wegen mindestens doppelt sein und das Glas sorgfältig auf Mängel geprüft werden (falls nicht Spiegelglas gewählt wird), da den Kranken ein freier und ungetrübter Ausblick mufs ermöglicht werden können, sobald sie ihn wünschen. Aus dem gleichen Grunde sind die Fenster oder Öffnungen der Tageräume so tief herabzuführen, dafs ein im Bett Ruhender den Garten überblicken kann. Die Höhe der Fenster hängt von der Tiefe des zu belichtenden Raumes oder Raumteiles ab, sie soll vom Fufsboden gemessen nahezu $^2/_3$ dieser Tiefe betragen. Die Raumhöhe ist diesem Anspruch gemäfs zu wählen. Die Fenster sind mit Lüftungseinrichtungen zu versehen, welche bei jeder Witterung eine ausreichende Lufterneuerung sicherstellen. Zur ständigen Lüftung pflegen nach aufsen vorspringende Kippflügel, die geöffnet vom Wind nicht bewegt zu werden vermögen, die besten Dienste zu leisten. Die Lüftung mittels Dachreiter pflegt noch kraftvoller auszufallen, hat aber den grofsen Nachteil, dafs die Sauberhaltung des Dachreiters nur schwierig zu erreichen ist. Kippflügel dürften daher vor ihm den Vorzug verdienen. Für schwüle, windstille Witterung ist die Möglichkeit vorzusehen, gelinden Gegenzug in den Krankensälen herstellen zu können.

Die Heizkörper werden am besten in den Fensternischen untergebracht, um kalte Luftströme vom Zimmer fernzuhalten. Die Frischluftzuführung kann bei ihnen unmittelbar erfolgen, falls nicht centrale Anlagen für die Winterlüftung vorgezogen werden. Die **Luftabzüge** führen am besten auf kürzestem Wege ins Freie, damit sie der Reinigung zugänglich bleiben. Die übrigen Anforderungen an die Lüftung der Krankensäle sind Seite 28 dargelegt.

Beim Bau, der Einrichtung und Ausstattung der Krankenhäuser darf nicht gespart werden, Gediegenheit ist für sie ein Erfordernis, aber eben so wenig ist die während des letzten Jahrzehnts mehrfach hervorgetretene Üppigkeit am Platze.

Günstige Erfolge der Krankenbehandlung und der Infektionsverhütung hängen weit weniger von der Bauart, Ausstattung und Einrichtung der Gebäude ab, als von der Tüchtigkeit der Ärzte und der Krankenhausleitung, der sorgfältigen Schulung und Beaufsichtigung der Wärter und sonstigen Bediensteten. Auf sie und peinlichste Reinlichkeit ist daher höchster Wert zu legen und es sind Kosten für die Gewinnung tüchtiger Kräfte wie für einen zweckentsprechenden Betrieb nicht zu scheuen, um gute Erfolge zu erzielen. Jeder Üppigkeit in Anlage und Betrieb der Anstalten ist dagegen zu steuern; sie entspricht deren Eigenart durchaus nicht. Üppigkeit in der äufseren Erscheinung und in der Raumausstattung der Anstalten pflegt aber zur Verschwendung nach den verschiedensten Richtungen durch die Unterbeamten und Bediensteten Veranlassung zu geben, ja geradezu aufzufordern.

XIV. Abschnitt: Die Kaserne.

Die allgemeine Wehrpflicht legt dem Staat die Verpflichtung auf, die Kasernen gesundheitsgemäfs zu gestalten, einzurichten und auszustatten. Da die Insassen der Kasernen jedoch im kraftvollsten Mannesalter sich befinden, so ist eine derart sorgliche Ausbildung der Kasernen wie die der Schulen kein Erfordernis. Als Hauptbedingungen sind zu nennen: Haltbarste Herstellung aller Teile; eine die Sauberhaltung fördernde Raumgestaltung und Einrichtung; Lichtfülle der Aufenthalts- wie der Zugangs- und Nebenräume; kraftvolle Lufterneuerung zu jeder Jahres- und Tageszeit; angemessene Wärmeverhältnisse; Feuersicherheit.

Die Geländeverfügung mufs sich den Geländekosten unterordnen. Ein zwingender Grund für die Anwendung der zerstreuten Bauart liegt nicht vor. Es können ebensowohl kleine Gebäude für je eine Kompagnie, wie mittelgrofse für je ein Bataillon oder grofse für je ein Regiment zur Ausführung gelangen.

Zur Verhinderung der Staubaufwirbelung auf dem Übungsplatze dürfte es sich empfehlen, denselben an drei Seiten mit Gebäuden in geschlossener Bauart derart zu umfassen, dafs nur die den vorherrschenden Windrichtungen abgekehrte Seite frei bleibt. Auch bei dieser Bauart geht es an, kleinere durch Brandmauern vollkommen getrennte Gebäude in Anwendung zu bringen.

Die Wahl der Geschofszahl steht ebenfalls frei. Vier Hauptgeschosse übereinander können ohne Schaden dem Unterbringen der Mannschaft dienen. Wo der gleiche Zweck mit annähernd gleichem Kostenaufwande sich erzielen läfst, wird man selbstredend eine geringere Geschofszahl verwenden. Ferner wird man in allen Fällen eines Untergeschosses und eines ausgebauten Dachgeschosses bedürfen zum Gewinnen von Verwaltungsräumen und Dienstzimmern, Kantinen, Werkstätten, Koch- und Waschküchen, Zeugkammern wie anderen Lagerräumen u. s. w. Auch bescheidene Dienstwohnungen lassen sich in diesen Geschossen wohl unterbringen, doch verdient es den Vorzug, für sie besondere Gebäude der Gesamtanlage einzufügen, die mit einem Vorgarten versehen werden.

Ein Bedürfnis für das Anlegen eines Kellers liegt nicht vor. Die der Sammelheizung und Lüftung dienenden Räume erhalten im Untergeschofs einen geeigneteren Platz als im Keller, falls nicht ein besonderes Kesselhaus errichtet wird. Vor einem Hochkeller verdient ein Sockelgeschofs in jeder Richtung den Vorzug.

Die Aborte können sowohl in einem besonderen Gebäude als auch in einem Flügelbau untergebracht werden, der durch einerseits offenen, aber vor Wind und Wetter geschützten Gang vom Hauptgebäude getrennt wird. Für vielgeschossige Bauten darf die letztere Art der Anlage als ein Erfordernis bezeichnet werden. Sie hat bei zweckmäfsiger Ausbildung, guter Überwachung und sorgfältiger Sauberhaltung Nachteile nicht im Gefolge, während die weite Entfernung völlig abgesonderter Abortgebäude von den Schlafzimmern Mängel aufweist. Die Aborte des Untergeschosses sind auch vom Hofe unmittelbar zugänglich zu machen. Die Lüftung der Aborte mufs ständig eine kraftvolle sein. Die Frischluft soll oben eintreten, z. B. durch Kippflügel der Fenster oder durch feststehende, durchbrochen gearbeitete Holzläden, die Abluft durch den Sitz oder nahe dem Fufsboden entweichen. Für die warme Jahreszeit ist Gegenzug ein Erfordernis. Für die Stände verdient Ölspülung vor Wasserspülung in jeder Hinsicht den Vorzug. Die Wasserspülung der

Aborte erfolgt am besten periodisch. Doch sollen in diesem Falle die Schalen sehr tief angelegt und stets so weit mit Wasser gefüllt sein, dafs das Auftreten übler Gerüche hintangehalten wird. Die Aborträume sind wasserdicht und so wasserbeständig auszubilden und auszustatten, dafs sie mittels Schlauchspülung gereinigt werden können.

Als Himmelsrichtung der Mannschaftszimmer und Schlafsäle müssen die westliche und die nördliche Lage vermieden werden. Die westliche Richtung ist als Wetterseite wenig geeignet, weil die Trockenheit der Räume durch Schlagregen ungünstig beeinflufst wird, die Stürme den Schlaf stören, die Fensterlüftung erschwert oder verhindert wird. Ferner leiden die Räume im Sommer während der Spätnachmittags- und Abendstunden, also gerade zur Zeit ihrer Hauptinbenutzungsnahme, unter der Erhitzung durch Sonnenstrahlung. Der Nordlage fehlt die Sonne, deren austrocknende Wirkung besonders notwendig ist, weil in den Mannschaftszimmern viel Wasserdampf der Luft sich beimengt, daher Schwitzwasserbildung auf kühlem Mauerwerk zu gewärtigen ist. Die östliche, südöstliche und südliche Himmelsrichtung weisen wesentliche Nachteile für die Zwecke der Kaserne nicht auf.

Bei der Grundplangestaltung mufs Bedacht genommen werden, dafs neben jedem oder zwischen je zwei Schlafsälen ein Mannschaftszimmer sich befindet und ausreichend Räume für Unteroffiziere eingefügt werden. Die Mannschaftszimmer sind mit etwa der Hälfte des Raumes genügend bemessen, welchen die zugehörigen Schlafsäle in Anspruch nehmen. Die Gröfse der letzteren richtet sich nach der Zahl der aufzustellenden Betten. Für Gänge zwischen den Bettreihen und für Aufstellung der Spinde mufs Platz bleiben, falls die letzteren nicht im Flur Aufstellung finden sollen, was ebensoviele Vorteile wie Nachteile besitzt. Die Wände sollen hinter und neben den Betten frei bleiben, weil andernfalls ihre Sauberhaltung zu leiden pflegt.

Die Flure sind breit anzuordnen und sollen Lichtfülle bieten, um das Antreten der Mannschaften zur Besichtigung ihres Anzuges und sonstigen Reinlichkeitszustandes zu gestatten. Die

Unterkante der Fenster liegt im Flur am besten so hoch, dafs unter ihnen der Raum zum Aufstellen von Schränken ausgenutzt werden kann, welche dann zweckdienlich mit Lüftungsöffnungen versehen werden. Die Waffen finden besser an der gegenüber liegenden Wand Platz, da sie dort vor Feuchtigkeit geschützt sind. Zur Lüftung der Flure genügt auch im Winter die Fensterlüftung. Kippflügelanordnung im oberen oder unteren Teile der Fenster ist für diesen Zweck empfehlenswert.

Die Treppenhäuser müssen vollkommene Feuersicherheit bieten und vom Dachgeschofs durch feuersichere Thüren getrennt sein. Am besten werden sie ganz aus Backsteinmauerwerk ohne Anwendung tragender Eisenteile gebildet. Als Belag der Stufen vermögen hartes Holz und hartes Gestein zu dienen. Die Höhe der Stufen beträgt — da nur Männer in Frage kommen — zweckdienlich 17 cm. Als Auftrittsbreite reichen 25 cm aus, sobald die Vorsprünge der Stufen 4 bis 5 cm breit gewählt werden. Die Breite der Läufe soll eine rasche Entleerung des Gebäudes gestatten. Vorteilhafter ist es aber, eine gröfsere Zahl von Treppen als übermäfsig breite Läufe zu wählen.

Die Konstruktion der Kaserne soll danach streben, mit den am Orte preiswert zu erhaltenden Baustoffen gröfste Haltbarkeit, Wetterbeständigkeit und Feuersicherheit zu erzielen. Zum Mauerwerk kann jede Art Kunststein, auch Feldbrand und lufthaltiger Bruchstein dienen, sobald es aufsen mit wetterfestem wasserabweisenden Verputz versehen, mit undurchlässigem Gestein oder Ziegeln verblendet wird, die bis zur Sinterungsgrenze gebrannt wurden. Der Innenputz mufs eine besonders gute Erhärtung aufweisen. Bis zur Reichhöhe sollte nirgends reiner Kalkmörtel hierzu Verwendung finden, sondern dieser mindestens durch Zuschläge verbessert werden. Die Decken werden am besten als weittragende, leichte Gewölbe (ohne tragende Teile aus Eisen oder Holz ausgebildet. Das Dachgeschofs soll unter allen Umständen feuersicher vom übrigen Gebäude getrennt werden. Als Fufsboden dient am besten haltbarer Estrich, der in den Räumen zu dauerndem Tagesaufenthalt mit Linoleum belegt werden kann. Holzwerk ist möglichst sparsam zu verwenden. Wandbekleidungen, auch Fensterbekleidungen und Scheuerleisten aus Holz sind völlig zu vermeiden, um das Ansiedeln von Ungeziefer zu verhindern. Die Wandecken und Deckenanschlüsse an das Mauerwerk werden zweckdienlich ausgerundet, jedwede Art von Fugenbildung ist zu verhindern. Die Farbe der Decken und Wände soll bis herab zur Reichhöhe eine ganz lichte sein. Der Wandsockel kann eine Färbung erhalten, auf welcher Flecke nicht allzusehr hervortreten, und soll waschbar sein. Der Anstrich der oberen Wandteile und der Decke besteht am besten aus Kalktünche, die jährlich einmal frisch aufgetragen wird. Ein gelblicher oder grünlich-grauer Ton pflegt für sie zweckmäfsig zu sein.

Die Dampfheizung eignet sich für Kasernen im allgemeinen am besten. Luftheizung ist trotz ihrer günstigen Lüftungswirkung nicht allerorts anwendbar, weil ihre Schächte zur Ungezieferansiedlung Veranlassung geben können. Ofenheizung verursacht zu viel Schmutz und Staub, läfst eine sachgemäfse Regelung nicht zu und führt hierdurch häufig zu Unzuträglichkeiten. Warmwasserheizung ist zu kostspielig.

Die Anwendung von Schächten für die Lüftung hat die eben genannten Bedenken. Zweckentsprechend dürfte es sein, Heizrohre in die Fensterbrüstungen zu legen und die Frischluft hier unmittelbar zuzuführen. Werden Abluftschächte angelegt, dann sollten sie so grofs gewählt werden, dafs einer zeitweiligen gründlichen Säuberung Hindernisse nicht entgegen stehen. Für die Sommerlüftung reicht Fensterlüftung aus. Eine zweckmäfsige Fensterausbildung ist hierzu Erfordernis. An eine kraftvolle Wirkung der Lüftung, auch während der Nacht, soll die Mannschaft von vornherein gewöhnt werden, da sie in Kasernen dringend erforderlich ist.

Als künstliche Beleuchtung kann für Kasernen ausschliefslich das elektrische Licht empfohlen werden. Gasbeleuchtung hat hier zu leicht Gefahren im Gefolge und die Glühstrümpfe sind zu empfindlich für diesen Zweck. Um das elektrische Licht billig zu erhalten, ist es geraten, den Strom selbst zu erzeugen und, soweit es angeht, in grofsen Räumen vom Bogenlicht Gebrauch zu machen. Das elektrische Licht bietet den Vorzug, den Übungsplatz oder Hof, die Strafse, die Stallungen, Reitbahnen und Turnhallen in ausreichende Helle setzen zu können.

Die Heizungs- und Lichterzeugungs-Anlagen werden zweckmäfsig zusammengelegt und mit ihnen eine Dampfwaschanstalt verbunden, welche die neuzeitigen Einrichtungen zum Reinigen, Trocknen und Glätten der Wäsche erhält. Die Kochküche kann ebenfalls dann der Anstalt angefügt und mit Dampfbetrieb versehen werden. Die Kochkessel bestehen am besten aus Kupfer. Wird für ihre Sauberhaltung Sorge getragen, dann bieten sie keine Vergiftungsgefahr.

XV. Abschnitt: Das Gefängnis.

Für die Entscheidung der Frage, wie Gefängnisse im gesundheitlichen Sinne gestaltet werden sollen, stehen zwei völlig abweichende Anschauungen einander gegenüber. Die eine lautet:

Verbrecher sind gemeingefährliche und schädliche Menschen, die der Allgemeinheit zur Last fallen und denen es im Vergleich zu den Armen, Bedürftigen und Elenden viel zu gut geht.

Der umgekehrte Standpunkt sieht in den Gefangenen der Freiheit beraubte, bemitleidenswerte Geschöpfe, die guter Pflege und Ernährung ganz besonders bedürfen, weil sie sonst infolge ihrer unnatürlichen Lebensweise und der seelischen Einflüsse langsam aber sicher dem Tode verfallen.

Das Richtige dürfte auch hier in der Mitte liegen: Der gewerbsmäfsige, rückfällige oder unverbesserliche und der gemeingefährliche Verbrecher ist des Mitleids nur im geringen Grade wert. Dagegen verdient der Gefangene, welcher durch Leidenschaft, Not, schlechte Behandlung, Fahrlässigkeit u. a. zu einem einmaligen Vergehen oder Verbrechen geführt wurde, unsere Anteilnahme vielfach im höchsten Mafse, darf nicht im Gefängnis der Verzweiflung in die Arme getrieben werden, in ihm zu Grunde gehen oder gebrochen an Körper und Geist aus ihm hervorgehen. Er soll vielmehr nach Abbüfsung seiner Strafe der menschlichen Gesellschaft in voller Kraft zurückgegeben werden.

In noch höherem Grade verdienen die öffentliche Anteilnahme in der Regel der politische Verbrecher und der Untersuchungsgefangene, welcher in sehr vielen Fällen als unschuldig aus den Gerichtsverhandlungen hervorgeht, und die Zahl der unschuldig Verurteilten ist grofs genug, um eine gesundheitsgemäfse Gestaltung und Ausstattung der Gefängnisse als eine Notwendigkeit erscheinen zu lassen.

Leider unterscheidet das Strafgesetz die verschiedenen Arten der Verbrecher nicht im ausreichenden Mafse. Meines Erachtens wäre es notwendig, die gemeingefährlichen und die unverbesserlichen Verbrecher von den übrigen Gefangenen vollständig zu trennen, indem man z. B. die ersteren ausschliefslich mit Zuchthaus oder Arbeitshaus, die anderen nur mit Gefängnis bestrafte. Das Zeitmafs der Strafe allein würde dann der Schwere des Vergehens oder Verbrechens anzupassen sein. Hierdurch würde das Ehrenrührige eines Teiles der Freiheitsstrafen sachgemäfs gemildert und es vor allem möglich werden, die Gefängnisse in ihrer Bauart, Einrichtung und Ausstattung so zu gestalten, wie es der Art der Verbrecher entspräche, die in ihnen untergebracht werden sollen.

Wie man heute streng unterscheidet zwischen einem Manne, der im Zweikampf den Gegner getötet hat, und demjenigen, der sich von seiner Leidenschaft hinreifsen läfst, als Rächer seiner oder seiner Angehörigen Ehre Totschlag zu üben, den einen nur mit Festungshaft, den andern mit Gefängnis- oder Zuchthausstrafe belegt, so sind Unterscheidungen der oben angedeuteten Art weit mehr noch im Sinne des Gerechtigkeitsgefühles unseres Volkes gelegen; sie würden nach jeder Richtung nur segensreich wirken.

Gegen gemeingefährliche Verbrecher ist die Gesellschaft gegenwärtig zu wenig geschützt, sie sollten durch den Namen der verbüfsten Freiheitsstrafe gebührend gekennzeichnet sein und ihrem — möglichst dauernden — Unterbringen in öffentlichen Anstalten sollten die denkbar niedrigsten Geldmittel geopfert werden.

Ähnliches gilt von den unverbesserlichen oder gewerbsmäfsigen Verbrechern, während alle übrigen Gefangenen in

Gefängnissen untergebracht werden sollten, die einen menschenwürdigen Aufenthalt gewähren. Auch die Art der Ernährung und Behandlung dieser Gefangenen sollte eine wesentlich bessere sein als sie es zur Zeit ist, ja sein darf. Für sie ist zu fordern: Ausreichend Licht; reine Luft; günstige Wärmeverhältnisse; eine zwar einfache aber doch freundliche Raumgestaltung; hinreichend Bewegung im Freien; eine dem Kulturstande einigermafsen angepafste Beschäftigungsweise, Ernährung und Behandlung; Sauberkeit in jeder Beziehung.

Den Untersuchungsgefangenen in minderwertigen Räumen unterzubringen oder schlecht zu halten, aber fehlt uns jedes Recht. Es ist schlimm genug, dafs auf einen irrigen Verdacht oder gar auf böswillige Verdächtigung hin jedermann in das Untersuchungsgefängnis geraten kann, unter Umständen Monate lang der Freiheit beraubt in Sorge oder Erbitterung zu leben gezwungen ist, ohne des geringsten Vergehens sich schuldig gemacht zu haben. Daher darf meines Erachtens das Untersuchungsgefängnis nicht schlechter gestaltet und ausgestattet sein als anständige Wohnungen, es mufs den Gefangenen ferner ausreichende Bewegung in frischer Luft gestatten und darf ihn unter keinen Umständen mit Leuten zusammenführen, die als Verbrecher bekannt oder vorbestraft sind oder auf der That ergriffen wurden. Auch mufs eine sachgemäfse Trennung nach dem Kulturstande der Untersuchungsgefangenen stattfinden.

So lange aber eine hinreichende Trennung nach allen diesen Richtungen nicht zur Durchführung gelangt ist, dürfen wir keinen Gefangenen der Bedingungen berauben, die zur Erhaltung seiner Gesundheit notwendig sind. Die Gefängnisse sind daher einstweilen sämtlich derart zu gestalten und auszustatten, wie es von Räumen zu dauerndem Aufenthalt (einfacher Art) allgemein gefordert wird.

Da ferner die von den Quäkern in Amerika zuerst angeregte, später auch in europäischen Staaten angewandte Einzelhaft (bei Tag und bei Nacht) als eine der schwersten Strafen sich erwiesen hat, so wird es sich im allgemeinen künftig mehr darum handeln, zwar Zellen in ausreichender Zahl für den Nachtaufenthalt jedes einzelnen Gefangenen anzuordnen, daneben aber gröfsere und mittelgrofse Zellen für den Aufenthalt und die Arbeit bei Tage in entsprechender Menge vorzusehen und vor allem Gelegenheit zum Arbeiten wie zum Ergehen in frischer Luft für jeden Gefangenen zu schaffen. Gröfsere Gärten wie gärtnerisch gestaltete Einzelhöfe in hinreichender Zahl sind hierzu erforderlich.

Als weitere Grundsätze für die Grundplanverfügung, Konstruktion und Inneneinrichtung neuer Gefängnisse dürfen gelten:

1. Die Verwaltungs- und Wirtschaftsräume sowie die Dienstwohnungen der Beamten und der Unterbeamten sind in besonderen Gebäuden oder in einem besonderen Gebäude völlig getrennt von den Gefängnissen unterzubringen.

2. Die Zellen sind in Flügelbauten derart um eine grofse Mittelhalle zu legen, dafs sie von einem Punkte aus sich übersehen und überwachen lassen.

3. Unterhalb des Erdbodens dürfen weder Zellen noch deren Fufsboden sich befinden.

4. Eine Kirche ist derart anzulegen, dafs die Gefangenen in sie hineingeführt werden können, ohne mit den übrigen Kirchenbesuchern zusammenzutreffen oder Fluchtversuche machen zu können.

5. Ein Krankenhaus ist mit dem Verwaltungsgebäude zu verbinden. Die den Gefangenen dienenden Säle oder Zimmer desselben sind aber derart anzulegen und einzurichten, dafs Fluchtversuchen ausreichend entgegengewirkt wird.

6. Die Gefängnisse sind nach Geschlechtern vollständig zu trennen und sollten nicht mehr als 200 bis 300, höchstens 500 Insassen Raum bieten.

7. Die Untersuchungsgefängnisse sind besser auszubilden und auszustatten und sollen unmittelbar neben dem Gerichtsgebäude ihren Platz erhalten.

8. Der Bauplatz soll ein gesunder sein und etwa $^1/_2$ Ar für den Kopf messen; er ist mit ausreichend hohen, glatten Ringmauern abzuschliefsen. Die Gartenanlagen dürfen weder Buschwerk noch Baumwuchs aufweisen.

9. Die Stärke der Mauern der Gefängnisse braucht nicht gröfser gewählt zu werden, als die Standfestigkeit und die Wärmeverhältnisse es erfordern.

10. Die Hallen, Treppen, Flure und Zellen sollen Lichtfülle bieten. Ihre räumliche Gestaltung, die Farbe aller Flächen und die Art der Baustoffe soll gröfste Reinlichkeit mit der geringsten Mühewaltung erzielen lassen und das Einnisten von Ungeziefer verhindern.

11. Ausschliefslich die Röhrenheizung ist brauchbar. Die Anwendung irgend welcher Art Schachte ist unthunlich. Es ist daher einzig die Fensterlüftung am Platze. Der künstlichen Beleuchtung kann ausschliefslich das elektrische Licht dienen.

12. Die Fensterlage mufs den Verkehr der Gefangenen (aufserhalb der Zellen) verhindern, soll aber den Ausblick ins Freie gestatten.

13. Jede Zelle bedarf eines Klosetts und eines Wasserzapfhahns.

14. Die Bauten sollten durch Gefangene ausgeführt werden, damit der für sie erforderliche Kostenaufwand niedrig gehalten wird. Dagegen ist auf gröfste Haltbarkeit aller Bauteile und Ausstattungsgegenstände Gewicht zu legen, um die Instandhaltung der Gefängnisse mit einem Mindestaufwande bestreiten zu können.

Der Billigkeit und Übersichtlichkeit wegen verdienen grofse Gebäude vor Anlagen in zerstreuter Bauart den Vorzug. Für »Gefangene« ist jedoch auch die letztere anwendbar und besonders geeignet, diesen ein menschenwürdigeres Los zu bieten. Eine Trennung der Gefangenen in Gruppen nach ihrem Kulturstande sowohl wie nach der Art ihrer Vergehen ist durch die zerstreute Bauart geradezu gegeben: Einzelgärten treten an die Stelle eines einzigen grofsen Gartens und die Gebäude können in ihren Abmessungen, ihrer Raumgestaltung und Ausstattung leichter eine verschiedenartige Behandlung erfahren, wie sie einer solchen Trennung entsprechen würde. Die zerstreute Bauart bietet daher für den besseren Teil der Gefangenen manche Vorteile und ihre Kosten dürften sich angemessen halten lassen.

weil die Gefängnisse in der Regel in kleineren Gemeinden oder fern von Ortschaften angelegt werden.*) Für gemeingefährliche Verbrecher halte ich dagegen ausschliefslich die geschlossene Bauweise für brauchbar, weil es hier gilt, Fluchtversuche zu vereiteln und eine strenge Zucht aufrecht zu erhalten, jede Milde aber schlecht angebracht zu sein pflegt.

Man hat früher die Deportation solcher Verbrecher allgemein befürwortet, um die Gesellschaft von ihnen zu befreien und vor ihnen zu schützen. Aber leider hat sie sich nirgends bewährt. Es sind Gefahren für den besseren Teil der Kolonie entstanden, vielfach ist eine hohe Sterblichkeit unter den Gefangenen oder unter der Gesamtbevölkerung aufgetreten und stets sind die Kosten noch gröfser gewesen als bei dauerndem Unterbringen in Gefängnissen des Mutterlandes. Das für die Gesellschaft Zweckmäfsigste wäre eine Beseitigung gemeingefährlicher Verbrecher im Rückfall durch eine milde Todesart. Aber ein solches Vorgehen läfst sich mit neuzeitigen Grundsätzen nicht vereinen. Nach Übervölkerung aller bewohnbaren Gebiete der Erde wird die Not vielleicht dereinst zu ihm die Veranlassung geben.

*) Vielleicht liefsen landwirtschaftliche Betriebe zum Unterbringen für diese Art der Gefangenen sich anwenden, sobald ihre Gebäude eine sachgemäfse Ausbildung erfahren.

XVI. Abschnitt: Die Wasserversorgung.

Das Wasser ist ein Bestandteil unserer Nahrung, den Mensch und Tier weit weniger lange zu entbehren vermögen als feste Speisen. Geringe Verluste der Organe an Wasser rufen bereits krankhafte Erscheinungen hervor. Nach den vorliegenden Untersuchungen bewirkt bei Säugetieren ein Verlust von 10 % Störungen des Allgemeinbefindens, Schwächezustände und Zittern; ein Verlust von 20 bis 22 % führt zum Tode. Es mufs daher rasch Ersatz für die ständigen Wasserausscheidungen geboten werden, dessen Gröfse sich nach diesen zu richten hat. Auch erheischt im warmen Klima der Wärmehaushalt des Menschen eine reichliche Aufnahme von Flüssigkeit oder wasserhaltiger Speisen (vergl. Seite 55).

Ein zeitweiliger überhoher Genufs von Wasser oder stark wässeriger Kost hat keine Nachteile im Gefolge.

Dagegen vermag eine ständige, überhohe Aufnahme von Flüssigkeiten dann zur Wasseraufspeicherung im Körper (meist vereint mit schlechter Muskelbildung und überhohem Fettansatz) zu führen, wenn die Aufnahme nahrhafter Speisen hierdurch leidet, was z. B. bei vielen »Biertrinkern« und bei falsch ernährten Säuglingen der Fall ist.

Ferner bedürfen wir des Wassers zur Speisebereitung, zur Hautpflege, zur Sauberhaltung der Umgebung des Menschen, zu Zwecken des Haushalts und der Gewerbe, zum Rein- und

Staubfreihalten der Strafsen, zum Sprengen der Gärten, zum Spülen der Schwemmkanäle u. a. Güte und Fülle des Wassers sind daher gleich bedeutungsvoll.

Die an das Wasser als Genufsmittel zu stellenden hohen Ansprüche beziehen sich nicht allein auf das zum Trinken und zur Bereitung von Speise und Trank benötigte Wasser, sondern auch für die Haushaltsführung, die Hautpflege und die Nahrungsmittelerzeugung ist Reinheit des Wassers ein Erfordernis. Dagegen kann zu vielen anderen technischen Zwecken, namentlich zur Kesselspeisung, ferner zum Sauber- und Staubfreihalten der Strafsen, zum Sprengen der Gärten, zum Spülen der Aborte und Kanäle jedes von Schwimmstoffen befreite Wasser dienen. Für die Mehrzahl dieser Zwecke ist Weichheit des Wassers das wichtigste Erfordernis.

Eine Trennung nach diesen Richtungen ist daher nicht nur angängig, sondern im Sinne der Gewerbthätigkeit erwünscht. Jede durch Verwechslung der Leitungen denkbare Gefahr ist leicht zu vermeiden. Die Trennung kann auch dort zur Notwendigkeit werden, wo zwar vortreffliches »Trinkwasser« zur Verfügung steht, aber seine Fülle nur für die erstgenannten Zwecke ausreicht. Ehe man weniger treffliches Wasser dem »Trinkwasser« beimengt, oder eine übermäfsige Menge von Wasser dem Boden entzieht und dadurch seine Güte in Frage stellt, sollte zur Gewinnung eines geeigneten, möglichst weichen »Brauchwassers« für die letztgenannten Zwecke (neben der Trinkwasserversorgung) geschritten werden.

Für die Zukunft dürfte dieses Erfordernis mancherorts sich geltend machen, wo gegenwärtig eine einheitliche Wasserversorgung besteht oder errichtet wird. Das rasche Anwachsen der Städte führt eine derart grofse Vermehrung des Wasserverbrauchs herbei, dafs binnen weniger Jahrzehnte die bestehenden Wasserwerke ein nach jeder Richtung treffliches »Trinkwasser« nicht mehr in Fülle zu bieten vermögen, falls nicht »Brauchwasser« für die gedachten Zwecke herangezogen wird. Ja es kann selbst für die an gutem Grund- und Quellwasser reichen Gegenden Deutschlands die Zeit kommen, in der die Gesamtmenge des gewonnenen Untergrundwassers oder Quellwassers eben noch ausreicht, das Bedürfnis der Grofsstädte nach »Trinkwasser« zu decken, aber auch nicht annähernd im stande ist, dem Bedarf an »Brauchwasser« ebenfalls zu genügen.

Ein vollständiges Abweisen dieser Trennung*) dürfte daher weder im Sinne der Volkswirtschaft liegen, noch in dem der Volkswohlfahrt.

Das Brauchwasser zu Zwecken heranzuziehen, für welche es sich nicht eignet, wird kaum jemanden in den Sinn kommen, kann aber dadurch jedenfalls vermieden werden, dafs die betreffenden Leitungen überhaupt nicht in Gebäude eingeführt werden dürfen, die für den Aufenthalt von Menschen bestimmt sind. Das Einleiten in Privatgärten und in Gewerbebetriebe kann von dem Erfüllen bestimmter Bedingungen abhängig gemacht werden. Betriebe, welche der Erzeugung von Getränken, von Nahrungs-, Genufs- oder Heilmitteln und dergl. dienen, sind gleich den Wohngebäuden vom Bezug des Brauchwassers auszuschliefsen.

In den nachfolgenden Darlegungen wird eine Trennung der Ansprüche an »Trinkwasser« und an »Brauchwasser« stattfinden. Diese Bezeichnungen sind aber ausschliefslich in dem Sinne der obigen Klarstellung des jeweiligen Zwecks dieser Wässer gedacht.

Die Ansprüche an das zum Genufs bestimmte Wasser.

Das für die Zwecke des menschlichen Haushalts bestimmte Wasser mufs als Genufsmittel in erster Linie die Ansprüche der Sinne befriedigen, es mufs Wohlgeschmack aufweisen, kristall-

*) Mancherorts scheint die Durchführung einer Trennung auf Schwierigkeiten gestofsen zu sein. Die letzteren dürfen jedoch als belangreich oder gar unüberwindlich nicht bezeichnet werden. In Hannover ist zur Entlastung des Trinkwasserwerks neuerdings ein Flufswasserwerk inmitten der Stadt errichtet, welches ausschliefslich dem Spülen der Strafsenrinnsale und Kanäle, dem Sprengen der Strafsen, öffentlichen Plätze und Gartenanlagen dient. Weder der Anlage noch dem Betrieb dieses Werkes sind Hindernisse irgend welcher Art entgegengetreten, während die übergrofse Inanspruchnahme des Trinkwasserwerks und die hierdurch hervorgerufenen Mifsstände behoben sind, das nicht gerade erfreuliche Sparen mit dem zum Strafsensprengen dienenden Wasser aber aufgehört hat.

klar sein, darf keine fremdartige Farbe zeigen und soll vor allem während des ganzen Jahres einen gleichmäfsigen Wärmegrad besitzen. Ferner mufs es frei sein von schädlichen Beimengungen irgend welcher Art und darf keinen zu hohen Härtegrad aufweisen.

Der Wohlgeschmack kann durch die verschiedensten Ursachen gestört, aber auch durch fremde Beimengungen, oft nicht einmal unbedenklicher Art, gehoben werden: Ein geringer, völlig unbedenklicher Gehalt an Huminsäure, wie ihn die durch Torfschichten gesickerten Wässer aufweisen, oder anderen der Humuszersetzung entstammenden Stoffen, beeinträchtigt als »fremd« den Wohlgeschmack; ein bemerkbarer Gehalt an Kochsalz stört und ist dem Stillen des Durstes hinderlich; Bittersalze, Kalisalze u. a. geben dem Wasser nicht nur einen üblen Geschmack, sondern rufen Verdauungsstörungen hervor; gelöste organische Stoffe (tierischer Abstammung) machen das Wasser (in Hinsicht auf ihre Herkunft) ekelerregend; im höheren Grade noch gilt dieses vom Schwefelwasserstoff, obgleich »Schwefelquellen« ebenso wie die »Bittersalzquellen« als Heilmittel Verwendung finden; ein hoher Gehalt an freier Kohlensäure gibt Wohlgeschmack, obgleich seine Herkunft recht fragwürdiger Art sein kann. Säuerlinge jeder Art sind beliebt, künstlich angesäuertes bezw. mit Kohlensäure bereichertes Wasser wird gern getrunken und oft lächerlich hoch bezahlt, obgleich es durchaus nicht immer einwandfrei ist, nach dem Entweichen der Kohlensäure nicht gerade selten einen höchst faden, oft widerwärtig salzigen Geschmack aufweist. Ein fremdartiger oder übler Geruch stört fast mehr noch als der Geschmack, schliefst daher das Wasser in der Regel vom Genufs aus.

Ein opalescierendes, trübes oder Schwimmstoffe gröberer Art aufweisendes Wasser verweigert der Mensch instinktiv, selbst wenn die Trübungen der unschuldigsten Abkunft sind, weil sie einen Fingerzeig für den Gehalt des Wassers an Schädlichkeiten zu bilden vermögen.

Ist das Wasser vollkommen klar, so gewöhnt man sich unter Umständen an eine etwas abweichende Färbung, sobald wenigstens die Untersuchung, die Beobachtung oder Erfahrung

Sicherheit bietet, dafs dem Wasser irgend welche Schädlichkeit nicht innewohnt. So wird in den Moorgegenden schwach bräunlich erscheinendes Wasser getrunken, falls Geschmack und Wärmegrad entspricht. Aber es bleibt solches Wasser stets nur ein Notbehelf; im allgemeinen fordern wir farbloses, in stärkeren Schichten erst schwach bläulich erscheinendes Wasser.

Der Wärmegrad des Wassers kommt zwar nur für seinen unmittelbaren Genufs und für die Herstellung kühler Getränke in Betracht, ist trotzdem aber von ausschlaggebender Bedeutung. Namentlich ein im Sommer zu warmes Wasser ist als Getränk unbrauchbar. Der Mangel eines erfrischenden, Durst stillenden Trinkwassers führt gesundheitliche und wirtschaftliche Nachteile namentlich für die minder bemittelten Volksschichten herbei. Teils werden unzureichende Flüssigkeitsmengen eingenommen, teils wird zu Kosten verursachenden Getränken gegriffen, teils der Genufs von Kaffee, Thee, Bier und dergl. in einer der Gesundheit nachteiligen Weise vermehrt. Vor allem aber fehlt es den Kindern an erfrischendem Getränk in ausreichender Menge, auch der Mangel eines billigen Mittels zur raschen Kühlung der Speisen und der Milch, zur Herstellung von preiswerten kühlenden und erfrischenden Getränken wird in weiten Volksschichten schwer empfunden.

Allerdings besitzen wir in der ausreichend tiefen Führung ausgedehnter Rohrnetze ein Mittel, um ausgleichend auf den Wärmegrad des Trinkwassers zu wirken, während ein zu flaches Führen der Leitungsrohre dem gut temperierten Wasser seine trefflichste Eigenschaft raubt. Der richtigen Tieflage säntlicher Rohrleitungen kommt daher eine ebenso hohe Bedeutung zu wie der Wahl eines Wassers von angemessenem Wärmegrade. Der letztere soll an der Schöpfstelle innerhalb der Gebäude im Winter nicht unter 5° C. herabgehen, im Sommer nicht über 15° C. ansteigen können, der Wärmegrad des Wassers selbst daher in den Grenzen zwischen 8° und 12° C. liegen. Ein während des ganzen Jahres niederer Wärmegrad, wie Tiefbrunnen und das aus tiefen Erdschichten stammende Grund- und Quellwasser ihn aufweisen (4° bis 6° C.), ist allerdings eher als Vorteil, denn als Nachteil zu betrachten. Nur bedürfen in diesem Falle die Leitungsrohre einer vor Frost besonders geschützten Lage, weil der Zustand gröfster Dichte des Wassers bereits erreicht oder nahezu erreicht ist. Für den Genufs ist solches Wasser zumeist das angenehmste, weil die nicht immer vermeidbaren Mängel der Wasserführung durch eine niedere Sommertemperatur ausgeglichen werden.

Der Härtegrad des Wassers hat weit mehr Bedeutung für einige Haushalts- und technische Zwecke als für die Gesundheit. Der Mensch gewöhnt sich leicht sowohl an ein von gelösten Salzen fast völlig freies Wasser (Wässer des Granit- und Bundsandsteins) als an ein sehr hartes Wasser (Kalkgebirge), nur vereinzelt und ganz vorübergehend treten beim Übergang vom Genufs sehr weichen zu hartem Wasser leichte Gesundheitsstörungen auf*).

Dagegen ist ein hochgradig hartes Wasser zu meiden, weil es (z. B. beim Gehalt von Bikarbonaten) zur Versinterung der Leitungsrohre Veranlassung geben kann, für die Wäsche unbrauchbar ist oder mindestens sehr hohe Seifenmengen bindet und dadurch verloren gehen läfst, zum Kochen von Hülsenfrüchten untauglich ist, weil die Erdsalze mit den Eiweifskörpern unlösliche Verbindungen eingehen, welche das Weichwerden verhindern, und in Gewerbebetrieben aller Art keine Verwendung finden darf.

Als Höchstgehalt an Erdsalzen werden 18 bis 20 g Calciumoxyd bezw. die äquivalente Menge Magnesiumoxyd auf 100000 g Wasser angesehen; man bezeichnet ihn abkürzend mit 18 bis 20 Härtegraden.

Gifte finden wir in Wasser, welchem die Abgänge von Bergwerken oder von Gewerbebetrieben zugehen, in welchen Gifte gewonnen oder abgeschieden werden. Im Bergwerksgelände, wo unterirdische freie Verbindungen der Gewässer nicht zu den Seltenheiten gehören, ist vor der Benutzung von Quellen eine

*) Neuerdings ist die Behauptung aufgestellt, ein hoher Kalksalzgehalt des zum Genufs bestimmten Wassers sei ein dringendes Erfordernis für den Aufbau wie die Erhaltung des Knochengerüstes und der Zähne. Die Bestätigung dieser Annahme bleibt abzuwarten.

Untersuchung nach dieser Richtung Erfordernis, weil Abwässer der gedachten Art unterirdisch oft meilenweit geführt werden, ohne eine ausreichende Verdünnung zu erfahren.

Die Abwässer der Bergwerke führen vielfach Blei oder Arsen in Lösung, deren Giftwirkung selbst bei ganz geringfügigem Gehalt noch langsames Siechtum hervorzurufen vermag.

Die Abwässer der Gewerbebetriebe können die verschiedenartigsten Gifte enthalten. Mit ihnen verunreinigtes Wasser ist allgemein vom Genufs auszuschliefsen, selbst wenn inzwischen eine erhebliche Verdünnung und Filterung stattgefunden hat. Die der Wasserversorgung dienenden Gewässer und Grundwassergebiete bedürfen daher des sorgfältigsten Schutzes gegen die Abwässer von Gewerbebetrieben. Allgemein sollte gefordert werden, dafs die in ihnen enthaltenen Schädlichkeiten entfernt oder ihrer üblen Eigenschaften benommen werden müssen, ehe sie abgeleitet werden dürfen. Weder im Boden noch im Wasser ist mit Sicherheit auf einen die Gifte zerstörenden Vorgang zu rechnen, wenn auch manche Gifte, namentlich in stark verdünnter Gestalt, der baldigen Zerstörung anheimfallen.

Wesentlich häufiger als durch Gifte kommen ernste Schädigungen durch den Genufs von Wasser zu stande, welches Parasiten enthält. Wasser, das eine Beimengung von Menschenkot erhielt, kann Eier von Bandwürmern, Spulwürmern und anderen tierischen Parasiten des Menschen enthalten. Wichtiger sind die der gleichen Quelle entstammenden Krankheitserreger aus dem Reiche der Kleinlebewesen. Alle oberflächlich abfliefsenden, der natürlichen Filterung nicht unterliegenden Wässer sind als bedenklich in dieser Richtung vom Genufs auszuschliefsen.

Mufs im Notfall vom Oberflächenwasser Gebrauch gemacht werden, dann bedarf es der sorgfältigsten Filterung oder anderer Reinigungsmittel, welche die Gefahr ausschliefsen oder doch auf ein Mindestmafs herabsetzen, ehe es zum Genufs im ungekochten Zustande oder zur Verwendung im Haushalte, zur Hautpflege und dergl. zugelassen werden kann, weil die Gefahr der Krankheitsverbreitung durch das Wasser auf den verschiedensten Wegen zu gewärtigen ist.

Die Ansprüche an das zum Sprengen der Strafsen und Gärten, zu technischen Zwecken und dergl. dienende Wasser.

Soll das Wasser ausschliefslich den Zwecken der Reinhaltung von Strafsen und Kanälen, dem Sprengen der Strafsen, öffentlichen Plätze und Gärten dienen, dann werden hohe Forderungen an seine Reinheit nicht gestellt zu werden brauchen. Mangel an üblen Geruch, auffallender Farbe und Trübung genügt. Hier hat die Härte wohl nichts Ernsthaftes zu sagen. Flufswasser ist stets weich.

Dafs durch die Benutzung von Oberflächenwasser zu diesen Zwecken der Gehalt des Strafsenstaubes an Parasiten eine erhebliche Mehrung erfahre, wie das vielfach eingewendet worden ist, kann wohl nicht angenommen werden, da der Staub weit reicher an diesen zu sein pflegt als das Flufswasser. Dagegen werden die Fülle im Verein mit dem niederen Preis des Wassers ganz wesentlich zur Staubverminderung beitragen, dürften daher die Gefahren der Staubeinatmung eher vermindern als erhöhen.

Zu Seuchenzeiten ist allerdings auch in dieser Richtung Vorsicht am Platze.

Für technische Zwecke (Kesselspeisung, Färben, Waschen, Spülen und dergl.) ist ein möglichst geringer Härtegrad und Freiheit des Wassers von Eisensalzen wie von Schwimmstoffen jeder Art (Thon, Erde, Abgänge des Pflanzen- oder Tierreichs und dergl.) ein Erfordernis. Ein erheblicher Gehalt an gelösten organischen Substanzen kann ebenfalls Kesselschädigungen im Gefolge haben.

Soll daher eine Brauchwasserleitung auch der Industrie dienen, dann wird Oberflächenwasser im allgemeinen den Vorzug von Grundwasser verdienen, aber in der Regel der Klärung oder gröberen Filterung bedürfen, wenn nicht Landseen oder Stauweiher zur Speisung herangezogen werden können, deren Wasser in gewissen Tiefen eine für diese Zwecke ausreichende Reinheit aufweist.

Mit dem Darbieten eines derartigen Wassers in ausreichender Fülle und zu niederem Preis wird der Industrie ein grofser

Dienst erwiesen. Ihre rasch wachsende Bedeutung für den Wohlstand unseres Volkes weist darauf hin, dafs in Zukunft auch diesem Bedürfnis Rechnung zu tragen ist, dafs die Schwierigkeiten überwunden werden müssen, welche seiner Befriedigung entgegenstehen.

Das Filtern oder sonstige Reinigen des Wassers kann im Erfordernisfalle in den Gewerbebetrieben erfolgen, wird aber weit besser vor dem Einleiten in die Zuführungsrohre im grofsen Mafsstabe zur Durchführung gebracht. Die Kosten des Verfahrens werden hierdurch eher ab- als zunehmen.

Der verschiedenartige Wert der zur Verfügung stehenden Wasservorräte der Natur.

Vom Regenwasser wird nur selten noch Gebrauch gemacht, obgleich es im nicht verunreinigten Zustande für alle rein technischen und manche Haushaltungszwecke (Reinigen der Wäsche, Weichkochen von Hülsenfrüchten, Bereiten von Kaffee und Thee u. s. w.) sowie zum Sprengen der Gärten als das tauglichste Wasser bezeichnet werden mufs.

Im Hochgebirge in einer Höhe von etwa 1700 m aufgefangen, erwies sich Regenwasser als vollkommen rein; es war freier von Beimengungen als das für Laboratoriumszwecke gebräuchliche doppelt destillierte Wasser.

Das Regenwasser nimmt jedoch beim Durchdringen der tieferen Luftschichten, namentlich in der Nähe der Städte und Industriebezirke, sowohl gasförmige als staubförmige Verunreinigungen und Kleinlebewesen in oft grofser Menge auf und pflegt beim Aufschlagen und Abfliefsen von Dachflächen, dem Pflaster der Strafsen und Höfe oder dem Acker hochgradig verunreinigt zu werden.

Das in offenen Becken oder Cisternen gesammelte Regenwasser macht daher zunächst einen Faulungsvorgang durch und es werden allmählich mit den niedersinkenden staubförmigen Verunreinigungen die Kleinlebewesen zu Boden gerissen. Während am Boden der Becken die Lebensthätigkeit der letzteren sich fortsetzt und erst nach längerer Zeit zum Abschlufs gelangt, erweist sich in tiefen brunnenartigen, durch Deckel geschützten Becken das Wasser nach dem Faulungsvorgang als klar, geruchlos und arm an Kleinlebewesen, so dafs seiner Verwendung für die gedachten Zwecke kaum etwas im Wege stehen dürfte.

Dagegen ist es fad von Geschmack, meist (durch Algen) etwas grünlich von Farbe und auch seiner Herkunft nach nicht zum unmittelbaren Genufs geeignet.

Will man es vor Verunreinigung durch nachfliefsendes Wasser schützen, dann ist es erforderlich, zwei Becken nebeneinander anzulegen, von denen das eine dem Sammeln der Niederschläge, das zweite vom ersten durch Überlauf oder besser durch Heber gespeiste, dem Aufbewahren des geklärten Wassers dient.

Ein höherer Grad der Reinheit kann dadurch erzielt werden, dafs die Niederschläge nicht unmittelbar in die Becken gelangen, sondern zunächst einem Filterungsvorgang unterworfen werden. Es geschah dieses, z. B. in den Cisternen Venedigs. Da es sich in solchen Fällen meist um brakigen Boden und um Wasser handelt, welches dem Genufs dienen soll, so wird zunächst ein grofses Becken ausgehoben und gegen das etwa zu erwartende Eindringen brakigen oder sonst verunreinigten Wassers durch undurchlässiges Mauerwerk, Ausschlagen des Bodens und der Seitenwände mit Thon und dergl. geschützt, dann inmitten des grofsen Beckens ein nur in seinem unteren Teile durchlässiger Brunnen errichtet, welcher um 0,60 m bis 1,20 m aus dem Boden hervorragt und durch dicht schliefsenden Metalldeckel gegen Verunreinigungen gesichert wird. Die Zwischenräume beider Becken werden in der unteren Hälfte mit Kies, in der oberen Hälfte mit Sand gefüllt und die Wasserzuflüsse so geleitet, dafs sie auf der sorgfältig eingeebneten Oberfläche der Sandschüttung sich gleichmäfsig verteilen. Es werden also künstlich die Vorgänge hervorgerufen, welche das Grundwasser durchmacht, ehe es zum Absickern in die Tiefe gelangt (vergl. S. 125).

Bei ausreichender Beckentiefe ist gegen den Genufs solchen Wassers kaum etwas einzuwenden, sobald nicht beim Schöpfen

Verunreinigungen hervorgerufen werden. Eine Tiefe von 8 m bis 10 m und mehr bietet auch Wasser von einem angemessenen, im Sommer erfrischenden Wärmegrad.

Um Verunreinigungen auszuschliefsen, dürfte es sich empfehlen, den Brunnenschacht etwa 0,50 m oberhalb des Erdbodens mit undurchlässigem Gewölbe abzuschliefsen und durch dieses einen eisernen Röhrenbrunnen hinabzuführen, aus welchem die Entnahme erfolgt.

Eine derartige Cisterne ruft allerdings beträchtliche Kosten hervor, ihre Verwendung dürfte daher auf die Küstengebiete und Inseln mit brakigem Untergrund und andere Einzelfälle zu beschränken sein. Für gröfsere Gemeinwesen der Küstengebiete wird ferner die Herbeiführung von Grundwasser aus landeinwärts gelegenen Gegenden unter Umständen in wirtschaftlicher wie in gesundheitlicher Beziehung den Vorzug verdienen. Ist man doch in Dänemark und Skandinavien bereits zur Speisung der Inseln mit Trinkwasser mittels einer durch das Meer geführten Leitung geschritten und hat bisher befriedigende Erfolge damit erzielt.

Die Bäche und Flüsse liefern kein zum Genufs geeignetes Wasser: Sein Wärmegrad ist Schwankungen unterworfen, welche selbst durch tiefe Führung der Leitungsnetze kaum in ausreichender Weise ausgeglichen werden können; es sind hochgradige Trübungen durch die Hochwässer zu erwarten; der Geschmack ist wohl nur ausnahmsweise ein uns zusagender, und die Verunreinigung der öffentlichen Wasserläufe durch Abgänge der Landwirtschaft, der Industrie, des Schiffsverkehrs, der Dörfer, Ortschaften und Städte ist in einer derart raschen und gewaltigen Zunahme begriffen, dafs mit der Verwendung von Flufswasser zum Genufs, zu Zwecken des Haushalts und dergl. allgemein schwere Gefährdungen verbunden sind, da die rasche und weite Verbreitung der Cholera, mit aller Wahrscheinlichkeit auch die des Typhus, der Ruhr und anderer Darmkrankheiten gewärtigt werden mufs.

Die nachweislich erfolgende Selbstreinigung der Flüsse bietet nach diesen Richtungen keinen ausreichenden Schutz, da die Verunreinigungen in oft kurzen Zwischenräumen sich wiederholen und der Schiffsverkehr Krankheitserreger bald hierhin, bald dorthin, vielfach sogar stromaufwärts trägt.

Die Entnahme von Flufswasser zu Zwecken der »Trinkwasserversorgung« ist und bleibt daher stets ein Notbehelf, der nur unter der Voraussetzung angängig ist, dafs vor der Einführung in die Zuleitungsnetze eine peinliche mechanische Reinigung des Wassers erfolgt, welche gegen die Verbreitung von Infektionskrankheiten Sicherheit bietet.

Doch werden durch die hierfür üblichen Verfahren (vergl. Seite **429** ff.) weder der Geschmack und der Geruch des Wassers verbessert, noch wird der Gehalt an in Lösung befindlichen organischen Stoffen verringert, noch der Wärmegrad im günstigen Sinne beeinflufst.

Geeigneter für die Zwecke der Trinkwasserversorgung ist in der Regel das **Wasser der Landseen**. Infolge der Selbstreinigung der Flüsse ist dieser Teil des ihnen zuströmenden Wassers wesentlich reiner als innerhalb der Flufsläufe; ein grofser, oft der wesentlichste Teil ihres Inhalts besteht aus Grundwasser; die den Seen unmittelbar zugehenden Verunreinigungen erfahren rasch eine gewaltige Verdünnung und die in ihnen enthaltenen Schwimm- und Schwebstoffe sinken sammt den an ihnen haftenden Kleinlebewesen in verhältnismäfsig kurzer Zeit zu Boden, weil die Strömung der Seen selten so heftig ist, dafs ein weites Fortbewegen der festen Körper erfolgt.

In Tiefen von 15—20 m zeigt das Seewasser bereits während des ganzen Jahres einen ziemlich gleichmäfsigen Wärmegrad, pflegt klar und von weit besserem Geschmack und Geruch zu sein als das Wasser der Flüsse, auch der Gehalt an in Lösung befindlichen organischen Stoffen pflegt durch die unterirdischen Zuflüsse auf ein Mafs herabgesetzt zu werden, welches als gesundheitswidrig nicht betrachtet werden kann.

Das tierische und pflanzliche Leben in den Landseen, die ihnen zugehenden Auslaugungen der Dungstoffe und Abwässer der Ortschaften, der Städte und der Schiffsbevölkerung machen aber ebenfalls eine Reinigung des Wassers von Kleinlebewesen zum

Erfordernis, welche mit der gleichen Sorgfalt durchgeführt und überwacht werden mufs wie bei der Verwendung von Flufswasser. Für alle Zwecke der Industrie ist das aus richtiger Tiefe entnommene, gefilterte Wasser der Landseen gut geeignet, weil es einen niederen Härtegrad aufzuweisen pflegt.

Günstiger noch liegen vielfach die Verhältnisse der Stauweiher. Sie sind zumeist den groben Verunreinigungen durch Abwässer des menschlichen Haushalts und der Gewerbebetriebe entrückt und man vermag den Grad der Reinheit ihres Wassers durch Aufforsten des Gesamtgeländes wesentlich zu heben, von welchen sie ihre Zuflüsse erhalten. Vom Wiesengelände werden ihnen bedenkliche Verunreinigungen ebenfalls nicht oder nur während der Dungzeit zugehen.

Die Abgänge des tierischen Lebens können von ihnen jedoch ebensowenig fern gehalten werden wie von anderem Oberflächenwasser und der Gehalt der Stauweiher an Grundwasser wird stets geringer sein, als der der Landseen. Auch sind zur Zeit heftiger Niederschläge Trübungen der Stauweiher durch feine Teile mineralischer Natur zu gewärtigen. Eine Filterung ihres Wassers wird sich daher kaum umgehen lassen, sobald es zur Trinkwasserversorgung dienen soll. Aber es werden — so weit die erst kurze Erfahrung reicht — Filter von grofser Ergiebigkeit diesem Zwecke dienen dürfen, weil die Verbreitung von Infektionskrankheiten durch das Wasser richtig angelegter und gelegener Stauweiher nur in Ausnahmefällen zu gewärtigen ist.

Der Wärmegrad des Stauweiherwassers kann durch die Entnahme aus angemessener Tiefe zu einem ausreichend gleichmäfsigen gemacht werden, das Wasser ist hier in der Regel kristallklar, farb- und geruchlos, sowie von gutem Geschmack; gibt daher dem Grundwasser in den bedeutungsvollsten Richtungen nur wenig nach, hat aber für technische Zwecke und Haushaltungszwecke vor ihm den Vorzug, dafs es sehr weich zu sein pflegt. Jedenfalls eignet es sich also in ganz hervorragendem Mafse zu sämtlichen Zwecken der Industrie, die grofsen Kosten der Stauweiher-Wasserwerksanlage lassen sich daher zum Teil auf die letztere abwälzen. Die Betriebskosten dieser Werke sind die denkbar geringsten, weil es durch die Höhenlage der Stauweiher eine ausreichend grofse Energie mit zu Thale nimmt, jedes Hochpumpen daher in Fortfall kommt. Ist die Tilgung der Stauweiher-Wasserwerksanlage erst erfolgt, dann kann es den Abnehmern zu einem besonders niederen Preis geboten werden; ein Vorteil, dem im Verein mit der in der Regel hohen Fülle des Stauweiherwassers auch gesundheitlich hohe Bedeutung zukommt, weil er auf die Hautpflege wie auf die Reinlichkeit im Haushalt, auf die Sauberhaltung innerhalb der Gebäude, auf das Staubfreihalten der Höfe und Strafsen günstig einwirkt. Auch die Energie des Wassers kann bei niederem Preis für kleine und kleinste Motoren dienstbar gemacht und dadurch manche Vervollkommnung des Komforts dort erreicht, sowie die Lüftung der Wohnungen gebessert werden, wo andere Kräfte für diesen Zweck fehlen.

Über den Wert des Stauweiherwassers als Trinkwasser (im eigentlichen Sinne) gestatten die bislang vorliegenden Untersuchungen kein abschliefsendes Urteil.

Das Grundwasser ist je nach seiner Herkunft und der Tieflage der undurchlässigen Schicht, auf der es ruht, sehr wechselnd in seinem Wert (vergl. S. 125 ff.).

Flach, d. i. in Tiefen von weniger als 6 m, verlaufendes Grundwasser ist in der Regel wohl als »Brauchwasser«, nicht aber als »Trinkwasser« verwendbar, weil es, bei Schwankungen seines Höhenstandes oder ständig, ungenügend gefilterten Zuflüssen offen liegt und selten nur einen angemessenen Wärmegrad aufweist.

Dagegen pflegt das in Tiefen zwischen 7 und 12 m verlaufende Grundwasser nach diesen Richtungen Mifsstände nicht mehr zu zeigen, zumeist auch sämtliche übrigen Eigenschaften zu besitzen, welche es zum Genufs geeignet und wertvoll machen, sobald es den Einwirkungen der Flüsse (bei Mittel- oder Hochwasser) nicht ausgesetzt ist.

Aus gröfseren Tiefen stammendes Grundwasser, namentlich des norddeutschen Flachlandes, ist selten durch organische oder organisierte Beimengungen verunreinigt, enthält aber häufig mineralische Bestandteile solcher Art oder solcher Menge, dafs seine Verwendbarkeit durch sie in Frage gestellt werden kann, während seine übrigen Eigenschaften im allgemeinen vortreffliche zu sein pflegen. So findet man in Tiefbrunnen, artesischen Brunnen und dergl. nicht gerade selten einen Gehalt an Steinsalz, Kalisalzen oder Bittersalzen, der das Wasser zum Genufs wie zu technischen Zwecken untauglich macht. Auch ist der Härtegrad der wohlschmeckenden Wässer häufig ein zu hoher, um sie ohne weiteres zur Wasserversorgung heranziehen zu können oder sie weisen einen Gehalt an Eisensalzen auf, der entfernt werden mufs, ehe das Wasser den Leitungsnetzen zugeführt werden darf.

An die Herkunft des Wassers sind zwei Hauptansprüche zu stellen: Erstens dürfen dem Grundwasser nicht die Abgänge von Bergwerken, Hüttenwerken oder anderen Gewerbebetrieben zufliefsen, weil sie Gifte zu enthalten pflegen (Blei, Arsen u. a.), die auch in grofser Verdünnung noch ernste Gesundheitsschädigungen zu verursachen vermögen. Zweitens mufs alles Oberflächenwasser im Boden den Seite 125 geschilderten Filterungsvorgang durchgemacht haben, ehe es in die Tiefe verlaufen ist.

Befinden sich auf dem Wege des Grundwassers Vertiefungen, in denen es stets oder gelegentlich zu Tage tritt, oder in welchen Ansammlungen von Oberflächenwasser stattfinden, die ständig oder gelegentlich dem Grundwasser zufliefsen, enthält der Boden Spalte, Klüfte, Einschachtungen, in welche die am Boden verunreinigten Niederschläge verlaufen, dann ist das Wasser entweder von der Verwendung auszuschliefsen oder mindestens dem für Flufs- und Seewasser geforderten Reinigungsverfahren zu unterwerfen, weil andernfalls eine Verbreitung von Krankheitserregern durch dieses Wasser zu gewärtigen ist.

Tritt dagegen das Grundwasser bei seinem Höchststande der Erdoberfläche nirgends näher als 6 m, dann pflegt es sich als vollkommen keimfrei zu erweisen. Ist der Boden ein thonreicher, dann wird eine stellenweise Näherung des Wassers auf 4 m und selbst 3 m an die Oberfläche in der Regel noch keine Nachteile im Gefolge haben.

Bei der Entnahme des Grundwassers ist ferner zu sorgen, daſs sie nicht in solcher Nähe der Fluſsläufe erfolgt, daſs den Schöpfstellen unter dem Einfluſs von Mittel- und Hochwässern Fluſswasser in ungeändertem oder wenig geändertem Zustande zuströmen kann. Die Untersuchung des Wassers, welches den dem Fluſslauf nahe tretenden Versuchsbrunnen bei Hochwasserstand entnommen ist, hat darüber Auskunft zu geben, ob und auf welche Entfernung vom Fluſse ein solcher Einfluſs zu gewärtigen ist. Da die Ergiebigkeit der Grundwasserströme in nächster Nähe der Fluſsläufe am höchsten zu sein pflegt, so sind eingehende Vorversuche nach dieser Richtung unerläſslich, um die höchste Fülle des zu gewinnenden Wassers mit tadelloser Beschaffenheit vereinigen zu können. In Hinsicht auf Aussehen, Farbe, Geruch, Geschmack und Wärmegrad pflegt das aus Tiefen von mehr als 6 m entnommene Grundwasser einwandfreier Herkunft vor jedem der weiter oben genannten Wässer den Vorzug zu verdienen, falls es nicht einen sofort erkennbaren Gehalt an Kochsalz, Bittersalz oder Kalisalzen aufweist. Ein etwaiger Gehalt an Eisensalzen oder ein zu hoher Härtegrad bilden heute keinen Grund zur Beanstandung mehr, weil sie sich beseitigen lassen, ohne unerschwingliche Aufwendungen erforderlich zu machen.

Quellwasser ist zu Tage tretendes Grundwasser, seine Reinheit hängt von Herkunft und Tiefenverlauf des Wassers in gleicher Weise ab und seine Fülle unterliegt in der Regel den nämlichen Schwankungen wie das Grundwasser derselben oder ähnlicher Abstammung. Durch richtige Fassung lassen sich aus groſser Tiefe kommende Quellen allerdings vor jeder späteren Verunreinigung besser schützen als Grundwasser, die Schwankungen ihrer Fülle pflegen erhebliche nicht zu sein und sie kann genau in Rechnung gezogen werden, während die Bestimmung der Menge des zur Verfügung stehenden Grundwasserstromes eingehende Voruntersuchungen und Pumpversuche mit einer erheblichen Zahl aufgestellter Versuchsbrunnen erforderlich macht und nie diejenige Sicherheit zu bieten vermag, wie das einfache Messen einer Quelle.

Verlaufen aus bedeutender Höhe stammende Grundwasserströme in einem stark durchlässigen Boden oder haben sie starkes Gefälle, dann vermögen sie als Springbrunnen hervorzutreten, sobald sie an die Oberfläche gelangen oder angebohrt werden. Der Güte und Brauchbarkeit nach stehen diese mit artesischen Brunnen bezeichneten Quellen den in grofser Tiefe verlaufenden Grundwasserströmen gleich, besitzen aber für wasserarme Gegenden stets einen hohen Wert, sobald der Geschmack ihres Wassers es zum Genufs geeignet macht, da etwaige andere Mängel sich beseitigen lassen.

Die Untersuchungsverfahren zur Beurteilung der Güte und Reinheit des Wassers.

Die Prüfung durch die Sinne mufs für das zum Genufs bestimmte Wasser als die bedeutsamste bezeichnet werden, da sie uns Aufschlufs über diejenigen Eigenschaften desselben gibt, welche es zu einem Genufsmittel machen.

Um über den Geschmack des Wassers nicht durch hohe oder niedere Wärmegrade getäuscht zu werden, ist es geraten, demselben künstlich eine Temperatur von 10 bis 12° C. zu geben. Ein hoher Wärmegrad läfst Wasser stets fad, ein niederer wohlschmeckend, weil erfrischend erscheinen. Zur Ermittelung des Geruchs ist dagegen ein Erwärmen des Wassers bis zu 50° C. zu empfehlen.

Die Farbe des Wassers erkennt man am besten durch Einschütten in einen etwa 0,50 m hohen Cylinder aus rein weifsem Glas. Es soll beim Durchblick farblos, beim Aufblick von oben schwach bläulich erscheinen.

Trübungen sind im gleichen Cylinder mit blofsem Auge bereits zu erkennen. Besser prüft man auf Schwimm- und Schwebestoffe unter dem Mikroskop, nachdem man in einem Spitzglas hat absitzen lassen. Bei schwachem Gehalt empfiehlt sich das Filtern einer gröfseren Wassermenge und Untersuchung des Rückstandes unter dem Mikroskop, sowie auf seinen Gehalt an organischen und mineralischen Bestandteilen. Zu letzterem Zwecke wird das Filter getrocknet, dann sorgfältig gewogen, zu

Asche verglüht und wieder gewogen. Der Gewichtsunterschied minus dem Filtergewicht ergibt den Gehalt an organischen Stoffen, er ist auf 1 l des gefilterten Wassers umzurechnen. Unter dem Mikroskop erkennt man ohne weiteres, ob Wasserpflanzen, niedere Tiere oder Kleinlebewesen in dem Wasser leben.

Nachträgliche Trübungen des Wassers beim Stehen an der Luft weisen meist auf einen Gehalt an Eisensalzen hin. Es bilden sich Flocken, die zuerst opalescierend erscheinen, dann sich bräunlich färben. Eine irgend erhebliche Menge macht die Enteisenung zum Erfordernis (vergl. Seite 429).

Die chemische Untersuchung hat stets den Härtegrad des Wassers zu bestimmen, da nur einzelne Personen befähigt sind, nach dem Geschmack hierüber ausreichend Anhalt zu gewinnen. Ferner ist der Gehalt an Kochsalz, Bittersalz, Nitraten und Nitriten festzulegen. Endlich ist auf Gifte zu untersuchen, sobald die Möglichkeit ihres Vorkommens vorliegt. In der Nähe von Gewerbebetrieben, in welchen Gifte gewonnen oder abgeschieden werden, gibt der Verdacht des Vorhandenseins von Giften zugleich Anhalt über deren Art.

Eine weiter gehende chemische Untersuchung ist in der Regel nicht erforderlich. Sie kann zweckdienlich werden, falls über die Herkunft von Grundwasser Zweifel vorliegen, da ein Gehalt an Schwefelwasserstoff, Ammoniak, salpetriger Säure oder Kochsalz, hoher Gehalt an organischen Stoffen oder Kohlensäure einen Fingerzeig bildet, dafs Zuflüsse aus stark verunreinigtem Boden oder Oberflächenwasser dem Grundwasser sich vermengt haben.

Den gleichen Anhalt bietet die Untersuchung des Wassers auf seinen Gehalt an Kleinlebewesen und deren Menge. Ein irgend erheblicher Gehalt des Grundwassers an Kleinlebewesen ruft den Verdacht wach, dafs die Herkunft des Wassers eine einwandfreie nicht ist, oder dafs es (in der Nähe eines Stromes) unter dem Einflufs des Hochwassers der Flüsse steht. Finden sich dagegen bei in längeren Zeitintervallen wiederholten Untersuchungen, bei Dürre und Regengüssen im Kubikcentimeter Wasser stets nur wenige Keime, dann kann man nach diesen Richtungen beruhigt sein.

Wird Oberflächenwasser irgend welcher Art zur Wasserversorgung herangezogen, dann ist die bakteriologische Untersuchung des »Reinwassers« ständig durchzuführen, um Sicherheit zu erhalten, ob die Filterungsvornahmen ihren Zweck in vollkommener Weise erfüllen, neu angelegte oder gereinigte Filter bereits »Reinwasser« liefern und dergl.

Krankheitserreger bestimmter oder gar unbestimmter Art im Wasser aufzufinden, ist eine sehr schwierige Aufgabe, die selbst geübten Forschern nicht immer gelingt. Ein positives Ergebnis ist bei Seuchengefahr allerdings von hoher Bedeutung und gibt zu den einschneidensten Mafsnahmen Berechtigung. Dagegen bietet ein negatives Ergebnis keinen ausreichenden Anhalt, dafs das Wasser frei von diesen Schädlichkeiten ist: Es können Krankheitserreger vor wie nach der Untersuchung an der Entnahmestelle sich befunden haben, während der Entnahme aber gefehlt haben, sie können so vereinzelt im Wasser vorkommen, dafs die untersuchte kleine Wasserprobe frei von ihnen war u. s. f.

Die Untersuchung des Wassers auf seine Herkunft ist nur beim Grundwasser von Interesse, hier aber von grofser Bedeutung. Es ist festzustellen, aus welchen Gebieten die Grundwasserströme stammen, ob auf diesem Wege das Grundwasser nirgends zu Tage tritt oder ob es unter dem Einflusse von Landseen, Morästen und dergl. steht, ob es bei hohem Stande der Erdoberfläche sich so weit nähert, dafs Verunreinigungen zu gewärtigen sind, ob Thalsenkungen, Klüfte, Spalten, natürliche Vertiefungen oder künstliche Ausschachtungen des Bodens Oberflächenwasser dem Grundwasserstrome zuzuführen vermögen oder nicht. Das Aufreifsen thonreichen Bodens nach anhaltender Dürre kann ebensosehr zeitweilige Beeinträchtigungen schädlicher Art hervorrufen wie das Annähern des Grundwassers an die Erdoberfläche oder gar über dieselbe hinaus infolge starker oder lang andauernder Niederschläge.

Ergibt die bakteriologische Untersuchung (welche stets nach starken Regenperioden zu wiederholen ist) des aus verschiedenen Versuchsbrunnen entnommenen Wassers Keimfreiheit oder Keimarmut, dann kann man über die Herkunft des Grundwassers von vornherein ziemlich beruhigt sein und braucht die Prüfung nicht allzu ängstlich auszudehnen, während im anderen Falle eingehende Untersuchungen erforderlich sind, um Sicherheit zu erhalten, ob die vorhandenen Mifsstände zu beheben sind oder nicht, ob reine Grundwasserströme von weniger reinen sich trennen lassen, ob die Ergiebigkeit der ersteren ausreicht, ob der Zuflufs von Oberflächenwasser, See- oder Flufswasser verhindert werden kann u. s. w.

Unter Umständen wird auch die Eigenschaft des Geländes ohne weiteres Sicherheit für die Güte des Wassers bieten: Ein aus waldreichen Bergen oder ausgedehnten Waldgebieten unmittelbar austretender Quell- oder Grundwasserstrom pflegt frei von jeder Schädlichkeit zu sein; hochgelegenes, geschlossenes Gelände reine Grundwasserströme zu beherbergen, während zerrissenes, tief durchfurchtes Gelände und Seengebiete derartige Sicherheit nicht bieten.

Für Einzelbrunnen werden derartige weitgehende Untersuchungen der Kosten wegen kaum oder selten angängig sein. Hier kommt es mehr darauf an, die nächste Nachbarschaft auf Verunreinigungen zu prüfen oder vor diesen zu schützen, weil in der Regel die Nachbarbrunnen bereits Anhalt bieten, in welcher Tiefenlage das Wasser rein und zum Genufs geeignet ist. Dagegen kann die Nähe oder Lage der Abort- und Düngergruben, der Abwasserauslässe und dergl. zum Brunnen dessen Wasser oder den Grundwasserstrom schädigend beeinflussen.

Dafs der schädigende Einflufs der Ströme auf die Reinheit und den Wohlgeschmack des Grundwassers durch richtige Wahl des Entnahmeortes oder die Stellung der Brunnen belanglos für die Güte des zu gewinnenden Wassers gemacht werden kann, wurde Seite 424 dargelegt.

Die Reinhaltung des zur Trinkwasserversorgung dienenden Grundwassers.

In der Fassung der Quellen, der Anlage der Brunnen, den Gewinnungsweisen und der Führung des Wassers sind während der letzten Jahre so bedeutende Fortschritte gemacht, dafs Mängel oder Beanstandungen nach diesen Richtungen kaum mehr zu erwarten sind. Nicht immer wird dagegen ausreichender Schutz gegen das Hochwasser der Flüsse erstrebt und Sorge getragen, daſs belangreiche Änderungen im Zuströmungsgebiet und dem Fassungsgebiet unterbleiben, welche auf die Güte und Reinheit des Wassers ungünstig einzuwirken vermögen.

Das Fassungsgebiet des Grund- oder Quellwassers sollte stets von dem betreffenden Gemeinwesen erworben werden, um hier unheilvolle Veränderungen von vornherein auszuschlieſsen. Für das Zuströmungsgebiet ist dieses wohl nur in Einzelfällen möglich. Aber es wird durch Verträge, gesetzliche Bestimmungen u. a. doch erreicht werden können, daſs tiefe Ausschachtungen zur Gewinnung von Thon, Kies und dergl. mit ausreichend reinen Stoffen wieder gefüllt werden, daſs die Abort- und Mistgruben eine sachgemäſse Ausführung erhalten, tiefe Versitzgruben nicht angelegt werden dürfen, Anhäufungen von Abfallstoffen nach Örtlichkeiten verlegt werden, wo sie Schaden nicht anrichten können, Ortschaften und Gewerbebetriebe ihre Abwässer ordnungsmäſsig ableiten u. s. f.

Bei der Überwachung der Reinerhaltung des Grundwassers werden zeitweilig angestellte Prüfungen seines Keimgehaltes eine willkommene Stütze zu gewähren vermögen, weil sie Verdachtsanhalt bieten und zur Untersuchung und Beseitigung etwaiger Ursachen der Verunreinigung führen.

Die Reinigungsverfahren der Wässer.

Je nach der Herkunft des Wassers, der Art seiner Mängel, der Gröſse des Wasserbedürfnisses, dem Zweck, welchem es dienen soll u. a. können verschiedene Verfahren der Wasserreinigung erforderlich oder nützlich werden.

Die Herabminderung des Härtegrades des Wassers kann in der Regel durch Verminderung oder Entziehung seines Kohlensäuregehaltes erreicht werden. Beim Entweichen von Kohlensäure fallen namentlich die doppeltkohlensauren Salze und die Eisenverbindungen aus. In den Gradierwerken ist dieses Verfahren schon früh angewendet, indem man herabrieselndes

Wasser der Einwirkung der Luft aussetzte und dadurch die Kohlensäure zum Entweichen, die kohlensauren Salze zum Aussintern brachte.

Heute wird das Ausfallen dieser Erdsalze zumeist vereint mit der Enteisenung des Wassers erzielt. Verschiedene in Lösung befindliche Eisenverbindungen werden sowohl durch Entweichen der Kohlensäure als auch durch die Aufnahme von Sauerstoff in unlösliche Verbindungen übergeführt und dadurch ausgefällt. Man kann diesen Vorgang sehr wohl in Gradierwerken erreichen, doch wendet man gegenwärtig zumeist Aufstapelungen von Koks an Stelle des Strauchwerks an, weil der am Koks sich alsbald bildende Eisenoxydul-Schlamm begierig Kohlensäure aufnimmt, dadurch die Einwirkung des Luftsauerstoffs kräftig unterstützt und Sicherheit für die vollständige Beseitigung der Eisensalze bietet.

Das absickernde Wasser wird in Klärbecken gesammelt, wo der gröfste Teil der Abscheidungen zum Niederschlagen kommt. Von hier durchläuft das Wasser ein Filter, aus welchem es kristallklar und frei von Beigeschmack hervorzugehen pflegt. Als Filter sind Vorkehrungen zu empfehlen, welche behufs der Reinigung nicht betreten zu werden brauchen, sondern mittels Kurbeldrehung durch Gegenspülung von allem Ansatz befreit werden. Dunbars Prefsfilter, auch das Wormser Plattenfilter haben für diesen Zweck sich bestens bewährt. Jedes Kies- und Sandfilter von grofser Ergiebigkeit pflegt jedoch ebenfalls den Zweck erreichen zu lassen.

Mit der Enteisenung sind sowohl für die Zwecke der Trinkwasserversorgung wie für technische Zwecke bisher nur gute Erfahrungen gemacht, und sie dürfte für viele Gebiete Norddeutschlands, namentlich für die Moor- und Marschgebiete von hoher Bedeutung werden, denen bisher die Möglichkeit der Grundwasserheranziehung benommen war.

Das Wasser hat bei richtiger Anlage und guter Überwachung des Betriebes der Enteisenungswerke als durchaus frei von Verunreinigungen sich erwiesen, nimmt an Härte im hohen Grade ab, ist arm an organischen Stoffen wie an Kleinlebewesen und erfährt durch die Enteisenung keine belangreiche Änderung seines Wärmegrades.

Hinzu tritt der wirtschaftliche Vorteil, dafs die Enteisenungswerke in Anlage, Unterhaltung und Betrieb sich billiger stellen als Sandfilterwerke für Flufs- oder Seewasser. Selbst eine weitere Entfernung der Entnahmestelle des Grundwassers (bis zu 30 km) wird hierdurch ohne Kostenerhöhung noch möglich.

Vielerorts bietet das Enteisenungsverfahren die Möglichkeit, das aus tiefen Bodenschichten stammende Grundwasser zur Wasserversorgung heranzuziehen, indem es seinen Härtegrad ausreichend herabsetzt. Da die übrigen Eigenschaften dieses Wassers oft vortreffliche sind und jede Infektionsgefahr ausgeschlossen zu sein pflegt, so mufs hierin eine bedeutsame Errungenschaft erblickt werden.

Mehrfach sind Versuche gemacht, unreines Grundwasser oder Oberflächenwasser dadurch zum Genufs tauglich zu machen, dafs man ihm zunächst Eisensalze zufügte, diese durch Enteisenung dann ausfällte und mit ihnen sowohl den Gehalt an organischen Stoffen wie an Kleinlebewesen wesentlich herabsetzte. Die Versuche sind jedoch noch nicht als abgeschlossen oder spruchreif zu betrachten.

Besser hat es sich bewährt, unreines Wasser mit metallischem Eisen und Sauerstoff in innige Berührung zu bringen, indem man es mit Eisenfeilspänen und Luft schüttelte und dann durch ein einfaches Filter führte. Übelriechende Jauche verlor hierbei jeden Geruch, jede Trübung und Färbung; ein klares an Kleinlebewesen und organischen Stoffen armes, wenn nicht von ihnen freies Wasser verliefs die Filter. Für den Grofsbetrieb sind Versuche mit diesem Verfahren noch nicht gemacht, immerhin bleibt es als letztes Auskunftsmittel für Gebiete, in welchen einwandfreies Wasser nicht beschafft werden kann und zur Benutzung im Felde wie für die Versorgung der Arbeiter bei der Ausführung von Bauwerken in wasserarmen Gebieten.

Die zur Klärung des Wassers dienenden Filter können je nach dem Verwendungszweck des Wassers, seiner Art und Herkunft sehr verschieden gebaut sein.

Handelt es sich nur darum, Schwimm- und Schwebestoffe zu entfernen, dann dürfen Filter von hoher Ergiebigkeit verwendet werden, und das Ergebnis der Filterung ist ohne weiteres an der Klarheit des Wassers zu erkennen. Zur Entfernung fein verteilter Thonteilchen sind allerdings sehr engmaschige Filter erforderlich, da ihre Gröfse die der Kleinlebewesen zu unterschreiten vermag.

Soll das Filtern dagegen Sicherheit vor Infektionsgefahr bieten, dann dürfen ausschliefslich Filter von geringer Ergiebigkeit benutzt werden, da die Erfahrung gelehrt hat, dafs selbst engmaschige Filter Kleinlebewesen hindurchzulassen vermögen, sobald die Wasserbewegung im Filter eine irgend lebhafte wird. Jede Unregelmäfsigkeit im Betriebsgange vermag bereits eine ungenügende Beschaffenheit des »Reinwassers« im Gefolge zu haben.

Zur Entfernung der Schwimm- und Schwebestoffe bedarf man daher zumeist nur Filtervorkehrungen von geringer oder mäfsiger Rauminanspruchnahme, während zur Beseitigung der Kleinlebewesen ausgedehnte Filteranlagen ein Erfordernis sind.

Zu ersterem Zwecke vermag jedes Hausfilter zu dienen, Dunbars Prefsfilter, Wormser Plattenfilter, Kunststeinfilter der verschiedensten Art sind im Gebrauch und liefern befriedigende Ergebnisse.

Zur Beseitigung der Kleinlebewesen dient dagegen fast ausschliefslich die Sandfilterung, weil alle übrigen Filter einen dauernd günstigen Erfolg bis jetzt nicht gehabt haben.

Doch ist die Sandfilterung selbst bei bester Anlage, sachgemäfsem Betriebe und sorgfältigster Überwachung nicht im stande, das Wasser vollkommen von Kleinlebewesen zu befreien. Es steht daher der Technik hier noch ein Feld dankbarer Thätigkeit offen.

Frisch angelegte Sandfilter erweisen sich stets als stark durchlässig. Erst die Abscheidung feiner Thonteilchen oder anderer Schwimmstoffe, darunter auch Algen, Wasserpilze und Bakterien selbst vermindert ihre Durchlässigkeit, und die nun auf und nahe der Filteroberfläche beginnende Lebensthätigkeit der Kleinlebewesen setzt dieselbe in ausreichender Weise herab und hebt sie nach einiger Zeit vollständig auf. Leider sinkt aber von diesem Zeitpunkt ab die Ergiebigkeit der Filter ebenfalls ziemlich rasch, so dafs nach einem verhältnismäfsig kurzen Zeitraume jene Filterhaut entfernt werden mufs, welcher der Erfolg der Keimfreiheit zu danken war, und das Spiel von neuem beginnt. Je mehr Schwimmstoffe und Kleinlebewesen das »Rohwasser« enthält, je unreiner es also ist, desto rascher tritt sowohl die Undurchlässigkeit wie das Nachlassen der Ergiebigkeit ein. Je reiner das Rohwasser ist, um so länger vermag das Filter zu dienen, um so später liefert es aber auch keimarmes oder keimfreies Wasser.

Schlammiges oder durch Hochwasserandrang hochgradig getrübtes Wasser führt oft nach ganz kurzer Zeit Keimarmut des »Reinwassers« herbei, während dauernd klares Wasser nach Tagen diesen Erfolg noch vermissen lassen kann.

Aus diesem Grunde gerade bedarf der Filterbetrieb der sorgfältigsten Überwachung unter Zuhilfenahme der bakteriologischen Prüfung, damit ausschliefslich keimarmes Wasser den Reinwasserleitungen zugeführt wird. Aber auch dieses Prüfungsverfahren arbeitet nicht einwandfrei und nicht mit der Raschheit, welche für diesen Zweck durchaus erforderlich wäre. Vollständige Sicherung gegen Seuchengefahr vermag demnach das bestangelegte und geleitete Filterwerk nicht zu bieten; die Gefahr wird nur auf ein bescheidenes Mafs herabgesetzt.

Ein von Natur einwandfreies Wasser verdient daher unter allen Umständen den Vorzug vor jedem der Verseuchung zugänglichen Wasser.

Von den Hausfiltern liefert keines auf die Dauer einwandfreies Wasser. Obgleich die Porzellan-, Kieselgubr- und namentlich die Mikromembranfilter längere Zeit keimfreies Wasser bieten, so wachsen doch schliefslich die Kleinlebewesen hindurch, wodurch eine Reinigung, ein Auskochen oder eine Erneuerung der Filterkörper erforderlich wird. Da ein Laie das Eintreten dieses Zeitpunktes nicht zu beurteilen vermag und die Filterbehandlung nicht immer mit dem durchaus notwendigen

Verständnis vornehmen dürfte, so kann in ihrer allgemeinen Anwendung nur ein Notbehelf gesehen werden, nicht aber eine Sicherung gegen Seuchengefahr. Ausschliefslich in der Hand des Fachmannes besitzen sie einigen Wert, und zwar dürfte nach den vorliegenden Erfahrungen dem Mikromembranfilter Breiers der Vorzug vor allen übrigen gegenwärtig im Handel befindlichen Filtern gebühren.

Vollständige Sicherung gegenüber der Seuchengefahr kann nur das Abkochen des Wassers bieten, aber trotz der hohen Vollkommenheit der von Siemens zu diesem Zweck erbauten Vorkehrung ist dieses Verfahren zu kostspielig zur allgemeinen Verwendung und der Geschmack des gekochten Wassers schliefst es vom unmittelbaren Genufs aus.

Die Destillation des zum Genufs bestimmten Wassers wird nur auf hoher See in Anwendung gebracht. Jahrelang blieben die Bemühungen ohne jeden Erfolg, aus Meerwasser durch Destillieren ein zur Bereitung von Speise und Trank geeignetes Wasser zu erlangen. Das im Seewasser stets anwesende Chlormagnesium im Verein mit seinem Reichtum an organischen Stoffen führten Zersetzungen herbei, die dem Destillat einen widrigen Geschmack gaben. Hierzu trat das in Dampfform übergehende Schmieröl. Seit einigen Jahren erst ist es gelungen, diese Mifsstände zu beseitigen.

Das Meerwasser wird zunächst, mit genau abgemessenen Mengen von Kalkmilch gemischt, 10 bis 20 Minuten lang auf 50° bis 60° C. erwärmt, um das Chlormagnesium zu zersetzen, die organischen Stoffe zu zerstören und die Magnesia auszufällen. Dann wird Gerbstofflösung zugesetzt und destilliert. Dem gewonnenen Wasser wird Luft zugeführt, worauf es Filter aus Kiesel- und Marmorstückchen durchläuft, um einen ausreichenden Härtegrad zu erlangen.

Soll das Wasser, was zumeist der Fall sein dürfte, ausschliefslich der Bereitung von Speise und Trank und anderen Zwecken der Küche sowie der Hautpflege und dergl., nicht aber zum unmittelbaren Genufs dienen, dann kann das Destillat ohne weiteres Verwendung finden.

Die Ansprüche an das Leitungsnetz.

Offene Leitungen, nicht voll laufende Zuleitungsrohre und Holzleitungen sind im allgemeinen als brauchbar nicht zu betrachten, weil offene Leitungen der Verunreinigung ausgesetzt sind, nicht ständig gefüllte Rohre der Algenbildung und Sinterung unterliegen, Holzrohre durch Pilzwucherungen, Insektenfrafs und dergl. frühzeitig zerstört zu werden pflegen. Unter besonderen örtlichen Verhältnissen soll man jedoch derartige Leitungen nicht beanstanden, wenn den Gemeinwesen die Geldmittel zu besseren Ausführungen fehlen. So treten im Gebirge die genannten Mängel stark zurück, weil die Zuleitungen durch einsame Waldungen erfolgen, starkes Gefälle und Fülle des Wassers den Verunreinigungen entgegenwirken, den Leitungen das trefflichste Quellwasser zugeführt wird, während das Thalwasser nicht selten durch Wiesentorf, Moostorf und dergl. gerieselt ist und dadurch Einbufse erlitten hat.

Aus den Undichtigkeiten und Lecken der zumeist mit sehr starkem Gefäll verlegten Holzleitungen der deutschen Alpenländer habe ich zwar recht viel Wasser austreten aber nie Verunreinigungen eintreten sehen, und die noch heute zum Teil im Gebrauch befindlichen offenen Wasserleitungen des alten Roms lieferten bei meiner Anwesenheit in dieser Stadt das einzige wirklich erfrischende und wohlschmeckende Wasser, welches das neue Rom zu bieten vermag.

Für die Wasserversorgung grofser Gemeinwesen sind allerdings volllaufende Druckrohrleitungen die einzig empfehlenswerten, und zwar eignet sich für grofse Querschnitte das Gufseisen, für kleine Querschnitte das Schmiedeeisen am besten für diese Zwecke. Bleirohre dürfen nur dann zur Verwendung kommen, wenn die Eigenart des Wassers die Bildung von Bleisalzen ausschliefst (vergl. S. 437). Steinzeugrohre, Thonrohre und Asphaltrohre haben sich weniger gut bewährt, gemauerte Rohre vermögen unter Umständen die Härte des Wassers zu vermehren, da die Mörtel von manchen Wässern zur Lösung gebracht werden. Um Rostbildung zu verhindern, erhalten die Gufseisenrohre zumeist einen Überzug von Asphalt und dergl., welcher aufgebracht wird, wenn die eben fertig gestellten Rohre noch einen hohen Wärmegrad besitzen. Für die Innenwandungen würde ein Erdwachsüberzug vielleicht den Vorzug verdienen, doch liegen Erfahrungen hierüber bislang nicht vor. Manche Asphalte halten sich im Wasser gut, andere werden aber nach wenigen Jahren zerstört und lassen das Wasser dann schmutzig erscheinen.

Im weit höheren Maſse kommt dieses durch Algenansatz zu stande, welcher nach seinem Erscheinen eine ziemlich häufige Reinigung der Rohre erforderlich macht.

Ein dünner, in heiſse Rohre gebrachter Ceresinüberzug würde wahrscheinlich dem Algenansatz besser entgegenwirken und hält die Rohrwandungen glatt, wodurch ihre Säuberung erleichtert wird.

In den Sammelbecken sollten alle winkligen Wand- und Deckenanschlüsse vermieden werden und an ihre Stellen sanfte Rundungen treten, um die Sauberhaltung zu erleichtern. Für kleinere oder mit dem eigenen Gefäll des Wassers arbeitende Wasserwerke sind Windkessel mehr als Sammelbecken am Platze. Auch für die letzteren ist eine ständige Lufterneuerung vorzusehen.

Die wichtigste Grundbedingung für das gesamte Leitungsnetz nebst den Sammelbecken ist eine Lage, welche auf den Wärmegrad des Wassers eher verbessernd als verschlechternd wirkt. Da die Tieflage des Rohrnetzes die Anlage verteuert, finden wir gegenwärtig meist diese Bedingung unerfüllt gelassen. Sparsamkeit an diesem Platze ist aber höchst übel angebracht, weil sie die beste Eigenschaft des Wassers aufzuheben vermag.

Dagegen soll weise Sparsamkeit in Anlage und Betrieb dort herrschen, wo weder die Güte des Wassers unter ihr leidet, noch die Dauerhaftigkeit der Einrichtungen, weil es notwendig ist, der Bevölkerung das Wasser zu einem möglichst niederen Preise zu bieten. Ein hoher Wasserpreis ist der Feind der Reinlichkeit im weitesten Sinne und damit der öffentlichen wie der privaten Gesundheitspflege.

Aus diesem Grunde muſs es auf das schärfste verurteilt werden, wenn Städteverwaltungen einen irgend erheblichen Gewinn aus den Wasserwerken herauszuwirtschaften bestrebt sind, oder den Wasserpreis so hoch ansetzen, dafs das zu öffentlichen Zwecken dienende Wasser durch ihn mitbezahlt wird. Die Kosten des letzteren sollen von der Allgemeinheit getragen werden, welche von ihm ja Vorteil zieht, nicht von den Wasserverbrauchern.

Bleivergiftung durch Leitungsrohre.

Gewisse Wässer wirken lösend auf das Blei der Leitungsrohre ein, andere nicht. Die Ursachen der Lösung sind noch nicht in ausreichender Weise aufgeklärt. Es scheint, dafs weiches, organische Stoffe enthaltendes Wasser besonders hohe Gefährdung bietet, während ein Gehalt von kohlensauren Salzen das Übergehen von Blei in das Leitungswasser verhindert. Freie Säuren, z. B. freie Kohlensäure, greifen das Blei an, Bikarbonate bieten einen besonders hohen Schutz. Ununterbrochen gefüllte Rohre weisen weniger Gefahr auf, als nur zeitweise gefüllte, wie sie in kleinen Anlagen sich finden.

Es ist geraten, die Wirkung des Wassers auf metallisches Blei zu prüfen, ehe die Erlaubnis der Anwendung von Blei zu den Leitungsrohren erteilt wird.

Ein Verzinnen der Innenfläche der Bleirohre hat üble Folgen, da durch elektrolytische Einwirkungen nicht weniger, sondern mehr Blei in Lösung geht. Ein innerer Zinnmantel hat sich bewährt, sobald seine Anschlüsse eine sorgfältige Dichtung erfahren. Für geringe Rohrlängen von engem Querschnitt empfiehlt sich die Anwendung von Kupfer.

Die Ansprüche an Brunnen.

Die Wandungen der Brunnen und ihre Decke müssen in den oberen Bodenschichten vollkommen dicht schliefsen, damit nicht Verunreinigungen in sie eindringen können. Die älteren Kesselbrunnen mit ihren durchlässigen Wandungen haben zu einer schlechten Beschaffenheit des Wassers vielfach den Anlafs geboten. Am besten haben die Röhrenbrunnen sich bewährt, weil sie sowohl diese Forderung in vollkommener Weise erfüllen, als auch jede Veranlassung zur Infektion des Brunnens vermeiden, während das Herabtreiben der gemauerten Brunnen hierzu Gelegenheit bietet.

Die früher übliche Verwendung von Holz zu den Pumpen mufs als unstatthaft bezeichnet werden, da sie zur Ansiedlung von niederen Pflanzen, Tieren und Kleinlebewesen Veranlassung gibt.

Da bei längerem Stehen des Wassers im Brunnen die an seinen Wandungen etwa lebenden niederen Pflanzen, Tiere und Kleinlebewesen sich stark vermehren, so ist es geraten, das dem Brunnen nach Ruhepausen entnommene erste Wasser fortlaufen zu lassen. Erst nach längerem Pumpen liefert er gebrauchsfähiges oder einwandfreies Wasser.

Wenig empfehlenswert ist im gesundheitlichen Sinne das Verbinden von Hauswasserbecken mit Pumpbrunnenanlagen; in der Wirtschaftsführung bietet es dagegen Vorteile, weil Wasser in allen Geschossen und zu jeder Zeit geboten werden und das Hochpumpen in Zwischenräumen erfolgen kann. Die Becken sind in der Regel Verunreinigungen ausgesetzt, verändern den Wärmegrad des Wassers im ungünstigen Sinne, und setzen das Wasser längere Zeit dem Stehen aus, wodurch eine starke Vermehrung der etwa im Becken angesiedelten Wasserpflanzen, niederen Tiere und Kleinlebewesen erfolgt.

Wo die Anlage solcher Becken sich nicht vermeiden läfst, sollten sie gegen Wärmeaufnahme und -Abgabe gut geschützt und häufig einer gründlichen Säuberung unterworfen werden, das Hochpumpen des Wassers in möglichst kurzen Zwischenräumen erfolgen und zuvor das gestandene Wasser durch Ablaufenlassen vollständig entfernt werden.

XVII. Abschnitt: Die Beseitigung der Abwässer und Abfallstoffe.

Die Abwässer und festen Abfallstoffe sind mannigfacher Art. Im allgemeinen setzen sie sich zusammen aus:

1. den Abgängen von Menschen und Tieren;
2. den Abfällen und Abwässern des Haushalts;
3. den Abgängen der Viehzucht und Landwirtschaft;
4. den Abfällen der Gewerbethätigkeit;
5. den Abfällen des Marktverkehrs und Handels;
6. dem Haus- und Strafsenkehricht.

Hinzu treten die Regenwässer, welche zumeist auf den Dächern, in Höfen und Strafsen mit Unrat sich beladen haben und daher innerhalb der menschlichen Ansiedlungen zu den Schmutzwässern gerechnet werden müssen.

Die Mengen der gesamten Abwässer und festen Abfallstoffe sind sehr bedeutend. Den weitaus überwiegenden Teil von ihnen liefert heute die Gewerbthätigkeit einschliefslich der öffentlichen und privaten Anstalten für das Erzeugen, Herrichten und Feilbieten der Nahrungsmittel (Bäckereien, Brauereien, Brennereien, Schlachthäuser, Markthallen u. a.). Aber auch der Mensch und seine Haushaltsführung hat an ihnen einen bedeutenden Anteil. Nach Berechnungen von v. Pettenkofer gibt ein Mensch im Jahre durchschnittlich ab: 34 kg Kot, 430 kg Harn, 36 cbm Abwässer, 110 kg feste Abfälle. Vogel gibt noch wesentlich höhere Zahlen an: 48,5 kg Kot, 200 kg feste Abfälle u. s. w.

Wo die Ansiedlungen des Menschen klein sind, tritt die gesundheitliche Bedeutung der Abwässer und festen Abfallstoffe zurück, macht deren einwandfreie Beseitigung zumeist keine Schwierigkeiten, weil der Boden sie aufzunehmen, zu zersetzen und zu verwerten vermag.

Mit der Gröfse der Gemeinwesen wächst ihre Bedeutung, nehmen die Schwierigkeiten und Kosten der Beseitigung rascher zu als die Zahl der Bevölkerung. Das Aufblühen der Industrie hat die gleiche Wirkung.

Wo eine gut geregelte, sorgfältig überwachte Abführung nur in einer einzigen Richtung fehlt, treten daher innerhalb gröfserer Gemeinwesen ernste Gesundheitsschädigungen auf, und das Wohlbehagen pflegt in noch weit höherem Grade zu leiden.

Krankheitserreger fehlen in den Absonderungen selbst des gesunden Menschen und in den Abgängen seiner Hauswirtschaft niemals vollkommen. Im Speichel, im Schleim, im Eiter, im Kot und Harn der Kranken, im Zimmerstaub, im Kehricht und in den Abwässern sind sie in oft grofsen Mengen vorhanden, vermögen sich je nach ihrer Art und der der Aufbewahrungsstätten, je nach dem Klima u. s. w. Wochen und Monate lang dort lebend zu erhalten und mit dem Staub Verbreitung zu finden. Bei einzelnen Arten ist sogar ein Vermehren im Unrat (namentlich Spülwasser, Speisereste und dergl.) nicht ausgeschlossen.

Je mehr die Abfallstoffe ihrer Art und Aufbewahrung nach dem Verstauben ausgesetzt sind (Kehricht, Dungstoffe und dergl.), verschleppt werden (Lumpen, Verbandstoffe und dergl.) oder in das Wasser gelangen und mit diesem zum Menschen zurückgeführt werden können (Abwässer), um so gröfsere Gefahr bergen sie in sich, um so sorgfältiger und gründlicher mufs ihre Beseitigung erfolgen.

Übel riechende Gase werden aus manchen Abfallstoffen sofort frei, aus anderen kommen sie infolge von deren Übergang in Fäulnis zur Entwicklung. Bei längerer Lagerung der Stoffe im Hause oder in dessen Nähe, bei unrichtiger Beseitigungsart derselben, bei der Übersättigung des Bodens oder der Wasserläufe mit ihnen führen sie zu höchst peinlichen Belästigungen und können Vergiftungsgefahr hervorrufen, sobald geschlossene Ablagerungsstätten (Gruben, schlecht angelegte Kanäle und dergl.) behufs Ausbesserung oder Reinigung betreten werden.

Die Lagerung der Abfallstoffe oder eine unrichtige Abführungsweise vermag ferner zur Verunreinigung des Hauses und seiner Umgebung zu führen, sowie durch häfslichen Anblick das Wohlbehagen beim Aufenthalt in der Wohnung oder im Garten empfindlich zu stören: Durch Verstreuen der festen Abfallstoffe vor oder während der Abfuhr gelangen sie auf Hof und Strafse, werden bei feuchter Witterung unter den Schuhen, bei trockner Witterung als Staub in die Wohnungen getragen, erfüllen als solcher die Luft, ein Spiel der Winde; die Abort-, Dünger- und Kehricht-Gruben, die Küchenabfallfässer, die Ausgufs- oder Versickerungsstellen des Wasch- und Spülwassers beleidigen die Sinne, spielende Kinder beschmutzen sich an ihnen, der Regen spült Teile ihres Inhalts in Hof und Garten; die im Freien trocknende Wäsche, die Gartenfrüchte kommen mit Abgängen des menschlichen Haushalts in oft recht unliebsame Berührung, welche Ekelgefühl erweckt, Schädigungen des Wohlbefindens im Gefolge haben kann.

Daher stellt die Gesundheitslehre als obersten Grundsatz auf: eine reinliche, tadellose, rasche Entfernung der festen und der flüssigen Abfallstoffe aus der Nähe der menschlichen Ansiedlungen.

Im vollen Gegensatz zu dieser Forderung stehen die Ansprüche der Landwirtschaft, welche sämtliche als Dung wertvollen Abfallstoffe aufbewahrt wissen will, um sie zur gegebenen Zeit als Pflanzennährstoffe verwenden zu können. Sie begründet diesen weitgehenden Anspruch mit dem Satze: was dem Boden entstammt, mufs ihm in irgend einer Form wieder zurückgegeben werden, damit er ertragsfähig bleibt. Diese Begründung ist jedoch eine rein theoretische. Die Abfallstoffe haben vielfach einen so geringen Dungwert, dafs er die Abfuhrkosten auf den Acker nicht zu decken vermag, und der Landwirt hat in der Viehzucht wie im künstlichen Dünger gegenwärtig weit bessere Mittel zur Erhaltung der Ertragsfähigkeit des Bodens, als selbst die unvermischten Abgänge des Menschen sie darstellen. Für viele Feld- und Gartenfrüchte ist ein mit letzteren gedüngter Boden vollständig unbrauchbar oder setzt doch deren Geschmackswert bedeutend herab.

Die Allgemeinheit hat daher gegenwärtig nur geringes Interesse an der Erhaltung des Dungwertes der städtischen Abfallstoffe, während es für den Städtebewohner eine wichtige Lebensfrage ist, dafs sämtliche Abfallstoffe sofort und in einer Weise fortgeschafft werden, welche Gefährdungen der Gesundheit und Belästigungen der Sinne ausschliefst, das Haus und seine Umgebung sowie die Luft und das Wasser tadellos rein erhält.

Steht im Einzelfalle ein Verfahren zur Verfügung, welches die hygienischen und volkswirtschaftlichen Ansprüche erfüllt, zugleich aber die Möglichkeit der landwirtschaftlichen Verwertung sämtlicher Abfallstoffe oder des wichtigeren Teiles derselben gewährt, dann ist ihm der Vorzug einzuräumen. Niemals aber dürfen bedeutsame gesundheitliche oder wirtschaftliche Vorteile aufgegeben werden, um die Ansprüche der Theoretiker auf dem Gebiete der Landwirtschaft zu erfüllen.

Wird einst oder irgendwo der Landwirt der städtischen Abfallstoffe so sehr bedürfen, dafs er gewillt ist, die den Städten durch die andersartige Behandlung entstehenden Mehrkosten zu decken, dann gilt es allerdings, Verfahren ausfindig zu machen, welche dies erreichen lassen, ohne gesundheitliche Nachteile herbeizuführen.

Gegenwärtig zeigt in Deutschland allgemein fast der Landwirt wenig Neigung, den städtischen Abfallstoffen zuliebe auch nur das geringste Opfer zu bringen, es sei denn, dafs sie ihm in aufgeschlossener, wasserfreier oder wasserarmer Form geboten werden. Nur die in unmittelbarer Nähe der Städte angesiedelten Gemüsebauern, welche nur wenig Viehzucht treiben, sind zur Abnahme der Fäkalstoffe und anderer wertvollerer Abgänge hie und da bereit. Meist verlangen auch sie eine Vergütung der ihnen entstehenden Abfuhrkosten, welche sich höher zu belaufen pflegen als die Kosten einer geregelten Abführung sämtlicher festen und flüssigen Abfallstoffe (auf das einzelne Haus berechnet) ausmachen.

Die Beseitigung der Abwässer.

Bereits in ziemlich kleinen Gemeinwesen kann die geregelte Ableitung der Abwässer zu einem unabweisbaren Bedürfnis werden, weil ihre Menge eine Aufspeicherung verhindert, ihre Zersetzung rasch erfolgt, mit ihnen belastete Bäche oder stehende Gewässer häufig der ihnen zufallenden Aufgabe sich nicht gewachsen zeigen, der mit ihnen belastete Untergrund versumpft u. s. w.

Je gröfser der Wasserverbrauch für häusliche und gewerbliche Zwecke ist, um so früher stellt eine solche Notwendigkeit sich ein, die Einführung einer gemeinsamen Wasserversorgung hat sie fast immer zur Folge, sollte sie richtiger als Voraussetzung und Grundlage haben.

Je nach der Gröfse der Gemeinwesen, der Dichtigkeit des Wohnens, der Bedeutung ihres Verkehrs, der Art der Gelände- und Untergrundverhältnisse, dem Vorhandensein oder dem Mangel einer geeigneten Vorflut, den zur Verfügung stehenden Geldmitteln, müssen abweichende Formen der Abwasserbeseitigung gewählt werden. An dieser Stelle kann nur eine Besprechung der wichtigsten Ableitungsarten, des von ihnen Geleisteten, der an sie zu stellenden gesundheitlichen Ansprüche, ihrer Vorzüge und Nachteile erfolgen. Sache des ausführenden Technikers oder der beratenden Gutachter ist es, für den Einzelfall die passendste, beste und zugleich preiswerteste Lösung ausfindig zu machen. Jedes Schematisieren und Verallgemeinern ist von Übel, die gegebenen örtlichen Verhältnisse bedürfen der vollsten Berücksichtigung, vorgefafste Meinungen und Anschauungen können nur Nachteile, nicht Vorteile herbeiführen; ein bestimmtes Verfahren kann an sich noch so vortrefflich sein und doch für gesondert gelagerte Fälle sich als völlig ungeeignet erweisen; ein Verfahren kann im allgemeinen als das preiswerteste gelten, dennoch aber im Einzelfall durch ungünstige Geländeverhältnisse unerschwinglich werden und umgekehrt. Ich werde mich daher bemühen, vorgefaſste Meinungen über die alleinige Vortrefflichkeit eines bestimmten Verfahrens eher zu zerstreuen als zu bestärken.

Die wichtigste und stets zuerst zu entscheidende Frage ist: Müssen nach der Lage der örtlichen Verhältnisse auch die Niederschlagwässer den Abwässern gleichartig behandelt werden oder ist ihre Trennung von Vorteil?

Die Menge der von den Dachflächen, gepflasterten Höfen und Straſsen zusammenflieſsenden Niederschlagwässer ist eine örtlich stark wechselnde. Für ihre Ableitung aber muſs die Höchstmenge in Rechnung gestellt werden, welche zu irgend einem Zeitpunkt zuströmen kann und diese ist allerorts eine sehr bedeutende, da die heftigsten Gewitterregen in Betracht kommen.

Infolgedessen wächst der Querschnitt der zur Ableitung der Abwässer dienenden Kanäle — man darf wohl sagen — ins Riesenhafte, sobald sie die Niederschläge aufzunehmen haben und diese in einer Weise abgeführt werden sollen, welche jeden Rückstau ausschlieſst.

Ein Rückstau der Wässer in den mit den Wohngebäuden unmittelbar verbundenen Kanälen zieht höchst ungünstige Folgeerscheinungen nach sich: Die mit groſser Heftigkeit eindringenden Niederschlagwässer wühlen die zumeist vorhandenen Schlammablagerungen auf, verunreinigen sich dabei trotz ihrer Menge in geradezu überraschender Weise und tragen beim Rückstau diesen übel riechenden, an Kleinlebewesen ungemein reichen Schlamm und Unrat in die Gebäude, indem sie in den Fallrohren hochsteigen, aus den Eingüssen, den Klosettschalen und den Reinigungsschachten des untersten Geschosses austreten.

Ein weiterer Miſsstand entsteht dadurch, daſs heftige Niederschläge jedes künstliche Reinigen der Abwässer zeitweise vereiteln, obgleich die der Reinigung dienenden Anlagen eine Gröſse erhalten müssen, welche ihre Bau-, Unterhaltungs- und Betriebskosten ganz gewaltig vermehrt, die Reinigung infolge des steten

Wechsels in der Menge der Zuflüsse erschwert und ihr Ergebnis herabsetzt, wenn nicht fraglich macht.

Diese Erwägungen legen die gesonderte Ableitung der Niederschlagwässer nahe.

Vor der Entscheidung der Ausführungsmöglichkeit und des örtlich stark wechselnden Kostenpunktes der gesonderten Ableitung der Regenwässer ist die Frage klarzustellen, ob die hiermit verbundenen gesundheitlichen Vorteile oder Nachteile überwiegen.

Allgemein ist ein Vorteil darin zu sehen, dafs bei einem durch aufsergewöhnlich heftige Regengüsse etwa erfolgenden Rückstau die Wässer nur Strafse und Hof, nicht aber die Gebäude zu verunreinigen vermögen. In der Regel wird der ausgeworfene Schlamm ferner weniger ekelhaft und weniger bedenklich sein als der aus Abwässerkanälen stammende.

Wo die Vorflutverhältnisse derart günstig liegen, dafs sämtliche Abwässer des Gemeinwesens ohne weiteres oder nach Durchlaufen eines Rechens der Vorflut zugeführt werden können, tritt ein weiterer Vorteil von Bedeutung nicht auf. Wo dagegen die Abwässer einer Reinigung unterworfen werden müssen, ehe sie in öffentliche Wasserläufe eingeleitet werden dürfen, stellt die Trennung aus gesundheitlichen und wirtschaftlichen Gründen einen Vorzug dar, dessen Bedeutung wächst, je nachdem es sich nur um eine mechanische Klärung der Abwässer von Sink- und Schwebestoffen handelt, oder ob eine vollkommenere Reinigung derselben durch unterbrochene Filterung oder Rieselung und dergl. ein Erfordernis bildet.

Ein geringfügiger Nachteil ist darin zu sehen, dafs die zeitweilig erfolgende gründliche Spülung der Abwässerkanäle durch heftige Regenschauer fortfällt, während ein nicht so unwesentlicher Nachteil in der Verunreinigung der öffentlichen Wasserläufe durch den ihnen ungeklärt zugehenden Inhalt der Regenwasserkanäle zu sehen ist. Denn diese Zuleitung mufs teils innerhalb, teils in der Nähe der Ortschaften erfolgen, wenn die Kosten der Regenwasserkanäle nicht ebenso hoch ausfallen sollen wie die eines einzigen gemeinsamen Sieles.

Die Regenwässer erfahren aber innerhalb der Ortschaften und Städte eine oft hochgradige Verunreinigung. Beim Niederfallen bereits erfüllen sie die für den Städter bedeutsame Aufgabe, die Luft von Rufs- und Staubteilen zu befreien, indem sie dieselben aufnehmen. Auf den Dachflächen pflegen noch gröfsere Mengen dieser Körper abgelagert zu sein und des Regens als Reiniger zu harren. Die gröbsten Verunreinigungen aber erfahren die Niederschläge auf Strafsen und Höfen, falls deren Pflasterungs- und Säuberungsart nicht auf einer hohen Stufe steht.

Unter ungünstigen Verhältnissen können daher den öffentlichen Wasserläufen recht bedeutsame Verunreinigungen zugeführt werden, die zum Verschlammen ihrer Ufer und ihrer Sohle zu führen vermögen, wenn nicht die Menge und das Gefälle des von ihnen geführten Wassers hiergegen Sicherheit bietet. Wie weiter unten näher ausgeführt werden wird, ist aber gerade das Verschlammen der Gewässer als die eigentliche und wesentlichste Art der Flufsverunreinigung anzusehen, und sie ist um so mehr zu fürchten, als sie in diesem Falle inmitten der Städte und Ortschaften zu gewärtigen sein würde.

Auch nach dieser Richtung sind daher die örtlichen Verhältnisse auf das sorgfältigste zu prüfen, ehe eine gesonderte Abführung der Regenwässer beschlossen wird. Die Pflasterungsart der Strafsen und Höfe, ihr Reinlichkeitszustand, das Gefälle des zur Verfügung stehenden Flusses und das Verhältnis der von ihm bei Niederwasser in der Zeiteinheit geführten Wassermenge zu der Menge der ihm (vor Eintritt eines wesentlich höheren Wasserstandes) zugehenden verunreinigten Wässer kommen in Betracht.

Allerdings läfst sich hiergegen einwenden, dafs allerorts den Wasserläufen die Niederschläge in mehr oder weniger verunreinigtem Zustande zugehen, ohne dafs bemerkbare Schädigungen hierdurch hervorgerufen werden. Das von frisch gedüngten Äckern und Wiesen oder den Dorfstrafsen mit ihren Dungstätten ablaufende Wasser ist wohl stets weit hochgradiger verunreinigt als das aus gröfseren Städten mit geordneten Abfuhrverhältnissen zum Ablauf gelangende, und die Dorfbäche stellen wohl nur selten eine günstigere Vorflut dar als die Flüsse, in deren Nähe grofse Gemeinwesen zu liegen und zu entstehen pflegen. Aber die Nachteile einer Dorfbachverschlammung lassen sich ohne nennenswerte Kosten beheben, da der gewonnene Schlamm als Dung an Ort und Stelle meist sofort Verwertung findet. Auch werden die mit der Bachverschlammung verknüpften Übelstände infolge der weiten Bauart der Dörfer nicht oder wenig empfunden, während eine Flufsverschlammung innerhalb blühender Städte als ein Mifsstand von weittragender Bedeutung anzusehen ist, dessen Beseitigung ganz gewaltige Kosten bedingen kann.

Eine vollkommene Beseitigung dieses Mifsstandes schafft übrigens die Zusammenfassung des Regenwassers mit den Abwässern nicht. Zur Vermeidung eines gelegentlichen Rückstaues sind in diesem Falle Notauslässe erforderlich, welche die bei heftigen Niederschlägen plötzlich andringenden Wassermassen dem Flufsbett auf kürzestem Wege zuführen und mit ihnen die gesamten Schlammablagerungen der Kanäle. Derartige Regengüsse rufen allerdings auch im Flufs eine rasche und kraftvolle Wasserbewegung hervor, welche Sorge trägt, dafs Schlammablagerungen im Weichbilde der Städte nicht oder nicht in erheblichem Grade stattfinden; für die Flufsverunreinigung überhaupt aber sind die Ausflüsse der Notauslässe nicht unbedenklich, sondern sie müssen als ein recht grofses, aber unvermeidliches Übel betrachtet werden.

Ob dieses Übel gröfser ist, oder das durch unmittelbare Ableitung der Regenwässer geschaffene, hängt von örtlichen Verhältnissen ab. Die Lage der Notauslässe und Regenwasserauslässe im Stadtgebiet, der Reinlichkeitszustand der Strafsen und Höfe, die Art der Vorflut sind hierfür mafsgebend.

Vielerorts wird die Trennung technischen Schwierigkeiten begegnen. Namentlich dort, wo die Strafsen an Berghängen sich hinziehen, wird es zumeist notwendig sein, das in ihnen sich sammelnde Wasser sofort zur unterirdischen Beseitigung zusammenzufassen, damit den unterhalb Wohnenden nicht Nachteile erwachsen.

Ferner kann unter gewissen Gefällsverhältnissen das Nebeneinanderführen und Kreuzen zweier getrennter Kanäle als unzulässig sich erweisen; das streckenweise offene Führen des Regenwassers Verkehrsstörungen im Gefolge haben und dergl.

Andernorts kann die Geländeform, die Untergrundart und die Enge der Strafsenzüge geradezu zur Trennung zwingen. Liegen z. B. inmitten des Entwässerungsgebietes Stadtteile so tief, dafs ihre Abwässer künstlich gehoben werden müssen, um den Sielen der höher gelegenen Gebiete zugeführt zu werden, dann ist mindestens für die niedrig gelegenen Stadtviertel, unter Umständen aber für das Gesamtgebiet eine gesonderte Ableitung der Regenwässer ein Erfordernis.

Besteht der Untergrund streckenweise aus Flugsand oder aus moorigem, wenig tragfähigem Boden, setzt die Enge der Strafsenzüge oder der lebhafte Verkehr in ihnen dem Ausführen von Kanälen mit grofsem Querschnitt ernste Hindernisse entgegen, dann kann die Trennung von grofsem Vorteil, ja notwendig werden, selbst wenn die Gesamtkosten (beider Sielanlagen) sich durch sie vergröfsern.

Wo die technische und hygienische Durchführbarkeit beider Entwässerungsarten vorliegt, werden dagegen in der Regel die Gesamtkosten für die Wahl ausschlaggebend sein.

Die Kosten der Regenwässerableitung unterliegen den verschiedenartigsten Einflüssen. Die Dichtigkeit der Bebauung einer Ortschaft, ihre Lage zur Vorflut, die Gefällverhältnisse, die Rücksichten auf den Strafsenverkehr rufen örtlich stark wechselnde Unterschiede hervor.

Wo in einer Stadt oder in einem Stadtteil eine offene, freie Bauweise vorherrscht, da pflegt ein grofser, vielfach der gröfste Teil der Niederschläge in den Hausgärten zur Versickerung zu gelangen oder aufgefangen und gesammelt zu werden, um dem Sprengen der Gärten und anderen wirtschaftlichen Zwecken zu dienen. Die geschlossene Bauart pflegt hierhin bereits Änderungen zu bringen. Mehr aber wirkt eine Auflösung des gesamten Wohngeländes in geschlossene Häuserzeilen und Einzelhöfe ein. Hier gilt es in der Regel die Gesamtmenge aller auf den Stadtteil fallenden Niederschläge zur geordneten Ableitung zu bringen.

Wird eine Stadt von einem gröfseren Flusse oder einem mächtigen Strome durchflutet, teilt sich derselbe inmitten der Ortschaft in mehrere Arme, ist das Stadtgelände vollständig von einer gröfseren Zahl rasch fliefsender Wasserläufe durchzogen oder zieht sich die Stadt einem mächtigen Wasserbecken (Landsee oder Meer) entlang, dann pflegt die Ableitung der Regenwässer mit niederem Kostenaufwand derart erfolgen zu können, dafs dem Verkehr nirgends Hemmnisse erwachsen.

Wird dagegen die Stadt nur an einer Seite von der Vorflut begrenzt und ist diese Seite eine kurze im Verhältnis zu ihrer Gesamtausdehnung, dann wird ein wirtschaftlicher Vorteil mit der Trennung der Regenwässer und Abwäser sich nur selten erreichen lassen. Liegt endlich die Stadt oder ihr Hauptgebiet in einiger Entfernung von der Vorflut, dann dürfte die Trennung in der Regel wesentliche Mehrkosten bedingen.

Ähnlich vermögen die Gefällverhältnisse einzuwirken, und die Rücksicht auf den lebhaften Verkehr inmitten volkreicher Strafsen der Grofsstädte, der Handels- und Industriecentren pflegt so hohe Anforderungen an die rasche und tadellose Beseitigung der Niederschläge zu stellen, dafs in den ihnen dienenden Sielen auch ohne weiteres die Abwässer Unterkunft zu finden vermögen. Eine Trennung würde hier zumeist eine ganz wesentliche Kostenerhöhung zur Folge haben.

Aus diesen flüchtigen Darlegungen ist bereits ersichtlich, dafs über die an sich grundlegende Frage der Trennung von Abwässern und Regenwässern nur von Fall zu Fall ein Urteil möglich ist, und dafs bei dieser Entscheidung Rücksicht zu nehmen ist auf die verschiedenartigsten Verhältnisse. Daher pflegt man sie nicht einem einzigen zu überlassen, sondern zur Begutachtung und Beratung eine Reihe verschiedener Fachmänner heranzuziehen, wenn auch der Techniker es ist, welcher nach Würdigung aller Vorzüge und Nachteile schliefslich das mafsgebende Urteil zu sprechen, aber auch die Verantwortung für die Entscheidung zu tragen hat.

Eine zweite Frage von grundlegender Bedeutung bildet die Trennung der Fäkalstoffe von den Abwässern. Auch für ihre Entscheidung sprechen die örtlichen Verhältnisse mit, aber man darf nach dem heutigen Stande unseres Wissens sagen, dafs in gröfseren Gemeinwesen die Trennung thunlichst unterbleiben sollte.

Die Abwässer stellen auch dann, wenn eine grundsätzliche Trennung der Fäkalstoffe ausgesprochen wird, eine Flüssigkeit dar, welche reich an rasch zersetzlichen Stoffen wie an Kleinlebewesen ist und zur Seuchenzeit nahezu die gleiche Gefahr der Verbreitung ansteckender Krankheiten bietet wie bei ihrer Vereinigung mit den Fäkalstoffen.

Eine vollständige Trennung kann niemals erreicht werden. Stets wird der Harn in grofsen Mengen den Abwässern zufliefsen, da er vielfach mit dem Waschwasser der Schlafzimmer vereint zum Ausgiefsen gelangt, aus den öffentlichen und privaten Anstalten den Abwässerkanälen zufliefst und dort, wo die Abfuhr der Fäkalstoffe Kosten bereitet, nicht selten absichtlich von diesen fern gehalten wird. Der Harn enthält aber in manchen Krankheiten, z. B. Typhus, gelegentlich erstaunliche Mengen der Krankheitserreger.

Auch von den Stühlen der Erkrankten, namentlich der Kinder, gelangt ein nicht unerheblicher Teil in die Abwässerkanäle, weil die Schüsseln unter der Wasserleitung gespült zu werden pflegen. Wässerige Stühle Schwerkranker wandern nicht selten unmittelbar in die Abwasserausgüsse, und gerade solche Stühle enthalten bei Typhus, Cholera, Ruhr u. s. f. die Krankheitserreger in gröfster Menge.

Von einem Fernhalten gefahrbringender Krankheitserreger von den Abwässerkanälen und öffentlichen Wasserläufen durch die gesonderte Abfuhr der Fäkalstoffe kann schon aus diesem Grunde nicht die Rede sein. Aufserdem hat die Erfahrung gelehrt, dafs der Schiffsverkehr die wesentlichste Gefahr für das Verseuchen der Flüsse und die Verbreitung der Darmkrankheiten bildet. Nach dieser Richtung liegt daher kein Grund für die gesonderte Behandlung der Fäkalstoffe vor.

Bedeutungsvoller ist die Frage, ob der Kot als solcher im stande ist, unter den gegebenen örtlichen Verhältnissen ein Verschlammen der öffentlichen Wasserläufe herbeizuführen, falls er den Abwässern zugefügt wird, während diese allein hierzu keine Veranlassung geben.

Soweit es sich um industriereiche Gemeinwesen handelt, ist diese Frage unbedingt zu verneinen. Die Abwässer der Gewerbebetriebe geben zu bedenklichen Flufsverunreinigungen in weitaus höherem Grade Veranlassung als die gesamten Abgänge des menschlichen Haushalts. Wo sie den Wasserläufen im ungereinigten oder nur mäfsig gereinigten Zustande zugehen, können unbedenklich auch die Fäkalstoffe den Abwässern beigemengt werden.

Es kommt hinzu, dafs bei den in Deutschland üblichen Klosetts allgemein eine kräftige Wasserspülung stattfindet, welche Sorge trägt, dafs eher eine Verdünnung als eine Verdickung der Abwässer durch die Zuleitung des Klosettinhalts herbeigeführt wird.

Aus diesem Grunde pflegt in mittelgrofsen und selbst in kleineren, an Gewerbebetrieben armen Städten (z. B. Bade- und Luftkurorte) ein Grund für die Trennung zu fehlen, und durch die Zuleitung der Fäkalstoffe eine andersartige Behandlung der Abwässer vor ihrem Einlauf in die öffentlichen Gewässer nicht erforderlich zu werden.

Dagegen bietet das Zusammenfassen der Fäkalstoffe mit den Abwässern allgemein Vorzüge, die für das Wohlbefinden, noch mehr aber für das Wohlbehagen von grofser Bedeutung sind.

Abgesehen vom Liernur-Verfahren (welches übrigens heute die Abwässer mit den Fäkalstoffen gemeinsam abzuleiten pflegt), besitzen wir keine Abfuhrform der Fäkalstoffe, die ohne Beleidigung der Sinne vor sich geht. Aufserdem schliefst kaum eine von ihnen aus, dafs Verschmutzungen von Haus, Hof oder Garten stattfinden, und dieses Verspritzen oder Auslaufen von Fäkalstoffen ist für die Seuchenverbreitung sicher nicht belanglos, es ruft durch übles Aussehen und Geruch Widerwillen und Ekel hervor und läfst mit den Lebensansprüchen der auf hoher Kulturstufe stehenden Städter sich nicht wohl vereinen.

Auch das Lagern der Fäkalstoffe im Hause oder in unmittelbarer Nähe desselben ist nicht unbedenklich und kann zu gelegentlichen oder ständigen Gasausströmungen Veranlassung geben. Allerdings besitzen wir Mittel zur Beseitigung oder Einschränkung dieser Mifsstände, aber ihre Durchführung für sämtliche Gebäude eines Ortes wird sich nicht oder nicht immer erreichen lassen.

Für die Reinlichkeitsansprüche der auf hoher Kulturstufe stehenden Städter bietet einzig das Wasserklosett und das Abschwemmen der Fäkalstoffe in geschlossenen Kanälen volle Befriedigung. Wasserklosett und Aufspeicherung der Fäkalstoffe in Gruben oder Tonnen läfst sich nur schwer vereinen; es führt zu hohen Abfuhrkosten und kann gelegentlich arge Mifsstände durch Austreten des Tonnen- oder Grubeninhalts hervorrufen.

Es sprechen daher nur selten belangreiche Gründe für die gesonderte Abführung der Fäkalstoffe aus den Städten, während gegen sie sehr gewichtige Einwendungen gemacht werden müssen. Die Gegner der gemeinsamen Behandlung von Abwässern und Fäkalstoffen befinden sich denn auch gegenwärtig in der Minderheit. Wo eine geregelte Ableitung der Abwässer in geschlossenen Kanälen überhaupt zur Durchführung gelangt, wird man ihnen in der Regel die Fäkalstoffe zufügen.

Eine dritte Frage, welche von grundlegender Bedeutung für den endgültigen Verbleib der Abwässer werden kann, ist die Behandlung der aus Gewerbebetrieben stammenden Abwässer.

Ein vollständiges Abtrennen derselben von den Hausabwässern wird in der Regel nur dort am Platze sein, wo die Grofsgewerbebetriebe in einem besonderen Stadtviertel untergebracht sind, d. h. man wird dann die Abwässer dieses Stadtteils von denen der übrigen Stadtteile soweit getrennt halten, wie es unter den örtlichen Verhältnissen geboten erscheint.

Eine getrennte Behandlung kann aber allgemein erforderlich werden, sobald gewerbliche Abwässer infolge ihres Wärmegrades oder eines Gehaltes an schädlichen Stoffen Nachteile für das Sielnetz oder die Vorflut im Gefolge haben.

In diesem Falle wird man fordern dürfen, gegenüber ernsten Schädigungen fordern müssen, dafs sie beseitigt werden, ehe die Abwässer Aufnahme in das städtische Sielnetz finden. Die Allgemeinheit hat keine Veranlassung für Schädlichkeiten die Verantwortung zu übernehmen, ihre Folgen in Kauf zu nehmen oder sie zu beseitigen, um den Gewinn eines Gewerbebetriebes sich erhöhen zu sehen. Die Kosten für diese Beseitigung gehören zu den Betriebskosten der Werke, welche sie in ihre Gewinnberechnungen von vornherein mit aufzunehmen haben.

Nur dort, wo auch die übrigen Abwässer eines Gemeinwesens vor ihrem Einlauf in öffentliche Gewässer eines Reinigungsverfahrens bedürfen, welches jene Schädlichkeiten der gewerblichen Abwässer beseitigt, ist das Zusammenfassen aller Abwässer am Platze und insofern geboten, als das Blühen der Industrie auf das Gedeihen des ganzen Gemeinwesens in günstiger Weise zurückwirkt.

Ebenso wird naturgemäfs in einem Orte, der ausschliefslich oder vornehmlich der Industrie sein Dasein oder sein Aufblühen verdankt, eine getrennte Behandlung der Abwässer zu unterbleiben haben, wenigstens dann, wenn nicht einzelne Betriebe nur an dem Entstehen der Schädlichkeiten Anteil haben.

Einer getrennten Behandlung bedürfen gewerbliche Abwässer stets, sobald sie Gifte, Säuren oder ätzende Stoffe in erheblichen Mengen enthalten, im heifsen Zustande zum Abflufs gelangen oder Farbstoffe solcher Art enthalten, dafs das Aussehen der öffentlichen Gewässer unter ihnen leiden würde.

Eine getrennte Behandlung kann sich ferner als erforderlich erweisen, sobald der Gehalt der gewerblichen Abwässer an gelösten oder fein verteilten organischen Stoffen ein zu hoher ist, um sie der Vorflut unter den gleichen Bedingungen zuführen zu dürfen, unter welchen die übrigen Abwässer Aufnahme finden.

In erster Linie gilt dieses von den Zuckerfabriken, deren Abwässer für sich allein hochgradige Flufsverunreinigungen und Fischsterben hervorzurufen vermögen, aber auch die Textilindustrie, die Brauereien, die Schlachthäuser, die Cellulosewerke

u. a. liefern Abwässer mit einem unter Umständen sehr hohen Gehalt an organischen Stoffen.

Endlich vermag ein hoher Salzgehalt der Abwässer schädlich oder lästig zu werden. Jedenfalls ist er dann den Wasserläufen fern zu halten, wenn er den abwärts gelegenen Anwohnern nachweisbaren Schaden zufügt. Vornehmlich sind die Kalisalze zu fürchten, weil sie bereits bei geringem Gehalt das Wasser für die Zwecke der Wasserversorgung und der Viehzucht unbrauchbar machen.

Ehe jedoch von den Werken die höchst kostspielige Beseitigung des Salzgehaltes ihrer Abwässer gefordert wird, ist festzustellen, ob nicht gleiche oder überwiegende aus dem Boden stammende Salzmengen der Vorflut zugeführt werden.

Die Verfahren zur Fortleitung der Abwässer.

Die verschiedenartigen Verfahren zur Fortleitung der Abwässer haben namentlich während des letzten Jahrzehnts eine so treffliche Durchbildung erfahren, dafs sie sämtlich ihren Zweck in einwandfreier Weise zu erfüllen vermögen. Die kleineren Mängel, welche dem einen oder anderen von ihnen etwa noch anhaften, sind vermeidbar und werden sicher verschwinden, sobald ein Erfordernis sich hierzu herausstellt. Ihrer Besprechung braucht daher nur ein verhältnismäfsig kleiner Raum gewidmet zu werden.

I. Das Sammelverfahren*).

Das Sammelverfahren hat die früheste und daher jetzt vollkommenste Durchbildung erhalten. Selbst in den ausgedehntesten Gemeinwesen werden die Abwässer innerhalb des Tages des Entstehens aus ihrem Weichbilde entfernt. Eine weitgehende Zersetzung findet daher auf diesem Wege nicht statt, die Ablagerungen fester Stoffe sind entweder durch Schlamm- und Sandfänge auf ein

*) Mit Sammelverfahren bezeichnet man heute die Einrichtungen, welche zur gemeinsamen Ableitung der Abwässer und Regenwässer dienen. Früher sprach man im gleichen Falle einfach von Schwemmverfahren. Diese Bezeichnung kommt aber gegenwärtig allen übrigen Kanalisationsarten mi fast gleichem Rechte zu.

erträgliches Mindestmafs herabgeführt, oder es wird Sorge getragen, dafs sie in angemessenen Zeiträumen durch Spülung mit reinem Wasser oder mit aufgestautem Kanalwasser vollständig entfernt werden.

Eine Bildung von Fäulnisgasen findet daher nicht oder nicht in merklichem Grade statt, sondern es herrscht innerhalb der Kanäle im allgemeinen jener moderige, dumpfe Geruch, wie er bei den Vorgängen der Verwesung frei wird. Oft wird er verdrängt durch den sehr verschiedenartigen Geruch gewerblicher Abwässer, z. B. der Abwässer von Brauereien oder Brennereien, wenn diese gelegentlich in grofsen Mengen zum Ablafs kommen. Einen hervorstechend üblen Geruch findet man in den Strafsenkanälen des Sammelverfahrens heute überhaupt kaum. Da die Sielluft ferner als keimfrei sich erwiesen hat, so ist mit ihrem Einatmen Gefahr nicht verbunden.

Die wesentlichen Mängel des Sammelverfahrens sind nicht seiner technischen Durchbildung zuzuschreiben, sondern beruhen auf der Vereinigung der Regenwässer mit den Kanalwässern und haben bei ihrer Schilderung bereits eine Darlegung erfahren. Immerhin ist in der Vereinigung aller flüssigen Abgänge einer Stadt, ihrer raschen unsichtbar vor sich gehenden tadellosen Beseitigung wieder ein entschiedener Vorzug zu sehen.

Kleinere Übelstände entstehen bei warmer Witterung durch Austreten von Luft aus Schlammfängen. Unter dem Einflufs der Wärme zersetzt sich der Schlamm rasch, während der regelrechten Bewegungsart der Luft durch Windstille und hohen Wärmegrad im Freien Hindernisse erwachsen. Statt dafs die Strafsenluft in die Schlammfänge sinkt und in den Kanälen sich vorwärts bewegt oder durch die Hausabfallrohre oberhalb der Gebäude entweicht, dringt die Luft der Hauskanäle und der Siele aus den Schlammfängen auf die Strafse und gelangt von hier in die Erdgeschosse der nahe gelegenen Häuser.

Der üble Geruch dieser Luft entstammt allerdings in der Regel weniger den Kanälen als dem Schlammfange selbst. Er fällt daher nicht oder nur zum geringen Teil dem Sammelverfahren zur Last. Denn die Schlammfänge bilden gegenwärtig kein Erfordernis mehr. Bei Neuanlagen vermeidet man sie in der Regel. Durch ein häufigeres Reinigen der Schlammfänge während der warmen Jahreszeiten mit nachfolgender kräftiger Spülung gelingt es zumeist, jenen Mifsstand wenn nicht ganz zu beheben, so doch auf ein geringes Mafs herabzusetzen.

Immerhin ist es rätlich, bei warmer und trockner Witterung das Spülen der Siele ebenfalls etwas häufiger vornehmen zu lassen, als es sonst geübt wird.

Ein weiterer Übelstand, der jedoch jedem Ableitungsverfahren anhaftet, welches das Gefälle zum Sammeln oder zum Fortführen der Abwässer ausnutzt, ist in dem Entstehen einer häfslichen »Sielhaut« zu erblicken. Diese auf Seifenbildung beruhende, in engeren Rohren mit der Zeit zu erheblichen Querschnittsverringerungen führende Haut ist schwer zu entfernen, da sie ungemein fest haftet und im Wasser nicht oder nur unmerklich löslich ist. Je reicher die Abwässer an Fett sind, um so mehr fördern sie die Sielhautbildung. Auch Seifenwässer mögen zu ihr beitragen.

Von besonderen Mifsständen der dem Sammelverfahren dienenden Anlagen aber kann nach den obigen Darlegungen überhaupt kaum die Rede sein.

Die Betriebskosten des Sammelverfahrens werden hohe, wenn das natürliche Gefälle nicht ausreicht, ihren Inhalt der Vorflut oder den Kläranlagen zuzuführen, da man dann nicht nur die Abwässer sondern auch den gröfseren Teil der Niederschläge zu heben hat. Je gröfser die Hubhöhe, um so bedeutender sind die Kosten. Weitere recht beträchtliche Betriebskosten stecken in den Wassermengen, die zur Spülung der Klosetts, der Hausleitungen, der Schlammfänge und unter Umständen der Kanäle aufgewendet werden müssen, wenn auch von ihnen nur ein Teil in der Rechnungslage mit erscheint, weil der gröfsere oder doch kostspieligere Teil von der Bevölkerung getragen wird.

Die für die Sauberhaltung erforderlichen Ausgaben wachsen mit der Abnahme des Gefälles der Kanäle. Bei schwachem Gefälle vermögen sie recht bedeutend zu werden. Durch das Anbringen und häufige Anwenden von Spülgalerien kann man sie ganz erheblich vermindern. Die Anlagekosten der letzteren kommen gegenüber den Betriebskosten wenig in Betracht, obgleich sie an sich hoch zu nennen sind.

II. Das Trennverfahren mit Gefällswirkung.

Kanäle, welche ausschliefslich dem Abführen der Abwässer aus den Häusern und den Gewerbebetrieben zu dienen haben, bedürfen nur geringer Querschnittsweiten, welche im voraus ziemlich genau berechnet werden können. Man verwendet heute für sie allgemein Thonrohre und kommt infolgedessen mit schmalen Baugruben aus, deren Aushebung dem Verkehr wesentliche Hindernisse nicht entgegenzusetzen pflegt.

Unter Umständen wird diesen Kanälen allerdings ein mäfsiger Teil der Niederschlagswässer ebenfalls zufliefsen (z. B. die in geschlossenen Höfen sich ansammelnden Wassermengen), die Berechnung der Querschnitte mufs diesem Umstande dann Rechnung tragen. Aber auch für solche Zwecke pflegen Thonrohre auszureichen.

Der engere Querschnitt bedingt ein etwas stärkeres Gefälle als »Sammelkanälen« gegeben zu werden braucht. Wo daher nur ein Mindestgefälle zur Verfügung steht, kann dieser Umstand gegen die Anwendung des Trennverfahrens mit ausschliefslicher Gefällswirkung sprechen. Auch die Tiefe der Baugruben wächst mit der Querschnittsverengung und vermag zu Schwierigkeiten wie zur Kostenerhöhung beizutragen. Die Hubhöhe für etwa zu hebende Abwässer fällt ebenfalls bedeutender aus, dafür ist aber die Abwässermenge eine ganz wesentlich geringere und im Tagesdurchschnitt annähernd gleichartige.

Im übrigen hat dieses Verfahren der Abwasser-Beseitigung sich durchaus bewährt und fällt dort sehr preiswert aus, wo die Regenwasser-Abführung in einfacher Weise gestaltet werden kann. Die Befürchtung, dafs eine wesentlich stärkere Spülung (unter Nachhilfe mechanischer Reinigungsvorkehrungen) für dieses Verfahren würde erforderlich werden, hat sich als hinfällig erwiesen.

Bei richtiger Anlage und ausreichendem Gefäll erfolgt das Abschwemmen in tadelloser Weise genau so rasch und sicher wie beim Sammelverfahren. Auch die Reinheit der Sielluft läfst kaum weniger zu wünschen über, kommt ferner aber nicht so sehr in Betracht, weil die Kanäle nicht betreten werden können und nach den Strafsen keine Offnungen erhalten, während sicher wirkende Geruchverschlüsse innerhalb der Gebäude bei allen Verfahren ein Erfordernis bilden.

Irgend welche hygienische Gründe gegen die Anwendung dieses Verfahrens bestehen daher nicht. Die Ausführung wird höchstens dadurch verhindert, dafs es an ausreichendem Gefäll allgemein mangelt oder einzelne Stadtviertel eine der Entwässerung ungünstige Tieflage aufweisen.

III. Das Trennverfahren nach Shone.

Das von Shone ausgebildete Verfahren zur Ableitung der Abwässer ist in neuerer Zeit auch in Deutschland vielfach zur Aufnahme gelangt, seitdem die rührige Firma Merten & Co. seiner Einführung sich gewidmet hat.

Es gelingt selbst unter den schwierigsten Gelände- und Untergrundverhältnissen dieses Verfahren zur Durchführung zu bringen, weil man beliebig viele Tief- und Tiefstpunkte zu wählen vermag. An jedem dieser Tiefpunkte wird ein »Sammeltopf« aufgestellt, welchem aus dem ringsum gelegenen Gebiete von bald gröfserer, bald geringerer Ausdehnung die Abwässer durch eine aus Thonrohren gebildete Gefällsleitung zugeführt werden. Sobald der Topf gefüllt ist, erfolgt seine Entleerung durch selbstthätiges Öffnen eines Druckluftzuführungsrohres. Die Druckluft prefst den Inhalt in kürzester Frist nach der Abwässer-Sammelstelle der Kläranlage oder der Vorflut. Die Sammelleitung stellt ein Radialsystem dar, welche eines Gefälles nicht bedarf, sondern zumeist aufwärts gerichtet ist. Die Zuleitungsrohre können bei diesem Verfahren unter allen Umständen ein sehr günstiges Gefälle erhalten, ohne dafs eine bedeutende Tieflage der Sammeltöpfe erforderlich wird. Man kommt daher mit einer mäfsigen Tiefe der Baugruben aus und vermag schwierigen Untergrundverhältnissen auszuweichen; die Bauzeit wird hierdurch wieder verkürzt, und der Verkehr erleidet auf den im Bau begriffenen Strafsen niemals ernstliche Hindernisse. Die Zahl der Sammeltöpfe vermehrt aber naturgemäfs sowohl die Anlage-, wie die Betriebskosten, und ihr Vorhandensein macht das ständige Unterhalten einer motorischen Kraft in voller oder nahezu voller Stärke zum Erfordernis, da eine längere Unterbrechung Anstauungen im Gefolge haben kann. Die Nachtruhe darf daher nur kurz ausfallen.

Das einzige hygienische Bedenken, welches gegen dieses Verfahren spricht, beruht in dem gelegentlichen Versagen der Sammeltopf-Entleerung, wodurch ein Rückstau und damit die Überschwemmung der untersten Wohngeschosse des betreffenden Stadtteils hervorgerufen werden könnte. Bislang ist ein solches Versagen im Betrieb jedoch nicht vorgekommen, oder wenigstens nicht bekannt geworden, aber ausgeschlossen ist dasselbe durchaus nicht, da Fremdkörper die an sich treffliche Entleerungsvorkehrung in ihrer Thätigkeit lahm zu legen vermögen. Da besondere Meldeeinrichtungen für ein solches Versagen (gegenwärtig) fehlen, so würde es sich erst durch seine unliebsamen Folgen bemerkbar machen. Eine ständige und sorgfältige Überwachung der Sammeltöpfe ist jedenfalls Erfordernis.

IV. Das Liernur-Verfahren.

Wesentlich früher als Shone hat Liernur ein Verfahren ausgebildet, um unter ungünstigen Gefälls- und Untergrundsverhältnissen die Abwässer beseitigen zu können. Bei seinen ersten Ausführungen, namentlich in Amsterdam, hat dieses Verfahren ausschliefslich der Fäkalstoffentfernung gedient und ist daher von den Gegnern einer Trennung der Fäkalstoffe und der Abwässer angefeindet. Das Verfahren vermag aber ebensowohl der Ableitung sämtlicher Abwässer zu dienen, wie das von Shone, welches von ihm seinen Ausgang nahm, und verdient in gesundheitlicher Beziehung die zahlreichen Angriffe durchaus nicht, welchen es bis jetzt ausgesetzt war — weil die Gegner es nicht der Mühe wert hielten, das Verfahren einem gründlichen

Studium zu unterziehen*). Aufserdem sind im Laufe der Zeit ganz wesentliche Verbesserungen an ihm zur Ausführung gelangt.

Die Abwässer sammeln sich zunächst in einem zugänglichen eisernen Gefäfse innerhalb jedes Gebäudes, welches den Zweck hat, ein gründliches Auflösen oder Zerreiben der Fäkalstoffe herbeizuführen und Fremdkörper am Eintreten in das weitere Rohrnetz zu verhindern. Von hier laufen die Abwässer dem nächsten grofsen Sammelbecken zu, oder können, falls es an Gefälle auch hierzu fehlen sollte, durch Luftverdünnung dorthin geführt werden. Die gleichmäfsig über die ganze Stadt verteilten und in ihrer Zahl wie ihrer Gröfse mit den Gefällsverhältnissen wechselnden Sammelbecken sind durch eine eiserne Druckrohrleitung mit der Hauptsammelstelle verbunden, welche zugleich der Klärung der Abwässer dienen kann. In gewissen, der jeweiligen Abwässererzeugung angepafsten Zwischenräumen wird von der Hauptsammelstelle aus eine Luftverdünnung im ganzen Rohrnetz herbeigeführt und durch Bedienung von Hand auf die einzelnen Sammelbecken derart übertragen, dafs zunächst der Inhalt sämtlicher Hausgefäfse ihnen zufliefst, dann ihr Inhalt der Hauptsammelstelle zugeht. Eine schwache, ständig im ganzen Rohrnetz unterhaltene Luftverdünnung sorgt dafür, dafs Gase in die Gebäude unter keinen Umständen auszutreten vermögen, sondern der Hauptsammelstelle zufliefsen, wo sie unter den Kesselrosten zur Verbrennung gelangen, um dann mit den Rauchgasen durch einen hohen Schornstein ins Freie geführt zu werden. Die Bedienung der Anlage gestaltet sich sehr einfach und schliefst die Gefahr eines Rückstaues aus**); ihre Kosten erhöhen aber naturgemäfs die des Betriebes, wenn auch bei kleineren Anlagen, z. B. in Trouville, die in der Hauptsammelstelle Beschäftigten diese Arbeit leicht zu leisten vermögen.

---

*) Ich habe das Verfahren in Amsterdam, in Trouville und in einer Versuchsanlage zu Körtingsdorf bei Hannover im Betrieb eingehend studiert und fühle mich daher zu einem Urteil wesentlich mehr berechtigt, als diejenigen Autoren, welche es nur aus der Beschreibung kennen.

**) Selbstthätige Einrichtungen würden sich ohne Schwierigkeit treffen lassen, sind aber bisher zur Vermeidung der Folgen eines Versagens nicht zur Anwendung gelangt.

Beim Shone- wie beim Liernur-Verfahren liegt eine technische Schwierigkeit darin, die ausgedehnte Sammelleitung luftdicht zu verlegen und zu erhalten.

Ob ferner für grofse Gemeinwesen, die eine erhebliche Abwassermenge erzeugen, das Liernur-Verfahren pafst und wirtschaftlich mit anderen Ableitungseinrichtungen in Wettbewerb zu treten vermag, läfst sich gegenwärtig nicht entscheiden, weil solche Anlagen bisher nicht zur Ausführung gelangt sind. Die dem Verfahren bislang gestellten Aufgaben hat es auf das beste gelöst und dürfte unter schwierigen Geländeverhältnissen für kleinere und mittelgrofse Städte durchaus beachtenswert sein, weil es die Abwässer ebensowohl aufwärts wie abwärts zu bewegen vermag und starke Erhebungen oder Senkungen im Rohrnetz völlig belanglos sind, wie die in Amsterdam ausgeführte Anlage zeigt, wo unter den zahlreichen, die Stadt durchsetzenden Wasserläufen Düker angebracht werden mufsten.

Als besondere Vorzüge des Liernur-Verfahrens sind ferner zu nennen: Sämtliche Rohrleitungen nebst ihren Abzweigen und Sammelgefäfsen halten sich dauernd spiegelblank, das Bilden einer Sielhaut wird vermieden, weil das heftige Durchsaugen der Abwässer jedesmal eine vollständige Reinigung bewirkt. Jede Wasseraufwendung zur Spülung der Leitung fällt fort. Für die Klosetts ist Wasserspülung ebenfalls kein Erfordernis, ihre Bauart verhindert auch ohne diese jeden üblen Geruch, sobald sie einigermafsen sauber gehalten werden. Die für Wasserspülung eingerichteten Klosetts weisen einen ungemein geringen Verbrauch, dennoch aber eine hohe Reinlichkeit auf, weil sie richtigere Formen erhalten haben als die Mehrzahl der in Deutschland und England üblichen Klosetts. Für die weiten Kreise der weniger wohlhabenden und der wirtschaftlich schwachen Bevölkerung ist hierin ein ganz entschiedener Vorzug zu erblicken. Auch eignet sich die einfache, haltbare Bauart der Kotverschlufs-Klosetts für Arbeiterwohnungen, Gewerbebetriebe, Volksschulen, manche öffentliche Anstalten und dergl. besser als die des englischen Klosetts. Die Sielluft steht nirgends mit der Luft im Freien in Verbindung. Es ist dies als Vorteil besonders dort anzusehen, wo das Dach des Wohnhauses flach angelegt wird, um zum Aufenthalt im Freien dienen zu können, was ja in Südeuropa die Regel bildet, weil nach warmen Tagen dort oben am ehesten Erfrischung und Schutz vor Mücken zu finden ist.

Die Bedeutung der Sielluft.

In ordnungsmäfsig gehaltenen Strafsenkanälen erreicht die Luft erfahrungsgemäfs nirgends eine Zusammensetzung, welche Giftwirkung zur Folge haben könnte. Zumeist ist sie sogar arm an Fäulnisgasen und weist nur einen moderigen, von den Zersetzungsvorgängen der Verwesung herrührenden Geruch auf. Bei den auf Gefällswirkung beruhenden Verfahren fliefst den Strafsenkanälen ausreichend Frischluft zu, da sie durch die Fallrohre der Gebäude, zum Teil auch durch besondere Lüftungsschächte, mit der Luft im Freien vielfach verbunden sind. Aufser der Windbewegung und den Wärmeunterschieden zwischen der Luft im Freien und der Sielluft wirkt die Wasserbewegung günstig auf die Lufterneuerung im Kanalnetz ein. Bei jedem Abwärtsrieseln, namentlich aber beim kraftvollen Abwärtsstürzen von Wasser in den Fallrohren werden erhebliche Luftmengen hinabgerissen und die Wasserbewegung in den Sielen verhindert, selbst in abgelegenen Zweigleitungen, das Stocken der Luft, da zwischen der Wasserfläche und der unmittelbar über ihr befindlichen Luft durch Reibung eine gewisse Zusammengehörigkeit hergestellt wird.

Einen nennenswerten Gehalt an Kleinlebewesen pflegt die Luft der Siele ebenfalls nicht aufzuweisen. Von den feuchten Wandungen vermögen dieselben sich nicht in die Luft zu erheben und die feinen Wasserteilchen, welche in grofsen Mengen in die Luft übergehen, sobald Abwasser aus den senkrechten Fallrohren in die Kanäle abstürzt, scheinen bald wieder an den Rohrwandungen haften zu bleiben. Die Untersuchungen der Kanalluft auf die Anwesenheit von Kleinlebewesen hat bisher stets ihre Keimfreiheit oder Keimarmut erwiesen.

Irgend welche Gefahr birgt daher das Einatmen von Kanalluft wohl nur in Ausnahmefällen. Selbst die mit der Reinigung der Kanäle Beschäftigten weisen üble Folgen des dauernden Einatmens der Sielluft nicht auf. Dafs sie mehr als andere Arbeiter zu Infektionskrankheiten neigen sollen, ist eine bislang unerwiesene Behauptung geblieben.

Wesentlich unreiner pflegt die Luft der Hauskanäle und Fallrohre nebst ihren Zuleitungsrohren zu sein, weil diese einer gründlichen Reinigung nicht oder nur teilweise und selten unterzogen werden und viel Unrat an ihren Wandungen haften zu bleiben pflegt.

Die beim Brechen eines Geruchverschlusses aus ihnen gelegentlich in die Räume einströmende Luft weist stets einen höchst üblen Geruch auf, welche in ganz geringen Mengen bereits Ekelgefühl, bei empfindlichen Personen Brechreiz erweckt. Es bedarf daher zu ihrem Fernhalten sicher wirkender Vorkehrungen.

Schon aus diesem Grunde ist das englische Verfahren des Abschlusses der Hauskanäle vom Strafsenkanal durch einen Geruchverschlufs als falsch zu bezeichnen. Man stellt diesen Abschlufs her in der Absicht, die in England als schädlich geltenden Kanalgase vom Hause fern halten zu wollen, verhindert aber damit sowohl eine ausreichende Lüftung der Strafsenkanäle wie der Hauskanäle, vermehrt die Gasbildung und verstärkt den Gehalt der Kanalluft, namentlich der Hauskanalluft, an übelriechenden Gasen, erreicht also genau das Gegenteil von dem, was man anstrebt. Aufserdem haften diesem Verfahren einige technische Mängel an; es befördert das Brechen der Geruchverschlüsse in den höher gelegenen Teilen des Hauses, und es vermag zum Verlegen des Hauskanalabflusses oder doch zu einem ungenügend raschen Abflufs zu führen, da Fremdkörper in diesem Geruchverschlufs sich besonders leicht festsetzen.

Die Geruchverschlüsse.

Die Geruchverschlüsse haben den Zweck, das Eintreten von Kanalgasen in die Gebäude zu verhindern, sämtliche Verbindungsstellen der Hauskanäle mit Ausgüssen, Badewannen, Klosetts,

Reinigungsöffnungen oder Schlammfängen müssen mit ihnen versehen werden.

Die üblichste Form der Geruchverschlüsse ist der Syphon, eine u-förmige Abwärts- und Aufwärtsbiegung des Ableitungsrohres, welche Flüssigkeit zurückhält.

Das hie und da ausgesprochene Bedenken, es könne allmählich zu einer Sättigung der Flüssigkeit mit Kanalgasen kommen und dann dem Austreten derselben ein ausreichendes Hindernis nicht mehr entgegenstehen, hat eine Bestätigung im Gebrauch nirgends gefunden.

Dagegen geraten die Syphons selbst mit der Zeit in einen höchst unreinen Zustand, indem ihre Wandungon sich verseifen und allerlei zersetzliche Stoffe sich festsetzen, die faulend übelriechende Gase in die mit ihnen versehenen Räume entsenden. Namentlich das Einwerfen von Streichhölzchen in die Schalen der Ausgüsse bewirkt derartige Anhäufungen und durch sie Gärungserscheinungen.

Es erscheint daher notwendig, den Geruchverschlüssen eine zugänglichere Gestalt zu geben, als sie gegenwärtig aufweisen, um sie ausreichend oft einer gründlichen Reinigung unterwerfen zu können.

Ferner kann ein Brechen der Geruchverschlüsse durch drei Ursachen zu stande kommen, welche das Ausströmen von Kanalgasen in die Gebäude zur Folge haben:

Erstens vermag in seltener gebrauchten Wassereingüssen oder Einläufen (Badewannen) beim Leerstehen der Wohnungen, bei andauernd trockener Witterung in Schlammfängen und dergl. ein allmähliches Verdunsten der Flüssigkeit stattzufinden*).

Zweitens kann durch Überdruck der Sielluft über die Luft im Hause, namentlich beim Rückstau oder Volllaufen der Kanäle, die Flüssigkeit emporgedrückt werden. Da sie jedoch nach dem Aufhören des Überdruckes zurückrinnt, kommt dieser selten auftretenden Ursache nur geringe Bedeutung zu.

---

*) Man kann das Verdunsten in unbenutzt stehenden Anlagen verhindern, indem man etwas Öl auf die Oberfläche der Syphons giefst oder sie mit Glycerin ausfüllt.

Drittens kann ein Leerlaufen der Geruchverschlüsse stattfinden. Dieses Ereignis tritt ein, sobald unterhalb des Geruchverschlusses an irgend einer Stelle ein Vollllaufen der Fallrohre oder Kanäle stattfindet und nicht Sorge getragen ist, dafs Luft nachdringen kann. Denn ein sich rasch vorwärts bewegender Wasserpfropf wirkt wie der Kolben einer Luftpumpe, vor sich die Luft verdichtend, hinter sich eine Luftverdünnung hervorrufend. Die Aufsenluft drückt daher nach. Steht ihr kein anderer Weg offen, dann bringt sie die in den Syphons stehende Flüssigkeit zum Abflufs und bricht so die Geruchverschlüsse mehr oder weniger vollständig. Aus diesem Grunde soll jedes Fallrohr offen über Dach geführt werden und aufserdem jeder Eingufs einen wesentlich engeren Querschnitt erhalten als die mit ihm verbundenen Ableitungs- und Fallrohre, damit Luft ungehindert nachdringen kann und ein Vollllaufen nach Möglichkeit vermieden wird.

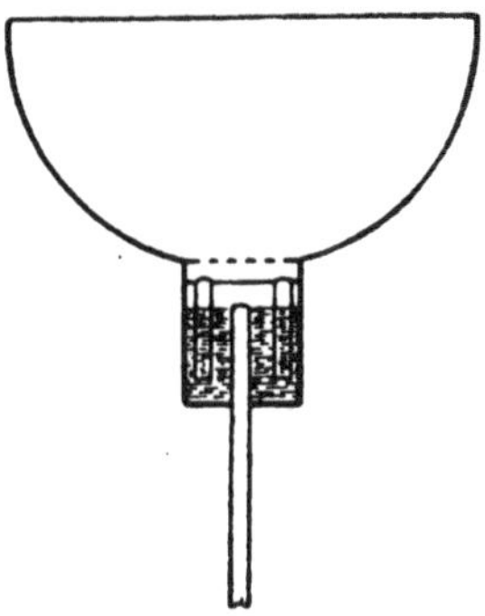

Figur 101.

Ein Geruchverschlufs, welcher überhaupt nicht gebrochen werden kann und mehr als ein Jahr unbenutzt gelassen werden darf, ehe seine Flüssigkeit soweit verdunstet ist, dafs Kanalgase austreten können, ist von Renk*) konstruiert. Derselbe hat den weiteren Vorzug der vollständigsten und bequemsten Zugänglichkeit, so dafs sowohl er wie das Ableitungsrohr einer gründlichen Säuberung unterzogen werden kann.

Leider hat Renk es verschmäht, diesen Geruchverschlufs zum Patent erheben zu lassen, und daher niemand Interesse daran genommen, ihn in Handel zu bringen. Die nebenstehende Figur 101 zeigt das Wesen des Geruchverschlusses. Derselbe ist besonders dort am Platze, wo das Überdachführen des Fallrohres hohe Kosten hervorruft oder den Räumen zur Unzierde gereicht, z. B. für Ausgüsse, Klosetts und dergl., welche im Erd-

*) Dr. Friedrich Renk, Die Kanalgase, deren hygienische Bedeutung und technische Behandlung, München 1882, M. Rieger'sche Universitäts-Buchhandlung.

geschofs oder Keller sich befinden, ohne dafs ein Hochführen der Leitung in die Obergeschosse stattfindet.

Die in England und Amerika vielfach getroffene und auch in Deutschland wohl nachgeahmte Einrichtung besonderer Luftzuführungsleitungen zu den Syphons hat sich nicht bewährt. Infolge ihres geringen Querschnitts verlegt sie sich leicht, während die dünnen, zu ihr gewählten Bleche der raschen Zerstörung anheimfallen und dann zum Ausströmen von Kanalgasen in das Haus Veranlassung geben. Derartige Luftleitungen erschweren und verteuern die Anlage und haben eher Nachteile als Vorteile im Gefolge; vor ihrer Verwendung kann daher nur gewarnt werden. Je einfacher und übersichtlicher die Gesamtanlage ist, um so leichter sind Mängel zu erkennen oder aufzufinden.

Der endgültige Verbleib der Abwässer.

Die Abwässer müssen wohl oder übel den öffentlichen Wasserläufen übergeben werden, weil in der Regel eine Belastung des Bodens mit ihnen zu dessen Versumpfung Veranlassung geben würde.

Ob das Einleiten der Abwässer ohne weiteres erfolgen darf oder ob sie zuvor einer mehr oder weniger weitgehenden Reinigung unterworfen werden müssen, hängt in erster Linie von der Art und Gröfse der Vorflut ab. Manche gewerbliche Abwässer (z. B. die von Zuckerfabriken und der Textilindustrie) werden allerdings auch dann vielfach einer gründlichen Reinigung bedürftig sein, wenn günstige Vorflutverhältnisse vorliegen, weil sie zu Fischsterben oder zu einer bleibenden Veränderung des Wassers Veranlassung zu geben vermögen (vergl. S. 468).

Unter allen Umständen sind die Abwässer zunächst von den groben Schwimmstoffen zu befreien, ehe sie der Vorflut oder den biologischen Kläranlagen zugeführt werden dürfen. Für diesen Zweck hat der von Riensch gebaute Rechen sich auf das beste bewährt. Namentlich seine neueren Formen befriedigen selbst weitgehende Anforderungen.

Von der unmittelbaren Einführung ist ferner zu fordern, dafs sie in der Strommitte erfolgt, da nur hier mit Sicherheit auf eine rasche Verdünnung gerechnet werden darf, und eine Verschlammung des Ufers zu gewärtigen sein würde, sobald die Abwässer in dessen Nähe zum Austritt gelangen.

Die Notwendigkeit und die Art der Abwasserklärung hängt davon ab, ob nach den örtlichen Verhältnissen eine bleibende Flufsverunreinigung durch die Abwässer zu gewärtigen ist.

Die Verunreinigung öffentlicher Gewässer.

Das Zustandekommen einer bleibenden Flufsverunreinigung hängt in erster Linie von dessen Gefälle ab. Reifsende Bergströme, wie die Isar und der Inn, denen im Sommer Schmelzwässer der Gletscher und Ferner zufliefst, und mächtige, wasserreiche, rasch fliefsende Ströme, wie der deutsche Teil des Rheins, lassen selbst gewaltigen Abwassermengen gegenüber eine bleibende Verunreinigung ausgeschlossen erscheinen.

Träge Gewässer dagegen bieten diese Gefahr unter Umständen selbst dann, wenn bei Niederwasser noch verhältnismäfsig grofse Flufswassermengen zur Aufnahme und Verdünnung der Abwässer zur Verfügung stehen, z. B. auch grofse Ströme nahe ihrer Mündung ins Meer.

In noch höherem Mafse gilt dieses von den Landseen, während die Flut der Meere die ihnen übergebenen Verunreinigungen dem Lande wieder zuzuführen vermag, falls nicht ganz besonders günstige Einlaufstellen für die Abwässer gewählt werden können.

Die Verunreinigung der Wasserläufe kann dreierlei Art sein: Erstens kann ein Absterben der Fische erfolgen, zweitens kann ein Verseuchen der Gewässer durch Krankheitserreger hervorgerufen werden und drittens ein bleibendes Verschlammen der Ufer oder der Sohle entstehen, welches in der Regel von Fäulnisvorgängen begleitet ist.

Ein Fischsterben ist dann zu gewärtigen, wenn organische Stoffe den Gewässern in solch grofser Menge zugeleitet werden, dafs für ihre im Wasser vor sich gehende Zersetzung wesentlich mehr Sauerstoff verbraucht wird als das Gewässer aus der Luft in der gleichen Zeit aufzunehmen vermag. Je rascher der Zersetzungsvorgang abläuft, um so mehr Sauerstoff wird in der

Zeiteinheit verbraucht, während ein Gewässer um so mehr Sauerstoff aufnimmt, je bewegter seine Oberfläche ist. Aufser der Menge der organischen Stoffe, namentlich der in Lösung befindlichen, kommt daher dem Wärmegrad des Wassers und der Luft sowie der Wellenbildung und dem Gefäll der Vorflut für das Entstehen des Fischabsterbens Bedeutung zu.

Die an organischen Stoffen ungemein reichen Abwässer der Zuckerfabriken bieten nach dieser Richtung die höchste Gefahr; auch die Abwässer der Brauereien und Brennereien, der Schlachthäuser und mancher anderer Gewerbebetriebe pflegen eine gröfsere Sauerstoffzehrung hervorzurufen als die Abwässer der Haushaltungen. Die letzteren kommen fast nur dann in Betracht, wenn ihre Menge zu der vom Flufs in der Zeiteinheit geführten Wassermenge in ein ungünstiges Verhältnis tritt, z. B. mehr beträgt als 1 : 10, oder wenn ihnen die Abwässer der gedachten Betriebe sich gesellen.

Diejenigen Wasserläufe, welche im Hochsommer niedrige Wasserstände aufzuweisen pflegen, und träge Gewässer neigen am meisten zu dieser Plage. Ihnen gegenüber ist daher die gröfste Vorsicht geboten, weil ein Fischsterben unbedingt vermieden werden mufs.

Flüsse werden in erster Linie durch den Schiffsverkehr, in zweiter Linie erst durch städtische Abwässer verseucht. Die Untersuchungen über die Verbreitung der Cholera entlang den Flufsufern haben mit Sicherheit ergeben, dafs diese mit Vorliebe stromaufwärts ihren Gang wählt. v. Pettenkofer stellte diese Thatsache bereits fest, als die Erreger der Cholera noch völlig unbekannt waren, und die während der letzten Choleraepidemie in Ostpreufsen vorgenommenen sorgfältigen Untersuchungen brachten ihre volle Bestätigung. Ein derartiger Gang der Seuchenverbreitung kann aber ausschliefslich dem Schiffsverkehr zur Last gelegt werden, nicht den stromabwärts treibenden Abwässern der Städte und Ortschaften.

So lange wir keine Mittel besitzen, der Stromverseuchung durch den Schiffsverkehr wirksam entgegenzutreten, wird man daher folgerichtigerweise auch dem Einleiten städtischer Abwässer in die öffentlichen Wasserläufe keine Schwierigkeiten bereiten dürfen. Eine Desinfektion der sämtlichen Abwässer zur Seuchenzeit ist eine fast schon zu weit gehende Forderung, welche — wie wir noch sehen werden — mindestens ebenso viel Schaden wie Nutzen herbeiführt. Nur eine Desinfektion der Abwässer von Krankenhäusern ist als zweckmäfsig zu bezeichnen; ihrer Durchführung stehen Schwierigkeiten irgend welcher Art nicht im Wege.

Dagegen führt jene Thatsache zu der mit vollstem Nachdruck zu erhebenden Forderung, die Wasserversorgung aus anderen Quellen zu befriedigen als aus öffentlichen Gewässern, oder, wo die Not hierzu zwingt, das Wasser einer peinlich sorgfältigen Reinigung zu unterziehen, ehe es Leitungsnetzen zugeführt wird. Den Flüssen aber soll man ihre natürliche Bestimmung der Abführung aller Flüssigkeiten nicht rauben, noch sie beschränken, sondern nur dahin wirken, dafs die Flüsse das bleiben, was sie sind oder waren, reizvolle, das Auge erfreuende, die Landschaft belebende Wasseradern, nicht aber häfsliche Rinnsale für Unratstoffe werden.

Aus diesem Grunde sowohl wie zur Vermeidung von Fäulniserscheinungen im Flufswasser ist es notwendig, jede Verschlammung der Ufer und der Sohle öffentlicher Wasserläufe hintanzuhalten.

Der Verschlammung entgegen wirkt die Wasserbewegung. Je rascher sie erfolgt, um so weiter werden die im Wasser fein verteilten festen Körperchen getrieben, ehe sie niedersinken können, und um so stärker erfolgt ein Vorwärtsbewegen des zum Grunde gesunkenen Schlammes. Mit der Verteilung der festen Stoffe auf weite Strecken aber wächst die Möglichkeit ihrer raschen und vollständigen Zersetzung. Aus diesem Grunde kommt dem Gefälle der Flüsse die wesentlichste Bedeutung für ihre Selbstreinigung zu, während die Wasserfülle in zweiter Linie steht. Eine Vereinigung starken Gefälles mit Wasserfülle aber ruft die kraftvollste Beseitigung der dem Wasser zugeführten zersetzlichen Stoffe hervor. Wo sie ständig vorhanden ist, braucht man über das Eintreten einer Flufsverschlammung der Sorge sich nicht hinzugeben.

Von grofser Wirkung für das Reinerhalten der Flüsse sind jedoch auch die Hochwässer, sobald sie in kürzeren Zwischenzeiten auftreten und mit bedeutender Schnelligkeit im Flufsbett sich bewegen. Sie wirbeln die zuvor etwa erfolgten Ablagerungen teils empor, teils wälzen sie dieselben vorwärts und pflegen die Ufer wie die Sohle der Wasserläufe von anhaftendem Schlamm völlig zu befreien. Erst beim Nachlassen des Hochwassers setzt aus den noch trüben Fluten sich neuer Schlamm ab, doch pflegt er hauptsächlich, wenn nicht vollständig, aus mineralischen Stoffen zu bestehen; Kies, Sand und Thon finden wir als seine vornehmlichsten Bestandteile am Grunde abgelagert, während der schwarze Schlamm verschwunden ist, aus dem zuvor Bänke oder feinere Ablagerungen gebildet waren.

Die gelösten wie die festen organischen Bestandteile des Flufswassers unterliegen aber einer zumeist raschen und kraftvollen Zersetzung, so lange sie in Bewegung sich befinden. Es nehmen an der Zersetzung gelöster organischer Stoffe in erster Linie die Kleinlebewesen Teil, während die niederen Wassertiere (Infusorien, Rotaceen u. a.) und die höheren Wassertiere (Käfer, Krebse, Fische u. a.) eine gewisse Menge der ungelösten organischen Stoffe aufzehren. Immerhin kommt das Hauptamt der Flufsreinigung nach dieser Richtung den Kleinlebewesen zu. Auch die Wasserpflanzen*) nehmen an ihr Teil, besonders wenn die Stoffe sich am Boden als Schlamm abgelagert haben. Anderseits können von ihnen Nachteile insofern hervorgehen, als sie den Schlamm festhalten und seiner Fortschwemmung durch Hochwässer entgegenwirken oder absterbend fäulnisfähige Stoffe dem Wasser in grofser Menge zuführen. Die Entfernung der Wasserpflanzen dürfte daher der Selbstreinigung der Wasserläufe unter Umständen eher förderlich als hinderlich sein, während die Einführung von Kleinlebewesen in die Gewässer als ein wichtiges Erfordernis betrachtet werden mufs. Ein Abtöten der in den Abwässern enthaltenen gewaltigen Mengen von Kleinlebewesen hat aus diesem Grunde höchst

*) Die Wasserpflanzen bilden im Licht sehr erhebliche Mengen Sauerstoff, sie müssen also auch Kohlensäure entfernen.

nachteilige Folgen und sollte jedenfalls nur dort stattfinden, wo zuvor den Abwässern die festen wie die gelösten organischen Bestandteile bis auf geringfügige Reste entzogen sind.

Zu einer wirksamen Zerlegung der letzteren bedürfen die Kleinlebewesen des Sauerstoffs. Wird er an irgend einer Stelle des Flusses in solch hohem Mafse verbraucht, dafs die Aufnahme aus der Luft den Ausgleich nicht herzustellen vermag, dann hört die Selbstreinigung auf. Mit dem S. 467 geschilderten Fischsterben zugleich tritt daher ein Zustand der Übersättigung des Wassers mit organischen Stoffen auf, der bei einiger Dauer oder bei ständiger Wiederholung zu schweren Flufsverunreinigungen führt. Die Menge der zeitweilig und örtlich einem Wasserlauf zugehenden organischen Stoffe mufs daher zu seiner Wasserführung und zu seiner Wasserbewegung (bei niedrigstem Stande) in einem ganz bestimmten Verhältnis stehen, da beide vereint die zur raschen Zersetzung durchaus erforderliche Verteilung der organischen Stoffe bewirken und die Wasserbewegung, wie bereits erwähnt, zur Sauerstoffaufnahme aus der Luft führt.

Da der Gehalt der Abwässer an organischen Stoffen örtlich und zeitlich stark wechselt, so ist es schwer, genaue Angaben über jenes Verhältnis zu machen. Bei starkem Gefäll des Flusses pflegt eine Verdünnung der eingeführten Abwässer von 1 : 10 noch eben ausreichend zu sein, bei mittlerem Gefäll von 1 : 15, während bei schwachem Gefäll eine Verdünnung von 1 : 25 sich als notwendig erweisen dürfte, falls nicht der Wind kräftige Wellenbewegung hervorruft, was bei breit dahinflutenden Gewässern nahe der Strommündung der Fall zu sein pflegt.

Mit dem Eintritt des Sauerstoffmangels hört die Zersetzung nicht vollständig auf, sondern es treten Fäulniserscheinungen an die Stelle der Verwesung. Ihr Gang ist jedoch ein sehr langsamer und er ist von starker Gasentwickelung (Wasserstoff, Sumpfgas, Schwefelwasserstoff und dergl.) begleitet, deren üble Folgen sich sofort bemerkbar machen.

Auch im abgelagerten organischen Schlamm dauern die Fäulniserscheinungen fort, es fehlt darin vollkommen an Sauerstoff. Die zur Entwickelung gelangenden Gase steigen in Blasenform auf und vermögen Schlammteile emporzureifsen, welche der Wasserfläche ein höchst übles Aussehen verleihen und den üblen Geruch auf weitere Strecken verbreiten können, wenn auch die Gase meist rasch entweichen.

Diesen Fäulniserscheinungen wirken die chlorophyllführenden Wasserpflanzen entgegen, da sie unter dem Einflufs des Lichtes Sauerstoff bilden und das Wasser mit ihm anreichern. Aber von grofser Bedeutung vermag ihre Lebensthätigkeit bei starker Flufsverunreinigung auch nach dieser Richtung kaum zu werden, weil sie selbst absterben und eine gewaltige Verunreinigung des Wassers herbeiführen können (z. B. die sog. Wasserpest).

Die Klärung der Abwässer.

Je nach der Art der Abwässer, namentlich aber nach den Eigenschaften der Vorflut wechselt die Aufgabe der Abwasserreinigung und das Bedürfnis nach einer solchen.

Weist die Vorflut eine mäfsige oder gar eine schwache Bewegung auf, dann dürfen ihr zersetzliche Sinkstoffe nur in sehr geringer Menge zugeführt werden, weil sie nach kurzer Frist zur Ablagerung gelangen und zur Ufer- oder Bodenverunreinigung ernster Art Veranlassung geben. In diesem Falle ist daher eine *Klärung der Abwässer von den in ihnen fein verteilten Körperchen* selbst dann ein dringendes Erfordernis, wenn es der Vorflut an Wasserfülle nicht mangelt. In noch höherem Grade tritt dieses Bedürfnis ein, wenn die Wasserbewegung eine rückläufige werden kann, ehe die Zersetzung der festen organischen Bestandteile erfolgt ist, weil dann der gleiche Platz einer zweimaligen oder mehrfachen Ablagerung von zersetzlichem Schlamm ausgesetzt ist. Beides trifft zu, sobald Ströme nahe ihrer Mündung, Landseen oder das Meer als Vorflut dienen.

Ist die Wasserfülle einer ständig oder zeitweise nur schwaches Gefälle aufweisenden Vorflut eine bedeutende, und eine ausreichende Verteilung der Abwässer in ihr gesichert, dann wird man dagegen auf eine *künstliche Reinigung der Abwässer von den in Lösung übergegangenen organischen Stoffen* Verzicht leisten dürfen.

Fehlt es sowohl an einer kräftigen Bewegung der Vorflut wie an Fülle des Wassers, dann ist unter allen Umständen eine weitgehende Reinigung der Abwässer geboten, während starkes Gefälle auch bei mäfsiger Wasserfülle einer bleibenden Verunreinigung der Vorflut so kraftvoll entgegenwirkt, dafs jede Reinigung unterbleiben kann oder einer bedeutenden Abwässermenge gegenüber das Entfernen der schwereren und daher rascher zu Boden sinkenden Schwebestoffe auszureichen pflegt.

Bei mittelstarkem Gefäll und mittelgrofser oder zeitweise geringer Wasserfülle ist Vorsicht nach beiden Richtungen geboten. Für die Hausabwässer wird hier unter Umständen eine einfache Klärung von festen Körperchen noch ausreichen, während gewisse gewerbliche Abwässer von besonders hohem Gehalt an gelösten organischen Stoffen einer weiter gehenden Reinigung zu bedürfen pflegen. Es wird in diesem Falle Sache der in Frage kommenden Betriebe sein, eine solche für ihre Abwässer herbeizuführen, ehe sie dem städtischen Sielnetze zugeführt werden dürfen, weil andernfalls der Stadt eine ganz wesentliche Vermehrung der Kosten für die Abwasserreinigung entsteht, welche zu tragen die Allgemeinheit nicht die geringste Veranlassung hat.

Die Verfahren zur Reinigung der Abwässer.

Da je nach der Art der Vorflut wie der Art und Menge der Abwässer sehr verschiedenartige Ansprüche an die Wirkung einer Abwasserreinigung gestellt werden, so ist es natürlich, dafs verschiedene Verfahren derselben zu dienen haben. Denn mit dem Steigen der Reinigungswirkung pflegen die Kosten der Anlage, der Unterhaltung und des Betriebes annähernd gleichen Schritt zu halten.

I. Die mechanische Klärung.

Das einfachste und billigste Verfahren bezeichnet man mit mechanischer Klärung. Es besteht darin, durch Querschnittserweiterung die Bewegung der Abwässer zu verlangsamen und dadurch die Schwebestoffe zum Niedersinken zu bringen. Ursprünglich überliefs man das Abwasser zu diesem Zwecke in Brunnen 24 Stunden der Ruhe, wodurch bis zu 88% der fein im Wasser verteilten Körperchen zum Niedersinken gelangen. Es zeigte sich aber bald, dafs die Durchführung derartiger Anlagen mit den Betrieben grofser Gemeinwesen sich nicht vereinigen liefs. Infolgedessen ist man dazu übergegangen, dem Wasser eine schwache Bewegung zu belassen, obgleich dann die feinsten Schwebestoffe im Wasser verbleiben.

Man kann zu diesem Zweck das Wasser in Brunnen langsam aufsteigen lassen oder durch flache Becken führen. Die Wirkungen sind bei richtiger Anlage die gleichen; die gegenteiligen Behauptungen beruhen auf Irrtum, Selbsttäuschung oder — Reklame. Neuerdings hat die Beckenanlage für grofse Verhältnisse aus technischen Gründen allgemein den Vorzug vor der Brunnenanlage erhalten.

Zunächst hat man dem Abwasser eine Bewegung von nur 2 mm bis höchstens 6 mm in der Sekunde gegeben und Beckenlängen von etwa 35 m bis höchstens 50 m in Anwendung gebracht. Versuchsanlagen, welche während der letzten Jahre in Köln und in Hannover ausgeführt worden sind, haben jedoch gezeigt, dafs bessere Erfolge mit geringerem Kostenaufwand sich erzielen lassen, wenn die Länge der Becken auf 75 m und die Schnelligkeit der Wasserbewegung auf 10 mm bis 15 mm in der Sekunde erhöht werden.

Sorgfältig durchgeführte Untersuchungen ergaben in Hannover, dafs in Becken von 50 m Länge im Durchschnitt abgeschieden wurden bei einer Wasserbewegung von

4 mm	6 mm	8 mm	10 mm
56%	56,3%	54,6%	53,6%

des Gehaltes an Schwebestoffen, während in Becken von 75 m Länge bei der gleichen Bewegung dem Abwasser im Durchschnitt 62% seiner Schwebestoffe entzogen wurden und zwar bei einer Wasserbewegung von

	4 mm	6 mm	8 mm	10 mm
im Durchschn.:	62,7%	61,7%	59,7%	61,7%
als Tagesmittel im Höchstfall:	69%	67%	67%	68%.

Bei einer Wasserbewegung von 15 mm in der Sekunde wurden die organischen Schwebestoffe fast noch in gleicher Menge abgeschieden, während die feinsten anorganischen Schwebestoffe in etwas gröfserer Menge dem Abwasser verblieben. Da ein Schaden hierin kaum erblickt werden kann, so darf im Erfordernisfall die Wasserbewegung sehr wohl bis auf 15 mm in der Sekunde gesteigert werden, um so mehr, als eine solch rasche Wasserbewegung nur durch starke Niederschlagzuführung zu den Abwässern notwendig wird.

Das Ausfällen von mehr als 60% aller Schwebestoffe darf bereits als ein bedeutsamer Erfolg angesehen werden, weil es die schwereren Körperchen sind, die man den Abwässern entzieht. Die feinsten Teilchen, welche dem Flufswasser noch zugeführt werden, sind von ganz wesentlich geringerer Bedeutung für das Zustandekommen einer bleibenden Verunreinigung der öffentlichen Gewässer, denn selbst bei schwachem Gefäll derselben werden diese Schwebestoffe weite Strecken geführt, ehe sie zum Niedersinken gelangen. Sie erfahren daher eine bedeutende Verteilung über grofse Flächen der Flufssohle, bieten vorhe aber den Kleinlebewesen gute Angriffspunkte und ausreichend Zeit zum Zerstören ihres Stickstoffgehaltes.

Wo nach der Wasserfülle und der Wasserbewegung der Vorflut und der Art wie der Menge der Abwässer das Eintreten von Sauerstoffmangel in der Vorflut nicht zu erwarten ist, reicht daher die mechanische Klärung zur Abwasserreinigung aus.

II. Die chemische Klärung.

Weniger erfreulich sind — mit einer einzigen Ausnahme — die Erfolge gewesen, welche man bislang mit der Klärung der Abwässer durch Hinzufügen von Chemikalien erzielt hat.

In erster Linie gilt dieses vom Ätzkalk-Zusatz, mag er allein oder im Verein mit schwefelsaurer Thonerde, schwefelsauren Eisensalzen, löslicher Kieselsäure u. a. erfolgen. Es entstehen allerdings sofort nach dem Zusatze dieser Stoffe starke Flocken, welche zu Boden sinkend die fein verteilten Körperchen und viele Kleinlebewesen mitreifsen. Aber die Einwirkung des Ätzkalks auf die organische Substanz ruft eine hochgradige Entwickelung übelriechender Gase hervor. Sie darf daher nur im geschlossenen Raume unter kräftiger Abführung und Unschädlichmachung der Gase erfolgen. Sodann greift der stets im Überschufs verwendete Atzkalk die festen Körperchen organischer Natur an und bringt sie zur Lösung, während die gelösten organischen Stoffe kaum eine Verminderung erfahren. Der Kalkzusatz vermehrt daher den Gehalt des Abwassers an rasch zersetzlichen, die Sauerstoffzehrung erhöhenden Stoffen, statt ihn zu vermindern.

Der in dem zum Abflufs gelangenden Wasser stets noch in ziemlicher Menge vorhandene Atzkalk hat in der Vorflut die gleiche Wirkung wie zuvor in den Abwässern: Unter Entwicklung übelriechender Gase werden die Schwebestoffe gefällt und rufen in der Nähe der Einlaufstelle der Abwässer eine Sohlenverschlammung hervor, welche um so nachteiliger wirkt, als dieser Schlamm infolge seiner schwach alkalischen Natur ganz besonders zur Fäulnis neigt und durch die in ihm sich bildenden Gase bald hochgerissen wird, bald niedersinkt, bald fortgetrieben wird, je nachdem die Gase schneller oder weniger schnell entweichen — ein erbauliches Schauspiel!

Auch die in die Vorflut gelangenden Abwässer neigen aus dem angegebenen Grunde und infolge der teils durch das Fällen, teils durch die abtötende Wirkung des Ätzkalks hervorgerufenen Verminderung der Kleinlebewesen zur Fäulnis, wodurch namentlich bei warmer Witterung arge Mifsstände entstehen können.

Die Verunreinigung der Vorflut wird daher durch Atzkalkzusatz eher vermehrt als vermindert, während der in den Klärbecken zurückbleibende, zur Fäulnis stark neigende Schlamm ganz gewaltig vermehrt wird (1 kg Kalk vermehrt den Schlamm um 9 bis 10 kg) und zur landwirtschaftlichen Verwertung sich nicht mehr eignet (vergl. S. 495).

Die desinfizierende Wirkung des Ätzkalkes ist eine weit geringere, als man bisher angenommen hat; zu einem vollen Erfolg würden Mengen erforderlich sein, welche zu ernsten Schwierigkeiten nach den angedeuteten Richtungsn führen müfsten (vergl. S. 487 ff.).

Die Ätzkalkklärung mufs daher als ein durchaus gesundheitswidriges und völlig zweckloses Verfahren bezeichnet werden, welches nur Nachteile aber nicht Vorteile gegenüber der mechanischen Klärung aufweist.

Die in Leipzig angestellten Versuche, ein für die Abwässer dieser Stadt geeignetes Verfahren ausfindig zu machen, haben einen durchaus befriedigenden Erfolg mit der Anwendung von schwefelsauren Eisensalzen erzielen lassen. Die Anwendung dieses Klärmittels hat bewirkt, dafs die Elster aus einem trostlosen Rinnsal schmutziger Wässer wieder ein schmucker Flufs geworden ist, welcher eine Zierde der Landschaft bildet.

Aber dieser Erfolg beruht auf der Eigenart der Leipziger Abwässer, anderenorts angestellte Klärversuche haben ein irgend belangreiches oder gar günstiges Ergebnis mit schwefelsauren Eisensalzen nicht erzielen lassen, obgleich sie mit aller Gründlichkeit und Sorgfalt durchgeführt worden sind.

Einen anscheinend günstigen Erfolg hat ferner das von Degener angegebene Verfahren gehabt, den Abwässern feine Braunkohlenerde zuzusetzen, sie dann in Rotheschen Türmen hochsteigend sich klären zu lassen und im »Schönfilter«*) zur vollständigen Klärung zu bringen. Es werden durch dieses Verfahren nach Degeners Angabe die fein verteilten Körperchen vollständig, die gelösten organischen Stoffe bis zu 70 % entfernt**). Der zurückbleibende Schlamm kann als Prefstorf zur Feuerung dienen oder mit Vorteil zur Gasgewinnung Verwendung finden. Auch die Desinfektionsversuche mittels vorsichtig beigefügter geringer Chlorkalkmengen dürfen als geglückt angesehen werden.

*) Das »Schönfilter« dürfte zur vollständigen Klärung der Abwässer nicht unwesentlich beitragen.

**) Eine Besichtigung der Potsdamer Kläranlagen bestätigte mir diese Angaben.

Falls das Verfahren im weiteren Gebrauch gleich günstige Ergebnisse erzielt wie in den Versuchsanlagen zu Potsdam, Essen a. d. R. u. a., und die Kostenberechnungen von Degener und Rothe hinsichtlich der Schlammverwertung nicht Trugschlüsse enthalten, dann darf es als das einzige, auf Chemikalienzusatz beruhende Klärverfahren bezeichnet werden, welchem Beachtung und hoher Wert zukommen, doch sind die Kosten desselben eher höher denn niedriger als die des Rieselverfahrens.

Die elektrolytischen Klärverfahren stellen kaum etwas anderes dar, als eine veränderte Form der chemischen Abwasserreinigung. Irgend nennenswerte Erfolge haben die mit ihnen angestellten Versuche bislang nicht zu verzeichnen gehabt, ihr hoher Kostenaufwand erscheint daher durch nichts gerechtfertigt. Doch ist es nicht ausgeschlossen, dafs nach genauerer Kenntnis aller elektrolytischen Wirkungen dereinst bessere Ergebnisse erzielt werden können.

III. Die biologische Klärung.

Die verschiedenen Verfahren zur biologischen Klärung der Abwässer kommen dann in Betracht, wenn nach Art und Menge der Abwässer oder der Vorflut die Notwendigkeit vorliegt, den Abwässern nicht nur den gröfseren Teil der Schwebestoffe zu entziehen, sondern ihnen sowohl wie dem zurückbleibenden Schlamm die Fähigkeit zu nehmen, in Fäulnis überzugehen.

Sie sind sämtlich unter den ungünstigsten Vorflutverhältnissen anwendbar. Bei ordnungsmäfsigem Betrieb kommen aus den Anlagen die Abwässer so rein zum Abflufs, dafs sie der Teichwirtschaft zu dienen vermögen, sie können daher durch jeden Bach oder durch offene Gräben zur Ableitung gelangen, ohne irgend welche Nachteile hervorzurufen, verbessern zumeist sogar die Vorflut, statt ihr Verunreinigungen zuzuführen. In wasserarmen Gebieten oder Zeiten würde von ihnen zur Bewässerung des Landes, zur Kesselspeisung und zu manchen anderen technischen Zwecken Gebrauch gemacht werden können.

Dieser trefflichen Wirkung stehen jedoch leider hohe Kosten, besonders für den Bau und die Unterhaltung der Anlagen, gegenüber, welche die Anwendung dieser Verfahren auf die gedachten Fälle beschränken.

Das älteste biologische Verfahren, die Rieselung, ist bereits im Altertum zur Verwendung gekommen, während sämtliche übrigen Arten dieser Abwasserreinigung auf die Untersuchungen von Frankland und vielleicht auf die Arbeiten von Alexander Müller zurückzuführen sind, welche zwischen 1865 und 1873 ausgeführt wurden *). Im Grundsatz Neues enthält keines der vielen später entstandenen »Verfahren« **); sie stellen nur Abänderungen oder Vervollkommnungen in der Form dar, die zum Teil sogar ganz belangloser Art sind und höchstens das Verdienst beanspruchen dürfen, zur Verbreitung und zur Anerkennung des Wertes der ursprünglichen Verfahren beigetragen zu haben.

A. Die Berieselung.

Das Rieselverfahren hat die grofsen Erwartungen nicht erfüllt, welche man ihm vor etwa einem Menschenalter entgegenbrachte. Die landwirtschaftliche Ausbeute steht in gar keinem Verhältnis zu den gewaltigen Kosten, welche die Anlage und der Betrieb der Rieselgüter beanspruchen. Ferner eignen sich nur ganz bestimmte Gelände und Bodenarten für die Rieselfeldanlage. Es ist daher nur ein kleiner Teil der Städte überhaupt in der Lage, dieses Verfahren in Anwendung bringen zu können.

Die weitaus besten Erfolge erzielt gegenwärtig die Stadt Paris mit der Rieselwirtschaft sowohl in Hinsicht auf die Reinheit des zum Abflufs gelangenden Wassers, als auch bezüglich der Kosten. Hierzu dürfte aber meines Erachtens der Umstand ganz entschieden beitragen, dafs der Wasserverbrauch in Frankreich gegenüber dem in England und Deutschland üblichen als niedrig bezeichnet werden mufs. Die Kosten des Wasserbezuges sind hohe und der Franzose übt allgemein eine durchaus anerkennenswerte, weise Sparsamkeit, die meiner Erfahrung nach auch auf den Wasserverbrauch sich erstreckt. Die (selbst

*) Professor Dr. Dunbar. Vierteljahrsschrift f. öffentl. Gesundheitspflege Bd. 31, Heft 1, S. 136 u. Bd. 31, Heft 4a.

**) Cameron-, Dibdin-, Schweder-, Scott-, Moncrieff- u. Ducat-Verfahren.

in den vornehmsten Gasthöfen) üblichen Wasserklosetts sind sehr geschickt gebaut; sie lassen sich infolge dessen mit etwa einem Zehntel des Wasserverbrauchs sauber halten, welchen die englischen Wasserklosetts zu dem gleichen Zwecke erfordern, in Haushalt und Küche, ja selbst bei der Hautpflege, wird ebenfalls jedwede Wasserverschwendung vermieden. Da von den bedeutenden Regenmengen, welche in Paris niederfallen, ein grofser Teil der Seine unmittelbar zugeht, so dürfte die Belastung der Rieselfelder eine weit geringere sein, als unter deutschen oder gar unter englischen Verhältnissen. Man kann daher nicht erwarten, dafs bei gleich guter Einrichtung der Rieselgüter in diesen Ländern ohne weiteres auch gleich gute Erfolge sich würden erzielen lassen:

Die Rieselwirtschaft wird meines Erachtens stets die teuerste und schwierigste Form der Abwasserreinigung bleiben, während ihre hygienischen Erfolge denen der übrigen biologischen Verfahren, namentlich denen des Oxydationsverfahrens, nicht überlegen sind.

Sie hat diesen gegenüber sogar den ernstlichen Nachteil, dafs während harten Frostwetters die Rieselung nicht stattfinden kann. Es werden infolgedessen während dieser Zeit die Abwässer in Staubecken mit durchlässiger Sohle untergebracht. Es findet in ihnen nun eine ununterbrochene Filterung statt, deren Leistungen bekanntlich geringe sind, und kaum mehr als ein Zurückhalten der Schwebestoffe bewirken.

Auch sonst haften dem Verfahren manche kleinere Mifsstände, z. B. Schlammablagerungen in den langen Zuführungsleitungen der Abwässer zu den Rieselfeldern, an, über welche die Literatur nichts meldet.

Die Durchführung des Rieselverfahrens darf als bekannt vorausgesetzt werden, es wird daher eine kurze Schilderung an dieser Stelle ausreichen. Das Abwasser wird an der Hauptsammelstelle durch Rechen und Sandfänge (Absatzbecken für Sinkstoffe derberer Art) gereinigt, dann gehoben und durch eine meist sehr lange Rohrleitung den Rieselgütern zugeführt. Die der Berieselung dienenden Felder und Wiesen bedürfen einer sorgfältigen Einebnung, durch Wälle und Gräben werden sie derart geteilt, dafs der Zulauf genau geregelt werden kann und eine gleichmäfsige Verteilung des Abwassers stattfindet.

Der Erdboden wirkt als Filter, während in ihm durch Kleinlebewesen eine Zersetzung der zurückgehaltenen Stoffe wie des organischen Gehaltes des an den Sandkörnern haftenden oder zwischen ihnen kürzere Zeit verweilenden Wassers stattfindet. Ein Teil der Enderzeugnisse dieser Zersetzung wird von den Pflanzen verbraucht, der gröfsere Teil findet sich als Salpetersäure u. a. in dem die Felder verlassenden Wasser.

In einer Tiefe von 1,50 bis 3,00 m werden die Felder und Wiesen mit Entwässerungseinrichtungen versehen, um ihre Versumpfung zu verhüten. Die sich sammelnde Flüssigkeit wird durch tiefere Gräben der Vorflut zugeleitet. Sie hat ihre Faulfähigkeit verloren, enthält Kochsalz und Salpetersäure in gröfseren Mengen, Phosphorsäure, auch wohl Ammoniak in geringen Mengen und ist arm an Kleinlebewesen, aber nicht frei von denselben, zeigt demnach keine anderen Eigenschaften als die schliefslichen Abgänge der übrigen biologischen Reinigungsverfahren. Ein Verschlammen des Bodens wird teils durch die auf dem weiten Wege zu den Rieselgütern stattfindenden Schlammablagerungen verhütet, teils durch die landwirtschaftliche Bearbeitung der Felder und Wiesen.

B. Die unterbrochene Filterung.

Die unterbrochene Filterung ist auf Anregung von Franklands Untersuchungen (in Amerika) vielfach zur Durchführung gelangt. Sie ist kaum etwas anderes als eine Rieselung unter Verzicht auf die landwirtschaftliche Kultur des Bodens, ihr aber wirtschaftlich überlegen, weil man mit wesentlich kleineren Flächen den gleichen Zweck erreicht und die Herrichtung des Filterlandes geringerer Aufwendungen bedarf.

Die Untersuchungen und Erfahrungen haben nämlich ergeben, dafs in sterilem, vom Pflanzenwuchs völlig freien Sandboden die Zersetzungsvorgänge der eben beschriebenen Art einen weit rascheren Verlauf nehmen. Es dürfte dieses dem Umstande zuzuschreiben sein, dafs der Sauerstoff rascher und tiefer in solchen Boden einzutreten vermag, dessen die in Betracht kommenden (aëroben) Bakterien zu ihrer Lebensthätigkeit bedürfen. Einer den Sauerstoffzutritt vermindernden Verschlammung des Bodens läfst sich durch gelegentliches Umpflügen entgegenwirken.

Sterile Gelände werden durch eine derartige Benutzung allmählich in bebaubares Ackerland verwandelt, so dafs unter Umständen ein doppelter Nutzen mit der unterbrochenen Filterung sich erzielen läfst, doch stehen geeignete Gelände den Städten nicht gerade häufig zur Verfügung.

Das zum schliefslichen Abflufs gelangende Wasser ist bei ordnungsmäfsigem Betrieb genau so rein wie das von den Rieselfeldern abgeleitete, der Nachteil der Betriebsunterbrechungen bei Frostwetter, zur Erntezeit u. s. w. fällt fort und das Verfahren ist wesentlich leichter zu überwachen als der Betrieb der Rieselgüter, bei dem landwirtschaftliche Rücksichtnahmen nicht umgangen werden können, vielfach sogar in den Vordergrund treten.

C. Das Oxydationsverfahren.

Das Oxydationsverfahren in seiner heutigen, namentlich von Dibdin vervollkommneten Gestalt setzt künstlich aufgebaute Filter an die Stelle des Erdbodens. Sie werden in wasserdichte Becken eingebaut, um einen beschleunigten Betrieb in Anwendung bringen zu können, ohne die Gefahr des Versumpfens der Umgebung gewärtigen zu müssen. Die Filter werden in der Regel auf einer etwa 0,50 m hohen Sandunterlage aus Koke oder Schlacke etwa 1,50 m hoch hergestellt und von oben beschickt. Ein Beschicken der Schlackenkörper von unten führt jedoch ebenfalls zum Ziel und die Sandfilter bilden nicht immer ein Erfordernis. Die durch Rechen und Sandfänge vorgeklärten Abwässer bleiben einige Stunden in den Filtern stehen und werden dann ohne weiteres der Vorflut zugeleitet, während den Filtern ein gleicher Zeitraum der Ruhe gegönnt wird, in welcher die Zersetzung der zurückgebliebenen Stoffe sich unter Luftzutritt vollendet.

Unsere bis dahin etwas unsicheren Kenntnisse über die Erfolge des Oxydationsverfahrens sind durch die in Hamburg unter Dunbars Leitung ausgeführten sorgfältigen Untersuchungen*) soweit bereichert, dafs ein sicheres Urteil über dessen Wert möglich geworden ist. Die dort aus Schlacken (der Müllverbrennung) aufgebauten Filter lieferten auch bei sechsmaliger Beschickung am Tage noch durchaus einwandfreie Ausflüsse, denen jede Fäulnisfähigkeit genommen war. Dagegen führte eine derartige starke Inanspruchnahme zu einer allmählichen Verschlammung der Filterhohlräume, so dafs nach 150 Füllungen die Aufnahmefähigkeit der Filter bereits um 50% zurückgegangen war, während sie bei nur einmaliger Beschickung im Tage nach 3/4 Jahren erst um 3% abgenommen hatte. Eine sechsmalige Füllung im Tage würde daher nur für bestimmte Einzelfälle empfehlenswert sein, oder eine Vorklärung der Abwässer zur Voraussetzung haben müssen.

Die im Schlackenkörper sich abspielenden Zersetzungsvorgänge sind die der Verwesung, sie stellen eine langsame Verbrennung dar, welche mit Wärmeentwickelung verbunden ist. Der in den Hohlräumen zurückbleibende Schlamm verfällt bei mäfsiger Inanspruchnahme der Filter ebenfalls dieser Zersetzung in vollkommener Weise und es wird ihm, selbst bei stärkster Inanspruchnahme, jede Faulfähigkeit genommen.

Die Sandfilter hielten den Rest der in den Abwässern noch verbliebenen feinen Schwebestoffe vollständig zurück und es setzte sich in ihnen der Verwesungsvorgang fort. Die Abflüsse der Sandkörper hatten einen auffallend frischen Geruch, welcher dem des naturreinen Flufswassers wesentlich überlegen war. Die Schlackenabflüsse wie die Sandabflüsse zeigten sich selbst in Flaschen verschlossen, nach Monaten ohne jeden Fäulnisgeruch. Sämtliche in sie gesetzte Edelfische hielten sich während gleich langer Zeit frisch und munter.

---

*) Vierteljahrsschrift für öffentl. Gesundheitspflege Bd. 31 Heft 4a und Zeitschrift für Architekten- u. Ingenieur-Wesen (Wochenausgabe) 1889 Nr. 48 bis Nr. 52.

Legt man der Rechnung eine Menge von täglich 400 l für den Kopf der Bevölkerung zu Grunde, dann lassen sich bereits bei einmaliger Füllung der Filter im Tage auf einem Hektar Fläche die Abwässer von 25000 bis 30000 Personen so vollkommen reinigen, dafs jeder Teich oder Bach als Vorflut dienen kann. Die Sandabflüsse wiesen einen wesentlich höheren Grad der Reinheit auf als diejenigen der deutschen Rieselfelder.

Auch bei den wenig verdünntesten Abwässern ist der Reinigungserfolg der gleiche. Wo ein Trennverfahren zur Anwendung gelangt, würden daher die Abwässer der gleichen Personenzahl auf einem noch weit kleineren Raume zur vollkommenen Reinigung geführt werden können, da hierbei wohl nur selten mehr als 150 bis 200 l täglich für den Kopf der Bevölkerung in Rechnung zu stellen sind.

Als weiterer Vorzug des Oxydationsverfahrens ist zu nennen, dafs seine Anwendung völlig unabhängig von den Geländeverhältnissen bleibt, also überall erfolgen kann, und dafs seine Kosten sich unter allen Umständen wesentlich niederer halten lassen als die der Rieselung.

Das Oxydationsverfahren darf daher gegenwärtig als die wirkungsvollste und vollkommenste aller Reinigungsweisen der Abwässer bezeichnet werden, deren Anwendung allerorts möglich ist, ohne übermäfsig hohe Geldmittel erforderlich zu machen.

D. Das Faulkammerverfahren.

Das Faulkammerverfahren weist gegenüber dem Oxydationsverfahren Nachteile auf. Der bedeutungsvollste liegt auf wirtschaftlichem Gebiet. Soll ein wirkungsvoller Faulvorgang hervorgerufen werden, dann ist es erforderlich, die Abwässer je nach der Witterung ein bis zwei Tage (in offenen Becken oder geschlossenen Kammern) aufzustauen, ehe das eigentliche Reinigungsverfahren beginnen kann. Dadurch wird eine Gröfse der Gesamtanlage bedingt, welche mindestens den doppelten Umfang der Oxydationsfilter aufweisen mufs, da in diesem die Abwässer nur etwa 4 Stunden verweilen.

Ferner kann es weder aus theoretischen Überlegungen noch aus praktischen Gründen erwünscht sein, eine stinkende Fäulnis des gesamten Abwassers künstlich hervorzurufen: Die Erreger der stinkenden Fäulnis stören den später einzuleitenden Verwesungsvorgang eher, als dafs sie ihn fördern, und es bedarf eines dichten Abschlusses der Faulkammern, um Mifsstände durch die Verbreitung übelriechender, giftiger Gase zu verhindern, während die Gefahr zu gewärtigen ist, dafs der faulende, durch seinen Gasgehalt aufwärts gerissene Schlamm gelegentlich in die Oxydationsfilter hinübergerissen wird und hier die Hohlräume verlegt.

Die Wirkung des Faulkammerverfahrens hat in den Versuchsanlagen wie in den ausgeführten Anlagen jedoch durchaus befriedigende Ergebnisse gehabt. Die Filterabflüsse weisen annähernd die gleichen Eigenschaften auf wie die der Oxydationskörper. Sie sind wie diese klar, frei von üblem Geruch und faulen, an der Luft gehalten, nicht. Auch sie können der Teichwirtschaft u. a. dienstbar gemacht und jeder noch so ungünstigen Vorflut übergeben werden.

Irgend ein allgemeiner Vorzug des Faulkammerverfahrens vor dem Oxydationskörperverfahren ist aber keineswegs vorhanden. Örtlich kann ein Vorteil unter Umständen darin gesehen werden, dafs — wie Schweder in seiner Versuchsanlage zu Grofs-Lichterfelde gezeigt hat — die ganze Anlage dem Auge vollständig entzogen werden kann, und das Gelände der landwirtschaftlichen Kultur weiter zu dienen vermag. Dafür übersteigen die Anlagekosten aber die der Oxydationsfilter zur Erreichung des gleichen Zwecks ganz wesentlich, und es mufs ein weit gröfseres Gelände dafür hergerichtet werden.

Für grofse Verhältnisse dürfte aus diesen Gründen dem Oxydationsverfahren unter allen Umständen der Vorzug vor dem Faulkammerverfahren gebühren, während für kleine Verhältnisse der Kostenunterschied sich einigermafsen auszugleichen vermag und der Vorteil hervortritt, dafs eine Störung des landschaftlichen Reizes nicht notwendig ist, in ebener

Gegend sogar ein Heben desselben sehr wohl erreicht werden kann, indem Faulkammer und Filter als Aussichtshügel ausgebildet werden, an welchen der Fischzucht dienende Teiche sich anschmiegen, von welchen ein Bach der Vorflut sich zuschlängelt.

Von den örtlichen Verhältnissen wird es abhängen, welchem der biologischen Verfahren jeweilig der Vorzug gebührt. Eines wie das andere erfüllt, richtig durchgeführt, den Zweck, die Abwässer der Haushaltungen, der landwirtschaftlichen und der gewerblichen Betriebe soweit zu verändern, dafs sie jeder noch so kleinen und gefällsarmen Vorflut zugeführt werden dürfen.

Keines dieser Verfahren aber darf den Anspruch erheben, die Abwässer von ihnen etwa anhaftenden Krankheitserregern vollkommen zu befreien, wenn auch der weitaus bedeutendste Teil aller Kleinlebewesen in den künstlichen wie in den natürlichen Filtern zurückgehalten wird.

Dagegen werden die Abwässer durch jedes dieser Verfahren für eine Desinfektion auf das beste vorbereitet, so dafs sie mit dem denkbar niedersten Kostenaufwande durchführbar wird.

Von der Art der Vorflut und der Besiedelung ihrer Ufer wird es abhängen, ob zu Seuchenzeiten eine Desinfektion der Abflüsse biologischer Abwässer-Reinigungsvorkehrungen als ein Erfordernis betrachtet werden kann. Für jede Vorflut, welche dem Schiffsverkehr dient, würde das Vorschreiben einer Desinfektion solcher Abflüsse meines Erachtens ein Unding bedeuten, weil es nutzlos die Gemeinwesen zu hohen Ausgaben zwingt, welche besser der Sorge für die Erkrankten und der Isolierung derselben dienstbar gemacht werden.

Von Nutzen wird es dagegen sein, die mit dem Betrieb der Rieselgüter oder Filterwerke Beschäftigten vor dem Genufs des abfliefsenden Wassers wie vor dessen Verwendung zu irgend welchen Haushaltungszwecken in nachhaltiger Weise zu warnen und für die Darbietung schmackhaften und einwandfreien Trinkwassers in ausreichender Fülle Sorge zu tragen.

Die Desinfektion der Abwässer.

Seit Robert Kochs erste Arbeiten über das Vorkommen der Erreger der Cholera in Gewässern erschienen sind, ist das Streben der preufsischen Regierung darauf gerichtet, eine Desinfektion der städtischen Abwässer als hygienisch begründete Forderung hinzustellen, auch die »Allgemeine Verfügung betreffend Fürsorge für die Reinhaltung der Gewässer« vom 20. Februar 1901 lautet in diesem Sinne.

Demgegenüber bedürfen folgende Fragen der Antwort:

Ist die Forderung einer Desinfektion der städtischen Abwässer überhaupt gerechtfertigt? darf sie allgemein oder nur zur Seuchenzeit gestellt werden? hat sie nicht gröfsere Nachteile als Vorzüge im Gefolge? liegt ihre Durchführung im Bereich des Möglichen und welche Mittel besitzen wir hierfür? Sind endlich die öffentlichen (oberirdischen) Wasserläufe als Wasserspender zu betrachten oder als Wasserfortführer?

Dafs mit den städtischen Abwässern ständig Krankheitserreger der verschiedensten Art den Flufsläufen zugeführt werden, und dafs einzelne Arten von diesen sich einige Zeit dort lebend zu erhalten vermögen, darf als sicher betrachtet werden. Keines der gegenwärtig im Gebrauch befindlichen Verfahren zum Reinigen des Abwassers bietet hiergegen Schutz, wenn sie auch sämtlich die Zahl der Krankheitserreger ganz wesentlich herabsetzen, die der Vorflut zugehen.

Aber Krankheitserreger gelangen allenthalben in die öffentlichen Gewässer. Alles oberflächlich abrinnende Wasser wird in mehr oder minder hohem Grade mit ihnen verunreinigt: die frisch gedüngten Äcker und Wiesen, der in Feld und Flur verstreute Unrat, die im Freien abgegebenen Abgänge von Mensch und Tier, und namentlich die Abgänge der Dörfer wie sonstiger kleineren Ansiedelungen geben hierzu sicher im gleichen Mafse Veranlassung wie die Abwässer der Städte und gröfseren Ortschaften.

Im höheren Grade aber als alles dieses machen die Abgänge des Schiffsverkehrs bei der Verseuchung der öffentlichen Gewässer sich geltend:

Auf Grund seiner eingehenden Untersuchungen über den Gang und die Ausbreitungsweise der Cholera hatte v. Pettenkofer bereits um die Mitte des vorigen Jahrhunderts darauf hinzuweisen vermocht, dafs diese Seuche mit ganz besonderer Vorliebe flufsaufwärts wandert, während ein Stromabwärtsgehen in keinem einzigen Falle nachgewiesen zu werden vermochte.

Eine Reihe, zum Teil bedeutender Forscher aus Robert Kochs Schule hat im letzten Jahrzehnt die gleichen Befunde festgestellt, als von ihnen sorgfältige Untersuchungen über die Ausbreitung und Bekämpfungsmöglichkeit der Cholera in Ostpreufsen, nahe der russischen Grenze, ausgeführt wurden.

Ausschliefslich der Schiffsverkehr kann die Ursache dieser eigenartigen Seuchenverbreitung bilden; er allein geht stromaufwärts, während die Abwässer mehr oder weniger rasch abwärts getragen werden und auch ihre etwaigen Schlammablagerungen allmählich den Flufsmündungen zugeführt werden. Nur in der Nähe der Mündungen der Flüsse ins Meer kommt auf verhältnismäfsig kurze Strecken auch die umgekehrte Richtung zu stande, aber jene Untersuchungen erstreckten sich nicht auf Flufsteile, welche unter dem Einflufs der Meeresflut stehen. Auch fanden die letztgenannten Forscher Anhaltspunkte, welche mit ziemlicher Sicherheit erkennen liefsen, dafs der Schiffsverkehr es ist, welcher das Stromaufwärtswandern der Cholera hervorruft.

Wie will man dieser bedeutsamen Art der Seuchenverbreitung entgegenwirken? Gegenwärtig kennen wir kein Mittel hierfür. Weder geht es an, den Schiffsverkehr zeitweise ganz abzusperren, oder auch nur erheblich zu beschränken, noch wird man ein Desinfizieren aller Schiffsabgänge durchzuführen vermögen, da ebensowohl die Flösse und Kähne als auch die Last-, Schlepp- und Personendampfer für die Seuchenverbreitung in Betracht kommen. Aber selbst, wenn dieses gelänge, würde der innige Verkehr der Schiffsbevölkerung mit dem Lande überbleiben, dessen Anteil an der Ausbreitung dieser und anderer Darmkrankheiten vielleicht der bedeutsamste ist.

Nach Recht und Billigkeit mufs gesagt werden: So lange wir kein Mittel besitzen, der Flufsverseuchung und der Seuchenverbreitung durch den Schiffsverkehr Einhalt zu gebieten, so lange darf auch den Gemeinwesen nicht die Desinfektion ihrer sämtlichen Abwässer zugemutet werden, da sie eine ganz gewaltige wirtschaftliche Belastung bedeutet.

Jedenfalls aber ist ein solches Opfer ausschliefslich auf die wenigen Fälle dringender Gefahr zu beschränken.

Ein solcher tritt z. B. ein, wenn eine Seuche festen Fufs in einer Stadt gefafst hat, deren Erreger nachweislich auf dem Wege der Flufsverseuchung zur Ausbreitung gelangen können.

Dagegen empfiehlt es sich, die Abwässer der Krankenhäuser ständig einer gründlichen Desinfektion zu unterwerfen, ehe sie den Sielen oder den öffentlichen Gewässern unmittelbar zugeleitet werden; vielleicht auch den Krankenhauszwang für diejenigen Infektionskrankheiten zur Durchführung zu bringen, welche für die Allgemeinheit eine besondere Gefahr bilden.

Gegen ein ständiges Desinfizieren der städtischen Abwässer sprechen ferner rein gesundheitliche, gewichtige Gründe:

Durch das Desinfizieren der Abwässer werden nicht nur die Krankheitserreger vernichtet, sondern auch alle diejenigen Kleinlebewesen, welche die »Selbstreinigung« der Gewässer von den ihnen allerorts zugehenden organischen Verunreinigungen bewirken. Ob die in den Gewässern stets vorhandenen Kleinlebewesen in allen Fällen allein im stande sind, dieses nützliche Werk zu verrichten, oder richtiger gesagt, zu bewältigen, darüber fehlt uns zur Zeit jeder Anhalt. Dagegen haben wir hinreichenden Grund, diese Thätigkeit bestimmter Arten von Kleinlebewesen mit allen uns zu Gebote stehenden Mitteln zu unterstützen, um hochgradige oder bleibende Verunreinigungen der öffentlichen Gewässer hintanzuhalten.

Ein Desinfizieren der Abwässer geht jedenfalls nur dann ohne (besonderen) Schaden an, wenn diese zuvor ihres Gehaltes an gelösten wie an ungelösten organischen Stoffen beraubt sind, also eine Klärung durch eines der biologischen oder das Kohlebreiverfahren durchgemacht haben.

Die Abflüsse dieser Klärarten sind aber bereits arm an Kleinlebewesen geworden oder enthalten jedenfalls nur noch Bruchteile der ihnen ursprünglich anhaftenden Mengen. Sollen sie nun noch einer Desinfektion unterworfen werden? während man bei ungeklärten Abwässern und bei den Abflüssen der übrigen chemischen wie der mechanischen Klärarten Bedenken tragen mufs, sie zur Durchführung zu bringen. Das hiefse doch die Gemeinden von der Verwendung jener trefflichsten Abwasserreinigungsarten abschrecken!

Ferner ist es erforderlich, das Desinfizieren mit ungemeiner Sorgfalt und Vorsicht zur Durchführung zu bringen, wenn der Zweck erreicht und nicht ein weiterer Schaden angerichtet werden soll.

Wird das Desinfektionsmittel in zu geringen Mengen angewendet, nicht in vollkommener Weise mit den Abwässern vermischt, oder kann es nicht ausreichend lange auf sie einwirken, dann ist die ganze kostspielige und fragwürdige Vornahme zwecklos. Bleibt ein Überschufs des Mittels in Lösung und geht so den öffentlichen Gewässern zu, dann ist ein Absterben nicht nur der nützlichen Kleinlebewesen in ihnen, sondern auch der Fische und der ihnen zur Nahrung dienenden niederen Tiere zu gewärtigen, deren in Zersetzung übergehende Leichen, namentlich bei warmer Witterung, weiter abwärts eine neue Art der Flufsverunreinigung zu bilden vermögen.

Wird aber in Zeiten der Seuchengefahr mit der Anwendung der Desinfektionsmittel stets die durchaus notwendige Vorsicht geübt werden? Lehrt nicht die Erfahrung, dafs die mit einer solchen Vornahme betrauten Leute zumeist glauben: »je mehr, desto besser«, weil sie sich der weittragenden Folgen eines solchen »Zuviels« nicht bewufst sind? Oder will man wissenschaftlich gebildete Beamte mit der ständigen Überwachung der Abwasser-Desinfektion betrauen?

Ebenso grofse Schwierigkeiten stehen der Ausführung der Desinfektion entgegen:

In ungeklärten Abwässern mit vollem Erfolg die Krankheitserreger und ihre Sporen zu vernichten, ist bisher nicht oder nur unter Aufwendung ganz unverhältnismäfsig grofser Mengen des Desinfektionsmittels gelungen. Es ist ferner notwendig, die Abwässer längere Zeit mit diesem Mittel in innigste Berührung zu bringen. Diese Vornahme geht an, wo wir, z. B. in einem Krankenhause, kleinere Abwassermengen in einem mit Rührwerk versehenen Becken sammeln und längere Zeit verweilen lassen können. Wie aber denkt man sich diese Vornahme für die Abwässer der Grofsstädte, die doch in erster Linie ein Verseuchen der öffentlichen Gewässer hervorzurufen vermögen? Wie will man dort prüfen, ob sämtliche Kleinlebewesen und ihre Sporen vernichtet sind, ob nicht ein belangreicher Überschufs des Desinfektionsmittels der Vorflut zugeht?

Und welche Desinfektionsmittel will man dort benutzen? Die Anwendung starker Gifte ist nicht nur zu kostspielig, sondern würde eine vielleicht ebenso hohe Gefahr für den Wasserentnehmer im Gefolge haben können wie die Gegenwart von Krankheitserregern. Der Ätzkalk hat sich trotz seines niederen Preises nach keiner Richtung bewährt (vergl. S. 475): Man mufs gewaltige Mengen von ihm verwenden, um des Erfolges sicher zu sein*); es läfst sich nicht verhindern, dafs bedeutende Kalküberschüsse in die Vorflut gelangen, wo sie durch Fällen der organischen Schwebestoffe, Schlammbildung**), Vernichten von Lebewesen und anderes arge Schädigungen hervorrufen. Eine Reihe anderer Desinfektionsmittel würden den Geschmack und Geruch des Wassers auf das ungünstigste beeinflussen, so dafs es nicht einmal als Brauchwasser mehr zu dienen vermöchte, geschweige denn zum Genufs für Mensch oder Vieh.

So bleibt wohl nur der Chlorkalk über, der als sicherstes der ausreichend preiswerten Desinfektionsmittel sich bewährt hat. Aber gerade dem Chlorkalk gegenüber ist die allergröfste Vorsicht geboten. Nicht einmal Spuren von ihm dürfen in die

*) Die frühere Annahme, dafs der zum Fällen der Schwebestoffe erforderliche Kalk zur Desinfektion ausreiche, hat sich als irrig herausgestellt; es sind etwa die vierfachen Mengen hierzu erforderlich.

**) 1 kg Ätzkalk bereichert den ausgefällten Schlamm um 9 bis 10 kg.

Vorflut gelangen, wenn nicht Mifsstände der unangenehmsten Art hervortreten sollen. Wie will man den Erfolg sicher stellen, ohne sie in Kauf nehmen zu müssen? Die bisherigen Versuche (z. B. in Potsdam) wurden von wissenschaftlich gebildeten Leuten angestellt und überwacht.

Überblickt man die geschilderte Sachlage, dann mufs es doch richtiger erscheinen, auf die Benutzung der öffentlichen oberirdischen Gewässer als Spender von Wasser für den Haus- und Wirtschaftsgebrauch im allgemeinen zu verzichten, und nur dann vom letzteren Gebrauch zu machen, wenn die Not hierzu zwingt. Das aber sind Ausnahmefälle und in solchen können auch aufserordentliche Mittel in Anwendung gebracht werden!

Im allgemeinen steht uns in Deutschland ein zu Haushalts- und Wirtschaftszwecken brauchbares Wasser in ausreichender Fülle zur Verfügung, und für die technischen Zwecke der verschiedenen Art, denen das Oberflächenwasser zu dienen hat, brauchen derart weitgehende Forderungen an dessen Reinheit nicht gestellt zu werden, — deren vollständiges Erfüllen doch stets im Reiche der Unmöglichkeit liegen wird!

In diesem, über das Ziel hinausschiefsenden Anspruch scheint mir ein arges Verkennen des Zwecks der öffentlichen Wasserläufe zu liegen. Fragen wir doch die grofse Meisterin Natur nach diesem! Zeigt sie uns nicht, wie allüberall reine und unreine, einwandfreie und bedenkliche Zuflüsse den gröfseren Gewässern zugehen? Sind alle Gewässer nicht das hoch bevölkerte Reich einer Tierwelt, deren Eier sie enthalten, deren Abgänge sie aufnehmen, deren Anwesenheit bereits durch den Geruch des Wassers sich kenntlich macht? Ist solches Wasser zum Genufs geeignet, ist es denlich, Sauberkeit an unserem Leibe, in unserer Kleidung und unserer Umgebung hervorzurufen?

Nein, nie und nimmer wird ein auf irgend hoher Kulturstufe stehender Mensch es hierzu benutzen mögen!

Zu solchen Zwecken gab uns die Natur das klare, geruchlose, kühle, erfrischende Nafs, welches im Erdboden dahinrieselt, als Quell hie und da zu Tage tretend, als wolle es die Aufmerksamkeit der Menschen auf diese Schätze lenken, welche die Tiefe birgt, in zum Teil noch ungekannter Fülle.

Darum stelle man die Dinge nicht auf den Kopf, versuche man nicht, den zweckmäfsigen Einrichtungen der Natur Zwang aufzuerlegen, sondern trage man Sorge, dafs sie ihren ursprünglichen Zweck in gleich guter Weise zu erfüllen vermögen, wie sie es bisher gethan haben.

Die öffentlichen Wasserläufe dürfen nicht zu trostlosen Rinnsalen von Schmutzwasser erniedrigt werden, aber nie und nimmer wird es polizeilichen Verfügungen oder der menschlichen Gesetzgebung gelingen, aus ihnen Quellleitungen zu formen, ihren Inhalt zu einem erfrischenden Trank zu machen oder auch nur frei zu halten von jenen unsichtbaren, kleinen Lebewesen, die unsere Gesundheit bedrohen.

Die Beseitigung des Klärschlammes.

Die Beseitigung des Klärschlammes hat vielerorts ernste Schwierigkeiten hervorgerufen; die von den verschiedenen Klärverfahren in mehr oder weniger hohem Grade gebotene Möglichkeit hierzu wird daher auf die Wahl desselben nicht ohne Einflufs bleiben dürfen.

Die einzige Wasserreinigungsart, welcher es gelungen ist, oder wenigstens gelungen zu sein scheint, den zurückbleibenden Schlamm mit Vorteil zu verwerten, ist Degeners Kohlebreiverfahren. Der bei ihm zurückbleibende Schlamm stellt getrocknet eine Masse dar, welche etwa den Brennwert des Torfes hat und sich, nach dem Ergebnis der bisher angestellten Versuche, besonders gut zur Gasgewinnung eignet. Dieser Umstand gereicht dem Kohlebreiverfahren sehr zur Empfehlung, vermag einen Teil von dessen hohen Kosten zu decken.

Bei der Anwendung der biologischen Verfahren sind ernste Schwierigkeiten nicht zu gewärtigen, aber der Schlamm gibt nach Dunbars Versuchen beim Oxydationsverfahren zu einem weit langsameren Betriebe und damit zur gewaltigen Vergröfserung der Anlage die Veranlassung, falls man nicht gewillt ist nach verhältnismäfsig kurzer Frist die Filter abzubrechen und einer Reinigung zu unterziehen. Ähnlich dürfte die unterbrochene Filterung sich verhalten, während beim Faulkammerverfahren ein Überreifsen des gärenden Schlammes in die Filter und dadurch ein Verlegen derselben zu gewärtigen ist. Beim Rieselverfahren bereiten die starken Ablagerungen von Schlamm in den langen und ausgedehnten Rohrnetzen Arbeit, wenn auch das Unterbringen der Schlammmassen auf den Rieselgütern nicht auf Schwierigkeiten stöfst.

Kurzum, es würde von grofsem Vorteil für die biologischen Reinigungsverfahren sein, wenn man den wesentlichsten Teil der Schwebestoffe zuvor aus den Abwässern zu entfernen vermöchte, Rechen und Sandfang reichen hierzu nicht vollständig aus.

Man könnte daran denken, die Abwässer zunächst einer mechanischen Klärung zu unterwerfen, ehe man sie den Oxydationskörpern oder Filtern zuschickt. Aber bei dieser bildet gerade die Schlammbeseitigung eine Schwierigkeit, welche bisher eine befriedigende Lösung nicht erfahren hat. Während bei der unterbrochenen Filterung und bei dem Oxydationsverfahren der Schlamm sehr bald seine Fäulnisfähigkeit verliert und einer allmählichen Zersetzung anheimfällt, die seine organischen Bestandteile vollständig verschwinden läfst, geht der durch Absitzen gewonnene Schlamm bald in Gärung über und kann hierdurch sehr unbequem werden. Je nach der Witterung erfolgt etwas früher oder später, im allgemeinen nach etwa 40 Stunden, durch Gasbildung ein Aufsteigen des Schlammes in den Klärbecken oder Brunnen. Es ist daher notwendig, die Klärbecken bei warmer Witterung täglich, bei kühlem oder kaltem Wetter jeden zweiten Tag vom Schlamm befreien zu lassen.

Die Reinigung erfolgt am besten nachts. Da zu dieser Tageszeit die zufliefsenden Abwässer sich reiner erweisen als am Tage die geklärten, so ist es angängig, sie unmittelbar abfliefsen zu lassen, die Becken zu entleeren und einer gründlichen Säuberung zu unterwerfen.

Der Schlamm wird zumeist im wäfsrigen Zustande durch ein Pumpwerk entfernt und entweder auf Schlammkähne geleitet, die ihn stromaufwärts auf brach liegende Sandäcker führen, durch Rohrleitungen unmittelbar dorthin gedrückt oder zu Filterpressen gehoben, die ihn soweit entwässern, dafs er als Schlammkuchen abgefahren werden kann, um als Dung zu dienen. Da der Dungwert dieses Schlammes zwar nicht gering, aber auch nicht hoch genannt werden kann, so erscheint auch diese Verwertungsart nicht allerorts gesichert, während seiner Überführung auf Äcker im wäfsrigen Zustande sein Gärungsvermögen entgegensteht. Bei trockener Witterung wird ja ein grofser Teil seines Wassergehaltes sofort in den Sandboden versickern und er bald soweit austrocknen, dafs die Fäulniserscheinungen üble Folgen für die Nachbarschaft nicht nach sich ziehen; bei feuchter Witterung sind letztere aber wohl sicher zu gewärtigen. Unter allen Umständen dürfte ein ziemlich häufiges Unterpflügen des Schlammes sich als erforderlich erweisen, dessen Kosten durch seinen Dungwert kaum gedeckt werden.

Richtiger würde es meines Erachtens sein, den ausgeprefsten Schlamm unter Zufügung von Kohle, Torf oder deren Abfällen der Gasgewinnung dienstbar zu machen und das Gas als Betriebskraft an Ort und Stelle zu verwerten. Die bisher nach dieser Richtung angestellten Versuche ermutigen hierzu.

Die Massen des durch mechanische Klärung gewonnenen Schlammes sind bedeutend. In Hannover hat die Versuchskläranlage aus 1000 cbm Abwasser im Durchschnitt 3,5 cbm wäfsrigen Schlamm geliefert. Immerhin sind sie als niedrig zu bezeichnen gegenüber den gewaltigen Schlammmengen, welche die Kalkklärung hervorruft. Ein Kilogramm Kalkzusatz vermehrt, wie bereits erwähnt, den Schlamm um etwa 10 kg und der Schlamm verliert unter der Einwirkung des Ätzkalkes fast jeden Dungwert, während die Neigung zum Faulen infolge seiner schwach alkalischen Natur wächst. Überall, wo die Kalkklärung versucht worden ist, hat die Schlammbeseitigung sich als geradezu unmöglich erwiesen, und es sind mit der Zeit die ärgsten Mifsstände entstanden, welche in der Regel zum Aufgeben dieses Verfahrens geführt haben.

Nicht viel bessere Ergebnisse haben bisher die Versuche mit anderen Zuschlägen chemischer Art gehabt. Wenn nicht Neuerungen wesentlich vollkommener Art auf diesem Gebiete kommen, dürfte die (eigentliche) chemische Klärung wohl bald völlig verlassen werden.

Die Verfahren zur getrennten Abfuhr der Fäkalstoffe.

Es ist bereits auf S. 450 ff. darauf hingewiesen, dafs sämtliche bisher angewendete Verfahren zur gesonderten Abfuhr und endgültigen Beseitigung der Fäkalstoffe gesundheitliche Mifsstände zeigen, ihre Anwendung für gröfsere Gemeinwesen daher als Notbehelf zu betrachten ist und nach Möglichkeit vermieden werden sollte.

Eine Ausnahme hiervon macht die neuerdings versuchte Beseitigung der Fäkalstoffe durch das Feuerklosett, doch haftet ein weiterer Mifsstand der Mehrzahl dieser Verfahren auch ihr an: es entstehen für die Beseitigung ganz erhebliche Kosten, deren Aufwendung besser der gründlichen Reinigung der gesamten (mit den Fäkalstoffen verbundenen) Abwässer zu gute kommt, weil unter ungünstigen Vorflutverhältnissen durch die letzteren mindestens gleich grofse Schädigungen zu erwarten sind wie durch die Fäkalstoffe allein.

I. Die Ansammlung der Fäkalstoffe in Gruben.

Die älteste Art der Fäkalstoffsammlung ist die in Gruben. Sie wurden in den Städten ursprünglich von tiefer Form gewählt und mindestens ihr Boden, zumeist auch ihre Seitenwände absichtlich durchlässig belassen, um die Kosten der Abfuhr herabzusetzen oder die Abfuhr überhaupt unnötig zu machen, indem man es dem Grundwasser überliefs, die versickernden Stoffe fortzuschwemmen. Das Verbot und die Beseitigung solcher Gruben, welche vor etwa einem Menschenalter erst erfolgt sind, waren ein dringendes Erfordernis, weil die durch die Gruben hervorgerufene Verunreinigung des Grundwassers schwere Gesundheitsschädigungen um so mehr im Gefolge haben mufste, als in der Regel das Grundwasser in nächster Nähe der Gruben durch Brunnen emporgehoben wurde, um dem Genufs und den Zwecken der Haushaltsführung zu dienen.

Auf dem Lande hat man dagegen stets danach gestrebt, die Gruben derart anzulegen, dafs möglichst wenig von den Fäkalstoffen zur Versickerung gelangt, weil ihnen als Dung Wert innewohnt. Die Gruben sind dort zumeist flach gebaut, ihr Inhalt wird vielfach mit Asche oder anderen Stoffen gemischt, um ihn trocken zu erhalten und er wird beseitigt, sobald man Verwertung für ihn hat.

Immerhin ist bei der grofsen Durchlässigkeit der auf dem Lande üblichen Gruben eine Verunreinigung des zum Genufs dienenden Grundwassers auch dort nicht ausgeschlossen, falls das letztere nicht in gröfserer Tiefe sich befindet oder ausschliefslich Tiefbrunnen der Wasserversorgung dienen.

Die in den Städten heute gültigen Vorschriften über die Anlage der Gruben sollten daher allgemein erlassen werden, soweit dieses noch nicht geschehen ist, falls nicht die örtlichen Verhältnisse der Wasserversorgung sie unnötig erscheinen lassen.

Diese Vorschriften zielen darauf ab, dafs die Abortgruben nur eine geringe Tiefe erhalten dürfen, um sie dem Grundwasserspiegel möglichst fern zu halten, und dafs sie in einer für Flüssigkeiten undurchlässigen Weise ausgeführt werden.

Eine dauernd vollkommene Undurchlässigkeit gemauerter Gruben ist jedoch nicht leicht zu erreichen, selbst Klinkermauerwerk in dichtem (fetten) Cementmörtel läfst oft sogleich, meist aber nach einigen Jahren geringere Flüssigkeitsmengen durch, weil nicht jeder Cement den Angriffen gewisser Kleinlebewesen widersteht, welche im Grubeninhalt gedeihen; Ziegelmauerwerk behält stets eine mehr oder weniger hohe Durchlässigkeit.

Es ist daher geraten, den Boden und die Seitenwände der Gruben entweder rings in eine Thonschlagschicht von etwa 20 cm Stärke einzubetten oder aus Doppelwänden herzustellen, deren Zwischenraum mit Thonschlag dicht ausgefüllt wird.

Von den Gebäudewänden mufs die Grube in vollkommener Weise abgeschlossen werden, da andernfalls Mauerfrafs und sonstige Schädigungen zu gewärtigen sind. Die Grube ist einzuwölben oder mit dicht schliefsendem Deckel aus undurchlässigem Gestein oder Eisen zu versehen, da Holzdeckel an dieser Stelle einer raschen Zerstörung anheimfallen, dann zum Einbrechen in die Grube Veranlassung geben können und nie das Austreten übelriechender Gase in ausreichender Weise zu verhindern vermögen.

Die Entfernung des Grubeninhalts gibt stets zu mehr oder minder grofsen Mifsständen Veranlassung. Die auf dem Lande heute vielfach noch übliche Beseitigung mittels Schöpfgefäfsen führt für die Beschäftigten unter Umständen Infektionsgefahr herbei, verbreitet auf ziemlich weite Entfernung üblen Geruch und beleidigt das Auge der in der Nähe befindlichen oder vorübergehenden Leute auch dann noch, wenn die Arbeit längst erledigt ist, da Fäkalstofflachen neben der Grube stehen zu bleiben pflegen. Auf der Fahrt zum Acker rufen die Abfuhrtonnen ebenfalls die Sinne beleidigende Eindrücke hervor.

Wesentlich besser ist die Entleerung des Grubeninhalts mittels luftdicht schliefsender Tonnen, in welchen durch Dampfpumpe eine Luftverdünnung hervorgerufen wird, nachdem sie durch einen Schlauch mit dem Grubeninhalt in Verbindung gebracht sind.

Aber auch bei diesem Verfahren können Belästigungen der Hausbewohner wie der Nachbarn nicht völlig vermieden werden. Übelriechende Gase steigen nach dem Öffnen des Grubendeckels in grofsen Mengen im Fallrohr empor, sobald kalte Luft in die Grube sinkt, oder gelangen auf Hof und Strafse, falls das Fallrohr von der Grube durch Kotverschlufs abgesperrt ist. Geringere Mengen des Grubeninhalts kommen auf und neben derem Deckel wie neben der Abfuhrtonne stets zum Verspritzen und ihre Beseitigung entspricht nur selten hygienischen Anforderungen.

II. Das Sammeln der Fäkalstoffe in Tonnen.

Zur Vermeidung der geschilderten Mifsstände hat man an die Stelle der Gruben bewegliche Gefäfse gesetzt, die mit »Tonnen« bezeichnet zu werden pflegen. Sie werden aus Eisen, seltener aus Holz hergestellt, welches mit Öl, Petroleum und dergl. vollkommen durchtränkt ist. Gröfsere Gefäfse ruhen auf Rädern, um ohne weiteres abgefahren werden zu können, kleinere Gefäfse sind mit Handhaben versehen und werden in geschlossenen Wagen zur Abfuhr gebracht.

Das Gefäfs wird mit dem Fallrohr durch einen dicht schliefsenden Schlauch meist mittels Bajonettverschlufs verbunden, so dafs sein Auswechseln leicht zu erfolgen vermag.

Es erhält seinen Stand in einer vom Hof zugänglichen kleinen Kammer, deren Fufsboden aus einem dichten Estrich bestehen mufs. Auch der Wandsockel ist wasserundurchlässig zu gestalten, da es sich nicht vermeiden läfst, dafs beim Auswechseln der Tonnen mehr oder weniger grofse Fäkalstoffmengen in die Kammer sich ergiefsen oder doch verspritzen.

Ärgere Mifsstände entstehen, wenn die Tonne nicht rechtzeitig ausgewechselt wird, gröfsere Flüssigkeitsmengen in die Klosetts gegossen oder zu deren Säuberung verwendet werden, eine aufsergewöhnlich starke Benutzung der Klosetts stattfindet und dergl. Es kommt in diesen Fällen leicht zu einem Hochsteigen des Tonneninhalts im Fallrohr, und damit zu einem Ergufs dieser Massen in die Kammer beim Auswechseln der Tonne, von welchem die hiermit betrauten Arbeiter zumeist hochgradig verunreinigt werden.

Da derartige unliebsame Erscheinungen beim Auftreten leichterer oder schwererer Darmkrankheiten am ehesten zu gewärtigen sind, so vermögen sie zu deren Verbreitung beizutragen und sind in Hinsicht auf die Beschmutzung des Gebäudes ebenfalls nicht als unbedenklich zu bezeichnen, weil sie Mauerfrafs und Holzkrankheiten begünstigen.

Durch sorgfältige Anlage und Sauberhaltung der Tonnenkammer, häufiges Auswechseln der Gefäfse, gute Überwachung der hiermit betrauten Leute und der Dienstboten, geregelte Abwässerbeseitigung und dergl. lassen sich diese Mifsstände wohl auf ein geringes Mafs herabführen, aber niemals vollkommen beseitigen.

Wo alles dieses geschieht, verdient die Tonne entschieden den Vorzug vor der Grube, im anderen Falle dagegen mufs sie als ein ebenso unvollkommenes Verfahren zur Beseitigung der Fäkalstoffe bezeichnet werden wie die Grube, obgleich sie eine Grundwasserverunreinigung unter allen Umständen verhindert.

III. Das Sammeln der Fäkalstoffe in offenen Kübeln und Fässern.

Für einfache und für ländliche Verhältnisse, z. B. für Landstädte, Ansiedelungen von Arbeitern und dergl. verdient vor der geschlossenen Tonne der Kübel in der Regel den Vorzug, weil die Leute dessen Füllung ohne weiteres überwachen und die Auswechselung oder Entleerung selbst besorgen können.

Die Kübel bestehen aus offenen, mit Handhaben versehenen Gefäfsen, deren Gröfse eine thunlichst bescheidene bleiben soll, um die Auswechselung zu erleichtern. Meist werden in der Mitte durchschnittene Öl- oder Petroleumfässer für ihre Herstellung verwendet. Sie finden ihren Platz unter dem Fallrohr oder Sitztrichter, müssen aber vom Hof oder Garten aus sich mühelos auswechseln lassen.

Der Boden des Kübels wird vor der Inbenutzungsnahme mit Torfmull, Asche oder Gartenerde bedeckt und es wird nach jeder Abortbenutzung, meist selbstthätig, so viel von diesen Stoffen nachgeworfen, dafs der Harn aufgesogen und der Kot bedeckt wird, wodurch Fäulniserscheinungen und das Austreten übelriechender Gase sich vermeiden lassen.

Das Auswechseln erfolgt am besten täglich, der Kübelinhalt kann unbedenklich dem Stallmist oder einem vor Regen geschützt gelegenen Komposthaufen zugeführt werden, sobald Sorge getragen wird, dafs etwa sichtbar gewordene Kotteile durch Asche, Erde und dergl. vollständig bedeckt werden. Bei richtiger Behandlung ergibt der Kübelinhalt einen wertvollen Dünger, der unter den gedachten Verhältnissen willkommen zu sein pflegt.

In etwas gröfseren Gemeinwesen kann eine geregelte Abfuhr der Kübel eingerichtet werden und dürfte, mit Torfmullklosett verbunden, für Eigenheime, Miethäuser bescheidener Gröfse und dergl. sich besser bewähren als die geschlossene Tonne, da Beschmutzungen von Haus und Hof leicht vermeidbar sind.

IV. Das Feuerklosett.

Ein vollständiges Unschädlichmachen der Fäkalstoffe gelingt, wie bereits erwähnt, durch das Feuerklosett, doch ruft seine Anlage und sein Betrieb erhebliche Kosten hervor; für bescheidene Wohnhausverhältnisse ist es daher kaum geeignet. Wohl aber verdient das Feuerklosett für einzeln gelegene Kasernen, Gewerbebetriebe, Schulen und Krankenhäuser in Landstädten und dergl. Beachtung. Die Abgänge fallen auf einen Rost, durch welchen der Harn in eine flache Schale versickert, auf welcher er zum Verdampfen gebracht wird, während die Gase unter den Rost geführt werden, um dann mit den Rauchgasen zu entweichen. Mit den Fäkalstoffen können die Küchenabfälle und dergl. auf dem Roste zur Verbrennung gelangen, so dafs (aufser den Abwässern) nur Asche, Rufs und Schlacke zur Beseitigung verbleiben, von denen die ersteren als Dünger, die letzteren für die Wegebefestigung zu dienen vermögen.

Das Klosett mufs derart gelegen sein, dafs die von ihm ausgehende Wärme im Sommer nicht zu Belästigungen führen kann. Dieselbe soll vielmehr ständig der Luftabführung dienstbar gemacht und Sorge getragen werden, dafs aus den übrigen Räumen des Gebäudes die Luft sich nach dem Klosett, nie aber in umgekehrter Richtung bewegt.

Für alle diese Zwecke, mehr aber noch zur Sicherung einer vollkommenen Verbrennung der Feuerungstoffe an warmen, windstillen Tagen ist es notwendig, das Feuerklosett mit einem hohen Schornstein von entsprechend weitem Querschnitt zu verbinden, wodurch naturgemäfs die Anlagekosten sich wesentlich erhöhen.

Die Lüftung der Aborte.

Die Lüftung der Aborte hat die Aufgabe, das Aufsteigen von Gasen aus den Tonnen oder Gruben in den Abortraum zu verhüten, die bei der Klosettbenutzung frei werdenden Gase derart zu entfernen, dafs sie der Atemluft sich nicht beizumengen vermögen, eine Luftbewegung vom Abort nach den Nachbarräumen zu verhindern.

Diese drei gleich wichtigen Ansprüche werden gegenwärtig nur selten vereint erfüllt, namentlich ist die zweite Aufgabe vielfach unbeachtet geblieben, obgleich ihre Nichterfüllung zu einer recht unerfreulichen Belästigung führt. Nicht selten findet man völlig unrichtige Anordnungen des Lüftungsganges, welche mehr Nachteile als Vorteile hervorrufen. Die Lüftungseinrichtungen und die Absperrvorkehrungen gegen das Aufsteigen der Kanal- oder Grubengase müssen in ihrer Art nach der Entfernungsweise der Fäkalstoffe sich richten und mit dieser wechseln, doch ist es unter allen Umständen von Nutzen, dem Abort eine vor Windanfall geschützte oder doch der Hauptwindrichtung abgekehrte Lage zu geben, damit nicht durch Winddruck seine Luft zu den Nachbarräumen geführt werden kann, sondern eher eine umgekehrte Bewegung entsteht.

I. Die Lüftung der Grubenaborte.

Die rings freistehenden Aborte ältester und einfachster Bauart brachten nur selten Belästigungen für die Benutzenden oder die Hausbewohner, weil der Wind die Gase fortführte und zur Verteilung gelangen liefs. Als man den Abort mit den Gebäuden verband, um den Witterungsunbilden auf dem Wege zu ihm zu entgehen, änderte sich diese Sachlage. Der über die Abortgrube fortstreichende Wind kann jetzt unter Umständen an den Gebäudewänden Widerstand finden, seine vorwärts gerichtete Bewegung ändert sich dann in eine teils aufwärts, teils abwärts gerichtete, drückt daher auf den Grubenverschlufs und vermag, falls dieser die geringste Durchlässigkeit aufweist, Luft in die Grube und aus dieser mit Gasen gemischt empor durch das Fallrohr in die Gebäude zu drängen.

Ein Aufsteigen der Grubengase wird ferner stattfinden, sobald das Fallrohr oder der Abortraum höhere Wärmegrade aufweisen als die Luft im Freien, indem die kalte Luft in die Grube hinabsinkt und die warme und daher leichtere Luft empordrückt.

Dieser Mifsstand läfst sich auf dreierlei Weise mehr oder weniger vollständig beheben:

Sobald die Decke der Abortgrube luftdicht verschlossen wird, vermag kalte Luft nicht in sie einzudringen, also auch keine Luft aus ihr emporzusteigen. Doch ist ein luftdichter Verschlufs der Decke gegenüber heftigem Winddruck schwer zu erreichen und eine kräftige Gasbildung durch die Gärung des Grubeninhalts wird stets noch ein Aufsteigen übelriechender Luft hervorzurufen vermögen.

Daher ist es richtiger, den Grubengasen den Weg in das Fallrohr zu verlegen, indem man es durch Kotverschlufs von der Grube trennt.

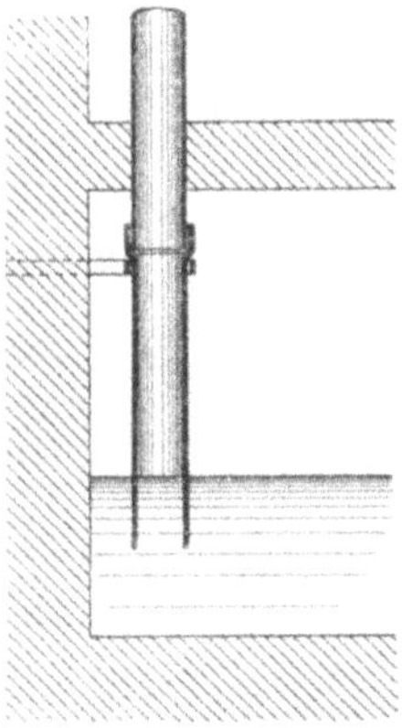

Figur 102.

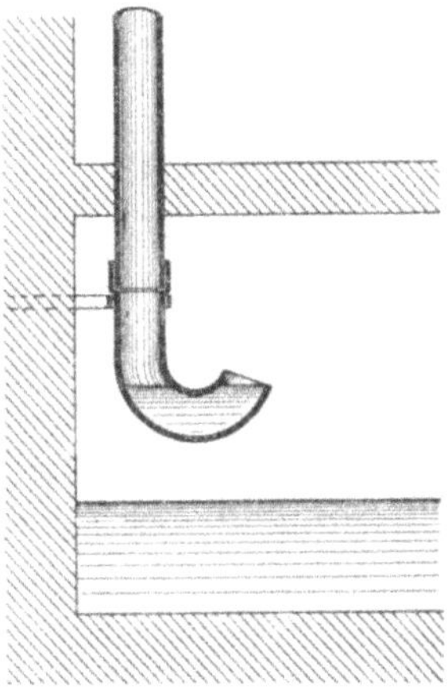

Figur 103.

Fehlerhafte Anordnungen des Kotverschlufses.

Endlich kann man das Eindringen von Grubengasen in den Abortraum dadurch verhindern, dafs man sie im Fallrohr oder in einem besonderen Entlüftungsrohre über Dach führt. Doch ist dieser Weg nur dann anzuraten, wenn für diese Luftbewegung eine ständig wirkende Kraft zur Verfügung steht, welche den entgegenstehenden Kräften — Winddruck und Wärmeunterschiede zwischen der Grubenluft und der Luft im Abortraum — jederzeit überlegen ist.

Das sicherste und zugleich billigste Mittel zum Fernhalten der Grubengase aus den Gebäuden ist daher die Anwendung eines Kotverschlusses. Leider sind anfangs Fehler mit seiner Anordnung gemacht, welche von seiner allgemeineren Benutzung abgeschreckt haben. Diese fehlerhaften Anordnungen sind in den Figuren 102 und 103 wiedergegeben. Läſst man das Fallrohr nur in die oberen dünnflüssigen Schichten des Grubeninhalts eintauchen, dann ist nach dem Entleeren der Grube zeitweise kein Abschluſs vorhanden; läſst man es aber tief hinabreichen, dann wird es durch die nahe dem Boden lagernden breiförmigen Massen leicht verstopft, wodurch ein Erfüllen des Fallrohrs mit Fäkalstoffen und Überschwemmung des Abortes im untersten Geschoſs hervorgerufen werden kann. Bringt man am unteren

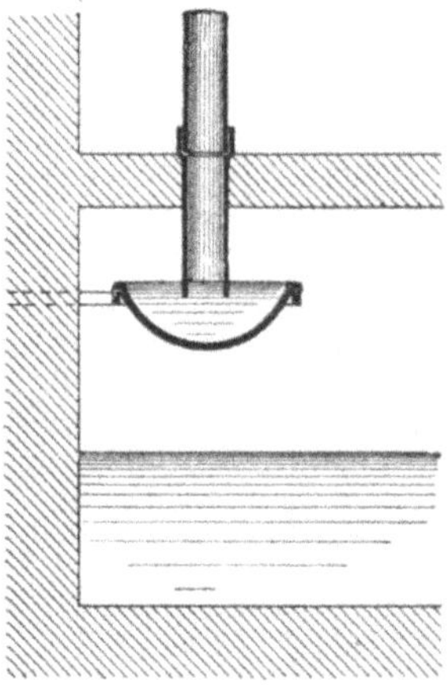

Figur 104.

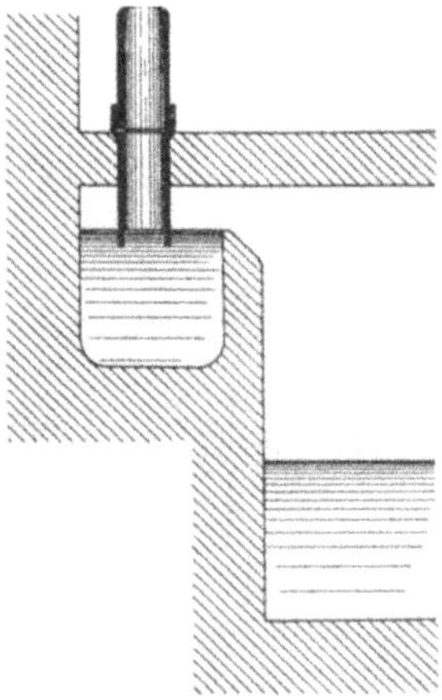

Figur 105.

Richtige Anordnung der Kotverschlüsse.

Ende des Fallrohrs einen Krümmer an, dann verlegt sich derselbe erfahrungsgemäſs durch Ankleben von Kotteilen und Papier nach einiger Zeit, wodurch der gleiche Miſsstand entsteht.

Richtige und bewährte Anordnungsweisen der Kotverschlüsse zeigen die Figuren 104 und 105. Das Fallrohr taucht in eine Schale oder Mulde, welche vor ihrer Inbenutzungnahme mit Wasser gefüllt werden. Später reichen der Harn und die zum Reinigen der Abortschale dienenden Wassermengen aus, um den Inhalt dünnflüssig zu erhalten und Ankleben von Papier oder Kotteilen dauernd zu verhindern. Das Fallrohr soll jedoch nur 2 bis höchstens 4 cm in die Flüssigkeit eintauchen. Derartige Einrichtungen lassen sich auch nachträglich anbringen und verhindern dauernd jedes Eindringen von Grubengasen in die Gebäude selbst dann, wenn die Grube unter Winddruck steht.

Die beiden weiteren Aufgaben lassen sich in diesem Falle dadurch erfüllen, dafs das Fallrohr der Aborte offen über den First des Daches emporgeführt wird, wie die Figur 106 es darstellt. Der frei über die Öffnung fahrende Wind reicht in der Regel als Kraft aus, die beim Benutzen des Abortes frei werdenden Gase derart ins Freie zu führen, dafs sie der Atemluft sich nicht beimengen können, indem Luft aus dem Abortraum durch den Sitz in das Fallrohr nachdringt und so die gewünschte Luftbewegung von den Nachbarräumen zum Abort hervorruft. Zur Verstärkung der Wirkung ist es von Vorteil, das Fallrohr an Schornsteine zu rücken, womöglich an die der Küchen, weil sie während des gröfsten Teils des Tages und Jahres eine Erwärmung des Fallrohres herbeiführen, welche den Auftrieb der Luft in ihm vermehrt.

Diese Wärmequelle verhindert zugleich das Einfrieren des Fallrohrinhalts im Winter mit seinen üblen Folgen und erhält den Abortraum während dieser Jahreszeit auf einem angemessenen Wärmegrade; bietet also bedeutsame Vorteile.

Das Anbringen einer besonderen Kraft für den Auftrieb der Luft ist nicht erforderlich, sobald das Aufsteigen von Grubengasen in der beschriebenen Weise verhindert wird.

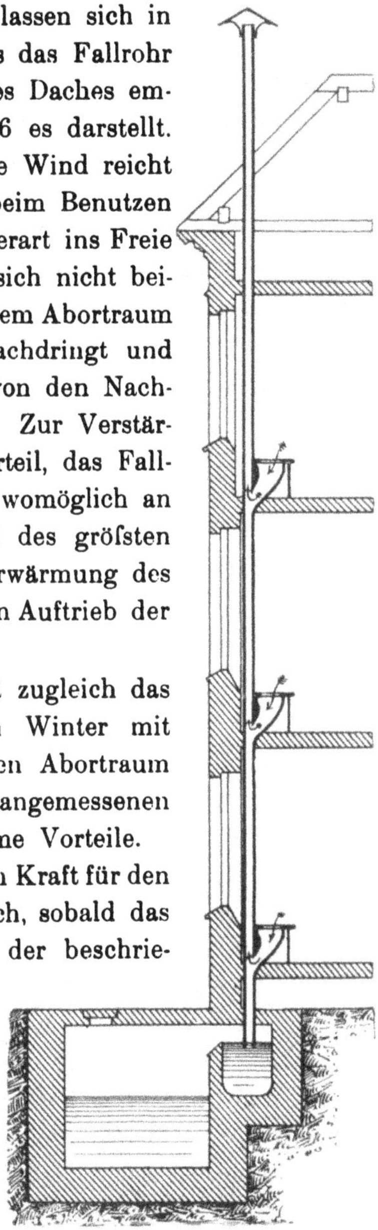

Fig. 106. Richtige Lüftungsart d. Grubenaborte.

Kann das Fallrohr nicht so hoch geführt werden, dafs es die Nachbarfirste überragt, dann empfiehlt es sich, dasselbe mit dem in Figur 107 wiedergegebenen Aufsatze zu versehen, um das Abwärtsdrücken des an höher gelegenen Dach- oder Wandflächen Widerstand findenden Windes zu vermeiden. Das Fallrohr soll ferner in seinem oberen Teile eine geringe Erweiterung, keinesfalls aber eine Verengung des Querschnitts erfahren, um die Reibungswiderstände zu verringern, welche die Luft bei ihrem Auftrieb an seinen Wandungen findet.

Befinden sich nur im Untergeschofs eines Hauses mehrere Abortsitze nebeneinander, dann ist es rätlich, ein besonderes Entlüftungsrohr aus der Grube über Dach zu führen, wie Fig. 108 es darstellt. Das Warmlegen dieses Rohres ist als Erfordernis zu bezeichnen, falls nicht ein besonderer Motor dem Betriebe der Entlüftung dient.

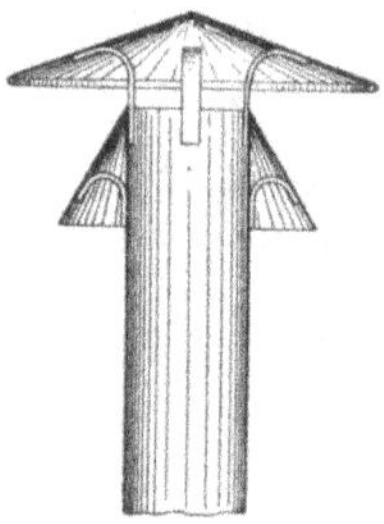

Figur 107.
Lüftungsrohraufsatz.

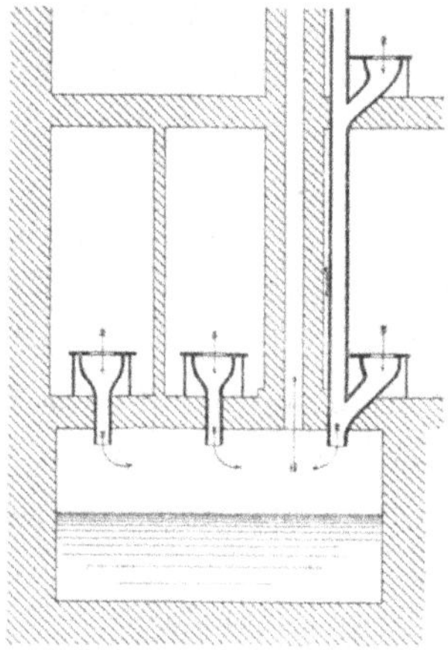

Figur 108.
Entlüftung d. Grubenaborte m. mehr. Sitzen.

II. Die Lüftung der Tonnen- und Kübel-Aborte.

Für die Lüftung der Tonnen- und Kübelaborte reicht die soeben beschriebene in Figur 106 dargestellte Anordnung des Fallrohrs aus, weil aus der luftdicht schliefsenden Tonne Gase nicht in irgend belangreichen Mengen emporzusteigen vermögen und die Mischung der Fäkalstoffe in den Kübeln mit Torfmull, Asche oder Gartenerde ein Entstehen von Fäulnisgasen verhindert. Nur während des Auswechselns der Tonnen steigen gröfsere Luftmengen aus der Tonnenkammer im Fallrohr empor, welche vorübergehend zu Belästigungen führen können. Will man sie vermeiden, dann empfiehlt sich das Anbringen eines kleinen Motors, z. B. einer Wärmequelle, welcher nur vor und während des Auswechselns in Betrieb gesetzt zu werden braucht, also belangreiche

Betriebskosten nicht hervorrufen kann. Warm liegende Fallrohre bedürfen desselben überhaupt kaum.

Die Kammer, in welcher der Kübel seinen Stand erhält, soll möglichst gut gegen die Luft im Freien abgeschlossen werden, damit der Luftbewegung in der gedachten Richtung nicht Hindernisse erwachsen.

Wo beim Kübelverfahren ein Fallrohr fehlt, kann ein zwischen Schornsteinen hochgeführtes Lüftungsrohr dem gedachten Zwecke dienen, dessen Luftaufnahmeöffnung unterhalb des Sitzes in der Kübelkammer anzuordnen ist.

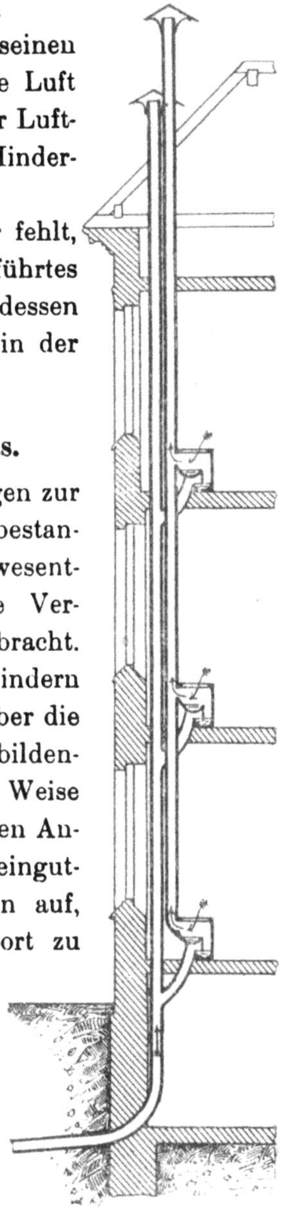

Fig. 109. Richtige Entlüftungsart der Wasserklosett-Aborte.

III. Die Lüftung der Wasserklosetts.

Wo die zuvor geschilderten Anordnungen zur Reinerhaltung der Luft in den Aborten bestanden, hat das Wasserklosett zumeist eine wesentliche Verschlechterung, nicht aber eine Verbesserung für die Reinheit der Atemluft gebracht. Die Geruchverschlüsse der Klosetts verhindern allerdings ein Eindringen der Kanalgase, aber die im Klosett während der Benutzung sich bildenden Gase werden nur selten in richtiger Weise zur Ableitung gebracht. Gerade die neueren Anlagen, z. B. die rings frei stehenden Steingutklosettschalen, weisen keine Einrichtungen auf, welche der Reinerhaltung der Luft im Abort zu dienen vermögen.

Will man diesen wichtigen und durchaus berechtigten Anspruch an das Wohlbehagen erfüllen, dann mufs ein Entlüftungsrohr derart mit dem Klosett verbunden werden, dafs die Luftgezwungen wird, vom Abortraum in den Sitz einzudringen und über Dach zu entweichen. Bei den mit Holz bekleideten Klosettschalen ist diese

Anordnung mit geringen Kosten zu erreichen, indem zwischen Schale und Sitzbrett etwas Spielraum gelassen wird und unter dem Sitz ein Entlüftungsrohr sich öffnet, welches in einer der Wände, möglichst zwischen Schornsteinen, über Dach geführt ist.

Die freistehenden Steingutbecken aber erfordern eine Änderung ihrer Bauart, um den gleichen Zweck erreichen zu können. Es ist erforderlich, dafs sie unterhalb des Wasserzulaufs, oder an sonst geeigneter Stelle einen Ansatzstutzen erhalten, welcher an ein Entlüftungsrohr angeschlossen wird, das neben dem Fallrohr über das Dach zu führen ist. Die Figuren 109 und 110 zeigen diese Anordnung. Der mit *a* bezeichnete Ansatzstutzen in Figur 110, welchen wir an englischen Klosetts zu finden pflegen, ist dagegen vollständig überflüssig, sobald die Klosetts ein ausreichend weites Fallrohr erhalten, er verteuert die Anlage und verringert ihre Übersichtlichkeit.

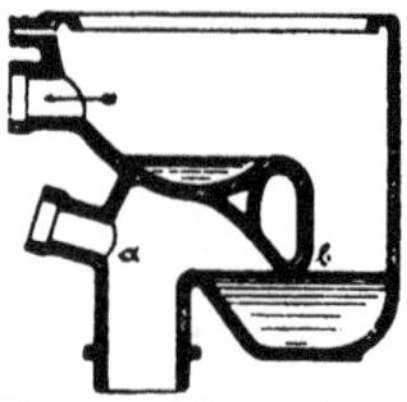

Fig. 110. Klosettschale m. Entlüftungsrohrstutz.

Stets empfiehlt sich das Warmlegen des Klosetts und seiner sämtlichen Rohrleitungen, um das Einfrieren zu verhindern. Das zeitweilige Abstellen des Wassers, welches gegenwärtig vielfach geübt wird, um eine Zerstörung der Klosettteile durch Frost zu verhindern, ist ein recht trauriger Notbehelf. Das Hochführen eines ständig benutzten Schornsteins in einer der Klosettwände reicht als Schutz aus und seine Wärme vermag zugleich als Auftriebförderer der Luft im Entlüftungsrohr zu dienen.

Das Sammeln und Beseitigen der festen Abfallstoffe.

Die festen Abfallstoffe vermögen dann zu Schädigungen Veranlassung zu geben, wenn sie verstaubend der Atemluft sich beimengen oder wenn sie verschleppt werden und so in menschliche Wohn- oder Aufenthaltsstätten zurückkehren; ihr Gehalt an Kleinlebewesen und Krankheitserregern pflegt ein hoher zu sein.

Die Gelegenheit hierzu ist in weit höherem Grade beim Einsammeln dieser Stoffe als bei der endgültigen Beseitigung geboten. Eine gesundheitlich befriedigende Art des Einsammelns ist daher bedeutungsvoller als eine einwandfreie Beseitigungsweise, ihr sollte das Interesse der mafsgebenden Behörden und Personen in erster Linie entgegengebracht werden. Während des letzten Jahrzehnts ist aber eher das Gegenteil der Fall gewesen. Die endgültige Beseitigungsform stand im Vordergrunde der öffentlichen Erörterungen, nicht die sachgemäfse Einsammlungsart, wenn auch in einigen Grofsstädten der letzteren die gebührende Beachtung zu Teil geworden ist.

Es mufs als dringendes Erfordernis bezeichnet werden, dafs die Gefäfse dicht schliefsende Deckel erhalten, in welchen man die häuslichen Abfallstoffe sammelt und vor die Thüren stellt, damit das Verstauben des Inhalts sowie ein Durchwühlen durch Hunde hintangehalten werden. Ferner ist das Durchstöbern dieses Inhalts von Menschenhand zu verbieten. Endlich sind die Sammelwagen allgemein derart einzurichten, dafs beim Einschütten des Inhalts jener Gefäfse Staub nicht nach aufsen dringen kann. Die erfreulichen Fortschritte in der Bauart der Sammelwagen bieten die Möglichkeit, der letzteren Forderung gerecht zu werden, während der zuerst aufgeführte Anspruch bei allmählicher Durchführung sich erfüllen läfst, ohne wirtschaftlichen Schwierigkeiten zu begegnen*).

Das Sammeln der häuslichen Abfallstoffe in Gruben, grofsen Kasten u. s. w., die im Hof Aufstellung finden, empfiehlt sich nicht, weil bei jedem Einschütten wie beim Abfahren des Inhalts ein oft hochgradiges Verstauben stattfindet. Selbst Wechselkasten, welche geschlossen abgefahren werden, sind nicht einwandfrei, während das Anschaffen und das Abfahren derselben verhältnismäfsig grofse Kosten verursachen.

Wesentlich gröfseren Schwierigkeiten begegnet die Durchführung einer einwandfreien endgültigen Beseitigung der festen Abfallstoffe. Die von einzelnen Seiten gestellte Forderung, die Stoffe sofort nach dem Abfahren untergraben zu lassen, ist für gröfsere Gemeinwesen nicht durchführbar; es

*) Es empfiehlt sich, die Gefäfse in handlicher und haltbarer Form im grofsen herstellen zu lassen und sie den Bürgern zum Selbstkostenpreis zur Verfügung zu stellen.

würden weite Gelände für diesen Zweck brachliegen müssen und grofse Kosten für den Betrieb erwachsen.

Die Abfälle, wie es jetzt zumeist geschieht, auf Lagerplätze zu führen und dort oft jahrelang dem allmählichen Verfall zu überlassen, hat entschieden Nachteile im Gefolge, wenn auch die einsame Lage dieser Unratstätten mildernd wirkt. Bei trockner Witterung findet ein oft hochgradiges Verstauben statt, unter welchem die in der Nähe Ackernden zu leiden haben, während arme Leute den Unrat nach verwertbaren Gegenständen durchstöbern und oft gerade solche Teile in die Städte zurückschleppen, welche Krankheiten zu verbreiten vermögen (Lumpen, Verbandstücke, Papier und dergl.). Etwas besser, wenn auch durchaus nicht vollkommen, darf das Verfahren genannt werden, Geländevertiefungen mit dem Unrat zu füllen oder Berge aus ihm aufzuführen, deren Oberfläche mit Sand oder mit fruchtbarer Erde bedeckt und dann mit Pflanzenwuchs versehen wird.

Das einwandfreieste der bisher üblichen Beseitigungsverfahren ist das Verbrennen der Abfallstoffe in besonderen Anstalten. Aber es ist auch das kostspieligste, obgleich an Abfuhrkosten gespart wird und die Enderzeugnisse der Verbrennung, Asche und Schlacke, zur Mörtelbereitung und zu verschiedenen Bauzwecken Verwendung und dadurch gute Verwertung finden können.

Je weiter mit der Ausdehnung der Städte die Abfuhrwege nach den Unrat-Lagerstätten werden und je mehr die Fuhrkosten als solche wachsen, um so geringer fallen die Mehrkosten für das Verbrennen aus. Es ist daher anzunehmen, dafs manche Gemeinwesen diese Beseitigungsart für die Zukunft wählen werden, welche jetzt in ihren Kosten ein Hindernis hierfür sehen.

Andere Städte, z. B. Berlin, können diesen Weg überhaupt nicht beschreiten, weil ihre Abfallstoffe zu reich an Asche sind, und deren Zahl dürfte mit der Zeit eher wachsen als abnehmen, weil mit der sicher zu erwartenden Zunahme des Braunkohle- und Prefskohle-Verbrauches für die häuslichen Feuerungsstätten der Gehalt des Mülls an Asche sich ganz wesentlich vergröfsert.

Für aschereichen Müll ist ein im Gebrauch durchführbares, preiswertes Verfahren noch nicht gefunden. Wenigstens haben die Versuche, ihn zu schmelzen, die Stadtverwaltung von Berlin nicht ausreichend befriedigt, um das Schmelzverfahren in Anwendung zu bringen.

Für empfehlenswert halte ich Versuche (allgemeine), den Müll zur Gaserzeugung zu verwenden und ihn gegebenen Falles zu diesem Zwecke mit dem Kanalschlamm zu vereinen.

Ein nichts weniger als einwandfreies aber höchst einträgliches Verfahren zur Beseitigung ihrer gesamten Abfallstoffe verfolgt die Stadt Amsterdam. Der Müll wird in eine nahe der Stadt rings frei zwischen Wasserzügen gelegene Anstalt gefahren, welche zugleich der Ausbeutung der Fäkalstoffe dient. Hier wird er sorgfältig ausgelesen, um alle verwertbaren Teile (Lumpen, Knochen, Metallteile, Glas u. s. w.) für sich gesondert zu erhalten und sie im grofsen zu verkaufen. Die feste Schlacke dient der Wegebesserung, die Asche und der Rufs nebst allen übrigen Bestandteilen werden mit dem Strafsenkot, den Fäkalstoffen und Fäkalstoffresten vereint als Dung verwertet, zu dessen billiger Abfuhr die Wasserzüge Gelegenheit bieten.

In der Anstalt, namentlich nahe den Dunglagerstätten, macht ein recht übler Geruch sich bemerkbar, aber die vorherrschenden Winde führen die Gase über freie Wiesen dem Meere zu. Der Gesundheitszustand aller in der Anstalt Beschäftigten soll (nach den mir vom Anstaltsleiter persönlich gemachten Angaben) ein durchaus zufriedenstellender sein und der Betrieb wirft einen bedeutenden Reingewinn ab. So ist man in Amsterdam recht zufrieden mit diesem Verfahren, und es ist bemerkenswert, dafs die Stadt in der Anstalt ein Hemmnis der Entwickelung nicht gesehen hat. Ursprünglich weit draufsen gelegen, ist sie jetzt von den mit Gebäuden besetzten Strafsenzügen fast schon erreicht*).

In kleinen Gemeinwesen, Einzelgehöften, Landhäusern und dergl. empfiehlt es sich, sämtliche häusliche Abfälle zunächst

*) Das Baugelände war preiswert, so bot das zunächst gelegene Stadtviertel dem weniger bemittelten Teile der Bevölkerung willkommene Ansiedelungsstätten. Bei meinem Besuche derselben konnte ich irgend welche Nachteile nicht entdecken, sondern mich nur erfreuen an der Sauberkeit und Nettigkeit der einfachen, aber freundlichen Wohnungen.

dem Herde oder anderen Feuerungen zuzuführen, damit ausschliefslich Asche und Schlacke verbleiben. Die Asche besitzt als Dünger hohen Wert und kann gegebenen Falles den Fäkalstoffen mit Vorteil zugefügt werden (vgl. S. 500), die Schlacke kann zum Wegebau wie zum Ausfüllen tiefer Geländeteile, Asche und Schlacke zusammen auch wohl als Mörtel oder Beton im landwirtschaftlichen Bauwesen Verwertung finden. Eine besondere Abführung der festen Abfallstoffe läfst sich daher vermeiden. Ein längeres Lagern der Speisereste, Küchenabfälle und anderer rasch in Fäulnis übergehender Stoffe auf dem Composthaufen ist nicht anzuraten. Auch der Kehricht, Verbandstoffe und dergl. sollen den Weg durchs Feuer machen, um die in ihnen vielfach enthaltenen Krankheitserreger sofort zu vernichten.

Die Beseitigung des Strafsenkotes stöfst selbst dort kaum auf Schwierigkeiten, wo derselbe besonders reich an mineralischen Bestandteilen ist, wie ihn z. B. chaussierte Strafsen ergeben. Im allgemeinen ist sein Gehalt an Pferdeabgängen so hoch, dafs sein Dungwert die Sammel- und Abfuhrkosten zu decken vermag und er willige Abnehmer findet.

Das Sammeln des Strafsenkotes darf nur nach gründlichem Annässen desselben erfolgen, um Staubentwicklung zu vermeiden. Zum Reinigen des Asphaltpflasters ist ein derart hoher Wasseraufwand erforderlich, dafs der Kot in der Regel den Kanälen zugeführt wird.

Von der Beseitigung des Stallmistes ist zu fordern, dafs die Abfuhr in geschlossenen Wagen vor sich geht und eine gründliche Säuberung der Durchfahrten und dergl. ihr folgt. Den Abgängen erkrankter Tiere ist erhöhte Sorgfalt zuzuwenden. Handelt es sich um Krankheiten, die auf den Menschen übertragbar sind, dann sollte der Abfuhr des Mistes stets eine gründliche Desinfektion aller von ihm beschmutzten Teile der Stallungen und ihrer Umgebung folgen.

Die Abfälle der Kleingewerbebetriebe und des Handels, der Markthallen, der Häfen und dergl. pflegen mit den Hausabfällen gemeinsam abgeführt und weiter behandelt zu werden, während die Abfälle der Grofsgewerbebetriebe von den letzteren selbst zu beseitigen sind. Soweit nicht eine gewerbliche Verwertung dieser oft in gewaltigen Mengen zur Erzeugung gelangenden Stoffen erzielt werden kann, stöfst ihre Beseitigung zumeist auf grofse Schwierigkeiten. Die unschädlichen Abfallstoffe, z. B. die Schlacken, lassen sich wohl zum Wegebau, zum Ausfüllen tiefer Geländeteile und dergl. verwenden, aber derartige Gelegenheiten reichen nur selten zur Aufnahme dieser ständig und rasch wachsenden Abfallmassen aus.

Schliefslich wird wohl nichts übrig bleiben, als ganze Gelände aufzuhöhen oder Berge von den Abfällen aufzubauen und diese so hoch mit fruchtbarem Boden zu überdecken, dafs Pflanzen auf ihnen zu gedeihen vermögen. Ein Geländeverlust im landwirtschaftlichen Sinne kann dadurch vermieden werden. Auch reizvolle Parkanlagen können sehr wohl aus solchen Ablagerungsstätten entstehen, sobald die Geländeaufhöhungen geschickt vorgenommen werden, der fruchtbare Boden zuvor abgehoben und in ausreichender Höhe über den Unratmassen ausgebreitet wird.

XVIII. Abschnitt: Die Leichenbestattung.

Als oberster Grundsatz für das Bestatten menschlicher Leichen gilt es, die Verbreitung ansteckender Krankheiten zu verhindern. Doch mufs bei der Wahl der Bestattungsart ferner weitgehende Rücksichtnahme auf das Zartgefühl der Überlebenden walten, da der Tod geliebter Menschen die tiefste Seite des Empfindens erweckt, und jede Störung dieses Fühlens auf das schwerste empfunden wird.

Die Möglichkeit der Krankheitsverbreitung ist vor dem Einsargen am gröfsten. Es erscheint daher geboten, die Leichen der an Infektionskrankheiten Gestorbenen sofort in einen dichtgefügten Sarg zu verbringen und diesen zu verschliefsen, sobald es aus äufseren Gründen irgend angängig ist (z. B. die Leichenschau stattgefunden hat). Nach dem Aufbahren oder Fortführen des verschlossenen Sarges sollte die Desinfektion des Krankenzimmers, der mit dem Kranken in Berührung gekommenen Gegenstände und dergl. vorgenommen werden.

Als besonderer Vorzug der Leichenhallen ist das Wegfallen der Besuche der Leiche vor dem Einsargen zu nennen. Das sofortige Verbringen der (verschlossenen) Särge in eine Leichenhalle kann dagegen als Erfordernis nicht betrachtet werden, weil ein gut verschlossener Sarg das Austreten von Schädlichkeiten in ausreichender Weise verhindert, wenn es sich auch dort empfiehlt, wo die Familie in der Zahl der Wohnräume beschränkt ist.

Das richtigste und sicherste Verfahren, die Verbreitung von Infektionskrankheiten oder das Entstehen anderer Schädlichkeiten nach dem Einsargen zu verhüten, ist die Anwendung eines undurchlässigen Sarges in Verbindung mit dem Verbrennen des Toten. Leider stehen dieser sichersten und dem Empfinden der auf hoher Kulturstufe Stehenden am meisten entsprechenden Beseitigungsform der Leichen juristische Bedenken entgegen; auch die religiösen Vorstellungen mancher Menschen sträuben sich dagegen. Der Tod durch Gift ist nach dem Verbrennen einer Leiche nicht mehr nachweisbar, es würde daher mit der allgemeineren Einführung dieser Beseitigungsform die Gefahr der Giftmordvermehrung gewärtigt werden müssen. Nur die Durchführung der öffentlichen Leichenschau durch beamtete Ärzte und eine beträchtliche Vermehrung der Leichenöffnung vermag dieses Bedenken zu beheben; sie müfsten daher mit der allgemeineren Einführung der Leichenverbrennung vereint erfolgen.

Die gegenwärtig übliche, von der christlichen Kirche geforderte Erdbestattung der Leichen gibt keine ganz vollkommene Sicherheit gegen die Verbreitung von Infektionskrankheiten und gegen andere Gefährdungen, aber sie führt sie auf ein äufserst bescheidenes Mafs (praktisch auf Null) zurück, sobald die Lage der Gräber zweckentsprechend gewählt werden kann und der Untergrund des Friedhofs den an ihn herantretenden Aufgaben entspricht. Undurchlässige Särge sind mit dieser Bestattungsform nicht wohl vereinbar, weil in ihnen ein rascher und einwandfreier Gang der Leichenzersetzung — wie wir noch sehen werden — nicht erwartet werden kann. Nach den bisherigen Erfahrungen ist vielmehr die Verwendung von Eichenholzsärgen als die für die Bestattung geeignetste zu empfehlen.

Die Zersetzung der zur Erde bestatteten Leichen wird durch fakultativ, später durch obligat anaërobe Kleinlebewesen eingeleitet, welche bereits im Darm des Lebenden sich befinden. Sie hat daher zunächst die Eigenart der Fäulnis und ist von starker Gasentwicklung begleitet, das während der ersten Tage vorwiegend aus Wasserstoff besteht, geringere Mengen von Schwefelwasserstoff, Ammoniak, Sumpfgas und Kohlensäure enthält. Später herrscht die letztere vor und zwar um so mehr, je stärker die Thätigkeit der aëroben Kleinlebewesen zur überwiegenden wird, an die Stelle der Fäulnis die Verwesung tritt. Aufserdem beteiligen sich vielfach die Larven kleiner Fliegenarten und anderer Insekten an der Zerstörung, deren leere Puppenhüllen in mehr als $^1/_3$ aller geöffneten Särge gefunden sind.

Diese niederen Tiere sowohl wie die aëroben Kleinlebewesen bedürfen zu ihrer Lebensthätigkeit einer mäfsigen Feuchtigkeitsmenge, reichlichen Luftzutritt und eines gleichmäfsigen Wärmegrades, der weder unter den Nullpunkt sinken, noch besonders hoch ansteigen darf.

Dauernd hoher Feuchtigkeitsgehalt und Luftabschlufs verhindern das Eintreten der Verwesung (Wasserleichen.) Es schliefst sich an die anfängliche Fäulnis ein sehr merkwürdiger Vorgang, die Leichenwachsbildung, bei dem das Fett grofsenteils in Fettsäure oder fettsaure Kalksalze sich verwandelt und auch aus dem Eiweifs ähnliche Verbindungen entstehen. Dieses Leichenwachs ist aufserordentlich haltbar. In undurchlässigen Särgen würde dieses zu erwarten sein.

Bei hohen Wärmegraden oder raschem Austrocknen z. B. in der Wüste und in luftigen, kühlen Grüften (Katakomben), seltener bei niederen Wärmegraden kann Mumienbildung entstehen, während in Eis- und Schneefeldern die Zersetzung völlig hintangehalten zu werden vermag. Alle diese Zustände sollen vermieden werden.

Die Zersetzung geht um so rascher von statten, je lebhafter der Luftwechsel stattfindet, da Sauerstoff zugeführt, Kohlensäure fortgeleitet werden mufs, um die Lebensthätigkeit der aëroben Kleinlebewesen im Gang zu erhalten. Aus diesem Grunde ist es notwendig, dafs der Erdboden eine gewisse Luftdurchlässigkeit aufweist, in welchen die Leiche gebettet wird. Der Luftwechsel wird (unter dem Einflufs des Windes) ferner um so kräftiger ausfallen, je flacher das Grab angelegt ist.

Für eine flache Lage des Grabes kann ferner der Stand des Grundwassers sprechen. Weder das letztere noch das von ihm in kleinsten Hohlräumen aufsteigende Wasser darf beim Höchststande das Grab berühren.

Gegen eine flache Lage des Grabes sprechen die Wärmeverhältnisse und die Notwendigkeit, dafs die aus ihm emporsteigenden Gase vom Erdboden vollständig aufgenommen werden.

Niemals darf das Grab innerhalb der Frostgrenze seine Lage erhalten, während die Gasaufnahme durch feinkörnigen Boden vollkommener erfolgt als durch grobkörnigen. Im ersteren darf daher die Leiche flacher gebettet werden als im letzteren, was dem Anspruch an die Durchlüftung des Grabes ebenfalls entspricht.

Üblich ist es, den Boden des Grabes 1,70 m bis 2,00 m tief anzuordnen und den Grabhügel noch etwa 0,50 bis 0,60 m aufzuschütten. Im wenig durchlässigen, an Thonteilen reichen Boden wird eine solche Tieflage den Anforderungen der Durchlüftung nicht mehr gerecht; sie sollte etwas flacher gewählt und der Grabhügel aus stark durchlässiger Erde gebildet werden.

Wo es an einem Friedhofsgelände in ausreichender Hochlage über dem Grundwasserstande mangelt, würde es sich empfehlen, die Gräber ganz flach anzuordnen, aber mit hohen Aufschüttungen aus Boden von entsprechender Durchlässigkeit derart zu versehen, dafs der Zwischenraum der einzelnen Grabhügel (bis auf eine Höhe von etwa 0,50 m) ausgefüllt wird. Im reinen, oder wenig mit Sand und Kies vermischten Thonboden würde dieses Vorgehen ebenfalls von Vorteil sein. Die Kosten für das Heranführen geeigneten Bodens zur Grabüberhöhung sind gegenüber den Gesamtkosten einer Bestattung als geringfügig zu bezeichnen.

Unvermischter Kiesboden erweist sich der Zersetzung am günstigsten, erfordert aber eine Grabhügelbildung aus weniger durchlässigem Boden, damit ein Austreten übelriechender Gase mit Sicherheit verhütet wird.

Sandboden wird sämtlichen Anforderungen gerecht, darf daher als der im allgemeinen beste Friedhofsgrund bezeichnet werden. Auch ein Sandboden mit geringem Thongehalt zeigt günstige Eigenschaften, während ein irgend reicher Thongehalt des Bodens zu Bedenken Veranlassung gibt.

Das Wiederbelegen des gleichen Grabes kann aus hygienischen Gründen dann erfolgen, wenn die Zersetzung des Körpers (bis auf die Knochen) vollendet ist. Aus ethischen Gründen sollte es aber keinesfalls vor Ablauf eines Menschenalters erfolgen.

Die Erfahrung hat gelehrt, dafs unter günstigen Bodenverhältnissen die Zersetzung der Leiche eines Kindes 4 bis 5 Jahre, der Leiche eines Erwachsenen 7 bis 9 Jahre in Anspruch nimmt, während unter ungünstigen Bodenverhältnissen bis zu 30 Jahre vergehen können, ehe sie erfolgt ist. Die Zerstörung der Knochen nimmt Jahrhunderte in Anspruch. Sicheren Anhalt über die Schnelligkeit des Zersetzungsvorganges unter den örtlichen Verhältnissen ergibt nur die Untersuchung einiger Gräber.

Während man im Mittelalter gegenüber der Leichenbestattung eine weitgehende Sorglosigkeit hat walten lassen, bildete sich in der ersten Hälfte des vorigen Jahrhunderts immer mehr das Gefühl heraus, dafs den Friedhöfen Schädlichkeiten innewohnen müfsten, die auch auf die nähere oder fernere Umgebung übertragen werden können. Diese Annahme hat die Forschung im allgemeinen nicht zu bestätigen vermocht, sie kann nur dort sich verwirklichen, wo die Anlage und der Betrieb des Friedhofes unrichtig sind.

Die Krankheitserreger gehen in der Leiche zumeist innerhalb des ersten Monats zu Grund, einzelne von ihnen und namentlich die Sporen vermögen aber längere Zeit sich zu erhalten. Ein Austreten derselben nach oben wird durch den Erdboden in vollkommener Weise verhindert, so lange derselbe unberührt bleibt. Nur das Öffnen eines Grabes kann hierzu Veranlassung geben. Ein Ausspülen der Krankheitserreger kann ferner erfolgen, sobald das Grundwasser ein Grab erreicht, wenn auch kaum angenommen werden darf, dafs die Krankheitserreger im Grundwasser geeignete Lebensbedingungen finden würden.

Das Austreten von übelriechenden Gasen kann, wie bereits erwähnt, durch ausreichendes Überdecken des Sarges mit Erdboden vollkommen vermieden werden. Nur bei dem Betreten von Grüften vermag Vergiftung durch Gase einzutreten. Nach dem Öffnen einer Gruft soll daher zunächst eine kraftvolle

Durchlüftung stattfinden, ehe ein Betreten oder das Herabsenken eines neuen Sarges und dergl. erfolgt.

Eine Bodenverunreinigung pflegt nur in nächster Nähe des Sarges zu stande zu kommen und nur kurze Zeit anzuhalten, sobald die Verwesungsvorgänge stattzufinden vermögen, weil dann rasch eine Zerlegung der organischen Stoffe in unschädliche Verbindungen erfolgt. Nur dort, wo die Verwesungserreger geeignete Lebensbedingungen nicht finden, ist sie zu gewärtigen. Immerhin ist ein Ausspülen derartigen Bodens durch Grundwasser zu vermeiden, da es, wenn nicht Schädigungen hervorrufen, so doch Ekelgefühl erwecken würde, das zum Genufs dienende Wasser auf solche Art verunreinigt zu wissen. Ferner geben Massengräber zu einer bleibenden Bodenverunreinigung wohl Veranlassung. Wahrscheinlich ist in ihnen die Sauerstoffzehrung und die Gasentwickelung eine zu grofse, um dauernd den Verwesungserregern die Möglichkeit ihrer Lebensäufserung zu gewähren. Auch ein zu rasch erfolgendes Wiederbelegen der Gräber kann aus ähnlichen Gründen Mifsstände herbeiführen. Das hierzu erforderliche Aufwühlen des Erdbodens vor dessen vollständiger Selbstreinigung mufs ebenfalls Bedenken hervorrufen (welche den ethischen sich gesellen). Eher würde es angehen, nach gewissen Fristen Gräber übereinander anzulegen, indem aufser dem Grabhügel nur die obere Deckschicht entfernt und durch eine entsprechend hohe Anschüttung ersetzt wird, wie sie oben beschrieben wurde. Gegen ein derartiges Unterbringen von Mitgliedern der gleichen Familie würden auch ethische Bedenken kaum erhoben werden können, die Gröfse der Friedhöfe demnach eine Verminderung erfahren dürfen.

Die gewaltige Geländeinanspruchnahme der Friedhöfe grofser Gemeinwesen mufs gegenwärtig und mehr noch in Zukunft als das wesentlichste Bedenken gegen die Erdbestattung sich erheben. Wenn auch ungeeignete Gelände durch Entwässerung, Aufhöhen des Bodens u. a. brauchbar gemacht werden können, so dürfte der Zeitpunkt doch kaum mehr fern liegen, in welchem den Grofsstädten aus der Geländebeschaffung für ihre Friedhöfe ernste Schwierigkeiten entstehen oder die

Entfernung der Friedhöfe vom Innengebiet der Städte die Bestattung und den Besuch der Grabstätte übermäfsig erschweren. Mehr als gesundheitliche Einwände dürfte diese Schwierigkeit zu einer allmählichen Änderung der Bestattungsform führen, denn der Notwendigkeit gegenüber weicht jedes künstlich aufgebaute Hindernis.

Für eine Änderung der Bestattungsform spricht ferner das Feinempfinden: Es ist kein erfreulicher Gedanke, liebe Tote der Fäulnis, dem Insektenfrafs und der Verwesung anheimzugeben, ihre Gebeine dereinst (in oft roher Weise) verstreut zu wissen, sobald der Friedhof anderen Zwecken dienstbar gemacht wird. Die reinigende, rasche und vollständige Zerstörung der Leiche durch Feuer entspricht dem Empfinden des auf hoher Kulturstufe Stehenden weit mehr, ja sie müfste erhebend wirken, sobald diese Bestattungsform wieder die gewohnte geworden sein würde.

Zur fakultativen Feuerbestattung sollte daher in jeder Grofsstadt heute bereits Gelegenheit geboten werden. Sie vermag in Seuchenzeiten zu einer weitgehenden Beruhigung der Bevölkerung ganz entschieden beizutragen und gewährt feinfühligen Menschen heute bereits eine gewisse Linderung des Schmerzes um liebe Tote. Für Auswanderer und solche Leute, die dauernd den Wohnort wechseln, ist die Möglichkeit, die Asche ihrer verstorbenen Lieben mit sich nehmen zu können, ebenfalls ein erfreulicher Gedanke; erfreulicher jedenfalls, als der heutige Zustand, wo oft die Familienglieder in den verschiedensten Orten zur letzten Ruhe gebettet werden und nicht immer die Möglichkeit gegeben ist, bei der Rückkehr des Überlebenden in jenen Ort, diese Ruhestätte noch unberührt vorzufinden.

Das Wiederbelegen der Gräber mit Toten, die nicht der gleichen Familie angehören, und das frühzeitige »Auflassen« der Friedhöfe hat aus dem letztgenannten Grunde bereits schwere Bedenken. Beides sollte vermieden werden, so lange noch nahe Verwandte der Bestatteten unter den Lebenden weilen. Die Kosten der Geländehergabe für die Friedhöfe wachsen allerdings beim Einhalten dieser Bedingung bedeutend und damit die Kosten der Bestattung; ein Umstand, der für die minderbemittelten Bevölkerungskreise schwer ins Gewicht fallen kann.

XIX. Abschnitt: Die Gewerbthätigkeit.

Da der Beruf stets eine mehr oder weniger einseitige Thätigkeit erfordert, so sind bereits in früheren Jahrhunderten Schädigungen der Gesundheit durch ihn beobachtet, deren Verbreitung mit dem Aufschwung und dem Niedergang des Gewerblebens gleichen Schritt gehalten hat. Neuerdings aber haben diese Schädigungen sich verschärft, seit der Wettbewerb der einzelnen wie der Völker auf sämtlichen Gebieten des Berufslebens allgemein eine ständige Anspannung der geistigen und körperlichen Fähigkeiten verlangt, wie man sie früher überhaupt nicht oder nur vorübergehend (für kurze Zeitspannen) kannte.

Dafs der Übergang von der Handarbeit zur Maschinenarbeit die Gesundheitsschädigungen gesteigert habe, wie das von einzelnen behauptet worden ist, kann nicht ohne weiteres zugegeben werden. Es sind vielmehr eine Reihe von Schädigungen teils gemildert, teils verschwunden, welche dem Handwerk anhafteten, und an ihre Stelle neue getreten, die man zuvor nicht kannte. Auch haben manche andere Ursachen schädigend auf das Volkswohl eingewirkt. So läfst der Grofsbetrieb eine bedeutende Zahl von Leuten zusammenströmen und vermehrt dadurch die Gefahr der Verbreitung ansteckender Krankheiten. Es werden Frauen und Kinder mehr als zuvor zur Arbeit herangezogen, weil die Maschinenarbeit weder hervorragende Muskelkräfte noch jahrelange Übung erfordert. Die Verarbeitung giftiger, Staub oder schädliche Gase erzeugender Stoffe hat sich wesentlich vermehrt, während die Höhe des Arbeitslohnes nicht immer gleichen Schritt gehalten hat mit der Verteuerung der Lebenshaltung und zeitweise der Weltwettbewerb dazu geführt hat, die Arbeitszeit länger zu wählen, als namentlich unter schwierigen oder gesundheitswidrigen Arbeitsverhältnissen angängig ist.

Die Berufskrankheiten, mehr aber noch das Herabkommen ganzer Bevölkerungsschichten, welches im vorigen Jahrhundert mehrfach beobachtet worden ist, haben daher nicht immer eine einzelne Ursache, sondern sind vielfach einer Reihe von Gründen zuzuschreiben, deren Zusammenwirken erst verderbenbringend wurde.

Eine nicht geringe Zahl von Krankheiten oder Gesundheitsschädigungen lassen sich dagegen unmittelbar auf Einflüsse des Berufslebens zurückführen, und diese sollen hier hauptsächlich Berücksichtigung finden.

I. Überanstrengung.

Der Mensch vermag ein grofses Mafs körperlicher oder geistiger Arbeit zu leisten, sobald er die hierzu erforderlichen Fähigkeiten allmählich ausbildet, die zunächst kleine Arbeitsleistung vorsichtig steigert und es niemals zur Überanstrengung kommen läfst. Jede Überanstrengung der Nerven- oder Muskelthätigkeit rächt sich durch Schwächen ihrer Leistungsfähigkeit, während allmähliche Schulung sie kräftigt und fördert.

Diese Grundbedingung zur Heranbildung leistungsfähiger Menschen wird aber häufiger vernachlässigt, als man glauben sollte, und gerade nach dieser Richtung ist in der Neuzeit mehr gesündigt als früher: Im Handwerk erfuhr der Lehrling diejenige Ausbildung, welche ihn befähigte, als Geselle und Meister in seinem Beruf Tüchtiges zu leisten, während heute der Arbeiter bald in diesem, bald in jenem Beruf thätig zu sein pflegt, ohne zuvor die etwa besonders in Anspruch genommenen Organe und Muskelgruppen üben und schulen zu können.

Der geistig Thätige wird die erforderliche Schulung seiner für den Beruf in Betracht kommenden Fähigkeiten in der Regel erfahren, aber häufig ist er zu einer sprungweise sich steigernden Arbeitsleistung gezwungen, die das Mafs seiner Kraft wesentlich überschreitet und dadurch eher geeignet ist, sein Können zu verringern als es zu heben. Einer der gröfsten Feinde der geistig Arbeitenden aber ist die Hast, welche im Geschäftsleben der Grofsstädte und Handelsmittelpunkte allgemein fast das Kennzeichen »unserer schnelllebigen Zeit« bildet. Die hierdurch hervorgerufenen Schädigungen finden vielfach noch eine wesentliche Steigerung durch die aufreibende Art der Vergnügungen, welche anstrengender geistiger Arbeit folgen. Der Besuch von Konzerten und Theatern, wie von geselligen Zusammenkünften, die nicht selten den gröfseren Teil der Nacht rauben und Mangel an Schlaf zur Folge haben, ist wenig geeignet zur Erholung von der übermäfsig angespannten Nerventhätigkeit; Reizbarkeit und Nervenschwäche sind häufig das Ergebnis eines solchen Lebens.

Gleichzeitig wirkt das geräuschvolle Leben in den Grofsstädten in oft aufreibender Weise auf die Gehirnthätigkeit ein; die Wohnungen im stark besetzten Zinshause bieten vielfach weder die zu angestrengter geistiger Thätigkeit noch die zum Schlaf erforderliche Ruhe, und es treten in einer nicht geringen Zahl von Familien die Folgeerscheinungen ererbter oder erworbener Krankheiten: Tuberkulose, Syphilis u. a. belastend hinzu.

So kommt es, dafs unter den Städtern die Nervosität eine Verbreitung gefunden hat, welche fast schon als eine allgemeine bezeichnet werden darf: Schlaflosigkeit und Schlafsucht, Kopfschmerz, innere Unruhe, die zu vorschnellem Handeln und zu fahrigem Gebahren führt, Zerstreutheit, Gedächtnisschwäche und ähnliche kleinere wie gröfsere Leiden finden wir, oft bereits im jugendlichen Alter, unter den Bewohnern volkreicher Städte verbreitet.

Da nur wenige der Ursachen dieser Leiden sich vollständig ausschalten lassen, so wird man nach zwei Richtungen das Hauptaugenmerk zu richten haben: Vorsichtige aber gründliche Schulung aller geistigen Fähigkeiten in der Jugendzeit und thatkräftige Bekämpfung der Tuberkulose, des Alkoholismus, des Nikotismus und der Syphilis. Aufserdem haben der Strafsen-

und der Wohnungsbau Sorge zu tragen, dafs das Bedürfnis nach Ruhe mehr als bisher auch in Grofsstädten volle Befriedigung finde, und es ist Sache der Erziehung, die geselligen Vergnügungen allmählich derart zu gestalten, dafs sie dem geistig angestrengt Arbeitenden eine wirkliche Erholung zu bieten vermögen. Namentlich für die Jugend ist ferner die tägliche Einnahme giftiger Stoffe, wie Alkohol, Nikotin, Thein, Kaffein, auf ein bescheidenes Mafs herabzuführen. Sie mögen nach wie vor den Reiz des Festmahles und Gastmahles erhöhen, im täglichen Gebrauch der jugendlichen und der geistig angestrengt thätigen Menschen aber geeigneteren Anregungsmitteln Platz machen (Fleischbrühe, Limonade, Schokolade, Früchte, Fruchtsäuren, Zucker u. a.).

Für die Arbeit selbst gilt es, die Erholungszeit und die Zahl der Ruhepausen dem Grade der Anstrengung anzupassen und für jede bis dahin nicht geübte anstrengende Thätigkeit dem Arbeitenden die erforderliche Zeit der Schulung und Übung zu gönnen. Ferner erscheint es geboten, dem körperlich angestrengt Thätigen als Gegengewicht geistige Anregung zu bieten, während für den geistig Beschäftigten Muskelthätigkeit in frischer Luft ein dringendes Erfordernis bildet. Endlich ist die Einseitigkeit der Arbeit so weit zu verringern, wie es die übrigen Anforderungen des Berufs irgend zulassen. So sollte eine ausschliefslich sitzende oder stehende Beschäftigung nicht stattfinden, sondern Gelegenheit geboten werden, mit beiden zu wechseln, um die Schädigungen zu vermeiden, die aus einseitig sitzender oder stehender Thätigkeit erwachsen. (Beim Sitzen werden die Organe der Brust und des Leibes gedrückt, der Blutkreislauf gehemmt, während beim Stehen eine übermäfsige Belastung der Füfse stattfindet und eine zu starke Blutfülle des Unterkörpers sich ergibt.)

Einseitige Beschäftigung bestimmter Muskelgruppen führt oft zu eigentümlichen Erkrankungen. Das Treten an der Nähmaschine verstärkt die schädliche Wirkung des Sitzens erheblich, Unterleibserkrankungen sind sehr häufig. Uhrmacher, Schriftsetzer, Violinspieler, Schreiber bekommen oft in den überangestrengten

Muskeln krampfhafte Zusammenziehungen, wodurch die Fortsetzung der Thätigkeit gestört wird. Bergwerksarbeiter erwerben durch Hauarbeit in abnormen Stellungen bei schlechter Beleuchtung eine eigentümliche mit Schwindel verbundene Augenaffektion, den Nystagmus der Bergarbeiter, welche darin besteht, dafs die Augen fortwährende, unwillkürliche, zuckende Bewegungen ausführen.

Zugegeben mufs werden, dafs derartige Leiden sich seit Einführung der Maschinenarbeit eher gebessert haben, da die Maschinen eine Menge anstrengender Arbeit beseitigen und mehr nur einer Überwachung mit wechselnden Handgriffen und längeren Ruhepausen bedürfen.

Die übrigen Schädigungen, welche durch einseitigen oder übermäfsigen Gebrauch einzelner Körperteile und Muskelgruppen sich ergeben, sind der Mehrzahl nach durch die Einführung der Maschinenarbeit in das Handwerk behoben, gemildert oder auf Einzelfälle beschränkt worden. Namentlich haben die Lastenhebe- und Förderungsvorkehrungen, die Metall- und Holzbearbeitungsmaschinen sowie die landwirtschaftlichen Maschinen hierzu in erfreulicher Weise beigetragen.

II. Staubgehalt der Luft.

Die Lufterneuerung ist in der Mehrzahl der Gewerbebetriebe heute eine zufriedenstellende, und an üble Gerüche, die in manchen Betrieben entstehen, gewöhnt der nach dieser Richtung nur selten empfindliche Arbeiter sich leicht; sie dürfen im allgemeinen als belanglos bezeichnet werden. Eine gesundheitlich grofse Bedeutung kommt dagegen dem Gehalt der Luft an Staub zu.

Die Wirkung des Staubes hängt von seiner Menge und von seiner Eigenart ab. Geringe Mengen weichen, die Schleimhäute weder verletzenden noch an ihnen fest haftenden Staubes erträgt selbst ein zarterer Organismus zumeist ohne Schaden. Hierher gehören die Mehle, die ungiftigen Farben, der Rufs (falls nicht schweflige Säure an ihm haftet) u. a. Sie werden zumeist von den Schleimhäuten der Nase, des Rachens und der Luftröhre zurückgehalten, mit Schleim umhüllt, von den Flimmerzellen nach aufsen geschafft und durch Räuspern und Schneuzen wieder ausgeworfen. Gelangen grofse Mengen solchen Staubes dauernd zur Einatmung, dann vermögen die Organe nicht immer ihrer Herr zu werden. Die Staubteile lagern sich daher in die Hohlräume der Lungen ein und können in extremen Fällen sogar den Gaswechsel des Blutes beeinträchtigen, weil der Sauerstoff nicht in ausreichender Weise an das Blut herantritt. Hört die Staubzufuhr für irgend erhebliche Zeit auf, dann befreien die Organe sich ziemlich rasch von derartigen Einlagerungen. Immerhin ist daran festzuhalten, dafs auch die wenigst schlimmen Staubsorten bis auf einen gewissen Grad die Lunge reizen und zu Katarrhen und später zu entzündlichen Veränderungen führen.

Ungünstiger verhalten sich bereits die mit Häkchen, Schuppen und dergl. versehenen Staubarten, weil sie fester an den Organen haften und es diesen daher nur langsam gelingt, sich von ihnen zu befreien. Zu nennen sind die Fasern der tierischen Wolle, der Staub von Horn, Knochen und von Fischbein.

Besondere Gefährdungen aber rufen diejenigen Staubarten hervor, welche durch ihre Schärfe die Schleimhaut verletzen, hierdurch Reizungen (Katarrhe) bewirken und häufig zugleich Eingangspforten für Krankheitserreger bilden. Hierher gehören zahlreiche Gruppen der verschiedensten Staubarten. So die Fasern von Flachs, Jute und Hanf, der Staub sämtlicher Metalle und Gesteine, die Infusorienerde, der Schmirgel, der Sand, Glas, Porzellan.

Derartiger Staub darf weder in irgend erheblicher Menge noch dauernd auf die Schleimhäute einwirken, wenn nicht schwere Gesundheitsstörungen hervorgerufen werden sollen.

Haften an den Staubteilchen chemische Gifte, oder bestehen dieselben geradezu aus solchen, so gesellt sich zur Reizwirkung noch die Giftwirkung (z. B. Bleivergiftung).

Eine besondere Erwähnung verdient hier der ätzende Staub. Hervorzuheben sind der gebrannte Kalk, die Cemente, die

Thomasschlacke und der Ätzbaryt. Die Entzündungen durch diese und ähnliche Staubarten erstrecken sich nicht selten auf sämtliche Schleimhäute, selbst die des Darms werden bisweilen ergriffen. Schwere, etwa zur Hälfte tödlich verlaufende Lungenentzündungen sind namentlich bei den in Thomasschlackenmühlen Beschäftigten in grofser Zahl zum Ausbruch gekommen, ehe dort Mafsnahmen zur Fernhaltung des Staubes aus der Atemluft getroffen worden waren.

Diese Störungen bestehen mindestens in schweren Reizungen der Schleimhäute von Nase, Kehlkopf, Luftröhre, die sich in hartnäckigen Katarrhen äufsern. Fast stets wird auch die Lunge von diesen katarrhalischen Veränderungen betroffen, leichtere und schwerere, ausgebreitete oder beschränkte Lungenentzündungen schliefsen sich an, Schrumpfungsvorgänge bringen später gewisse Teile des Lungengewebes zur Verödung. Eine durch Staub derartig gereizte, durch spitze Fragmentchen verletzte Lunge bietet dem Tuberkelbacillus besonders geeignete Ansiedelungsgelegenheit. Die Tuberkulose rafft denn auch unter den Staubarbeitern aufserordentlich viele weg.

Durch verschiedene Mafsnahmen ist es gelungen, die Krankheits- und Todesfälle im allgemeinen zu vermindern. Nur einzelne Industrien, namentlich manche Handwerke, konnten noch nicht oder nicht vollständig von den Schädlichkeiten befreit werden. Am schwersten betroffen sind heute die Steinmetze mit 35 Todesfällen auf 1000 Lebende im Jahr, ihnen folgen die Porzellanarbeiter mit 14 Todesfällen auf 1000 Lebende. Auch der Bleistaub und der Tabakstaub fordern immer noch schwere Opfer (etwa 8‰), obgleich ihnen, namentlich dem Blei gegenüber, weitgehende Schutzmafsnahmen getroffen worden sind.

Zum Fernhalten des Staubes aus der Atemluft stehen eine Reihe von Mitteln zu Gebote, die teils einzeln, teils vereint zur Anwendung gelangen.

Das sicherste Mittel ist das Zerkleinern der stauberzeugenden Stoffe im befeuchteten Zustand resp. unter Wasser oder das vollkommene Absperren der selbstthätigen Einrichtungen zum Zermahlen, Befördern und Verpacken stauberzeugender oder staubförmiger Körper.

Wo es nicht darauf ankommt, die Körper in Staubform zu bringen, sondern der Staub nur ein Abfallerzeugnis bildet, z. B. beim Schleifen und Polieren von Stein- und Metallwaren, mufs der Staub von der Erzeugungsstelle derart abgesogen werden, dafs er der Atemluft der Beschäftigten sich nicht beizumengen vermag, und zwar soll schwerer Staub abwärts, leichter Staub aufwärts sich bewegen. Ferner sollen die Betriebsstätten täglich einer gründlichen Säuberung auf feuchtem Wege unterzogen werden.

Vielfach führt es auch zum Ziele (z. B. in Kohlenbergwerken), den Staub durch künstliches Sprühen oder durch Feuchthalten aller Flächen niederzuschlagen, oder die zu bearbeitenden Gegenstände (z. B. Gestein) im feuchten Zustande zu erhalten.

Wichtig ist ferner das Erziehen der Arbeiter zur Nasenatmung, da ein grofser Teil des Staubes von den Härchen und in den gekrümmten, spaltförmigen, stets feuchten Luftwegen der Nase zurückgehalten und wieder ausgeworfen wird. Das Tragen glatter Arbeitskleidung, das Wechseln der Kleider und das gründliche Säubern des Körpers vor dem Verlassen des Betriebes tragen ebenfalls etwas zur Fernhaltung der Schädigungen bei.

Früher wurde dem Tragen von Respiratoren, feuchter Läppchen und dergl. ein hoher Wert beigelegt. Die Erfahrung hat aber gelehrt, dafs sie nur für leichte Arbeiten oder für solche von ganz kurzer Dauer gute Dienste zu leisten vermögen. Bei Arbeiten, welche eine irgend erhebliche körperliche Anstrengung erfordern, wird die Atmung so sehr erschwert, dafs Beängstigungen, Schwindelgefühl und dergl. entstehen, die zum Ablegen der Respiratoren (oder der feuchten Läppchen) zwingen. Je nach der Kraftanstrengung wechselt der Eintritt dieses Zeitpunktes; er pflegt zwischen 10 und 20 Minuten zu liegen, selten auf 25 bis 30 Minuten ausgedehnt werden zu können.

Dagegen scheint der neuerdings eingeführte Freiluftatmer Wolfs sich zu bewähren, bei welchem die Atemluft aus dem

Freien oder aus einem weiten Baumwollschlauche entnommen wird, dessen Aufsenwandungen dem Staube das Eindringen verwehren. Ein leichter Pergamentschlauch führt die Luft der Nase zu. Die Vorkehrung belästigt nur wenig und läfst auch bei anstrengender Arbeit ziemlich lange die Atmung ohne wesentliche Störung zu. — Auch die bei den giftigen Gasen zu beschreibenden ventilierten Schutzmasken sind für besondere Fälle von Staubbelästigung zu empfehlen.

III. Gehalt der Luft an schädlichen Gasen.

Die ätzenden und giftigen Gase rufen im Körper Veränderungen hervor, welche teils nur belästigen, teils in grofsen Dosen Siechtum, ja den Tod herbeizuführen vermögen.

Ein grofser Teil der in Gewerbebetrieben zur Einwirkung gelangenden Gase wird aber durch Gewöhnung etwas erträglich. Nach mehrwöchigem Aufenthalt vermögen die Arbeiter vielfach das Mehrfache solcher Gase (im Luftgemisch) zu ertragen als bei ihrem Eintritt in den Betrieb. Die Schleimhäute stumpfen sich gegen die Reizwirkung ebenso sehr ab, wie Organe sich an die Giftwirkung gewöhnen. Doch mufs die Gewöhnung eine ganz allmähliche sein, um dem Körper die erwünschte Widerstandsfähigkeit verleihen zu können. Einzelnen Giften gegenüber ist ferner eine Gewöhnung nicht nur nicht möglich, die Empfindlichkeit des Körpers wächst sogar (Schwefelwasserstoff).

Den Untersuchungen von K. B. Lehmann, Würzburg, verdanken wir die tiefere Erkenntnis dieser Sachlage. Er vermochte durch jahrelange Tierversuche, die durch Beobachtungen am Menschen und an den in Betrieben längere Zeit Beschäftigten ergänzt wurden, die noch eben erträglichen oder nach Gewöhnung erträglichen Grenzwerte zahlreicher Gase festzustellen, welche für die Industrie bedeutungsvoll sind.

Für schweflige Säure, Chlorgas und Ammoniak ist die allmähliche Gewöhnungsfähigkeit an die etwa vierfache der umstehend genannten niedrigsten Dosen nachgewiesen — bei anderen Gasen ist die Gewöhnung nicht untersucht, gegen Schwefelwasserstoff gibt es keine Gewöhnung, im Gegenteil wächst sogar die Empfindlichkeit.

Übersicht über die Giftigkeit wichtiger Fabrikgase für den Ungewohnten.

Angaben in ccm oder mg pro 1 l.

	rasch tötend	In $^1/_2$—1^h das Leben bedrohend	$^1/_2$—1^h ohne schwere Störungen erträglich	Nach mehrstünd. Einwirkung nur minimale Symptome
Salzsäuregas . .	—	1,5—2 ccm	0,05 – höchstens 0,1 ccm	0,01 ccm
Schweflige Säure .	—	0,4—0,5 ccm	0,05 ccm	0,02—0,03 ccm
Kohlensäure . .	300 ccm	60—80 ccm	40—60 ccm	20—30 ccm
Ammoniak . . .	—	2,5—4,5 ccm	0,3 ccm	0,1 ccm
Chlor und Brom .	c. 1 ccm	0,04—0,06 ccm	0,004 ccm	0,001 ccm
Jod	—	—	0,003 ccm	0,0005–0,001 ccm
Schwefelwasserstoff	1—2 ccm	0,5—0,7 ccm	0,2—0,3 ccm	0,1—0,15 ccm
Schwefelkohlenstoff	—	10—12 mg	2—3 mg	1—1,2 mg
Kohlenoxyd . .	—	2—3 ccm	0,5—1,0 ccm	0,2 ccm

Die Erscheinungen bei der Einwirkung der genannten giftigen Gase sind recht verschieden. Diejenigen unter ihnen, welche ätzende Wirkung auf unsere Schleimhäute (Augenbindehaut, Nase, Mundhöhle, Rachen, Kehlkopf, Luftröhre, Lunge) zu entfalten vermögen, haben zwar unter sich eine ziemlich weitgehende Ähnlichkeit, doch kommen mancherlei specielle Züge für jedes einzelne Gas hinzu — abgesehen davon, dafs, wie aus der Tabelle hervorgeht, der Giftigkeitsgrad so sehr verschieden ist.

Die stärksten Ätzwirkungen entfalten Chlor, Brom und Jod, dann kommen Salzsäure und schweflige Säure (ähnlich wirkt Flufssäure), endlich Ammoniak. Bei niedrigem Gehalt der Luft und ruhiger Atmung werden diese Gase von der Nasenschleimhaut derart vollständig absorbiert, dafs nichts in den Kehlkopf und tiefer in die Atemwege gelangt. Augenbeifsen (namentlich bei Ammoniak und Chlor — weniger bei Salzsäure und schwefliger Säure) neben heftigem Niesreiz und reicher Nasenschleimsekretion sind die Haupterscheinungsformen. Mittlere Konzentrationen erzeugen, indem die giftigen Gase zum Kehlkopf gelangen, Atmungsstörungen — meist verlangsamte und vertiefte Respiration; starke Dosen, die plötzlich wirken, verursachen vorübergehend Atemstillstand durch Kehlkopfkrampf. Bei längerer Einwirkung solcher mittelstarken Dosen können leichte und schwere Entzündungen der Mundschleimhaut, besonders aber des Kehlkopfes, der Luftröhre und der Lunge entstehen.

Stärkere Dosen der ätzenden Gase rufen meist auch Kopfweh hervor; Chlor und Brom wirken sogar deutlich betäubend. Sehr schwere Erscheinungen pflegen nach der Einatmung »nitroser Gase« (salpetrige Säure, Untersalpetersäure) einzutreten; während eine Zeitlang nur die besprochenen Ätzwirkungen zu beobachten sind, treten später (oft stundenlang nach dem Verlassen des Raumes) unter schweren Veränderungen des Blutfarbstoffs nervöse Symptome (Mattigkeit, Betäubung, Ohnmacht) und schwere Atemnot in den Vordergrund. Nicht selten endet die Vergiftung — die namentlich beim Reinigen von Messingwaren mit Salpetersäure und beim Sprengen mit Nitrokörpern beobachtet wird — tödlich.

Schwefelwasserstoff, der sich bei allen Fäulnisprozessen organischer Stoffe (Gerberei, Kloaken), aber auch da und dort im Fabrikbetrieb entwickelt, ist schon in Spuren an seinem Geruch (»nach faulen Eiern«) zu erkennen; Gehalte von 0,2 bis 0,3 ‰ machen Kopfweh, Augenbeifsen und juckende, kratzende Empfindungen im Rachen, bei 1 bis 2 ‰ tritt sehr rasch — meist momentan — der Tod ein. Die plötzlichen Todesfälle der Kloakenräumer sind z. B. akute Schwefelwasserstoffvergiftungen.

Schwefelkohlenstoff, der in der Kautschukindustrie sowie zu manch anderen Fabrikationen in grofsen Mengen gebraucht wird, besitzt nicht nur einen höchst widerwärtigen Geruch, sondern bedingt bei der akuten Vergiftung rauschartige Zustände, Kopfweh und Bewufstlosigkeit; bei längerer Einwirkung kleiner Dosen kann schweres Siechtum: Blutarmut, Schwäche, Lähmungen aller Art auftreten.

Die wichtigen Ausgangsmaterialien der Anilinfarbenindustrie: Benzol, Nitrobenzol und Amidobenzol (Anilin) sind ebenfalls giftig — die beiden letztgenannten sogar in erheblichem Maſse. Einatmen gröſserer Mengen der beiden Stoffe, namentlich aber Durchtränkung der Kleider mit denselben führt zu dem sogenannten »Anilismus«, einem Krankheitszustand, der manche Ähnlichkeit mit der Vergiftung durch nitrose Gase hat. Kopfweh, Betäubung, Ohnmacht, Pupillenerweiterung, blaugraue Verfärbung der Haut, Zerfall von Blutkörperchen, Veränderung des roten Blutfarbstoffes (Hämoglobin) zu einem anderen, braunroten, für die Atmung untauglichen Körper (Methämoglobin) sind die Folgen. Alkoholgenuſs steigert die Krankheitssymptome sehr.

Die zahlreichen Gifte, welche auſser den genannten in der chemischen Industrie noch auf den Arbeiter wirken, sind im Rahmen dieses Buches nicht einmal zu erwähnen möglich, jedes Jahr bringt neue hinzu und noch sehr viele Fragen sind dunkel.

So erregt die Beschäftigung mit chromsauren Salzen neben Geschwüren an den Händen u. s. f. eine Durchbohrung der Nasenscheidewand, die aber meist in bescheidenen Grenzen bleibt.

Beim Gieſsen von Messingwaren tritt das merkwürdige noch ganz unaufgeklärte Gieſsfieber auf, gegen das aber nicht alle Menschen empfindlich scheinen.

Auch der innige Verkehr mit Spiritus, welcher mittels Pyridin denaturiert ist, hat mehrfach zu schmerzhaften Hautausschlägen und Augenentzündungen geführt. Das Denaturieren muſs daher entweder auf anderem Wege oder mit den denkbar niedrigsten Mengen jenes Giftes erfolgen.

Die Beseitigung der durch Dämpfe drohenden Gefahren ist nicht immer leicht zu erreichen. Zu fordern ist das Erzeugen der schädlichen Gase im geschlossenen Raum (Arbeiten in Abzügen) unter Absaugen der austretenden Mengen, Verdichten oder Neutralisieren derselben. Doch gelingt es meist nicht, das Austreten geringer Mengen der Gase in die Atemluft der Arbeitssäle und ins Freie mit Sicherheit zu verhindern.

Das Verdichten der Dämpfe stöſst ebenfalls auf groſse Schwierigkeiten. Man hat das Verdichten sowohl auf trockenem wie auf feuchtem Wege versucht. Das Führen der Gase in langen Kammern an niedrig temperierten Flächen führt nur zu einem mäfsigen Erfolge. Auch das Streichen der Gase über Wasser, durch Wasserschleier, durch feuchte Filter, das Entgegenstäuben von Wasser und das Verstäuben der Gase unter Wasser vermögen ein völlig befriedigendes Ergebnis meist nicht zu liefern.

Das beste Verfahren ist das Verstäuben der Gase unter Flüssigkeiten, welche sie chemisch binden oder ihnen die Schädlichkeit rauben.

Lassen sich giftige Dämpfe nicht vom Raume abhalten, so kann eine Stoffhaube mit grofsen Glasfenstern, die lose über den Kopf hängt, vorzügliche Dienste leisten. Die Haube erhält von hinten oder oben durch einen Blasbalg und Schlauch kräftig Luft aus dem Freien zugeführt, so reichlich, dafs sie den Kopf fortwährend umspült. Diese Frischluft entweicht ringsum, wo die Kappe an der Brust lose anliegt in den Arbeitsraum, der Arbeiter merkt gar nicht, dafs giftige Gase im Raume enthalten sind, der billige Apparat wirkt ohne Ventile sicher und ohne nennenswerte Belästigung. Er schützt gegen Staub und giftige Gase gleichzeitig Augen und Respirationsorgane. Er ist unentbehrlich zum Betreten von Räumen, die durch einen Zufall mit tödlichen Gasmengen gefüllt sind.

IV. Das Berühren ätzender Stoffe.

Durch das Berühren oder das Bearbeiten ätzender Stoffe entstehen vielfach Reizerscheinungen auf der Haut, die zur Geschwürbildung oder zu Entzündungen führen, welche mit den durch die Krätzemilbe hervorgerufenen Zerstörungen eine gewisse Ähnlichkeit haben können. Man hat ihnen daher wohl die Bezeichnung »Krätze« beigelegt, so die Arsenkrätze, die Teerkrätze, die Zuckerkrätze, ohne dafs ein ursächlicher Zusammenhang mit dieser Krankheit vorhanden ist. Besonders schädlich wirken nach dieser Richtung die Ätzalkalien, das Anilin, das Arsen, das Chinin, die Chromsäurepräparate, die Fettsäuren, der Kornzuckersyrup, das Pyridin und die Teeröle.

Eine Abhilfe ist nur durch gröfste Sauberhaltung der in Betracht kommenden Körperteile zu erzielen. Für manche Zwecke empfiehlt sich die Anwendung von Schutzhandschuhen aus Gummi oder das Einreiben der Haut mit Wachslösungen vor dem jedesmaligen Beginn der Arbeit.

V. Schädigungen der Sinnesorgane.

Die Sinnesorgane sind in manchen Berufsarten erheblichen Schädigungen ausgesetzt; vornehmlich hat das Auge zu leiden. Durch Staub, Funken und Splitter werden Reizungen und Verletzungen hervorgerufen, ätzende Stoffe und Gifte führen ernste, oft langwierige Augenleiden herbei, ungenügende oder grelle Beleuchtung läfst bei Nah- und Feinarbeit Kurzsichtigkeit oder Augenschwäche wenn nicht entstehen, so doch zur Erscheinung kommen, oder vermehrt derartige, bereits vorhandene Übel.

Gegen Verletzungen und die Einwirkung ätzenden oder giftigen Staubes bietet das Tragen von Brillen Schutz. Aber die Bauart derselben läfst immer noch zu wünschen über und erschwert das andauernde Tragen der Brillen. Gegen Splitter schützen grofse umfassende seitlich mit perforiertem Blech eingefafste Gläser, die man in dunkeln Farben wählt, wenn gleichzeitig vor allzu greller Beleuchtung Schutz geboten werden soll. (Eisenwerke). Gegen ätzende Gase ist durch Brillen kaum Schutz zu erreichen, da die Gläser hier durch Leder oder Gummi-Einfassung dicht an die Augenhöhle anschliefsen müssen, was das Auge erhitzt und leicht das Glas zum Anlaufen bringt.

Die Beleuchtung der Arbeitsplätze erfolgt am besten durch seitliches Oberlicht. Nie soll bei Feinarbeit das Licht aus zwei Richtungen einfallen. Unmittelbares Sonnenlicht darf die Arbeitsplätze zu keiner Zeit der Arbeit treffen. Wo zeitweises Einfallen von Sonnenstrahlen unvermeidlich ist, müssen die Fenster mit mattem Glas versehen werden, welches eine ausreichende Zerstreuung der Strahlen hervorruft, aber auch Licht raubt. Das vielfach geübte Streichen der Glasscheiben mit heller Deckfarbe ruft zwar ebenfalls eine starke Zerstreuung der Lichtstrahlen hervor, raubt aber in der Regel so viel Helligkeit, dafs es höchstens für besonders lichtvolle Gegenden als brauchbar bezeichnet werden kann.

Als ein ziemlich allgemein verbreiteter Mifsstand mufs das völlig ungenügende Sauberhalten der Glasflächen in den Gewerbebetrieben bezeichnet werden. Oft findet man sie derart mit Staub bedeckt, dafs mehr als 90% des einfallenden Lichtes verloren gehen. Es ist Sache der Gewerbe-Inspektionen, auf das Abstellen dieses Mifsstandes zu dringen, weil ursprünglich einwandfreie Arbeitssäle durch ihn einer ihrer besten Eigenschaften beraubt werden. Je nach der Feinheit der Arbeit mufs die Häufigkeit des Fensterputzens sich richten.

Nah- und Feinarbeiten müssen ferner zeitlich angemessen beschränkt und durch ausreichend lange Pausen unterbrochen werden, um hochgradige Ermüdungen und dadurch Schädigungen des Sehvermögens hintanzuhalten.

Das Ohr leidet durch heftiges Geräusch, indem Reizungen des Gehörnervs hervorgerufen werden, die mit Schwächung des Gehörs und recht häufig mit teilweiser ja vollkommener Taubheit enden. Die Schlag- und Stampfwerke sowie die Versuchsanstalten für Feuerwaffen liefern die meisten derartigen Erkrankungen.

Schlag- und Stampfwerke sollen daher hoch und ausreichend offen angelegt werden, um die Schwingungen der Schallwellen in ihrer Heftigkeit zu mildern, und die Ambosse sind mit Körpern zu unterbetten, welche einen merklichen Eigenton nicht besitzen und ausreichend nachgiebig sind, um dem Entstehen hellen Schalles entgegenwirken zu können. In manchen Fällen wird das Zwischenlegen von Korktafeln oder das Einbetten in feinen Sand, welcher nicht auszuweichen vermag, gute Dienste leisten.

Über harten Gang der Maschinen, welcher früher Schädigungen des Gehörs der an ihnen oder im Raume Beschäftigten herbeiführte, kann gegenwärtig keine Klage mehr geführt werden.

Geruch und Geschmack leiden hauptsächlich unter ätzenden Stoffen sowie unter den durch Staub, Gase u. a. hervorgerufenen ständig wiederkehrenden Nasen- und Rachenkatarrhen. Auch das Gehör wird durch sie geschädigt. Das Darreichen von Mundspülmitteln, welche neutralisierend wirken, sowie von erfrischenden Getränken vermag die (unvermeidlichen) Übelstände wesentlich zu mildern. Citronenwasser eignet sich besonders gut für diesen Zweck.

VI. Wirkung hoher Wärmegrade.

Sobald hohe Wärmegrade innerhalb der Gewerbebetriebe auf die Beschäftigten einwirken, mufs einer der drei zur Wärmeabgabe dem Körper verfügbaren Wege (Leitung, Strahlung, Wasserverdampfung) offen gehalten werden, weil andernfalls der Körper überhitzt wird und die Leistungsfähigkeit rasch sinkt.

Wenn auch die Gewöhnung es den Leuten ermöglicht, ihre Thätigkeit in übermäfsig hoch erwärmten Räumen auszuüben, so vermag man doch durch geeignete Vorkehrungen ihnen diese Pflichterfüllung wesentlich zu erleichtern, ihre Leistungsfähigkeit zu steigern und sie gesund zu erhalten.

Die strahlende Wärme wirkt besonders stark auf das Nervensystem ein, ferner leidet das Haar unter ihr, indem es spröde wird, und sie ruft Hautentzündungen hervor.

Selbst der heftigsten Strahlung gegenüber reicht jedoch eine Bekleidung der getroffenen Körperteile aus, um Nachteile hintanzuhalten, sobald eine angemessene Entwärmung des Körpers stattfindet. So sind die Zustände in Giefsereien meist zufriedenstellend, weil hohe offene Hallen ausreichend Luftbewegung bieten. Dagegen wird in Heizkammern, Kessel-, Sud-, Backhäusern und dergl. die Wärmestrahlung nur schlecht ertragen, weil hohe Lufttemperaturen dort herrschen und die Luftbewegung in der Regel kaum ausreicht, eine angemessene Wasserverdunstung von der Haut herbeizuführen, namentlich dann, wenn die Luftfeuchtigkeit eine hohe ist, was z. B. in Sudhäusern der Fall zu sein pflegt.

Hohe Luftwärme der Räume ist dann gefährlich, wenn sie mit hohem Feuchtigkeitsgehalt der Luft sich paart. In trockener und mäfsig feuchter Luft sind Temperaturen von 37° C. und mehr bei geeigneter Bekleidung noch als erträglich zu bezeichnen, während bei einem Gehalt der Luft von 60%

relativer Feuchtigkeit ein Wärmegrad von 25 °C. bereits lästig empfunden wird und die Leistungsfähigkeit erheblich herabsetzt, bei einem Gehalt von 80 % relativer Feuchtigkeit und mehr als auf die Dauer unerträglich bezeichnet werden mufs.

Da es in zahlreichen Betrieben nicht angängig ist, den Wärmegrad der Luft ausreichend niedrig zu halten, so mufs gefordert werden, dafs ständig Luft von niederem Feuchtigkeitsgehalt den Arbeitsräumen zuströmt, um eine ergiebige Wasserverdampfung im Gange zu erhalten. Ferner ist es notwendig, dafs in diesen Betrieben den Beschäftigten eine besonders luftige Arbeitskleidung geliefert werde, damit der Wasserverdampfung von der Haut kein Hindernis entsteht.

Kühle Luft ohne weiteres in hoch erwärmte Räume zu führen, geht in der Regel nicht an, weil die Beschäftigten durch den ständigen Aufenthalt in ihnen meist überempfindlich werden, gegen ein solches Vorgehen sich daher aufzulehnen pflegen. Vom Freien eingeführte kühle Luft mufs zunächst in Vorräume gelangen, in welchen sie sich entsprechend vorwärmt. Dagegen soll die Menge der Frischluft eine bedeutende sein, um ihren Zweck erfüllen zu können.

Eine Schwierigkeit erwächst der Zuführung trockener Luft in den Baumwollwebereien und Spinnereien. Die Gespinste und Gewebe der Baumwolle werden am haltbarsten, wenn während ihrer Erzeugung die Luft annähernd 60 % relative Feuchtigkeit enthält. Diesem Verhalten der Baumwolle mufs aus Gründen des Weltwettbewerbs ein gewisses Zugeständnis gemacht werden. Aber es ist zu fordern, dafs beim Ansteigen der Raumluftwärme auf 23 °C. und mehr genaue Beobachtungen über den Feuchtigkeitsgehalt der Luft stattfinden, und dafs einem Ansteigen desselben über 60 % wirksam entgegengetreten werde. Ferner ist es notwendig, einen lebhaften Luftaustausch zu unterhalten, weil andernfalls die Entwässerung des Körpers der Beschäftigten eine ungenügende bleibt. Durch Darreichen erfrischender Getränke, durch richtige Wahl der Arbeitskleidung und durch sachgemäfse Entwickelung des Badewesens ist den

Nachteilen einer ungünstigen Wärmewirtschaft des Körpers in diesen Betrieben entgegenzuwirken.

Wo keines der angedeuteten Mittel anwendbar erscheint oder ausreicht, um die durchaus erforderliche Entwärmung des Körpers der Beschäftigten herbeizuführen, darf die Arbeitsdauer nur eine kurze, von häufigen Ruhepausen unterbrochene sein.

Dieses trifft z. B. für die Heizer und Maschinisten auf Schiffen zu, welche dem Äquatorialgürtel sich nähern oder in ihm sich befinden. Meines Erachtens sollte der Dienst dieser und der unter ähnlichen Verhältnissen thätigen Leute derart geregelt werden, dafs jede Stunde oder mindestens alle zwei Stunden eine Ablösung erfolgt. Ferner mufs Sorge getragen werden, dafs sie durch Abreibungen und Einnahme kühler Getränke nach jedem Dienst Erquickung finden, und dafs ihnen ausreichende Nachtruhe und eine richtige Ernährung geboten wird, damit ihr Körper die dringend erforderliche Widerstandsfähigkeit behält.*) Empfehlen dürfte es sich ferner, Tropenbewohner (Neger Malayen, Chinesen) als Heizer anzuwerben.

Der Milderung der Sommerwärme in Arbeitsräumen kann durch richtige Anlage, Bauart und Lüftung derselben eine wesentliche Förderung zu teil werden. Sie liegt im eigensten Sinne der Arbeitgeber, weil die Leistungsfähigkeit der Beschäftigten unter einer ungenügenden Entwärmung eine ganz erhebliche Einbufse erleidet.

Der von aufsen kommenden Wärme durch die Anwendung dicker Wände entgegenzutreten, erscheint zwar ausgeschlossen, wohl aber läfst sich eine angemessene Abhilfe dadurch schaffen, dafs man die nach Sonnenseiten gelegenen Wandflächen gegen Wärmeaufnahme durch Strahlung schützt und die Wanddicke derart wählt, dafs sie tagsüber in hinreichender Weise den Wärmedurchtritt wehrt, während der Nacht

*) Die gegenwärtig herrschenden Zustände können weder auf der Handelsmarine noch auf der Kriegsmarine nach dieser Richtung als zufriedenstellend bezeichnet werden, obgleich im übrigen die hygienischen Fortschritte während der letzten Jahre, namentlich auf der Kriegsmarine, grofse und anerkennenswerte waren.

aber (unter Zuhilfenahme von Gegenzug) eine vollständige Auskühlung auf die dann herrschende Lufttemperatur erfährt.

Vollziegelwände von $^3/_4$ Stein Stärke dienen, nach meinen Beobachtungen, diesem Zwecke am besten. Verblendetes Fachwerk oder Pfeilerbau dürften daher am ehesten geeignet sein. Zur Milderung der Strahlung empfiehlt es sich, die Aufsenflächen glatt aus hellfarbigem Material herzustellen oder die Sonnenseiten durch Schlingpflanzen zu schützen (vergl. S. 287).

Die von den Dachflächen, besonders aus der Sonnenstrahlung, aufgenommenen bedeutenden Wärmemengen werden dadurch am besten aus dem Raume ferngehalten, dafs man Firstlüftung für die warme Jahreszeit zur Anwendung bringt. Die Luft soll möglichst nahe dem Fufsboden eintreten, nach oben steigend die gesamten Dachflächen bespülen und aus dem First entweichen. Eine nicht unterschalte, stark luftdurchlässige Eindeckung reicht auch ohne Firstlüftung für den gedachten Zweck aus, läfst aber durch Strahlung viel Wärme in die Räume gelangen.

Nützlich ist es ferner, den Fufsboden als Estrich auszubilden und ihn durch häufige Spülung kühl zu halten. Unmittelbar über dem Erdboden liegender Estrich trägt viel dazu bei, während der warmen Jahreszeit angemessene Wärmegrade in den Arbeitssälen zu erhalten, weil die Erdwärme ausgleichend einwirkt. Doch ist er im Winter leicht fufskalt, falls nicht die Art des Betriebes ständig ebenso viel oder mehr Wärme entwickelt, als zur Ableitung ins Freie gelangt.

Zur Erzeugung von Gegenzug ist es geraten, besondere Öffnungen vorzusehen und sie durch kräftige Holzjalousien zu schliefsen, deren Handhabung möglichst einfach sein mufs. Vorteilhaft ist es, sämtliche Jalousien oder Gruppen derselben durch Gestänge derart miteinander zu verbinden, dafs ein einziger Handgriff zum Öffnen oder Schliefsen ausreicht. Zur Fernhaltung der Winterkälte dienen am besten volle Holzläden, die vor oder hinter den Jalousien sich befinden. Sie können als Rollläden oder als nach innen sich öffnende Läden ausgebildet werden.

In Betrieben, die auch im Winter mehr Wärme zur Entwickelung gelangen lassen, als zur Ableitung zu kommen pflegt, ist es geraten, alle Umfassungen dünn aus Wärme möglichst gut leitenden Materialien herzustellen, die Wände aber gegen Aufnahme von Wärme durch Sonnenstrahlung zu schützen. Fachwerkwände mit Klinkerausmauerungen, Monierkonstruktionen, Cementdielenwände und dergl. dürften zweckentsprechend sein. Durch ständige Luftzuführung nahe dem Fufsboden und Ableitung an der Decke oder am First ist für angemessene Kühlung des Raumes und seiner Umfassungen Sorge zu tragen. Namentlich soll aber vor dem Beginn der Arbeit (nachts) und während der Arbeitspausen durch kraftvollen Gegenzug Kühlung herbeigeführt werden.

Die Unfallverhütung.

In Hinsicht auf Unfallverhütung ist während des letzten Menschenalters ein unverkennbarer Fortschritt geschaffen. Wenn trotzdem nicht nur die Zahl der Unfälle an sich im steten Wachsen begriffen ist, sondern die Statistik auch im Verhältnis zur Zahl der Versicherten eine beträchtliche Steigerung der Unfälle festgestellt hat*), so ist letzteres doch in erster Linie dem Umstande zuzuschreiben, dafs früher nur die schweren Verletzungen zur Anmeldung gelangten, heute aber jede Verletzung gemeldet wird, welche eine noch so kurz andauernde Arbeitsverhinderung bildet. Sodann hat es zur Vermehrung der Unfälle beigetragen, dafs in der Zeit des raschen Aufblühens der Industrie während der Schlufsjahrzehnte des 19. Jahrhunderts viele Arbeitskräfte zu Beschäftigungen herangezogen worden sind, für welche sie weder vorgebildet, noch in Hinsicht auf ihr Alter reif waren. Die Statistik zeigt, dafs die jugendlichen Arbeiter in weitaus gröfster

*) Auf 1000 Versicherte kamen an Unfällen zur Anmeldung

1887 . . .	27,4	1893 . . .	35,2
1889 . . .	29,4	1895 . . .	37,4
1891 . . .	32,0	1897 . . .	38,3
		1899 . . .	39,0

Zahl von Unfällen betroffen sind*). Der Niedergang der Industrie, unter welchem Deutschland gegenwärtig zu leiden hat, dürfte daher dazu beitragen, die Zahl der Unfälle auch im Verhältnis zur Zahl der Versicherten abnehmen zu lassen, da anzunehmen ist, dafs die Stämme tüchtiger, zuverlässiger, älterer Arbeiter in den Betrieben verbleiben, dagegen unreife und weniger brauchbare Leute entlassen werden, wenn Mangel an Arbeit eintritt.

Die weitaus gröfste Zahl der Unfälle ist bisher durch Explosionen entstanden. Entzündlicher Staub, brennbare Gase, Sprengstoffe, Kessel und Rotationsgegenstände (Räder, Schleifsteine u. a.) nahmen an ihnen teil. Durch Absaugen und Niederschlagen des Staubes sowie durch Staubfreihalten der Arbeitsstätten, durch die Einführung geeigneter Schiefsstoffe, durch Centralheizanlagen und Glühlampenbeleuchtung, explosionssichere Abtrennung jedes Arbeitsplatzes und Tragen von Filzschuhen in Sprengstofferzeugungswerken, durch sachgemäfsen Bau und regelmäfsige Überwachung der Kessel, durch Reinigung des Kesselspeisewassers, selbstthätiges Füllen der Kessel und Ummantelung der Wasserstandgläser, durch richtige Wahl und Lage der Rotationskörper u. a. m. ist Abhilfe der gröberen Mifsstände bereits geschaffen, und die Technik arbeitet mit anerkennenswertem Eifer und gutem Erfolge an der weiteren Vervollkommnung aller in Betracht kommenden Einrichtungen.

Mehr noch ist während der letzten Jahrzehnte geschehen, um die Unfälle durch die in Bewegung befindlichen Teile der Maschinen zu verhindern, indem man letztere mit Schutzhüllen umgab, die Transmissionen durch elektrische Kraftübertragungen ersetzte und hiermit zugleich lichtvolle, freie Bewegung gestattende Arbeitssäle schuf, die Antriebsmaschinen in abgesonderten Räumen unterbrachte, die Bedienung der Maschinen vereinfachte und erleichterte, das die Sinne betäubende oder verwirrende Ge-

*) Von 100 Unfällen trafen:

41	Kinder unter	15 Jahren
36,4	Leute von	15—25 Jahren
13,1	» »	25—40 »
9,5	» »	40—60 »

räusch beseitigte, indem man an die Stelle der Maschinen mit hartem Gang die nahezu lautlos arbeitenden, hochvervollkommneten Werkzeuge der Neuzeit setzte.

Viele Einrichtungen, welche Unfälle erschweren oder verhindern sollen, hindern gleichzeitig den Arbeiter ein wenig bei der Arbeit. Solche Vorkehrungen werden vom Arbeiter, wenn er sich unbeaufsichtigt weifs, immer wieder aus Bequemlichkeit, Sorglosigkeit und dem Wunsche, rascher zu arbeiten, entfernt. Sicher erfüllen ihren Zweck nur solche Schutzvorrichtungen, die nicht entfernt oder abgestellt werden können, ohne den Betrieb der Maschine unmöglich zu machen.

Die Unfallversicherung trägt dazu bei, die durch Unfälle entstandenen Schädigungen so weit zu mildern, wie es in menschlicher Macht steht. So darf man mit guter Zuversicht der Zukunft entgegensehen. Die Technik hat die ihr in Hinsicht der Unfallverhütung gestellten Aufgaben klar erkannt, und es dürfte ihr in absehbarer Zeit gelingen, sie zu einer befriedigenden Lösung zu bringen, wenn es auch als unmöglich bezeichnet werden mufs, alle mit den verschiedenen Berufsarten verbundenen Gefahren vollständig zu beseitigen.

Im hohen Grade vermag die Erziehung der Jugend dazu beizutragen, jene zum Teil unvermeidlichen Gefahren besser bestehen zu lernen. Neben die Schulung des Geistes mufs als gleichwertig die Schulung der Sinne treten, und es mufs die Geschicklichkeit aller Glieder sowohl durch Turn- wie durch Handfertigkeitsunterricht mehr noch als bisher erstrebt werden. Alles dieses gehört in die Volksschule und sollten wichtige Zweige des Unterrichts bilden, denen entsprechende Zeit zu widmen ist. Durch Kürzung der einzelnen Unterrichtsstunde von 50 auf 40 oder 35 Minuten würde diese Zeit sich gewinnen lassen, ohne eine weitere Belastung der Schüler und Lehrer herbeizuführen. Von allen einwandfreien Beobachtern ist mit Sicherheit festgestellt, dafs ungeteiltes Aufmerken und gutes Erfassen des Gelehrten nur während der ersten 30 bis höchstens 40 Minuten einer Schulstunde gewärtigt werden kann. Das Verlängern der Unterrichtsstunde auf mehr als 40 Minuten ist zwecklos, ja schädlich, weil es die Schüler ermüdet, ohne Nutzen herbeizuführen (vgl. S. 347 ff.).

Die Sorge für die weiblichen Arbeiter.

Sowohl von den Vertretern der Hygiene wie von denen der Wohlfahrt wird ziemlich allgemein eine besondere Fürsorge verlangt, um die weiblichen Arbeiter gegen Schädigungen und Gefahren des Berufs zu schützen.. Soweit die Frau als Hausfrau, Gattin und Mutter in Betracht kommt, ist eine solche Fürsorge durchaus am Platze. Sie soll ihrem eigentlichen Berufe erhalten werden und darf nicht durch eine zu weit gehende Inanspruchnahme im Gewerbsleben unfähig zur Erfüllung jener für das Volkswohl so wichtigen Pflichten gemacht werden. Eine Beschäftigung der verheirateten Frauen in gesundheitswidrigen oder besonders gefahrdrohenden Betrieben ist daher zu untersagen, die Beschäftigungsdauer dieser Frauen sollte 9 Stunden täglich nicht übersteigen, und es soll der Frau nach der Geburt eines Kindes eine Ruhezeit von mindestens 2 Wochen gewährt werden, die im Bedürfnisfalle (auf Wunsch des Arztes) entsprechend zu verlängern ist. Aus besonderen Kassen, die am besten durch Stiftungen der Arbeitgeber geschaffen werden, sollte aber während dieser Zeit der Frau der volle Wochenlohn ausbezahlt werden, weil andernfalls die gewährte Ruhezeit zu einer wirtschaftlichen und damit gesundheitlichen Schädigung der Familie werden kann. Schwangere Frauen von der Arbeit auszuschliefsen, ist eine unnütze Härte, die nur zu möglichst langer Verheimlichung der Schwangerschaft führt; dagegen soll der Frau in der zweiten Hälfte der Schwangerschaft jederzeitiger Abbruch der Arbeit freistehen.

Unverheirateten Frauen eine besondere Fürsorge in einer der gedachten Richtungen angedeihen zu lassen, halte ich dagegen für falsch. Der Ernährer einer Familie bedarf ihrer mehr als sie. Körperlich und geistig ist die Frau genau so befähigt wie der Mann, ihren Beruf auszufüllen und seinen Gefahren zu widerstehen, sobald ihr nur die Möglichkeit gewährt wird, in ihm sich sachgemäfs auszubilden. Eine bessere Ausbildung der Frauen für und in ihrem Beruf halte ich für das erstrebenswerte

Ziel, nicht eine »Fürsorge«, die einer »Bevormundung« recht ähnlich sieht.

Die Sorge für die jugendlichen Arbeiter.

Schulpflichtige Kinder dürfen im Gewerbe nicht beschäftigt werden, ihre freie Zeit soll der Erholung dienen.

Zweischneidig wirkt die Bestimmung, dafs Knaben vor dem 16. Lebensjahre im Grofsgewerbe nicht oder nur für kurze Arbeitszeit beschäftigt werden dürfen. Einerseits darf diese Mafsregel als gesundheitlich wertvoll begrüfst werden, anderseits fehlt es infolge dieser Bestimmung vielfach an Beschäftigung für die nicht mehr schulpflichtigen Knaben, wodurch eine erhebliche Zahl derselben zu Müfsiggang und auf Abwege geführt wird. (Das Lehrlingswesen des Handwerks wirkte besser in letzterer Richtung.) Es gilt daher einen Ausweg zu finden, der die nutzbringende Beschäftigung der jungen Leute zuläfst, ihre Verwendung zu gesundheitswidrigen oder gefahrdrohenden Arbeiten aber ausschliefst und ihre Beschäftigungsdauer mit der Anstrengung in Einklang bringt, welche ihre Thätigkeit bedingt. Im allgemeinen werden die Arbeitgeber verlangen, dafs die »Lehrlinge« und Hilfsarbeiter die gleiche Arbeitszeit einhalten wie die Erwachsenen, weil gerade Maschinenarbeit eine Änderung der Bedienung nicht zuläfst. Werden daher jugendliche Arbeiter nur zu leichterer, unschädlicher Beschäftigung herangezogen und übersteigt die Arbeitsdauer 9 bis höchstens 10 Stunden nicht, dann wird man jener Forderung der Arbeitgeber nachgeben müssen, obgleich eine Kürzung der Arbeitszeit der Knaben unter 16 Jahren auf 7 bis 8 Stunden durchaus wünschenswert ist. Dagegen ist für Mädchen unter 16 Jahren der Ausschlufs von der Fabrikarbeit durchaus wünschenswert. Die Mädchen gewinnen dadurch Zeit, in Koch- und Haushaltschulen das Nötigste für ihren Beruf als Hausfrauen zu lernen, und nicht leicht wird man in Verlegenheit sein, wie man ein solches Mädchen beschäftigen soll.

Auch in Betrieben, deren Inhaber oder Leiter darauf ausgehen, ausschliefslich Jugendliche zur Arbeit heranzuziehen, um ihre Erzeugnisse billig zu erhalten, sind strenge Bestimmungen über kurze Dauer der Arbeitszeit, günstige Verhältnisse innerhalb der Arbeitssäle und dergl. durchaus am Platze. Hier sollte jedoch ebenfalls geprüft werden, ob und wie weit die Arbeit eine anstrengende ist, um danach die Zeitdauer derselben (innerhalb einer gewissen Grenze, z. B. 6 bis 8 Stunden) festzusetzen.

Überschichten und Nachtarbeit dürfen meines Erachtens nur von Erwachsenen geleistet werden, weil der in der Entwickelung befindliche Körper der Nachtruhe dringend bedarf und häufig oder gar regelmäfsig wiederkehrende Überermüdung die Leistungsfähigkeit desselben dauernd herabzusetzen vermag.

Belästigung und Schädigung der Anwohner durch Gewerbebetriebe.

Ein ausreichender Schutz der Anwohner gegenüber den von Gewerbebetrieben ausgehenden Schädigungen und Belästigungen mufs als durchaus notwendig bezeichnet werden. Mit dem Volksreichtum der Städte und Ortschaften wächst dieses Bedürfnis. Anderseits bilden einschneidende Mafsnahmen und Bestimmungen nach dieser Richtung, namentlich in ihrer Verallgemeinerung, ein Hemmnis für die Industrie, das besonders in Zeiten ungünstiger Geschäftslage schwer empfunden wird.

Der einzige Ausweg ist das Anweisen besonderer Gebiete an die Gewerbe, in welchen diesen jede irgend angängige Freiheit bleibt und alles geboten wird, dessen sie zur guten Entwickelung bedürfen (vgl. S. 149 ff.). Dagegen sind dann innerhalb der »Wohnviertel« scharfe Bestimmungen zu erlassen, welche jedwede Schädigung und Belästigung durch Abgänge flüssiger, gasförmiger oder staubförmiger Art, Lärm, Explosionen u. a. m. ausschliefsen.

Solange die Gewerbebetriebe in den Wohngebieten verteilt oder zu mehr oder weniger grofsen Gruppen vereint in verschiedenen Stadtvierteln untergebracht liegen, wird sich weder ein ausreichender Schutz vor Belästigungen erreichen, noch eine Beeinträchtigung der Industrie vermeiden lassen, da einander entgegenstehende, an sich durchaus berechtigte Ansprüche zu berücksichtigen sind.

Eine Gesundheitsschädigung ist nicht nur im Ausströmen staubförmiger Verunreinigungen, giftiger oder ätzender Gase zu sehen, sondern es vermag bereits die Verbreitung übler Gerüche mittelbar gesundheitliche Nachteile hervorzurufen, indem sie zum Schliefsen der Fenster zwingt und dadurch sowohl das Erhalten von Frischluft wie das Auskühlen erhitzter Wohnungen verhindert.

Ebenso führt die Rauch- und Rufsplage so wesentliche wirtschaftliche Nachteile für die Ortsbewohner herbei, dafs ein Einschreiten gegen das andauernde Ausströmen dunklen Rauches durchaus gerechtfertigt erscheint, obgleich ernste Gesundheitsschädigungen in ihr kaum zu sehen sind (vergl. S. 18 ff.). Das Zustandekommen eigentlicher Rauchschäden durch das Ausströmen ätzender Gase in unzureichender Verdünnung hängt stark von den örtlichen Verhältnissen ab. Bei der Lage der Betriebe in freier Ebene, auf Bergeshöhen, auf terrassenförmigen Erhebungen und dergl. kommt ein Rauchschaden nur ausnahmsweise oder beim Ausströmen gewaltiger, wenig verdünnter Gasmengen zu stande, während die Lage der Fabriken in Bergkesseln, engen Thälern oder an Berghängen verderblich für die nähere, nicht selten sogar für die fernere Umgebung werden kann. Die Vorschriften zur Verhütung der Rauchschäden dürfen daher nicht allgemeiner Art sein, sondern müssen die örtliche Lage der Gewerbebetriebe voll berücksichtigen.

Die Reinigung oder Neutralisierung aller Fabrikabwässer ist im allgemeinen als Sache der Betriebe zu betrachten. Die entstehenden Unkosten haben als Betriebsunkosten zu gelten und sind nicht etwa als besondere Lasten anzusehen, welche man den Werkleitungen aufbürdet. Solange eine erhebliche Verunreinigung der öffentlichen Wasserläufe nicht erfolgt, wird man naturgemäfs weitgehende Forderungen nicht stellen. Ebenso werden Gemeinwesen, die der Gewerbthätigkeit ihr Entstehen und Blühen verdanken, eine gemeinsame Reinigung sämtlicher Abwässer der getrennten Behandlung der häuslichen und gewerblichen Abgänge vorziehen, falls hierdurch nicht Vorteile erheblicher Art sich erreichen lassen. Im übrigen mufs aber die

Trennung der Reinigung dieser Wässer grundsätzlich festgesetzt werden, weil es nicht Sache der Allgemeinheit sein kann, den Werkbesitzern Kosten abzunehmen, die aus der Eigenart ihrer Betriebe entstehen. (Alles weitere ist Seite 452 ff. dargelegt).

Arbeiter-Wohlfahrtseinrichtungen.

Die Wohlfahrtseinrichtungen innerhalb der Betriebe verfolgen den Zweck, den Schädigungen entgegenzuwirken, welche dort auf die Beschäftigten einwirken. Aufser der oben besprochenen richtigen Gestaltung der Arbeitsräume kommen in erster Linie Vorkehrungen in Betracht, die der Hautpflege dienen, als: Räume zum Aufbewahren und Wechseln der Kleider, zum Waschen der verunreinigten Körperteile, zur Verabreichung von Brause- oder Vollbädern, die ebensowohl der Sauberhaltung wie der Wärmeregelung zu nützen vermögen.

Eine nahezu gleich grofse Bedeutung kommt der Errichtung eines oder mehrerer Speisezimmer oder -Säle zu. Hier sollen von sämtlichen Beschäftigten die kleineren wie die gröfseren Mahlzeiten eingenommen werden können, und es soll zugleich Gelegenheit geboten werden, sowohl mitgebrachte Speisen und Getränke auf einen angemessenen Wärmegrad zu bringen, als auch nahrhafte und schmackhafte Speisen und Getränke für einen niedrigen Preis zu erwerben. Vorteilhaft werden die Räume derart ausgestattet, dafs sie es ermöglichen, während der Mittagspause den Körper gründlich zu ruhen und wo möglich einen kurzen Mittagsschlaf zu halten. Endlich sollen die Räume zum Abhalten von Festen zu dienen vermögen, und mit ihnen sind möglichst ein Lesezimmer, ein Billardsaal sowie andere Erholung und geistige Anregung bietende Einrichtungen zu verbinden.

Für Grofsbetriebe, in welchen Frauen beschäftigt werden, sind Kinderkrippen, Kindergärten und Aufenthaltsräume für die älteren Kinder (während der Schulpausen) höchst nützliche Einrichtungen. Allerdings vermögen sie das Elternhaus nicht zu ersetzen, aber sie bieten denjenigen Kindern ein »Heim«, deren Mutter gezwungen ist, aufserhalb des Hauses dem Erwerb nachzugehen, und sie tragen Sorge für eine gute Ernährung, für sittliche und geistige Erziehung der Arbeiterkinder. Gut geleitet sind sie gleich wichtige Kulturstätten wie die Volksschulen. Ein ebenso grofser Segen geht von Anstalten aus, welche dem Handfertigkeitsunterricht der Knaben und der Ausbildung der Mädchen in den Haushaltungsfertigkeiten einschliefslich des Kochens dienen. Mit ihnen sollten Einrichtungen verbunden werden, welche die Förderung des Körpers und die Schulung der Sinne bezwecken, Freude an der Natur erwecken und den jungen Leuten lehren, in ihr die Erholung von anstrengender Thätigkeit zu suchen.

Auch die Wohlfahrtseinrichtungen aufserhalb der Betriebe dürfen als durchaus notwendige Förderungsmittel für das Gedeihen des Arbeiterstandes gelten. Sie bezwecken in erster Linie die wirtschaftliche Lage der auf niederes Einkommen Angewiesenen zu bessern, in zweiter Linie deren Lebenshaltung im gesundheitlichen Sinne günstig zu beeinflussen. Die Beschaffung richtig ausgebildeter und ausgestatteter Wohnungen (vergl. S. 267 ff.) sowie alles dessen, was zur Ernährung, Kleidung u. a. m. dient, in guter Beschaffenheit zum Erstellungspreis ist die wichtigste Aufgabe dieser Seite der Wohlfahrtsbestrebungen.

Sie würde ersetzt werden können durch eine auskömmliche Löhnung, wenn nicht mit einer allgemein durchgeführten Lohnerhöhung stets auch eine Geldentwertung hervorgerufen würde, welche die mit hohen Opfern erzielten Vorteile zum grofsen Teil oder völlig aufhebt und schädigend rückwirkt auf alle diejenigen, welche auf ein fest bestimmtes bescheidenes Einkommen angewiesen sind.

Mit der rasch fortschreitenden Maschinenarbeit wird allerdings diese schädliche Rückwirkung der Lohnerhöhung sich verringern, da es nur die Handarbeit ist, deren Ertrag mit dem Geldwerte in vollständiger Wechselwirkung steht. Wird dereinst die Bedeutung der Handarbeit vollständig verschwinden gegenüber derjenigen der Maschinenarbeit, dann wird auch der Zeitpunkt gekommen sein, der es ermöglicht, die Löhnung den

Kosten entsprechend zu bemessen, welche die Lebenshaltung einer Familie im Mindestmafs erfordert.

Bis dahin aber gilt es, alles das, was zur Lebenshaltung erforderlich ist, den auf niederes Einkommen Angewiesenen zum denkbar niedrigsten Preis zu beschaffen, um jenen gegenwärtig bestehenden Nachteilen der allgemeinen Lohnerhöhung auszuweichen.

Die auf Verbesserung der Lebenshaltung des Arbeiterstandes gerichteten Bestrebungen sind daher nicht aufzufassen als im Sinne der Wohlthätigkeit gelegen, sondern sie suchen eine volkswirtschaftliche Aufgabe von hoher Bedeutung zu erfüllen und verdienen daher die Anteilnahme der Gesamtheit, d. h. aller wirtschaftlich gut Gestellten, insbesondere der Arbeitgeber, der Gemeinden und des Staates in hohem Grade*).

Doch ist es nach jeder Richtung vorteilhafter, die Mitwirkung derer sich zu sichern, welchen geholfen werden soll, als ohne dieselbe vorzugehen, weil im letzteren Falle den Arbeitnehmern das Interesse an der Sache zu mangeln pflegt und leicht der Anschein erweckt wird, als wolle man ihnen Wohlthaten erweisen. Die Arbeiter-Bau- und -Konsumvereine verdienen daher in erster Linie der weitestgehenden Unterstützung, die sowohl in der Darbietung von Geldmitteln, wie in Rat, Anregung und technischer Förderung bestehen kann. Aus sich allein ist der Arbeiterstand nicht in der Lage, die bedeutenden Geldmittel zu beschaffen, welche zur thatkräftigen, raschen und vollständigen Lösung der angedeuteten Aufgabe erforderlich sind, und meist wird sowohl eine Anregung zur Bildung derartiger Vereinigungen wie technischer Rat gegenwärtig noch ein Erfordernis sein, wenn auch in manchen Gegenden der Arbeiter bereits diejenige Kulturstufe erreicht hat, welche zu selbständigem Vorgehen erforderlich ist.

*) Auf die Einzelheiten der Wohlfahrtsbestrebungen kann hier nicht eingegangen werden. Zum eingehenden Studium sei auf das vortreffliche Werk von Dr. Julius Post »Musterstätten persönlicher Fürsorge von Arbeitgebern für ihre Geschäftsangehörigen« hingewiesen.

Einige besonders gefahrdrohende oder gesundheitswidrige Betriebe.

Der Bergbau.

Der Bergbau ist eine ebenso mühselige wie gefahrdrohende Thätigkeit. Der Bergmann ist vielfach, namentlich beim Abbau der Kohlen, gezwungen, in den ungünstigsten Körperstellungen sein Tagewerk zu verrichten, wodurch nicht selten Verkrümmungen der Wirbelsäule, Veränderungen des Beckens und rhythmisches Zucken der Augen (Nystagmus) hervorgerufen werden, während Überanstrengungen zu Gelenkentzündungen und dergl. Veranlassung geben.

Dazu kommen noch zahlreiche andere Gefahren. Das Aus- und Einfahren hat früher grofse Opfer gefordert, solange die Förderung mittels Leitern (Fahrten) und Fahrkünsten erfolgte. Die gegenwärtig zumeist angewendete Seilfahrt, eine Förderung in Fahrgefäfsen, die an einem Drahtseil auf- und niedergehen und in der Regel durch ein Dach geschützt sind, bietet weit weniger Gefahr. Das Reifsen der Seile ist durch richtige Wahl der Rohstoffe und sorgfältige Überwachung der Seile vermeidbar.

Das Hereinbrechen von Gesteins- oder Kohlenmassen, durch das viele Bergleute verunglückten, läfst sich ebenfalls verhindern oder doch auf Einzelfälle beschränken durch richtigen Ausbau der Gruben und vorsichtigen Abbau.

Schwieriger ist es, die Explosionen zu vermeiden, den Eintritt »matter«, »schwerer« oder »schlagender Wetter« rechtzeitig zu bemerken oder sie durch kraftvolle Lüftung der Gefahr zu berauben. Aber auch nach diesen Richtungen sind während der letzten Jahre grofse Fortschritte gemacht. Die Vervollkommnung der Sprengstoffe hat die Gefahr, dafs durch Schüsse Entzündung schlagender Wetter erfolgt, ganz wesentlich verringert. Die Staubexplosionen, welche vielfach die schlagenden Wetter in ihrer Wirkung und namentlich in ihrer Ausdehnnng verstärkten, haben dort aufgehört, wo durch ständige Wasserrieselung alle Flächen der im Betrieb befindlichen Gruben feucht erhalten werden; die Lüftung durch Maschinenbetrieb setzt die Wirkung der »Wetter« herab oder hebt sie auf. Die Anwendung der Sicherheits- und der Benzinlampen, deren Strahlenkranz gefahrdrohende Luftveränderungen anzeigt, ist eine allgemeine geworden. Die Fortschritte auf dem Gebiete der Elektrotechnik lassen hoffen, dafs demnächst das spärliche Licht der nicht immer gefahrlosen Grubenlampen allgemein durch die Helle der Glühlampen ersetzt werde.

Die Grubenluft wird heute bereits vielerorts vom Staub freigehalten, ihre Erneuerung pflegt eine ausreichende zu sein, und ihr hoher Feuchtigkeitsgehalt bleibt in der Regel ohne schädigende Wirkung, weil der Wärmegrad der Gruben ein günstiger ist. Ausschliefslich in besonders tiefen Bergwerken kommen ungünstige Wärmeverhältnisse zu stande, die im Verein mit dem der Sättigung nahen Feuchtigkeitszustande der Luft die Arbeit erschweren, das Wohlbefinden beeinträchtigen.

Nur die häufige, nicht selten ständige Durchfeuchtung der Kleidung der Bergleute hat sich bisher nicht beheben lassen; ihren ungünstigen Wirkungen kann jedoch dadurch etwas begegnet werden, dafs man Vorkehrungen trifft zum Wechseln (und Trocknen) der Kleidung und zum Einnehmen eines warmen Bades (vor dem Antreten des Heimweges).

Das Verhütten der beim Bergbau gewonnenen Erze ruft Gefahren dadurch hervor, dafs giftiger Staub und giftige oder ätzende Gase, der Hüttenrauch, zur Entwickelung gelangen. Da die Staubentwickelung nur vorübergehend zu erfolgen pflegt, reicht in der Regel das Tragen von Respiratoren und dergl. zur Beseitigung der Gefahr aus. Der Hüttenrauch, welcher den Beschäftigten sowohl, wie den Anwohnern und dem Pflanzenwuchs in der Umgebung der Hütten verderblich zu werden vermag, sollte allgemein aufgefangen und nutzbringend zur Verwendung geführt werden, wie dieses heute bereits mit den Gichtgasen geschieht, indem man sie in Gasmotoren als Kraftgas ausnutzt. Durch freie, hohe Lage der Hütten kann die für Anwohner und Pflanzenwuchs bestehende Gefahr ganz wesentlich verringert oder beseitigt werden.

Die Erzeugung und die Verwendung von Blei und Bleiverbindungen.

Das Blei ist als eines der gefährlichsten metallischen Gifte zu betrachten; seine zumeist langsame Wirkung erhöht die Gefahr eher als sie zu verringern. Das erste Zeichen der Bleivergiftung ist Bleisaum des Zahnfleisches, eine schwärzlichgraue Verfärbung des Zahnfleisches, wo es an die Zähne anstöfst. Es stellt sich sodann Speichelverminderung, ein eigenartiger süfslicher Geschmack und übler Geruch der ausgeatmeten Luft ein. Die Verdauung leidet, der Stuhlgang wird hart, bis sich endlich die durch äufserst hartnäckige, schmerzhafte Verstopfung auszeichnende »Bleikolik« einstellt. Schmerzen in den Gelenken, Lähmungen der Streckmuskeln des Handgelenks, selten schwere Hirnleiden treten im späteren Verlauf der Bleivergiftung auf. Betroffen sind alle Arbeiter, welche mit der Gewinnung und Verwendung von metallischem Blei, mit der Erzeugung und Verarbeitung von Bleiverbindungen und Bleifarben zu thun haben. Der Arsengehalt des Rohbleies erhöht vielfach die Gefahr. Das metallische Blei wird sowohl in Staubform, wie in Gasform und in Flüssigkeiten gelöst dem Körper zugeführt. Das Verhütten bedingt im allgemeinen geringere Gefahren als die Verarbeitung des Metalls und der ständige Verkehr mit dem Blei.

Wesentlich höher noch sind die Gefährdungen durch Bleiverbindungen und Bleifarben. Namentlich ihre Erzeugung erfordert viele Opfer, doch waltet auch bei der Verwendung derselben nicht allgemein die dringend erforderliche Vorsicht.

Die wesentlichste Bedeutung kommt dem Bleiweifs zu, ihm folgen die Bleiglätte, das essigsaure Blei, das Bleioxyd und die Mennige.

Die Erzeugung des Bleiweifs, welche bislang, namentlich in England, ungemein viele Opfer gefordert hat, wurde während der letzten Jahre in gesundheitlicher Richtung wesentlich verbessert, ist aber trotzdem noch als roh und höchst gesundheitswidrig zu bezeichnen. Es ist notwendig, dafs Arbeiter die Bleiweifskammern betreten, um das metallische Blei von den Bleisalzen zu trennen und die letzteren zu sammeln. Auch das

Mahlen, Trocknen, Befördern und Verpacken des Bleiweifs erfolgt zumeist durch Handarbeit. Die Einführung von Neuerungen, welche die gesamte Handarbeit durch Maschinenarbeit ersetzen, ist aber bei der grofsen Gefahr dieser Thätigkeit als dringendstes Erfordernis zu bezeichnen. Die Anwendung von Respiratoren und dergl. kann ihr gegenüber als ausreichend für die Sicherung von Leben und Gesundheit der Beschäftigten nicht gelten. Solange Arbeiter die Bleiweifskammern zu betreten haben, mufs allerdings ihre Verwendung gefordert und ferner verlangt werden, dafs für die Thätigkeit in diesen Kammern eine besondere Kleidung angelegt wird und der Arbeiter sofort nach dem Verlassen der Kammern sie ablegt, badet und sich dann mit einer anderen von Bleistaub freien Kleidung versieht.

Das als Farbe dienende Bleiweifs sollte an der Erzeugungsstelle in staubsicher abgeschlossenen Rührwerken mit Ölfirnis oder Lack vermischt werden und nur als Paste zur Versendung und in den Handel gelangen.

In den Akkumulatorwerken, wie beim Wiederauffüllen der Akkumulatoren herrscht ebenfalls gegenwärtig nicht die Vorsicht im Verkehr mit den zur Füllung dienenden Bleisalzen, welche ihrer Giftigkeit nach als Erfordernis bezeichnet werden mufs. Zumeist stehen die Bleisalze in offenen Kisten frei im Raume, der Berührung und dem Verstauben offen; man trifft bei ihrer Verwendung nicht die mindesten Sicherheitsvorkehrungen, und durch nichts wird die Aufmerksamkeit der Beschäftigten auf die Gefahr ihrer Thätigkeit gelenkt.

Dagegen hat das Malerhandwerk weit weniger als früher unter der Wirkung der Bleifarben zu leiden, weil letztere in besonderen Farbwerken fertig gestellt werden und der Bedarf an Bleifarben sich wesentlich vermindert hat. Ganz aufgehoben ist jedoch die Gefahr nicht.

Auch die Verwendung von Bleifarben zu Kinderspielzeug, zum Färben von Nahrungs- und Genufsmitteln wie von Gebrauchsgegenständen ist trotz aller Verbote noch nicht ganz beseitigt. Eine Verschärfung der auf ihre Anwendung zu solchen oder ähnlichen Zwecken gesetzten Strafen und eine häufigere Untersuchung wären durchaus am Platze.

Das chromsaure Blei (Chromgelb), welches zum Färben von Geweben, Mafsstäben, Zündschnüren noch vielfach angewendet wird und bisher in Deutschland nicht verboten worden ist, hat schon vielfach schwere Bleivergiftungen bedingt.

Die Erzeugung und Verwendung von Quecksilber.

Das Verhütten des Quecksilbers erfordert gegenwärtig noch recht bedeutende Opfer an Menschenleben, obgleich manche der von ihm ausgehenden Mifsstände bereits behoben worden sind.*) Eine Besserung der bestehenden Verhältnisse ist daher dringendes Erfordernis.

Im Gegensatz hierzu steht glücklicherweise die Bedeutung der Spiegelbelegindustrie. Während noch vor wenigen Jahrzehnten eine grofse Zahl der in ihr Beschäftigten an Quecksilbervergiftung zu Grunde ging, kommt heute eine solche kaum mehr vor, weil sämtliche Betriebe zum Silberbelag übergegangen sind. **)

Gefährdet sind gegenwärtig in erster Linie Physiker, Chemiker und Elektrotechniker, sodann die mit Feuervergoldung, mit Fertigung oder Verwendung von Knallquecksilber, Zinnober und Kalomel Beschäftigten. Doch dürften Todesfälle oder schwere Erkrankungen durch Quecksilbervergiftung in derartigen Betrieben eine Seltenheit bilden, während chronische Vergiftungserscheinungen häufiger eintreten, als man annimmt. Namentlich in den Laboratorien der Industrie, ja selbst in denen der Hochschulen herrscht gegenüber dem Quecksilber eine weitgehende Sorglosigkeit. Die mit Quecksilber gefüllten Schalen und Apparate stehen offen umher, verschüttetes Quecksilber verläuft in die Fugen der Fufsböden und unter die Schränke, ohne dafs man um seinen Verbleib sich grämt, die Quecksilberhaut gelangt zum Verstauben

*) In dem österreichischen Quecksilberwerke Almadén leiden sämtliche Beamte und Arbeiter an Quecksilbervergiftung.

**) In Fürth, einem früheren Hauptsitze der Quecksilber-Spiegelfabrikation, sollen noch zwei Leute mit der Anfertigung von Quecksilberbelag beschäftigt sein.

und zur Berührung mit den Fingern, ohne dafs ihm Beachtung geschenkt wird u. s. f. Selbst die von leichteren Vergiftungserscheinungen Betroffenen sind sich oft nicht klar über die Ursache ihres Krankheitszustandes.

Diese Erscheinungen treten langsam und schleichend ein. Ein eigenartiger metallischer Geschmack stellt sich zuerst ein, dem bald Speichelflufs, Anschwellungen und Blutungen des Zahnfleisches, später sogar das Ausfallen gesunder Zähne (infolge der Zahnfleischschwäche) folgt. Während unter leichteren oder schwereren Magen- und Darmstörungen das Allgemeinbefinden leidet und Blutarmut eintritt, macht sich von seiten des Nervensystems allmählich eine auffallende Reizbarkeit, Ängstlichkeit, Schreckhaftigkeit, Schlaflosigkeit geltend und bildet sich ein starkes Zittern, insbesondere der Hände und Arme aus, welches fernere Arbeit erschwert.

Die Verwendung von Arsen.

Das Arsen und seine Verbindungen finden trotz ihres hohen Giftgehaltes immer noch eine ziemlich ausgedehnte Verwendung, und es bildet das Arsen eine häufig vorkommende Verunreinigung anderer Metalle. So enthalten Nickel und Kobalt stets, Zink sehr oft Arsen. Infolgedessen entsteht z. B. eine der giftigsten Verbindungen, der Arsenwasserstoff, als Nebenerzeugnis der Wasserstoffentwickelung.

Die eigentlichen Arsenfarben finden infolge des Reichsgesetzes vom 5. Juli 1887 kaum noch Verwendung. So ist das Schweinfurtergrün (essigsaures Kupfer) fast verschwunden. Dann und wann finden sich noch arsenhaltige Teerfarbstoffe (Abfallfarben) im Gebrauch, doch lange nicht mehr so oft wie früher.

Die ausgedehnteste Verwendung finden das Arsen und seine Verbindungen in der Industrie, bei der Schroterzeugung, bei der Herstellung gewisser Anilinfarben und zum Vergiften von Tierbälgen. Ferner werden sie zum Härten des Eisens, zum Graubeizen des Messings und zur Entfärbung des Glases benutzt.

Da das Arsen sowohl in Staubform wie in Gasform (Arsenwasserstoff) und durch kleinste Wunden zur Aufnahme gelangt, ist gröfste Vorsicht bei der Verwendung des Arsens und dem Verkehr mit arsenhaltigen Stoffen geboten.

Die akute Vergiftungsform ist zwar eine ziemlich seltene Erscheinung, die ähnlich der Cholera verläuft, dagegen kommt die schleichende Form häufiger vor und führt nicht selten zum Tode. Sie ist um so gefährlicher, als die Vergiftung durch kleine Mengen oft erst nach Wochen sich zeigt. Es entwickelt sich ein heftiger Magen- und Darmkatarrh, Trockenheitsgefühl auf der Zunge und Brennen im Schlund, Mangel an Efsreiz, Blutstuhl und Erbrechen stellen sich ein. Vielfach kommt es sodann, namentlich im Gesicht und an den Geschlechtsteilen zur Entwickelung von Hautausschlägen, leichten Augenentzündungen, zum Ausfallen der Haare und Nägel, bisweilen auch zur Erkrankung der Nerven und des Hirns, die sich in mannigfacher Weise äufsern können, endlich zur Hinfälligkeit und zum Tode führen.

Die Erzeugung und Verwendung des Phosphors.

Der Phosphor wurde bisher meist aus dem phosphorsauren Kalk der Knochen, jetzt vielfach aus dem Apatit, einem phosphorsäurehaltigen Mineral gewonnen. Der anfangs allein bekannte und auch heute vorwiegend verwendete gelbe, leicht entzündliche Phosphor ist sehr giftig, die durch Erhitzen bei Luftabschlufs unter Druck erhaltene Modifikation, »der rote Phosphor«, ist schwer entzündlich und fast ungiftig.

Der gelbe Phosphor wird namentlich bei der Herstellung der Phosphorzündhölzer verwendet, die bekanntlich so hergestellt werden, dafs Hölzchen erst in geschmolzenen Schwefel, dann in eine leimhaltige Phosphorpaste getunkt werden.

Aufser an Verdauungsstörungen und Blutarmut leiden die Zündholzarbeiter namentlich an einer, mit Entzündung der Knochenhaut und Auftreiben der Knochen einhergehenden, Zerstörung der Kieferknochen (die Phosphornekrose). Das schmerzhafte, furchtbar übelriechende und nicht ungefährliche Leiden befällt fast nur Leute mit schadhaften Zähnen. Es scheint, dafs die Phosphordämpfe direkt durch die Zahnhöhlen auf den Kiefer wirken.

Die mit gelbem Phosphor in Berührung Kommenden müssen daher unter Aufsicht und Pflege eines Zahnarztes gestellt werden und dürfen zur Arbeit nicht zugelassen werden, sobald sie irgend welche Verwundungen erlitten haben.

Der rote Phosphor dient vorwiegend zur Herstellung der Reibflächen der schwedischen Zündhölzer, seine Giftigkeit kommt praktisch nicht in Betracht. Gefahr entsteht bei der Erzeugung der schwedischen Zündhölzchen durch die Explosionsfähigkeit des für die Zündholzköpfchen verwendeten chlorsauren Kali; ihr ist die erforderliche Beachtung zu widmen.

Die Kalköfen, Zementwerke, Thomasschlackenmühlen.

In diesen Betrieben handelt es sich in erster Linie um einen Schutz der Beschäftigten vor dem Eindringen des ätzenden Staubes in die Organe, der als ganz besonders gefahrdrohend bezeichnet werden darf (vgl. S. 526). In den Kalkbrennereien sind ferner diejenigen Arbeiter gefährdet, welche das Ziehen des Kalkes zu besorgen haben. Es trifft sie bei dieser Thätigkeit ein aufserordentlich hohes Mafs strahlender Wärme und es dringt glühender Kalkstaub auf sie ein. Es ist daher Sorge zu tragen, dafs während des Ziehens an der Ziehstelle ein senkrecht aufsteigender Luftstrom von bedeutender Stärke entsteht, welcher den glühenden Staub emporreifst und die Einwirkung der Glut mildert. Die Arbeiter sind aufserdem mit einer angemessenen Arbeitskleidung zu versehen, Hände und Gesicht sind besonders zu schützen. Für die Zementofenbedienung gilt das Gleiche.

Die Ziegeleien.

Die Ziegelarbeiter hatten früher allgemein eine sehr harte, oft 17 Stunden täglich währende Arbeit zu leisten, von der sie allerdings während der Wintermonate »auszuruhen« vermochten. Ferner liefs ihre Unterkunft meist alles zu wünschen übrig. Heute sind die Verhältnisse wesentlich gebessert. Maschinenarbeit ist (bis auf einzelne Ausnahmen) an die Stelle der anstrengenden Handarbeit getreten, die Stundenzahl ist herabgesetzt, die Unterkunft durch behördliche Vorschriften zu einer menschenwürdigen gemacht und die Löhnung ist verbessert*).

Die Porzellanwerke.

In den Porzellanwerken handelt es sich vor allem um Vermeidung der Stauberzeugung. Der an Kieselsäure reiche, feine Staub gefährdet die Atmungsorgane in hohem Grade. Die Zerkleinerung der Rohstoffe (Caolin, Quarz oder weifser Sand, Feldspat u. a.) sollte daher im feuchten Zustande oder im geschlossenen Raume erfolgen, die Glasurstätten sind mit Vorkehrungen zum Absaugen der Luft nach abwärts zu versehen und es sollte für Staubfreihalten der Werkstätten Sorge getragen werden. Ferner ist während der milden und warmen Jahreszeit eine Kühlhaltung der letzteren zu bewirken.

Die Glaswerke.

Von den Glaswerken gilt das gleiche. Auch hier handelt es sich um feinste Zerkleinerung scharfer, harter, zum Teil an Kieselsäure reicher, zum Teil giftiger Rohstoffe, deren Staub den Atmungsorganen fern gehalten werden mufs, und um Belästigung der Beschäftigten durch strahlende Wärme.

Ferner sind die Augen der Glasarbeiter der ständigen Einwirkung eines stark blendenden gelben Flammenscheines ausgesetzt, die zur Erblindung zu führen vermag, es leiden die Lungen unter der Anstrengung des Glasblasens, die Hand- und Fingergelenke unter dem ständigen Rotieren; Mängel, deren Beseitigung bislang nicht in ausreichender Weise gelungen ist.

Das Schleifen, Polieren und Ätzen der Glaswaren ruft besondere Gefahren hervor, die jedoch als vermeidlich bezeichnet werden können. Das Schleifen soll entweder auf nassem Wege erfolgen oder es sollen die zum Schleifen und Polieren dienenden Arbeitsstände mit Luftabsaugvorkehrungen versehen werden und es mufs bei der Anwendung von Flufssäure (Fluorwasserstoff) die gröfste Vorsicht stattfinden, weil diese Säure auf alle Schleim-

*) Das letztere gilt wenigstens für die Zeiten lebhafter Bauthätigkeit und der durch sie hervorgerufenen angestrengten Arbeit.

häute und Häute stark ätzend wirkt und zur Geschwürsbildung führt. Die Entwickelung und Verwendung der Säure darf ausschließlich in geschlossenen Gefäßen stattfinden, die austretende Säure ist in Wasser aufzufangen, das eine ständige oder häufige Erneuerung erfährt.

Die »Pfeife« der Glasbläser darf stets nur von der gleichen Person benutzt werden, da durch ihr gemeinsames Benutzen mehrfach Syphilis Verbreitung gefunden hat.

Das Steinmetzgewerbe.

Die Steinmetze leiden im hohen Grade unter der Einwirkung scharfen, verletzenden Staubes und es ist bisher nicht gelungen, wesentliche Verbesserungen der ungünstigen Verhältnisse zu schaffen. Die Mehrzahl der im Steinmetzgewerbe Beschäftigten erreicht das 50. Lebensjahr nicht, weil Erkrankungen der Atmungswerkzeuge ihrem Leben zumeist ein frühes Ziel setzen. Der Staub der an Kieselsäure reichen Gesteinsarten, vornehmlich des Sandsteins, weist die verderblichsten Eigenschaften auf. In neuester Zeit sind einige Verfahren ersonnen (z. B. das von Hergenhahn), welche das Schleifen der Steine durch Maschinen an die Stelle der Handbearbeitung zu setzen bestrebt sind, aber sie haben noch wenig Eingang gefunden und sind in Hinsicht auf das Absaugen des Staubes noch nicht durchgebildet, während das Tragen von Respiratoren und dergl. durch die lange Dauer und die Anstrengung der Arbeit sich verbietet. Ob Nasenventil-Atmung Nutzen zu schaffen vermag, ist noch nicht erprobt.

Eine leidliche Besserung der bestehenden Verhältnisse würde erzielt werden können durch ständiges Feuchthalten der Werkstücke und durch Säuberung der Arbeitsstände auf feuchtem Wege, während jeder größeren Arbeitspause. Ehe jedoch nicht scharf überwachte Vorschriften beides fordern, wird die Durchführung an den Kosten dieser Vornahmen scheitern, weil die wirtschaftliche Stellung des Gewerbes im allgemeinen nicht als eine günstige bezeichnet werden kann.

Heute strebt man danach, die Arbeiten thunlichst im Freien oder in offenen Hallen vornehmen zu lassen, doch wird ein wesentlicher Nutzen hieraus nur zu erwachsen vermögen, wenn gleichzeitig für gründliche Fortschaffung der sich ansammelnden Staubmassen Sorge getragen wird, damit sie nicht ein Spiel der Winde werden können.

Die Spinnereien und Webereien.

In den Spinnereien und Webereien handelt es sich in erster Linie um die Einwirkungen des Staubes und übermäfsig hoher Wärmegrade (bei grofsem Feuchtigkeitsgehalt der Luft).

Die Fernhaltung des Staubes aus der Atemluft stöfst auf Schwierigkeiten, weil er rings im Raume in zum Teil bedeutender Menge entsteht. Es wird sich daher nur darum handeln können, den Staubgehalt der Luft durch deren ständige, kraftvolle Erneuerung niedrig zu halten. Hierdurch wird zugleich der widerliche Öldunst entfernt und die Entwärmung der Haut der Beschäftigten ermöglicht, welche während der warmen Jahreszeit sonst auf Schwierigkeiten stöfst. Eine weitgehende Hautpflege der Beschäftigten mufs hinzutreten. Besondere Gefahren entstehen dort, wo das Appretieren der Garne oder Gewebe mit Metallsalzen erfolgt, um ihr Gewicht zu erhöhen. Es dienen hierzu hauptsächlich Zink-, Blei- oder Quecksilbersalze, deren Staub schwere Gesundheitsschädigungen sowohl bei der Erzeugung wie bei der Verarbeitung und dem Tragen der Stoffe hervorruft, während die Brennbarkeit der mit Salzen von chromsaurem Blei behandelten Kleidungsstücke eine sehr hohe wird.

Derartige Vornahmen sollten streng verboten werden, da sie ausschliefslich Schädigungen (im wirtschaftlichen wie im gesundheitlichen Sinne) bedingen, gleich glänzende und gute Appreturen aber durch unschädliche Rohstoffe erzeugt zu werden vermögen.

Die Färbereien und Druckereien.

In den Färbereien, zum Teil auch in den Druckereien, werden grofse Wärmemengen frei, welche teils ständig, teils während des Sommers zu schweren Belästigungen der Beschäftigten Veranlassung geben, weil gleichzeitig bedeutende Feuchtigkeitsmengen der Raumluft zufliefsen. Die Abführung des Wasserdampfes und die Zuführung trockner entsprechend temperierter Frischluft in ausreichender Menge ist daher ein dringendes Erfordernis, die nächtliche Kühlung der Räume wünschenswert. Ferner mufs Sorge getragen werden, dafs die aus manchen Farbstoffpräparaten sich entwickelnden giftigen Gase in unschädlicher Weise zur Ableitung gelangen, der Raumluft sich nicht beizumengen vermögen. Es gilt dieses z. B. von der Harn- und Opermentküpe-Färberei sowie von Beizen, welche Salzsäure, Blutlaugensalz, Bleisalze oder Arsen enthalten. Die Farbgefäfse sind dann gasdicht herzustellen und mit Ableitungsrohren zu versehen.

XX. Abschnitt: Bakteriologie.

Die Mikroorganismen, Kleinwesen oder Kleinlebewesen, sind einfach gebaute Pflanzen und Tiere niedriger Art.

Die dem Pflanzenreich angehörigen Mikroorganismen teilt man ein in: 1. Schimmelpilze, 2. Hefe- oder Sprofspilze, 3. Spaltpilze oder Bakterien, auch wohl Bacillen genannt.

Die Schimmelpilze sind den höheren Pilzen nahe verwandt, es sind kleine stamm- und blütenlose Gewächse, die aus zierlichen Fäden flockige, pelzige Rasen mit mannigfaltig gestalteten pinseligen, morgensternförmigen und anderen Fruchtträgern bilden, auf denen rundliche kleine Sporen sich entwickeln. Von ihnen ist die Mehrzahl unschädlich, vor allem der allgegenwärtige »gemeine Pinselschimmel«, Penicillium glaucum. Einige Arten rufen jedoch, wenn auch selten, schwere Gesundheitsstörungen hervor, indem sie die Gewebe derart durchwachsen, dafs sie ihre Leistungen nicht mehr verrichten können (Lunge, Niere und Leber), oder zerstört werden.

Der Bau der Schimmelpilze kann mit schwachen Mikroskopen studiert werden. Ihrer Wirkung sind alle zuckerhaltigen Stoffe und Nahrungsmittel ausgesetzt.

Die Hefepilze oder Sprofspilze findet man als schleimige oder klumpige Absätze in gärenden Flüssigkeiten. Sie bestehen, unter dem Mikroskop betrachtet, aus kernlosen, ovalen

Zellen, die nur kleine Verbände bilden. Die Zelle hat einen Durchmesser von 3 bis 8 Tausendstel eines Millimeters. Ihre Vermehrung erfolgt durch Sprossen. An der Oberfläche der Zellen entstehen knospenartige Anstülpungen, die heranwachsend zu neuen Zellen werden, sich teils abschnüren, teils, im Verbande bleibend, ausgedehnte eigenartige »Gewächse« bilden. Bei einzelnen Arten ist Neigung zur Mycelbildung wie zur Sporenbildung beobachtet. Die ganze Gruppe ist sehr einförmig.

Von Schwann sind die Sprofspilze 1830 als Erreger der Gärung nachgewiesen, während sie vorher für Erzeugnisse der Gärung gehalten wurden. Ihre Wirkung ist fast ausschliefslich eine dem Menschen nützliche, Krankheitserreger unter den Sprofspilzen sind selten. Die Herstellung von Spiritus sowie aller alkoholartigen Getränke erfolgt nur mit Hilfe der Hefepilze.

Die Spaltpilze oder Bakterien sind Pflanzen niedrigster Art, welche sowohl mit den niedrigsten Pilzen wie mit den niedrigsten Algen durch Zwischenglieder Verwandtschaft zeigen. Es sind kleine, chlorophyllfreie, unverzweigte Zellen. Dem unbewaffneten Auge erscheinen ihre Verbände selten anders denn als Trübung, schleimiger Bodensatz oder Überzug. Bei 300 bis 1000facher Vergröfserung erst erkennt man die einförmigen farblosen Kugel-, Stäbchen-, Faden- und Schraubenformen, in denen sie stets auftreten. Die Dicke der Zelle beträgt häufig weniger als 1 Tausendstel eines Millimeters, ihre Länge 1 bis 10 Tausendstel und mehr. Für mikroskopische Studien und Vorführungen pflegt man die Bakterien zu färben, die Wahl der Farbe ist dabei eine willkürliche. Manche Bakterien vermögen rundliche, oft sehr widerstandsfähige Dauerformen, Sporen, zu bilden, manche sind durch Wimperanhänge, Geifseln, zu willkürlichen Ortsveränderungen in Flüssigkeiten, nicht aber in der Luft, befähigt.

Entdeckt sind die Bakterien bereits gegen das Ende des 17. Jahrhunderts durch den Holländer Leuwenhoek, der mit sehr einfachen Linsen die Bakterien erkannte und treffliche Abbildungen von ihnen gab. Nennenswerte Fortschritte in ihrer Kenntnis wurden nach ihm bis zur Mitte des 19. Jahrhunderts nicht gemacht.

Ferdinand Cohn wies um das Jahr 1850 die Zugehörigkeit der Spaltpilze zum Pflanzenreiche nach, erklärte sie als den Algen verwandt und ordnete sie ihrer äufseren Form nach zu einem System, das allerdings völlig roh und unbrauchbar blieb.

v. Nägeli bekämpfte dies System, indem er nachwies, dafs Form und Lebensthätigkeit der Bakterien wechseln, je nach den Lebensbedingungen, unter welchen sie sich entwickelt haben (Nährboden, Luft, Wärmegrad, Licht). v. Nägeli ging so weit, sämtliche eigentliche Spaltpilze einer einzigen Art zuzurechnen und zu behaupten, dafs dieselben nur unter dem Einflufs verschiedener Lebensbedingungen bald als giftig und krankheitserregend, bald als unschädlich aber gärungs- oder fäulniserregend oder farbstoffbildend anzusehen seien. Specifische Erreger einzelner Krankheiten wollte er nicht anerkennen. Gegenüber dieser Behauptung stellte Robert Koch den heute allgemein anerkannten Grundsatz auf: »Jede Krankheit hat ihren besonderen Erreger.« Koch hat durch seine Arbeiten die Grundlage der modernen Bakteriologie geschaffen, wenn auch Pasteur zu den Fortschritten dieser Wissenschaft ganz wesentlich beigetragen hat.

Die Vermehrung der Spaltpilze erfolgt teils vegetativ, teils durch Sporenbildung und deren Auskeimen. Die vegetative Vermehrung geht durch Einschnürung und Teilung (Spaltpilz) oder halbe Teilung (Verbände) vor sich. Hierbei bildet Längswachstum mit Querteilung die Regel, doch erfolgt die Teilung auch nach anderen Ebenen, und zwar meist nach zwei, selten nach drei.

Die Sporen der Bakterien sind stark lichtbrechende, im Innern der Zelle entstehende ovale oder rundliche Gebilde mit hoher Widerstandsfähigkeit gegen Licht, Wärme, Trockenheit und Chemikalien. Die Sporenbildung der verschiedenen Arten ist nicht ganz gleichartig, ähnelt sich aber sehr. Manche Arten und Stämme besitzen sie nicht, manche verlieren sie oder gewinnen sie wieder je nach den ihnen gebotenen mehr oder weniger günstigen Lebensbedingungen.

Das Auskeimen der Sporen vermag bald oder nach einem längeren Zeitraume zu erfolgen, sobald ihnen geeignete Lebensbedingungen geboten werden. Die Spore wird durch Zerreifsen des Fadens, in dem sie entstanden ist, frei, dann wächst sie und bildet sich zur freien Zelle aus, welcher bisweilen die leere Hülle der Spore anhaftet. In älteren Kulturen entstehen Degenerationsformen verschiedenster Art, die als verquollene, abenteuerlich verbogene, vielfach unkenntliche Gestalten erscheinen.

Die chemische Zusammensetzung der Bakterien ist im einzelnen noch wenig erforscht und vom Nährboden abhängig. Die Bakterien bestehen hauptsächlich aus Wasser, Eiweifs und Salzen. Daneben finden sich kleine Mengen in Alkohol oder Äther löslicher Stoffe verschiedenster Art wie Trioleïn, Tripalmitin, Tristearin, Lecithin u. a. Manche Arten enthalten durch Jod sich bläuende stärkeähnliche Massen, nie aber Traubenzucker.

Die Lebensbedingungen der Spaltpilze sind verschiedener Art. Zu ihrer Vermehrung bedürfen sie erstens der nötigen **Nahrung.** Manche Arten begnügen sich mit Salzen, andere brauchen Zucker und Eiweifs, einzelne gedeihen nur im Blutserum der Menschen oder Tiere. Einige Wasserbakterien gedeihen noch im doppelt destillierten Wasser; sie scheinen Kohlensäure und Stickstoff aus der Luft zu entnehmen. Meist stellen die Spaltpilze aber höhere Ansprüche.

Man züchtet die Spaltpilze in der Regel auf folgenden, durch Erhitzen auf 100° sterilisierten Nährböden:

1. Nährgelatine (Mischung von Fleischbrühe, Gelatine, Pepton und Kochsalz);

2. Nähragar (Mischung von Fleischbrühe, Agar, Pepton und Kochsalz);

3. Milch;

4. Kartoffelscheiben.

Zweitens brauchen die Spaltpilze **Wasser.** Auf einem Nährboden, der wesentlich weniger als 30% Wasser enthält, schreitet die Vermehrung nicht mehr fort. Doch vermögen Spaltpilze in eingetrocknetem Nährboden über Jahresfrist auszuhalten. An Seidenfäden aufgehängt, sterben sie in trockner Luft weit rascher als in feuchter. Die Sporen überdauern jede Austrocknung.

Spaltpilze, welche zur Entwickelung reiche Nährstoffmengen benötigen, sterben dagegen im Brunnenwasser innerhalb 8 bis 14 Tagen ab.

Drittens bedürfen die Spaltpilze eines bestimmten **Wärmegrades** zu ihrem Gedeihen. Jede Art stellt besondere, stark voneinander abweichende Bedingungen. Von 0° bis 70° ist Leben und Entwickelung zu erwarten. Man unterscheidet:

1. Psychrophile Spaltpilze. Sie haben das Mindestmafs der Wärme bei 0°, das Bestmafs bei 15 bis 20° C., das Höchstmafs bei 30° C. Zu ihnen gehören die Wasserbakterien, die Leuchtbakterien des Meeres u. a.

2. Mesophile Spaltpilze. Das Mindestmafs der Wärme liegt für sie zwischen 10 und 16° C., das Bestmafs bei 37° C., das Höchstmafs bei etwa 45° C. Zu ihnen gehört die Mehrzahl der Krankheitserreger.

3. Thermophile Spaltpilze. Das Mindestmafs der für sie erforderlichen Wärme liegt zwischen 40 und 49° C., das Bestmafs zwischen 50 und 55° C., das Höchstmafs zwischen 60 und 70° C. Zu ihnen gehören manche Bodenbakterien.

Durch vorsichtiges Steigern und Senken des Wärmegrades lassen sich alle Arten in gewissen Grenzen an etwas andere Bedingungen gewöhnen. Sie vermögen dann Tiergattungen zu schädigen, welche sonst von ihnen verschont bleiben, so Amphibien, deren Blutwärme niederer, Tauben, deren Blutwärme höher liegt als die der Säugetiere. Wärmegrade unter 0 hemmen die Entwickelung, werden aber meist ohne Schädigung ertragen. Hohe Wärmegrade vernichten die Spaltpilze. Sporenfreie Bakterien gehen zwischen 70 und 80° C. zu Grunde, sporenhaltige bei längerer Einwirkung von 100 bis 105° C.

Das Auftreten von Mikroorganismen in gekochten Flüssigkeiten hat man früher als Beweis angesehen für das Entstehen von Lebewesen aus unbelebter Materie (generatio spontanea). Jetzt weifs man, dafs diese Erscheinungen infolge ungenügend langen Kochens der Flüssigkeiten bezw. durch das Vorhandensein besonders hitzebeständiger Sporen zu stande kommen.

Sauerstoff wird von einzelnen Arten benötigt (obligate Aëroben), andere gedeihen nur bei Luftabschlufs (obligate Anaëroben), die Mehrzahl gedeiht sowohl bei Gegenwart wie bei Mangel von Sauerstoff (fakultativ aërobe und anaërobe Arten). Bei Sauerstoffabschlufs pflegt die Farbbildung aufzuhören, die Giftwirkung sich zuweilen zu verstärken.

Das Sonnenlicht und das zerstreute Tageslicht hemmen zunächst die Entwickelung der Spaltpilze, schwächen sodann deren Wirkungen, namentlich die schädlichen, und vernichten sie schliefslich.

Ultraviolette, violette und blaue Strahlen üben die stärkste Wirkung, grüne Strahlen nur eine schwache, rote und gelbe Strahlen scheinen nur eine geringe oder keine Wirkung zu besitzen. Es ist wahrscheinlich, dafs durch die Lichtwirkung Wasserstoffsuperoxyd gebildet wird und dessen Einwirkung hemmend oder vernichtend wirkt. Auf die Kenntnis der Lebensbedingungen sind die Verfahren zur Reinkultur der Spaltpilze begründet. Man braucht keimfreie geeignete Nährböden in keimfreien Gläsern, keimdichten Abschlufs dieser Gläser durch Watte*) und bewahrt sie in richtig erwärmten Schränken (Brutschrank) oder Räumen auf.

Mit Hilfe dieser keimfreien Nährböden läfst sich folgendes ausführen:

1. Anlage einer neuen Reinkultur durch Einbringen einer Spur der alten Kultur in ein frisches Gläschen mit Hilfe einer Nadelspitze (Stichkultur).

2. Eine Untersuchung unserer Umgebung auf Mikroorganismen. Hierbei ist nachstehender Grundsatz zu beachten: Man sucht die Keime einzeln (getrennt) auf einem Nährboden (Plattenkultur) zur Entwickelung zu bringen und beobachtet dann Zahl, Farbe, Form der aufgegangenen, deutlich sichtbaren Kolonien. Jede Kolonie entspricht einem Keim, jede Mikroorganismenart liefert Kolonien von bestimmten Eigenschaften, woran der Geübte sie zu erkennen vermag.

*) Watte läfst durch viele dünne Kanälchen wohl Luft, aber keine Lebewesen durch.

Die Art der Untersuchung mag durch folgende Beispiele erläutert werden:

Zur Untersuchung der Luft auf ihren Gehalt an Spaltpilzen werden Gelatineplatten bestimmte Zeit hindurch offen aufgestellt. 1 l Zimmerluft pflegt 1 bis 5 Keime zu enthalten, im Freien enthalten 1 bis 10 l Luft nur meist einen Keim. Staub, Erdboden, Mehl und dergl. werden durch Aufstreuen auf Gelatineplatten geprüft, die Hände durch Auftupfen auf Gelatineplatten, Wasser und andere Flüssigkeiten, indem man 1 cbcm von ihnen mit etwa 10 cbcm verflüssigter Nährgelatine mischt und in eine Glasdose ausgiefst, die sofort mit Abschlufsdeckel versehen wird. Nach 3 bis 5 Tagen werden die Kolonien gezählt.

Vermutet man, dafs das Wasser keimreich ist, so verdünnt man es mit der 9 oder 99fachen Menge keimfreien gekochten Wassers und bereitet von dieser Mischung 1, 0,5 und 0,1 ccm zur Plattenherstellung.

3. Isolierung einer bestimmten Bakterienart aus einem Gemisch durch vorsichtiges Abimpfen der verdächtig erscheinenden Kulturrasen mit einer Platinnadel.

Die Kultur und die mikroskopische Beobachtung dürfen als die Grundpfeiler der modernen Bakteriologie bezeichnet werden. Weitere Hilfsmittel bietet das Studium der chemischen Umsetzungen, welche ein Spaltpilz verursacht, und der Wirkungen, die er im Tierkörper hervorruft.

Die Leistungen der Bakterien sind abhängig:

1. vom derzeitigen Zustand der Kleinwesen;
2. vom Nährboden;
3. vom Luftzutritt;
4. vom Wärmegrad;
5. von der Belichtung.

Man unterscheidet:

I. Mechanische Leistungen.

Sie sind Seite 563 bereits als Eigenbewegung durch Geifseln erwähnt. Die Bewegungen sind bald kriechend, bald wackelnd, bald wälzend, bald schlängelnd, bald langsam, bald so rasch, dafs sie sich der Beobachtung unter dem Mikroskop entziehen. Manche chemische Stoffe wirken anlockend, andere abstofsend.

II. Lichtbildung.

Bakterien, welche Licht aussenden, sind weit verbreitet; das Meerwasser, die von ihm beeinflufsten Flufsteile (Elbe), gesalzene Fische u. a. enthalten sie. Das Leuchten ist ein Lebenssymptom. Niedere und hohe Wärmegrade und als Desinficiens wirkende Chemikalien stören es. Auf geeignetem Nährboden (3 % Seesalz, 1 % Pepton, 1 % Glycerin und 0,5 % Asparagin) gedeihen die Reinkulturen der Leuchtbakterien gut. — Faules Holz leuchtet durch lichtaussendende Pilzfäden, die zu einem Hutpilz gehören; am Meeresleuchten sind neben Leuchtbakterien auch leuchtende Quallen, Krebse u. a. beteiligt.

III. Wärmebildung.

Die Wärmeentwickelung kleiner Kulturen ist selbst bei üppigster Gärung nicht nachweisbar. Dagegen erscheint nachgewiesen, dafs die erwünschte Wärmebildung im Mistbeet und die schädliche in feuchtem Heu, Tabak u. a., welche zur Selbstentzündung zu führen vermag, mindestens zum Teil auf Bakterienwirkung beruht.

IV. Chemische und V. Pathologische Leistungen.

Sie erfordern eine etwas eingehendere Darlegung.

Die chemischen Leistungen sind sehr verschiedener Art und zum Teil für den Menschen von grofser Bedeutung; es sind zu unterscheiden:

1. Farbstoffbildung.

Alle Farben kommen vor. So färbt ein Mikroorganismus die Milch himmelblau, ein anderer den Eiter blaugrün, wieder andere stärkehaltige Stoffe (Nudeln, Kartoffeln) blutrot u. s. f.

2. Leistungen, die auf Umsetzungen stickstoffhaltiger Stoffe beruhen.

a) Fäulnis. Eine grofse Zahl verschiedenartiger Bakterien zerstört Eiweifs und zwar sowohl das der Tiere, wie das der

Pflanzen unter Bildung übelriechender Zersetzungserzeugnisse (Ammoniak, Schwefelwasserstoff u. a.). Man bezeichnet diesen Vorgang mit Fäulnis. Sie ist das einzige Mittel, um aus dem Eiweifs der Tierleichen und Pflanzenabfälle wieder einfachere Verbindungen abzuspalten, die zum Aufbau neuer Organismen zu dienen vermögen. Ohne die Thätigkeit der Fäulnisbakterien würde das Leben auf der Erde erlöschen.

Frisch geschlachtetes Fleisch ist keimfrei. Rings von Luft umspielt, hält es sich am kühlen Orte lange. Die Luft macht die Oberfläche zu trocken für das Wachstum der Kleinlebewesen und schützt dadurch das Innere. Die eingetrocknete oberflächliche Schicht ist vor der Zubereitung zu entfernen. Kälte hemmt die Entwickelung der Fäulniserreger. Bei etwa —4° C. hält Fleisch sich unbegrenzt, ebenso in Blechbüchsen eingekocht. Das Ausweiden der Tiere vergröfsert die Haltbarkeit des Fleisches durch das Entfernen des an Keimen reichen Darmes. Salzen wie Räuchern machen ebenfalls durch Hemmung des Wachstums der Kleinwesen das Fleisch haltbar.

b) Salpeterbildung. Aus dem bei der Fäulnis entstehenden Ammoniak bilden andere Kleinlebewesen das wertvolle Pflanzennahrungsmittel Salpeter.

c) Stickstoffbindung aus der Luft. Eine besondere Gattung von Kleinwesen, die sich in den Wurzelknöllchen mancher schmetterlingsblütiger Pflanzen (Erbsen, Wicken, Lupinen u. a.) ansiedeln, bringt den aus der Luft entnommenen Stickstoff in eine Form, welche diesen Pflanzen zur Nahrung dient. Dieser Nachweis hat die Erklärung gebracht, warum Lupinen auf sterilem Boden zu gedeihen vermögen und wie es kommt, dafs durch Unterpflügen einiger Lupinengenerationen (Gründünger) der Boden zu einer Roggen- oder Weizenernte befähigt wird. Heute gelingt auch die künstliche Befruchtung sterilen Sandbodens durch Hineinbringen dieser in Reinkultur gezüchteten Kleinwesen.

d) Andere Bakterien führen dagegen eine Düngerentwertung herbei, indem sie aus den wertvollen Stickstoffverbindungen desselben gasförmigen Stickstoff freimachen, der wertlos ist und in die Luft entweicht.

3. Leistungen, die durch Umwandlung von Stärke und Zucker zu stande kommen.

A. Umsetzungen der Stärke.

a) Schimmelpilze zehren den Stärkegehalt des Brotes auf, indem sie die Stärke in Kohlensäure umwandeln. Da einzelne Arten der Schimmelpilze schädlich sind, darf schimmlig gewordenes Brot zum Genufs nicht mehr dienen.

b) Manche Spaltpilze verwandeln besonders in schwach saurem Brot die Stärke in eine schleimige, gummiartige Masse. Das hierdurch entstehende »fadenziehende Brot« wirkt ekelerregend, ist aber meist unschädlich.

B. Veränderungen des Zuckers.

a) Eine grofse Zahl verschiedenartiger Schimmelpilze zehren unter Kohlensäurebildung den Zucker auf. Bekannt ist das Verschimmeln der Früchte im rohen wie im eingesottenen Zustande, der Fruchtsäfte u. s. w. Vorsichtiges Abheben der Schimmeldecke und Aufkochen macht die Speise wieder haltbar und beseitigt jede Gefahr einer Gesundheitsschädigung, mufs aber rechtzeitig erfolgen, da sonst oft der Geschmack der Früchte und Fruchtsäfte bereits verdorben ist.

b) Hefepilze verwandeln Zucker (nicht Stärke) in Alkohol und Kohlensäure. Diese Vorgänge finden von alters her Anwendung zur Herstellung von Speisen und Getränken. Zu nennen sind:

Die Bierbereitung: Die süfse Malzabkochung (Malz ist getrocknete Gerste, in der vorher durch den Keimvorgang Stärke in Zucker verwandelt worden ist) wird durch Hefereinkulturen in Gärung versetzt. Die Hefe wächst und vermehrt sich gewaltig, indem sie den Malzzucker in Alkohol und Kohlensäure verwandelt. Im Bottich fällt die Bierhefe zu Boden und kann (nach dem Ablassen des klaren Bieres) so lange zur Bierbereitung wieder Verwendung finden, als sie von Verunreinigungen frei geblieben ist. Ferner findet Bierhefe zum Lockern des Brotteiges Anwendung.

Die Weinbereitung: An den Traubenbeeren hängen ausreichend Hefen, um den Traubensaft (Most) in Gärung zu bringen. Der »Federweifse« enthält massenhaft Hefe, welche durch Kohlensäurebläschen hoch gerissen wird. Im allgemeinen entweicht die Kohlensäure bis zur Fertigstellung des Weines; man begnügt sich mit seinem Alkoholgehalt. Neuerdings werden Versuche angestellt, aus Traubensaft oder aus Rübensaft Wein von bestimmter Eigenart herzustellen, indem man die Säfte zunächst keimfrei macht und ihnen dann Hefereinkulturen zusetzt, die aus gärendem feinen Most gewonnen sind.

Die Essigbereitung: Aus dem Alkohol des Weines, der Weinabfälle, des in Gärung versetzten Fallobstes und dergl. bilden besondere Kleinwesen, die Essigbakterien, Essigsäure. In ungenügend gekeltertem Wein, z, B. in dem Wein der römischen Campagna, kommt nicht selten eine schwache Essignachgärung zu stande, die seinen Wert stark vermindert.

Die Branntweinbereitung: Der Branntwein ist ein Destillationserzeugnis alkoholhaltiger Flüssigkeiten. So wird Cognac und anderer feiner Weinschnaps aus Wein bereitet. Reichlicher wird Alkohol folgendermafsen erhalten: Dünner Kartoffel-, Roggen- oder Weizenstärkebrei wird mittels Malzauszügen in eine Zuckerlösung verwandelt. Diese wird durch Hefe vergoren und aus ihr dann durch Destillation der Branntwein gewonnen. Die massenhaften Hefezellen, welche sich zu Boden setzen, liefern, in Formen geprefst, die billige Prefshefe des Handels. Konzentrierter und gereinigter Branntwein ist der Handelsspiritus.

Die Teigbereitung: Wird Mehl mit Wasser angerührt, so entsteht eine zähe Masse von geringem Zuckergehalt. Wird dem Teig nun Bierhefe oder Prefshefe zugesetzt, so werden aus dem Zucker Alkohol und Kohlensäure gebildet. Die Kohlensäure bleibt in dem Teig in Bläschenform fein verteilt. Durch die Hitze des Backofens werden aus den Bläschen Blasen, welche den Teig lockern, der Alkohol wird zum Entweichen gebracht, und so entsteht das Gebäck. Erforderlich ist zum Backen:

eine frische, gute Hefe; sie darf nicht mit zu heifsem Wasser angerührt werden, und der Backofen mufs richtige Wärmegrade aufweisen.

c) Eine grofse Anzahl von Spaltpilzen verwandeln Zucker in flüssige Säuren und zum Teil in flüchtige Kohlensäure. Durch diesen Vorgang entsteht:

Das Sauerwerden der Milch. Die Milch der Kühe und Ziegen ist im Euter keimfrei. Beim Melken gelangen aber meist zahlreiche Kleinwesen in sie, die von der Oberfläche und den Ausführungsgängen des Euters, aus der Stalluft, den Händen der Melkenden stammen oder den zum Auffangen und Aufbewahren der Milch dienenden Gefäfsen anhaften. Wird die Milch nicht gekühlt, dann vermehren sich die Spaltpilze rasch und verwandeln den Milchzucker allmählich in Milchsäure. Ein mäfsiger Milchsäuregehalt läfst das Kochen der Milch noch zu, ein starker Milchsäuregehalt führt beim Kochen das Gerinnen der Milch herbei, ein sehr hoher Gehalt an Milchsäure läfst die Milch auch in der Kälte gerinnen. Die Marktmilch pflegt 1 bis 5 Millionen Keime, saure Milch 5000 Millionen Keime in 1 ccm zu enthalten. Die Milchsäureerreger werden durch das Aufkochen oder durch längeres Halten der Milch auf 80 bis 90° C. getötet. Das Sauerwerden gekochter Milch erfolgt durch neu hineingelangte Keime, welche den etwa vor dem Kochen entstandenen Milchsäuregehalt erhöhen. Wird Milch eine halbe Stunde auf 105° C. gehalten, dann sind sowohl sämtliche ihr anhaftende Spaltpilze wie deren Sporen mit vollständiger Sicherheit vernichtet. In Glasgefäfsen, die nach dem Kochen noch heifs luftdicht verschlossen werden, hält sich die Milch dann (theoretisch) unendlich lange. Man prüft den Flaschenverschlufs, indem man den Flaschenboden beklopft. Solange der Stöpsel dicht schliefst, entsteht ein knackendes Geräusch (die Knackprobe). Sollten einige Sporen die halbstündige Erhitzung auf 105° C. überdauern, dann sind sie doch derart geschwächt, dafs sie bei kühler Aufbewahrung der Milch vor 8 bis 14 Tagen sich nicht zu entwickeln vermögen.

Für Milch, die sogleich genossen werden soll, reicht ein etwa 15 Minuten währendes Erhitzen auf 85 bis 90° C. aus, um jede Gefahr einer Gesundheitsschädigung zu beseitigen. Die feinen Geschmacksreize der rohen Milch gehen bei diesem Wärmegrade noch nicht verloren. Es empfiehlt sich dieses Verfahren daher für solche Kinder und Erwachsene, welchen der Geschmack der gekochten Milch widersteht.

Die Sauerkrautgärung entsteht dadurch, dafs eine bestimmte Spaltpilzart den Zucker des eingeschnittenen Weifskrautes in Milchsäure umwandelt.

Die Sauerteiggärung wird durch eine Spaltpilzart hervorgerufen, welche den Zuckergehalt des Mehles in Kohlensäure, Milchsäure und Essigsäure verwandelt. Die letzteren Säuren geben dem Teig und dem Brot den sauren Geschmack, während die Kohlensäure den Teig lockert.

Neben diesen nützlichen Leistungen der Kleinlebewesen nehmen diejenigen Spaltpilzarten das allgemeine Interesse in Anspruch, welche in den Organen des Menschen pathologische Veränderungen und dadurch Erkrankungen hervorrufen.

Eine Krankheit, d. h. die Störung des richtigen Ablaufs der Körperfunktionen, kann durch folgende Ursachen hervorgerufen werden:

1. Innere Ursachen wie angeborene Fehler, Altersveränderungen u. s. w.
2. Äufsere Ursachen und zwar:
   a) mechanische Verletzungen,
   b) Störung des Wärmehaushalts (Verbrennen, Erfrieren),
   c) chemische Veränderungen, d. h. einmalige oder fortgesetzte Vergiftungen,
   d) Infektionen durch Parasiten aus der Tier- oder Pflanzenwelt.

Mit »Infektionskrankheit« bezeichnet man alle diejenigen Krankheiten, die von einem Menschen (oder von einem Tier) auf einen anderen direkt oder indirekt übergehen bezw. übertragen werden können. Man kennt sie und die durch sie hervorgerufenen Seuchen, soweit die Geschichte reicht. Bei vielen Krankheiten (z. B. der Lungenentzündung und der Malaria) war man aber lange im Zweifel, ob man sie den Infektionskrankheiten zurechnen dürfe, denn die Übertragbarkeit derselben von Mensch zu Mensch war durch die tägliche Erfahrung schwer zu erweisen. Dafs bei allen Infektionskrankheiten Mikroorganismen die eigentliche Ursache darstellen, ist erst in neuerer Zeit mit immer gröfserer Sicherheit und Ausdehnung erkannt worden. Man erklärte sich das Entstehen der Infektionskrankheiten früher teils aus inneren Ursachen, teils aus Erkältungserscheinungen, teils aus Vergiftungen durch giftige Ausdünstungen (Miasmen). Als krankheitserregende Lebewesen kannte man nur verschiedene mit blofsem Auge sichtbare Tiere (Bandwurm, Eingeweidewürmer, Milben, Läuse u. a.) Erst allmählich ist in der zweiten Hälfte des vorigen Jahrhunderts für die einzelnen Infektionskrankheiten der Nachweis erbracht, dafs Mikroorganismen sie hervorrufen. Von manchen Infektionskrankheiten sind die Erreger selbst noch unbekannt, aber der Nachweis ist geführt, dafs es sich um Infektionen handelt.

Die Mehrzahl der Krankheitserreger gehört den Spaltpilzen an, wenige nur den Sprofs- und Schimmelpilzen, vereinzelte Krankheiten (z. B. die Malaria) werden durch niedere Tiere (Urtiere, Protozoen) hervorgerufen.

Eine Krankheit wird heute dadurch als Infektionskrankheit erkannt oder erwiesen, dafs man mit kleinen Mengen Blut, Organsaft, Darminhalt, Auswurf und dergl. eines Erkrankten ein zweites oder viele Geschöpfe der gleichen Art anstecken und auch von diesen wieder beliebig viele weitere Geschöpfe infizieren kann. Dies gelingt nur bei einer Infektionskrankheit, weil bei ihr die Ursache (Mikroben) im Körper des Erkrankten sich vermehrt, während unbelebte Gifte im Körper keine Vermehrung erfahren. Der Nachweis gewinnt nicht an Sicherheit, aber an wissenschaftlichem Werte, wenn es gelingt, die eigentlichen Erreger der betreffenden Krankheit zu finden. Hierzu dienen folgende Vornahmen:

1. Es werden durch Färbeverfahren die Organe, das Blut, der Darminhalt, der Speichel oder Auswurf der Kranken nach eigenartig geformten Kleinwesen durchsucht; 2. Reinkulturen der

etwa gefundenen Kleinwesen angelegt (Plattenkultur, Strich- oder Stichkultur) und 3. der Beweis geführt, dafs durch Übertragung der Reinkultur auf ein gesundes Versuchstier die Krankheit sich erregen läfst.

Um die Verbreitung einer Seuche zu verstehen und dadurch sie bekämpfen zu lernen, müssen die weiteren Eigenschaften des Erregers studiert werden. Man mufs wissen:

1. Ob der Erreger Eigenbewegung hat, ob er Dauersporen bildet, welche Schädigungen (Trockenheit, Belichtung, Hitze, Desinfektionsmittel) leichter ertragen;

2. ob und unter welchen Bedingungen er in Wasser, Boden, Milch, Dünger, auf Wandflächen u. s. w. gedeiht;

3. auf welche Tiergattungen er schädigend einzuwirken vermag.

Von den menschlichen Infektionskrankheiten sind mehr als zwei Drittel in befriedigender Weise aufgeklärt, es fehlt aber nirgends an gröfseren wie kleinen Rätseln.

Aus der Erkenntnis, dafs man zur Verhütung von Infektionskrankheiten die Ansiedlung der Krankheitserreger im menschlichen Körper vermeiden mufs, ergeben sich folgende Mafsnahmen:

I. Passive Schutzmafsregeln.

1. Nichtbetreten von Seuchegegenden (Malariasümpfe, Städte, in denen eine Seuche herrscht) und von Seuchehäusern (Scharlach, Diphtherie), Verlassen von Orten, in denen eine Seuche auftritt.

2. Isolierung der Kranken. Am ehesten gelingt dieses durch Überführen der Erkrankten in ein Krankenhaus. Bleibt er innerhalb der Wohnung, dann mufs diese erstens geräumig und zweitens der Abschlufs ein vollkommener sein. Die Pfleger können durch Anlegen waschbarer Mäntel und Mützen, Überschuhen beim Betreten des Krankenzimmers und durch besonders grofse Reinlichkeit die Übertragung mit ziemlicher Sicherheit verhindern. Bei Krankheiten, denen doch so leicht kein Disponierter entgeht, wie Masern, Keuchhusten, ist die Isolierung des Kranken nur ausnahmsweise rätlich.

II. Aktive Schutzmafsregeln.

A. Bekämpfung der Spaltpilze aufserhalb des Körpers.

1. Fernhalten der Mikroben von Speisen und Getränken (Schutz vor Staub und Fliegen, Anlegen und Überwachen städtischer Wasserwerke u. s. w.);

2. Verhindern des Entstehens von Brutstätten für Kleinwesen in unserer Umgebung durch weitgehende Sauberhaltung derselben, rechtzeitiges Entfernen der Speisereste u. s. w.

3. Vernichtung der Mikroorganismen. (Desinfektion, Sterilisierung).

Aufser der Hitze und dem Sonnenlicht vermögen diesem Zwecke verschiedene Chemikalien zu dienen, z. B. alle starken Säuren und Alkalien, Seife, Alkohol, Creolin, Phenol, Kresol und die Metallsalze. Starke und heifse Lösungen wirken kräftiger als schwache und kalte. Die Wirkung ist aber nicht immer gleich, da die Widerstandsfähigkeit der gleichen Spaltpilze und ihrer Sporen wechselt. In Hinsicht auf die Wahl der Lösungsstärke und der Dauer ihrer Einwirkung ist daher Vorsicht geboten.

Je nach der Wirkung unterscheidet man folgende Grade:

Abschwächung. Das Wachstum wird nicht gestört, wohl aber die pathologischen und zymogenen Eigenschaften.

Asepsis. Die Vermehrung wird gehemmt, aber die Spaltpilze nicht getötet.

Antisepsis. Die Spaltpilze werden getötet, aber nicht ihre Dauerformen, die Sporen.

Sterilisierung oder Desinfektion. Pilze und Sporen werden vernichtet.

Folgende Verfahren zum Desinfizieren verschiedener Gegenstände sind nennenswert:

1. Der Auswurf läfst sich ohne Schwierigkeit in Schalen sammeln, während das Auffangen in Taschenspeigläsern nicht immer in einwandfreier Weise vor sich geht. Der Schaleninhalt soll in einem besonderen Dampftopfe gekocht werden, ehe er in die Abwasserleitung gelangt. Wo es sich um den Auswurf eines

Einzelnen handelt, kann hierzu der Auswurf einiger Tage vereint werden. Einfacher noch ist es, Kochschalen zum Auffangen des Auswurfs zu benutzen, diese nach dem Gebrauch mit kochendem Wasser zu versehen und $^1/_2$ Stunde sieden zu lassen, ehe man sie reinigt. Es empfiehlt sich ferner, vor dem Gebrauch eine kleinere Menge Sodalösung in die Schalen zu füllen (Porzellan, Emailgeschirr), um das Ansetzen des Schleimes an das Gefäfs zu verhindern und gleichzeitig von vornherein eine desinfizierende Wirkung auf den Auswurf auszuüben.

2. Die zum Auffangen des Nasenschleims dienenden Taschentücher sollen nach dem Gebrauch in Wasser oder in Seifenlösung verbracht werden.

3. Die Darmentleerungen sind auf das sorgfältigste zu sammeln, alle durch ihr etwaiges Verspritzen hervorgerufenen Verunreinigungen sofort zu beseitigen und mit Karbolsäure und dergl. zu behandeln. Zum Desinfizieren der Darmentleerungen kann auch Kalkmilch dienen.

4. Wäsche und Geschirr sollen unmittelbar nach dem Gebrauch ausgekocht werden.

5. Kleider, Betten und Teppiche sind in einer Desinfektionsanstalt durch Dampf zu sterilisieren. Die Desinfektion mufs in diesen Anstalten derart geleitet werden, dafs jede Beschädigung der Gegenstände, z. B. durch Kondenswasser, unterbleibt, um die Bevölkerung nicht von der Benutzung der Anstalt abzuschrecken.

6. Spielzeug ist zu verbrennen.

7. Der Fufsboden, der Anstrich aller übrigen Holzteile und sonstiger Ölfarbenanstrich sind mit Sublimatlösung zu waschen, dann mit frischem Leinölfirnis (oder mit Bohnwachs) zu überziehen.

8. Die Tapeten sind mit Brot abzureiben oder zu entfernen, die Abfälle zu verbrennen.

9. Die Decke ist zunächst mit Kalkfarbe zu überziehen, ehe eine neue Bemalung erfolgt.

10. Eine Formalin-Desinfektion vermag die unter 7., 8. und 9. genannten Vornahmen zu ersetzen, ebenso sind Schuhe,

Bücher und dergl. ihr zu unterwerfen. Der stechende Geruch, welchen sie hinterläfst, kann durch Verdunsten von Ammoniak beseitigt werden.

B. Bekämpfung der Mikroorganismen im menschlichen Körper.

Die sämtlichen bisher aufgeführten Mafsnahmen würden überflüssig werden, wenn es gelänge, den menschlichen Körper unangreifbar (immun) gegen Kleinlebewesen zu machen. Diesem Zweck dienen zur Zeit folgende Mittel:

a) Die Erhöhung der allgemeinen Widerstandsfähigkeit durch Abhärtung, ausreichende Bewegung in frischer Luft, Hautpflege, gute Ernährung, ausreichend Schlaf, Vermeidung von Überanstrengungen und Ausschweifungen und dergl. Als bedeutsam ist dieses besonders gegenüber dem Hungertyphus und der Tuberkulose zu bezeichnen.

b) Erwerbung einer besonders ausgesprochenen »specifischen Immunität« gegen bestimmte Infektionskrankheiten. Leider schützt die erworbene Immunität nur gegen eine bestimmte, nie gegen andere Infektionskrankheiten. Folgende Verfahren haben sich bisher bewährt:

1. Herrscht eine Krankheit, deren einmaliges Überstehen dem Körper Immunität verleiht, z. B. die Masern, in leichter Form, dann setzt man sich der Ansteckung aus oder läfst sie überimpfen, wie dieses früher mit den Pocken geschah*).

2. Man impft mit den durch Hitze oder Chemikalien abgeschwächten Krankheitserregern und erzeugt so leichte Erkrankungsformen, die Schutz gegen schwere Erkrankungen bieten. Hierher gehört das Impfen der Rinder mit künstlich abgeschwächten Erregern des Milzbrandes und des Rauschbrandes.

3. Man impft mit Krankheitserregern, die im Tierkörper eine Abschwächung erfahren haben; das heute

*) Leider verleiht nur ein Teil der Infektionskrankheiten durch einmaliges Überstehen dauernd oder auf lange Zeit Immunität, z. B. die Diphtherie nur wenig, die Tuberkulose überhaupt kaum.

allgemein geübte Verfahren der Kuhpockenimpfung beruht auf diesem Grundsatz.

4. Man immunisiert Tiere durch Beibringung von reinen Bakteriengiften in wiederholten, stets gröfseren Mengen — statt von abgeschwächten Bakterien — gegen Krankheiten, z. B. Pferde gegen Diphtherie, entnimmt ihnen dann Blut, scheidet aus ihm das Blutwasser ab und spritzt dieses den krankheitsbedrohten, krankheitsverdächtigen oder erkrankten Menschen ein. Hierdurch verleiht man ihnen Immunität oder befähigt sie, die Krankheit leichter zu überstehen. Die Unangreifbarkeit des Gesunden kann bereits durch sehr kleine Mengen des Blutwassers erzielt werden, während die Heilung Erkrankter nur durch Einspritzung grofser Mengen desselben zu gelingen pflegt. Das Blutwasser enthält Gegengifte (Antitoxine) gegen die Diphtherie.

An der Durchbildung und Erweiterung dieser Verfahren wird gegenwärtig mit Eifer gearbeitet. Es ist daher einige Hoffnung vorhanden, dafs in Zukunft gegen eine gewisse, vielleicht auch gegen eine gröfsere Zahl der verderblichsten Krankheiten Widerstandsfähigkeit oder Immunität erreicht werden wird.

XXI. Abschnitt: Die Ernährung.

Die Ernährung hat zwei Aufgaben zu erfüllen. Erstens mufs sie die Stoffe liefern zum Aufbau und zur Entwicklung des Körpers, zweitens die zur Kraft- und Wärmeentwicklung in den Körperzellen notwendigen Stoffe schaffen. Der zu letzterem Zweck erforderliche Stoffverbrauch ist der weitaus überwiegende.

Theoretisch sind aufserordentlich viele Stoffe befähigt, bei ihrer Oxydation Wärme zu bilden, aber nur diejenigen Stoffe können als wirklich zweckmäfsige Nahrungsmittel dienen, bei denen dieser Umsatz im Tierkörper stattzufinden vermag, also z. B. wohl Olivenöl, aber nicht Erdöl, und die aufserdem keine giftige Nebenwirkung entfalten wie, z. B. der Alkohol.

Alle Stoffe, welche diesen Anforderungen entsprechen, gehören — mit unwichtigen, hier zu vernachlässigenden Ausnahmen — drei Körpergattungen an und zwar entweder den Eiweifskörpern, Kohlehydraten oder Fetten. Alle drei Gattungen enthalten Kohlenstoff, Wasserstoff und Sauerstoff, nur die Eiweifsstoffe gleichzeitig Stickstoff und Schwefel, zwei Elemente, die bei der Ernährung des Körpers nicht entbehrt werden können, weil auch von ihnen beständig gewisse Mengen zu Verlust gehen.

Da ein erwachsener Mann von mittlerem Körpergewicht (75 kg) bei mittlerer Arbeit etwa 2500 bis 3000 Wärmeeinheiten abgibt, so mufs ihm seine Nahrung ebensoviel zuführen, und da

1 g Eiweifs 4,1,
1 g Kohlehydrat 4,1,
1 g Fett 9,1

Wärmeeinheiten dem Körper zuführen, so läfst sich leicht die durchschnittliche Menge des Nahrungsbedarfs berechnen. Dabei ist jedoch notwendig zu·wissen, dafs nach Voit täglich 105 g verdauliches Eiweifs erforderlich sind, um die Stickstoffausscheidung zu decken.*) In 105 g Eiweifs sind 105 · 4,1 = 430,5 Wärmeeinheiten enthalten, die übrigen 2370 Wärmeeinheiten lassen sich durch 580 g Kohlehydrate oder durch 266 g Fett decken. Am zweckmäfsigsten sind nach Voit etwa 56 g Fett und 500 g Kohlehydrate oder 100 g Fett und 400 g Kohlehydrate aufzunehmen.

Für die Menge und das Mengenverhältnis dieser Stoffe spielt jedoch die Körpergröfse und Beschaffenheit, die körperliche und geistige Thätigkeit, die Reizbarkeit und Thatkraft des Einzelnen wie die Beeinflussung durch das Klima und die Gewöhnung eine so grofse Rolle, dafs starke Abweichungen von jenen Zahlen zu gewärtigen sind.

Die erwachsene Frau bedarf im allgemeinen etwas weniger Nahrung als der erwachsene Mann, doch kann das Forschungsergebnis über diesen Punkt als abgeschlossen nicht gelten.

Der jugendliche Körper bedarf einer im Verhältnis zu seinem Gewicht reichlichen Ernährung, namentlich aber einer besonders häufigen Nährstoffzufuhr, weil die Zellthätigkeit des Kindes eine wesentlich höhere ist als die des Erwachsenen. Auf leichte Zerlegbarkeit der Nahrung ist Gewicht zu legen.

Vom fünften Monate an bedarf das Kind einer mäfsigen Erhöhung der Kohlehydratzufuhr. Bis dahin deckt die Muttermilch oder die mit Zucker bereicherte Kuhmilch das Bedürfnis vollkommen und es können eine übermäfsige Gabe an Zucker sowie jegliche Zufuhr stärkehaltiger Stoffe eine höchst unerwünschte Bereicherung des Körpers an Wasser und Fett hervorrufen.

Während der Entwicklungsjahre des Kindes zum Jüngling oder zur Jungfrau ist für reichliche Ernährung und

*) Nach neueren Untersuchungen sind 90 g Eiweifs als eben noch ausreichend befunden.

zugleich für lebhafte körperliche Thätigkeit in frischer Luft Sorge zu tragen, weil andernfalls in dieser Zeit eine bedenkliche Eiweifsverarmung des Körpers einzutreten vermag.

Während zum Ersatz des Wärmeverbrauchs sowohl Eiweifs als Fett und Kohlehydrate dienen können, vermögen sie sich nicht ohne weiteres zu vertreten für die Bildung und den Ersatz der Körperstoffe, wenn auch den Organen ein hoher Grad von Umbildungsfähigkeit innewohnt.

Eine aus Eiweifs, Kohlehydraten, Fetten, Wasser und Salzen gemischte Kost ist jedenfalls die nach dieser Richtung dienlichste.

Eine ausschliefslich aus Eiweifs bestehende Kost vermag den Gesamtbedarf an Nährstoffen beim Menschen kaum zu decken, es steigt vielmehr mit der erhöhten Eiweifsaufnahme der Eiweifsumsatz. Um den Eiweifsvorrat des Körpers zu erhalten oder Eiweifsansatz zu erzielen, ist es daher erforderlich, neben Eiweifs auch Fette und Kohlehydrate aufzunehmen. Eine nur aus Eiweifs und Fett bestehende Kost reicht zu diesen Zwecken auf die Dauer ebenfalls nicht aus; die Zufuhr von Kohlehydraten ist namentlich bei ruhiger Beschäftigung ein Erfordernis.

Fett wird im Körper schwer zerlegt und es vermögen zur Ernährung ausschliefslich solche Fette zu dienen, deren Schmelzpunkt unter 40° C liegt.

Je mehr Kraft und Wärme der Körper verbraucht, um so höhere Mengen von Fett vermag er zu zerlegen. Daher ist eine fettreiche Kost nur im kalten Klima und für Leute angezeigt, welche eine lebhafte Muskelthätigkeit ausüben, während erfahrungsgemäfs im warmen Klima eine eiweifsreiche Kost den Bedürfnissen des Körpers wie seiner Wärmewirtschaft am ehesten gerecht wird.

Fettablagerungen im Körper sind für solche Zeiten von Wert, in denen Nahrungsaufnahme nicht erfolgt, weil sie als Reservenahrung dienen und dadurch vor frühzeitigem Zerfall der Muskeln schützen.

Die Kohlehydrate, von denen Zucker und Stärke die Hauptvertreter in der Nahrung bilden, werden vollkommen und rasch zerlegt, sie leisten daher gute Dienste durch Wärmeentwicklung, wie durch Verhütung zu hohen Eiweifsumsatzes, und vermögen bei reichlicher Aufnahme zur Fettbildung zu führen. Für magere Personen ist eine reichliche Kohlehydrataufnahme von hohem Wert, für wohlgenährte und fettleibige Leute bedarf dagegen die Kohlehydrataufnahme der Beschränkung.

Die rascheste Aufsaugung und Verwertung erfährt der Zucker, seine Darreichung an Hungernde empfiehlt sich daher sehr, während die Einnahme von stärkehaltigen Stoffen (infolge deren Zerspaltung) eine dauernde und gleichmäfsigere Wirkung auf die Erhaltung des Körperbestandes übt.

Das Wasser bildet den wesentlichsten Bestandteil der Organe und Säfte des Körpers, es dient als Lösungs- und Beförderungsmittel der Nährstoffe und spielt für die Wärmeregelung des Körpers eine bedeutsame Rolle (vergl. S. 55). Der Ersatz des verbrauchten Wassers ist daher eines der wichtigsten Erfordernisse der Ernährung.

Die Aufnahme von Wasser erfolgt zum Teil mit den festen Nahrungsmitteln, von welchen die Mehrzahl grofse Wassermengen enthält, doch bleibt die Aufnahme von Getränken stets ein Erfordernis, welches mit der herrschenden Temperatur und der ausgeübten Muskelthätigkeit zunimmt.

Eine überreichliche Flüssigkeitsaufnahme wird dann schädlich, wenn sie durch Verdünnung der Magensäfte den Efsreiz vermindert und die Aufnahme von Nährstoffen unter das notwendige Mafs herabsetzt.

Die Salze des Körpers bedürfen ebenfalls des Ersatzes. Eine künstlich salzarm gemachte Kost hat bei Versuchstieren zunächst zu nervösen Erscheinungen, dann zum Tode geführt. Eine schmackhaft zubereitete gemischte Kost pflegt die erforderlichen Salze in ausreichender Menge zu enthalten. Die jungen Gemüse sind aller Wahrscheinlichkeit nach ihres Gehalts an verschiedenartigen Salzen wegen von grofser Bedeutung für die Ernährung.

Als **Genufsmittel** bezeichnet man diejenigen Stoffe, welche der Kost den Wohlgeschmack geben, ohne immer einen direkten Anteil an der Ernährung zu nehmen. Sie erhöhen aber den Efsreiz und ermöglichen dadurch eine reichlichere Nahrungsaufnahme. Auch für die Absonderung der Verdauungssäfte kommt einigen von ihnen hohe Bedeutung zu. Einzelne von ihnen üben auf die Nerventhätigkeit eine anregende Wirkung aus, vermögen daher auf kurze Zeit die Leistungsfähigkeit auch dann zu erhöhen, wenn (zeitweise) eine ausreichende Nahrungsaufnahme nicht erfolgt ist. Die Mehrzahl dieser auch wohl als Reizmittel bezeichneten Stoffe (Thee, Kaffee, Tabak, Alkohol und dergl.) haben aber üble Nebenerscheinungen im Gefolge, die es geboten erscheinen lassen, ihre Aufnahme thunlichst zu beschränken. Namentlich bedürfen Kinder ihrer nicht und leiden erheblich unter jenen ungünstigen Einflüssen.

I. Die schmeckenden und riechenden Genufsmittel sind hochwichtig für den Efsreiz und die Absonderung der Verdauungssäfte. Sie üben schädigende Wirkungen auf das Nervensystem nur dann aus, wenn sie in unvernünftig hohen Mengen genossen werden, dürfen daher als durchaus nützlich und notwendig bezeichnet werden.

Als vornehmste Vertreter dieser Gruppe sind zu nennen:

1. Kochsalz und andere schmackhafte Salze.
2. Säuren, als: Obstsäuren, Weinsäure, Essigsäure, Kohlensäure u. s. w.
3. Bitterstoffe, als Brotrinde, Spargel, Hopfenbitter.
4. Scharfe Stoffe, als Piperin im Pfeffer, Capraicin im Paprika.
5. Der Zucker, der im Gegensatz zu Saccharin zugleich als wichtiges Nahrungsmittel zu bezeichnen ist.
6. Ätherische Öle, als Zimmet, Nelken, Ingwer, Anis, Fenchel, Kümmel. (Auch im Thee und Kaffee sowie in der Vanille sind solche Öle enthalten.)
7. Fruchtäther (Verbindungen von Säuren mit Alkohol).

II. Die Genufsmittel, welche eine Wirkung auf das Nervensystem, insbesondere das Gehirn, ausüben. Sie sind alle, in gröfseren Mengen genossen, schädlich, während kleine Mengen, wenigstens anfangs, günstige Wirkungen ausüben.

1. Die coffeïnhaltigen Genufsmittel, Thee, Kaffee, Kokanufs, Paraguaythee. Kleine Dosen befähigen uns, die Reservekräfte der Muskeln auszunutzen und beleben bei geistiger Thätigkeit. Grofse Mengen rufen namentlich auf die Dauer Herzklopfen, Muskelunruhe, Schlaflosigkeit und schliefslich Siechtum hervor.

2. Das gleiche gilt vom Tabak.

3. Die alkoholischen Genufsmittel: Wein, Bier, Branntwein, wirken ähnlich.

   Ein mäfsiger Genufs ist für Erwachsene unschädlich; ein einmaliger zu hoher Genufs ruft akute Alkoholvergiftung, Rausch und Katzenjammer, hervor; ein ständiger hoher Genufs führt zur chronischen Alkoholvergiftung. Es entstehen: chronischer Magenkatarrh und Schleimbrechen; Schrumpf-Leber und -Niere; Gehirn- und Geisteskrankheiten; Widerstandslosigkeit gegen Infektionskrankheiten.

Die Bekämpfung des Alkoholmifsbrauchs ist daher notwendig als eines gesundheitlich und volkswirtschaftlich gleich grofsen Übels. Namentlich sollten Kindern unter zwölf Jahren alkoholische Getränke (aufser auf Anordnung des Arztes) nicht gereicht werden, die Trinksitten und Trinkvorurteile sind zu ändern, das Nötigen zum Trinken als häfsliche Unsitte zu bekämpfen u. s. w.

Die Zubereitung der Nahrungsmittel hat Sorge zu tragen, dafs die Stoffe eine leicht zerlegbare Form erhalten, dafs der Geschmack der Speisen und Getränke den Efsreiz anregt, dafs der durchaus erforderliche Wechsel an Geschmacksreizen geboten wird, die notwendigen Mengen der verschiedenen Nährstoffe dem Körper im Laufe jedes Tages zugeführt werden und das Raummafs der Kost ein ausreichendes Gefühl der Sättigung bietet, ohne die Verdauung zu stören und dadurch Erschlaffung oder das Gefühl des Unbehagens hervorzurufen.

Die Verdauung, welche bereits im Munde eingeleitet wird, erfüllt die Aufgabe, das Grobe zu zerkleinern, das in Wasser Lösliche zu lösen, das Unlösliche löslich zu machen. Die nach Einwirkung der Verdauungssäfte unlöslich bleibenden Teile werden als unverdaulich vom Darm ausgeschieden. Die Aufgabe der Zerkleinerung fällt den Zähnen zu; von dem Grade der Zerkleinerung hängt die Schnelligkeit der Verdauung ab. Ungenügend zerkleinerte Speisen werden zumeist auch ungenügend ausgenutzt.

Die Raschheit und Leichtigkeit der Verdauung wächst bei den Nahrungsmitteln durch Entfernen oder Sprengen harter Cellulosehüllen (Kochen von Kartoffeln und Äpfeln), zäher Häute, Sehnen und dergl., durch Umwandlung von Bindegewebe in Leim, durch feines Schneiden, Zerhacken oder Zerdrücken.

Die chemische Umwandlung vieler in den Speisen enthaltenen Stoffe wird eingeleitet durch **Fermente,** d. h. eigenartige Eiweifskörper, die in kleinster Menge und ohne dabei verbraucht zu werden, in kürzester Frist Stoffe umwandeln, Vorgänge, die eine vollständige Erklärung noch nicht gefunden haben.

Für die Verdauung kommen **vier Fermente** besonders in Betracht:

1. Ptyalin oder Diastase, das Stärke in Zucker verwandelt, in den Mund- und Bauchspeicheldrüsen vorkommt.
2. Pepsin, das bei Anwesenheit freier Salzsäure feste Eiweifskörper in wasserlösliches, beim Erhitzen nicht mehr gerinnendes Pepton verwandelt und im Magen sich findet.
3. Trypsin, das in alkalischer Lösung Eiweifskörper in Pepton umwandelt und in den Bauchspeicheldrüsen vorkommt.
4. Labferment, das Milch auch dann zum Gerinnen bringt, wenn Säure nicht vorhanden ist und im Magen sich findet. Für die Ernährung des Säuglings ist Labferment von gröfster Bedeutung, da es die Milch durch das Gerinnen zwingt, länger im Magen zu verweilen und die-

jenigen Veränderungen durchzumachen, welche für die Verdauung erforderlich sind. Ohne Labferment würde die Milch zu früh in den Darm gelangen.*)

Ferner finden sich in der Bauchspeicheldrüse fettspaltende Fermente. Auch die Galle hat für die Fettresorption Bedeutung.

Der Gang der Verdauung ist folgender: Im Munde kommt aufser der Zerkleinerung bereits eine beträchtliche Umwandlung von Stärke in Zucker zu stande, die im Magen so lange fortdauert, bis genügend Säure abgesondert ist. Dann beginnt die Wirkung des Pepsins, das nebst Salzsäure von den zahlreichen Magendrüsen abgesondert wird. Die hinreichend vorbereiteten Massen spritzt der Magen in Intervallen in den Zwölffingerdarm. Dort tritt durch den Bauchspeichel alkalische Reaktion ein; die Diastase des Bauchspeichels löst die Reste der Stärke; das Trypsin die Reste der Eiweifskörper; das Fett wird teils fein verteilt (emulgiert), teils als Seife gelöst. Der Dünndarm, welcher an der Innenseite mit zahlreichen Zellen besetzt ist, besorgt durch seine Blutgefäfse und Lymphgefäfse die Aufnahme von Wasser, Zucker, Salzen, Pepton und Fett. Der Dickdarm nimmt Wasser auf. Die Reste der Nahrung werden durch Bakterienthätigkeit zersetzt und verändert, bis die Entleerung erfolgt. Die festen Ausscheidungen enthalten neben den unverdaulichen Nahrungsresten den »Schlacken«, Galle, Darmschleim u. a. Je gröfser die Ausscheidungen sind, um so schlechter ausnutzbar war die Nahrung.

Leicht verdaulich ist eine Nahrung, wenn sie ohne Beschwerde und rasch verdaut wird. Für Kranke und für Genesende spielt diese Eigenschaft der Nahrung eine wichtige Rolle. So sind weiches Ei und Weifsbrot leicht verdaulich, während hartes Ei und Pumpernickel als für Krankenkost untauglich gelten müssen. Bei der Zubereitung vieler Speisen ist es geraten, keine zu hohen Wärmegrade anzuwenden. Durch die Siedetemperatur wird ein hartes, zähes Eiweifsgerinsel

*) Für die Herstellung der Schweizer-, Holländer- und dergl. Käse ist Labferment unentbehrlich.

gebildet, während ein um 5° bis 10° unter der Siedetemperatur des Wassers liegender Wärmegrad ein geschmeidiges, gallertartiges Gerinsel entstehen läfst. Ferner werden, z. B. bei der Milch und bei feineren Obstsorten, die natürlichen Geschmacksreize durch Kochen bei Siedetemperatur vermindert, Fleisch wird weniger zart, die Fleischbrühe fällt weit weniger kräftig aus, als bei Wärmegraden, die zwischen 90° und 95° C. liegen.

Gut ausnutzbar ist eine Kost, wenn sie wenig feste Ausscheidungen (»Schlacke«) liefert. So werden aus feinem Weifsbrot nur 4 bis 5% Schlacke, aus grobem Roggenbrot bis 18% Schlacke gebildet.

Nahrhaft nennt man eine Kost, wenn sie einen grofsen Heizwert enthält. Der Nährwert der Kost mufs sich nach ihrem Zweck richten; je nach dem Klima, der Körpergröfse, dem Alter, den körperlichen und geistigen Leistungen der Personen und der Gewöhnung sind wesentliche Unterschiede nach dieser Richtung zu machen.

Eine **ausschliefsliche Pflanzenkost** vermag den Bedarf des Körpers, namentlich bei lebhafter Thätigkeit und im jugendlichen Alter nicht wohl zu decken. Die Zugabe künstlich gewonnener oder aus dem Tierreich stammender Eiweifsstoffe mufs als Erfordernis gelten, um das Höchstmafs des Wachstums und der Leistungsfähigkeit zu erzielen. Die Fleischkost vermag aber in der Regel durch die Zugabe von Eiern, Milch und Milcherzeugnissen ersetzt zu werden, sobald der Körper von Jugend auf oder allmählich hieran gewöhnt wird. Die Kosten einer derartig gemischten Kost pflegen bei richtiger Auswahl der einzelnen Nahrungsmittel eher niedriger als höher gehalten werden zu können wie die einer ausschliefslichen Pflanzenkost.

Eine an tierischen Nährstoffen überreiche Kost ist dagegen höchstens für fettleibige Personen zu empfehlen.

Stets ist beim Übergang zu einer neuen Lebensweise Vorsicht geboten. Manche Völker sind durch jahrhundertlange Gewöhnung befähigt, mit einer eiweifsarmen, andere mit einer eiweifsreichen Kost auszukommen, viele entnehmen ihre Nahrungsmittel hauptsächlich dem Pflanzenreiche, einzelne mehr dem

Tierreiche. Plötzliche und dauernde Änderungen der Lebensgewohnheit nach der einen oder der anderen Richtung erträgt aber der Körper nicht immer ohne Schädigung des Wohlbefindens und der Leistungsfähigkeit. Dagegen haben Änderungen von kurzer Dauer bisweilen einen günstigen Einflufs auf das Wohlergehen.

Für die Verteilung der Kost auf die verschiedenen Mahlzeiten ist die Gewohnheit ebenfalls von ausschlaggebender Bedeutung. Für jugendliche und für angestrengt thätige Leute sind im allgemeinen häufigere, kleinere Nahrungsaufnahmen vorteilhafter als wenige reichliche Mahlzeiten.

Für geistig angestrengt thätige Leute empfiehlt sich das Verlegen der Hauptmahlzeit auf die späteren Nachmittagsstunden. Das Ansetzen der Hauptmahlzeit auf die Mittagsstunde hat ferner für die an Sonnenlicht ärmeren Gegenden und Jahreszeiten allgemein den Nachteil, dafs die hellsten Tagesstunden für das Einnehmen dieser Mahlzeit und für die zur Verdauung erforderliche Ruhe verloren gehen. Die Mittagsstunde würde in den an Licht ärmeren Jahreszeiten besser zur Ausübung der Thätigkeit, wie zum Ergehen der Kinder, älteren Leute, Genesenden und zarten Frauen in frischer Luft ausgenutzt werden.

Die Nahrungsmittel dürfen nicht in **Geschirren** gekocht oder aufbewahrt werden, welche Gifte an sie abzugeben vermögen. Den Bleiglasuren kommt nach dieser Richtung die wesentlichste Bedeutung zu.

Irdene Geschirre erhalten bei uns meist Bleiglasuren (Bleialuminiumsilicat). Sind die Geschirre in Fabriken sorgfältig hergestellt, so wird hierdurch irgend welche Gefahr nicht bedingt, denn die hier entstehende Bleiglasur ist unlöslich selbst in den starken Säuren, welche im Haushalt zur Anwendung gelangen. Anders ist die Sachlage bei den billigen Waren der Kleinindustrie und Hausindustrie, welche infolge ungenügender Erhitzung sehr oft, man darf fast sagen in der Regel, stark Blei an Säuren abgebende Glasuren zeigen.

Gering ist die Gefahr bei der Benutzung von Kupfer- und Messinggeschirren. Die Untersuchungen von K. B. Lehmann haben ergeben, dafs, wenn man die Speisen — selbst saure Früchte — in sauber gehaltenen Gefäfsen dieser Art nur zubereitet, niemals derartige Kupfermengen in Lösung gehen, dafs dadurch auch nur ein Schatten einer Gefahr entstände. Dagegen vermeide man unreine, grünspanbedeckte Geschirre und lasse keine sauren Speisen in Kupfer- oder Messinggeschirren stehen.

Die Konservenbüchsen bestehen aus verzinntem Eisen. Wohl gehen sowohl in pflanzliche wie tierische Konserven bei längerer Aufbewahrung nicht unbeträchtliche Zinnmengen über, doch sind nur aus stark saurem Inhalt (Heringe in Weinsauce und dergl.) genügend Zinn aufgenommen, um eine Gefahr zu bedingen.

Zink ist unbedenklich. Insbesondere haben noch niemals galvanisierte, d. h. innen verzinkte Wasserleitungsrohre irgend einen Schaden angerichtet.

Nickel- und Aluminiumgefäfse lassen zwar ebenfalls bei Säureeinwirkung kleine Metallmengen in Lösung gehen, doch ist dadurch noch nie eine Giftwirkung beobachtet.

Die Eisenemaillen sind in der Regel ausreichend hohen Wärmegraden ausgesetzt gewesen und bei guten Fabrikaten zudem frei von schädlichen Metallen. Zur Aufbewahrung von Nahrungsmitteln und Konserven dienen am besten Glas- und Porzellangefäfse.

Kupfergeschirre haben den grofsen Vorzug der gleichmäfsigsten Wärmeverteilung und der besten Wärmeausnutzung. Namentlich zur Verwendung für Gasfeuerung oder elektrische Heizung vermögen sie gute Dienste zu leisten. Durch das Blankhalten polierter Kupfergeschirre kann man deren Wärmeausstrahlung aufheben.

Aluminiumgeschirre bieten dagegen die höchste Widerstandsfähigkeit gegen hohe Wärmegrade. Ein Aluminiumboden unter Kupfergeschirren vermag bei der Benutzung von Gasfeuerung die Dauer der letzteren wesentlich zu erhöhen.

Die Besprechung der Nahrungsmittelkonservierung und der Nahrungsmittelverfälschung würde einen zu breiten Raum beanspruchen. Es sei für deren Studium auf K. B. Lehmanns Lehrbuch »Die Methoden der praktischen

Hygiene« verwiesen, welches diese Gegenstände in erschöpfender und geradezu klassischer Weise behandelt.

Nicht unterlassen kann ich es aber, an dieser Stelle auf die grofse Gefahr hinzuweisen, die dem Menschen durch den **Genufs verdorbener Nahrung** droht. Durch Verfälschungen werden gegenwärtig kaum je einmal andere Schädigungen als die des Geldbeutels erzeugt, durch verdorbene Speisen entstehen häufig ernste Schädigungen der Gesundheit und Lebensgefahr.

Besonders bedenklich ist das von gefährlichen Bakterien und ihren Giften durchsetzte Fleisch mancher kranken Tiere, besonders solcher, die an akuten fieberhaften septischen Erkrankungen litten (Gebärfieber der Kühe, septische Erkrankung der Kälber und dergl.). Fleisch solcher Tiere hat, schwach gebraten, aber auch schon gut gekocht, schwere Epidemien beim Menschen erzeugt.

Auch das Fleisch gesunder Tiere kann durch Bakterienwucherung gefährlich werden und namentlich schwere Magen- und Darmstörungen — nicht selten mit tödlichem Ausgang — erzeugen. Ähnlich sind die gefährlichen Wurstvergiftungen zu erklären. Mannigfache Gefahren drohen durch den Genufs von Seetieren, Hummer, Muscheln, Austern u. s. w., welche bald krankheitserregende Bakterien direkt beherbergen (Austern), bald im lebenden Zustande Gifte aus fauligem Meerwasser gespeichert haben, bald erst nach dem Fang durch Zersetzung und Fäulnis giftig geworden sind.

Milch kranker Tiere, aufbewahrte Hühnereier, auch verdorbene Pflanzennahrung (namentlich verdorbene Kartoffeln und Konserven), Mutterkorn haltiges Brot haben schon viel Unheil angerichtet. Da das Erkennen aller dieser Gefahren zur rechten Zeit oft sehr schwer ist, so ist dringend zu beherzigen, kein Nahrungsmittel zu geniefsen, das auch nur im entferntesten verdächtige Eigenschaften in Geruch, Farbe oder Geschmack zeigt, und grundsätzlich, namentlich auf Reisen, auf den Genufs billiger Leckereien verdächtiger Herkunft zu verzichten. Wie manche italienische Reise hat z. B. durch eine Austernvergiftung ein trauriges Ende genommen.

Sachregister.

A.

B.

C.

D.

E.

H.

X.

Z.

Verlag von R. Oldenbourg, München und Berlin.

Veröffentlichungen
des Deutschen Vereins für Volkshygiene
herausgegeben von Dr. K. Beerwald, Berlin.

Als erstes Heft erschien soeben:

Verhütung der Tuberkulose

Vortrag

von

Geheimrat Prof. Dr. E. v. Leyden

gehalten im Bürgersaal des Rathauses zu Berlin.

Mit einem Titelbild und 4 Textfiguren.

Preis 30 Pfg. In größeren Partien billiger.

Der Deutsche Verein für Volkshygiene, dessen segensreiches Wirken trotz der Kürze seines Bestehens schon die weiteste Anerkennung gefunden hat, beginnt mit dem vorstehenden Heftchen eine Reihe von „Veröffentlichungen", welche für die breitesten Volkskreise bestimmt sind und deren jährlich 4—6 zu dem billigen Preise von je ca. 30 bis 40 Pfg. erscheinen werden. Jedes Heft soll eine Frage aus dem Gebiete der Gesundheitspflege in knapper, erschöpfender, übersichtlicher, aber stets allgemein verständlicher Form behandeln, und dieses Ziel kann man in der v. Leydenschen Arbeit als durchaus gelöst bezeichnen. Diese erste „Veröffentlichung" verdient in die Hände jedes Laien zu gelangen, da sie unbedingt die beste ihrer Art genannt werden kann und hervorragend geeignet ist, in Bezug auf die Tuberkulose sowohl dem Leichtsinn in den Laienkreisen mit Erfolg entgegenzuwirken, wie die Furcht auf das richtige Maß zurückzuführen.

Als weitere Publikationen sind in Vorbereitung:

Heft 2: Geh.-Rat Prof. Dr. Rubner, Wohnungshygiene.
Heft 3: Prof. Dr. Fränkel, Alkoholismus.
Heft 4: Privatdozent Dr. Feßler, Erste Hilfe.
Heft 5: Prof. Dr. Hahn u. andere, Hygiene u. Berufswahl.
Heft 6: Frau Hedwig Heyl, Kochkunst und Wohnungspflege.
Heft 7: Dr. K. Beerwald, Die Nahrungs- und Genußmittel.

Verlag von R. Oldenbourg in München und Berlin.

Blätter für Volksgesundheitspflege.

Gemeinverständliche Zeitschrift.

Organ des Deutschen Vereins für Volkshygiene.

Herausgeber:

Präsident Dr. **Bödiker**, Dr. Graf **Douglas**, Geheimrat Prof. Dr. **von Leyden**, Geheimrat Prof. Dr. **Rubner**.

Schriftleitung:

Dr. med. **K. Beerwald**, Arzt, Berlin. Dr. med. **Spitta**, vom hyg. Institut, Berlin. Dr. jur. **G. Kautz**, Oberreg.-Rat, Berlin.

Monatlich 2 Hefte à 16 Seiten in Quartformat. Die Zeitschrift kostet jährlich M. 4.80.

Der in der Reichshauptstadt von hervorragenden Männern der Wissenschaft und des praktischen Lebens begründete Deutsche Verein für Volkshygiene, der durch zahlreiche Ortsgruppen im ganzen Deutschen Reiche vertreten ist, hat sich die Aufgabe gestellt, durch seine Blätter für Volksgesundheitspflege Aufklärung über eine gesundheitsgemäße Lebensweise in die breitesten Schichten der Bevölkerung zu tragen und Ratschläge zur Krankheitsverhütung zu geben, um dadurch Volksgesundheit und Arbeitskraft zu fördern.

Probenummern kostenfrei. — Zu beziehen durch alle Buchhandlungen, Postanstalten oder vom Verlag direkt.

Untersuchungen zur Kanalisation.

Von

Dr. **J. Soyka,**

Professor der Hygiene an der deutschen Universität zu Prag.

Mit einem Vorworte von

Professor Dr. **M. von Pettenkofer.**

Gr. 8°. IV u. 154 Seiten. Preis **M. 4.—.**

Das Werkchen enthält 3 Abhandlungen, nämlich: **Mortalitätsverhältnisse Münchens mit Rücksicht auf die Kanalisation. — Luftbewegung in Kanälen. — Die Selbstreinigung des Bodens.**

Prof. Dr. **von Pettenkofer** sagt darüber:

Die von dem Verfasser erzielten Resultate erscheinen mir von solcher Bedeutung und von so grossem Interesse, dafs ich das Studium seiner Arbeiten allen Aerzten, Gesundheitstechnikern und Verwaltungsbeamten nur dringend empfehlen kann.

Theorie und Praxis der Trinkwasserbeurteilung.

Von

Dr. Gustav Kabrhel, o. ö. Professor der Hygiene,

Vorstand des hygienischen Institutes der böhmischen Universität und der staatlichen Untersuchungsanstalt für Lebensmittel in Prag.

V und 234 Seiten. — Preis geb. **Mk. 5.—**

Verlag von R. Oldenbourg in München und Berlin.

Die städtische Wasserversorgung
im Deutschen Reiche
und einigen Nachbarländern.

Auf Anregung des Deutschen Vereins von Gas- und Wasserfachmännern bearbeitet von

E. Grahn, Civilingenieur.

Erster Teil: **Deutsches Reich.**

Erster Band: **Preussen.**
560 Seiten gross 4° mit ca. 900 Tabellen.
Preis in Leinwand geb. **Mk. 26.—.**

Zweiter Band, erstes Heft: **Bayern.**
224 Seiten gross 4° mit 81 Tabellen.
Preis broschiert **Mk. 10.—.**

Demnächst erscheint: **2. Band. 2. Heft:**

Die Staaten des Deutschen Reiches ausser Preussen und Bayern.

Preis brosch. ca. **Mk. 29.—.** Preis des Bandes II compl. geb. (mit Heft I Bayern) ca. **Mk. 41.50.** Einbanddecken zu Band II compl. **Mk. 1.—.**

Beitrag zum derzeitigen Stande
der
Abwasserreinigungsfrage
mit besonderer Berücksichtigung
der biologischen Reinigungsverfahren
von

Prof. Dr. Dunbar,
Direktor des hygienischen Instituts Hamburg.

Dr. K. Thumm,
Chemiker der Klärversuchsanlage für Sielwässer Hamburg.

Die günstigen Berichte über die Erfolge, welche man bei Anwendung der künstlichen biologischen Verfahren zur Abwasserreinigung — des Oxydationsverfahrens und des Faulverfahrens — erzielte, haben in den interessierten Kreisen — in erster Linie bei Vertretern der Städte, Fabrikbesitzern, namentlich auch bei den Aufsichtsbehörden — die Hoffnung erweckt, dafs es nunmehr gelingen möchte, vielfachen Mifsständen abzuhelfen, die auf dem Gebiete der Schmutzwasserbeseitigung noch bestehen und sich durch die bislang verfügbaren Methoden nicht in ausreichendem Mafse beseitigen liefsen.

Die überraschend guten Erfolge, über welche in diesem Werke berichtet wird, werden wohl einen neuen Anstofs geben zur systematischen Bekämpfung der mehr und mehr zunehmenden Verunreinigung unserer öffentlichen Gewässer.

Preis Mk. 4.—.

Die Bewässerung und Entwässerung von Grundstücken
im Anschluss an öffentliche Anlagen dieser Art.

Von

Gustav Assmann, Ingenieur in Dresden.

Mit 436 in den Text eingedruckten Abbildungen. VI u. 326 S. gr. 8°.
Preis **Mk. 7.—.**

Verlag von R. Oldenbourg in München und Berlin.

Kalender für Gesundheits-Techniker.

Taschenbuch für die Anlage von

Lüftungs-, Centralheizungs- und Bade-Einrichtungen.

Erscheint jährlich.

Herausgegeben von

Hermann Recknagel, Ingenieur.

In Brieftaschenform (Leder) gebunden Preis **Mk. 4.—.**

Schaar'scher

Kalender für Gas- und Wasserfach-Techniker.

Zum Gebrauche für

Dirigenten und techn. Beamte der Gas- und Wasserwerke.

Herausgegeben von

E. Schilling und **G. Anklam.**

Erscheint jährlich.

In Brieftaschenform. Preis **Mk. 4.50.**

Mitteilungen über die Luft

in Versammlungssälen, Schulen und in Räumen für öffentliche Erholung und Belehrung,

sowie

einiges über Förderung der Ventilationsfrage in technischer Beziehung und durch gesetzgeberische Mafsnahmen.

Von

Th. Oehmcke, Regierungs- und Baurat a. D.

Preis **Mk. 2.50.**

Zur Lehre vom Luftwechsel

von

Dr. Gustav Wolffhügel,

ordentl. Professor und Direktor des hygien. Instituts an der Universität Göttingen.

Gr. 8°. 75 Seiten. Preis **M. 1.25.**

Körperliche Erziehung!

Vortrag, gehalten im Münchener Volksbildungs-Verein

von

Dr. Ottmar Ammann,

Spezialarzt für Orthopädie und Mechanotherapie.

Mit 10 Abbildungen. 37 Seiten. 8°. Preis 80 Pfg.

Verlag von R. Oldenbourg in München und Berlin.

Archiv für Hygiene.

Begründet von **Max v. Pettenkofer.**

Unter Mitwirkung der namhaftesten Hygieniker

herausgegeben von

J. Forster, **M. Gruber**, **Fr. Hofmann**, **M. Rubner**,

o. ö. Professoren der Hygiene und Direktoren der hygienischen Institute der Universitäten zu

Strassburg i. E., Wien, Leipzig, Berlin.

Preis für den Band von 4 Heften **Mk. 15.—.**

Hygienisches von Stadt und Land

von

Geh. Medicinalrat Professor Dr. M. Rubner,

Direktor der Hygienischen Institute zu Berlin.

Nach einem am 10. Januar 1900 zu Berlin gehaltenen Vortrage.

48 Seiten. 8⁰. Geheftet Preis **M. 1.—.**

Gesundheit und Behagen in unseren Wohnhäusern.

Eine kurzgefasste und allgemein verständliche Betrachtung der wichtigsten Grundsätze, häufigsten Mängel und bewährtesten Hilfsmittel.

Von

O. Gruner,

Regierungsbaumeister und Oberbaukommissär der Stadt Dresden.

Mit 80 Abbild. VIII u. 112 Seiten. Preis **M. 2.50.**

Energetik und Hygiene des Nerven-Systems in der Schule.

Schulhygienische Untersuchungen

von

Prof. Dr. med. und phil. **H. Griesbach.**

Preis **M. 2.—.**

Schulbrausebäder mit besonderer Berücksichtigung des Kölner Systems.

Von

August Oslender,

städt. Heizungs-Ingenieur in Köln a. Rh.

Mit 2 Grundrissen und 14 Abbildungen. 5 Bogen 8⁰. Preis **M. 4.—.**

Verlag von R. Oldenbourg in München und Berlin.

Gesundheits-Ingenieur.

Unter Mitwirkung von

K. Hartmann, Geheim. Reg.-Rat u. Senatsvorsitzender im Reichs-Versicherungsamt, Prof. der Technischen Hochschule in Berlin

A. Herzberg, königl. Baurat Civil-Ingenieur in Berlin

Dr. Fr. Renk, Geh. Medizinalrat, Direktor d. Centralstelle für öffentl. Gesundheitspflege und Prof. a. d. Technischen Hochschule in Dresden

H. Rietschel, Geh. Reg.-Rat, Prof. a. d. Techn. Hochsch. zu Berlin, Mitgl. d. Reichsgesundh.-Rats,

H. Schmieden, Kgl. Baurat in Berlin, ord. Mitglied der Akademie des Bauwesens

herausgegeben von

G. Anklam,
Ingenieur und Betriebsleiter des Berliner Wasserwerkes zu Friedrichshagen.

Erscheint Mitte und Ende jeden Monats. — **Preis pro Semester Mk. 8.—.**

Der „Gesundheits-Ingenieur“ berichtet über alle Fortschritte auf dem Gebiete der Gesundheitstechnik und zieht die Ausführung aller der menschlichen Gesundheit dienlichen Einrichtungen im Hause, in den Städten, den verschiedenen Gewerbebetrieben, sohin die gesamte Technik der Versorgung von Häusern und Städten mit Wasser, Luft, Wärme, Licht (Wasserversorgung, Ventilation, Heizung, Beleuchtung), sowie der Entfernung von Schmutz und Abfallstoffen (Desinfektion, Kanalisation, Abfuhr) in den Kreis seiner Betrachtungen.

Probenummer gratis und franko.

JOURNAL
für
Gasbeleuchtung und Wasserversorgung.

Organ
des Dentschen Vereins von Gas- und Wasserfachmännern.

Herausgegeben von

Dr. H. Bunte,
Grofsh. geh. Hofrat und Professor an der technischen Hochschule in Karlsruhe, Generalsekretär des Vereins.

Folio. Erscheint wöchentlich. Preis für den Jahrgang **Mk. 20.—.**

Probenummern gratis und franko.

Verlag von R. Oldenbourg in München und Berlin.

Das Turnen im Hause.

Leibesübungen

zur Förderung und Erhaltung der Gesundheit für Jung und Alt.

In fortlaufender Reihenfolge
zusammengestellt und herausgegeben
von

Dr. med. K. Beerwald und **Gustav Brauer,**
Arzt, Berlin. städt. Turnlehrer, Leipzig.

Mit 146 Abbildungen in Holzschnitt.

2. Auflage.

Preis gebunden M. 2.—.

Das Buch ist aus der gemeinsamen Thätigkeit eines praktischen Arztes und eines erfahrenen Turnlehrers hervorgegangen und ist, außer für eigentliche Turner hauptsächlich

für gesunde Menschen beiderlei Geschlechts und jeden Alters bestimmt,

die sich durch häusliche, leicht auszuführende Leibesübungen erholen, kräftigen und gesund erhalten wollen.

Dasselbe ist systematisch in 4 Abteilungen (1. Freiübungen ohne Belastung der Hände, 2. Hantelübungen, 3. Stabübungen, 4. Hausgerätübungen) gegliedert, in denen, je mit der leichtesten beginnend, allmählich zu den schwereren Übungen vorgeschritten wird. Jedesmal ist eine Übung für den Oberkörper mit einer solchen für den Unterkörper zusammengestellt, um eine Durcharbeitung des ganzen Körpers zu erreichen.

Das Neue und der Schwerpunkt des Buches liegen, außer, in der großen Reichhaltigkeit und der Einteilung, darin, daß jeder Übung nicht nur eine ganz klare, eingehende Beschreibung, sondern auch eine nach photogr. Naturaufnahmen gefertigte Abbildung beigegeben ist, welche es auch dem turnerischen Laien ermöglichen, sich in kurzer Zeit mit den Übungen vertraut zu machen. Diese selbst sind in Morgen- und Abendübungen eingeteilt, und jeder Übung ist die den verschiedenen Altersstufen beider Geschlechter entsprechende Zahl der jedesmaligen Wiederholungen beigefügt.

Verlag von R. Oldenbourg, München und Berlin.

Vor kurzem erschien eine **Neue billige Ausgabe** des Werkes

Die Begründung des Deutschen Reiches durch Wilhelm I.

vornehmlich nach den preußischen **Staatsakten**

von **Heinrich von Sybel.**

Mit dem Bildnis des Verfassers und ausführlichem Sachregister.

7 elegante Ganzleinenbände **M. 24.50.**

Der Preis der allgemeinen Ausgabe ist von **M. 66.50** auf **M. 35.—** (Leinw.) **herabgesetzt.**

Selten ist ein Werk mit so großer Freude begrüßt und mit solchem Interesse aufgenommen worden, wie Sybels monumentale „Begründung des Deutschen Reiches". Die gesamte Presse aller Richtungen und politischen Anschauungen beglückwünschte das deutsche Volk zu der ebenso begeisterten und warm gefühlten, als wissenschaftlich korrekten Darstellung der machtvollen Entwicklung unseres Vaterlandes.

Jedem Gebildeten, dessen Interesse an guter vaterländischer Geschichte nicht geschwunden ist, kann kein Werk mehr empfohlen werden als das Sybelsche, das Schärfe der Kritik, wie Wärme des Gemütes, Liebe zur Wahrheit, wie Liebe zum Vaterland, Tiefe der Forschung und wissenschaftlichen Ernst, verbunden mit einer mustergültigen Gestaltung von köstlicher Klarheit, in sich vereinigt. Diese Vorzüge rechtfertigen die begeisterte Aufnahme des Werkes und sichern ihm für alle Zeiten einen Ehrenplatz in der Litteratur.

www.ingramcontent.com/pod-product-compliance
Lightning Source LLC
LaVergne TN
LVHW081355011026
849161LV00013BA/2815